1 MONTH OF
FREE
READING

at

www.ForgottenBooks.com

By purchasing this book you are eligible for one month membership to ForgottenBooks.com, giving you unlimited access to our entire collection of over 700,000 titles via our web site and mobile apps.

To claim your free month visit:
www.forgottenbooks.com/free1230042

ISBN 978-0-332-71682-4
PIBN 11230042

Lasnier lith.

Imp. Lemercier &C.ᵉ Paris

EXMO Sʀ. Dɴ FEDERICO ERRÁZURIZ

Presidente de la República

CHILE ILUSTRADO

GUIA DESCRIPTIVO

DEL

TERRITORIO DE CHILE,

DE LAS CAPITALES DE PROVINCIA,

DE LOS PUERTOS PRINCIPALES,

POR

RECAREDO S. TORNERO.

OBRA ADORNADA CON 200 GRABADOS EN MADERA

I DIEZ LITOGRAFÍAS A DOS TINTAS.

VALPARAISO

LIBRERIAS I AJENCIAS DEL MERCURIO.

1872.

PARIS.—IMPRENTA HISPANO-AMERICANA DE ROUGE, DUNON I FRESNÉ.

ADVERTENCIA.

Al emprender la publicacion de este libro, solo hemos tenido en vista el deseo de ofrecer al estranjero i a nuestros compatriotas, una reseña exacta i circunstanciada del estado de progreso material que ha alcanzado nuestro pais.

Chile, el primero que entre las repúblicas latinas ha sabido hacer la aplicacion de los grandes descubrimientos de la ciencia, que ha oido resonar en sus valles el silbido de la primera locomotora que cruzara el continente Sud-Americano, que el primero tambien, ha unido sus ciudades principales por medio del alambre eléctrico i que, en una palabra, ha marchado siempre a la vanguardia de la civilizacion, tiene mejores titulos que ningun otro pais para vanagloriarse de tan notable progreso, alcanzado en su corta vida de nacion independiente.

La instruccion pública, esparcida rápidamente hasta por los pueblos mas remotos, i cuyo benéfico resultado nos hace ocupar entre las naciones mas cultas de Europa el mismo rango que ocupa la Francia; nuestra renta, que sin alcanzar a la insignificante suma de nueve pesos por habitante, basta sin embargo para saldar con usura los gastos de una administracion recta e inteligente, al mismo tiempo que revela por su pequeñez, la libertad absoluta de que goza entre nosotros la industria i la propiedad; nuestra deuda pública, cuyo monto no escede de veinte pesos por cabeza i cuya puntual amortizacion ha cimentado nuestro crédito en el estranjero; nuestro comercio, que toma progresivamente proporciones colosales i cuya cifra total de sesenta i cuatro millones de pesos anuales sobrepuja ya, relativamente con nuestra poblacion, al de muchas de las naciones mas comerciales del mundo; la multitud de industrias nuevas que insensiblemente van cimentandose en el pais; los palacios i monumentos públicos que se levantan diariamente embelleciendo nuestras ciudades; todo esto, en fin, son otros tantos timbres de gloria para un pais jóven que ha logrado desarrollar tales elementos de riqueza, en medio de la confianza que inspira un gobierno honrado i liberal.

Para demostrar este estado floreciente del pais, hemos dividido nuestro trabajo en tres partes. En la primera hemos agrupado bajo la forma de guia descriptivo, una multitud de datos históricos i estadisticos sobre cada una de las capitales de provincia i de sus puertos principales. Estos datos comprenden la descripcion de cada ciudad, la historia de sus edificios públicos, templos i establecimientos de beneficencia, i una reseña sobre el estado de su instruccion pública, su poblacion, sus recursos, sus producciones, su comercio i sus empresas industriales.

En la segunda parte i bajo el título «Descripcion jeneral del territorio», hemos recopilado todos los datos que hemos creido necesarios para el exacto conocimiento del pais, i muchos de los cuales existian diseminados en publicaciones aisladas.

Por fin, en la tercera i última parte, hemos tratado de bosquejar a grandes rasgos los usos i costumbres mas resaltantes de nuestra sociedad, formando asi un conjunto, que si no posee valor alguno literario, ofrece al menos, segun creemos, cierto interés de consulta para el que reside en el pais, al mismo tiempo que presenta ante la vista del estranjero, el cuadro completo de nuestro adelanto i de nuestra civilizacion.

En la inmensa variedad de materias que abraza este libro, hemos necesitado recurrir como era natural, a personas residentes en cada uno de los puntos descritos, las cuales nos han suministrado una gran parte de los datos de que nos hemos servido para dar forma i unidad a nuestro trabajo; pero debemos nuestro agradecimiento especial a los Señores Don José Maria Torres, Don Manuel Concha i Don Hermójenes Picon, quienes han demostrado el mayor interés en la recopilacion de los datos que constituyen la parte confiada por nosotros a cada uno de dichos señores.

Por lo que respecta al capítulo titulado «Tipos i costumbres nacionales», pedimos para ella la indulgencia de nuestros lectores. No somos literatos ni pretendemos pasar por tales, i al entrar en este terreno vedado a los profanos, lo hemos hecho, no con la pretension de presentarles un cuadro acabado de costumbres, sino simplemente con el objeto de realizar nuestra idea en su totalidad, adjuntando a nuestro trabajo una reseña que consideramos indispensable para el completo de la historia de nuestra vida económica.

No faltará quien nos arroje a la cara nuestra pretension al emprender una obra de tal magnitud; pero sirvanos de escusa la idea misma, cuya bondad no podrá menos de reconocerse. Nosotros hemos tratado de desarrollarla segun la medida de nuestras fuerzas i del escaso tiempo de que hemos podido disponer en medio de la vida agitada del comerciante, consiguiendo formar por vez primera en Chile, un album ilustrado, cuyo único mérito consiste quizás, en el recuerdo a nuestra patria estampado en cada una de sus pájinas.

El primer paso está dado. Vengan ahora otros con mejores títulos i mayor suma de conocimientos. Tal es nuestro único deseo i nuestra única pretension.

EL AUTOR.

Paris, Abril 1.º de 1872.

IGNACIO DOMEYKO.	Solevantamiento de la costa de Chile.
ID.	Estudios jeográficos sobre Chile.
ID.	Espedicion jeolójica a las cordilleras de Talca.
ID.	La Araucania.
ID.	Publicaciones hechas en Alemania i Francia sobre la jeografía, jeolojía, etc., de Chile.
RODULFO A. PHILLIPPI.	Escursion a la laguna de Ranco.
ID.	Constitucion jeolójica de la cordillera de la costa.
ID.	Espedicion al volcan de Osorno.
ID.	Apuntes sobre la turba en Chile.
AMADO PISSIS.	Descripcion topográfica i jeolójica de las provincias de Valparaiso, Aconcagua, Santiago i Colchagua.
ID.	Carta topográfica de las provincias de Chile.
ID.	Investigaciones sobre la altitud de los cerros culminantes de la cordillera de los Andes.
ID.	Influencia de la desigualdad de la temperatura del aire en las medidas de las latitudes.
E. CONCHA I TORO.	Descripcion del lago de Llanquihue.
B. VICUÑA MACKENNA.	Historia de Santiago.
ID.	Id. de Valparaiso.
ID.	Un viaje por la república carrilana.
CLAUDIO GAY.	Historia física i politica de Chile.
J. I. V. EYZAGUIRRE.	Id. eclesiástica.
I. ZENTENO.	Boletin de las leyes i decretos del gobierno.
JULIO MENADER.	Informe sobre la Esposicion nacional de agricultura.
ID.	Sistema fluvial de la rejion agricola de Chile.
ID.	Estudios sobre la economía política de Chile.
ID.	Estudios sobre las propiedades rústicas de Chile.
RIVERA JOFRÉ.	Bosquejo histórico del ferrocarril del Norte.
P. LUCIO CUADRA.	Jeografia física de Chile.
ID.	Bosquejo jeográfico de la provincia de Chile.
F. GEISSE.	Ensayo sobre el clima del territorio de Llanquihue.
P. TREUTLER.	Valdivia i los Araucanos.
LIEUT. GILLIS.	The U. S. Astronomical expedition to the Southern hemisfere.
D. HUNTER.	A sketch of Chili.
A. D'ARBIGNY.	Voyage pittoresque dans les deux Amériques.

Apuntes hidrográficos sobre la costa de Chile, con planos levantados por los oficiales de la armada de la república.

Informe del directorio de la sociedad nacional de agricultura.

Memoria del ex-intendente de Valparaiso D. Ramon Lira.

Anuario estadístico.

Estadística comercial.

Estadística agrícola.

Memoria sobre la república de Chile presentada al gobierno nacional por el secretario de la legacion arjentina.

Memorias de los ministerios, de los establecimientos de crédito i beneficencia, de los ferrocarriles, de la administracion de correos, etc.; archivos de las municipalidades, ministerios, conventos, publicaciones periódicas, etc. etc.

PROVINCIA DE SANTIAGO

SANTIAGO.

CAPITULO I.

DESCRIPCION DE LA CIUDAD.

FUNDACION DE SANTIAGO. — JEOLOJIA.—SITUACION JEOGRÁFICA.—METEOROLOJIA, CLIMA, TEMBLORES. — POBLACION. — ESTENSION, EMPEDRADO, ENLOSADO, ACEQUIAS. — CONFIGURACION. — CASAS. — PLAZAS, PLAZUELAS. — RIO, TAJAMAR, PUENTES. — MERCADOS PÚBLICOS. — PASEOS PÚBLICOS, ESTATUAS, PILAS. — ALUMBRADO. — AGUA POTABLE.—POLICÍA DE ASEO.

Fundacion de la ciudad. — A mediados del mes de diciembre del año 1540, el adelantado Pedro de Valdivia, a la cabeza de un puñado de valientes castellanos i de un numeroso cuerpo de indios llegó, con mas fortuna que su antecesor Diego de Almagro, a la estensa llanura del Maipo en la márjen derecha del rio Mapocho. Estableció sus reales en la ribera Norte de dicho rio, frente a la poblacion indíjena que alli existia, i despues de tomar posesion del terreno, fundó la ciudad que es hoi capital de la República. Dióle el nombre de «Santiago del nuevo Estremo,» en conformidad al juramento que habia hecho en el Cuzco en manos del obispo frai Vicente Valverde primero en la América del Sur, de llamar asi la primera ciudad que fundase en esta comarca.

El 24 de febrero de 1541 tomó posesion oficial del territorio despues de leida el acta, cuyo original dice asi: « A doce del dia del mes de febrero, año de mil e quinientos e cuarenta e un años, fundó esta ciudad en el nombre de Dios, i de su bendita madre

i del apóstol Santiago, el mui magnífico señor Pedro de Valdivia, teniente de gobernador
i capitan jeneral por el mui ilustre señor D. Francisco Pizarro, gobernador i capitan
jeneral en las provincias del Perú por S. M. I púsole nombre la ciudad de Santiago del
nuevo Estremo, i a esta provincia i sus comarcanas, i aquella tierra de que S. M.
fuera servido que sea una gobernacion, la provincia de la Nueva Estremadura. »

Conformándose con las instrucciones del rei Carlos V, Valdivia trazó el plano de la
ciudad colocándola entre dos brazos del rio Mapocho, el primero al Norte, que es el que
ocupa hoi todo el rio, i el segundo al Sur, reemplazado actualmente por la Alameda.
Trazó la plaza principal, i delineó a cordel diez calles de Oriente a Poniente i ocho
de Norte a Sur, resultando ochenta manzanas. Dividió cada manzana en ocho solares

SANTIAGO. — Vista jeneral tomada del cerro de Santa Lucía.

de 40 varas de frente por 75 de fondo, i los repartió entre sus compañeros de armas,
imponiéndoles la obligacion de tapiarlos.

Jeolojia. — La ciudad vino a quedar situada en la rejion central del pais, en un
hermoso valle que se estiende de Norte a Sur, i que tiene en la direccion de Oriente
a Poniente una pendiente de uno a dos por ciento. Su terreno es de formacion moderna,
i del llamado de acarreo, compuesto de cascajo mas o menos grueso, el que está
cubierto por una capa de tierra vejetal, cuyo espesor aumenta continuamente con los
sedimentos depositados por las aguas que riegan los terrenos. La estensa llanura en
que está la ciudad solo se encuentra interrumpida por colinas o cerros de poca elevacion,
que la rodean por todas partes i contribuyen a darle un pintoresco aspecto. Esos cerros
son los siguientes; en el llano: el de Colina, al Norte, que tiene una elevacion de 1,018
metros sobre el nivel del mar; el de Renca, al Nor-oeste, con una elevacion de 889
metros; el de San Cristóbal, al Nor-este, con una elevacion de 847 metros; el de Santa

Lucia, situado en el medio de la poblacion, con una elevacion de 627 metros; el de San Bernardo, situado al S. S. O., con una elevacion de 911 metros; el cerro Negro, situado al Sur, con una elevacion de 686 metros i el cerro de Chada, que tiene una elevacion de 1,287 metros.

Por el lado del Oriente se divisan desde la ciudad varios cerros i cadenas que pertenecen a la gran cordillera de los Andes. En el mismo paralelo de Santiago se encuentra el gran pico del Tupungato, que tiene una elevacion de 6,710 metros; en seguida el cerro del Plomo, que es uno de los mas hermosos panoramas que se ven desde la ciudad, coronado en todo tiempo de nieve i cuya altura alcanza a 5,433 metros; despues el cerro de Peñalolen, visible tambien desde la ciudad, i que tiene una elevacion de 3,245 metros.

Los cerros de la cordillera central que se ven desde Santiago no son mas que tres el de la Chapa que tiene una elevacion de 1,908 metros; el de los Amarillos, con una elevacion de 2,230 metros; i el de Prado, al Oeste, con una elevacion de 1,854 metros.

El terreno ocupado por la ciudad, lo mismo que los inmediatos a ella, son mui fértiles, tanto por la bondad del clima, como por la naturaleza de las aguas que los riegan, las que arrastran una cantidad considerable de sedimentos que se deposita en ellos i que proviene de la descomposicion de las rocas de la cordillera.

La cadena de los Andes que corre al Oriente de Santiago, está formada de terrènos porfíricos de la época secundaria, i desde la ciudad se divisan sus picos mas elevados con estratas paralelas que semejan listas de diversos colores.

El cerro de Santa Lucia, situado casi en el centro de la poblacion, es compuesto de pórfidos en forma de columnas i contiene varias clases de zoolitos (minerales). El aspecto de este cerro es el de un peñasco enteramente desnudo; su elevacion sobre el terreno es de 60 metros. El cerro de San Cristóbal, que es el mas próximo a la ciudad, es compuesto de brechas traquíticas i tiene 220 metros mas de elevacion que el de Santa Lucia.

Situacion jeográfica. — La situacion jeográfica de la ciudad es en los 33° 26′ latitud austral, 72° 58′ longitud Oeste del meridiano de Paris, 70° 38′ lonjitud O. del meridiano de Greenwich, 6° 22′ lonjitud O. del meridiano de Washington. Su altitud es de 560 metros sobre el nivel del mar. Los primeros cerros que se unen a la cordillera empiezan a diez quilómetros de distancia hácia el Oriente, pero la línea de separacion de las aguas está a un grado jeográfico en esa misma direccion.

Metereolojia, clima, temblores. — Las estaciones se suceden en Santiago con una perfecta regularidad, pudiéndose marcar el verano en los meses de diciembre, enero i febrero; el invierno en junio, julio i agosto; el otoño en marzo, abril i mayo; i la primavera en setiembre, octubre i noviembre. Sin embargo, la proximidad de la cordillera, cubierta siempre de nieve, influye de una manera notable en los cambios de temperatura que se observan en la ciudad. La altura a que se encuentran las nieves perpetuas en la latitud de Santiago es de 3,300 metros sobre el nivel del mar; i siendo la altitud de la ciudad de 560 metros, encontramos en ella el máximum de las amplitudes de las oscilaciones termométricas que se observan en todo el pais, con escepcion de Copiapó. Segun el astrónomo Sr. Moesta, la temperatura media de Santiago viene a ser de 12° 7 del termómetro centigrado, siendo la del verano de 18° 1, i la del invierno de 7° 6.

La amplitud de las oscilaciones diurnas del termómetro son mucho mayores que las que marcan las diversas estaciones ; i así en los meses de octubre i noviembre, en que estos cambios son mas notables, no es raro ver que en 24 horas descienda el termómetro desde 20 o 22° hasta 2 i 4° sobre cero. « Estos cambios tan rápidos, dice un sabio observador, deben atribuirse a la fuerte irradiacion nocturna, producida por un cielo siempre puro i trasparente, i por otra parte a la proximidad de los Andes. En las elevadas rejiones de estas cordilleras las capas de aire en contacto con los hielos eternos se enfrian i adquieren una gran densidad, mientras que en el fondo de los valles conservan una temperatura mas elevada i un aire mas rarificado. En este estado el equilibrio atmosférico se rompe i las capas de aire enfriadas descienden a los valles, produciendo entonces corrientes atmosféricas de Oriente a Poniente, conocidas en el pais con el nombre de *puelches* o *terrales* (vientos de tierra). Cuando el sol deja de verse, la corriente atmosférica se hace sentir con mas enerjía. »

Ese fenómeno esplica por qué solemos observar mucho calor de dia i mucho frio de noche, circunstancia que caracteriza notablemente nuestro clima.

El término medio de la temperatura en las diversas estaciones, segun los datos recojidos en el Observatorio Astronómico, es el siguiente : en verano 18° 40; en otoño 12° 78; en invierno 7° 69; i en primavera 12° 89. La temperatura mas baja se observa en el mes de junio, época en que el termómetro suele descender hasta 3° bajo cero poco antes de la salida del sol, siendo la mayor altura que alcanza en este mes la de 16°. Casi estacionaria en julio i en agosto, crece rápidamente hasta diciembre, siendo su máximum en enero, mes en que ha subido hasta 32°. En otoño i primavera sé observan tambien grandes variaciones.

La diferencia entre la temperatura del verano i la del invierno es en Santiago de 10° 5.

Los vientos predominantes en Santiago son el Sur i el Sur-oeste. En invierno los vientos del Norte, cargados siempre de mucha humedad, son los precursores de las lluvias; i los del Este, mas raros que todos, nos traen las heladas. Durante el dia reina jeneralmente el Sur-Oeste i por la noche predominan las calmas. La humedad relativa de la atmósfera es mui variable : su minimum en los dias ardientes de verano alcanza a 0,215 i el máximum en los dias de lluvia a 0,950.

Los dias nublados están en razon de 25 por cada 100, correspondiendo 8 al verano, 23 al otoño, 61 al invierno i 2 a la primavera. La marcha diaria del barómetro se efectúa con bastante regularidad, i sus alturas son las siguientes : la máxima a las nueve de la mañana i a las nueve de la noche; la media a las doce del dia i de once a doce de la noche; i la mínima a las tres de la tarde i a las tres de la mañana. La amplitud de las oscilaciones diarias es de 2 a 3 milimetros, asi es que los cambios repentinos de presion no son notables. La amplitud anual de la columna barométrica no pasa de 15 milimetros ; el máximum de presion tiene lugar en invierno i el mínimum en verano.

Las lluvias no son abundantes en Santiago, como se ve por el siguiente resultado de observaciones practicadas durante 27 años : en verano ha llovido 4 horas, en otoño 47 h. 29 m., en invierno 134 h. 42 m., i en primavera 30 h. 7 m. El total de las horas de lluvia en un año es pues de 216 horas i 18 minutos. Las lluvias comienzan en mayo i terminan en setiembre; los meses mas lluviosos son junio i julio, i el menos húmedo enero.

Las nevazones i granizos son sumamente raros; i las trombas, rayos i otros fenómenos de esta especie, son desconocidos en Chile. En primavera humedece el suelo un lijero rocio, el que en invierno es solidificado por el descenso de la temperatura.

Resulta de lo dicho que el clima de Santiago es templado, pero no es igual, como el de que gozan las riberas del Océano. Los veranos son ardientes i los inviernos templados; i en toda la estension de esta faja del territorio se produce mui bien la viña i los naranjos. Con justicia se le llama el clima medio de Chile, i su templanza la debe principalmente a la estension i direccion del gran valle central en que está colocada la ciudad.

— Los temblores son bastante frecuentes, pero mui rara vez son fuertes i su duracion casi nunca pasa de 15 a 30 segundos. Jeneralmente su direccion es de Nor-este a Sur-oeste. Pero se nota un hecho curioso a este respecto, i es que desde la fundacion de Santiago hemos tenido siempre un terremoto en cada siglo. El primero ocurrió en el siglo xvi, el 17 de marzo de 1575; el segundo, que es el mas violento de todos i que asoló a Santiago, tuvo lugar en el siglo xvii, el 13 de mayo de 1647; el tercero ocurrió en el siglo xviii, el 8 de julio de 1730. En el siglo xix han ocurrido dos, el primero el 19 de noviembre de 1822 i el segundo el 20 de febrero de 1835.

Poblacion. — Segun el último censo levantado en 1865, la poblacion de la ciudad de Santiago es de 115,377 habitantes, i la de toda la provincia de 341,683, lo que da un aumento sobre el censo de 1854, que es el anterior, de un 25,3 %, o sea de 69,018 habitantes.

La poblacion primitiva de Santiago se componia de 200 españoles i la del valle que lo rodea se calculaba en 80,000 indios. Se levantaron dos censos de las provincias del Sur, pero solo en el tercero, de 1831, se incluyó por primera vez el departamento de Santiago, censo que fué completado en 1835. Despues se levantaron con mas regularidad los censos de 1843, el de 1854, i el de 1865, que es el mas completo i del cual estractamos los apuntes siguientes :

. Habitan en Santiago 79,920 hombres i 88,633 mujeres, lo que da la proporcion de 100 hombres por 111 mujeres. El número de nacionales es de 166,398, i el de los estranjeros i nacionalizados alcanza solo a 2,155, resultando la proporcion de 1 estranjero por cada 77 nacionales, i en toda la provincia de 1 por cada 141. Los individuos de mas de 80 años alcanzan a 2,239, de los cuales son hombres 873 i mujeres 1,366 ; lo que, con la poblacion, da la proporcion de un 7 %. La edad mas avanzada que se encuentra es la de 130 años .

La proporcion de los que saben leer es de 1 por 3,8 ; i la de los que escriben es de 1 por 4,4. La proporcion de los habitantes con la superficie de terreno cultivable es de 44,65 por cada quilómetro cuadrado. El término medio anual del aumento de la poblacion desde el año 1849 ha sido de 2,230. En cuanto al estado civil de los habitantes, encontramos que hai una proporcion con la poblacion, de 67 °/₀ en los solteros, de 27 °/₀ en los casados, i de 6 °/₀ en los viudos. La relacion de los que tienen alguna profesion es de 55 °/₀ en los hombres i de 23 °/₀ en las mujeres. La poblacion urbana está en la proporcion de un 41 °/₀ i la rural de un 19 °/₀ con el total de los habitantes. Calculando el número de habitaciones, se ve que para cada una de ellas hai 6 individuos.

El año 1868 la proporcion de los nacidos alcanzó a 1 por 24 habitantes, siendo su número total de 15,464; i la de los ilejítimos con los lejítimos fué de 1 por 4,30.

SANTIAGO. — Vista jeneral tomada de la Recoleta.

La proporcion de las defunciones durante el mismo año fué de 1 por 40, i su total 9,208. El aumento de la mortalidad estuvo en razon directa con la elevacion de la temperatura, i se observó en enero i diciembre.

El aumento de la poblacion, deducidas las defunciones, fué de 1 por 57, o sea 6,256.

De los nacidos se observa que sobrevive uno por 1,7.

La proporcion de los matrimonios fué de 1 por cada 126 habitantes, i todos ascendieron a 2,886.

Estension, empedrado, enlosado, acequias. — La estension que ocupa actualmente la ciudad, desde el matadero público al cementerio jeneral, es de 6,000 metros, i desde la quinta normal de agricultura al seminario conciliar, de 5,400. La circunferencia en los limites urbanos alcanza a 18,000 metros. Tiene 956 cuadras, o sea 144,120 metros lonjitudinales.

Las manzanas en que está dividida son bastante regulares i forman cuadrados de 115 metros por cada lado. Está dividida en nueve cuarteles, que encierran un número total de casas de 7,521. Las calles, casi todas tiradas a cordel, tienen una anchura variable de 10 a 12 metros; i su empedrado se ha hecho hasta aqui por el sistema convexo. Hai 490 cuadras empedradas radicalmente, costando el empedrado de cada una 600 pesos, i su conservacion 52 pesos anuales por cada cuadra. Este sistema de empedrado, que es mui oneroso, se está sustituyendo por el de Mac Adam, por el cual se han construido ya 41 cuadras con un escelente resultado. Tres máquinas chancadoras a vapor proporcionan la piedra necesaria, de manera que en mui poco tiempo mas las calles de Santiago tendrán el mejor pavimento que hasta ahora se ha ensayado en Europa i Norte-América.

Para el arreglo de las aceras se han empleado cinco sistemas : el empedrado fino, el enlosado, la losa-pizarra importada, el betun aglomerado i el betun-asfalto. Este último es el que se ha aceptado como mejor i con él se han construido ya 42 cuadras.

Por lei de 17 de setiembre de 1847 se ordenó la nivelacion de las acequias que corren por el interior de las casas, trabajo que actualmente está para concluirse en toda la parte central de la ciudad comprendida entre la Alameda i el rio, que abraza 126 manzanas. Este importante trabajo está destinado a elevar a Santiago a la categoria de las primeras ciudades del mundo en materia de hijiene pública. Una vez concluido, él puede libertar a la ciudad de todas las enfermedades pestilenciales que tienen su causa en los elementos morbíficos del aire o que son sostenidas por ellos; así es que el municipio ha consagrado a esta obra toda su atencion i una gran parte de sus rentas. Ella tiene ademas la ventaja de permitir que el piso de las calles sea completamente homojéneo, sin ninguna de esas desigualdades que les imprime las acequias superficiales cuando las atraviesan.

Configuracion. — La configuracion de la ciudad es bastante irregular, pues se estiende mas en unas direcciones que en otras. De Norte a Sur tiene 600 metros mas que de Oriente a Poniente.

Puede dividirse en tres secciones bastante bien marcadas: la del Norte, que comprende toda la parte situada al lado Norte del rio Mapocho; la seccion del centro, situada entre el Mapocho i la Alameda; i la del Sur, que abraza toda la estensa i numerosa poblacion situada al Sur de la Alameda.

La mayor i mas poblada de estas tres secciones es la del Sur, pero la mas importante es la del centro.

Esta seccion comprende 126 manzanas, i en ella están situados casi todos los edificios públicos i la mayor parte de los particulares que son notables por su riqueza i hermosura. Tiene 60 calles, todas ellas perfectamente rectas, i algunas bastante notables por el gran número de magníficos edificios que las adornan. En la calle de Huérfanos, por ejemplo, se encuentra situado el bellisimo edificio que ocupa el banco Fernandez Concha, recien construido, el que ocupa el Banco Nacional de Chile, las grandes i hermosas casas de D. Domingo Matte, de D. Melchor de Santiago Concha, la que ocupa el hotel inglés, la de D. Rafael Larrain, situada al lado del Banco Nacional, la de D. José Gregorio Castro, i otras muchas que podrian rivalizar en lujo y elegancia con las mas hermosas de otros paises.

El nombre de las calles se ha decretado oficialmente hace mui pocos años. En los primeros tiempos el pueblo fué quien las denominó, sirviéndose para ello ya del nombre de algun propietario, ya de la existencia de algun convento u otro edificio público, ya, en fin, de cualquiera otro objeto, como un árbol, etc. Tal es el oríjen de las calles de la *Compañia, Ahumada, Chirimoyo, Sauce, Peumo*, etc. Mas tarde se decretó un cambio de estos nombres por el de algunos de los prohombres de la independencia; pero en la práctica ha persistido la antigua denominacion.

La seccion del Sur i la del Norte se estiende en grandes arrabales cubiertos de innumerables ranchos situados en calles i callejuelas, ya rectas, ya tortuosas. En ellos se asila un pueblo numerosísimo, jeneralmente mui pobre. En la seccion del Sur se encuentra el *Matadero público*, la *Cárcel penitenciaria*, que es la mas importante de la República, el *Cuartel de artillería*, la *Universidad*, el *Instituto nacional*, los tres *Hospitales* que existen en Santiago, las *Estaciones de los ferrocarriles*, una plaza de abastos, i varias iglesias i capillas.

En la seccion del Norte se encuentra el *Cementerio*, que está en el límite de la ciudad por ese lado, la *Recoleta dominica*, la *Franciscana*, la *Casa de Orates*, el *Cuartel del Buin* i algunos beaterios i capillas de poca importancia.

SANTIAGO. — Casa antigua de construccion española.

Casas. — Las casas que se edificaban en Santiago en tiempo de la dominacion española, eran de un solo piso, bajas, con grandes patios, i en su construccion no se seguia ningun órden arquitectónico fijo. Lo mejor que nos queda de aquellos tiempos es la casa perteneciente a D. Mariano Elias Sanchez, situada en la calle de Agustinas, entre la del Estado i la de Ahumada : ella puede servir de tipo de las mejores construcciones de aquella época.

Los numerosos edificios que hoi adornan la ciudad son todos de fecha reciente: pues el mas antiguo, que es el del Sr. Cousiño, data solo del año 1852. En esta fecha comenzó en Santiago la construccion de edificios particulares de gran lujo, que se continúa hasta hoi, i en los cuales se sigue la arquitectura del renacimiento modificada por las ideas francesas. No es mas que una imitacion de lo que se construye en Francia. Allí se estudia la arquitectura clásica italiana, i se la modifica con innovaciones mas o menos atrevidas, pero jeneralmente de buen gusto.

Entre las casas que mas llaman la atencion podriamos citar la perteneciente a la sucesion de D. Francisco Ignacio Ossa, situada en la calle de la Compañía. Es una imitacion, en miniatura, del grande i magnífico palacio de la Alhambra de España, hecha por el arquitecto chileno D. Manuel Aldunate. Su arquitectura es la de los Arabes en la época del apojeo de su grandeza, esto es, en la que construyeron la Alhambra. Toda

SANTIAGO.—Esterior de la casa de D. F. I. Ossa.

su fachada esterior, lo mismo que sus patios, salones, i el magnífico jardin que adorna el segundo departamento, está decorado con multitud de columnatas terminadas por hermosos capiteles, i completamente cubierto de arabescos de la mas costosa i difícil ejecucion, pero tambien del mas pintoresco aspecto.

Fué la primera casa que construyó en Santiago el arquitecto antes mencionado, a cuyo injenio se deben otros edificios no menos hermosos i magnificos, tales como el nuevo edificio del Congreso, aun sin concluir, situado en la plaza de O'Higgins, la casa de D. Miguel Barros Moran, situada en la acera Norte de la Alameda i próxima a la plazuela de San Lázaro, la casa del Sr. Arrièta, situada en la plazuela del teatro, i otras. La casa del Sr. Barros Moran es una verdadera innovacion en nuestro sistema de construcciones, tanto por la disposicion de su fachada, en que la puerta principal está sustituida por una balaustrada de piedra, i las entradas situadas en los costados, como tambien por su disposicion interior. Tiene tres pisos, cada uno de los cuales puede

SANTIAGO. — Interior de la casa de D. F. I. Ossa.

considerarse como una casa independiente i con comodidad para una bien numerosa familia.

En la misma acera Norte de la Alameda llaman la atencion las hermosas casas de dos i de tres pisos situadas entre las calles Ahumada i del Estado. Una de ellas es la que ha comprado recientemente el Club de la Union, i que tiene la particularidad de ser la primera casa buena i elegante que se construyó en Santiago, i que aun hoi nada ha perdido de su mérito.

En la acera Sur de la Alameda se distingue la preciosa casa de estilo inglés de D. Enrique Meiggs y la hermosa quinta del mismo señor distante del centro de la ciudad.

La casa del jeneral Bulnes, situada en la calle de la Compañia, la del almirante Blanco Encalada, situada en la calle de Agustinas; i la del ex-presidente de la República

D. Manuel Montt, situada en la calle de la Merced, llaman tambien la atencion del forastero por la hermosura de sus fachadas i la elegante disposicion de sus construcciones i adornos arquitectónicos. Casas mas o menos magníficas que las anteriores se encuentran a cada paso en la calle de las Monjitas, de la Merced, de la Catedral, de la Compañia, de la Bandera, de Huérfanos, de Agustinas, del Estado, de Ahumada, i en ambas aceras de la Alameda. En las secciones del Norte i del Sur son mui escasos los buenos edificios pertenecientes a particulares. El que mas llama la atencion, entre

. SANTIAGO. —Casa de D. Enrique Meiggs.

éstos, es la preciosa casa de estilo nuevo entre nosotros que ha construido recientemente D. Orestes L. Tornero, al Sur, en la calle vieja de San Diego.

La mayor parte de las demas casas son de un piso, mas bien bajas que altas, con patios de regular tamaño. Sus tejados tienen una inclinacion variable de 40 a 80 centimetros.

Plazas, plazuelas. — Las plazas públicas son las siguientes: la de la *Independencia*, situada al Oriente de la seccion central, a cinco cuadras del cerro de Santa Lucía, i casi equidistante entre la Alameda i el rio; la plaza de *San Pablo*, situada tres cuadras al Oeste de la anterior, pero mucho mas próxima al rio; la plaza de *Yungay*, situada al Oeste de la seccion central en el barrio del mismo nombre; la de *Ugarte*, situada en el estremo Oeste de la seccion del Sur; i la plaza de *O'Higgins*, situada en el terreno que ocupó la iglesia de la Compañia i que debe ser ensanchada con el que ocupa actualmente la casa del Museo i el antiguo Instituto Nacional, correspondiendo entónces a dos de las fachadas del nuevo edificio del Congreso, la del Oriente i la del Norte. Las plazuelas son veinte i dos, mas o menos espaciosas, i estan repartidas mui desigualmente en las tres secciones. Son las siguientes: la de la *Moneda,* situada al frente de la casa de este nombre i que contiene la estatua de bronce, pedestre, del ministro de Estado D. Diego Portales; la del *Reñidero de gallos,* que contiene un hermoso jardin perteneciente a la casa del doctor D. Joaquin Aguirre, está situada al Oriente, entre el cerro de Santa Lucia i el rio; la de la *Merced,* que contiene una pila; la de las *Ramadas,* situada frente al puente de madera; la del *Teatro;* la de *San Agustin;* la de *Santo Domingo;* la de la *Compañia;* la de las *Capuchinas;* la de *San Pablo;* la de *Santa Ana,* que contiene una pila; la de *San Lázaro,* con otra pila; la de los *Capuchinos;* la de *San Ignacio;* la de *Belen;* la de *San Isidro,* que contiene una pila; la de la *Purísima;* la de la *Recoleta;* la del *Cármen;* la de la *Estampa,* i la de *la Viña.* La mayor parte de estas plazuelas están adornadas con plantaciones de acacias i otros árboles aclimatados en la Quinta Normal de Agricultura.

Rio, tajamar, puentes. — La ciudad de Santiago es atravesada de Oriente a Poniente por el rio Mapocho, que nace a 50 quilómetros de la ciudad, en los Andes, por los 32° 40' latitud austral, en un pequeño lago, en donde recibe varios torrentes. Su direccion es de Nor-este a Sur-oeste. Despues de atravesar a Santiago se une con el rio de Colina, i continuando al pié de la cordillera central, se vacia en el rio Maipo cerca de la aldea de San Francisco del Monte, distante 50 quilómetros de Santiago. De modo que su curso es de cien quilómetros. Su pendiente es mui variable, pues antes de llegar a Santiago es de un metro seis decimetros por ciento, i despues de Santiago es solo de seis decimetros por ciento. Sus aguas, mui turbias, casi no son potables por la considerable cantidad de sustancias inorgánicas que arrastran en suspension, las que se han calculado hasta en un 18 por ciento. En cambio esas sustancias son el mejor abono para fertilizar los terrenos que atraviesa, cubriéndolos de una capa vejetal que engrosa de año en año. El Mapocho atraviesa la ciudad mui al Norte de ella, i se aleja gradualmente en esa misma direccion, de modo que deja a su costado Sur la mayor parte de la poblacion, i a su costado Norte la parte que hemos llamado seccion del Norte. La parte del costado Sur, como ya lo hemos dicho, es dividida en dos por la Alameda, que se junta al Mapocho en el estremo Oriente de la ciudad, i parte alejándose cada vez mas del rio, hasta la estacion central de los ferrocarriles, que es el estremo opuesto de la poblacion urbana.

El caudal del Mapocho jeneralmente es mui escaso, sobre todo en verano; pero en algunos inviernos suele tener creces imponentes que mas de una vez han puesto en grave peligro a los habitantes. La mayor de las inundaciones de que se conserva memoria tuvo lugar el 16 de junio de 1783, dia en que un brazo considerable del rio penetró por la Alameda, siguiendo el mismo curso que habia tenido al tiempo de la fundacion de Santiago. Ya otra grande inundacion ocurrida en 1609 habia obligado a construir un fuerte tajamar de piedra, ejecutado por el agrimensor jeneral Jines Lillo, entre el reñidero de gallos al Oriente i el puente de cal i canto al Poniente. Aun se ven hoi dia sus cimientos.

·— El sólido tajamar que hoi existe fué construido bajo el gobierno de D. Ambrosio O'Higgins. Los preparativos se iniciaron en octubre de 1791 por el célebre i siempre mal recompensado arquitecto Toesca, quien puso en 1792 las primeras hiladas de ladrillos, trabajando él mismo como albañil, i con solo un sueldo de 25 pesos mensuales: Posee tres pequeñas pirámides de ladrillo i piedra, en una de las cuales se ve la siguiente inscripcion:

D. O. M.

REINANDO CARLOS IV
GOBERNANDO ESTE REINO
DON
AMBROSIO O'HIGGINS DE
VALLENAR
MANDÓ HACER ESTOS TAJAMARES
Año 1792.

El tajamar ha sido prolongado muchas cuadras por el lado del Oriente, que es el único por donde el rio puede amenazar a la ciudad. Sus cimientos tienen una gran profundidad, i la parte superior del murallon, que tiene mas de un metro de ancho, está guarnecida por el lado del rio con varias hiladas de ladrillo a manera de balaustrada o baranda.

En años todavía no mui lejanos, el tajamar era el paseo favorito de la juventud santiaguina, pues está rodeado de hermosísimas quintas i planteles, i mas lejos, de cerros cubiertos de nieve, que hacen de él uno de los sitios mas pintorescos de la capital.

·A pocos pasos de la muralla, hácia el lado de afuera, se plantó una corrida de álamos, nacidos de los primeros que introdujo en Chile en 1809 el fraile Javier Guzman, provincial de San Francisco. Con tan larga edad, esos álamos han adquirido una corpulencia verdaderamente estraordinaria, i se elevan majestuosamente hasta una altura de muchos metros. Actualmente se ha dispuesto reemplazarlos con árboles de ramaje tendido que, como las acacias, puedan tambien alcanzar una grande altura.

— Sobre el Mapocho se han echado sucesivamente cuatro puentes, que comunican la seccion del Norte con la Central. El mas importante de todos ellos es el de *cal i canto*, situado en la parte correspondiente al tercio oriental de la ciudad, con poca diferencia. Se compone de once grandes arcos de cal i piedra, que tienen una áltura de once varas, i descansan sobre cimientos de seis a siete varas de profundidad. Su lonjitud, inclusas las ramplas, es de 242 varas, i su anchura de 10. Este puente cuenta ya un siglo de existencia, pues fué construido en 1767 por el presidente Luis de Zañartu; pero la obra solo quedó concluida doce años mas tarde, en 1779. Costó la suma de doscientos mil pesos, suma que salió toda ella de los fondos del municipio de Santiago. Fué la primera obra que se construyó en Chile sin que el tesoro de la metrópoli tuviera que hacer ningun desembolso. Ultimamente, en 1869, se rebajó su elevacion en 90 centimetros, a fin de disminuir la pendiente de las ramplas, i su pavimento se arregló por el sistema de Mac Adam.

Los otros tres puentes son de madera. El primero de ellos está situado a corta distancia del anterior, hácia el Oriente, i fué construido sobre los restos del primer puente que se echó sobre el Mapocho, en 1681, por el gobernador Juan de Manriquez. Es entoldado i tiene en la mitad una casucha para el policial custodio. El tercero está situado pocas cuadras al Poniente del de cal i canto, dando frente a la plaza de San Pablo; el cuarto se encuentra al Oriente; ambos son lijeros, estrechos i descubiertos, pero tienen la solidez necesaria.

Mercados públicos. — Los mercados de comestibles son numerosos en casi todos los barrios de la ciudad. Las plazas mayores son tres: la antigua de *San Pablo*

SANTIAGO.—Puente de cal i canto.

es la mas importante de todas ellas. Está situada al pié del tajamar, en la misma direccion de la plaza principal, de la que solo dista tres cuadras. Tiene una cuadra cuadrada, i en su interior se ha construido recientemente un magnífico edificio de cal i ladrillo, apropiado al objeto, sobre el cual irá una techumbre de ferreteria que ya ha sido traida de Inglaterra. La obra costará mui cerca de doscientos mil pesos.

El segundo mercado por su importancia, es la plaza nueva de *San Diego*, situada en la seccion del Sur, entre las calles de Galvez i vieja de San Diego, a seis cuadras próximamente de la Alameda. Tiene una cuadra cuadrada, i sus asientos o puestos son bastante numerosos.

La tercera es la plaza *Nueva de San Pablo* situada en la calle del mismo nombre i a ocho cuadras mas al Oeste que la plaza antigua.

A las tres, i sobre todo a la primera, concurre diariamente un gran número de vendedores llevando un número tan variado de especies, que casi no hai cosa apetecible que allí no se encuentre.

En las primeras horas de la mañana, la plaza presenta un aspecto de estraordinaria animacion, a causa del inmenso jentío de todas las clases i condiciones que en ella se aglomera. Hai muchos, i sobre todo entre los provincianos, que las frecuentan por diversion. Las chocolateras de la plaza han gozado en otro tiempo de una celebridad que todavia no se olvida.

Los demas mercados son pequeñas aglomeraciones de ventas, situadas en casas particulares o edificios construidos *ad hoc*, llenos de grandes galpones bajo los cuales se colocan los vendedores. Estan sujetos al pago de patente, i en cambio la municipalidad les otorga ciertos privilejios, como el que no se pueda vender carne fuera de ellos en un radio determinado.

Dos de los principales de estos mercados, llamados vulgarmente recovas, están situados en la acera Norte de la Alameda, el primero frente a San Francisco i el segundo cerca de la plazuela de San Lázaro. En la calle de Huérfanos, así como en las secciones del Norte i del Sur, hai varios otros de mui poca importancia, en los cuales casi no se vende otra cosa que carne.

Las plazas estan rejidas por un juez de abastos, nombrado por la municipalidad i a cuyas órdenes se encuentran dos o tres celadores. Este juez dirime verbalmente todas las contiendas suscitadas entre los vendedores i compradores; aplica multas o prision, i está obligado a conservar el órden.

El ramo de plazas i tendales lo remata la municipalidad por tiempos determinados, pero se reserva el derecho de intervenir para guardar el órden, el aseo i la seguridad.

Paseos públicos, estatuas, pilas. — En Santiago actualmente no son numerosos los sitios de recreo, i aun se puede decir que no existen mas que dos: la *Alameda* i la plaza principal o de la *Independencia*. En años atras el público concurria tambien al tajamar i al puente de madera, i posteriormente a la estacion central de los ferrocarriles; pero en la actualidad estos sitios se encuentran casi abandonados. En 1839 se decretó la formacion de un nuevo sitio de recreo a la entrada del camino de Valparaiso, en el que debia erijirse un arco triunfal a la memoria de los vencedores de la batalla de Yungai; pero el decreto quedó sin efecto a causa de lo inadecuado del lugar.

La Alameda es el gran paseo que tenemos en la capital i al que concurre el público con mas frecuencia. Es una inmensa calle de cien metros de anchura por mas de cuatro mil de largo, contando desde el rio hasta la estacion de los ferrocarriles. Recorre toda la ciudad en la direccion de Oriente a Poniente i está dividida en tres partes lonjitudinales que son la Alameda, en el centro, i dos calles, una en cada lado. La Alameda se compone de tres avenidas de árboles que por el Oriente no alcanzan al rio sino al monasterio del Cármen, en donde el paseo principia por una sola avenida para dividirse en tres algunas cuadras mas abajo. La del centro es de un ancho doble del de las laterales, i las tres estan separadas por dos acequias de ladrillo de un metro de ancho i por una doble corrida de árboles plantados a ambos lados de las acequias. Desde el monasterio del Cármen hasta la plazuela de San Lázaro, en una estension de diez cuadras, está adornada con sofaes de fierro i madera, de reciente fecha, i otros de piedra colocados antiguamente. Contiene un hermoso jardin ovoideo, que estuvo situado primero en el óvalo central, frente a la calle de Morandé i que fué trasladado muchas cuadras mas abajo, al óvalo de San Miguel. En su trayecto se encuentran cuatro pilas, la primera de piedra, frente al Cármen, la segunda de mármol, frente a San Francisco, i otras dos al Poniente, una de ellas de bronce. Esta última, colocada en el óvalo de San Miguel, es la primera pila que hubo en Santiago. Fué mandada construir en 1682 por el gobernador Juan de Manriquez i colocada en la plaza principal.

La avenida central se halla interrumpida por cuatro óvalos o plazoletas ovoideas. El primero está cerca de San Francisco i contiene la pila de mármol ya mencionada; el segundo se encuentra frente a la calle de Morandé, i está despejado; el tercero frente a San Lázaro, contiene la estatua ecuestre en bronce del jeneral San Martin, i el cuarto es el de San Miguel, en el que se halla la pila de bronce.

—Cuatro son las estatuas que se encuentran en la Alameda: la del *abate Molina,* colocada entre las calles Ahumada i de la Bandera. Es pedestre i tiene esta inscripcion:

« AL ABATE MOLINA
SUS COMPATRIOTAS
Año MDCCCLX. »

SANTIAGO. — Estatua del abate Molina.

La estatua del *jeneral Carrera,* colocada entre las calles de Galvez i de Nataniel, tiene esta inscripcion :

« CARRERA
1858. »

La estatua del *jeneral Freire,* colocada entre las calles de Nataniel i de Duarte, tiene en su pedestal dos planchas, una de mármol con esta inscripcion :

« CAPITAN
JENERAL
DON RAMON FREIRE
1855.»

SANTIAGO.—Estatua del jeneral Carrera.

I en la otra plancha, que es de bronce, se lee:

« La Union americana i la Union liberal a Freire!

Aqui el héroe se alza! el héroe noble
Que amó a su patria, que le dió victorias,
Coronas del pasado son sus glorias,
Rancagua, Concepcion, Maipo i el Roble!

Hoi en el bronce de esta estatua inmoble
La envidia el filo de su diente mella.
Enciende el pueblo su entusiasmo en ella
I muda faz, al contemplarla, doble!

Déspota nunca! siempre ciudadano,
No fué su vida la ambicion menguada;
Los espectros que acechan al tirano
Nunca durmieron en su pura almohada.

Del niño ejemplo, admiracion del hombre,
Vele a Chile tu estatua eternizada.
Freire, símbolo augusto fué tu nombre,
I hoz de laureles tu gloriosa espada!

G. MATTA. »

Y por último la hermosa estatua ecuestre, en bronce del *jeneral San Martin,* situada en el centro del óvalo de San Lázaro. Su pedestal de mármol se eleva sobre una gradería de losa i está rodeada por una elegante verja de fierro. No tiene ninguna inscripcion.

Todas estas estatuas son del tamaño natural.

La magnifica estatua ecuestre del jeneral D. Bernardo O'Higgins, encargada a nuestro cónsul en Paris Sr. Fernandez Rodella, y llegada recientemente, será colocada en breve en el centro del óvalo que ya hemos mencionado, frente a la calle de Morandé.

Frente a la calle de Duarte se levanta un elegante tabladillo de fierro, en donde se sitúa una banda de música los dias festivos para amenizar el paseo de la tarde.

Los árboles de que se componen las avenidas eran todos álamos, pero actualmente se los ha reemplazado por acacias hasta el óvalo de San Lázaro.

Del costado Norte de la Alameda parten las siguientes calles con direccion al rio, es

SANTIAGO. — Estatua del jeneral Freire.

2

decir, atravesando de Norte a Sur toda la seccion central, contando por el Oriente :
las calles de Villarino, de Mesias, del Cerro, de Breton, la nueva de la Merced, de
las Claras, de San Antonio, del Estado, de Ahumada, de la Bandera, de Morandé, de
Teatinos, del Peumo, de Cenizas, de Baratillos, del Sauce, del Colejio, de Cienfuegos,
de San Miguel, i siete mas que siguen al Oeste i que aun no tienen nombre. Del costado Sur parten las calles siguientes, comenzando tambien por el Oriente : las calles
de la Maestranza, de Lira, del Cármen, de San Isidro, de Santa Rosa, de San Fran-

cisco, la Angosta, nueva de San Diego,
vieja de San Diego, de Galvez, de Nataniel, de Duarte, de San Ignacio, del
Dieziocho, de Castro, de Vergara, de
Bascuñan Guerrero, el callejon de Padura, i cinco callejones mas que no tienen
nombre.

— La plaza de la *Independencia* es otro
de los paseos favoritos del público. Tiene
una cuadra cuadrada, i en su centro se
ha construido un hermoso jardin circular
en medio del cual hai una pila de mármol, que es la mas importante de Santiago, i circundado todo por una reja de
fierro. El jardin tiene cuatro callejuelas
de alambre que corresponden a los ángulos de la plaza i dan acceso hasta la pila,
a cuyo alrededor hai una corrida de sofáes. En el centro de la fuente se eleva
una hermosa alegoria que consiste en un
grupo de dos individuos. En el resto de
la plaza se ha formado un cuadro, dé-
jando a los costados una calle bastante

SANTIAGO. — Estatua del jeneral San Martin.

ancha para el tráfico de carruajes i caballos. El cuadro está ocupado por pequeñas
alamedas de acacias sembradas de sofáes de fierro i de madera, i contienen en la mitad
de su estension una fuente en cada uno de los costados. En la parte esterna del jardin
central hai tambien otra corrida de sofáes, fabricados la mayor parte de ellos en la
Escuela de artes i oficios; de manera que a pesar de su corta estension, este paseo
presenta comodidad para un gran número de concurrentes. En las tardes, i sobre
todo en las noches de verano, siempre está invadido de paseantes.

Los costados de la plaza están ocupados del modo siguiente ; el de Oriente por el
portal Mac-Clure, de dos pisos, formando una doble galeria toda de arqueria; el del
Sur, ocupado por el portal Fernandez Concha, que recientemente ha venido a reemplazar al antiguo portal de Sierra Bella, destruido completamente después de dos
grandes incendios. Tiene tres pisos, i al frente del primero una elegante galería de
arcos. Estos dos portales están ocupados esclusivamente por el comercio, i en ellos

están reunidas la mayor parte de las tiendas de sedería i jéneros que hai en Santiago. Con este motivo concurre a ellos diariamente un gran número de personas, sobre todo de damas, i vienen así a convertirse en un sitio de recreo bastante ameno i agradable. El costado Poniente es ocupado por la Catedral, edificio de piedra canteada bastante elevado, i el palacio arzobispal, que se está concluyendo. En el costado Norte se encuentran tres antiguos edificios fiscales : el primero, a la derecha del observador, el que ocupa la cárcel de detenidos i procesados, los dos juzgados del crímen de Santiago, i la municipalidad ; en el centro está el edificio que ocupa la intendencia, la oficina del cuerpo de injenieros civiles, la administracion de correos, la oficina de la junta

SANTIAGO. — Catedral i palacio arzobispal.

directiva de los establecimientos de beneficencia, el telégrafo del norte i el Conservatorio nacional de música; a la izquierda está el edificio antes destinado a cuartel de cuerpos civicos, i ocupado ahora por dos compañias del cuerpo de bomberos, la oficina central de vacuna, i la oficina de la Sociedad nacional de agricultura. Los tres edificios son de dos pisos i su arquitectura es la del Renacimiento.

— El mas importante i hermoso de los paseos de Santiago se encuentra todavia en ejecucion, i no estará concluido en menos de dos años : es el parque que se está haciendo por el Sr. D. Luis Cousiño en el Campo de Marte, destinado hasta ahora esclusivamente a las revistas militares. Ese parque será una imitacion en pequeño del universalmente famoso bosque de Boulogne de Paris.

El *Campo de Marte* es un rectángulo que tiene seis cuadras de frente por nueve de largo. Está situado en el estremo occidental de la seccion del Sur de la ciudad, distante nueve cuadras de la Alameda, i las calles que de esta avenida conducen a él por órden de Oriente a Poniente son las de San Ignacio, del Dieziocho, de Castro, de Vergara, de Bascuñan Guerrero i el callejon de Padura. En su estremo Norte se encuentra el cuartel central de artillería i el presidio urbano; en su estremo Sur está la cárcel penitenciaria de Santiago. El parque, tal como se ha proyectado por su iniciador, será uno de los mas importantes i hermosos paseos de Sud-América. Constará de multitud de bosquecillos, alamedas, cerros de formas diversas, arroyos, cascadas, jardines, etc., etc.

— Otro sitio de recreo que suele ser concurrido, sobre todo por los estranjeros, es la *Quinta normal de agricultura*. Hasta aquí este fundo, de propiedad fiscal, situado en el estremo poniente de la ciudad, ha sido destinado esclusivamente a la aclimata-

SANTIAGO. — Portal Mac-Clure.

cion de árboles i a la reproduccion de animales estranjeros; así es que se encuentra cubierto de árboles de todas clases i formas, dispuestos en largas alamedas formando un estenso i precioso verjel. En el centro de esas bellas plantaciones existe una pequeña laguna, de poca profundidad, a la que se entra en botecitos construidos a propósito. Ese sitio delicioso es elejido frecuentemente para dar banquetes o almuerzos por la jente de buen humor.

— Con motivo de la retreta que se toca en el cuartel situado frente a la *Moneda*, concurre bastante jente a la plazuela de este nombre, situada a poco mas de una cuadra al Norte de la Alameda, entre las calles de Morandé i Teatinos. En esta plazuela se ha dejado una calle bastante ancha para el tráfico, i el resto se ha convertido en una bonita avenida de árboles, en la mitad de la cual se levanta la estatua pedestre, en bronce, del ilustre repúblico D. Diego Portales, rodeada de una magnifica verja de fierro i alumbrada por cuatro faroles. Solo tiene esta sencilla inscripcion : « Portales. »

A los lados hai sofáes, i en cada estremo de la pequeña avenida existe una pila para el consumo.

Estas pilas, lo mismo que las que existen frente al monasterio del Cármen, en la plazuela de la Merced, de San Isidro, de Santa Ana, en la plaza de Yungai, en la plazuela de San Lázaro, en la del Reñidero de gallos, en la plaza de San Diego i otros puntos, son de la construccion mas sencilla, pues se reducen a una taza o fuente de losa canteada de ochenta a noventa centimetros de profundidad, i en medio de la cual se levanta un cañon de fierro por donde es espelida el agua. Están destinadas al consumo de la poblacion, i su número total es de diez i nueve.

Alumbrado. — La capital está alumbrada, desde el año de 1857, por el gas que se llama « gas de alumbrado, » que, como se sabe, es una mezcla mas o menos depurada de carburos de hidrójeno i sustancias esenciales o aceitosas. Corre a cargo de una Compañia establecida por los capitalistas D. José Tomas Urmeneta i D. Adolfo Eastman en 1865 con el objeto de esplotar el privilejio esclusivo que a ambos les habia concedido la lei de 21 de agosto de 1856, i el contrato celebrado con la

SANTIAGO. — Estatua de D. Diego Portales.

municipalidad en octubre del mismo año para alumbrar la ciudad por el gas, i suministrarlo a los particulares. El privilejio concedido por la lei es de treinta años, estando exentos de derechos de internacion los materiales i útiles para la empresa. El contrato celebrado con la municipalidad fué para alumbrar toda la seccion central comprendida entre las calles de Mesías i de Negrete, i la del Sur hasta el canal de San Miguel, distante nueve cuadras, mas o menos, de la Alameda.

Antiguamente Santiago no tenia ninguna clase de alumbrado, i solo muchos años despues de su existencia, el municipio ordenó que cada dueño de casa colocase una luz en su puerta de calle. En cumplimiento de esta ordenanza, se iluminaba la ciudad con multitud de farolitos pendientes de las puertas, i que a pesar de su número solo arrojaban una débil claridad, que se estinguia jeneralmente antes de las once de la noche. En aquellos tiempos nadie traficaba despues de esa hora. Mas tarde se introdujo el alumbrado por medio del aceite de navo, que sobre ser mui malo era mui costoso. Despues de algunos años este alumbrado fué reemplazado por el de parafina, que todavia existe en los suburbios de la ciudad; i por último vino el del gas, que tenemos actualmente.

La compañia esplotadora, amparada por el largo monopolio concedido por el Congreso, estableció su fábrica en la calle de la Moneda, en un estenso local situado a diez cuadras al Poniente de la plazuela de ese nombre. La sociedad comenzó a jirar con un capital de 800,000 pesos dividido en 1,600 acciones de 500 pesos cada una, i bajo la administracion jeneral de D. Francisco Bascuñan Guerrero. Fijó el precio del ' gas en 7 pesos el mil de piés cúbicos, i últimamente lo ha reducido a 5. Por su contrato con la municipalidad, no puede la compañia subir el precio a mas del que fijó al principio, pero tenia el derecho de fijar la primera vez el precio que quisiera. El gas que suministra es de mui mala calidad por ser demasiado purificado por el agua i las sales metálicas, como el cloruro de manganeso i el sulfato de hierro, que lo despojan casi completamente de los vapores oleosos, disminuyéndose de un modo notable su claridad. De este modo Santiago paga su alumbrado mas caro que cualquiera otra ciudad, i se le suministra el mas malo.

Agua potable. — Al hablar del rio Mapocho hemos dicho que sus aguas casi no son potables a causa de la gran cantidad de sustancias calizas, mangánicas i otras sustancias minerales que traen en suspension i que solo las hacen aptas para fecundizar los terrenos. Esto obligó a las autoridades a promover una empresa que trajese a Santiago el agua potable que se encuentra en la misma provincia i a corta distancia de la ciudad ; i así, se aprobó por el Gobierno en 27 de noviembre de 1861 un acuerdo de la municipalidad de 27 de agosto del mismo año, por el cual se llamó a propuestas para establecer la empresa. En agosto de 1864 el injeniero D. Manuel Valdes Vijil se hizo cargo de la empresa, entrando en sociedad con la municipalidad, i obligándose a servir de director e injeniero de la compañia. Al año siguiente se dió principio al trabajo, cuyo gasto se calculaba en 240,000 pesos. Los precios fijados como máximum por la empresa son : 2 pesos 50 cts. por las casas cuyo arriendo calculado esceda de 1,000 pesos al año ; 1 peso 75 cts. por las casas cuyo arriendo calculado sea mayor de 500 pesos i no pase de 1,000 ; i 1 peso por las casas cuyo arriendo calculado no esceda de 500 pesos. El agua podia tomarse al principio *ad libitum*, sin medida ; pero posteriormente el abuso que se hacia de esta libertad ha obligado a la empresa a medir el agua por medio de hidrómetros, de tal manera que al consumidor no le importe mas de tres centavos una carga de cuatro arrobas. La sociedad entre el empresario Valdes Vijil i la municipalidad durará treinta años, siendo obligada a proveer de agua gratis a diez establecimientos de la ciudad que designará la municipalidad.

Realizada ya la empresa, se trató de traer a la ciudad las aguas del estero llamado de Ramon, situado hácia el Oriente, en un fundo perteneciente a D. Ignacio Javier Ossa, el que cambió esas aguas por una toma i media del rio Mapocho i cuatro regadores del canal de las Perdices, cediéndolas perpetuamente a favor de la municipalidad. Las aguas del estero de Ramon son mui puras, contienen una cantidad mui corta de sustancias minerales, i se las califica de la mejor calidad como potables. Para traer el agua a la ciudad se construyó un acueducto de 8 quilómetros, con un costo de 30,000 pesos, i que tiene a su conclusion dos depósitos para clarificar el agua, cada uno de 16,000 metros cúbicos.

Traida ya el agua, las cañerias se estendieron rápidamente por toda la ciudad, i actualmente la matriz no tiene menos de 35,000 metros de estension, i sirve, por lo menos, a 1,600 casas.

Las pilas públicas para el servicio de la poblacion continúan siendo abastecidas por las aguas del Mapocho; pero despues de diez años la empresa del agua potable tiene obligacion de surtirlas con su agua. En la actualidad debe surtir a las de la plaza principal.

Policia de aseo. — La ciudad es mantenida en el mas perfecto estado de aseo por una oficina especial que se creó con este objeto i que depende de la municipalidad. Posee cien carretones con una numerosa falanje de empleados que se ocupan durante todo el dia en levantar el cieno i las basuras de las casas. Merced al reconocido celo de esos empleados, la ciudad puede enorgullecerse de su estado de limpieza que admiran todos los que la visitan. Aun en los arrabales no se ve una sola calle cuyo pavimento no esté mui limpio. Los carretones visitan las casas particulares dos veces en la semana, i los vecinos están obligados a entregarles sus basuras, lo mismo que a barrer el frente de sus casas otras tantas veces. Las basuras, que antes eran arrojadas a la caja del Mapocho, son ahora conducidas a larga distancia fuera de los límites rurales de la ciudad, de manera que no pueden ejercer ninguna influencia perniciosa en la atmósfera que se respira en Santiago.

CAPITULO II.

EDIFICIOS PÚBLICOS.

Casa de moneda. — Palacio de la intendencia, antiguo palacio presidencial, cárcel de la plaza. — Nuevo edificio del congreso. — Cuartel de artillería. — Id. de la moneda. — Id. de la recoleta. — Teatro municipal. — Plaza de abastos. — Palacio de justicia. — Cárcel penitenciaria. — Palacio de la universidad. — Instituto nacional. — Palacio arzobispal. — Antiguo consulado. — Portales.

Son bien pocos los edificios grandes i suntuosos que los españoles construyeron en Santiago para el servicio de la colonia; sin embargo ellos bastan de tal modo, que despues de la emancipacion no se ha hecho casi nada en este ramo. Antes de 1870 no existia ningun edificio construido con arte, pues solo en ese año llegó a Chile el primer arquitecto que hubo en la colonia, el célebre Toesca, enviado por el rei para construir los principales edificios públicos. Él construyó la Casa de Moneda, la Casa Consistorial, las Cajas, el frontispicio de la Catedral, la Merced, San Juan de Dios, el tajamar, i las mejores casas particulares de aquella época. Despues de la independen-

cia solo se ha construido en Santiago cuatro grandes edificios, que son la Cárcel penitenciaria, el Cuartel de artillería, el nuevo edificio del Congreso i la casa de la Universidad. A estos pueden agregarse los cuarteles de la Moneda i de la Recoleta, para
cuerpos de línea, el Teatro municipal, el Palacio arzobispal, el edificio que ocupa el
Instituto nacional, la plaza de Abastos, i los tres portales de la plaza principal pertenecientes a particulares. Daremos una lijera idea de todos estos edificios.

Casa de Moneda. — Es el mas estenso y valioso de los edificios que existen
en Santiago, pues ocupa una cuadra cuadrada, i su costo ascendió a la suma de un

SANTIAGO. — Palacio de la Moneda.

millon i medio de pesos. El arquitecto Toesca inició los trabajos de la obra en 1787,
bajo el gobierno del presidente Benavides, dibujó los planos, que fueron aprobados
despues de infinitas consultas al virei del Perú, i trabajó en la obra durante veinte
años. De paso diremos que esto es una prueba de la ninguna fé que se debe prestar a
la version jeneral de que Chile debe su actual palacio de Moneda a la casualidad, por
haberse puesto equivocadamente la palabra *Chile* en vez de *Méjico* en la real cédula
que ordenaba su construccion.

Está situado a media cuadra de la Alameda, entre las calles de Morandé i Teatinos, en un terreno que perteneció primitivamente a los jesuitas, adjudicado despues al
colejio Carolino, i comprado a este por el Gobierno en la suma de 9,000 pesos. El
edificio es todo de cal i ladrillo, de dos pisos, i sus sólidas i elevadas murallas no tienen menos de un metro de espesor; la estension que ocupa es de 110 metros de frente
por 150 de fondo, esto es, 16,650 metros cuadrados, i su elevacion es de 15 metros,
escepto en la fachada, en que ésta llega a 20 metros. Al principio se presupuestó para

su construccion la pequeña suma de 330,000 pesos, i solo· a los esfuerzos reiterados de los gobernadores se debió el que pudiera llevarse a cabo, pues el costo se elevó a la enorme cantidad que ya hemos apuntado. El que mas influyó en la continuacion de la obra, fué el presidente D. Ambrosio O'Higgins, i quedó concluida bajo el presidente Muñoz de Guzman. Al principio fué ocupada esclusivamente por los talleres de amonedacion, i los empleados de esas oficinas, a quienes se les proporcionaba habitacion; actualmente se han trasladado a ella las principales oficinas de gobierno.

La disposicion del edificio es la siguiente : la fachada, que cae hácia la plazuela que lleva su nombre, se compone de un cuerpo de dos pisos, de vastos salones con grandes ventanas unidos al resto de la obra por cuatro cuerpos que dejan entre sí tres patios, uno central, que es el gran patio de la casa, i dos laterales; estos cuerpos cuya situacion es antero-posterior, se unen al segundo cuerpo trasversal, que es el que cierra por la parte posterior los tres primeros patios, i llegando hasta las estremidades laterales de la casa, se continúa con los cuerpos laterales que van hasta el fondo, i con el que ocupa este último punto. Entre este segundo cuerpo trasversal i el edificio del fondo se levanta un nuevo cuerpo de edificio separado del primero i de los laterales por un patio de 5 metros de ancho, pero unido con el cuerpo del fondo por las murallas principales. Ultimamente está el cuerpo posterior i del fondo, que es un vasto edificio en el cual están instalados todos los talleres i oficinas de la Casa de Moneda.

Su arquitectura es la del Renacimiento, pero sin ninguna de esas combinaciones de los órdenes dórico i corintio que tanto embellecen la fachada de otros edificios. El aspecto· de éste es majestuoso, aunque monótono i triste,· i revela mas fuerza que belleza. En·efecto, en su construccion se atendió mucho mas a la solidez que·a las·hermosas combinaciones arquitectónicas que tan usadas fueron en aquella época i aun en la presente.

Este vasto edificio está ocupado por un gran número de oficinas. El cuerpo del frente se puede dividir en dos partes : derecha e izquierda de la puerta de calle. La izquierda es destinada para habitacion del Presidente de la República i comprende una doble serie de salas i el patio lateral izquierdo; pero las salas del piso bajo son ocupadas por la comandancia jeneral del ejército i la de la guardia nacional; en las del segundo piso tiene el Presidente su sala de despacho diario, i los salones de recepcion privada. La parte derecha, en el primer piso, es ocupada por las oficinas de la Contaduría·mayor, i en el segundo por el Ministerio del Interior. Los cuatro cuerpos antero-posteriores i el segundo trasversal, en el primero i segundo piso, están ocupados por la sala de Gobierno destinada a las recepciones solemnes, la capilla del Presidente, el archivo de la Contaduria mayor, los ministerios de Justicia, Culto e Instruccion Pública, de Relaciones Esteriores, de Hacienda, de Guerra i Marina, la Tesorería jeneral con sus oficinas anexas, la Inspeccion jeneral del ejército, las oficinas del Cuerpo de injenieros civiles i las del Cuerpo de injenieros militares, la oficina del arquitecto de gobierno, la Inspeccion jeneral de instruccion primaria, i la oficina del Telégrafo del Norte.

En el cuerpo que ocupa el.centro del segundo patio· está el depósito o almacen jeneral de armas i pertrechos de guerra, en el primer piso, i en el segundo la oficina central de estadística i el archivo jeneral. Por último, todo el cuerpo del fondo está ocupado por la Casa de Moneda que comprende seis secciones diferentes, i son : administracion, fielatura, fundicion, ensaye, oficina del grabador i maestranza. En esta parte el edificio tiene una segunda puerta al Oriente, que lo comunica con la calle de Morandé.

Palacio de la Intendencia.—Antiguo palacio presidencial.— Cárcel de la plaza. — El costado Norte de la plaza principal está ocupado por tres grandes edificios del tiempo de la colonia : en el centro el palacio de la Intendèn-

SANTIAGO. — Palacio de la Intendencia.

cia, a la derecha la cárcel de procesados i salas del cabildo, i a la izquierda el palacio de los antiguos Presidentes, trasformado hoi en cuarteles de bomberos. Estos edificios fueron construidos por los arquitectos Toesca i Jaraquemada, quienes reunieron los tres cuerpos formando una sola fachada, con tres grandes portadas de diferente estilo i disposicion. La arquitectura, lo mismo que en casi todos los demas edificios públicos, no pertenece a ningun órden fijo, sino a esa caprichosa combinacion que se llama *del renacimiento.* » La Intendencia i la cárcel son de dos pisos, i el edificio de la izquierda de uno solo. La estension de toda la fachada es de 152 varas, i de ella corresponden a la Intendencia 53, al antiguo palacio 39, i a la cárcel 60 ; el fondo comprende toda la cuadra por el lado Poniente i hasta la mitad por el Oriente, dejando libre un cuarto de manzana que pertenece a particulares. Del primer cuerpo de edificio, que comprende toda la fachada, parten hácia el fondo cuatro cuerpos dobles i separados por espesas murallas, los que se unen a un segundo cuerpo trasversal para formar tres grandes patios, uno en cada edificio. Estos cuerpos son de dos pisos en la cárcel e Intendencia, i de uno en el antiguo palacio, i se unen al resto de la obra dejando a la izquierda cláustros espaciosos rodeados de corredores que fueron convertidos en cuarteles despues de la independencia. Estos claustros, de un piso, se estienden por la izquierda, o sea el Poniente, hasta la calle de Santo Domingo, que es la que limita la manzana por el Norte.

El edificio de la cárcel se principió a construir en noviembre de 1785, bajo el gobierno de D. Ambrosio Benavides i la direccion de D. Melchor Jaraquemada, i se estrenó en febrero de 1790, fecha que aun conserva grabada en uno de sus ángulos. Al frente tiene un vestibulo de arqueria bastante espacioso i sostenido por cuatro columnas de canteria; en ambos lados se encuentran, a mas del cuerpo de guardia que custodia la cárcel, las oficinas de los dos juzgados del crimen que existen en Santiago, las que ocupan el primer piso, i tambien la habitacion del alcaide i una pequeña sala para visitar a los detenidos; el segundo piso, en el costado izquierdo, es ocupado por la municipalidad, su secretaría i su archivo, i en el costado derecho por la tesorería de la misma corporacion, oficina bastante laboriosa que ocupa varios departamentos. El patio de la cárcel está rodeado de cuartos en el primero i segundo piso, que sirven de celdas en donde se aglomera a los presos; existe ademas un pequeño departamento para mujeres, i un calabozo donde se encierra a los condenados a muerte. El terreno i edificio pertenecen al municipio, pero éste trata de enajenarlo con el objeto de edificar la cárcel en un sitio menos central i mas a propósito para su objeto.

El piso bajo del palacio de la Intendencia está ocupado por la administracion jeneral de correos i las oficinas del telégrafo fiscal; en el piso segundo se encuentra instalada la intendencia, la inspeccion de policia i la oficina de la Junta directiva de los establecimientos de beneficencia, en donde se espiden los *pases* para el entierro de los cadáveres. El patio, en el primero i segundo piso, está rodeado de anchos corredores, sostenidos en el primero por gruesas columnas de cal i ladrillo, i en el segundo por pilares de madera. En la fachada se levanta una pequeña torre, en la cual se colocó en 1868 un magnífico reloj de cuatro esferas trasparentes, que son iluminadas de noche.

El palacio de los antiguos Presidentes, vulgarmente llamado las *Cajas*, es el menos importante por su edificio, pero el mas valioso por la grande estension de su terreno. Por el lado de la plaza tiene un gran patio rodeado de corredores i piezas ocupadas actualmente por la comision de vacuna i la Sociedad nacional de agricultura; i en los departamentos del Poniente que caen a la calle está el Conservatorio nacional de música i la Administracion jeneral del estanco. De aqui siguen otros dos cuerpos de edificio, de un piso tambien, ocupados por el cuartel general de bomberos i por tres compañias de bombas que han arreglado en ellos grandes salones para colocar sus trenes i demas enseres. En la fachada del cuartel jeneral se ha construido un campanario bastante elevado para dominar toda la poblacion, i en su parte mas alta se colocó una gran campana con la que se dan las alarmas de incendio. En una de las columnas de este edificio se lee la siguiente inscripcion: «Reinando el Sr. D. Cárlos IV i gobernando por S. M. este reino D. Luis Muñoz de Guzman se hizo esta obra, año de 1807. »

Nuevo edificio del Congreso. — Este vasto edificio se comenzó a construir en diciembre de 1857, en el terreno que perteneció a los jesuitas situado al Poniente de la iglesia de la Compañia, a una cuadra de la plaza entre las calles de la Compañia i Catedral. Comprende el terreno que fué obsequiado por el vecindario a los primeros jesuitas que llegaron a Chile, i en el que despues estuvo el Instituto Nacional, pero no ocupa la parte en que estuvo la Compañia, ni la ocupada aun por la casa del Museo; estos dos terrenos deben formar la plaza de O'Higgins que rodeará al Congreso por el Oriente i por el Norte así que se haya destruido la casa del Museo i el edificio contiguo en que estuvo el Instituto.

El trabajo de esta obra se paralizó por falta de recursos en 1860, cuando ya se habia invertido en ella la suma de 154,000 pesos. Solo se alcanzó a construir las murallas, que son de cal i ladrillo, i una parte de la obra de cantería. El plano, que fué levantado por el célebre arquitecto M. Debain i continuado por M. Henault, nos muestra uno de los mas hermosos edificios que habrá en la capital, cuyos órdenes arquitectónicos son el dórico en el primer piso i el corintio en el segundo. Ocupa un rectángulo de 76 metros de ancho por 78 de fondo, i tiene cuatro fachadas correspondientes a las cuatro calles que rodean la manzana; la principal de estas fachadas es la de la calle de la Catedral con una elevacion de 24 metros en la puerta i 20 en el resto, con dos órdenes de 24 ventanas i un vestibulo de 16 metros de largo sostenido por cuatro grandes columnas. En las tres fachadas restantes hai tambien otros tantos vestibulos adornados con 32 columnas, i los mismos órdenes de ventanas. Mirado por la calle de la Catedral, la distribucion del edificio es la siguiente: la parte izquierda del frente, i casi toda la lateral que cae a la plaza de O'Higgins, es ocupada por la Cámara de Diputados i sus oficinas anexas; las partes derecha i lateral de ese lado las ocupa el Senado i sus oficinas. El cuerpo del fondo, cuya fachada cae a la calle de la Compañia, está destinado al Museo Nacional. En el centro hai un gran salon de 42 metros de largo por 15 de ancho, destinado a la sesion solemne de apertura de las Cámaras. Este salon se comunica a la derecha con el de la Cámara de Senadores i a la izquierda con el de la de Diputados. Estos recintos son semi-circulares, de 224 metros cuadrados el del Senado i 360 el de Diputados; estan rodeados de una serie de 14 grandes columnas detrás de las cuales se levantan las galerias para el público; el centro es ocupado por los lejisladores, i frente a la puerta que comunica con el salon de apertura, se levanta el dosel del Presidente.

Se calcula que el gasto para concluirlo pasará con mucho de trescientos mil pesos. En 1870 se ordenó por el Gobierno la prosecucion de la obra, i actualmente se ocupa de ella el arquitecto de gobierno D. Manuel Aldunate.

Cuartel de artilleria. — Este edificio ha sido construido en el lado Norte del Campo de Marte, casi frente a la Penitenciaria que está en la estremidad opuesta del mismo campo. Ocupa un rectángulo de 120 metros de ancho por 130 de fondo; es todo de cal i ladrillo i su distribucion es la siguiente: En el centro de la fachada hai un cuerpo de edificio de un piso i de 30 metros de ancho, dividido por el portal de entrada en dos departamentos con cuatro salas cada uno; éstas estan destinadas para el cuerpo de guardia, calabozos i demas oficinas del servicio. Sigue un gran patio limitado a derecha e izquierda por las caballerizas en el primer piso i las cuadras de los soldados en el segundo. Este patio es limitado al fondo por un cuerpo trasversal de dos pisos, en cuyas estremidades hai torreones que dan al campo, con capacidad para 75 soldados. En el primer piso de este cuerpo está el depósito de materiales, que son dos grandes salas situadas a uno i otro lado del pasadizo central, i las caballerizas de los oficiales; en el primer piso se encuentra un espacioso dormitorio para tropa, la sala de armas, el dormitorio de oficiales, la mayoría i la academia de oficiales. De aqui sigue un gran rectángulo que comprende todo el resto del cuartel i en el cual hai siete cuerpos de edificios de un piso, situados tres a la derecha i cuatro a la izquierda, i todos ellos separados unos de otros por pequeñas callejuelas. Estos departamentos estan destinados para los almacenes jenerales, los diversos talleres, los depósitos, el almacen de

SANTIAGO. — Cuartel de artillería.

pólvora, la sala de artificio, el depósito de mistos, etc. En el centro de la muralla que limita el rectángulo se levanta un nuevo torreon de la misma capacidad que los anteriores.

Este edificio se principió a construir en 1854, siendo levantados los planos por el capitan de artilleria D. José Francisco Gana, i quedó terminado en 1858. Así por su distribucion como por su estension i comodidad, es el mas importante de todos los edificios de este jénero que existen en el pais.

Cuartel de la Moneda. — Este cuartel fué construido frente a la casa de Moneda en un sitio fiscal ocupado antiguamente por caballerizas de los funcionarios españoles. Fué al principio de un solo piso, pero hoi tiene dos, es todo de cal i ladrillo, i su fachada comprende todo el ancho de la manzana, con una estension de 124 metros. Entre él i la Moneda existe la plazuela de este nombre, de la que ya nos hemos ocupado. Su fondo apenas alcanza a un cuarto de cuadra. En los departamentos del frente se encuentran casi todas las habitaciones i oficinas del servicio, siendo destinados los demas á cuadras y caballerizas. Tiene un solo patio bastante estenso, i dos grandes corredores para la tropa. En él se aloja permanentemente la escolta del Presidente de la República, que monta la guardia de la Moneda, i que se compone de algunos escuadrones de caballería.

Cuartel de la Recoleta. — En 1849 fué construido este cuartel en un estenso sitio comprado por el gobierno a pocas cuadras al Norte del rio Mapocho, en la acera Poniente de la calle de la Recoleta. Ultimamente ha recibido una considerable refaccion que lo ha convertido en uno de los mas hermosos edificios de su clase que poseemos, i ha sido ensanchado por la adquisicion de un fundo colindante. El edificio tiene 58 metros de frente por 90 de fondo, i su patio principal es de 1,344 metros cuadrados de estension. Su hermosa fachada que se principió a construir en 1867, es notable por la elegante disposicion de diez pequeños torreones que la adornan i que se levantan algunos metros por sobre su segundo piso. Tiene dos órdenes de ventanas i

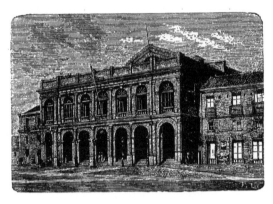

SANTIAGO. — Teatro Municipal.

tres portadas que comunican con otros tantos cuerpos de edificios que van hácia el interior, uno central i dos laterales. Estos cuerpos ofrècen toda la estension i comodidad necesarias para el acuartelamiento de una numerosa tropa.

Teatro municipal. — Los que conocen los teatros de Sud América aseguran, que nuestro coliseo, hoi reducido a cenizas por el terrible incendio del 8 de diciembre de 1870, era mui superior a todos los que han visto. Fué construido por el municipio en un terreno fiscal que era ocupado por un antiguo teatro i por la antigua Universidad de San Felipe, ubicado al Oriente, en la calle de Agustinas a dos cuadras de la Alameda; i se inauguró en 1857. Habia costado la suma de 600 mil pesos. En la actualidad están levantados ya los nuevos planos, i el edificio será rehecho sobre sus ruinas en mui poco tiempo mas. Tenia capacidad para 1,848 personas, très órdenes de palcos i una estensa galeria. Ocupaba un terreno de 63 metros de fondo por 56 de frente. Su fachada tenia un pórtico de 30 metros de largo, adornado con doce columnas i diez i seis pilastras; venia en seguida un espacioso vestíbulo o salon de fumar de 23 metros de largo por 10 de ancho. Sobre esta sala, en el segundo piso, se encontraba el espacioso i elegante salon de la filarmónica. Segun el nuevo plano, la platea, de una forma bastante elíptica, tendrá unos 25 metros de largo por 18 de ancho i contendrá 704 asientos; El proscenio tiene 22 metros de ancho por 15 de fondo. La elevacion de la fachada es de .19 metros, i la del techo de la platea de 17. Este cuerpo central de edificio está separado de otros dos laterales, de dos pisos, por dos patios de 24 metros de largo i 6 de ancho. Esos cuerpos son destinados a habitacion de actores, depósitos de los enseres del teatro, oficinas i el café. El número total de asientos que tendrá el Coliseo segun los planos presentados, será de 2,830, distribuidos entre la platea, cuatro órdenes de palcos i un anfiteatro. Se ha presupuestado para su reconstruccion la suma de 150,000 pesos.

Plaza de Abastos. — El mercado principal de Santiago se encuentra en la ribera Sur del Mapocho, entre las calles que se continúan con la de Ahumada i del Estado. Ocupa una cuadra cuadrada, cuyo alrededor está lleno de cuartos de un piso, i su interior se componia de varios patios rodeados de galpones de madera donde se colocaban los vendedores. Estos están divididos en departamentos señalados a las diversas clases de mercaderias. En 1868 la municipalidad resolvió reemplazar los galpones por un magnífico edificio de cal i ladrillo con techumbre de fierro, i presupuestó 100,000 pesos para comenzar los trabajos. Estos se han continuado i ya están en estado de recibir la ferretería traida de Inglaterra. La disposicion del edificio recien construido es la siguiente : en el centro del cuadrado se levanta sobre cuatro columnas de fierro una gran rotunda de 2,550 piés cuadrados, cuya cúpula tiene una elevacion de 25 metros. Al rededor de esta rotunda, unidas a ella, i sobre iguales columnas, se levantan ocho rotundas mas cuyas cúpulas son un poco mas bajas que la central. De este modo se viene a formar una sola rotunda con nueve cúpulas, que abraza una estension de 21,609 piés cuadrados. Este gran cuerpo está rodeado de estensos corredores separados del edificio esterior por calles de 10 metros de ancho. Este último cuerpo, que aun no se ha emprendido, será tambien de cal i ladrillo, de dos pisos, i no tendrá comunicacion con el interior.

Se calcula que el costo total de esta obra ascenderá a mas de medio millon de pesos, i para sufragar a este gasto el municipio ha necesitado recurrir a empréstitos estraordinarios i a la emision de bonos amortizables en un largo plazo.

Palacio de Justicia. — Este edificio está situado en la calle de la Bandera, dando frente a la plazuela de la Compañia, i ocupa un terreno que fué donado a los jesuitas el año 1600 por un capitan Fuenzalida. Los frailes habian construido en él su noviciado, i cuando fueron despojados pasó al fisco. El edificio actual fué concluido en 1806, i se destinó a la Aduana, que entonces se hallaba establecida en Santiago. Cuando esta oficina se trasladó a Valparaiso, despues de la independencia, se instalaron en el edificio las Córtes de Justicia i los juzgados de letras en lo civil, i el de comercio. Es de cal i ladrillo, de dos pisos, i está dividido en dos patios, uno al lado del otro i comunicados ambos con la calle, por una puerta principal.

Cárcel penitenciaria. — En 1843 decretó el Congreso la construccion en Santiago de una cárcel penitenciaria para los reos rematados, i en 1845 se comenzó el trabajo en la estremidad Sur del Campo de Marte. El edificio tal como existe actualmente, tiene la siguiente disposicion : una cuadra cuadrada de terreno es circunvalada por una espesa muralla de cal i ladrillo provista de garitas para los centinelas.

En el centro de este cuadro hai un octógono, que es el patio principal, i de cada uno
de sus ocho costados parte un cuerpo de edificio rectangular, viniendo a asemejarse a
la figura de una estrella de ocho picos cuyo centro fuese el patio. Estos ocho cuerpos
están circunvalados por otra muralla que los separa de la esterior, dejando entre
ambas una faja de terreno que se llama el recinto. Por consiguiente los centinelas, que
están en la muralla esterior, quedan completamente incomunicados con los presos. De
los ocho cuerpos, siete son destinados a las celdas i el octavo a las oficinas del servicio.
Este último es el que da frente al Campo de Marte. En su fachada está la puerta
principal, a cuyos lados se levantan dos torreones para centinelas. De los torreones
siguen dos departamentos para la guarnicion, a uno i otro lado del pasadizo de entrada,
i se continúan con otros dos destinados al servicio i a los empleados. Estos cuerpos se

SANTIAGO. — La Penitenciaria.

unen con otro trasversal, ocupado a la derecha por las oficinas de la administracion, i
a la izquierda por el hospital, que es una larga sala con capacidad para 35 camas. La
estremidad de todo este octavo cuerpo se comunica con el patio central por un pasadizo, a cuyos lados están las habitaciones de los porteros i vijilantes de presos. Los
otros siete cuerpos que parten del octógono están divididos lonjitudinalmente por una
calle de cinco metros de ancho, i en cada division existe una doble hilera de 15 celdas
cada una, siendo de 20 en los dos cuerpos laterales. Entre uno i otro de estos rectán-
gulos queda un triángulo cerrado por la muralla de circunvalacion interior, i en ellos
se han colocado los diversos talleres de la casa. Todas las murallas son de cal y ladrillo, de un metro de espesor, i las celdas están cerradas por arriba con una bóveda del
mismo grueso i material. En los patios triangulares hai actualmente cinco talleres,
tres de carpinteria, uno de herrería i otro de zapateria, dirijidos por maestros contra-
tados por la casa, i a ellos concurren los presidarios diariamente. El taller es un gran
galpon de madera, cerrado por sus costados, con techo de zinc i de madera, a cuyos
lados tiene departamentos para trabajos especiales del mismo ramo, i en ellos elaboran
los presos sus obras i reciben la instruccion que necesitan. Tiene 24 metros de largo
por 12 de ancho.

El número de celdas era solo de 520, i para aumentarlo se ha construido sobre uno de los cuerpos de celdas otro análogo a él, formando un segundo piso con 64 metros.

Los presos oyen misa en una capillita que existe en el patio central, el cual está adornado con una pila de losa canteada.

El plano de esta cárcel fué levantado por el injeniero chileno D. Adriano Silva.

Palacio de la Universidad. — Los trabajos de este edificio se principiaron en 1863 i se paralizaron dos años despues a consecuencia de la guerra de España ; pero la obra quedó bastante adelantada para servir á su objeto, habiéndose concluido la parte principal i toda la que necesitaba la Universidad para instalar en ella los cursos de sus diversas facultades, i tambien sus oficinas, depósitos i talleres.

El edificio está situado en la acera Sur de la Alameda, delante del Instituto Nacional i al costado Poniente de la iglesia de San Diego, entre las dos calles de San Diego, nueva i vieja. Ocupa una estension de 40,000 metros cuadrados, siendo su frente de 80 metros. Es todo de dos pisos, de cal i ladrillo, i su fachada, de dos órdenes de ventanas, tiene una elevacion de 26 metros en la puerta principal i 16 en el resto. De la puerta se continúa un vestíbulo de 7 metros i medio de ancho, en ambos lados del cual hai escaleras de piedra que conducen al segundo piso, i se comunica por su parte posterior con el gran salon central. Este es una espaciosa rotunda de 330 metros cuadrados, cuya cúpula tiene una elevacion de 16 metros ; esta cúpula está sostenida por una serie de hermosas columnas, en cuya parte superior hai un anfiteatro circular i detras de las cuales, en el piso, se levanta una galería de tres corridas de asientos a todo el rededor de la sala. En la parte posterior, i frente a la puerta principal, se ha construido una elegante tarima en que se colocan los miembros del Consejo universitario i demas funcionarios públicos en los casos de sesiones solemnes. A uno i otro costado de este salon hai un patio rodeado de corredores en sus dos pisos, i que miden 17 metros i medio de ancho por 19 de largo. Detras del salon central hai un corredor que lo separa del cuerpo posterior de la casa. Este cuerpo, como los laterales i el del frente, se compone de espaciosos salones que se corresponden en ambos pisos, i son destinados para los cursos de ciencias y demas objetos ya indicados. En el centro del piso bajo del cuerpo posterior hai un pasadizo que corresponde al vestíbulo de entrada i comunica con un pequeño patio que separa a este edificio del que ocupa el Instituto Nacional.

Los planos de este palacio fueron levantados por el distinguido arquitecto francés D. Luciano Henault, que es el autor de algunos de los mas importantes i bellos edificios de Santiago. Entre estos podemos citar la grande iglesia de San Miguel, en la Alameda, que hasta ahora está inconclusa, el nuevo edificio del Congreso, la parte del Poniente del pasaje Bulnes, los edificios que ocupan los bancos Fernandez Concha, Nacional de Chile i Mobiliario, las casas de D. Ignacio Larrain i de D. Javier Ovalle en la calle de la Compañia, la del jeneral Blanco i la de D. Tadeo Reyes, en la calle de Agustinas, i la de D. Alvaro Covarrubias, en la calle de Huérfanos.

Instituto Nacional. — A los piés del edificio anterior existe el que ocupa el Instituto Nacional, construido en 1842 para reemplazar al que ocupaba el establecimiento en la calle de la Catedral. Es un vasto edificio que ocupa las dos terceras partes

3

de la manzana én que está situado, estendiéndóse de una a otra·calle de·San Diego.
Es todo de dos pisos, de adobe, i sin ninguna arquitectura. La fachada principal, que
cae a la calle vieja de San Diego, solo se distingue del resto del edificio en que tiene
dos grandes puertas, correspondiente la primera al patio de esternos i la segunda al
principal de internos. Está dividido en varios patios rodeados de anchos corredores i
llenos de salas espaciosas para las clases i alojamiento de alumnos i profesores. Las
oficinas del rector se encuentran en la parte del primer piso comprendida entre las dos

SANTIAGO. — Palacio de la Universidad e Iglesia de San Diego.

puertas de la fachada. Ótra puerta correspondiente a un hermoso patio· comunica el
edificio con la calle nueva de San Diego.

Palacio arzobispal. — Este edificio está situado en el costado Poniente de
la plaza principal, al costado Sur de la Catedral, i ocupa el resto de ese lado que deja
libre la iglesia. Este sitio fué comprado en los primeros tiempos de Santiago por un
Sr. Salcedo, quien lo trasmitió a sus herederos. El cabildo lo adquirió mas tarde por
la suma de 12,000 pesos, pero mui luego fué reclamado por el metropolitano que ale-
gaba ciertos derechos a su posesion, como bien inmueble de la Iglesia. Se siguió un li-
tijio que duró veinte años, al fin de los cuales un tribunal compuesto de varios obispos adjudicó el ·sitio al metropolitano. Desde entonces se comenzó a edificar en él un
palacio para el obispo, trabajo que estuvo paralizado durante muchos años, pero que
recibió un mayor impulso en 1869 i 1870. En estos años se construyó toda la fachada
i cuerpo principal, que se unen con dos laterales construidos anteriormente. Estos se
estienden hácia el fondo, i son divididos por un cuerpo trasversal que forma dos patios
rodeados de corredores. El edificio es todo de dos pisos, i de cal i ladrillo. Su fachada

tiene la misma elevacion que la Catedral, su coadlátere, i es notable por los estravagantes defectos arquitectónicos de que adolece. Es de tres pisos, pero la elevacion del primero es mucho menor que la del segundo, así es que su aspecto es de los mas chocantes e inspira la idea de una civilizacion sumamente atrasada. Su arquitectura es una mezcla de los órdenes dórico i corintio, los mas usados en Santiago, i en el segundo piso de la fachada tiene una balaustrada de ladrillo sostenida por columnas del mismo material, que forman en el primero una especie de pórtico saliente. El segundo piso es adornado por una serie de columnas góticas, que aunque mui hérmosas, no estan en armonia con las proporciones del piso bajo.

Este palacio no es habitado actualmente por el arzobispo, sino que se arriendan sus departamentos al comercio. Los altos del costado izquierdo que cae a la calle de la Compañia, están ocupados por la imprenta del diario « Independiente, » órgano en Chile de los intereses del partido ultramontano, i los altos de la fachada por un club relijioso-politico titulado « Amigos del país. » En el piso bajo está el café denominado « Casino del Portal » i varios almacenes i tiendas de jéneros.

Antiguo consulado. — El edificio en que en la actualidad funciona provisoriamente el Congreso, fué construido a fines del siglo XVIII para el antiguo Consulado de comercio residente en Santiago. Estuvo concluido en 1806. Está situado en la plazuela de la Compañía, dando frente a la destruida iglesia de este nombre, i su fondo se estiende media cuadra por la calle de la Bandera hácia la Alameda. La fachada es de dos pisos, adornada de pilastras poco salientes i dos órdenes de ventanas. Los cuerpos laterales, de un piso, forman el gran patio de la casa por su union con un segundo cuerpo trasversal, que es ocupado todo él por la sala de sesiones de las Cámaras. De aquí sigue un segundo patio, mas ancho que largo, en donde están las habitaciones de algunos empleados del Senado, i que comunica con la calle de la Bandera por una puerta falsa; esta sirve tambien para dar salida a los diputados. Los costados del primer patio están ocupados por las secretarías de ambas Cámaras, i el edificio del frente por el portero.

Portales. — El costado Sur de la plaza principal es ocupado actualmente por uno de los edificios mas suntuosos de Santiago: el portal «Fernandez Concha,» que aun no está completamente concluido. Este edificio ha venido a reemplazar al antiguo portal que existia en aquel sitio, edificado por los condes de Sierra Bella entre los años 1685 a 1690. Este último no comprendia al principio todo el frente de la plaza, sino que en el centro dejaba aislada una casa particular, que fué adquirida por el jeneral D. Manuel Bulnes cuando pensó en edificar su portal en el centro de esa manzana, a fin de proporcionarle una salida a la plaza. Por un convenio posterior, los dos cuerpos del portal fueron unidos i resultó una estensa galeria de dos pisos, ocupado el primero por tiendas al lado de adentro, i por tiendecillas o baratillos al de afuera, pequeñas casuchas de madera pegadas a las columnas de la arqueria. Este edificio sufrió dos grandes incendios: el primero destruyó toda su mitad oriental, i el segundo, ocurrido en 1869, lo destruyó completamente. Entonces compró el terreno el banquero Don Domingo Fernandez Concha i levantó el hermoso edificio que hoy existe. Este es una espaciosa galería de diez i ocho arcos, sobre la cual se levanta un gran cuerpo de edificio de dos pisos, i bajo de ella se estienden vastas bodegas; asi es que el todo viene a constar de cuatro pisos. El fondo es escaso, pues casi no pasa de un cuarto de cuadra; pero en cambio la fachada, relativamente, es inmensa. Sobre el cuarto piso se levantan en el centro i en las dos estremidades, tres pequeños cuerpos a manera de torreones u observatorios, que contribuyen a dar al todo un aspecto pintoresco. Las pilastras del segundo piso, lo mismo que las del cuarto, son planas; pero las ventanas del piso tercero están colocadas entre una serie de hermosas columnas redondas de cal i ladrillo. El primero i segundo piso están destinados esclusivamente para tiendas i baratillos que tambien van pegados a las pilastras; los pisos tercero i cuarto son ocupados por el

SANTIAGO. — Interior del pasaje Bulnes.

Hotel Santiago, el mas importante de los establecimientos de su clase que existen en Chile, i aun en Sud-América.

El Portal Bulnes es una cuádruple galeria que atraviesa crucialmente la manzana en que está situado el anterior. Esta galeria está toda techada con cristales colocados en un aparato de madera, es de dos pisos, i tiene en el centro una rotunda de donde parten las galerias que van a las cuatro calles que rodean la manzana. La galeria de la plaza desemboca en el portal Fernandez Concha, formando así un hermoso crucero. El edificio está dividido en una multitud de departamentos en el primer piso, a los que corresponden otros tantos en el segundo; que sirven de habitacion a los comerciantes que alli se establecen. En la actualidad este edificio pertenece al capitalista D. Domingo Matte, que lo compró a la sucesion del jeneral Bulnes.

El portal Mac-Clure es el edificio que ocupa todo el costado Oriente de la plaza principal, i se concluyó de edificar en 1864. Consta de dos grandes cuerpos de edificio separados por un patio de diez metros de ancho, unidos en sus estremidades por otros dos cuerpos que representan el fondo i cuya lonjitud no pasa de un tercio de cuadra. El primer cuerpo, que es el que cae a la plaza, es todo de dos pisos como los demas, i forma en ambos una estensa galería de arcos de cal i ladrillo. Entre esta galería i el patio estan los salones ocupados por tiendas o almacenes; en los demas cuerpos el piso bajo es todo ocupado por el comercio, i en el segundo piso, hai tambien almacenes, diversas oficinas i habitaciones particulares.

Los portales mencionados son un sitio de recreo, pues concurre continuamente a ellos, sobre todo por la noche, una multitud de jente de ambos sexos que pasea por las diversas galerías hasta mas de las diez de la noche.

CAPITULO III.

PARROQUIAS I TEMPLOS.

Arzobispado de santiago. — PARROQUIA DEL SAGRARIO. —Catedral.—Santo domingo. — Recoleta domínica. — La merced. — San.francisco. — Recoleta franciscana.—San diego.—San juan de dios. — Capilla de la soledad. — San agustin.—La compañia.—PARROQUIA DE SANTA ANA.—Santa ana. San pablo.—El Salvador.— Capilla de los huérfanos. — Id. de san josé. PARROQUIA DE SAN ISIDRO. — San isidro.—Capillas.—PARROQUIA DE SAN LAZARO.—San lázaro.— San francisco de borja. — Colejio de agustinos. — Capillas. — PARROQUIA DE LA ESTAMPA.—La estampa.—Capillas. — PARROQUIA DE SAN SATURNINO. — Iglesia de yungai. — San miguel. —Capillas.—OTRAS PARROQUIAS.—Congregacion de los sagrados corazones. — Id. de la mision. — Monasterios i casas piadosas de mujeres. —Monjas clarisas.— Id. agustinas.—Claras de la victoria. —Carmelitas de san josé. — Capuchinas. — Rosas. — Carmelitas de san rafael. —Casas de los sagrados corazones.—Hermanas de la providencia. —Relijiosas del corazon de jesus. — Hermanas de la caridad. — Congregacion del buen pastor. — Id. de la casa de maría. — Id. de purísima. — Monjas de la buena esperanza. —Cofradías.

Arzobispado de Santiago. — El arzobispado de Santiago comprende las provincias de Santiago, Valparaiso, Aconcagua, Colchagua, Curicó i Talca, i contiene una poblacion de 1.170,569 habitantes segun el último censo. Está dividido en 74 parroquias, las que encierran 146 iglesias mayores i 220 capillas. El clero que lo sirve se compone de 284 individuos, de los cuales son domiciliarios de la diócesis 219, i los 65 restantes pertenecen a otras diócesis. Hai ademas 86 estudiantes para clérigo, llamados « clérigos de órden inferior. » Del número anterior, 146 ejercen el empleo de curas, sota-curas i capellanes; 80 tienen ministerio libre, i 38 son ocupados en las diversas oficinas del arzobispado.

El número de frailes o regulares, inclusos los novicios i porteros, alcanza a 465 repartidos en 37 conventos. En los monasterios i démas conventos de mujeres tenemos 1,217 individuos, incluyendo en este número a las sirvientes i a las llamadas penitentes; están repartidas en 23 casas, en varias de las cuales sostienen establecimientos de educacion i asilos para jente pobre.

De modo que resumiendo el cuadro anterior, tenemos que en el arzobispado de Santiago hai 2,052 personas dedicadas al servicio i a las prácticas relijiosas.

Parroquia del Sagrario. — El departamento de Santiago está dividido en once parroquias, cuyos limites, en varias de ellas, abrazan una parte urbana i otra rural. La primera es la de la CATEDRAL o del SAGRARIO, que comprende la iglesia *Metropolitana, Santo Domingo,* la *Merced, San Agustin, San Francisco, San Juan de Dios, San Diego,* el monasterio de *Capuchinas,* el de *Agustinas,* el de las *Claras* i las capillas del *Sagrario* i de la *Soledad.*

La Catedral, situada en el ángulo Norte del costado Oeste de la plaza de la Independencia, es la iglesia mas antigua de Santiago i ha sido reedificada en tres ocasiones. La primera la edificó el conquistador Pedro Valdivia en un ríncon del terreno que ocupa la actual, i la dedicó a la Asuncion de la Vírjen María. Se empleó doce años en concluirla, i costó 12,500 pesos. En 1561 principió a reedificarla de cantería D. Garcia Hurtado de Mendoza, con cuyo objeto donó algunas cantidades e hizo colectar otras entre el vecindario. Se empleó catorce años en su construccion, i se le consideraba como el mejor templo de Sud-América. Fué arruinada setenta i dos años mas tardé, por el terremoto de 1647 que asoló a Santiago.

El templo que existe hoi fué construido en el mismo local, pero bajo un plan distinto. Los trabajos se principiaron bajo el gobierno de Ortiz de Rosas, en 1748, i el iniciador de la empresa fué el obispo Juan Gonzalez Marmolejo, quien la llevó a efecto con dinero del tesoro Real i una gran parte del suyo propio. En la siguiente inscripcion, que se conserva aun, se consigna el hecho : « El obispo D. Juan Gonzalez Marmolejo puso la primera piedra de esta Iglesia en julio 1°, año de 1748. Dió para su fundacion 43,000 pesos. » En 1780 se hizo cargo del trabajo el célebre arquitecto Toesca, autor de casi todos los buenos edificios que dejaron los españoles en Santiago. Éste trazó la fachada. La obra se ha continuado despues con largas intercadencias, i aun no se encuentra del todo concluida despues de ciento doce años. Esto ha hecho correr mui autorizada entre el pueblo, la conseja de que nuestra catedral no puede ser concluida jamas.

No es una iglesia lujosa ni mui estensa, pero es elegante, bien construida i cómoda. El edificio es todo de piedra canteada, i tiene tres naves separadas por dos arquerías de veinte columnas. En las paredes de los costados Norte i Sur, tiene diez i ocho altares, i en el centro, en su primer cuarto hácia el Oeste se encuentra el altar mayor, teniendo a su frente un estenso presbiterio adornado de lujosos asientos, i a su espalda el coro de los canónigos, que es una especie de anfiteatro semi-circular, i el coro de los seminaristas levantado a espaldas del anterior, sobre un entarimado que se estiende de un estremo a otro de la nave. La nave del centro está rodeada de escaños de madera i al frente de sus pilastras se levantan enormes candelabros de madera tallada i dorada. Frente al altar mayor, pero al estremo opuesto, se levanta el coro, sobre delgados pilares de fierro, i en él se encuentra el órgano mejor i mas grande que se ha traido a Chile. Al pié del presbiterio i pegados a la primera columna de uno i otro lado, están los púlpitos, de caoba mui tallada. El pavimento es enladrillado con ladrillo comun, i el cielo, de bóveda, da paso a la luz por pequeñas ventanas que se abren en los espacios intercolumnares. La bóveda es cruzada por hermosas vigas anchas i delgadas cubiertas de calados i dibujos. Tiene ocho puertas : una en el costado Norte, dos en el del Sur, dos en el del Oeste, i tres en la fachada, al Oriente. Ocupa todo el costado Norte de la manzana en que está situada, comprendiendo una estension interior de 108 metros de largo por 30 de ancho, es decir, de 3,348 metros cuadrados. Si admitimos tres personas por cada metro, la Catedral podria contener 10,044 individuos. La fachada, que no ofrece nada de notable, se levanta sobre graderías de piedra, i ha sido elevada últimamente con un elegante capitel de cal y ladrillo.

Esta iglesia corre a cargo del prebendado tesorero. En su costado Sur, i tambien con frente a la plaza, se ha construido la capilla parroquial del Sagrario, que está a cargo de un cura rector. Es una espaciosa i hermosa capilla de una nave i un solo altar ; está consagrada a las funciones del curato, como bautismos, matrimonios, etc.

Santo Domingo. — La órden de los Dominicos fué la primera que se estableció en Chile. En 1552 frai Jil Gonzalez de San Nicolas, con el carácter de vicario jeneral, echó en Santiago los cimientos del primer convento. Habiéndose propagado el Instituto i levantado otros conventos, el jeneral de la órden Sixto Fabro, erijió en 1588 esos conventos en provincia independiente de la del Perú, bajo el título de San Lorenzo. Actualmente la órden tiene en Chile cinco conventos : en Santiago, San Felipe, Talca, Valparaiso i Quillota. El de Santiago tiene 41 religiosos entre frailes i aspirantes a serlo. En todo no hai mas de 50.

La iglesia actual de Santo Domingo se levantó en el mismo sitio en que existió la primitiva edificada por el padre Gonzalez en 1552. Se puso la primera piedra en 1747, se inauguró el 13 de octubre de 1771, bajo el gobierno del Presidente Morales, i se terminó la obra diez años mas tarde, en 1781, tardando otros diez i siete años en levantar sus torres. La obra duró sesenta i un años. La fachada de la iglesia cae para la plazuela de Santo Domingo, tiene tres puertas i una gradería de piedra rodeada por una gruesa verja de fierro. Es toda de piedra, la que se ostenta desnuda lo mismo que en la Catedral, i tiene tres espaciosas naves separadas por dos arquerías. El convento, unido a la iglesia por el costado Oeste de ésta, abraza la mayor parte de la manzana, que, por su situacion, es una de las posiciones mas valiosas de la ciudad.

Recoleta Dominica. — La casa de observancia de predicadores tiene un convento en Santiago, i cuenta treinta i ocho relijiosos : doce sacerdotes, trece novicios profesos de voto simple, seis hermanos conversos profesos de voto solemne, i siete de voto simple. La iglesia, situada en la Cañadilla, distánte siete cuadras del rio, fué construida por el padre Manuel de Acuña en 1754, bajo el gobierno de Ortiz de Rosas. Es un templo pequeño, de una nave i tres altares. A pocos metros hácia el Norte de este se comenzó a construir hace diez i seis años, un nuevo templo que por su grandiosidad i magnificencia será el primero de Chile i uno de los mejores de Sud-América. Lo principió a construir el prior Francisco Alvarez, dirijiendo los trabajos el arquitecto D. Eusebio Chelly. Su claro es de 80 metros de largo por 30 de ancho; su fachada reposa sobre ocho enormes columnas de mármol i las tres naves de que consta su interior, están separadas por arquerías sostenidas por 60 columnas del mismo material. A su frente se levanta un magnífico altar mayor todo de mármol, i en los costados habrá diez i seis altares mas, decorados con magníficos cuadros encargados a Roma i adquiridos a precios elevadísimos. En la fachada tiene tres grandes puertas i llevará dos torres adornadas dé un reloj; hai tambien dos puertas en cada costado. La techumbre es plana, i la luz penetra por tragaluces colocados en la nave del centro, i por las ventanas de los costados. El altar mayor i las columnas han sido construidas en Roma. El órden arquitectónico seguido es el corintio. Se calcula que su costo total no bajará de medio millon de pesos.

La Merced. — Los primeros relijiosos de esta órden que vinieron a Chile fueron los padres Rondon i Antonio Correa, quiènes volvieron a Lima, i de regreso trajeron once frailes con los que fundaron el convento el 10 de agosto de 1566 bajo el título de San José. Actualmente tiene diez conventos: en Santiago, Valparaiso, San Felipe, Quillota, Melipilla, San Miguel, Rancagua, Chimbarongo, Curicó i Talca, en todos los cuales hai 72 individuos entre frailes i aspirantes en los diversos grados. El padre Correa edificó su templo en la misma manzana, pero no en el mismo sitio en que existe el actual. Este fué construido por el arquitecto Toesca a fines del siglo XVII. Es de cal i ladrillo, bastante espacioso, tiene tres naves separadas por arquerías de pilastras redondas i delgadas, lo que contribuye a aumentar mucho su capacidad. La fachada que cae a la plazuela de su nombre, no tiene nada de hermoso ni notable; tiene una sola puerta i una torre en el ángulo Norte que forma esquina en la calle derecha de la Merced. Su adorno interior es bastante sencillo, pero de mui buen gusto. Tiene diez i seis altares. La nave central está adornada con escaños, alfombras i bustos o imájenes de la Vírjen.

El convento está unido a la iglesia i se compone de cuatro cláustros habitados por 46 individuos, de los que 12 son sacerdotes i el resto aspirantes. La estension que ocupa es toda la manzana, con escepcion de una pequeña parte situada al lado Oriente; i en este terreno tan valioso el provincial frai Benjamin Rencoret ha levantado últimamente un enorme i valiosísimo edificio de cal i ladrillo, en el que invertia casi todas las entradas del convento, con perjuicio, segun han declarado los frailes, *de sus estómagos.* En efecto, se quejaron al arzobispo de que no se les daba de comer lo suficiente por atender al edificio, i debió ser atendida esta queja puesto que el padre Rencoret fué enviado al Perú i los trabajos paralizados en su mayor parte.

San Francisco. — En 1553 llegó a Chile el padre Martin de Robleda, con la investidura de comisario de la órden franciscana, acompañado de cuatro religiosos que habian de formar la comunidad del convento que fundó en Santiago el 20 de agosto del mismo año. Despues, hallándose el custodio en Chile con suficiente número de conventos para erijirse en provincia independiente, hizo su recurso; i en el capitulo jeneral celebrado en Valladolid en 1565 quedó instituida por autoridad de Pio IV, bajo el nombre de la Santisima Trinidad. Esta institucion recibió su cumplimiento siete años despues i en su virtud, los padres formaron capítulo en Santiago, elijiendo el 2 de enero de 1572 por prior provincial a frai Juan Vega, natural de Valladolid.

Actualmente la órden consta de once conventos, situados en Santiago, Rancagua, San Fernando, Curicó, Talca, el Monte, Valparaiso, Quillota, Curimon, Alcántara i Limache. Todos ellos contienen 64 individuos entre sacerdotes i aspirantes, de los

SANTIAGO. — Interior del convento de San Francisco.

cuales corresponden al convento de Santiago 14 sacerdotes i 17 aspírantes. Tiene otros cuatro conventos fuera del arzobispado.

La iglesia actual de San Francisco tuvo oríjen en una hermita fundada por Pedro Valdivia en el sitio que ocupa, i en la que se adoraba a la Vírjen del Socorro que fué la patrona de Santiago hasta que la reemplazó Nuestra Señora del Cármen en la época de la emancipacion. Es la iglesia mas antigua de Chile, i la única que conserva sus muros primitivos, que son de una solidez estraordinaria. Es pequeña, tiene tres naves, pero mui estrechas, i trece altares; en su fachada, que es bastante fea, tiene una puerta i una torre de construccion moderna, en la que hai un reloj. Tiene una puerta en el costado Norte i dos en el del Sur, una que comunica con la sacristía i otra con el cláustro. Cerca de esta última se encuentra la siguiente inscripcion : « Se puso la primera piedra de esta iglesia el sábado 5 de julio de 1572. Colocóse el Santisimo Sacramento en los dos tercios de ella, que se acabaron dia de San Lino papa, en 23 de enero de 1597. Y acabóse de todo punto dicha iglesia el año 1618, cuarenta i seis años despues que se comenzó. »

El convento de San Francisco se compone de varios cláustros, entre los cuales llama la atencion el primero, situado al costado Sur de la iglesia. Este es un enorme patio rodeado de corredores de dos pisos, el primero de los cuáles se compone de una ma-, jestuosa arqueria de gruesas pilastras de cal i ladrillo; hai doce pilastras en cada lado. El centro del patio es ocupado por un hermoso jardin.

Recoleta Franciscana. — El convento de la Recoleta franciscana, situado al Norte del Mapocho, a una cuadra del puente de madera, cuenta ya con mas de cien años de existencia, i en la actualidad tiene 58 relijiosos; 16 de ellos son sacerdotes, un corista, 7 legos, 15 postulantes i 19 hermanos donados. Tiene conventos de-

SANTIAGO. — Iglesia de San Francisco.

pendientes en Valparaiso, en Rengo i en la Angostura. En Santiago tiene una iglesia de tres naves, en cuya fachada, que cae para la plazuela de su nombre, se eleva una elegante torrecita de construccion moderna, que contiene un reloj. Los cláustros de este convento son notables por su mucha estension i por la abundante i variada plantacion de árboles que se encuentra en ellos. Los devotos los prefieren siempre cuando se trata de tomar lo que se llama «una encerrona mistica,» o sea, ejercicios espirituales.

San Diego. — Esta iglesia, perteneciente al convento de San Francisco, está situada en la Alameda, al costado Oriente de la Universidad. Los padres la edificaron hace poco mas de cien años para el servicio del colejio que tenian en el mismo sitio. Es de una nave con cinco altares, i se encuentra al cargo de un capellan. La fachada tiene una pequeña torre que hace ángulo en la entrada de la calle nueva de San Diego.

San Juan de Dios. — Esta iglesia fué construida al lado del hospital de San Juan de Dios, en la Alameda, por los padres lazaristas, en 1795, siendo Toesca su arquitecto. El fondo para su construccion se obtenia por limosnas, i nunca se reunió lo suficiente, así es que la iglesia quedó inconclusa i aun abandonada hasta hace cinco años. Como pertenece al hospital, fué entregada a las hermanas de la Caridad, i éstas con un capital de 5,000 pesos colectado en limosnas, la concluyeron en 1870. Es de tres naves separadas por columnas cuadrangulares de cal i ladrillo, i solo contiene tres altares. Es servida por los capellanes del hospital.

Capilla de la Soledad. — Esta capilla es tan antigua como la que dió oríjen a a iglesia de San Francisco. El culto de la Virjen de la Soledad fué establecido en ella por la viuda del conquistador Pedro Valdivia, doña Marina de Gaete. Está al lado Oeste de San Francisco; tiene una sola nave i un altar. En ella se encuentra establecida la Hermandad del Santo Sepúlcro, corporacion que tiene por objeto celebrar el descendimiento de la cruz con una procesion que hace el viernes santo. Se sostiene con las erogaciones de sus miembros. Está a cargo de un capellan.

San Agustin.—Habiendo mandado Felipe II, en 1591, la fundacion en Chile de un convento de hermitaños de San Agustin, el provincial de Lima, frai Alonso Pacheco, envió con el título de vicário provincial a frai Cristóbal de Vera i tres frailes mas para fúndar el convento. Establecido éste, se suscitó entre los vecinos tal odio contra los nuevos frailes, que los condujo hasta incendiar el convento. El jeneral de la órden, frai Alejandro Senense, dividió esta provincia de la del Perú, i la hizo independiente, con el titulo de San Agustin. en 1599. La órden tiene en el arzobispado siete conventos, con un total de 43 individuos entre frailes i aspirantes.

SANTIAGO. — Iglesia de San Agustin.

El de Santiago, situado a dos cuadras de la Alameda en la calle del Estado, tiene 12 sacerdotes i 14 entre aspirantes y legos. La iglesia actual de este convento fué construida en 1595 por el mismo frai Cristóbal Vera, que obtuvo el sitio por donacion. Es uno de los templos mas elegantes de Santiago, de tres naves, con once altares, i su fachada, aunque pequeña i con una sola puerta, ha sido adornada últimamente con un hermoso pórtico de cuatro columnas de cantería i una bonita balaustrada sostenida por ellas. Entre otras devociones tiene dos principales : la del Señor de mayo i la del Cármen. La primera tiene su orijen en un incidente ocurrido a un crucifijo de la iglesia en el terremoto del 13 de mayo de 1647. La corona de espinas de este crucifijo se le resbaló a la efijie hasta el pescuezo a causa del sacudimiento de tierra, i despues los frailes no pudieron restituirla a la cabeza a pesar de sus esfuerzos. De ahi se ha deducido que la resistencia de la corona a salir del pescuezo es un milagro, i éste se celèbra anualmente con una procesion que siempre es concurridísima. Se cuenta que el crucifijo fué construido por un lego mui santo del mismo convento, quien predijo que su obra habia de hacer algun milagro. Otros dicen que perteneció a una señora, la que lo donó al convento porque en una ocasion «la habia mirado de una manera mui airada.»

A nuestra señora del Cármen se la reverencia como patrona jurada i protectora de las armas chilenas, i se la hace en octubre una procesion asistida por fuerzas del ejército de las tres armas.

En esta parroquia se encuentran tambien los monasterios de Capuchinas, Agustinas i Claras.

La Compañia. — A esta parroquia pertenecia la iglesia de la Compañía, destruida por el espantoso incendio del 8 de diciembre de 1863, en el que perecieron mas de dos mil quinientas mujeres. Estaba situada en el sitio que ocupa hoi la plaza de O'Higgins; pero la primera de su nombre fué una capilla situada en el mismo centro de esa misma manzana edificada por los jesuitas para su Colegio en 1593. El terreno habia sido obsequiado a los frailes por el vecindario, que lo adquirió por medio de una suscricion. La capilla se puso bajo la invocacion de una reliquia traida por los jesuitas, que consistia en la cabeza de una de las once mil vírjenes de Colonia. Dos años despues se echaron los cimientos de un nuevo templo en el sitio que la Compañia ocupó hasta el fin, merced a la donacion que hicieron de sus capitales dos antiguos capitanes de ejército. El edificio estuvo concluido en 1631, i era el mejor de los templos de Chile, todo de cal i canto, de tres naves, i adornado de elegantes i costosos artesonados. En su techo i próximo al presbiterio, tenia una gran cúpula por donde penetraba la luz. Este templo fué arrasado por el terremoto del 13 de mayo de 1647. Habia costado cerca de cien mil ducados. Inmediatamente se comenzó a reedificar en el mismo sitio la tercera iglesia de su nombre, en cuya obra se empleó cerca de cuarenta años. Se le habia hecho una inmensa torre en el frontispicio, adornada con un magnifico reloj que hoi se encuentra en la torre de Santa Ana, i tambien grandes bóvedas sepulcrales para los fallecidos en la corporacion. Este nuevo templo fué arruinado por el terremoto del 8 de julio de 1730, i los temblores que lo siguieron; pero se procedió mui pronto a su reparacion. Al efecto se reforzó los arcos de las naves laterales con murallas trasversales a las que se dejó un pequeño arco, mas como pasadizo que como adorno; de aqui resultó una serie de estrechas i oscuras capillas en los dos costados.

Espulsados los jesuitas en 1767, la iglesia quedó casi abandonada hasta los primeros años del presente siglo, en que se hizo su capellan el clérigo D. Manuel Vicuña, despues arzobispo de Santiago. Este la rehabilitó para el servicio del culto, hasta que fué devorada por el incendio del 31 de mayo de 1841 que la redujo a escombros, quedando solo en pié sus solidas murallas. Se la reedificó por medio de una suscricion popular que en pocas semanas produjo una injente suma, i los clérigos hicieron de ella su templo favorito. Antes de incendiarse nuevamente, la Compañia era la iglesia de moda, i a ella concurria toda la aristocracia devota de Santiago. El clérigo D. Juan Ugarte habia organizado una devocion o hermandad de la Vírjen, compuesta de mujeres que se denominaban *hijas de María*, i que *se comunicaban directamente* con la Vírjen por medio de un buzon colocado en la puerta de la iglesia. Esta hermandad se habia hecho bastante numerosa i tenia contínuas distribuciones i fiestas, entre ellas la del *Mes de María*, que principiaba el 8 de noviembre i concluia el 8 de diciembre. Cuando llegó el 8 de diciembre de 1863, a la oracion i antes que principiara la fiesta, se incendió el altar mayor a causa de la profusion de luces que habia en él. La iglesia estaba completamente llena de jente, la cual, aterrorizada, se agrupó en las puertas i obstruyó la salida. El templo fue abrasado rápidamente i sepultó bajo sus ruinas a mas de dos mil quinientas devotas.

El gobierno hizo destruir las murallas, i el sitio, agregado al ocupado hoi por la casa del Museo i el Instituto viejo, formará bien pronto la plaza de O'Higgins.

Parroquia de Santa Ana. —Esta parroquia tiene una poblacion de 15,658 habitantes, i comprende a Santa Ana, San Pablo, los monasterios de las Rosas i las Claras, el Salvador i las capillas de Huérfanos i San José.

Santa Ana. — La iglesia actual, situada en la calle de la Catedral cinco cuadras al Oeste de la plaza, fué construida de cal i ladrillo en 1806, por el cura frai Vicente de Aldunate, bajo el gobierno del presidente Muñoz de Guzman. Es la iglesia parroquial, i ya habia sido destruida por el fuego en dos ocasiones. Es de una sola nave, bastante ancha i elevada, adornada de elegantes pilastras ; tiene tres altares, pero a ambos lados de su entrada hai dos pequeñas capillas que aun no estan habilitadas. Su fachada ha sido mui bien refaccionada por el actual cura, i sobre ella se levanta una bonita torre que contiene el reloj que fué de la Compañia.

San Pablo. — Esta es una pobre iglesita situada en la plazuela de su nombre, construida por los jesuitas i que hoi se encuentra a cargo de un capellan. Tiene una nave i un solo altar. Sirve como de capilla al cuerpo de policia, que se encuentra a su costado Norte.

El Salvador. — En 1870 se puso la primera piedra de la iglesia del Salvador que se está construyendo en la calle de la Moneda cuatro cuadras al Poniente de la plazuela. Será una grande iglesia de tres naves destinada por los clérigos a reemplazar a la Compañía en todas las ceremonias para que ésta servia.

Capilla de los Huérfanos. — Esta capilla fué establecida pocos años despues de la fundacion de la casa de espósitos, en cuyo local ocupa un departamento. Tiene un solo altar, i su capellan es el mismo de la casa.

Capilla de San José. — Situada en la calle de la Moneda, a cinco cuadras de esta plazuela i en el sitio que ocupa la casa de ejercicios de San José. Tiene un altar, i sirve a los ejercitantes de la casa.

Parroquia de San Isidro. — Esta parroquia comprende una gran parte de la seccion del Sur de la ciudad, i tiene una poblacion de 19,556 habitantes. Contiene las iglesias de San Isidro i del Cármen de San José, las capillas de Santa Rosa, San Rafael, la Vera-Cruz, la del Hospicio, la de los Sagrados Corazones i la de San Felipe de Jesus.

San Isidro. — Esta iglesia, que es la parroquial, está situada en la calle i plazuela de su nombre, a seis cuadras de la Alameda. Fué construida en 1686 por el obispo D. Diego de Humanzoro i bautizada por su primer cura Diego de Tapia el año siguiente. Es de una sola nave, con cinco altares, i de construccion bastante fea l ordinaria. El cura tiene sus oficinas en una especie de claustro situado al costado Oriente de la iglesia, i cuya construccion es inferior aun a la de está.

Del monasterio del Cármen de San José nos ocuparemos en la seccion respectiva.

Capillas. — La mas importante de las seis capillas de esta parroquia es la de la *Vera-Cruz*, situada en la calle de Mesías, a poco mas de una cuadra de la Alameda, al costado Norte de la casa que habitó, segun se cree, el fundador de Santiago D. Pedro

SANTIAGO. — Casa de Pedro Valdivia i Capilla de Vera Cruz.

Valdivia. Ha sido edificada en honor del conquistador, i su primera piedra se colocó el 21 de octubre de 1852. Contiene el retrato de Valdivia, que es un magnífico cuadro, i tambien el crucifijo enviado a Santiago en los primeros dias de su fundacion por el emperador Carlos V. Es una elegante capilla de una nave, mui bien construida de cal i ladrillo, i está a cargo de un capellan.

Las cinco capillas restantes, situadas todas en la seccion del Sur, son pequeñas, de un solo altar, i servidas por sus respectivos capellanes.

Parroquia de San Lazaro. — Esta parroquia es la mas poblada de Santiago, pues tiene 30,386 habitantes, i comprende las iglesias de San Lázaro, San Francisco de Borja i Colejio de Agustinos, las capillas de Belen, de Maturana, de Chuchunco, del Corazon de Jesus, de los Hermanos del Corazon de Jesus, de San Vicente de Paul, de la Artillería, de las Hermanas de Caridad, i de los RR. PP. Jesuitas.

San Lázaro. — Esta iglesia, que era la parroquial, ya no existe, i su edificio ha sido convertido en una barraca de maderas. Estaba situada en la acera Norte de la Alameda, al costado de la plazuela de su nombre. Era de adobes, de una sola nave i tres altares. En su pequeña fachada, que era horrible, tenia un simulacro de torre, que fué preciso derribar porque estaba completamente desplomada. El resto del edificio se hallaba en el mismo estado i por eso se abandonó, con el propósito de construir la iglesia parroquial en otro sitio, lo que aun está por realizarse.

San Francisco de Borja. — Esta iglesia pertenecia al colejio que tenian los jesuitas en la acera Sur de la Alameda, entre las calles de San Ignacio i del Dieziocho, i actualmente se halla a cargo de los padres lazaristas. Es de una sola nave, con tres altares, baja, oscura, i de una construccion sin órden ni elegancia. Tiene un pequeño campanario en su fachada, que nada ofrece de particular. Los jesuitas la construyeron el año 1646, aprovechando la donacion de 33,000 pesos que, con ese objeto, les habian obsequiado dos caballeros vecinos de esta capital.

Colejio de Agustinos. — Es un colejio establecido en la Alameda por los frailes agustinos en el siglo XVI, destinado al noviciado de los relijiosos de su órden en Chile. Su iglesia, que dá frente a la Alameda, es de una nave, con un altar i un pequeño campanario. Continúa hasta hoi funcionando con órden i regularidad.

Capillas. — Todas las capillas pertenecientes a esta parroquia, i que ya hemos nombrado, continúan prestando sus servicios al público. Todas son de una nave, con un solo altar, i se encuentran a cargo de capellanes o de individuos particulares a quienes pertenecen. A escepcion de dos o tres de ellas, todas son de construccion reciente, i varias están situadas fuera de los límites urbanos de la poblacion.

Parroquia de la Estampa. — Esta parroquia comprende la mayor parte de la seccion del Norte de la ciudad, i tiene una poblacion de 26,890 habitantes. Comprende la iglesia parroquial, el monasterio del Cármen de San Rafael, las Recoletas Franciscana i Domínica, las capillas de la Viña i del Cementerio, i el Beaterio de Santa Maria Salomé; i ademas las once capillas siguientes: de Negrete, de San Ignacio, del Salto, del Huanaco, de Conchali, de Contador, de la Purísima, de la Pia Union, de la Pia educacion, i de Quinta Bella.

La Estampa. — Es la iglesia parroquial, situada al Norte del Mapocho, en la Cañadilla. La iglesia primitiva se construyó en 1807, pero fué destruida por el temblor de 1828. La que existe hoi fué reedificada por su actual cura D. Benjamin Sotomayor, con el ausilio de una suscricion del vecindario. El oríjen de esta iglesia es el siguiente: en 1807, pasando por la plaza principal un vendedor de santos i pequeñas i groseras estampas impresas sobre un papelito cualquiera, el viento arrebató una de éstas, i la llevó voltejeando hasta la Cañadilla, barrio en que cayó al suelo. Algunos descamisados que observaban la ocurrencia dieron la voz de *milagro!* i corrieron en pos de la estampilla hasta dar con ella. Se marcó el sitio en que habia caido, i luego se corrió la voz i se alarmó al vecindario hasta que se logró reunir una suma con que dar principio a los trabajos de una iglesia en que se venerase a la imájen que el viento habia sustraido al santero. Así se hizo, i ella es hoi el asiento de la estensa parroquia que lleva su nombre. Tiene una bonita fachada, i una torre o campanario construido por su actual cura.

Capillas. — La de la *Viña* fué fundada en 1558 por el capitan Rodrigo de Quiroga i su esposa, con el nombre de Nuestra Señora de Monserrat, nombre que el pueblo cambió por el que tiene. Fué reedificada en 1843 por el obispo D. Manuel Vicuña en un terreno que con ese objeto cedió uno de los vecinos. Tiene un altar i está a cargo de un capellan.

La del *Cementerio* es una hermosa capilla de que nos ocuparemos despues.

La de la *Purísima* fué construida en 1852, en un terreno donado para escuela en la ribera Norte del Mapocho i frente al puente mas oriental de este rio. Tiene un altar.

Las restantes, todas de una nave i de un altar, están situadas en su mayor parte fuera de los limites urbanos i son propiedad de particulares. Tres de ellas han sido establecidas en el barrio de la Chimba por la cofradia de hermanos del Corazon de Jesus, organizada en la Recoleta Franciscana por el padre Pacheco i conocida vulgarmente con el nombre de *pechoños*. Tienen anexas otras tantas escuelas de instruccion primaria.

Parroquia de San Saturnino — Se estiende por la parte Occidental de la ciudad i los campos circunvecinos, i tiene una poblacion de 21,498 habitantes. Comprende la iglesia parroquial, la de San Miguel i la del convento de Capuchinos; i las capillas del Asilo del Salvador, de la Concepcion, de la Esperanza, del Arcánjel San Rafael, de Nuestra Señora de la Misericordia i de San Vicente Ferrer.

Iglesia de Yungal. — Es la parroquial i está situada en la plaza del mismo nombre. Tiene una nave, tres altares, i un pequeño campanario que cae a la plaza. Es de adobe i de un aspecto vetusto i desagradable. Está a cargo del cura.

San Miguel. — La primera iglesia de este nombre fué edificada en la Alameda abajo por los frailes mercenarios, en los primeros años del siglo XVIII. A su lado estaba el colejio establecido por los mismos frailes para el noviciado de su convento. Recientemente han intentado construir en su lugar un templo inmenso de cal i ladrillo, de arquitectura arabesca i con un lujo estraordinario. Pero apenas habian levantado las murallas tuvieron que paralizar indefinidamente los trabajos por falta de recursos.

Capillas. — De la del *Asilo del Salvador*, situada en la Alameda de Matucana, nos ocuparemos bien pronto. Las restantes son pequeñas capillas de un altar pertenecientes a particulares i situadas fuera de los limites urbanos.

Otras parroquias. — En el resto del departamento existen las siguientes parroquias:

La de **San Luis Beltran,** cuya iglesia parroquial está en el lugarejo llamado « Las Barrancas, » i contiene la capilla de Nuestra Señora del Cármen.

La de **Renca,** cuya poblacion es de 6,400 habitantes, contiene la iglesia parroquial i las capillas de la Punta i de Quilicura.

La de **Lampa,** con una poblacion de 10,484 habitantes, tiene la iglesia parroquial i las capillas de Tiltil, Calen, de Rutal, i dos de la Cañada de Colina.

La de **Colina,** con 8,192 habitantes, comprende la iglesia parroquial, l las capillas de Peldehue, de Izquierdo, de Chacabuco i de Upraco.

ILMO Sr Dr. Dn. RAFAEL VALENTIN VALDIVIESO

Arzobispo de Santiago.

La de **Nuñoa**, con 20,858 habitantes, comprende la iglesia parroquial i las capillas de Apoquindo, Mercedes, Concepcion, Seminario i Peñalolen.

— Resulta que en las diversas parroquias del departamento existen 36 iglesias i 53 capillas.

Congregacion de los Sagrados Corazones. — Despues de haberse establecido en Valparaiso en 1834, esta congregacion fundó su colejio de Santiago en 1848. Actualmente tiene 11 sacerdotes, un corista i 200 alumnos internos.

Congregacion de la Mision. — Se estableció entre nosotros en 1854, i tiene a su cargo la iglesia de San Francisco de Borja, la direccion de las hermanas de Caridad i la instruccion relijiosa de las niñas pobres que frecuentan los colejios de la casa central de San Pablo i la Caridad.

Monasterios i casas piadosas de mujeres. — **Monjas Clarisas.** — El primer obispo de la Imperial, frai Antonio de San Miguel i Solier, estableció dos monasterios bajo la regla de Santa Clara, uno en la cabecera del obispado i el otro en Osorno, bajo la devocion de Santa Isabel. Cuando esas dos ciudades fueron destruidas por los Araucanos, las monjas de una i otra se refujiaron en Santiago, i reunidas fundaron el monasterio de las monjas Clarisas que hasta ahora existe en la acera Norte de la Alameda, una cuadra al Oriente de San Francisco i casi frente a San Juan de Dios. El monasterio se fundó en 1576. El número de relijiosas actualmente es de 48 : 29 de coro i 19 de velo blanco. Desde la adopcion de la vida comun se ha establecido un asilo donde se admiten varias pensionistas i algunas personas desvalidas que antes estaban a cargo de las relijiosas particulares i ahora son mantenidas por el monasterio. El número de estas es de 43 i las sirvientes de comunidad son 49. La iglesia, que tiene una puerta hácia la Alameda, es pequeña, de una nave, i cuenta nueve altares. Su adorno es sencillo. Está a cargo de un capellan.

Monjas Agustinas. — Es uno de los monasterios mas antiguos de Chile; fué fundado por el obispo frai Diego Medellin. Habiendo dejado de observarse en la creacion de este establecimiento las prescripciones de la Santa Sede i de la corona, se declaró nulo todo lo obrado, i el 19 de setiembre de 1576 volvieron a recibir el hábito de manos del obispo, la fundadora Doña Francisca Ferrin de Guzman i otras seis señoras que se habian incorporado en el nuevo convento, las cuales, el 21 de setiembre del año siguiente, hicieron su profesion solemne en presencia del mismo prelado, de los dos cabildos i de casi todo el pueblo. Tiene 49 relijiosas; de ellas 28 son monjas de coro i 21 de velo blanco. Mantiene un departamento de jóvenes seglares bajo la direccion de 3 religiosas, i que cuenta en la actualidad con 34 niñas. El número de sirvientes es de 46.

Al principio la iglesia i monasterio estuvieron situados en el edificio que ocupa la ferretería de la calle de Agustinas, esquina de la calle Ahumada, el cual fué reedificado despues del terremoto de 1647. En esa época este monasterio llegó a contar hasta 500 mujeres : 300 monjas i 200 entre legas i sirvientes. Despues de 1852 vendieron la mitad del terreno que ocupaban, el cual comprendia las dos manzanas situadas entre la Alameda i las calles de la Bandera i Ahumada, i conservaron la manzana cuyo costado Sur da hácia la Alameda, una de las posiciones mas valiosas e importantes de Santiago. En este terreno edificaron un templo de tres naves, de estilo corintio modificado, el cual si bien no es mui estenso, es uno de los mas hermosos y elegantes de la capital.

Monjas Claras de la Victoria. — Un vecino de Santiago, el capitan D. Alfonso del Campo Santadilla, muerto a fines del siglo XVII, dejó sus bienes, que importaban mas de seiscientos mil pesos, para la fundacion de un segundo monasterio de monjas Clarisas. Este se estableció el 7 de febrero de 1678, bajo la advocacion de Nuestra Señora de la Victoria. Hoi tiene 41 relijiosas; de ellas 30 son de coro i 11 de velo blanco. Hai ademas 43 seglares. Estuvo situado al principio en la gran casa que forma el ángulo Nor-este de la plaza principal, en donde el pueblo las denominaba *Monjitas*, nombre que se comunicó tambien a la calle i que aun conserva. Despues de la indepen-

SANTIAGO. — Iglesia del Cármen alto.

dencia las monjas fueron trasladadas al local que hoi ocupan, en la calle de Agustinas, entre las del Sauce l Baratillos, en donde edificaron una pequeña iglesia de una nave i cuatro altares, i en cuyo ángulo Nor-este se levanta a poca altura un modesto campanario.

Monjas Carmelitas. (*de San José*). — D. Francisco Vardesi, contando con el apoyo de ambas autoridades i algunas donaciones, obtuvo licencia del rei i el breve correspondiente de Alejandro VIII para fundar en Santiago un monasterio de la reforma de Santa Teresa. Se hizo venir de Chuquisaca las fundadoras que, en número de tres, llegaron a Santiago el 8 de diciembre de 1689. Tomaron posesion del terreno que les donó el fundador en 1690, i quedaron constituidas legalmente en 1703, colocándose bajo el patrocinio de San José. Este monasterio, llamado vulgarmente *Cármen Alto*, está situado en el estremo Oriente de la Alameda, i tiene 25 relijiosas i 12 sirvientes.

Su templo, que es de una nave, ha sido refaccionado últimamente i es uno de los mas hermosos de Santiago. El plano horizontal en que se encuentra está formado por un rectángulo que mide 52 metros de largo por 9 i medio de ancho. Su elevacion interior en el punto mas alto es de 14 metros. La puerta principal está colocada en la testera opuesta al tabernáculo; este ocupa el lado Oriente, i contiguo se encuentra la sacristia; en el costado Sur se construyó una capilla que forma segunda nave i que sirve de comulgatorio a las relijiosas. El pórtico que guarda la puerta de la iglesia es de forma semicircular, i en él cuatro pilastras de cantería sostienen una cúpula que termina por un elevado campanario cuya planta es hexagonal, figurando un prisma que en sus aristas realzan pilastras salientes entrecaladas con adornos de fierro al cuerpo del campanario.

Sobre este cuerpo sigue una flecha gótica terminada en una cruz. La altura total es de 3 metros 50 centimetros. El estilo ojival es el que domina, tanto en la ornamentacion interior como en la esterior.

Monjas Capuchinas. — El rei Felipe V en 1721 a peticion de la señora Margarita Briones, concedió el establecimiento de Capuchinas en Santiago. Obtenido el rescripto del Papa Benedicto XIII, vino de Lima la madre Bernarda, acompañada de cuatro relijiosas que debian cooperar al establecimiento del nuevo monasterio. El 8 de noviembre de 1726 las Clarisas de la Victoria recibieron en sus claustros a las Capuchinas, quienes permanecieron en ellos hasta el 22 de enero del año siguiente, época en que los dejaron para tomar posesion de los suyos situados en la calle de las Rosas hácia el Oriente. Tiene 30 relijiosas de coro i 8 de velo blanco. La iglesia es de una nave, pequeña, baja, mui mal construida i mui fea. Tiene siete altares i está a cargo de un capellan.

Monjas Rosas. — El monasterio de las Rosas, situado en la calle de su nombre, tres cuadras al Oeste del anterior, tuvo principio del modo siguiente: Algunas mujeres devotas reunidas en los suburbios de Santiago, construyeron una iglesia pública i habitaciones en forma de monasterio. Vestidas con el hábito dominico, se pusieron bajo la direccion de los prelados de este instituto, haciéndose todo esto sin las formalidades que previene el derecho. La mala fama que pronto cobraron las beatas obligó al obispo Luis Romero a someterlas a su jurisdiccion, lo que hizo a pesar de la resistencia del provincial de Santo Domingo. Así permanecieron hasta 1748, año en que la beata Josefa de San Miguel ocurrió al rei, solicitando licencia para convertir la casa en monasterio de relijiosas. Obtenida esta, el obispo Aldai deputó para provisor del nuevo monasterio al canónigo majistral D. Estanislao Andia Yrarrázabal. Este trajo de Lima tres relijiosas, el 16 de agosto de 1754, i realizó la fundacion en Santiago el 9 de noviembre del mismo año, siendo la primera priora sor Laura Rosa de San Joaquin. Hoi tiene 29 relijiosas de las que 25 son de velo negro i 4 de velo blanco, i 18 sirvientes. La iglesia primitiva fué reedificada ahora doce años, construyéndose una hermosa i elegante iglesia de cal i ladrillo, de una nave i siete altares.

Monjas Carmelitas. (*de San Rafael*) — En 1770 tuvo Santiago un nuevo monasterio de monjas Carmelitas bajo el título de San Rafael, edificado en la ribera Norte del Mapocho a espensas del corregidor D. Manuel Luis Zañartu i su mujer doña Maria del Cármen Errázuriz, quienes donaron toda su fortuna con ese objeto. Construido el monasterio, el obispo de Santiago deputó a las hermanas Josefa Larrain i Concepcion Elzo con dos compañeras mas, para que pusiesen los cimientos de la nueva comunidad, siendo priora la primera i sub-priora la segunda. El 23 de octubre de 1770 tomaron posesion de los claustros i la dedicacion definitiva del monasterio se hizo con gran pompa el siguiente dia. Este monasterio se llama vulgarmente *Cármen bajo*, i tiene 21 monjas profesas i 11 sirvientes. La iglesia es pequeña, de una nave i cinco altares.

Casa de los Sagrados Corazones. — Este es un establecimiento dedicado a la educacion de las jóvenes; tiene 46 relijiosas, 25 de coro i 21 conversas, i 4 novicias. El número de educandas asciende a 126. Sostiene ademas una escuela gratuita a la que asisten actualmente 300 niñas pobres.

Hermanas de la Providencia. — La congregacion de las hermanas de la Providencia se estableció en Santiago por decreto de 29 de octubre de 1853. Al presente cuenta con 40 hermanas; 31 profesas, 6 novicias i 3 postulantes, que se ocupan en el servicio de los pobres en cinco casas, dos en Santiago, dos en Valparaiso i una en Concepcion. El superior de toda la congregacion es el prebendado D. Joaquin Larrain Gandarillas. Las casas que existen en Santiago son el *Asilo del Salvador* i la *Casa de la Providencia.*

　Relijiosas del Corazon de Jesus.—Esta congregacion fué importada por el actual arzobispo para la educacion de niñas. Las primeras fundadoras llegaron a Chile en setiembre de 1853. Hai en la comunidad 41 religiosas, de las que 24 son de coro i 17 coadjutoras; 12 novicias, 5 de coro i 7 coadjutoras. Tienen a su cargo la escuela normal de preceptoras con 58 alumnas i 140 pensionistas. Sostienen una escuela gratuita en que se educan 120 alumnas esternas.

　Hermanas de la Caridad.—El instituto de hermanas de la Caridad, fundado por San Vicente de Paul en el siglo VII, arribó a Chile a peticion de ambas autoridades el 15 de mayo de 1854, con 30 hermanas presididas por la superiora i la visitadora jeneral sor Maria Briquet. Tienen a su cargo diez establecimientos : 6 en Santiago, 3 en Valparaiso i 1 en Talca. Los de Santiago son : la *Casa central,* con 14 hermanas; el *hospital de San Juan de Dios,* con 22; el *hospital de San Francisco de Borja,* con 22; el *hospicio de Inválidos,* con 13; el *lazareto de San Vicente de Paul,* con 3; i la *Casa de la Caridad,* con 5. Ultimamente han abierto en la calle de Santa Rosa un establecimiento gratuito para párvulos de ambos sexos, a cargo de tres hermanas, i en el cual podrán ser recibidos hasta 500 niños.

　Congregacion del Buen Pastor.—Está destinada a preservar de la corrupcion a las niñas inocentes i a proporcionar un asilo honroso a las mujeres desgraciadas que se han estraviado. Las primeras fundadoras fueron destinadas a la casa de San Felipe, i las que vinieron despues a fundar la casa de Santiago; eran 7 i llegaron a Valparaiso el 12 de febrero de 1857. El monasterio contiene 24 relijiosas profesas, 17 de coro i 7 conversas; ademas 16 novicias de coro, 10 novicias conversas, 4 postulantes, 5 torneras, 100 penitentes, 33 niñas de la preservacion i 9 sórdo-mudas.

　Otra casa de la misma corporacion es la de *Santa Rosa.* Tiene a su cargo la casa de correccion de mujeres i hai en ella seis relijiosas profesas de coro i una tornera.

　Congregacion de la Casa de María. — Esta congregacion ha tenido oríjen en el pais i ha sido fundada con el objeto de asilar i educar a las jóvenes que hayan perdido a sus padres. El 15 de agosto de 1856 varias señoras, con anuencia del actual arzobispo i dirijidas por el presbitero D. Blas Cañas, formaron una congregacion piadosa con el objeto de libertar de los peligros del mundo a las jóvenes que por su horfandad corrian el peligro de perder su inocencia. Aprobadas las bases par la autoridad eclesiástica, quedó fundada la Casa de Maria. Con autorizacion del mismo arzobispo se abrió el 24 de setiembre de 1861 el *Beaterio de Mercenarias,* con el objeto de educar a las asiladas en el establecimiento ya mencionado i de darles una colocacion que las ponga a cubierto de los riesgos anexos a la horfandad. En esta casa solo se admiten jóvenes huérfanas que pertenezcan a familias de clase decente. El papa Pio IX, por decreto de 14 de marzo de 1870, declaró la congregacion *Laude digna.* El 6 de agosto

clase. Actualmente tiene 6 hermanas i 80 educandas.

ijas de la Buena Esperanza, *o de la Compañia de María Santísima.* — Las
sas de esta casa vinieron a Chile a peticion del actual arzobispo, en 1868, para
a su cargo la direccion del establecimiento de educacion de niñas pobres man-
undar en la villa de Molina por la señora Tránsito Cruz. Pero no habiéndose
arreglar ciertas dificultades, fueron llamadas a Santiago por decreto del 10 de
del mismo año, permitiéndoseles abrir su noviciado. Al presente consta de 22
sas: 4 son profesas de coro i 18 novicias. El número de alumnas internas es de
enen ademas un pensionado i una escuela gratuita bajo la direccion de una

fradias o hermandades. — En casi todas las parroquias, lo mismo que
os los conventos, existen asociaciones religiosas con el nombre de *cofradías, ór-*
o *hermandades,* las cuales tienen por objeto crear la devocion de algun santo,
ando su dia con fiestas i procesiones mas o menos ostentosas. Entre estas las
otables son la llamada *Esclavonia del Santísimo,* en la Catedral; la *Hermandad
into Sepulcro,* en la Soledad; i la del *Corazon de Jesus,* en la Recoleta francis-
Las *Ordenes terceras* de los conventos, la del Cármen, i de San Agustin, son tam-
astante ricas l hacen lujosas procesiones todos los años. Estan bajo la direccion
superiores de las corporaciones, i sus miembros están obligados a contribuir con
equeña cuota mensual i a cumplir con ciertas prácticas religiosas. En cambio,
es de pagar cierta cantidad determinada, tienen derecho a sepultura i a que
rece oficios fúnebres por algun padre del convento. El entero de la suma reque-
n arcas de la cofradía, es lo que se llama *rescate* del hermano, i mientras este no
escatado no puede gozar de ningun privilejio.

CAPITULO IV.

ESTABLECIMIENTOS DE BENEFICENCIA.

JUNTA DIRECTIVA DE LOS ESTABLECIMIENTOS DE BENEFICENCIA. — CEMENTERIOS. — HOSPITAL DE SAN. JUAN DE DIOS. — HOSPITAL DE SAN BORJA. — INSTITUTO DE CARIDAD EVANJÉLICA. — DISPENSARIAS. — OFICINA CENTRAL DE VACUNA. — CASA DE HUÉRFANOS.—CASA DE LA PROVIDENCIA.—CASA DE SAN VICENTE DE PAUL.—CASA DE MARIA. — CASA DEL BUEN PASTOR. — ASILO DEL SALVADOR. — CASA DE LA VERÓNICA. — CASA DE ORATES. — HOSPICIO DE INVÁLIDOS. — SOCIEDAD DE BENEFICENCIA DE SEÑORAS. — CAJA DE AHORROS DE EMPLEADOS PÚBLICOS. — OTRAS SOCIEDADES.

Junta directiva de los establecimientos. — Los establecimientos de beneficencia que existen actualmente en Santiago pueden dividirse en tres clases : *establecimientos públicos* subvencionados por el Estado ; *casas públicas* pertenecientes a sociedades particulares ; i *asilos privados*. Durante el coloniaje estas casas eran mui poco numerosas, pues se reducian a los hospitales de San Juan de Dios i de San Borja, a la casa de huérfanos i a la famosa casa de *Recojidas* fundada en 1734, al Oriente, en la calle que tomó su nombre, i con el objeto de recojer las mujeres perdidas. Los cementerios jenerales no existian, i se puede decir que los demas ramos de la beneficencia estaban encomendados a los conventos de uno i otro sexo. Despues de la emancipacion se trató con empeño, asi por el Gobierno como por los particulares, de organizar i reformar los establecimientos de beneficencia, i al efecto en 1832 se dictó un decreto creando una junta directiva bajo la presidencia de un administrador i con un tesorero jeneral de todos los establecimientos. Esta junta, que se compone de los administradores de los hospitales, el tesorero i cinco ciudadanos, ejerce la superintendencia de los establecimientos subvencionados por el Estado i administra sus caudales. Desde entonces quedó ya organizado un servicio regular en este ramo.

Los establecimientos de beneficencia que existen actualmente en Santiago son : el *Cementerio jeneral;* los *Hospitales de San Juan de Dios*, de *San Borja* i *Militar ;* el *Hospicio*, la *Casa de espósitos*, la de la *Providencia*, la del *Buen Pastor*, la de *María* i el *Asilo del Salvador*. A estas se agregan los monasterios i los beaterios particulares, en los que se da asilo a un gran número de personas sobre todo de niñas.

Cementerio. — En 1813 se decretó la formacion de un cementerio jeneral en Santiago, el que llegó a establecerse definitivamente en 1822. Antes de esa época los cementerios de Santiago eran *parroquiales*, esto es, que en cada parroquia existia un

sitio mas o menos apartado, llamado *Campo Santo*, donde se sepultaba a los fallecidos
pobres o pertenecientes al bajo pueblo ; los ricos o nobles eran sepultados en las iglesias, al lado de los religiosos o en sitios preferentes, segun el dinero que pagaban. Establecido el cementerio el año 1822 en el sitio que hoi ocupa, se comenzó a formar la
estadistica de los fallecidos, y de ella resulta que hasta el año 1858 inclusive, se sepul-
taron 191,298 cadáveres. En los años posteriores el movimiento ha crecido en razon
directa con la poblacion. El actual cementerio está situado en la estremidad Norte de

SANTIAGO. — Vista parcial del Cementerio.

la poblacion, i se encuentra dividido en cuatro patios, que son el de los *mausoleos*, el
de las *losas*, el de las *hermandades* i el de las *sepulturas de solemnidad.*

El primero de ellos es notable por el gran número de ricos monumentos que lo adornan, todos de mármol, i algunas obras maestras de arte y buen gusto. Las sepulturas
son sencillas i su único adorno consiste en una reja de fierro i algunos árboles. En el
patio de entrada se levanta una elegante capillita gótica con tres altares, dos en las
paredes laterales i una en el centro ; se comunica por su parte posterior con una sala
en donde se coloca los cajones mortuorios sobre mesas de mármol; a su Oriente se
encuentra la sacristia.

Los derechos de entierro son los siguientes : 1.º Por una sepultura perpétua de familia de 2 1/2 varas de largo i 1 de ancho, para el propietario, su mujer, ascendientes i
descendientes hasta la 4.ª jeneracion, 20 pesos; 2.º Por la sepultura de un solo cadá-
ver por el término de un año, 3 pesos; 3.º Por levantar mausoleos, 30 pesos; 4.º Carro
de 1.ª clase, 12 pesos; de 2.ª, 8 pesos; de 3.ª, 3 pesos i de 4.ª, 1 peso ; por estraccion

de una osamenta, 30 pesos; por enterrar un párvulo, 3 pesos. Los pobres de solemnidad no pagan derechos.

Estos derechos producen una renta de 13 a 14,000 pesos anuales. Ultimamente se ha establecido un carro de gran lujo que importa 50 pesos. En 1855 el Gobierno compró un terreno situado al Poniente del cementerio i ordenó la formacion en él de un ce-

SANTIAGO. — Mausoleo del jeneral Vidaurre.   SANTIAGO. — Mausoleo del jeneral Pinto.

menterio para disidentes. Este corre a cargo de la misma junta directiva i los cadáveres pagan los mismos derechos que en el anterior. La única diferencia consiste en el pase o certificado de muerte, que en vez de ser espedido por el cura de la parroquia, lo es por el subdelegado. Tiene mui poco movimiento, i aun no ofrece nada de notable.

Hospital de San Juan de Dios. — Es el mejor establecimiento de su clase que existe en la República. Está situado en la parte Oriente de la Alameda, i ocupa un buen edificio, todo de dos pisos, con grandes salas i patios espaciosos. Tiene capacidad para mas de quinientos enfermos, i le está anexo un lazareto con doscientas camas.

Este hospital fué establecido por Pedro de Valdivia en los primeros años de la fundacion de Santiago, i hasta hace poco ha sido el único hospital de hombres con que contara la capital. En la actualidad sus bienes alcanzan a una suma que no baja de 448,000 pesos, i solo recibe del fisco la pequeña subvencion de 4,400 pesos. En él tienen sus salas de clínica interna i de cirujía los profesores de estos ramos en la escuela médica ; tanto estas salas como las demas, se encuentran perfectamente atendidas por un escelente servicio médico i por la mui útil i laboriosa asistencia de las hermanas de la Caridad. Está bajo la dependencia de un administrador i la inmediata inspeccion del médico en jefe de los hospitales, que lo es el Dr. D. Guillermo Blest. El número de enfermos asistidos anualmente en esta casa varia de quince a veinte mil, i el término medio de la mortalidad en ella es de un 18 por ciento.

Hospital de San Borja. — Este hospital de mujeres fué establecido antiguamente en el local que ocupa la casa de huérfanos, en la calle de este nombre ; hasta que en 1768 fué trasladado a la Alameda, al sitio que ocupaban los jesuitas en el costado Poniente de la pequeña iglesia de San Borja. El rei de España donó ese terreno con tal objeto, i el clérigo D. Francisco Ruiz Balmaceda cedió toda su fortuna al establecimiénto. Por último el Gobierno ayudado del municipio i del vecindario compró un estenso local en el estremo Oriente de la ciudád i construyó un magnífico hospital al que fueron trasladados los enfermos de San Borja, en 1859.

Esta casa, construida *ad hoc*, está a cargo de las hermanas de la Caridad, i tiene

SANTIAGO. — Mausoleo de O'Higgins.

capacidad para mas de quinientas enfermas, sin contar el lazareto que le está anexo. El número de enfermos que asiste anualmente es, de ocho a nueve mil. Tiene tambien una sala de cirujia operatoria para los alumnos de la escuela médica. La dotacion de sus médicos i servidúmbre, lo mismo que en San Juan de Dios, corre a cargo de la junta directiva de los establecimientos de beneficencia. La proporcion de las enfermas que entran con las que salen es, término medio de 1 por 1,23.

Instituto de caridad evanjélica. — La idea de esta institucion fué concebida en la isla de Juan Fernandez por los patriotas que en 1815 tenian confinados en ella los españoles. De regreso al continente, obtuvieron en 1822 una bula de aprobacion a la que se dió el *pase* el año siguiente. Se hallaban asociados a la obra todas las personas pudientes de aquella época, i entre ellas figuraba el director supremo D. Bernardo O'Higgins ; sin embargo no pudo realizarse hasta 1833, año en que se instaló solemnemente concurriendo al acto el Presidente de la República i pontificando en la iglesia de la Compañia el arzobispo D. Manuel Vicuña.

« Esta institucion tiene por fin principal asistir a los enfermos a domicilio ; sobre todo a aquellos que, siendo pobres i con hijos, no pueden acudir a los hospitales, o cuando, aquejados de enfermedades crónicas o leves, les es permitido trabajar sin peligro de agravar sus dolencias, ni abandonar a sus familias que viven de sus salarios. El instituto les provee de médicos, medicina, dieta, baños, ropa de cama, paga los gastos de la convalescencia en el campo cuando el médico la cree necesaria, i en caso de que el facultativo asistente juzgue útil consultarse con uno o mas médicos, el Instituto abona dichos gastos. »

Se sostiene esclusivamente de la caridad pública, pues todos sus recursos lo forman la limosna colectada por los asociados.

Dispensarias. — Tuvieron su oríjen en el Instituto de Caridad, i su objeto es el mismo. La deficiencia de los hospitales obligó a crear en 1836 una dispensaría en la casa de uno de los facultativos, la que despues se trasladó a un salon del hospital de San Juan de Dios. Poco tiempo despues se crearon dos mas, la de *San Rafael* i la de *Yungai*; i en 1855 se creó la cuarta de *San Vicente de Paul*, colocada en la casa central de las hermanas de la caridad. El presupuesto les asigna una subvencion de 5,000 pesos.

« Esta clase de instituciones, a los importantes beneficios que hacen directamente, agregan hasta cierto punto el de reemplazar a los hospitales o casas de convalescencia que aun faltan en Santiago i cuya necesidad tanto se hace sentir. »

El número de enfermos asistidos anualmente en estos establecimientos suele pasar de doscientos mil ; pero hai muchos que figuran repetidas veces por haber ocurrido otras tantas a las dispensarias.

Oficina central de vacuna. — La vacuna nos fué importada por el médico español D. José Grajales, que llegó a Chile el 8 de octubre de 1805; sin embargo hasta 1830 no se organizó la vacunacion jeneral en toda la República.

Con este objeto se ha creado en Santiago una junta central compuesta de dos médicos, nueve ciudadanos i un miembro de la Junta directiva de los establecimientos de beneficencia. Tiene su oficina en uno de los salones de la casa de los antiguos Presidentes, en la plaza, i funciona diariamente en todo tiempo. Está encargada de distribuir el pus i enviar vacunadores a cualquier punto donde se necesiten o de donde los reclamen.

A pesar de la resistencia de la jente ignorante, el número de vacunados aumenta cada año considerablemente, i hoi se le hace subir a mas de la mitad de la poblacion.

Casa de huérfanos. — Fué establecida en 1758 en el mismo local que ocupa, calle de Agustinas i Huérfanos, por el jeneral D. Juan Nicolas de Aguirre, marqués de Montepio. Este compró el terreno i edificó un asilo para párvulos i una sala para parturientas ; enseguida lo donó al rei de España para que fuera sostenido con rentas fiscales. El rei aceptó la casa i la dotó con una pension anual de 1000 pesos; i mas tarde los Presidentes de Chile le concedieron algunas otras entradas.

Actualmente tiene dos departamentos, uno para recibir los niños y otro destinado a las parturientas; este último ha sido ensanchado con un vasto edificio que cae a la calle de Agustinas, pero a pesar de su comodidad, el establecimiento será mui luego trasladado a una gran casa que está construyendo en la calle de la Compañia la Junta de Beneficencia, i que no costará menos de 60,000 pesos. Esta casa estaba a cargo de las hermanas de la Caridad, que habian establecido en ella su casa central ; cuenta con una matrona, un médico i varias nodrizas. Los párvulos que recibe los manda criar al establecimiento fundado con ese objeto, i de que nos ocupamos en seguida.

La clase de obstetricia de la escuela médica se encuentra en este establecimiento.

En 1867 se entregó la administracion de la casa a las hermanas de Santa Ana, monjas importadas ese mismo año, las que tienen a su cargo los párvulos i la sala de parturientas. Corre de su cuenta la crianza i vestido de los primeros i la asistencia de las segundas ; en cambio la Junta les abona 10 centavos diarios por cada niño, i 800 pesos anuales por la otra sala. Estan bajo la inmediata inspeccion de la Junta reservandose esta el derecho de rescindir el contrato cuando lo tenga por conveniente.

Casa de la Providencia. — Con el objeto de criar convenientemente a los espósitos recojidos en la Casa Central, la Junta de beneficencia compró una chacara situada veinte cuadras al Oriente de la plaza principal i levantó en ella un estenso edificio. En seguida contrató a unas cuantas hermanas de la Providencia que llegaron a Valparaiso de paso para el Canadá a fines de 1853. A estas se les confió la chacara i el cuidado de criar i educar a los huérfanos.

Actualmente el número de estos asciende a 148. Está servida por 19 monjas, un confesor i un capellan.

Casa de San Vicente de Paul. — Por la misma época fué establecida esta casa, cuyo objeto consiste en enseñar a los niños algun arte o industria con que puedan mantenerse por sí mismos i vivir honradamente. Es debida al celo i filantropía de una sociedad particular que ha fundado un establecimiento de diversos talleres, donde recoje i enseña a los niños desamparados. Estos deben permanecer en la casa cierto número de años i trabajar objetos que se venden a beneficio de la misma. Está situada en la seccion del Sur, al Poniente de la estacion del ferrocarril.

Casa de Maria. — La congregacion de la *Casa de María* fundó en 1861 un establecimiento de beneficencia, situado en la calle del Cármen, con el objeto de recojer a las niñas huérfanas espuestas a perderse.

Actualmente da asilo a 153 niñas, que aprenden, a mas de los ramos de la instruccion primaria, diversas labores de mano i cuanto debe saber una dueña de casa.

El cláustro que habitan es bastante estenso i su edificio tiene capacidad para un considerable número de personas. Está a cargo de un director i bajo la administracion de 18 monjas.

Casa del Buen Pastor. — Este monasterio es tambien un asilo de beneficencia dirijido por 24 religiosas i contiene 140 penitentes. Su objeto es el mismo que el de la Casa de María. Está situado al Norte del Mapocho, en el barrio de la Chimba.

Asilo del Salvador. — Es un establecimiento de beneficencia fundado en 1844 por una sociedad particular que se organizó en ese tiempo con el título de « Sociedad cristiana para socorrer pobres vergonzantes, bajo el patrocinio de los cabildos eclesiástico i secular. »

El intendente de Santiago, en aquella época D. Miguel de la Barra, fué uno de sus mas entusiastas promotores. Reunidos los fondos necesarios, se compró un sitio en la acera Poniente de la Alameda de Matucana, casi frente a la Escuela normal de preceptores, i en él se edificó un pequeño pero elegante templo gótico, de una nave i tres altares; al mismo tiempo se construyó el cláustro con capacidad para 250 o aun 300 personas.

Está administrado por 7 hermanas de la Providencia, un confesor i un capellan. Actualmente cuida esta casa 148 pobres entre viudas, vergonzantes i niñas asiladas. Tiene ademas una escuela gratuita en que se educan 120 niñas esternas, un taller de imprenta, encuadernacion de libros, fabricacion de cierros de cartas, tejidos, bordados i costuras, en que se enseña i da ocupacion a 25 mujeres pobres.

Casa de la Verónica. — Es un pequeño asilo de mujeres pobres i desgraciadas, organizado por unas cuantas señoras para socorrer a esas infelices. Está bajo la direccion de un capellan i se encuentra situado en el barrio de la Chimba, cerca de la casa del Buen Pastor.

Casa de Orates. — Antes de 1852 los locos permanecian en el seno de sus familias o eran enviados al hospicio u otras casas de caridad i reclusion. El año indicado el intendente D. Francisco Anjel Ramirez estableció en el barrio de Yungai una Casa de Orates auxiliada por el Gobierno i los establecimientos de beneficencia. Pero el sitio era estrecho, por lo que poco despues se compró otro situado en el Norte del Mapocho i próximo al cementerio, i en él se edificó una casa mas a propósito.

Esta posee dos cuerpos completos de edificios, destinados uno para cada sexo; los dormitorios son altos, espaciosos i bien ventilados; anchos corredores circundan los patios, los cuales estan plantados de árboles. El frente del edificio es hermoso i sencillo, i en esta parte se hallan las oficinas del director i el departamento i habitaciones del administrador i de los demas empleados.

Diariamente visitan la casa dos facultativos, que tienen a su disposicion un botiquin i una enfermeria llena de recursos.

La construccion del nuevo edificio importó 92,870 pesos, su gasto anual, por término medio, es de 15,000 pesos.

El movimiento de la casa durante el año 1868 fué el siguiente : existencia del año anterior, 159 hombres i 113 mujeres; entraron 76 hombres i 45 mujeres, lo que dió un total de 393. El número de salidos i muertos alcanzó a 89, quedando para 1869 un número de 172 hombres i 132 mujeres.

Hospicio de inválidos. — En la calle de la Maestranza, a dos cuadras de la Alameda, existe la casa-quinta en que se halla el hospicio, establecimiento destinado a dar asilo a los inválidos e idiotas de ambos sexos.

La casa contiene dos grandes cuerpos de edificio para uno i otro sexo, i una capilla; está a cargo de un administrador, un capellan i 13 hermanas de la Caridad.

En 1844 se dictó por el Gobierno su reglamento interior, que determina la asistencia que deben recibir los asilados i las obligaciones de los empleados. Habiéndose prohibido la mendicidad pública en 1868, el hospicio recibió un ensanche considerable para que pudiera contener el gran número de mendigos esparcidos en toda la ciudad. Desde entonces la casa comenzó a prestar servicios mucho mas importantes, i sus gastos anuales en manutencion no han bajado de 17,000 pesos. En 1868 el movimiento de pobres fué el siguiente: existencia del mes anterior, 188 hombres i 255 mujeres : entrados, 128 hombres i 103 mujeres, lo que da un total de 674 individuos. De estos salieron 95 i murieron 49, quedando una existencia para el año siguiente de 530.

Las rentas de esta casa se componen en su mayor parte de erogaciones del vecindario, interesado como está en abolir la mendicidad pública; el municipio i el Gobierno contribuyen tambien para una parte de los gastos.

Sociedad de Beneficencia de Señoras. — Desde antes de 1840 habia surjido entre las señoras de Santiago el pensamiento de organizar una Sociedad que tuviera por objeto cooperar con los establecimientos de beneficencia al auxilio de las jentes miserables i desamparadas. Esta bella idea se realizó el 16 de setiembre de 1848, dia en que la Sociedad se instaló en la iglesia de las Agustinas, presidida por Doña Elisa Toro de Viel i sirviendo de secretaria la distinguida poetisa chilena doña Mercedes Marin de Solar. Sus trabajos no fueron en verdad mui eficaces, pero posteriormente se ha ocupado con actividad en procurar fondos a los diversos establecimientos, sobre todo al hospicio, a los hospitales, etc., por medio de ferias públicas, conciertos, esposiciones de labores de mano i otras.

El instituto de Caridad les ha encomendado la mision de visitar a domicilio a los numerosos pobres a quienes asiste, i las socias informan al directorio sobre las necesidades de esas jentes. La Sociedad celebra una sesion jeneral cada mes, i la secretaria debe presentar una memoria semestral de los trabajos ejecutados y demas que ocurriere.

Caja de ahorros de empleados públicos. — Esta es una institucion creada con el objeto de beneficiar a las familias de los empleados públicos que fallecen sin recursos despues de haber servido largos años. Los empleados erogan de su sueldo la cantidad que quieren, i esto se capitaliza para que sirva de cuota alimenticia a sus familias, pues pertenece esclusivamente a la viuda o heredero del imponente; sin embargo, este puede retirar su capital en caso de haber perdido su empleo. Tambien se admiten imponentes particulares. El Congreso ha concedido a esta caja varias entradas fiscales, con el propósito de mejorar así la triste condicion a que están sujetos los empleados públicos.

Otras sociedades. — La **Asociacion masónica** tiene en Santiago establecidas dos lojias: la *Justicia i Libertad* i la *Deber i Constancia*, cuyos miembros forman la parte mas ilustrada de la juventud de Santiago.

Las otras sociedades de socorros mútuos creadas por las diversas colonias estranjeras son cuatro: la *Española, Francesa, Italiana* i *Alemana.*

La **Sociedad Española** de beneficencia fué establecida en Santiago en 1854 con el objeto de socorrer a todo español residente accidental o permanentemente en Santiago que, hallándose enfermo, carezca de recursos para curarse; de auxiliar a los que se hallen imposibilitados para el trabajo; de facilitar recursos a todo el que accidentalmente se halle sin trabajo, o de procurarle una ocupacion. Podrán ser miembros de la Sociedad todos los españoles, sus esposas e hijos i toda persona que lo solicite de la Junta directiva, i pagarán una cuota de 50 centavos mensuales.

La sociedad organizada por la colonia francesa, lo mismo que la italiana i la alemana tiene un objeto análogo, esto es, el de auxiliar a sus nacionales en desgracia.

CAPITULO V.

ADMINISTRACION PÚBLICA.

ADMINISTRACION, JENERAL, PRESIDENCIA DE LA REPÚBLICA, MINISTERIOS. — ADMINISTRACION LOCAL, INTENDENCIA, MUNICIPALIDAD, SUBDELEGADOS, INSPECTORES. — ADMINISTRACION DE JUSTICIA, CORTES I JUZGADOS. — ADMINISTRACION DE LA HACIENDA PUBLICA, CONTADURIA MAYOR, TESORERIAS, RENTAS NACIONALES. — ADMINISTRACION MILITAR, COMANDANCIA JENERAL DE ARMAS, INSPECCION JENERAL DEL EJÉRCITO, INSPECCION JENERAL DE LA GUARDIA NACIONAL. — CUERPO LEJISLATIVO. — ADMINISTRACION RELIJIOSA, ARZOBISPADO, CURIA ECLESIÁSTICA, CABILDO ECLESIÁSTICO. — OFICINA DE ESTADISTICA. — ADMINISTRACION DE CORREOS. — CUERPO DE INJENIEROS CIVILES. — CASA DE MONEDA. — CRONOLOJÍA DE MANDATARIOS.

Administracion jeneral. — En Santiago, como capital de la República, se encuentran centralizados todos los poderes públicos i todas las oficinas que les sirven de órgano. Segun lo establecido por nuestra Constitucion, el poder ejecutivo reside en el Presidente de la República i en sus delegados, que son los secretarios i consejeros de Estado, los intendentes, gobernadores, subdelegados e inspectores de distritos.

Presidencia de la República. — Las oficinas del Presidente de la República i de sus secretarios estan situadas en la Casa de Moneda, ocupando casi todo el primer departamento de este edificio, i parte del segundo. La sala del despacho de S. E. se encuentra en el segundo piso, al lado izquierdo de la puerta principal, en las salas que dan frente a la plazuela. En ella firma diariamente los decretos espedidos por los diversos ministerios i las leyes sancionadas por el Congreso. Al lado opuesto de la puerta principal i en el mismo piso, se encuentra la sala de audiencias, en la que S. E. recibe en recepcion solemne, a los enviados de las potencias estranjeras, i otra sala en que se recibe a los mismos funcionarios en sesion privada i confidenciál.

El servicio oficial del Presidente se compone de tres edecanes del grado de coronel o teniente coronel, un capellan, i tres empleados subalternos.

El **Consejo de Estado**, nombrado i presidido por el Presidente, se compone de los ministros del despacho, dos miembros de las cortes de justicia, un eclesiástico constituido en dignidad, un jeneral de ejército o armada, un jefe de oficinas de hacienda, dos personas que hayan sido ministros o diplomáticos, i dos que hayan sido intendentes, gobernadores o municipales. Entre otras atribuciones tiene la de conocer en las competencias entre las diversas autoridades, i declarar si hai lugar a formacion de causa en materia criminal contra los intendentes i gobernadores. Puede pedir la destitucion de los ministros del despacho, i forma las ternas para el nombramiento que hace el Presidente, de los jueces, de los arzobispos, obispos i demas dignidades de las catedrales de la República. Tiene un secretario i un oficial de pluma.

Ministerios. — Los ministerios o secretarias de Estado, son los siguientes: del *interior i relaciones esteriores*, de *hacienda*, de *justicia, culto e instruccion pública*, i de *guerra i marina*.

El ministerio del interior i de relaciones esteriores está dividido en dos oficinas independientes, lo mismo que el de guerra i marina, no asi el de justicia, culto e instruccion pública, que es compuesto de tres secciones reunidas en una sola oficina presidida por un solo jefe.

La planta del ministerio del interior se compone de un ministro, un oficial mayor, tres jefes de seccion, siete oficiales de número, un ausiliar, dos telegrafistas i un portero.

La del departamento de relaciones esteriores se compone de un ministro, un oficial mayor, un jefe de seccion, un traductor, cuatro oficiales de número, dos ausiliares i un portero.

La planta del ministerio de justicia, culto e instruccion pública, es de un ministro, un oficial mayor, dos jefes de seccion, once oficiales i un portero.

La planta de los demas ministerios es, poco mas o menos, la misma.

Administracion local. — Los ministros nombran a los intendentes i se comunican directamente con ellos; estos proponen el nombramiento de gobernadores al Presidente, i son su órgano de comunicacion para con el Gobierno; los gobernadores nombran a los subdelegados, que han venido a reemplazar a los antiguos *prefectos* en la administracion local, i estos nombran a los gobernadores de los distritos o inspectores.

Intendencia. — El intendente es el jefe local, i su oficina, situada en el edificio central del costado Norte de la plaza de la Independencia, tiene la planta siguiente: un secretario, un oficial de estadística, tres oficiales de número, un ayudante, un sarjento, i dos soldados que sirven de porteros.

Municipalidad. — La administracion local es presidida por el intendente i dirijida por la municipalidad, los subdelegados e inspectores. La municipalidad, elejida directamente por el pueblo, se compone de un presidente, que es el intendente de la provincia, de tres alcaldes elejidos de entre sus miembros, diez i nueve rejidores propietarios, tres id. suplentes, un procurador de ciudad, un secretario i un pro-secretario, i tiene a su servicio un director de obras públicas, un receptor, un tesorero, cuatro oficiales i un portero. La junta provincial de caminos la compone el primer alcalde, el intendente i el jefe del Cuerpo de injenieros civiles.

— El departamento de Santiago ha sido dividido en treinta *subdelegaciones*, que tienen ciento cincuenta i nueve *distritos*: las diez i ocho primeras son urbanas i las doce restantes rurales. Las urbanas son las siguientes: 1.ª del Puente de madera, con cinco distritos; 2.ª, de Santo Domingo, con seis; 3.ª, de Santa Rosa, con seis; 4.ª, de los Huérfanos, con cinco; 5.ª, de la Moneda, con cuatro; 6.ª, de Santa Lucia, con cinco; 7.ª, de San Isidro, con cuatro; 8.ª, de la Providencia, con cuatro; 9.ª, del Rosario, con cuatro; 10.ª, de San Cárlos, con cuatro; 11.ª, de Santa Rosa, con seis; 12.ª, del Instituto, con cinco; 13.ª, de San Ignacio, con tres: 14.ª, del Campo de Marte, con ocho; 15.ª, de Yungai, con diez; 16.ª, del Cinco de abril, con cinco; 17.ª, del Mapocho, con siete; i 18.ª, de la Recoleta, con cuatro.

La **Policía de seguridad** es uno de los ramos dependientes del municipio, i se compone de un cuerpo de 800 hombres, organizado militarmente. Su plana mayor se compone de dos jefes, primero i segundo, un sarjento mayor de caballería i otro de infantería, dos ayudantes mayores i cuatro sub-ayudantes. El Cuerpo está dividido en dos secciones; la primera ocupa el cuartel de San Pablo, situado al costado Norte de la iglesia de este nombre, i la segunda se encuentra en el barrio Sur.

La **Policía urbana** depende del municipio i está dirijida por una oficina especial denominada *Inspeccion de policía.* Se compone de un inspector, cinco ayudantes, un cajero i tres receptores i estan a su servicio un director de obras públicas, un injeniero especial para la nivelacion de acequias, un ayudante i un mayordomo. Los contratos de obras públicas, que tambien corren a su cargo, los adjudica por licitacion. Para la distribucion de sus trabajos ha dividido la ciudad en seis cuarteles, i a los cien carretoneros de que dispone, en convoyes de ocho i diez, cada uno dirijido por un cabo. Para vijilar estos convoyes hay 5 mayordomos a las órdenes de un ayudante o comisario de policía.

La inspeccion tiene sus oficinas en el palacio de la Intendencia.

Administracion de justicia.—La superintendencia directiva i económica de la administracion judicial reside en Santiago i es ejercida por la corte suprema de justicia.

El ramo judicial se divide en tres secciones: *civil,* de *comercio* i *criminal,* i cada una de ellas tiene juzgados independientes.

Corte suprema.—La Corte suprema conoce, en apelacion, de las causas criminales i de comiso, en las cuestiones de competencia de las autoridades subalternas, de las vejaciones, delaciones i otros crimenes i perjuicios causados en la secuela de los juicios por los funcionarios respectivos, etc.

Su personal se compone de un ministro presidente, cuatro ministros, un fiscal, dos relatores, un secretario i un ordenanza.

Sus miembros, lo mismo que los demas jueces, son nombrados por el Presidente de la República, a propuesta en terna del consejo de Estado.

La Corte suprema se constituye mensualmente en visita de todas las cárceles de la ciudad. El objeto de esta visita es examinar el estado de las causas, comparándolo con el que tenian en la visita anterior; reconocer el aseo i seguridad de los calabozos, especificando el estado en que se encuentran; informarse del trato que se da a los encarcelados, del alimento i de la asistencia que reciben; examinar la exactitud del libro de alta i baja que debe llevar el alcaide; i finalmente, averiguar si se incomoda a los reos con mas prisiones que las determinadas por el juez, i si se les incomunica indebidamente.

Corte de apelaciones.—La Corte de Apelaciones conoce en segunda instancia de las causas que le remiten en apelacion los juzgados de letras en lo civil i recibe las pruebas finales de los aspirantes al título de abogado, escribano, procurador o receptor. Su personal se compone de un rejente, i cuatro ministros, un fiscal, dos secretarios, dos relatores i dos porteros.

Juzgado de Comercio. — Las causas de comercio son tramitadas por un juzgado especial, llamado de Comercio, que se compone de un juez i un secretario.

Juzgados civiles i criminales.— Las causas civiles se tramitan por tres juzgados civiles, i las criminales por dos juzgados encargados de conocer esclusivamente de los delitos. La dotacion de estos tribunales es igual a la del de comercio.

Por lei de 12 de setiembre de 1855 fué suprimido el antiguo juzgado de policía correccional, i se creó los dos juzgados del crímen existentes. Estos conocen, por turno, de las causas que les corresponde por derecho, de todas las infracciones de los bandos dé policia i ordenanzas locales, sin perjuicio de las atribuciones que corresponden al intendente para castigar por sí mismo esas mismas trasgresiones, si el juez no hubiere prevenido en su conocimiento; conocen tambien de los delitos leves que se persiguen de oficio. En estas causas el procedimiento es verbal i sumario i las sentencias se ejecutan sin ulterior recurso. El turno de los jueces, tanto en lo civil como en lo criminal, se hace semanalmente.

— Hai cuatro defensores públicos : dos de menores, uno de obras pías i otro de ausentes.

— El servicio judicial es desempeñado por seis notarios públicos, dos conservadores, doce receptores, doce receptores de menor cuantía, catorce procuradores de mayor cuantia, cuatro procuradores de menor cuantía para el Tribunal de Comercio, i diez procuradores de menor i minima cuantia para el servicio de las subdelegaciones e inspectorías.

Jurados de Imprenta.—Los juicios de imprenta se hacen por jurados que, en número de cuarenta, son elejidos todos los años por la municipalidad, en votacion secreta, de entre los vecinos de la ciudad que no desempeñan empleos fiscales. La causa se tramita ante dos jurados : el primero decide si hai o no lugar a formacion de causa, i el segundo juzga. El Tribunal es presidido por el juez del crímen de turno.

Tribunal del Consulado. — El Consulado es un tribunal especial establecido en tiempo de la dominacion, para conocer en las causas de comercio, de minas i de hacienda; fué reorganizado por lei de 29 de setiembre de 1855. Se compone de un juez de derecho i dos comerciantes con el nombre de cónsules ; conoce de las causas de hacienda, minas i ejecutivas que principian por cesion de bienes, i de los negocios i operaciones mercantiles sobre los que se suscite contienda en el distrito señalado a su jurisdiccion.

— Los juzgados mencionados, con escepcion de las dos del crímen, se encuentran en el Palacio de los Tribunales, situado en la plazuela de la Compañia.

En el Palacio de los Tribunales se encuentra tambien la oficina del REJISTRO CONSERVATORIO DE BIENES RAICES, organizada por supremo decreto de 12 de julio de 1839 i modificada por el reglamento de 1857. Corre a su cargo todo lo que se refiere a la conservacion o traslacion de propiedades raices, i la anotacion de otros derechos análogos.

Administracion de la hacienda pública. — La administracion de los intereses nacionales envuelve tres operaciones mui diversas, a saber : los recursos que el poder lejislativo aplica al servicio público i el objeto o destino que les asigna; la recaudacion i manejo inmediato de los fondos, i por último, la verificacion o exámen de ese manejo. El poder lejislativo autoriza los gastos i acuerda los fondos con que el ejecutivo debe atender al servicio público ; el ejecutivo, dentro de los límites que se le han señalado, espide sus decretos e imparte sus órdenes, que llevan a cabo las tesorerías u oficinas pagadoras i recaudadoras.

Contaduría mayor i tesorería jeneral. — Cada oficina lleva sus cuentas i las pasa a la Contaduría mayor para su exámen, i esta forma la cuenta de inversion jeneral que pasa al ministro de Hacienda. El ministro la somete entonces a la aprobacion del Congreso. En caso de que el contador mayor encuentre reparos que hacer a una cuenta, se pronuncia sobra ella i pasa en apelacion al *Tribunal Superior de Cuentas*, formado por jueces de la Corte de Apelaciones, el cual falla sin ulterior recurso.

En el palacio de la Moneda se encuentra la Contaduría mayor, cuyas funciones acabamos de indicar, i la Tesorería jeneral, oficina independiente de la anterior, en la cual el Gobierno aglomera los fondos fiscales para atender a los gastos. Esta oficina no puede entregar dinero sino en virtud de una autorizacion legal.

En 1870 se organizó una nueva oficina bajo la direccion del inspector de oficinas fiscales, con el objeto de plantear una contabilidad jeneral i sistemada en la hacienda pública, introduciendo en la administracion de este ramo un órden sistemado i fijo. Ese arreglo de la contabilidad jeneral permitirá dar una nueva organizacion a la Contaduría mayor, simplificando i dividiendo el trabajo.

Rentas nacionales. — El personal de estas diversas oficinas es mas o menos numeroso, segun la naturaleza de sus trabajos. Los diversos ramos cuyas entradas administran son : Aduanas, especies estancadas, impuesto agricola, alcabala e imposiciones, patentes, papel sellado, timbre i estampillas, correos, casa de Moneda, ferrocarriles, peajes, quinta normal de agricultura, fundicion de Limache, huaneras de Mejillones, ramos eventuales, reintegros i almacenaje de pólvora.

En la « Descripcion jeneral » que en esta misma obra, hacemos del territorio, damos el detalle de cada uno de estos ramos.

Junta de Almoneda. — Toda enajenacion o arrendamiento de propiedades fiscales no puede hacerse sino en remate público ante una Junta de Almoneda. Esta corporacion se compone del ministro menos antiguo de la Corte de Apelaciónes, el intendente, el fiscal i el ministro mas antiguo de la Tesorería jeneral. Esta Junta tiene tambien la obligacion de presenciar la destruccion del papel moneda i demas documentos cuya estincion fuere ordenada por el Gobierno

Administracion militar. — Toda la administracion militar, tanto del ejército como de la Guardia nacional, depende directa o indirectamente del ministerio de la Guerra. Para el servicio de este ramo se han organizado en Santiago tres oficinas centrales, que son : *la Comandancia jeneral de armas*, la *Inspeccion jeneral del ejército* i la *Inspeccion jeneral de la Guardia nacional*.

Estas oficinas, que existieron desde la época de la independencia confundidas unas en otras, fueron reorganizadas por decreto de 30 de noviembre de 1841, que las declaró independientes « en cuanto al órden de sus respectivas labores. »

La Inspeccion jeneral del ejército se dividió en tres secciones, correspondientes a las armas de artilleria, caballeria e infanteria, debiendo entender cada una en todo lo relativo a su arma.

La Inspeccion de la Guardia nacional se dividió en dos secciones, infanteria i caballería, quedando la tercera a cargo de la oficina anterior.

La *Comandancia jeneral de armas* ejerce la superintendencia directiva i económica de las fuerzas del ejército i da a reconocer los grados i ascensos conferidos por el Gobierno o el Congreso.

Los grados en el ejército, hasta el de teniente coronel inclusive, son concedidos por el Gobierno, i los de coronel, jeneral de brigada i jeneral de division, los concede el Senado, o en su caso, la Comision conservadora.

La lei de 10 de octubre de 1845 organizó la planta del ejército, dividiéndolo en dos secciones : 1.ª, del departamento jeneral de la fuerza de tierra, cuyo cuerpo abraza la profesion de todas las armas, i 2.ª, cuerpos particulares dedicados al servicio de una arma determinada. La 1.ª de estas secciones comprende : plana mayor jeneral, inspeccion jeneral del ejército, id. de la Guardia nacional, estado mayor de plaza, cuerpo de asamblea o asamblea instructora, i escuela militar. La 2.ª seccion comprende el cuerpo de injenieros militares, el cuerpo de artilleria, batallones de infantería i rejimientos de caballeria.

A la *Plana mayor jeneral* pertenecen todos los jenerales de ejército, cuyo número no puede pasar de 10, 4 de division i 6 de brigada.

La dotacion de la *Inspeccion jeneral del ejército* se compone de un inspector jeneral, un ayudante i secretario, i 7 ayudantes mas.

La *Inspeccion jeneral de la Guardia nacional* es desempeñada por un inspector jeneral, dos sub-inspectores, un ayudante jeneral i secretario, i 6 ayudantes.

El *Estado mayor de Plaza* comprende los edecanes del Presidente de la República, los gobernadores, sarjentos mayores i ayudantes de las plazas fuertes, i los ayudantes de las comandancias de armas jenerales i particulares de las provincias i departamentos.

El *Cuerpo de Asamblea*, encargado de la instruccion de la Guardia civica, depende inmediatamente de la Inspeccion jeneral de la Guardia nacional, i su dotacion se compone de un coronel, 2 tenientes coroneles, 4 sarjentos mayores, 35 capitanes, 35 tenientes i 30 subtenientes.

La *Plana mayor del Cuerpo de injenieros* se compone de un comandante jeneral de la clase de coronel, 2 tenientes coroneles, 2 sarjentos mayores, 4 capitanes, 4 tenientes i 4 subtenientes. Este cuerpo se ocupa de la construccion o reparacion de fuertes, cuarteles i otras obras militares de esa clase.

— La justicia se administra en el ejército conforme a la Ordenanza jeneral, i sus tribunales especiales son los *Consejos de guerra ordinarios*, para los soldados i clases; los *Consejos jenerales*, para los oficiales de graduacion, i la *Corte Marcial*, organizada por decreto de 28 de mayo de 1826, cuyas atribuciones son las que, por la Ordenanza española, correspondian al Supremo Consejo de la guerra. Se compone de 7 oficiales jenerales.

A cargo del ministerio de la Guerra se encuentra tambien la *Maestranza*, cuyo reglamento se dictó el 16 de julio de 1818, i destinada esclusivamente a la fabricacion de útiles de guerra. Su contabilidad se llevaba en comun con la del ramo de artilleria. En 1866 ha recibido una nueva organizacion i ha sido trasladada a San Francisco Limache. De ella tratamos en el capitulo « Alrededores de Valparaiso. »

—La Guardia nacional existente en Santiago se compone de 6,472 individuos, de los que 4,072 son de infanteria i 2,182 de caballeria.

Cuerpo lejislativo. — Se compone de dos Cámaras, una de *Diputados* i otra de *Senadores*. Los primeros son elejidos cada tres años por votacion directa i en la proporcion de uno por cada 20,000 habitantes o por una fraccion que no baje de 10,000. El Senado se compone de 20 miembros elejidos por electores especiales que se nombran por departamentos en número·triple del de diputados. El Senado se renueva por terceras partes cada tres años.

Ambas Cámaras funcionan actualmente en el edificio del antiguo Consulado, en un mismo salon, alternando sus sesiones en los dias de la semana; la de diputados suele funcionar tambien de noche. Ambas tienen una mesa taquigráfica, compuesta, la del Senado, de un redactor i dos taquigrafos, i la de diputados de tres redactores i seis taquigrafos, cuyos sueldos varian de 1,000 a 1,500 pesos.

Para que pueda ser promulgada una lei es indispensable que reciba la sancion de las dos Cámaras i la del Ejecutivo.

Administracion relijiosa. — La iglesia de Santiago fué erijida en 1563 por D. Bartolomé Rodrigo Gonzalez Marmolejo, quien fué su primer obispo, elejido por Pio IV, i que gobernó hasta 1565. Tuvo 24 sucesores hasta 1830, en que ocupó la silla D. Manuel Vicuña Larrain. En 23 de julio de 1840 el papa·Gregorio XVI erijió la diócesis en metropolitana i dió el palio de primer arzobispo al mismo Sr. Vicuña, que gobernó hasta 1843. Lo reemplazó en 1844 D. José Alejo Eizaguirre, pero éste renunció el arzobispado, sucediéndole el actual prelado de nuestra iglesia, doctor D. Rafael Valentin Valdivieso. Este entró a desempeñar sus funciones el 6 de julio de 1845, fué instituido el 14 de octubre de 1847, consagrado el 2 de julio de 1848, i recibió el palio el 15 de agosto del mismo año en la Catedral.

Este ilustre prelado nació en Santiago el 2 de noviembre de 1804. Fueron sus padres el Sr. D. Manuel Joaquin Valdivieso, ministro que fué de la Excma. Córte Suprema, i doña Mercedes Zañartu i Manso.

Desde 1815 hasta 1819 estudió latin i filosofia, entrando en esta última fecha al Instituto Nacional donde estudió hasta 1822 las clases de derecho natural i de jentes, economia politica, derecho canónico i pátrio. Se recibió de abogado en 1825 cuando aun no contaba 21 años de edad.

En 1826 fué nombrado defensor jeneral de menores; en 1829 a 1831 miembro de la municipalidad de Santiago, ocupando al mismo tiempo un puesto en la Cámara de diputados.

En 1832, i cuando solo contaba 28 años de edad, fué nombrado ministro suplente de la Corte de apelaciones. En la majistratura dió nuevas pruebas de sus talentos i recto carácter.

En 1834 sintióse vivamente inclinado al sacerdocio, i despreciando la ventajosa posicion en que se hallaba colocado, vistió la sotana clerical el 15 de junio del año citado.

El celo relijioso de que se encontraba animado le hizo ejecutar un proyecto de misiones en el remoto archipiélago de Chiloé, para donde partió acompañado de otros sacerdotes en 1835.

El Ilmo. Sr. Vicuña, justo apreciador de las esclarecidas prendas del Sr. Valdivieso, le nombró en 1837 visitador del beaterio de San Felipe. Al año siguiente se hizo acompañar del mismo en su visita a las parroquias del Norte.

El púlpito le contó pronto entre el número de los oradores sagrados mas brillantes. Todavia se conserva intacto el recuerdo de la oracion sagrada que pronunció en las exequias que, por el alma del ministro D. Diego Portales i por las victimas de Yungai, se celebraron en la Catedral.

En 1842 el Sr. Valdivieso fué nombrado capellan de la iglesia Compañia, incendiada el año anterior i reedificada por él.

Reorganizada la Universidad en 1843, el Supremo Gobierno le nombró miembro de la facultad de Teolojía i poco despues decano de la misma facultad. Como tal organizó la Academia de ciencias sagradas, formó un reglamento i lo planteó. En este mismo año escribió el prospecto i fundó la « Revista Católica, » de la cual fué redactor hasta su promocion al arzobispado.

Desde que se encargó del gobierno de la arquidiócesis se contrajo con ardoroso celo a su réjimen i direccion. Desde luego llamó su atencion la reforma de las costumbres, especialmente las del clero. Con este objeto creó la *Junta de inspeccion de ordenandos* destinada a la vijilancia de los jóvenes que se dedican al ministerio sagrado.

Ha introducido i promovido la creacion de nuevos institutos de enseñanza i caridad ; ha llevado a cabo la vida comun en los conventos de frailes, i ha procurado la moralidad del clero i el engrandecimiento de la iglesia chilena.

— El arzobispado se estiende desde el rio Choapa hasta el Maule, i le son sufragáneos los demas obispados de la República. La eleccion del arzobispo se hace a presentacion del Presidente de la República, a quien eleva una terna el Consejo de Estado, sometiendo su eleccion a la aprobacion del Senado. Es el colador jeneral de todos los beneficios i el superior de todos los monasterios de monjas.

El *gobierno eclesiástico* se compone de dos vicarios jenerales, un provisor oficial, un promotor fiscal i un defensor de matrimonios, un secretario, un pro-secretario i tres oficiales de secretaria.

La *curia arzobispal* tiene un notario mayor, un notario 2.º i un teniente alguacil.

El *cabildo eclesiástico* se compone de un dean, un arcediano, un chantre, maestreescuela i tesorero; un canónigo doctoral, uno majistral, dos de merced, i dos penitenciarios; tres racioneros i dos medio-racioneros.

Los empleados de la Catedral son los siguientes : un secretario de cabildo, un sacristan mayor, dos maestros de ceremonia, cuatro capellanes de coro, dos sub-chantres, un apuntador de fallas, un pertiguero, dos turiferarios, cuatro ceroferarios, un mayordomo ecónomo, i un primer sacristan de los menores.

Las oficinas de la administracion eclesiástica, con escepcion de la curia, se encuentran en la casa habitacion del arzobispo, en la calle de Santa Rosa, seccion del Sur, pues el palacio arzobispal edificado en la plaza aun no está habilitado.

Oficina de Estadistica. — Por lei de 17 de setiembre de 1847 se mandó establecer en Santiago la oficina central de Estadística, con el objeto de adquirir, ordenar i publicar noticias circunstanciadas i exactas sobre todo lo concerniente al clima i al territorio, a los tres reinos naturales, a la industria i comercio, a las ciencias i artes, a la poblacion, instruccion, culto i beneficencia, administracion en todos sus ramos, etc., etc. Desde entonces esta oficina ha seguido un notable progreso, i publica todos los años un trabajo laborioso i sistemado sobre esos ramos, con el título de *Anuario estadístico* de la República. Tambien está encargada de levantar un censo de la República cada diez años.

Para cooperar a sus trabajos se ha creado una oficina de estadistica en todas las cabeceras de provincia, las que forman parte de la secretaría de las intendencias i están obligadas a ejecutar los trabajos i visita que les ordena la oficina central.

Administracion de Correos. — En la época del coloniaje no existia el ramo de correos, i solo en 1795 se principió a observar la ordenanza española. Esta administracion se uniformó por la lei de 20 de octubre de 1852 i concluyó de organizarse con la ordenanza jeneral de correos dictada el 22 de febrero de 1858. El servicio se desempeña bajo la dependencia del ministerio del Interior, por un director jeneral, administradores, comisionados de estafeta i otros empleados subalternos.

Hai tres clases de lineas : *terrestre interior, terrestre trasandina* i *marítima*. Los correos de la primera clase recorren anualmente en toda la República una estension de 1.119,465 quilómetros, de los cuales 421,589 son recorridos por ferrocarriles, 235,081 por carruajes, i 462,795 a lomo de caballo.

Los correos de la linea maritima recorren una estension de 25,168 quilómetros.

El número de viajes de todos los correos de la República ascendió en 1869 a 16,341, de los que corresponden 38 por dia.

El movimiento jeneral de la correspondencia de toda la República en 1869 fué de 9.722,779 piezas, correspondiendo 3.656,882 a cartas varios portes, 232,220 a oficios, 5.817,600 a impresos i el resto a muestras.

La correspondencia entrada ascendió a 5.117,711 piezas, i la salida a 4.605,068; de estas corresponde a la ciudad de Santiago 1.199,071 piezas entradas i 2.109,021 salidas.

El porte de la correspondencia es determinado por leyes especiales.

Por decreto de 19 de diciembre de 1868 se estableció en las administraciones de correos el jiro postal para la traslacion de pequeñas sumas de un punto a otro de la República.

Cuerpo de injenieros civiles. — Por una lei del año 42 se estableció en Santiago el Cuerpo de injenieros civiles, cuyas atribuciones son : proponer al Gobierno todas las medidas conducentes a la mejora de los caminos, sus variaciones i conservacion, apertura de otros nuevos i de canales, construccion de puentes i calzadas. A este Cuerpo corresponde la direccion de las obras públicas en todo el pais, de las cuales debe formar planos i presupuestos.

Su personal se compone de un director, cuatro injenieros primeros, seis segundos i dos aspirantes, un tesorero i un escribiente. Tiene una tesorería propia, a la cual ingresan las sumas decretadas por el Congreso i el Gobierno para las trabajos públicos i de las cuales dispone el director.

Cuando los individuos del Cuerpo salen en comision fuera del departamento de Santiago, gozan, a mas de su sueldo, de un viático de 4 pesos diarios. El director distribuye los trabajos, confiere las comisiones i recibe los informes de los miembros del Cuerpo ocupados en el servicio público.

Casa de Moneda. — La primera Casa de amonedacion que hubo en Santiago la estableció, en 1743, el vecino D. Francisco García Huidobro, que habia obtenido permiso para ello del rei Felipe V. El Sr. García importó de Europa las máquinas necesarias, i situó su establecimiento en el ángulo Sur-oeste formado por las calles de Morandé i de Huérfanos; estuvo en posesion de él hasta el año de 1772, en que el rei Cárlos III ordenó que fuese incorporado a la Corona. La amonedacion se continuó en Santiago hasta la fecha de la Independencia, pero sin seguir en ella un sistema ordenado. El 24 de octubre de 1834, se estableció la clase i la lei de la moneda de oro i plata que se usó hasta la promulgacion de la lei de 9 de enero de 1851, la cual estableció el sistema decimal en la amonedacion.

Segun esta última lei, que es la que rije, hai tres clases de moneda de oro, que son: el condor, el doblon i el escudo, con la lei de nueve décimos finos; cinco clases de monedas de plata con la misma lei, que son: el peso, el medio peso, la moneda de 20 centavos, la de a 10 i la de a 5, i dos clases de moneda de cobre, una de a 1 centavo i la otra de a medio centavo.

Ultimamente se ha entregado a la circulacion unas monedas que estan destinadas a reemplazar el cobre. Son de tres clases; de medio, uno i dos centavos, i su aleacion es de cobre, niquel i zinc, entrando de niquel un 20 % i de zinc un 10 %.

La Casa de Moneda jira con un capital propio para la compra de pastas, las que paga con el producto de la amonedacion. En este comercio es ausiliada por el Congreso, pues rara vez deja de tener pérdidas, i sus ganancias, cuando las hai, son insignificantes. Su mayor ganancia la obtuvo en 1868, en que alcanzó a 50,539 pesos; pero el año siguiente perdió 8,196 pesos.

La oficina comprende tres secciones diversas: la *fundicion*, el *apartado* i *afinacion* de los metales, i el *fielazgo*. En todas ellas se encuentran en via de realizacion importantes mejoras, cuyo proyecto ha traido de Europa el fundidor mayor de la Casa, D. Antonio Brieba, enviado por el Gobierno para estudiar los últimos adelantos e introducirlos en el establecimiento. Al efecto se ha principiado ya el arreglo de la oficina de fundicion i los trabajos necesarios para hacer el apartado i afinacion por la via húmeda, abandonando la via secá, conforme a los últimos progresos de la ciencia. Este sistema ha sido adoptado ya en todas las Casas de Moneda de Europa, i en poco tiempo mas se encontrará planteado definitivamente entre nosotros.

El total de lo amonedado en oro i plata en 1868 alcanzó a 1.706,086 pesos, i en 1869 fué de 951,266 pesos. Su movimiento en el mes de febrero de 1871 fué el siguiente: se compraron en pastas de oro 108,611 pesos 43 cts.; id. id. de plata 10,918 pesos 40 cts.; total : 119,529 pesos 83 cts. Ademas de lo amonedado en oro se han sellado tambien 32,000 pesos.

La moneda de oro de mas valor que se acuña es el condor, que vale 10 pesos ; tiene en una de sus caras el escudo de la República, con el nombre de ella i el año en que se fabricó, i en la otra la estátua de la lei con una balanza en la mano, i el siguiente mote « Igualdad ante la lei. » El mismo sello tienen los escudos de a cinco i de a dos pesos. En el de a un peso el escudo está reemplazado por una pequeña corona de laurel, en medio de la cual se lee : « Un peso. »

La moneda de plata mas valiosa es el peso, equivalente a cinco francos o a cien centavos ; en una de sus caras contiene un escudo dentro de una corona de laurel rodeado con el nombre de la República i el valor de la pieza ; en la otra hai grabado un condor, como simbolo de la fuerza, que lleva en sus garras una cadena destrozada, y con este mote : « Por la razon a la fuerza. » Igual sello tienen las monedas de a 50 centavos, de a 20, de a 10 i de a 5, que es la menor entre las de plata.

Las monedas de cobre son dos : la de a 1 centavo pesa 4 gramos, i en una de sus caras tiene el siguiente mote : « Economía es riqueza, » luego una corona de laurel, en cuyo centro se lee : « 1 centavo; » en la otra está el nombre de la República i el año de la acuñacion, yendo en el centro una estrella de cinco picos. Un cuño idéntico tiene la otra moneda que es de medio centavo i pesa dos gramos.

La Casa de Moneda, ademas de las pastas que necesita para sus trabajos, compra tambien las monedas antiguas i las deterioradas.

La planta de empleados se fijó por la lei de 25 de octubre de 1853, i se compone de un superintendente, un contador tesorero, dos ensayadores, tres fundidores, un injeniero director i veintiun empleados mas, distribuidos en las diversas labores i oficinas.

Cronolojia de mandatarios. — El primer Inca peruano que gobernó a Chile fué Jupangui, en 1433; i el último Atahualpa, en 1533. La dominacion de los reyes españoles principia con Cárlos V en 1558, i concluye con Fernando VII, en 1817. El gobierno de los virreyes peruanos comienza con Vasco Nuñez de Vela, en 1544, i concluye con D. Joaquin de la Pezuela, en 1817. Los gobernantes españoles de Chile comienzan con Diego de Almagro, en 1536, i concluyen con el presidente D. Mateo de Toro, conde de la Conquista, en 1810. A este último le sucedieron los gobiernos nacionales compuestos de juntas gobernadoras, un directorio, i luego los presidentes constitucionales. La primera junta se organizó el 18 de setiembre de 1810, i se compuso del presidente D. Mateo de Toro i de los miembros D. José Antonio Martinez de Aldunate, D. Fernando Marquez de la Plata, D. Juan Martinez de Rosas, D. Ignacio de la Carrera, D. Francisco Javier de Reina i D. Juan Enrique Rosales.

La segunda junta se organizó el 20 de diciembre de 1811, i se compuso de tres individuos. En seguida se invistió a D. José Miguel Carrera del mando militar i se nombró una tercera junta en 1813, compuesta de D. Agustin Eizaguirre i D. José Miguel Infante, siendo sustituido este último por D. José Ignacio Cienfuegos. En el mismo año 13 se nombró director supremo al jeneral D. Francisco de la Lastra, i director interino a D. Antonio José de Irizarri. Al año siguiente se nombró la cuarta junta, que se compuso de D. José Miguel Carrera; D. Juan Uribe i D. Manuel Muñoz Urzua.

Desde 1814 hasta 1817 gobernaron los mandatarios españoles D. Mariano Osorio i D. Francisco Marcó del Pont. En 1817 les sucedió el director supremo D. Bernardo O'Higgins i sus delegados D. Hilarion de la Quintana i D. Luis de la Cruz. El 28 de enero de 1823 se formó la quinta junta, compuesta de D. Agustin Eizaguirre, D. José Miguel Infante i D. Fernando Errázuriz. Entre esta i la sesta junta, hubo los gobiernos siguientes: Director supremo D. Ramon Freire, en 1823; presidente D. Manuel Blanco, en 1826; vice-presidente D. Agustin Eizaguirre, en 1826; presidente provisorio D. Ramon Freire, en 1826; vice-presidente D. Francisco A. Pinto, en 1826; presidente D. Francisco R. Vicuña, en 1829; presidente constitucional Don Francisco A. Pinto, en 1829; id. provisorio D. Francisco R. Vicuña, en 1829. En este año se nombró la sesta junta (de plenipotenciarios), compuesta de D. José Tomás Ovalle, D. Isidoro Errázuriz i D. José María Guzman. En 1830 se elijió presidente a Don Francisco Ruiz Tagle i vice-presidente a D. José Tomás Ovalle; pero habiendo renunciado el primero, recayó el mando en el segundo. Se sucedieron los siguientes :

Presidente interino D. Fernando Errázuriz, en 1831; presidente constitucional, por dos periodos, D. Joaquin Prieto, en 1831; presidente constitucional, por dos periodos, D. Manuel Bulnes, en 1841; presidente constitucional, por dos periodos, D. Manuel Montt, en 1851; presidente constitucional, por dos periodos, D. José Joaquin Perez, en 1861; presidente constitucional D. Federico Errázuriz, elejido en 1871, i rijiendo por lo tanto, en la actualidad, los destinos de la República.

CAPITULO VI.

INSTRUCCION PÚBLICA.

Universidad. — Instituto nacional. — Instruccion primaria. — Seminario. — Escuela militar. — Sociedades de instruccion primaria. — Escuela de artes i oficios. — Escuela de agricultura. — Internados conventuales i otras escuelas. — Colejios particulares. — Escuela de obstetricia. — Observatorio astronómico. — Conservatorio nacional de música.

Universidad. — La capital es el centro de la administracion de todos. los ramos concernientes a la instruccion pública. La organizacion de esta parte del servicio público, sin salir hasta ahora de las manos de la autoridad politica, ha hecho sin embargo, progresos notables desde treinta años a la fecha. En la época del coloniaje la instruccion estaba reducida casi esclusivamente al foro y al conocimiento de la relijion cristiana tal como la entendian los conquistadores : la teolojía era el ramo esencial i del cual se hacia un prolijo aprendizaje. Los jesuitas establecieron en Santiago las primeras cátedras de filosofía, teolojia i otros ramos, a principios del siglo xvii, i solo en 1747 se obtuvo permiso del rei de España para fundar el establecimiento de instruccion superior que se denominó *Universidad de San Felipe*, a solicitud de D. Tomas de Azúa Arzamendi, quien fué su primer rector. Este establecimiento, cuya estension era sumamente limitada, funcionó hasta la época de la independencia, con escaso número de alumnos; su estincion fué decretada el 17 de abril de 1839.

La antigua Universidad fué reemplazada por una casa jeneral de estudios en la que se suministraba a los alumnos la instruccion elemental i la científica o profesional, en la que se permitió obtener grados a los regulares profesos i a los hijos habidos fuera de matrimonio.

En 1842, bajo la presidencia del jeneral D. Manuel Bulnes, se dictó la lei orgánica del nuevo establecimiento, la cual rije todavia. Mas tarde, en 1847, se dividió la casa de estudios en dos secciones distintas, comprendiendo la primera la instruccion secundaria o preparatoria, i la segunda la instruccion científica o propiamente universitaria, estado en que se encuentra actualmente.

La Universidad, segun su nueva organizacion, se compone de cinco facultades, que son la de *leyes*, de *humanidades*, de *matemáticas*, de *medicina* i de *teolojía*. Cada facultad tiene treinta miembros i es presidida por un decano, i todas ellas están bajo la direccion de un consejo especial compuesto de todos los decanos con mas los rectores del instituto i del seminario conciliar de la diócesis, los que tambien tienen voz i voto. El jefe inmediato de la corporacion es un rector que, con el título de delegado universitario, es elejido por el gobierno o propuesto en terna de la Universidad reunida en claustro pleno; pero su jefe superior es el presidente de la República con el título de patrono i el ministro del ramo con el de vice-patrono. Los secretarios i demas empleados son amovibles a voluntad del patrono; el rector i los decanos se elijen solo por dos años, pero pueden ser reelejidos indefinidamente.

La Universidad está encargada de la direccion superior de la instruccion. Ella dicta los reglamentos que deben observarse en todos los liceos, examina i aprueba los testos, propone al gobierno todas las mejoras i reformas que conviene introducir en materia de instruccion i organiza todo lo que a ésta se refiere. Ademas, solo ante sus diversas facultades se puede rendir exámenes válidos para obtener grados o títulos profesionales.

Al principio se habia organizado los estudios correspondientes a las carreras de injeniero jeógrafo, injeniero civil, injeniero de minas, ensayador jeneral, agrimensor jeneral, abogado, farmacéutico, médico i arquitecto; pero mas tarde se creyó conveniente suprimir las carreras de injeniero de minas, ensayador jeneral i agrimensor jeneral, para reunirlas a la de injeniero jeógrafo; en cuanto a la de injeniero civil, se ha suspendido hasta que puedan crearse las clases de puentes i calzadas i otras que hasta ahora no se ha logrado establecer.

El plan de estudios que se observa en la actualidad es el siguiente:

Para *injenieros jeógrafos*: áljebra superior, trigonometria esférica, trigonometría de las tres dimensiones, trigonometría descriptiva con aplicacion a la teoría de las sombras i a la perspectiva, física superior i química jeneral, cálculo diferencial e integral, topografia i jeodecia, mecánica i astronomía.

Para *abogados*: derecho romano, natural, de jentes.i canónico, código civil i de comercio, minería, economia politica, derecho penal, público i administrativo, i práctica forense.

Para *arquitectos* : aritmética, áljebra i jeometria elementales, gramática castellana jeografía, relijion, dibujo, fisica, quimica i arquitectura.

Para *médicos* : anatomia descriptiva i de rejiones, fisiolojia, quimica, física, botánica, farmacia, patolojias interna i esterna, terapéutica, enfermedades mentales, hijiene, medicina legal, obstetricia, cirujia i clinicas interna i esterna.

Para *farmacéuticos* : botánica, quimica, farmacia i fisica.

Para cursar las clases de leyes i medicinas, es indispensable haber obtenido previamente el titulo de bachiller en la facultad de humanidades; para cursar las matemáticas, es preciso haber rendido un exámen jeneral de los siguientes ramos : aritmética, álgebra i jeometría elemental, jeometria analitica, secciones cónicas, combinaciones, permutaciones i probabilidades.

Los reglamentos especiales prohiben rendir exámen de ramos superiores sin haberlo hecho antes de los inferiores ; no se puede tampoco rendir en el mismo año un exámen inferior i otro superior, de manera que el alumno se vé forzado a seguir un itinerario fijo, en el que no le es permitido hacer progresos.

Las vacantes de miembros de la Universidad son llenadas por el gobierno a propuesta en terna, de las respectivas facultades. Para ser miembro no se necesita de ningun titulo ni requisito especial ; basta una mayoria relativa de votantes.

La Universidad se encuentra instalada en un hermoso edificio situado en la Alameda al costado del que ocupa el Instituto nacional.

Ademas de los ramos ya mencionados, la Universidad encierra tambien una academia de pintura i dibujo establecida en 1849, i una academia de escultura, dotadas ambas de valiosos premios para sus alumnos mas aprovechados.

A mas de los talleres de la seccion de bellas artes, el establecimiento cuenta con un museo anatómico bastante notable por la variedad e importancia de sus piezas, con una escelente coleccion mineralójica, i con tres laboratorios, uno de fisica, otro de quimica mineral, i otro para la clase de quimica orgánica, los que estan bajo la direccion de los profesores respectivos.

Instituto nacional. — El Instituto nacional que existe actualmente en Santiago, fué abierto el 12 de agosto de 1813 en la sala del Museo, con una solemnidad enteramente inusitada en aquella época. En él se refundieron los colejios de San Cárlos i del Seminario, i sus cátedras fueron desempeñadas al principio por los profesores de la Universidad de San Felipe. Se le asignaron todas las rentas con que hasta entonces se habian sostenido las demas casas de educacion.

Como ya hemos dicho, el instituto i la universidad estuvieron confundidos hasta 1847, en que fueron separados por decreto supremo de 22 de noviembre. Desde entonces se destinó esclusivamente a la instruccion secundaria, y se le dotó de un plan de estudios mas o menos regular, que ha ido perfeccionándose hasta la fecha, en que aun están pendientes algunas reformas importantes. Comprende la instruccion secundaria de latinidad y matemáticas, bajo la direccion de un rector, un vice-rector, i un cuerpo de profesores bastante numeroso.

El curso de humanidades que es necesario seguir para optar al grado de bachiller, dura seis años, i comprende los ramos de latin, gramática castellana, un idioma estranjero, aritmética, áljebra, jeometria, relijion, jeografia, cosmografia, historia, física, historia natural, quimica, literatura y filosofía. Los exámenes para optar al grado de bachiller son rendidos ante una comision de tres miembros de la facultad de humanidades, a cada uno de los cuales debe abonar el alumno un derecho de dos pesos, pagando tambien otros tres por el diploma marcado con el sello de la Universidad. Los alumnos se dividen en internos i esternos: los primeros pagan una pension de ciento sesenta pesos anuales, que es recaudada por una tesoreria especial del establecimiento colocada bajo la inmediata inspeccion del rector. En el internado hai 30 becas, que al principio fueron destinadas para los huérfanos de los militares que murieron en la guerra de la independencia; mas tarde se las dedicó a los alumnos distinguidos de los colejios provinciales, a quienes se les imponia la obligacion de ser profesores en el liceo de su provincia, i últimamente han venido a ser presa del favoritismo personal. En 1865, con motivo de la alianza con Chile de las repúblicas del Ecuador, Perú i Bolivia, se crearon quince nuevas becas, poniéndose cinco de ellas a disposicion de cada uno de los gobiernos de esas tres naciones. En cuanto a los alumnos esternos, el réjimen es el mismo que para los anteriores.

La concurrencia de los alumnos al instituto ha seguido continuamente una progresion constante, sobre todo en alumnos internos, hasta el estremo de tener que desechar un gran número todos los años por falta de local. La concurrencia de esternos tambien es cada vez mas numerosa.

El instituto cuenta con un archivo antiquísimo, con una biblioteca escojida i bastante considerable, i con dos laboratorios, uno de quimica i otro de física, i a mas con un cómodo gabinete de historia natural.

Instruccion primaria. — Este es uno de los ramos del servicio público que ha llamado mas la atencion de las autoridades lejislativa i administrativa despues de la independencia. En la época del coloniaje, la instruccion del pueblo fué desatendida por sistema, como una medida política, por temor de que surjieran en el pueblo ideas perniciosas a la dominacion estranjera. Sin embargo, en 1593 los jesuitas establecieron una escuela de primeras letras, a la que luego dieron mayor estension, convirtiéndola por fin en una cátedra de enseñanza relijiosa que permaneció hasta el establecimiento de la Universidad de San Felipe. Su ejemplo fué seguido por los frailes de otros conventos, i en la época de la emancipacion, habia en Santiago unas cuantas escuelas de primeras letras i unos cuantos frailes que enseñaban a domicilio. Entre estos se hizo famoso un lego apellidado Briseño, por lo brutal de sus maneras i la crueldad con que trataba a los alumnos.

Los primeros gobiernos patrios descuidaron casi totalmente la instruccion del pueblo; solo en la administracion del jeneral Bulnes i por la iniciativa del infatigable i benemérito institutor don Domingo F. Sarmiento, actual presidente de la República Argentina, comenzó en Santiago ese movimiento de constante progreso que no han podido detener ni las luchas politicas ni los conflictos del erario nacional. En 1860 se dió a la instruccion primaria una organizacion definitiva con la creacion de una oficina especial titulada « *Inspeccion jeneral de escuelas*. »

Pero ya en 1844 se había fundado una escuela normal de preceptores destinada a proveer a las escuelas de maestros idóneos que ofreciesen toda clase de garantias para lo futuro. En 1854 se creó otra escuela de la misma clase, para mujeres, i se organizó un cuerpo de empleados especiales encargados de visitar periódicamente las escuelas, a fin de recabar del ministerio del ramo la satisfaccion de todas las necesidades que se hicieran sentir en aquellos establecimientos. Despues se dictó un plan de estudios jeneral que vino a uniformar la enseñanza primaria en toda la república, de manera que un alumno pueda pasar de una escuela a otra sin sufrir atraso en sus estudios.

La instruccion primaria, lo mismo que la superior, es voluntaria i gratuita, i abraza los siguientes ramos: lectura, escritura, aritmética, jeografía, gramática castellana, historia, relijion, dibujo, costura, bordado, i en algunas escuelas, canto i música.

En Santiago, a mas de la escuela normal de preceptores, existe una escuela modelo, en la que se enseñan algunos otros ramos de la instruccion secundaria. La dotacion de esta es de tres profesores, i la de las restantes de uno i un ayudante, segun el número de alumnos.

En la parte urbana de Santiago existen 45 escuelas fiscales, 19 de hombres i 26 de mujeres. Entre las primeras hai dos escuelas nocturnas de adultos, una de párvulos, i una de sordo-mudos. Ademas hai cuatro escuelas conventuales de hombres, tres de mujeres, i cinco escuelas especiales establecidas en los cuarteles i presidios.

El costo medio que hace el fisco en cada alumno anualmente es de 7 pesos 61 centavos.

Casi todas las escuelas cuentan con locales espaciosos, constrúidos *ad hoc*, i entre ellos hai algunos que llaman la atencion por su elegancia i lo pintoresco de su aspecto.

Segun el último censo, la proporcion de los que saben leer con la poblacion es de 1 por 3,8; i de los que saben escribir es de 1 por 4,4: Siendo la poblacion de la ciudad de 279,111 individuos, tenemos que saben leer 74,290, i escribir 63,743, resultado que nos asigna el tercer lugar entre las naciones mas adelantadas del mundo.

Todas las escuelas dependen de la Inspeccion jeneral. Sin embargo, las atribuciones de esta oficina se limitan a recabar las medidas necesarias del ministerio del ramo. La supresion de escuelas o la creacion de otras nuevas, lo mismo que la traslacion o suspension de los preceptores, etc., no puede hacerse sino por medio de decretos supremos. Pero la oficina está obligada a informar anualmente al ministerio *in estensum*, sobre el estado i la marcha de la instruccion primaria en toda la república, para cuyo fin tiene que ejercer sobre ella la mas activa vijilancia.

La oficina ocupa un espacioso departamento en la Casa de Moneda, i su dotacion consiste en un jefe i tres oficiales subalternos, a los que se agrega el visitador de la provincia.

Seminario conciliar. — Santiago cuenta con varios establecimientos públicos en que se suministra educacion gratuita. Entre estos ocupa el primer lugar el Seminario conciliar de la diócesis, que es el establecimiento mas importante de su jénero que existe en la América del Sur.

El primer Seminario que existió en Santiago fué fundado por el obispo Diego de Medellin, quien lo estableció en una casa particular situada entre la plazuela de Santa Ana i la calle de la Compañia. El actual se mandó establecer por decreto supremo de 4 de octubre de 1834, i estuvo situado por mucho tiempo en una casa de la calle de Agustinas hasta que se trasladó al local que hoi ocupa, uno de los edificios públicos mas grandes i cómodos de la capital. Su plan de estudios es mucho mas complicado, mas largo i difícil que el del Instituto nacional. No solo está destinado a la instruccion relijiosa, sino que tambien funciona como un simple colejio, con la ventaja de que sus exámenes son válidos para optar al título de bachiller en humanidades.

A mas de los ramos de instruccion secundaria que enseña el Instituto, comprende la instruccion relijiosa profesional, que consiste en historia eclesiástica, teolojía dogmática, teolojía moral, sagrada escritura, derecho canónico, música vocal e instrumental, i ejercicio de liturjia. Tiene una escuela preparatoria, habiéndose creado el año último un nuevo departamento destinado a recibir los niños de las familias pobres de los campos que quieran dedicarse a la carrera eclesiástica. Los curas de las aldeas están encargados de buscar a estos niños, prepararlos suficientemente i enviarlos al Seminario. El año 1870 fueron remitidos así catorce niños pobres. El número total de alumnos no baja de 250.

Este Seminario que recibe una fuerte subvencion del Estado, cuenta con un laboratorio de química i otro de física bastante regulares, i una biblioteca. Sus testos i sus programas son aprobados por la Universidad o por el Ordinario. Su dotacion de profesores es mas numerosa que la del Instituto nacional, pero son mucho peor rentados, pues ninguna de las asignaciones pasa de 500 pesos anuales.

Escuela militar. — Bajo el gobierno del director supremo don Bernardo O'Higgins, en 1817, se estableció la primera academia militar, nombrándose director al sarjento mayor de injenieros don Antonio Arcos. Su objeto era formar una academia teórico-práctica de donde se pudiera sacar a los seis meses oficiales, sarjentos i cabos con los conocimientos tácticos necesarios para las maniobras de batallon i escuadron. Se componia de tres secciones: cadetes, sarjentos i cabos, i oficiales agregados. El número de cadetes era de ciento, divididos en dos compañias montadas bajo un pié puramente militar. Salian a los cuerpos de subtenientes. La segunda seccion se componia de dos compañias de 60 individuos cada una, i salian de sarjentos i cabos. La tercera la componian oficiales que habian servido a la patria i que carecian de la instruccion necesaria. De los 100 cadetes 50 eran pagados por el Estado, a 10 pesos al mes, i los restantes pagaban una pension de 50 pesos por los seis meses.

El 13 de febrero de 1819 se suprimió esta academia, i los cadetes pasaron como tales a los cuerpos del ejército. El 23 de julio del mismo año se ordenó que los cadetes se reunieran todos los dias en la plaza mayor para dirigirse al Instituto nacional a recibir lecciones de gramática castellana, jeografía, matemáticas puras i dibujo. El año 23 bajo la presidencia del jeneral Freire, se decretó por el Congreso constituyente la formacion de una academia militar, que no se llevó a cabo hasta julio de 1831. Su base la formaron los cadetes de los cuerpos, i sus estudios se reducian a los ramos principales de la instruccion secundaria, historia militar, táctica, modo de instruir procesos, fortificacion i ordenanza del ejército. El curso duraba cuatro años. Se disolvió el año de 1838 a consecuencia de haber pasado todos los alumnos al ejército libertador del Perú.

La escuela que hoi existe se estableció el 6 de octubre de 1842, siendo su primer director el coronel D. Francisco Gana.

En febrero de 1870 se suprimió la escuela naval militar fundada en 1858 en Valparaiso, i sus alumnos pasaron a la escuela de Santiago, de donde salen a los buques de guerra a completar su instruccion, despues de cuatro años de estudios.

Los cursos duran cinco años i en ellos se estudia las matemáticas puras, gramática castellana, francés, historia, jeografía, dibujo, relijion, estudio profesional de artillería, topografia, física, quimica, cosmografia, jeografia física, código militar, derecho de jentes, fortificacion i castrametacion, dibujo de construccion i arquitectura. Ademas hai una clase preparatoria. Para obtener el titulo de «alumno examinado de la escuela militar,» es necesario rendir un exámen jeneral teórico-práctico, presentando planos i otros trabajos análogos a la comision nombrada por el decano de la Facultad de matemáticas. Desde el tercer año del curso, los alumnos estan obligados a hacer trabajos especiales de aplicacion.

El establecimiento está situado en un antiguo convento de jesuitas, en la calle de la Maestranza, i cuenta con un escelente laboratorio de química i física, que ha sido aumentado con el que tenia la escuela naval militar en Valparaiso.

Los alumnos estan obligados a servir en el ejército durante diez años; pero pueden rescatarse de esta servidumbre, pagando los gastos de su educacion.

Sociedades de instruccion primaria. — En Santiago existen varias Sociedades de jóvenes entusiastas por la instruccion, que se ocupan en sostener escuelas gratuitas para el pueblo. La mas importante es la que lleva por título : «*Sociedad de instruccion primaria de Santiago.*» Se instaló con un gran número de socios el 17 de setiembre de 1856, i sin mas recursos que la pequeña erogacion de 50 centavos mensuales que dan sus miembros. En la actualidad sostiene ocho escuelas de las mas concurridas que existen en Santiago, pues solo en ellas reciben instruccion mas de mil quinientos alumnos. Seis de esas escuelas son diurnas, i las dos restantes nocturnas para adultos. Es notable el contraste que presentan estos establecimientos con los de igual clase que sostiene el fisco. Gracias a la iniciativa particular i al noble entusiasmo de una juventud abnegada, se encuentran perfectamente dirijidos, con preceptores idóneos, laboriosos i entusiastas, por lo que son solicitados con preferencia por los padres de familia. Su plan de estudios es mas o menos semejante al de las escuelas fiscales.

La sociedad es dirijida por un directorio compuesto de 17 de sus miembros, el cual se constituye en visita en las diversas escuelas, i está encargado de buscar i administrar los fondos. El costo anual de la instruccion de cada alumno es mui inferior al que ocasionan los alumnos de las escuelas fiscales.

La Sociedad denominada «*Católica de educacion*» sostiene cuatro escuelas : la de *Santo Tomas de Aquino*, tres; i la *Sociedad de Artesanos* una magnifica escuela nocturna para adultos, en la que se enseñan varios ramos importantes de la instruccion secundaria, como el dibujo, la quimica, la física y la historia natural.

Escuela de artes i oficios. — Este importante establecimiento se fundó en Santiago el 17 de setiembre de 1849 con los cuatro talleres principales de modelería, fundicion, herreria i mecánica, a los que posteriormente se añadiéron los de caldereria, ebanisteria i carroceria. Se encuentra en un espacioso y cómodo local situado en el barrio de Yungai, i está destinado a formar maestros que puedan establecer talleres en las diversas provincias. Con este fin los alumnos se sacan de todas las provincias, i concluido el curso, que dura cinco años, cada uno vuelve a su pueblo llevando un poderoso elemento de progreso. Ademas de los ramos de artes, la escuela enseña tambien varios otros de la instruccion secundaria, como historia, francés, relijion, matemáticas, etc.

Está bajo la direccion de un injeniero nombrado por el Gobierno, i sus profesores son maestros hábiles i esperimentados que el ministerio ha hecho venir en su mayor parte de Europa. Trabaja con un capital de 211,000 pesos i recibe ademas una subvencion anual variable segun sus necesidades. Los objetos que fabrican los alumnos, como locomóviles, máquinas de varias clases, bombas, etc., son vendidos en el mismo establecimiento, i el producto se destina a la compra de nuevos materiales i herramientas. Hasta aqui no ha producido beneficios como casa de comercio, pero ha dado escelentes maestros como establecimiento de educacion, i por lo tanto ha llenado cumplidamente su objeto.

Escuela de agricultura. — En tres ocasiones se ha ensayado en Santiago el establecimiento de una escuela teórica i práctica de agricultura, cuyo objeto parece ya definitivamente conseguido. Bajo la administracion del jeneral Prieto se organizó la primera Sociedad nacional de Agricultura, en la cual se incorporaron los hombres mas notables que residian en la capital. Su objeto era fomentar la agricultura por medio de la aclimatacion i cultivo de árboles i cereales, i por el perfeccionamiento de la crianza de animales. Con este fin la Sociedad compró la actual quinta de agricultura que existe en Yungai, al fin de la calle de la Catedral. Pero hubo el inconveniente de que ninguno de los socios entendia nada sobre agricultura, por cuyo motivo dedicaron sus esfuerzos a objetos enteramente estraños. Así es que a su iniciativa se debió el establecimiento de los *carretones* en que se estrae las basuras de las casas en la parte urbana de la ciudad, i otras mejoras locales de esta especie. En 1853 fué reorganizada la Sociedad, i en la quinta de agricultura se estableció un internado para los jóvenes que fuesen enviados de las provincias a cursar ese ramo. Tuvo una direccion intelijente i activa, i duró varios años; pero al fin los resultados no correspondieron a las espectativas, i la escuela hubo de cerrarse i la Sociedad se disolvió agobiada por la falta de recursos pecuniarios.

Por fin, despues de laudables esfuerzos, se instaló el 15 de agosto de 1869 la actual Sociedad nacional de Agricultura, bajo la direccion de personas intelijentes i entusiastas. El Gobierno la declaró persona juridica, i puso a su disposicion la antigua quinta de agricultura con todos sus útiles i materiales. El directorio se ocupó inmediatamente del establecimiento de una escuela teórico-práctica de agricultura, i aprobó el siguiente plan de estudios : la enseñanza se dividirá en preparatoria i en especial ; la primera comprende los ramos de aritmética, áljebra, jeometría, elementos de dibujo lineal i paisaje, física, química, historia natural i jeografía física. Los estudios especiales comprenden : agricultura jeneral, arboricultura, zootecnia i veterinaria, mecánica agricola i arquitectura rural, tecnolojia agrícola, administracion i contabilidad rural, dibujo lineal, industrial i topográfico. Para ser alumno, se necesita contar la edad de 18 a 22 años, saber leer i escribir, justificar una buena conducta i pagar una cuota de 50 pesos anuales. La Sociedad les proporciona el alimento i el vestido, i 50 centavos todos los domingos.

Internados conventuales i otras escuelas. — En todos los conventos de regulares existentes en Santiago, hai internados de jóvenes que se dedican a la carrera de fraile. Se les da la instruccion religiosa sometida a un plan de estudios mas o menos regular i aprobado por el Ordinario. Los cursos duran jeneralmente de 6 a 8 años, despues de los cuales cantan misa i quedan bajo la absoluta potestad de los superiores respectivos, que a su turno reconocen la jurisdiccion del arzobispado.

— En Santiago existen tambien algunos otros establecimientos dirijidos por religiosos o religiosas, en los que se suministra una instruccion práctica para el pueblo. Tales son por ejemplo, el *Taller de San Vicente de Paul*, en el que se recoje a los niños huérfanos i desamparados, i se les instruye en algun arte, como carpinteria, zapateria, etc.; la titulada *Casa de María*, fundada por un clérigo de Santiago con el objeto de encerrar en ella a todas las mujeres jóvenes que están espuestas a perderse por falta de proteccion i vijilancia. El número de las detenidas en esta casa aumenta estraordinariamente por la mucha dilijencia que se pone en descubrir a esas infelices criaturas. Se las instruye en religion, lectura, escritura, jeografía, costura, bordado i otros ramos de utilidad doméstica. Hai diversas categorias : muchas de las detenidas no tienen ninguna obligacion, i otras están como en calidad de reas, detenidas por fuerza, a peticion de sus familias que quieren castigar de ese modo sus estravíos. Jeneralmente es fácil colocar alli a una jóven, pero es sumamente difícil poderla sacar.

— Tambien las monjas del *Corazon de Jesus* han establecido en la calle de la Maestranza un gran establecimiento de educacion para niñas pobres, a las que enseñan todo lo que puede ser útil a una dueña de casa. Aqui, lo mismo que en todos los establecimientos mencionados anteriormente, se da preferencia sobre todos los demas ramos de enseñanza, al de religion, i para hacerlo mas eficaz, se ha construido dentro de la casa una capillita bastante hermosa i elegante, con una pequeña torre i un altar.

— La Sociedad del *Corazon de Jesus* organizada en el barrio de la Recoleta por el fraile Juan Pacheco, i cuyos miembros son conocidos vulgarmente con el nombre de *pechoños* a causa de su escesivo fanatismo religioso, ha organizado tambien dos grandes escuelas, una para adultos i otra para los hijos de los socios. Sin mas entrada que las erogaciones de los socios, estas escuelas se mantienen perfectamente, i aun sobra dinero para hacer en la tarde del Jueves Santo una procesion en la que salen muchos judios, demonios i otros mitos. Ultimamente ha sido suprimida a causa de los gravísimos escándalos a que daba lugar entre los concurrentes.

— En el mismo barrio de la Chimba existe la *Casa de la Verónica*, que es un internado de mujeres abandonadas, recojidas allí con el fin de morijerar sus costumbres i darles una instruccion adecuada a su edad i condicion. Está dirijida por algunas beatas

6

i se sostiene de limosnas. Tambien suministra educacion e instruccion a un buen número de niñas pobres, a quienes proporciona gratuitamente vestido i alimento. Los padres de estas niñas tienen derecho de retirarlas de la casa siempre que así lo deseen.

Colejios particulares. — Santiago cuenta con varios colejios particulares los que, por su escelente direccion i estenso plan de estudios, pueden considerarse de primer órden, i entendemos que es lo mejor que a este respecto existe en nuestro continente. El número total de las casas de educacion, situadas en la parte urbana de la ciudad, alcanza a 95, cincuenta para hombres i cuarenta i cinco para mujeres. En todas se suministra la enseñanza preparatoria i en muchas de ellas la secundaria i varios ramos de la instruccion superior.

Entre los colejios de hombres hai algunos que han adquirido una justa celebridad. Tal es, entre otros, el de los *Padres franceses*, situado en la acera Sur de la calle de las Delicias. En él se enseñan todos los ramos de la instruccion secundaria, de modo que sus alumnos pasan directamente a cursar los ramos profesionales a la Universidad, llevando un caudal de conocimientos mucho mayor que los educados en cualquiera otro colejio. Solo admite alumnos internos.

— El colejio de los *Padres jesuitas*, que tambien es solo para internos, está situado en la calle de San Ignacio, en donde los reverendos han construido un claustro enorme capaz de contener mas de dos mil alumnos, i al lado del cual han edificado uno de los templos mas grandes i elegantes de Santiago, dedicado a San Ignacio de Loyola. En este colejio, como en el anterior, se da una instruccion sólida i variada hasta completar el curso de humanidad. En ambos se enseña el latin i la historia casi con perfeccion, pues en estos ramos solo el Seminario podria hacerles competencia; pero no sucede lo mismo con los ramos científicos, a los que parece que los religiosos tuvieran una secreta aversion.

— El colejio de *San Luis*, situado en la antigua casa que ocupaba el Seminario, calle de Agustinas, es otro de los establecimientos en que se hace el curso completo de humanidades.

— Entre los colejios de primeras letras, el que tiene mas merecida su reputacion es el que sostiene la colonia alemana para sus hijos, bajo la direccion del mas sabio de los profesores de la Universidad, el doctor D. Rodulfo Armando Phillippi. Este colejio, que tiene una seccion dirijida por señoras, recibe párvulos desde la edad de un año, es decir, desde que recien comienzan a hablar, i los educa con tal esmero i solicitud, que causa asombro el ver a esos pequeñuelos hablando diversas lenguas i haciendo cálculos como un buen estudiante del Instituto. Tiene una escelente dotacion de profesores i hace cursos completos de humanidades.

— Los colejios de niñas, como ya hemos dicho, son 45, i entre ellos los que merecen particular mencion, son el de las *Monjas francesas*, situado en la calle de Santa Rosa, a donde concurre la aristocracia de Santiago, i el colejio de la señora Bruna Venegas de Riquelme, en la calle de Huérfanos. El primero solo recibe internas; el segundo recibe ademas esternas.

En los colejios de niñas se enseña la música i el canto, pero no el baile.

— Algunas monjas de diversas corporaciones sostienen tambien colejios particulares bajo la advocacion de sus respectivos santos i devociones. Las qué mas se distinguen son las monjas del *Corazon de Jesus,* que tienen su casa en la calle de la Maestranza. Todas ellas solo reciben alumnas internas, que pagan una pequeña pension o que nada pagan. La mayor parte de esos colejios son subvencionados por el Estado, i cuentan con un gran número de alumnas que reciben una instruccion mas o menos superficial.

Escuela de obstetricia. — En 1834 se estableció en Santiago una escuela de obstetricia para mujeres, pero solo alcanzó a funcionar durante dos cursos; de ella proceden las parteras examinadas que existen actualmente en Chile. Las demas son

SANTIAGO. — Observatorio astronómico.

estranjeras o simple aprendices. Sin embargo la escuela no ha sido suprimida, así es que puede volver a abrirse cuando lo crea conveniente el ministro del ramo.

Observatorio astronómico. — En la cumbre de la colina de Santa Lucia, a pocos metros de la fortaleza que allí existe, estableció un observatorio astronómico en 1849, una comision científica norte-americana que recorria la América del Sur, i fué ella quien hizo las primeras observaciones en Chile. El Gobierno compró despues ese observatorio, en 1852, i lo puso bajo la direccion del sabio aleman D. Cárlos Moesta, dotándolo de diversos e importantes instrumentos. Su posicion era en los 33° 26′ 25″7 latitud austral, i 70° 38′ 15″ longitud occidental de Greenwich, o sea 72° 58′ 22″ 5 de Paris, i 6° 22′ 48″ lonjitud oriental de Washington. Pero habiendo observado el señor Moesta que la accion del sol sobre las rocas del cerro producia un movimiento de elevacion que en el espacio de diez años habia llegado a un cuarto de pulgada, lo que obligaba a rectificar contínuamente la posicion de los instrumentos, fué trasladado el Observatorio a la quinta normal de Agricultura, que hoi ocupa. Su posicion es de 10″ a 12″ mas al Oeste.

Está servido por un director i tres ayudantes, i mantiene correspondencia con los principales Observatorios de Europa i de Norte-América, con el de Quito i el de Lima. Se efectúan en él observaciones meteorolójicas, astronómicas, i las relativas al magnetismo terrestre. Su instrumental bastante bueno i completo, acaba de ser enriquecido con un grande anteojo ecuatorial, que fué mandado construir a Alemania bajo la direccion del señor Moesta. Dicho anteojo debe ser colocado sobre una torre que aun no se ha construido, pero que está en via de ejecucion.

Conservatorio nacional de música. — El establecimiento que existe en Santiago con este nombre, fué decretado el 26 de agosto de 1849, i se le destinó a instruir gratuitamente al pueblo en la música i el canto. Se le dividió en dos secciones, una para hombres i otra para mujeres, ambas a cargo de profesores competentes. En 1850 se le dió una nueva organizacion, haciéndose mas estensos i completos sus estudios. Cuenta un buen número de alumnos de ambos sexos, los que en los dias del aniversario de nuestra independencia concurren a amenizar algunas de las festividades públicas. El aprovechamiento i adelanto de los alumnos se manifiesta todos los años en los conciertos gratuitos que se dan en el teatro municipal. Ocupa algunos salones en la casa de la Intendencia, en el costado Norte de la plaza principal.

CAPITÚLO VII.

EMPRESAS PÚBLICAS I PARTICULARES.

Estacion central de los ferrocarriles. — Ferrocarril del sur. — Ferrocarril entre santiago i valparaiso. — Telégrafos. — Irrigacion. — Carruajes i empresas de viaje. — Hoteles i cafés. — Baños públicos. — Teatros i otros sitios de diversion. — Clubs. — Cárceles. — Bibliotecas. — Cuerpo de bomberos. — Caja de ahorros de empleados públicos. — Imprentas, diarios i periódicos. — Fábricas diversas. — Comercio i producciones.

Estacion central de los ferrocarriles. — La estacion central de los ferrocarriles del Norte i del Sur que llegan a Santiago, está situada en la estremidad Poniente de la Alameda, que es tambien la estremidad de la poblacion por ese lado. El terreno que ocupa da frente a la Alameda en una estension de 200 metros, i se estiende hácia el Sur formando un rectángulo de 800 metros de largo. Fué construida en 1856 por la empresa del ferrocarril del Sur, i sus edificios son de ladrillo i adobe, con techo de fierro ; el interior está dividido por planchas de fierro galvanizado i afianzado con postes de cedro. Su distribucion es la siguiente : en el centro del rectángulo i dando frente a la Alameda, hai un claro de 80 piés de ancho por 230 de largo, el cual es ocupado por cuatro galpones. Este es el punto en donde paran los trenes i el de donde parten. A ambos lados de estos galpones se estienden dos cuerpos de edificios del mismo largo por 60 piés de ancho. El de la izquierda es ocupado por las oficinas del ferrocarril del Sur, i el de la derecha lo ocupan las del Norte. A la izquierda del primer cuerpo queda un patio atravesado por los rieles del ramal de la Alameda, los que conducen hasta los galpones de dicho ramal situados un poco mas al interior. En la parte opuesta del terreno están las bodegas del ferrocarril del Norte, que solo tienen 30 piés de ancho por 160 de largo. Los dos galpones que ocupan la mitad izquierda del claro central están ocupados por los rieles del ferrocarril del

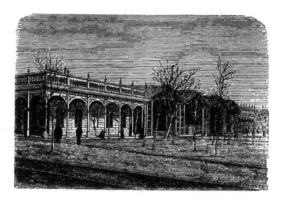

SANTIAGO. — Vista esterior de la estacion de los ferrocarriles.

Sur, que comienza su carrera desde ese punto. A la derecha de los rieles i mas al fondo de la estacion se encuentran los demas edificios de la empresa del Sur: la casa de las locomotoras, que es una rotunda de 180 piés de diámetro, o sea, 2,364 metros cuadrados, la maestranza i los talleres. A la izquierda de los rieles están las bodegas de la empresa del Sur, que tienen 80 piés de ancho por 500 de largo, i la gran bodega de la *Compañia chilena de depósitos i consignaciones,* que mide 130 piés de ancho por 1,180 de largo.

Los dos galpones que abarcan la mitad derecha del claro central son ocupados por los rieles del ferrocarril de Valparaiso, que parte desde ese punto en sentido opuesto al anterior, es decir, atravesando la alameda y siguiendo por la cañada de Matucana en direccion al Mapocho para pasar sobre él.

El frente de la estacion está rodeado por una pared circular que lo separa de la alameda. o mas bien de la plaza que alli se ha formado por el ensanche que se ha dado al terreno. Esta plaza está rodeada de bodegas i depósitos pertenecientes al comercio.

Ferrocarril del Sur. — El ferrocarril que une a Santiago con los pueblo del Sur hasta Curicó, fué emprendido por una compañia compuesta de 138 accionistas, la que se organizó en setiembre de 1855. Su objeto era construir el ferrocarril de Santiago a Talca, i confió desde luego los trabajos al injeniero D. Emilio Chevalier. Este encontró que la sub-estrata que forma el terreno en esta faja central de nuestro territorio, es un ripio limpio i resistente cubierto de una capa mas o menos gruesa de tierra vejetal, i que por lo tanto ofrecia tan pocas dificultades para un ferrocarril, que ínmediatamente dió principio a los trabajos, empleando durmientes de quillai preparado con sulfato de fierro a causa de la dificultad de trasportar las maderas de roble que producen tan abundantemente nuestras comarcas meridionales.

SANTIAGO. — Vista interior de la estacion de los ferrocarriles.

En setiembre del año siguiente se abrió la linea hasta San Bernardo, distante 16 quilómetros de Santiago; i en setiembre de 1861 se completó hasta Rancagua, distante 82 quilómetros. Por último, en 1862 se hizo llegar la linea hasta San Fernando, distante 134 quilómetros de Santiago.

Los esfuerzos de la empresa se detuvieron aqui; pero el gobierno continuó los trabajos hasta Curicó distante de Santiago 185 quilómetros, i entregó a la misma empresa la esplotacion de esta parte en 1866, bajo ciertas condiciones. El costo total, incluyendose todo el equipo i útiles, ascendió solo a seis millones setecientos setenta mil pesos.

Atraviesa varios rios sobre sólidos y hermosos puentes de fierro, entre los cuales es notable el del rio Tinguiririca, que tiene 1,700 piés de largo, i el del Cachapoal, de 815 piés. Tiene treinta estaciones i desvios, que son : Santiago, San Bernardo, Nos, Tango, Maipú, Guindos, Buin, Linderos, Lonquen, Hospital, Angostura, San Francisco, Mostazal, Graneros, Rancagua, Gultro, Cauquenes, Portales, Echevérria, Requinoa, Pichiguao, Retiro, Rengo, Pelequen, Barreal, San Fernando, Chimbarongo, Quinta, Teno i Curicó.

La empresa tiene el derecho de fijar i reformar las tarifas, anunciándolo con anticipacion. Las que rijen actualmente son: pasajeros de 1.ª clase de Santiago a Curicó, 4 pesos; id. de 2.ª clase 2 pesos 75 centavos; id. de 3.ª 1 peso 60 centavos. La carga está dividida en tres clases: 100 quilógramos de la 1.ª hasta Curicó, importan 76 centavos, de la 2.ª 63, i de la 3.ª 42 centavos. El trasporte de un caballo o buei de Santiago a Curicó importa 2 pesos, i de un animal lanar o cabrío 40 centavos; el de un cerdo 70 centavos; el de un carruaje de cuatro ruedas 11 pesos; el de un locomóvil o máquina de trillar 28 pesos.

En este ferrocarril, lo mismo que en el del Norte, se observa la mas completa regu-

SANTIAGO. —Puente del ferrocarril sobre el Mapocho.

laridad i exactitud en el servicio; de modo que ni en los trenes de pasajeros ni en los de carga se ofrece al público motivos de queja. El tren de pasajeros sale de Santiago a las nueve de la mañana i llega a Curicó a las tres i media; el que sale de Curicó a la misma hora llega a Santiago a las cuatro de la tarde. El tren de carga recorre la línea entre las seis de la mañana i la una de la tarde. A su regreso viene cargado con los productos de los fértiles campos que recorre, formándose en la estacion una especie de mercado, pues las jentes económicas acuden alli a comprar a los campesinos las aves i demas especies que venden mui barato por no haber pagado aun ningun derecho.

El movimiento de esta empresa ha ido siempre en progresion, lo mismo que sus ganancias. En el año de 1870 tuvo una entrada líquida de 396,086 pesos, habiendo ascendido el producto bruto de la esplotacion a 747,198 pesos. Condujo 299,000 pasajeros, i recorrió seis millones de quilómetros. Su equipo actual consta de 14 locomotoras i 250 carros: los de pasajeros pueden conducir hasta 72 personas, i los de carga hasta 9,200 quilógramos.

Para hacer mas cómoda la ida i vuelta de la estacion al centro de la ciudad, la empresa construyó un ferrocarril de sangre que partiendo del patio lateral izquierdo de la estacion, termina en el tercio Oriente de la alameda, frente a la pequeña iglesia de San Diego. Este ramal, que costó 74,000 pesos, se abrió al público el 10 de junio de 1857. Tiene veinte i tantos carros que se suceden en sus viajes cada siete minutos, de modo que nunca el viajero tiene que esperar mas de ese tiempo para ponerse en marcha.

Ferrocarril entre Santiago i Valparaiso. — En 1842 concibió el injeniero D. Guillermo Wheelwright la idea de unir a Santiago i Valparaiso por una línea férrea; i solo despues de 21 años de grandes trabajos i sacrificios se ha logrado realizar esta obra, una de las mas atrevidas que existen en el mundo, por las estraordinarias dificultades que se han debido vencer. El injeniero citado obtuvo en 1849 privilejio esclusivo por 30 años para la construccion de la linea, pero éste caducó a causa de no haber podido organizar una compañia esplotadora. Dos años despues el Congreso nacional decretó la construccion del ferrocarril, autorizando al gobierno para que formase una sociedad esplotadora de capitalistas chilenos, en la que podia tomar acciones hasta por dos millones de pesos; podia tambien emprender los trabajos sin esperar la formacion de la sociedad. Mientras tanto se ejecutaban los trabajos necesarios para determinar la via que debia adoptarse, en cuyo reconocimiento se ocuparon los injenieros mas notables que han venido a Chile, entre ellos el Sr. Allan Campbell. Este se fijó en la linea que ocupa la via de Concon, Quillota i el paso del Tabon, i su presupuesto era de siete millones de pesos. Despues de reiterados i minuciosos trabajos prevaleció esta linea sobre la que se pretendia adoptar por Melipilla, que era mas larga i costosa, i menos segura. En 1852 se organizó la sociedad esplotadora i el 1º de octubre de ese año se colocó la primera piedra en el cerro del Baron, bendecida por el obispo de Concepcion D. José Hipólito Salas i que tenia la inscripcion siguiente:

« *Gobernando el Excmo. Sr. D. Manuel Montt, se dió principio a la obra del ferrocarril entre Santiago i Valparaiso. — Perseverantia omnia vincit.* »

Los trabajos se continuaron hasta 1854, en que el injeniero D. Guillermo Lloyd se hizo cargo de ellos, i propuso el derrotero de Limache, que fué adoptado. Se abandonó entonces el de Concon, que ya se habia emprendido, i la linea quedó fijada hasta Quillota. Se abrió al público hasta este punto en 1857.

El costo total de esta parte del camino, inclusos equipo i edificios, fué de 5.196,182 pesos. Despues, el Congreso autorizó al gobierno para levantar un empréstito de siete millones, a fin de continuar la obra de Quillota a Santiago, el cual fué contratado en Inglaterra en 1858. Despues de prolijos estudios, se adoptó en 1861 la linea del Tabon, i se adjudicó el trabajo al contratista norte-americano D. Enrique Meiggs por la suma de cinco millones i medio, con un plazo de cuatro años, i si se queria disminuir un año de este plazo, se le pagaria medio millon mas. El Congreso autorizó este contrato por lei de 14 de setiembre de 1861, i los trabajos se emprendieron con tanto empuje i decision, que la obra completamente concluida pudo inaugurarse el 14 de setiembre de 1863, un año antes del plazo estipulado. Habia costado esta seccion del camino, 6.120,000 pesos, siendo el costo total de 11.316,182 pesos.

La línea tiene ciento ochenta i tres quilómetros de estension, i las estaciones siguientes : Santiago, Renca, Quilicura, Colina, Batuco, Lampa, Tiltil, Montenegro, Llaillai, Ocoa, La Calera, La Cruz, Quillota, San Pedro, Limache, Peña-Blanca, Quilpué, Salto, Viña del mar i Valparaiso.

El gobierno, por autorizacion del Congreso, ha comprado todas las acciones particulares de esta empresa, de modo que hoi es su único propietario i el que la administra por cuenta del Estado. Tiene el derecho de fijar i modificar las tarifas ; las que

SANTIAGO. — Puente de los Maquis.

existen en la actualidad son las siguientes : un pasajero de Santiago a Valparaiso paga 5 pesos en carro de 1.ª clase, 4 pesos en carro de 2.ª i 2 pesos 50 centavos en carro de tercera. La carga se divide en tres clases : 100 quilógramos de la 1.ª, pagan de Santiago a Valparaiso, 66 centavos; 100 de la 2.ª pagan 55; i de la 3.ª 44 centavos. Los animales caballares i vacunos pagan dos centavos por quilómetro, i los demas un centavo.

La demora del trabajo i lo cuantioso del capital invertido en él, están manifestando las dificultades casi insuperables que hubo de vencerse. Entre estas llama sobre todo la atencion, el majestuoso puente de los Maquis, una de las obras mas atrevidas del arte; este puente pasa sobre una profunda quebrada formada por despeñaderos i rocas porfíricas desnudas que se elevan a grande altura. Tambien son notables lós túneles de San Pedro i del Tabon, i el famoso corte que fué preciso dar en el cerro de Montenegro, a una elevacion de 2,470 piés sobre el nivel del mar. Esta es la mayor altura porque atraviesa este ferrocarril, la gloria i el orgullo de Chile.

La estacion de Santiago fué establecida en el mismo terreno ocupado por el ferrocarril del Sur, i al lado de esta. Aunque es una estacion de primer órden, sin embargo la principal está en Valparaiso, en donde se guarda todo el equipo i útiles de la empresa.

Telégrafos. — Santiago se comunica actualmente con las provincias por una vasta red de alambre que se estiende al Norte y al Sur en un espacio de 1,500 millas, desde el puerto de Caldera hasta el de Lota en el Sur.

El telégrafo de Santiago a Valparaiso fué la primera linea de su clase que se estableció en Sud-América. La construyó en 1851 una sociedad anónima creada en Santiago con ese objeto i que invirtió en ella mui cerca de 50,000 pesos. No tenia, como hasta ahora, oficinas intermedias, sino que comunicaba directamente las dos ciudades. Pocos años despues, i a consecuencia del mal negocio que hacia la empresa, se remató esta línea, i la obtuvo a un corto precio una compañia de dos hermanos, que la sigue esplotando hasta la fecha. Esta compañia obtuvo una subvencion de 3,000 pesos hasta que el gobierno estableció la doble linea paralela al ferrocarril de Valparaiso. Antes que esta última, el gobierno habia construido tambien la linea telegráfica del Sur, que se estendia hasta Talca i que hoi llega hasta el puerto de Lota, la *tierra del carbon*, como se la ha llamado. La administracion de esta linea fué dada tambien á la nueva compañia con una subvencion de 15,000 pesos anuales, hasta 1866. En este año, a consecuencia de la guerra que sostenia Chile con España, se estendió la linea del Norte hasta Caldera i la del Sur hasta Lota, echándose tambien los ramales de San Felipe y Constitucion.

El gobierno decretó entonces que las lineas pertenecientes al fisco fuesen administradas por cuenta del Estado bajo la direccion del director jeneral de correos i con un numeroso cuerpo de empleados. Estas líneas abren sus oficinas desde las ocho de la mañana hasta las 5 de la tarde, i en los dias festivos hasta las 12. En 1868 se dictó el decreto fijando la tarifa que debia cobrarse, cuya sustancia es la siguiente :

« Articulo 1.º — Todo telégrama que no contuviese mas de diez palabras ni recorriese mas de cincuenta quilómetros, pagará veinte i cinco centavos. Si el telégrama de diez palabras o menos recorriese mas de cincuenta quilómetros, pagará ademas un centavo por cada diez quilómetros de esceso.

Art. 2.º — Si el telégrama tuviere mas palabras que las designadas en el articulo anterior, cada porcion de a diez palabras se considerará como un telégrama separado para los efectos del pago del porte. »

En el cómputo de las palabras se prescinde de la direccion, de la fecha i de la firma.

La tarifa que rije en el antiguo telégrafo particular de Santiago a Valparaiso, es igual a la anterior.

Cualquiera puede establecer lineas telegráficas en Chile, sujetándose a las disposi-

MAIPO
5 DE ABRIL 1818

F. Sorrieu lith.

Imp. Lemercier & Cie Paris

ESTATUA DEL JENERAL D BERNARDO O'HIGGINS
SANTIAGO

ciones de la lei jeneral de 10 de noviembre de 1852 que nada tiene de restrictivo. Ellas tienden principalmente a prevenir las infidelidades de los empleados i a impedir que los telégrafos puedan servir a los revolucionarios en caso de motin, asonadas, etc. Hasta ahora solo dos lineas particulares han obtenido privilejio esclusivo, la del telégrafo submarino i la del telégrafo trasandino, lineas que aun no se han establecido pero que se hallan en via de realizacion.

Ultimamente el Gobierno ha puesto al frente de la administracion de todas las lineas fiscales a un empleado especial con el titulo de *inspector jeneral*, el cual ejerce la superintendencia i es el inmediatamente responsable. A esta medida se debe, sin duda, el que el servicio telegráfico sea en Chile tan satisfactorio como era dado esperarlo en un pais que solo ahora empieza a utilizar estas grandes conquistas del progreso i de la ciencia.

Los sistemas usados en nuestras lineas telegráficas son el aleman i el americano, i para ser nombrado telegrafista del Estado es indispensable poseer ambos. Con este objeto se hace anualmente una clase de telegrafía en el Instituto Nacional. Se tiene el proyecto de hacer estensiva esta clase a las mujeres, a fin de proporcionarles colocacion en los telégrafos, como ya se les está proporcionando en las oficinas de Correos.

Irrigacion — La irrigacion de la ciudad i de los campos vecinos, se efectua con las aguas del Mapocho i las del Maipo. Este último nace de los Andes, entre los grados 33 i 34, a una elevacion de 3,400 metros, i la superficie de su hoya hidrográfica es de mas de 15,000 quilómetros cuadrados. Sus aguas arrastran en suspension un 33 % de tierra vejetal que deposita en su tránsito. Entre el Maipo i el Mapocho media una gran porcion de terreno que antes era estéril por falta de agua, hasta que se construyó el canal de San Cárlos para reunir las aguas del primero con las del segundo, atravesando la llanura. Los trabajos de este canal se principiaron en 1802 bajo el presidente Muñoz de Guzman, i se terminaron en 1821 bajo la presidencia de O'Higgins. Por este medio se logró aumentar el caudal del Mapocho i enriquecerlo con el magnifico abono de aquellas aguas.

En la estension comprendida entre Apoquindo al Oriente, i el canal de Zapata al Occidente, el Mapocho se asemeja a un grueso tronco arterial cubierto de arteriolas laterales. De su ribera Sur parten 34 canales i acequias de diversas capacidades i 22 de su ribera Norte. Los canales principales son : el de la Pólvora, situado al Nor-este de la ciudad i al Norte del rio : comprende 119 tomas o regadores pertenecientes a particulares ; el de Zapata, situado al Occidente, tiene 34 regadores; la acequia de Yungai, un poco mas próxima que la anterior, con 51 regadores ; la de Mapocho, con 35 ; la de la Punta, con 127, i la de Solar, con 40. Forman un total de 408 regadores que van a fecundizar todos los campos del departamento.

Sin embargo, el cauce de este rio hasta su union con el de Colina es sumamente escaso, i ha sido preciso encomendar a la inspeccion de policia la distribucion equitativa de las aguas, porque en verano apenas alcanzan para el riego. La causa de este fenómeno es la corta estraordinaria que se ha hecho de los bosques que sostenian manantiales ; pero una lei del Congreso ha venido ya a estirpar este abuso de los mineros i a salvar a los agricultores. Por este mismo motivo ya no hai en el Mapocho esas grandes creces que en otro tiempo amenazaron tan seriamente a la ciudad.

Carruajes i empresas de viaje. — En la época colonial fueron desconocidos los carruajes en Santiago hasta el año 1609, en que los introdujeron los oidores de la real Audiencia. Estos importaron una especie de cajon con dos ruedas i dos varas, tirado con mucha lentitud por mulas, machos o caballos. A esto se llamaba *carroza*. Mas tarde solo uno que otro propietario acaudalado se atrevia a encargar a Europa una carroza; i era notable el supersticioso respeto con que la poblacion en jeneral miraba a los poseedores de esos vehiculos. Despues de la independencia i cuando las relaciones de Chile con Europa comenzaron a ser frecuentes, los capitalistas encargaron carruajes parecidos a los primeros que se conocian, i fué entonces cuando se importaron las llamadas *calesas,* que constaban de una caja de dos o cuatro asientos, sostenida por un solo eje de dos ruedas i tirada por una mula. A estas sucedieron varias otras clases de vehiculos de formas diversas, introduciendose poco a poco la moda de tirarlos con caballos en vez de hacerlo con mulas o machos, como antes se acostumbraba.

Mas tarde pareció ya mui ridicula la moda de esos vehiculos en presencia de algunos coches de cuatro ruedas que llegaron de Europa a ciertos vecinos de Santiago, i todos trataron entonces de deshacerse de aquellos. Los carruajes de cuatro ruedas, o sea los *coches,* comenzaron desde entonces a llegar a todas las familias pudientes de la ciudad; i hoi dia no se puede decir que una familia es de *alto rango* si no arrastra coche de cuatro ruedas. Esto denota sin duda, la abundancia i la riqueza de las clases, i ayuda a bosquejar · el carácter social de los santiaguinos. Actualmente el número de estos carruajes particulares alcanza a mas de 2,000.

Los carruajes de uso público son mui posteriores a la independencia i aun a la jeneralizacion de los carruajes particulares. Al principio solo se usaron los pequeños carruajes de dos asientos llamados *birlochos,* sobre uno de cuyos caballos montaba el postillon. Despues se ha ido mejorando este servicio, hasta no dejar en la actualidad, nada que desear : el número de estos carruajes pasa de 1,400. La cuota que cobran dentro de los límites urbanos es de diez centavos por persona, i fuera de ellos, un precio convencional.

La contribucion de patente que pagaron estos carruajes durante el año 1870 alcanzó a la suma de 34,130 pesos.

La movilizacion de los individuos para puntos fuera de la capital se hacia en otro tiempo por medio de vehiculos de dos ruedas. En tiempo de la colonia no habia mas que caballos, asi es que un viaje cualquiera, si no era mui costoso, por lo menos era mui molesto. Por eso un viaje en aquella época era un acontecimiento que conmovia a las familias, i que solo se resolvia por mui premiosas circunstancias. Despues de la independencia se trató por mucho tiempo, aunque inútilmente, de establecer una linea de carruajes entre Santiago i Valparaiso; lo mas que se consiguió fué establecer un servicio de carretas para el comercio, carretas que eran usadas tambien por las familias que querian viajar de uno a otro punto. Hasta 1844 no se logró organizar una compañia de carruajes que efectuaran el viaje de Santiago a Valparaiso. Estos viajes se hacian en birlochos de dos asientos, i costaban bastante caro. Mas tarde se organizaron dos compañias de coches de cuatro ruedas i de seis asientos, que permanecieron hasta que se inauguró el ferrocarril.

Para viajar al Sur habia una sola compañia, que aun subsiste, de coches grandes de seis asientos que viajan actualmente de Curicó a Concepcion, pues el ferrocarril lleva los pasajeros de Santiago hasta Curicó. Esta compañia proporciona coches para todos los pasajeros que se presentan, asi es que muchas veces sus convoyes constan de cuatro a cinco coches. El trasporte de un pasajero de Curicó a Concepcion es de 28 pesos. Esta es la compañia que se titula *Espreso americano*.

Hai otras dos compañias que viajan con sus coches de Santiago a Melipilla: la de

SANTIAGO. — Hotel inglés.

Vigouroux i la de *Carreño*. Estas estienden en verano sus viajes hasta la costa del Pacifico, punto mui concurrido en esa época por las santiaguinas, a causa de su salubridad. De estas compañias los pasajeros pueden obtener para el trasporte de familias, tantos vehiculos cuantos ellos quieran, asi de ida como de vuelta. Nunca surje mas que una sola cuestion : la de dinero.

Hoteles i cafés. — Santiago cuenta actualmente con varios hoteles que pueden llamarse de *primer órden*, tanto por el lujo i comodidad de sus habitaciones, como por el buen servicio i exelencia de los comestibles que en ellos se encuentran. Hai 10 de estos buenos hoteles, i 29 cafés donde tambien se alojan pasajeros que son servidos con la misma abundancia i comodidad que en los primeros. Estos últimos tienen una gran superioridad sobre los anteriores, i es la de que el huésped puede introducir en ellos una mercaderia que en los demas hoteles repudian : el licor. Naturalmente esto ha traido el descrédito de algunas de esas casas, i de ahi se ha orijinado esa odiosa distincion de hoteles i cafés aristocráticos i otros para lo que se llama *pijes* i *chusma*.

En 1870 se ha organizado en Santiago una compañia de accionistas para establecer un grande Hotel en el 2.º piso del portal Fernandez-Concha que ocupa el costado Sur de la plaza principal o « de armas. » El capital de esta sociedad es de 100,000 pesos, i el jiro de su negocio será por lo menos de otro tanto. Este grande Hotel, llamado *Santiago*, el primero de Sud-América, quedó planteado definitivamente en 1871. Sus útiles han sido encargados directamente a Europa, i son de una belleza i un lujo estraordinarios. Los hermosos salones en que se ha instalado son tambien de los mas elegantes de Santiago; asi es que este establecimiento, mas que un hotel, parece un palacio rejio. Su servicio corresponde al boato i suntuosidad de su menaje, i hace recordar el del magnífico Hotel del *Louvre* de Paris.

— Hai algunos cafés esclusivamente para hombres, i entre estos el mas notable es el de M. Gage, situado en la calle de Huérfanos frente al portal Bulnes. Es una casa bastante espaciosa i elegante, en cuyos salones se reune todas las noches una juventud por de mas alegre. Otras de estas casas admiten huéspedes de todas clases i sexos i a toda hora : la policia las vijila con interés i suele hacer en ellas mui valiosas presas.

— En Santiago los hoteles i cafés son mas frecuentados por los estranjeros que por los santiaguinos, pues estos tienen en sus hogares bastante comodidad para recibir i obsequiar a sus amigos. Las reuniones públicas en los cafés no se conocen entre nosotros.

Baños públicos. — Solo hai dos establecimientos de baños para la jente decente, i varios otros para el pueblo. Los dos primeros son el de *Bouquet* i el que está situado en el centro del portal de Tagle. El de *Bouquet* es el mas antiguo, i ocupa una hermosa posesion en la calle de la Merced, que le permite ofrecer al público toda clase de comodidades. Tiene grandes pozas de agua fria, baños calientes en tina, baños de ducha i de vapor. Los del portal de Tagle son tibios, en tina, i mui bien servidos.

— La municipalidad ha hecho construir para el pueblo seis baños en las riberas del Mapocho i dos en el matadero, unos para hombres i otros para mujeres. Son de cal i ladrillo, estan bien cerrados, i corren a cargo de un empleado especial.

En 1869 la intendencia gastó 12,000 pesos en el arreglo de estos baños, que están a disposicion del pueblo durante ocho meses del año.

Teatros i otros sitios de diversion. — El teatro ha sido la diversion de que menos ha disfrutado el público de Santiago. Antes de la independencia nada habia : despues de esa época solo existian los *volatines, títeres i fondas* donde se bailaba por algun payaso algunas danzas estravagantes. Despues se construyó tres teatros : el de la *Universidad*, que ocupaba el mismo local en que existia el teatro municipal ; el de la calle de *Duarte*, situado a la entrada de esa calle por la Alameda ; i el de la *República*, situado en la calle del Puente, próximo al rio. Estos han desaparecido, el último destruido por un incendio, i los anteriores por sus propietarios.

En el sitio que ocupaba el teatro de la Universidad se levantó el teatro Municipal (hoi convertido en escombros), que era uno de los primeros de Sud-América. La intendencia ha hecho construir despues, en una callejuela próxima al Mapocho, un pequeño teatro para el pueblo; pero el edificio ha quedado hasta ahora inconcluso, aunque hai motivo para creer que pronto se terminará.

En el público de Santiago no hai gusto alguno por el teatro, porque está educado mas para las reuniones familiares que para las públicas. Por eso se observa que siempre ha perdido todo empresario, cualesquiera que sean las facilidades que se le hayan proporcionado.

La jente del pueblo concurre los dias domingos a las *chinganas*, especie de fondas establecidas en el barrio Sur, i donde se reunen mas de diez mil individuos los dias festivos. Aqui se canta, se baila i se bebe : despues la policía tiene bastante que hacer. Jeneralmente no hai desórdenes.

En 1870 se han construido en Sant'ago dos nuevos teatros de propiedad particular, i que casi podrian asemejarse a lo que en Paris se llama un café cantante. Sin embargo, el primero, situado en la calle de la Moneda, tiene comodidad para dos mil espectadores; i el segundo, situado en la calle de Huérfanos, aunque un poco menor, es bastante espacioso. Están destinados a operetas bufas i otros espectáculos lijeros, a los que el público es bastante aficionado.

· **Clubs.** — Los clubs que existen en Santiago no son numerosos, pero son bastante concurridos i se sostienen bien. El principal es el de la *Union*, situado en la Alameda un poco antes de llegar a San Francisco, en donde posee la primera casa de lujo que existió en Santiago, propiedad que fué del Sr. Haviland. Sus miembros pagan por derecho de incorporacion cien pesos, i una cuota de diez pesos mensuales. Este club cuenta entre sus miembros a las personas mas ricas i distinguidas de Santiago; es lo que se llama entre nosotros el club de la aristocracia. Posee un capital bastante fuerte que le ha permitido adquirir la hermosa posesion que ocupa.

El club de *Setiembre* se encuentra en los altos del portal de Tagle, en donde ocupa varios salones espaciosos i elegantes. Su objeto, lo mismo que el anterior, es puramente el procurar a sus miembros una casa de recreo llena de comodidades i entretenciones.

El club de la *Reforma* fué organizado por el partido politico denominado *montt-varista*, con el objeto de combatir a la administracion Perez, i procurar por medios pacíficos la reforma de nuestras malas leyes. La cuota que pagan sus socios no pasa de cuatro pesos por un trimestre, asi es que, siendo el mas barato, es el mas accesible de estos establecimientos, i cuenta realmente con un gran número de asociados, todos o en su mayor parte, pertenecientes a la fraccion politica que representa. De tiempo en tiempo, i sobre todo en las épocas de ajitacion politica, de elecciones, etc., este club establece conferencias públicas a las cuales invita a todos los ciudadanos que son adversarios de la administracion. En épocas mas dificiles convoca al pueblo a grandes meetings en donde se toman resoluciones que son aprobadas por aclamacion. Sus oradores, entre los que suele notarse algunos del partido radical, usan de la mas amplia libertad para calificar i condenar la conducta funcionaria de todas las autoridades, incluso el Presidente de la República. Este club funciona en un bellisimo salon del pasaje Bulnes, en el cuerpo de edificio correspondiente a la calle del Estado; tiene capacidad para mas de dos mil personas.

El club de los *Amigos del pais* es otra asociacion politica establecida por los partidarlos de lo que se llama « intereses católicos o de la Iglesia.» El objeto de este club es la propaganda político-relijiosa entre la juventud i a favor del partido politico denominado *clerical* o *ultramontano*, que lucha tenazmente por el triunfo de sus principios. Celebra reuniones semanales en las que se da lectura a trabajos literarios presentados por sus miembros, i que encuentran despues una pequeña publicidad en las columnas del periódico que con este objeto ha fundado la Sociedad, con el titulo de *Estrella de Chile*. Los miembros pagan una cuota de cincuenta centavos mensuales, i para serlo se necesita acreditar una decidida adhesion al partido. Funciona en los salones del se-- gundo piso del palacio arzobispal, en la plaza, local espacioso i elegante que ofrece toda clase de comodidades.

El *Club de Artesanos*, que aun no hace un año se estableció en Santiago, es una asociacion de obreros cuyo objeto consiste en estrechar sus relaciones i tender a la morijeracion de sus costumbres. Sus socios pagan una pequeña cuota mensual, i tienen a su disposicion una casita en la calle del Peumo, donde se reunen casi todas las no- ches hasta horas bastante avanzadas. Suele celebrar conferencias sobre algun ramo de ciencias o artes, i entonces no falta algun entusiasta profesor u otro amigo de la ins- truccion del pueblo, que use de la palabra con buen éxito.

Los alemanes tambien tienen un *Club nacional* en la calle del Peumo, inmediato al anterior. Se reunen casi todas las noches con el esclusivo objeto de tocar i cantar.

Tambien existe un *Club Dramático* formado por jóvenes aficionados al teatro. Los socios pagan un peso mensual, i tienen en la calle de la Purisima al Nor-este de la poblacion, un teatrito en donde los aficionados representan comedias que solo pueden ser presenciadas por ellos i sus familias. Este club se ha presentado últimamente a la municipalidad, solicitando el teatro que esta principió a construir para el pueblo en la calle del Rio; la resolucion está pendiente aun. Sus miembros se proponen es- tender entre el pueblo el gusto por los espectáculos dramáticos morales e ins- tructivos.

Cárceles. — En Santiago existe un sistema de cárceles calculado para adoptarse a las necesidades de la tramitacion de los juicios y del castigo de los criminales. Los aprehendidos van al cuartel de policia, en donde existe para ellos una prision con varios calabozos de poca seguridad. Mientras se tramita el juicio, los detenidos son en- cerrados en la cárcel de la plaza, en donde existen los dos juzgados del crimen de pri- mera instancia. Esta prision es custodiada por fuerza de linea, i está bajo la direccion de un alcaide; tiene un departamento para mujeres, aunque su capacidad es mui escasa.

Aprobadas las sentencias de los jueces por la Corte Suprema, los reos son conducidos o al presidio urbano o a la cárcel penitenciaria, i las mujeres a la casa de correccion.

— El *presidio* es una vasta prision situada en el campo de Marte, cerca de la Arti- leria. Hai en él una seccion separada para los muchachos, i en esta como en la de los hombres, existe una escuela. Los presos están obligados a trabajar en los talleres de carpinteria, ebanisteria i zapateria que existen en la casa, perteneciéndoles la mitad del producto de las obras que elaboran. Visten uniforme.

— La *Penitenciaria* recibe a los presos que son condenados a mas de seis años, o que lo son por delitos mui graves. Es la prision mas segura i mas importante de la República, i está bajo las órdenes de un superintendente. Los presos, cuyos retratos se hacen alli, son obligados a trabajar en los diversos talleres establecidos con ese fin. Tienen un capellan i un hospital, i se les permite ver a sus familias una vez al mes. Los artefactos que produce la casa se venden en un almacen situado en el centro de la ciudad, una parte de cuyo producto les pertenece. Tienen una escuela, i se pone grande esmero en su educacion religiosa, pero apesar de todo se observa que los que salen de esta cárcel son tan malhechores como lo eran antes de entrar a ella.

— La *Casa de Correccion* de mujeres es una prision cuya administracion está encomendada a las hermanas del Buen Pastor, i se encuentra montada de un modo satisfactorio. Las detenidas son obligadas a trabajar constantemente en costuras, bordados, tejidos i encuadernacion de libros, perteneciéndoles la mitad del producto de estos trabajos. El edificio que ocupa tiene tres patios: en el primero están los dormitorios i talleres, en el segundo las cocinas i otras oficinas, i en el tercero los calabozos de las presas a quienes se obliga a guardar reclusion. Se hace todo lo posible por inculcarles la instruccion religiosa, aunque con poco éxito.

Bibliotecas. — La capital de Chile se enorgullece con justicia de poseer bibliotecas de primer órden, cuyas puertas están siempre abiertas al publico. La mas importante es la *Biblioteca Nacional*, mandada organizar en 1813, i compuesta en su principio de los cuantiosos donativos que entonces se le hicieron. Despues, tanto el Gobierno como los particulares, han contribuido poderosamente a su engrandecimiento, i en la actualidad cuenta en sus estantes cuarenta i dos mil volúmenes. Posee todas las obras notables que se han publicado en el mundo; pero llama la atencion sobre todo, la seccion americana; en esta parte nuestra Biblioteca Nacional posee la coleccion mas vasta i mas completa que existe en el mundo. Esta Biblioteca está abierta al publico desde las diez de la mañana hasta las cuatro de la tarde; pero es prohibido estraer libros de ella. He aqui el movimiento de este establecimiento durante el año corrido desde el 1º de abril de 1870 hasta el 1º de abril 1871.

Han concurrido 4,418 personas; de ellas 686 han leido obras de humanidades, 686 obras de ciencias matemáticas i físicas, 190 de ciencias médicas, 785 de ciencias legales i 172 de ciencias sagradas. .

Se han adquirido 3 libros por depósito, 213 por entrega de publicaciones segun la lei de imprenta, 1,240 por obsequio, i 89 por compra.

— La segunda biblioteca, por su importancia, es la del *Instituto Nacional*. Esta ha sido organizada por el actual rector del establecimiento, D. Diego Barros Arana, que tomó posesion de este cargo en 1857. Antes, el Instituto poseia una biblioteca que le fué sustraida de una manera bien singular. Despues de la independencia, el Seminario fué reunido al Instituto, i cuando se separó de éste, el arzobispo reclamó para el Seminario toda la biblioteca del Instituto sin alegar prueba alguna de que esos libros le pertenecian; sin embargo, el Gobierno ordenó que la biblioteca del Instituto pasara al Seminario como su propiedad esclusiva. La entrega tuvo lugar en 1858. El Sr. Barros Arana, en cuanto entró al Instituto, trabajó por organizar la biblioteca, habiendo logrado reunir a la fecha 9,000 volumenes de las obras mas escojidas i notables del mundo. Se puede decir que no existe ninguna obra notable de filosofia historia, matemáticas u otros ramos humanitarios, que deje de figurar en ella.

— A estas bibliotecas podriamos agregar otras que merecen mencionarse por la importancia i variedad de sus obras. La primera de estas es la de la *Universidad*, que aunque solo posee cinco mil volúmenes, es notable, por estar suscrita a todas las revistas i periódicos científicos del mundo. La biblioteca de los *Tribunales de justicia*, que rejistra todas las principales obras de jurisprudencia. La del *Seminario*, que, como hemos dicho, tuvo su oríjen en la primitiva del Instituto, i que despues se ha enriquecido con magníficas obras teolójicas. La de la *Recoleta Domínica*, con una de las mas notables, i que cuenta con diez i ocho mil volúmenes escojidos. La de la *Merced*, la de *Santo Domingo* i la de la *Recoleta Franciscana*, que llaman la atencion por sus colecciones de clásicos antiguos i de muchas otras obras de inestimable mérito i valor literario.

— Entre las bibliotecas particulares podriamos citar varias como la del Sr. Barros Arana, Amunátegui i otras, que son verdaderamente notables por lo numeroso i lo importante de sus obras.

En Valparaiso la única biblioteca digna de mencion es la perteneciente a D. Gregorio Beeche. Este caballero posee una brillante coleccion de todas las obras americanas publicadas desde los primeros dias de nuestra independencia, i muchas otras estranjeras referentes a los diversos paises de América.

Cuerpo de bomberos. — El 8 de diciembre de 1863 se incendió en Santiago el templo de la Compañia, pereciendo en él, como ya lo hemos dicho, mas de dos mil mujeres. Este acontecimiento determinó al público a formar un cuerpo de bomberos, efectuándose la primera reunion de vecinos el 20 del mismo mes, dia en que quedó acordada la formacion del cuerpo. Este se organizó de cuatro compañias de bombas, dos de hachas, ganchos i escaleras, i una de propiedad, debiendo observar en su formacion el mismo sistema i réjimen que el cuerpo de Valparaiso. Esta asociacion se instaló con 800 individuos, i hoi cuenta 900.

El Gobierno le concede una subvencion anual de 6,000 pesos, la municipalidad otra de 2,000, i la Compañia de Seguros «Union Chilena» una de 500; cada bombero está obligado a contribuir con una cuota de 50 centavos mensuales. Con estos fondos i algunas entradas estraordinarias que no faltan, se ha logrado equipar a todas las compañias de una manera que no deja nada que desear. Poseen una bomba a vapor, otra grande de palanca americana, i otra de la misma importancia; a mas seis bombines de primer órden i dos magníficos trenes de hachas, ganchos i escaleras.

La compañia de guardia de propiedad posee tambien todos los útiles necesarios para su cumplido desempeño. En este equipo se ha invertido hasta ahora la suma de 30,000 pesos.

Todos los años, el 8 de diciembre, se elije por las compañias el directorio i los oficiales jenerales. El servicio es voluntario, pero al entrar, el bombero firma un compromiso por un año. Los bomberos están exentos del servicio en la Guardia cívica, pero solo hasta el número de 1,200. En la puerta de su cuartel se ha levantado un campanario que tiene una elevacion de 40 metros hasta la estrella en que termina. Este campanario tiene una cartilla de señales para los diversos cuarteles en que está dividida la ciudad, i los policiales están obligados a estender la alarma tan pronto como se aperciben de ella.

Imprentas. — Diarios i periódicos. — Hai en Santiago ocho imprentas tipográficas i cuatro litográficas, que se ocupan de toda clase de trabajos concernientes a esos ramos industriales. La mayor parte son pequeñas i pobres; pero la que hace menos se sostiene regularmente. Esta industria nunca ha tenido entre nosotros desarrollo ni prosperidad.

Todos los círculos politicos en que se halla fraccionada la opinion pública, tienen un representante mas o menos caracterizado en la prensa de Santiago. El partido mas numeroso, el titulado *Montt-varista,* que ha dominado al pais por mas de treinta años, tiene el *Ferrocarril,* de propiedad de D. Juan Pablo Uruza ; es el mas importante de los diarios de la capital por su vasta circulacion i por ser el preferido del comercio para la insercion de avisos. Es tambien el único que dispone de un edificio construido espresamente para imprenta.

Se fundó en diciembre de 1855, i consta de cuatro páginas sobre papel cuyas dimensiones son de 68 centimetros de largo por 101 de ancho; cada una tiene siete columnas.

Posee una casa en la calle de la Bandera, construida despues del incendio que sufrió la imprenta en 1869, i conforme a los mejores modelos de esta clase de edificios. En una pequeña área de 14 metros de ancho por 39 de fondo se levanta un elegante edificio de cal i ladrillo, de tres pisos, sobre grandes bodegas subterráneas destinadas al depósito de materiales. Está dividido en tres cuerpos : el primero es ocupado por el director i oficinas de redaccion ; el segundo es una espaciosa galeria de dos pisos en donde están las oficinas del diario i los cajistas; ahi se encuentran tambien tres grandes prensas movidas por fuerza de hombres, la que mui pronto será reemplazada por el vapor. En el piso superior de esta galeria se encuentran los tipógrafos, quienes se comunican por escaleras i buzones con las demas oficinas. El tercer cuerpo, tambien de dos pisos, se destina a la distribucion de los diarios, lavado de formas, baños, etc. El director, desde el primer cuerpo del edificio, está en comunicacion directa con todos los empleados, por medio de un aparato de señales que le permite entenderse con ellos sin abandonar su gabinete. Este aparato es una red de alambre de un mecanismo sencillo i que se distribuye por todas partes. Las cañerias de gas i agua potable, concluyen de darle todas las comodidades que necesita una casa de esta especie.

— Los radicales tienen su órgano en la *Libertad,* diario fundado en 1867 por el mejor periodista que hasta ahora haya tenido Chile: D. Justo Arteaga Alemparte. Ultimamente ha sido comprado por un capitalista perteneciente al partido montt-varista, por cuyo motivo ha venido a asociarse al *Ferrocarril* en sus ataques contra la administracion actual. Posee una imprenta situada en la calle de Huérfanos, altos del pasaje de Bulnes i su edicion es limpia i correcta.

— El partido clerical ultramontano, tiene su órgano en el *Independiente.* Se fundó en 1864 con el objeto de defender sus intereses, por una Sociedad anónima que aportó a la empresa un capital considerable. Posee una regular imprenta situada en los altos del palacio arzobispal, al lado del club de los *Amigos del pais*, i su edicion es bastante esmerada.

— Tambien el partido que apoya directamente a la administracion, el llamado *Gobiernista*, tiene su órgano en la *República*. Este no tiene otra mision que defender la politica del gabinete contra los diarios ataques de la prensa opositora. Su impresion está dada a contrata a un tipógrafo antiguo de Santiago, i su redaccion se encuentra a cargo de algunos amigos del Gobierno.

— El periódico oficial es el *Araucano*, mandado establecer por el Gobierno en 1813. Se publica una vez por semana, en una imprenta de propiedad del Estadó, i se reparte gratuitamente a los funcionarios de los poderes ejecutivo i lejislativo. En él se publican las leyes del Congreso, los decretos supremos de un interés jeneral, i tambien las sesiones de ambas Cámaras. No tiene suscritores. Al contratista que lo publica se le ha entregado la imprenta del Estado para que la esplote por su cuenta. Se imprimen mas de dos mil ejemplares.

— La Universidad tiene tambien su periódico oficial titulado *Anales de la Universidad*. Es una publicacion mensual, destinada esclusivamente al movimiento literario de la Universidad i a todas las leyes i decretos que se relacionan con la instruccion pública. Se fundó en 1849, i a la fecha forma una interesante coleccion llena de las piezas mas notables de nuestros literatos.

— Otros dos periódicos de bastante interes, son el *Boletin de las leyes*, fundado en 1823, en el que se publican todas las leyes ; y la *Gaceta de los Tribunales*, destinada esclusivamente a la publicacion de las sentencias de los juzgados i Cortes de justicia. Estas publicaciones se distribuyen gratis a los funcionarios del órden correspondiente, i tambien admiten suscritores. La primera es mensual i la segunda quincenal.

— Los periódicos literarios mueren en Santiago en mui poco tiempo. Hemos tenido muchos, redactados por los mejores literatos del pais i todos han desaparecido por la misma causa : la falta de proteccion. Actualmente solo se mantienen dos, sostenidos por el partido clerical i son la *Revista Católica* i la *Estrella de Chile*. El primero es uno de los periódicos mas antiguos de Chile, pues cuenta mas de treinta años de existencia ; es semanal redactado por clérigos, i se dedica esclusivamente a la propaganda religiosa. El segundo, fundado en 1868, es el órgano del club politico religioso llamado *Amigos del pais*. Su objeto es publicar las composiciones en prosa o verso que se presentan a ese club. Su editor es el mismo del *Independiente* i se publica por la misma imprenta.

— Las otras imprentas que existen en Santiago no sostienen periódicos, dedicándose a impresiones de folletos i libritos de cortas proporciones.

Fábricas diversas. — Las fábricas que existen en Santiago son las siguientes: 4 de aceites; 2 de aguardiente; 19 de almidon ; 12 de carruajes; 13 de carretas i carretones ; 4 de fideos ; 12 de cerveza ; 2 de sacos ; 52 de tejas i ladrillos ; 15 de velas i jabon ; 1 de calzado ; 1 de perfumeria ; 1 de cereria; 1 de cigarros ; 1 de pañós i 1 de seda.

De estas fábricas solo mencionaremos las que mas se distinguieron en la esposicion nacional de agricultura que tuvo lugar en Santiago en máyo de 1869.

— La *fábrica de aceite* de D. Manuel Delpiano, en la calle de la Moneda, se estableció en 1854; tiene un capital de 25,000 pesos, veinte operarios, i produce de 40 a 50,000 galones al año.

— La *fábrica de paños* se estableció en 1850, i aunque hasta ahora no ha producido resultados satisfactorios, se encuentra en un pié que promete buen éxito.

— Entre las doce fábricas de cerveza se distingue la de al señora *Ramirez de Stumpner*, que puede competir con la mejor estranjera.

— La *fábrica de calzados* de D. Octavio Benedetti se estableció en Santiago en 1861; trabaja toda clase de calzado, cosido i atornillado, i puede entregar hasta trescientos pares diarios.

— La fábrica para *curtir cueros*, de Tiffou i hermanos de Santiago, es una de las primeras de la República. Se estableció en Santiago en 1841 i ha seguido hasta la fecha un constante progreso. Esta fábrica produce, término medio, 100,000 pesos anuales. Esta como las demas curtiembres de Santiago, beneficia toda clase de productos en su ramo i ha logrado una justa reputacion.

— La *fábrica de perfumería*, situada en el estremo occidental de la Alameda, se estableció en 1869, i trabaja escencias, jabones, cremas i velas de colores. Sus productos han sido premiados en la esposicion de 1869, pues se los encontró iguales o superiores a los importados de Europa.

La *fábrica de cerería* de D. Antonio Orrego se estableció en Santiago en 1865, i actualmente es tal vez el primer establecimiento de su clase que existe en Sud-América porque es el primero que ha logrado presentar la cera perfectamente purificada. Fué premiado en la esposicion de 1869.

— La *fábrica de cigarros* de D. Rafael Villaroel tambien merece mencionarse por existir en ella las mejores máquinas para beneficiar el tabaco.

— En 1871 ha establecido D. Luis Cousiño en una de sus propiedades, una fábrica de seda que indudablemente le reportará inmensos beneficios, al mismo tiempo que abre al pais una nueva fuente de riqueza.

Comercio i producciones. — El comercio de Santiago es considerable, pero no puede equipararse con el de Valparaiso, que es nuestro verdadero centro comercial. En Santiago tienen almacenes i sucursales las principales casas europeas que negocian en América; pero sus grandes depósitos los tienen en el litoral, consultando la facilidad de las traslaciones de mercaderías entre los puertos. En Santiago, el comercio es abundante i animado, pero rara vez la transacciones se hacen en grande escala, a no ser con los ajentes provinciales que vienen a surtirse a la capital.

Nos limitaremos a apuntar los datos que nos suministra la estadistica, la cual menciona las siguientes industrias i profesiones por orden alfabetico: Hai en Santiago, abogados 151; agrimensores e injenieros 42; ajencias de casas de comercio 17; ajentes ambulantes 12; almacenes 26; id. de piano 4; baratillos 810; barberías 12; barracas de madera o fierro 12; bodegas públicas 17; cafés i fondas 29; carpinterias 29; caldererías i cerrajerias 12; carnicerias 56; casas de martillo 4; casas de prendas 31; cigarrerías 52; clubs 5; colchonerías 4; confiterías i pastelerias 10; corredores i ajentes de comercio 13; curtiembres 16; dentistas 8; despachos de vinos i licores 38; doradores 5;

droguerías i boticas 25; dulcerías 8; empresas de carruajes para viajes 3; encuardenaciones 3; escritorios sin jiro 9 ; estucaderos 7 ; médicos 42 ; matronas 29 ; librerías 7; sastrerías 24; profesores de piano 18; id. de canto 4; id. de baile 2; etc., etc.

Para hacerse cargo del comercio de Santiago basta recordar el número de patentes que se espiden a las diversas casas. En 1870 se despacharon 2,590 patentes esclusivamente para la ciudad, las que produjeron la suma de 82,682 pesos.

— Esta provincia tiene 489,792 cuadras cultivadas de terreno, i 55,000 cuadras sembradas. La produccion de sus cereales está en razon de 22 fanegas por cuadra. Una de las principales producciones consiste en las bebidas. En 1868 produjo siete i medio millones delitros de chicha de uva i siete millones de litros de chacolí, siendo diez i ocho millones el total del producto en las ocho provincias productoras de estos licores. Santiago tenia entonces solo cuatro i medio millones de plantas de viña. En el mismo año produjo 57,640 fanegas de frejoles ; 51,849 de maiz ; i 177,340 de papas. La produccion media del trigo es de medio millon de fanegas anuales, correspondiendo 300 quilógramos por cada habitante.

Entre las maderas las producciones que merecen mencionarse son las de alerce, ciprés, laurel, lingue, luma, quillai i colihue.

Son notables por su esquisita calidad los vinos de Santiago, sobre todo los de *Ochagavia, Subercaseaux* i *Tocornal,* i las imitaciones de Burdeos hechas por D. Victor Bourgeois.

Lo mismo puede decirse de la fabricacion del aceite, i de la preparacion de frutas secas o en conserva, industrias en que podemos competir con los mas aventajados comerciantes europeos.

La mantequilla, cerveza, miel i cera, aceitunas, cuerdas, cáñamo, cominos, nueces, anis, aji i otras i muchas producciones de este jénero, se obtienen tambien en Santiago con facilidad i abundancia porque tienen a su favor las dos condiciones principales para su produccion : la benignidad del clima i la fertilidad del terreno.

CAPITULO VIII.

ESTABLECIMIENTOS DE CRÉDITO.

SOCIEDADES ANONIMAS DE EMISION. — BANCO NACIONAL DE CHILE. — BANCO DE VALPARAISO. — BANCO AGRÍCOLA. — BANCO MOBILIARIO. — SOCIEDADES COLECTIVAS DE EMISION. — BANCO DE OSSA I COMPAÑÍA. — BANCO DE EDWARDS I COMPAÑÍA. — BANCOS PARTICULARES. — BANCO DE ESCOBAR, OSSA I COMPAÑIA. — BANCO DOMINGO FERNANDEZ CONCHA. — BANCO DEL POBRE. — EL PORVENIR DE LAS FAMILIAS. — BANCO CHILENO GARANTIZADOR DE VALORES. — CAJA DEL CRÉDITO HIPOTECARIO. — COMPAÑIA CHILENA DE DEPÓSITOS I CONSIGNACIONES. — MONTES DE PIEDAD. — LA BIENHECHORA. — COMPAÑIAS DE SEGUROS. — BOLSA COMERCIAL.

Sociedades anónimas de emision. — Los establecimientos de crédito que existen en Santiago pueden reducirse a tres clases : sociedades anónimas, sociedades colectivas i bancos particulares, i montes de piedad. A estos se agregan las compañias de seguros, asi las establecidas en Chile, como las estranjeras que tienen ajencia en esta capital.

Las sociedades anónimas son, el Banco Nacional de Chile, el Banco de Valparaiso, el Banco Agrícola, el Banco Mobiliario i el Banco Garantizador de Valores ; las sociedades colectivas son los bancos de Ossa i Compañia, el de Edwards i Compañia, i el de Mac Clure i Compañia; entre los bancos particulares figuran el de Escobar Ossa i Compañia, i el de D. Domingo Fernandez Concha. Hai tambien la Caja del crédito hipotecario, la Sociedad chilena de depósitos i consignaciones, i la Bolsa comercial establecida en el presente año.

Banco Nacional de Chile i Banco de Valparaiso. — Siendo Valparaiso el domicilio de estas dos sociedades, nos referimos a esa parte para los detalles de organizacion, transacciones, utilidades i demas datos importantes. El primero tiene en Santiago una de sus principales oficinas, la cual se encuentra instalada en un magnífico edificio situado en la calle de Huérfanos, entre las del Estado i de Ahumada. Es todo de cal i ladrillo con un pórtico de cuatro columnas de piedra canteada i cerrado por una elegante reja de fierro. Inmediatamente sigue un espacioso salon en el que se encuentran, divididos por pequeños tabiques de madera, las diversas oficinas de la casa, desde la del jerente hasta la del tesorero. Este edificio fué construido en 1869 por acuerdo del Consejo jeneral del Banco.

El *Banco Valparaiso* tiene tambien una oficina en Santiago, la cual está a cargo del comerciante D. Carlos Swimburn.

Banco Agrícola. — Este banco de emision se estableció en 1868. La Sociedad, que tiene su domicilio en Santiago, durará diez años, pudiendo prorogarse este plazo. Está situado en las salas del primer piso que caen a la calle de la Bandera, de la casa de D: Melchor Concha i Toro, a dos cuadras de la Alameda; sus operaciones son las siguientes : emision de billetes a la vista i al portador; admision i colocacion de dinero a interés, en préstamo comun o en cuenta corriente; descuento de letras, libranzas, pagarées u otras obligaciones con plazo determinado; depósitos de monedas, oro, plata, joyas o cualesquiera otros titulos de crédito; compra i venta de metales preciosos i efectos públicos, municipales, hipotecarios u otros análogos; jiro de letras, cartas de crédito i libranzas, i remesa de fondos dentro i fuera del pais; adelantos para fletes o sobre prendas; almacenaje de mercaderias en bodegas propias o ajenas; ajencias, comisiones i cualesquiera otras operaciones compatibles con la naturaleza del establecimiento. La administracion está a cargo de un Consejo, quien reserva a la Junta jeneral las facultades que a ésta correspondan. El Consejo se compone de nueve accionistas nombrados por la Junta jeneral, i se renueva por terceras partes en la primera Junta jeneral ordinaria de cada año.

Este Banco recibe tambien en depósito mercaderias i productos agricolas, para lo cual ha adquirido un fundo situado en la estremidad Poniente de la Alameda, frente a la estacion central de los ferrocarriles. En él ha construido grandes bodegas, mui capaces de corresponder a las mayores exijencias del comercio.|

El estado i movimiento del Banco en el primer semestre de 1871, fué el siguiente: Capital nominal, 3.750,000 pesos; pagado, 1.125,000 pesos; número de acciones, 3,750 de a mil pesos cada una; fondo de reserva, 9,294; billetes en circulacion, 104,479 pesos; depósitos en jeneral, 636,764 pesos; utilidad liquida en el semestre, 53,893 pesos; reparto segun las Memorias, 5 %; precio de las acciones, a la par; resultado para los accionistas en el semestre, tomando por base el precio de las acciones, 5,26 %; equivalente al año a 10,52 %.

Estos datos manifiestan que el Banco Agricola ha alcanzado entre nosotros un incremento rápido i ventajoso; ellos revelan tambien el gran porvenir que espera a un establecimiento de ese jénero en un pais esencialmente agricola como el nuestro.

Banco Mobiliario. — Este banco fué autorizado por decreto de 15 de diciembre de 1869, i está situado en la calle de Huérfanos, al lado del Banco Nacional. La duracion de la sociedad anónima que lo ha establecido es de veinticinco años prorogables, i su capital de 2.600,000 pesos dividido del modo siguiente : en acciones de responsabilidad constituidas con hipoteca o prenda sobre todo el valor nominal, 1.000,000 de pesos; en acciones efectivas, 1.600,000 pesos. Está dividido en dos secciones, una hipotecaria i otra de descuento i emision.

Las operaciones de la primera son canjear toda clase de valores circulantes en la República con billetes emitidos por el Banco; facilitar la circulacion de los billetes emitidos, i emplear parte de su capital en rescatar sus billetes hipotecarios. La seccion de emision i descuento comprende, la emision de billetes; recibir i prestar dinero; descuento de letras, etc.; prestar sobre efectos públicos i todo título que tenga un valor efectivo; comprar, vender i recibir en depósito joyas, metales i todo titulo de crédito; abrir cuentas corrientes i admitir depósitos a la vista con o sin interés; jirar letras, cartas de crédito, i hacer remesas de fondos propios o ajenos. El fondo social se ha fijado en diez millones de pesos, representados por veinte mil acciones de a quinientos pesos cada una y divididas en dos séries, una efectiva i otra de responsabilidad. Los billetes emitidos son de 100, 200, 500 i 1,000 pesos cada uno.

La sociedad es administrada por un Consejo compuesto de diez miembros nombrados por la junta jeneral de accionistas, i que se renueva por quintas partes todos los años; para ser consejero es necesario poseer 20 acciones por lo menos. Las acciones están divididas actualmente entre 93 personas.

Sociedades colectivas de emision. — **Banco de Ossa i Compañia.** —

Esta sociedad, que tiene su oficina en el portal Mac-Clure, fué establecida en 1856 con un capital de 500,000 pesos, i en la actualidad tiene sucursales en Copiapó, Coquimbo, Valparaiso, Talca i Chillan. Se ocupa de las mismas operaciones bancarias que las casas anteriores i su estado i movimiento a fines de 1870 era el siguiente : fondo de reserva, 163,238 pesos ; billetes en circulacion, 199,420 pesos ; depósitos en jeneral, 1.447,475 ; utilidad liquida en el semestre, 19,958 ; producto del capital i fondo de reserva, 3 %; utilidad del año, 6 %.

Banco de Edwards i Compañia. — Posee en Santiago una sucursal. La casa tiene su domicilio en Valparaiso, en cuya seccion correspondiente se dan los datos mas importantes.

Banco de Mac-Clure i Compañia. — Esta casa se estableció en Santiago en 1863 con un capital de 500,000 pesos. Emite billetes por valor de 10 hasta de 100 pesos, i se ocupa de todas las demas operaciones bancarias. Su fondo de reserva es de 8,623 pesos ; tiene en billetes en circulacion 202,420 pesos, en depósitos 1.527,957 ; su utilidad liquida en el segundo semestre de 1870 fué de 52,268 pesos, i la utilidad de todo el año de 10,27 %. Está situado en la calle de Ahumada entre la de Huérfanos i de Agustinas.

Bancos particulares. — **Banco de Escobar, Ossa i C.¹** — Este banco cuyos detalles se dan en la seccion correspondiente de Valparaiso, está situado en la calle de Huérfanos entre las de la Bandera i de Ahumada.

Banco Domingo Fernandez Concha. — Este banco tuvo oríjen en la casa de comercio establecida en Santiago por el comerciante cuyo nombre lleva. Hasta 1869 esa casa negociaba privadamente en jiros i descuentos, pero en esa fecha se estableció como Banco i sacó patente de tal. Su capital es de 500,000 pesos, pertenecientes al Sr. Fernandez Concha que no tiene socios ni ajentes interesados. Está situado en una de las casas mas bellas de Santiago, construida en la calle de Huérfanos entre las del Estado i de San Antonio; fué hecha espresamente para el Banco i consta de dos cuerpos de edificios, destinado el primero a almacenes i el segundo, que da frente al primer patio, para las oficinas del Banco.

Banco del pobre. — En 1869 se organizó en Santiago una sociedad con el objeto de fundar i sostener un Monte de Piedad i una caja de ahorros para la clase pobre. Su capital nominal es de 500,000 pesos divididos en mil acciones de a 500 pesos ; el capital suscrito hasta ahora de 250,000 ps. Como Monte de Piedad, sus operaciones son las siguientes otorga pequeños préstamos bajo la garantía de prenda, hipoteca o fianza, i subasta periódicamente las prendas de los deudores morosos.

· Como Caja de Ahorros sus operaciones son: recibir en depósito pequeñas sumas cuyos intéreses se capitalizan cada seis meses, i efectuar las demas dilijencias relativas a este negocio. Puede tambien emitir titulos de crédito a plazo fijo con interes corrido, cuyo valor nominal no podrá esceder de las tres cuartas partes del capital social representado por el valor nominal de las acciones emitidas.

Las utilidades liquidas se aplican : 1.° a pago de intereses del 9 °/₀ anual a los accionistas, por las sumas que hubiesen erogado; 2.° a la formacion del fondo de reserva ; 3.° a la amortizacion de los bonos espedidos por la sociedad, i el resto se dedica en su totalidad a la sociedad de instruccion primaria de Santiago. La administracion es ejercida por la Junta jeneral de accionistas, un consejo de nueve individuos i un administrador.

El Banco tiene dos oficinas en Santiago, la principal en la calle de Huérfanos, entre las de la Bandera y Ahumada, i la sucursal en la calle vieja de San Diego a cuatro cuadras de la Alameda.

El Porvenir de las Familias. — Esta sociedad se estableció en Santiago en 1856, previos los trámites legales, i a fines de 1869 contaba con un capital de 19.589,109 pesos de los cuales 10.876,546 eran estranjeros, siendo el número total de personas suscritas: 19,768.

El objeto de la sociedad es el siguiente : recaudar, invertir i administrar los fondos de los suscritores ; establecer nuevas operaciones de seguros sobre la vida a prima fija ; organizar otra combinacion sin que el imponente pierda por su muerte el capital ni los intereses, asignando a las cuotas un interes fijo que se capitaliza en épocas determinadas. Las operaciones son :

1.° Promover suscriciones a la Compañía de seguros mútuos sobre la vida ; recibir los fondos que entreguen los suscritores i emplearlos conforme a los Estatutos ; hacer las liquidaciones i distribuir los productos con arreglo al pacto celebrado, debiendo percibir por estos trabajos el 5 °/₀ a lo mas sobre el capital a que asciendan las suscriciones, un peso por cada póliza, i un 1 °/₀ del total de cada liquidacion.

2.° Realizar los contratos de seguros a prima fija, los cuales consisten en que, recibiendo la sociedad sumas periódicas por señalado número de años o una sola, se obliga a entregar al imponente una cantidad precisa en época determinada, o a la entrega de una renta inmediata o diferida por cierto número de años, o durante toda la vida del asegurado.

3.° Realizar contratos por los cuales se obligue la sociedad a devolver en épocas determinadas la cantidad que se le haya entregado por una sola vez, o el total de las diversas sumas que hubiere percibido en épocas fijas, con los intereses pactados i capitalizados en los plazos que se estipulen.

4.° Emplear sus capitales en préstamos a interes o anticipaciones sobre sus propios contratos o pólizas, en la adquisicion de predios rústicos o urbanos, i en la compra de valores útiles i garantidos.

5.° Levantar empréstitos hipotecando sus propiedades i garantir su pago con el haber social.

Para estas operaciones ha elevado recientemente su capital propio a 5.000,000 de pesos, representados por 5,000 acciones de a 1,000 pesos cada una. Las acciones .son efectivas i de responsabilidad, i tienen derecho : 1.º a un 8 % anual sobre el capital efectivo que se hubiere entregado a la Sociedad; 2.º a la porcion de beneficios líquidos que les correspondan conforme a los estatutos; i 3.º a una parte alicuota en el haber· social en caso de liquidacion de la Sociedad. Las utilidades las constituyen los productos líquidos; esto es, deduciendo los gastos i el 8 % anual aplicado a toda cantidad erogada en efectivo por cuenta de las acciones.

Las oficinas de la Sociedad se encuentran en la calle de San Antonio, en los altos de la hermosa casa construida por D. José Arrieta, frente al teatro Municipal. Tiene dos ajencias en Paris, una en Lóndres, en Bélgica, Hamburgo, Jénova, Guayaquil, Méjico, Bogotá, Buenos Ayres, Trujillo, i dos en Tacna.

Banco chileno garantizador de valores. — Esta Sociedad se estableció en enero de 1865 con el objeto siguiente : 1.º Canjear toda clase de valores circulantes o que puedan circular en Chile, con billetes emitidos por el Banco; 2.º facilitar la circulacion en el pais i fuera de él de los billetes emitidos a largo plazo, mediante la organizacion de establecimientos pagadores; 3.º dar facilidad a las provincias de Chile i al esterior para la adquisicion de dichos billetes. Las operaciones de la Sociedad consisten : 1.º En la emision de billetes a plazo por valor de 100, 200, 500 i 1,000 pesos cada uno, con o sin interés por el todo o parte de la obligacion que se le trasfiere; 2.º proveer de fondos a las sucursales para el pago de los billetes circulantes; 3.º efectuar cobros i pagos por cuenta ajena, i desempeñar las comisiones que tengan por objeto facilitar las transacciones a que den lugar sus mismos billetes; 4.º tener una caja de depósitos para toda clase de valores. en papel o en metálico, i dar los resguardos respectivos; i 5º emplear el capital efectivo en la adquisicion de sus propios billetes o títulos públicos.

El capital social es de un millon de pesos, dividido en acciones efectivas i de responsabilidad, de a mil pesos cada una. Las acciones tienen derecho : 1.º a un 10 % anual sobre el capital efectivo que hubiesen erogado; 2.º a los dividendos de beneficios que les correspondan conforme a estatutos, i 3.º a una parte alicuota en el haber social en caso de liquidacion.

El estado i movimiento de esta casa en 1870 fué el siguiente : capital suscrito 900,000 pesos; capital administrado 13.274,437 pesos 62 cts., divididos en la forma siguiente : por accionistas 700,000 pesos; por obligaciones constituidas a favor del Banco 10.554,568.71; por cartera 639,300 pesos; por dividendos pendientes 51,497. 06; por obligaciones pendientes de cobro 20,903; por letras por cobrar 292,690 pesos 36 cts.; por depósitos i otros valores 1.015,478.49. El Banco tiene en circulacion en billetes hipotecarios i comerciales la suma de 7.014,100 pesos, por cuya amortizacion e intereses ha pagado 3.449,288 pesos; su fondo de reserva alcanza a 43,149 pesos 91 cts.

Tiene sus oficinas en el mismo edificio que ocupa el Porvenir de las familias, frente al teatro.

Caja del crédito hipotecario. — Esta caja fiscal fué establecida por lei

8 %, i la amortizacion de 1 a 2. La caja no puede hacer ningun préstamo que esceda de la mitad del valor del inmueble ofrecido; i el valor de éste no puede ser menor de dos mil pesos, ni el préstamo menor de quinientos. El valor de los fundos se determina tomando por base la renta calculada para la contribucion agricola; los demas inmuebles se tasan por peritos.

La caja tiene un Director i un cajero nombrados por el Presidente de la República, i es administrada por un Consejo compuesto del director i de cuatro miembros, dos de ellos nombrados por la Cámara de senadores i dos por la de diputados.

El valor de las letras hipotecarias con que jira actualmente la caja, pasa de cuatro millones de pesos; pero de ellas se amortiza, por sorteo, un cierto número que se retira de la circulacion. Puede tambien el Consejo acordar amortizaciones estraordinarias pagando las letras a la par.

El que toma letras sobre hipoteca se compromete a pagar a la caja, por la cantidad a que dichas letras ascienden, anualidades que comprenden : 1.º el interés, que no podrá esceder de un ocho por ciento; 2.º el fondo de amortizacion, que será de un uno a un dos por ciento; 3.º el fondo de reserva i de gastos de administracion, que no podrá esceder de un medio por ciento. Estas anualidades se pagan por semestres adelantados.

Las oficinas de la caja están situadas en la plazuela de la Compañia, al lado Poniente del edificio en que funciona el Congreso.

Compañia chilena de depósitos i consignaciones. — Esta Sociedad anónima se estableció en Santiago en 1870 con un capital suscrito de 2.000,000 de pesos i un efectivo de 300,000 pesos. Le es prohibido hacer especulaciones por cuenta propia, a fin de inspirar mas seguridad al comercio; posee grandes bodegas en Santiago i en Valparaiso, las primeras situadas en la estacion central de los ferrocarriles. Sus principales operaciones son : 1.º Admitir a consignacion i a depósito en sus bodegas toda clase de productos; 2.º la ejecucion de órdenes de compra i venta de toda especie de valores i mercaderías; 3.º abrir cuentas corrientes a los consignantes, encargándose del pago de los fletes, despacho, etc., de las mercaderías; 4.º anticipar fondos sobre los efectos que se le consignen o se depositen en sus bodegas; 5.º fletamento de buques i consignacion de los mismos.

Las oficinas de esta casa están situadas en la calle de la Bandera, al lado del Banco Agricola, edificio de D. Melchor Concha i Toro.

Montes de Piedad. — Actualmente existen en Santiago treinta casas de usureros, en las que se presta dinero sobre prendas i a seis meses plazo, con un interés que varia de tres a seis por ciento *al mes*. Algunas de estas casas hacen otros negocios, como el prestamo de fuertes cantidades con fianza o hipoteca, i la compraventa de muebles i mercaderias. Están sujetas a reglamentos particulares i a las disposiciones jenerales del Código de comercio: pero aun no existe ninguna ordenanza que venga a protejer los intereses del pueblo en tan importante ramo. Por sus reglamentos se obligan a aceptar el renuevo del empeño de las prendas cada seis meses, cubriéndoseles los intereses vencidos, i a rematar las que pertenecen a deudores morosos, un mes despues de cumplido el plazo, i en presencia del subdelegado del barrio, quien debe autorizar dichos remates. Si el producto de este escede al valor del empeño, el deudor puede reclamarlo; pero si es menor, la casa pierde el defecto. Por tal motivo casi ninguno de estos préstamos se efectúa por mas de la cuarta o de la quinta parte del valor de la prenda que se da en garantia; i sin embargo, se vé que es enorme el número de prendas que la jente pobre deja perder con tanta desventaja. De este modo, el negocio de los usureros viene a ser casi tan lucrativo como el de los boticarios.

— Para oponerse de algun modo a la infame esplotacion de los usureros, se han organizado en Santiago dos verdaderos montes de piedad, el *Banco del pobre* i la *Bienhechora*. Del Banco del pobre nos hemos ocupado ya mas arriba, y de la segunda pasamos a ocuparnos lijeramente.

La Bienhechora. — En 1869 se organizó esta sociedad anónima, por el término de veinte años i con el objeto de fundar i administrar un monte de piedad i un banco de ahorros, tendentes a mejorar en lo posible la condicion moral i material de los pobres. A fin de conseguirlo, los accionistas solo tienen derecho a percibir un interes sobre los capitales desembolsados, dedicándose los beneficios a la formacion de un capital especial denominado de *beneficencia*. Este capital se destina no solo a préstamos, sino tambien a la construccion de habitaciones para el pueblo, i a fundar sucursales que estiendan por todas partes los beneficios de la institution.

Las operaciones de esta casa son, mas o menos, las mismas que las del Banco del pobre. Su capital es de 500,000 pesos dividido en acciones de a 1,000 efectivos i de responsabilidad; el capital que movilizó en el 2.º semestre de 1870 fué de 298,839 pesos. La oficina principal se halla establecida en la estremidad oriente de la calle de Agustinas, i las dos sucursales que hasta ahora posee, se encuentran una cerca de la plaza de Abastos i la otra en el barrio occidental.

Compañias de seguros. — Todas las compañias de seguros establecidas en Valparaiso tienen ajencias en Santiago.

La única que tiene su domicilio en la capital, es la **Union Chilena**, compañia de seguros mútuos a prima fija contra incendios i riesgos de mar. Su capital suscrito asciende a pesos 2.000,000 repartidos en 4,000 acciones de 500 pesos de los que solo se ha pagado un 10 %o sea un total de 200,000 pesos.

En el semestre que espiró en noviembre 30 del año 1870, sus entradas brutas ascendieron a pesos 65,779.27 de los que corresponde a seguros marítimos en Valparaiso, pesos 24,658.31, a seguros contra incendios, pesos 25,040. Sus salidas por siniestros maritimos alcanzaron a pesos 18,896 i por siniestros contra incendios a pesos 7,065

Sus utilidades liquidas fueron de 30,772.45 de los que se repartió un 6 % sobre el capital erogado por cada accion dejándose el resto para fondo de reserva i fondo de accionistas. El 1° ascendia en la fecha mencionada a pesos 42,000 i el 2° a pesos 28,408. Su
administrador lo es D. Manuel Renjifo.

Bolsa comercial. — El 1870 se organizó la sociedad que vá a establecer la
Bolsa comercial, en el segundo piso del hermoso portal Fernandez Concha, en la plaza
principal. Segun los estatutos aprobados, la Bolsa tiene por objeto facilitar los negocios mercantiles, i servir de gabinete de lectura i de archivo de datos comerciales
de interés público. Se emitirán acciones de a 50 pesos, i los socios accionistas pagarán
una cuota de 20 pesos anuales ; los suscritores pagarán otra de 30 pesos. El número
de suscritores es ilimitado. La administracion está a cargo de un Consejo compuesto de
cinco accionistas elejidos en junta jeneral a fines de cada año. Solo al superintendente o
a su asistente, incumbe el apuntar en la pizarra las ocurrencias diarias y hacer variaciones en estos apuntes.

CAPITULO IX.

ALREDEDORES DE SANTIAGO.

SALTO DEL AGUA. — CONCHALÍ. — QUILICURA. — LA DEHESA. — CHICURCO. — RENCA.
— NUÑOA. — PEÑALOLEN. — APOQUINDO. — LAS CONDES. — SAN BERNARDO. —
HACIENDAS DE TANGO, PERAL, PEÑAFLOR, ESPEJO, ORTUZAR, SANTA CRUZ, ETC., ETC.

Santiago ocupa casi el centro de un estenso valle situado entre los Andes i el Pacífico i circundado de cerros porfíricos de formacion contemporánea. Estos cerros están
constituidos por macizos de brechas volcánicas, i su elevacion es variable ; los situados hácia la parte de los Andes están siempre coronados de nieve, sin que esto influya
mucho en el temperamento, por cuanto los vientos que predominan son los del Sur, i
los del Norte en invierno. Estos cerros envian cordones o suaves levantamientos hasta
la misma ciudad, dejando entre ellos grandes hondonadas de terrenos cultivables o
de hermosas vegas, que ocupan muchas hectáreas i que fácilmente podrian ser di-
secadas.

En los terrenos enjutos i a la falda de esos mismos cerros, se han levantado pequeños caseríos o lugarejos cuya situacion es sumamente pintoresca, tanto por la configuracion del terreno que ocupan, como por su gran fertilidad. Casi todos ellos se encuentran a corta distancia de la capital, i los santiaguinos los han convertido en otros

tantos lugares de recreo; de manera que en tiempo de vacaciones reciben una grande inmigracion de paseantes que les comunica una animacion estraordinaria.

— Estos lugarcillos están situados al Norte i al Sur del rio Mapocho, que divide el valle pasando por la ciudad. Los que se encuentran al Norte del rio son los siguientes: Hácia el Nor-este de Santiago i como a dos leguas de la ciudad, se encuentra uno de los puntos mas bellos de la provincia, denominado el *Salto del Agua*. Está situado al lado Norte del cordon que se une al cerro de San Cristóbal, inmediato a la ciudad, i · el caserío que lo forma está mui diseminado a inmediaciones de las grandes vegas que de ese punto se estienden hácia el Occidente. Por ser este uno de los puntos mas hermosos de la provincia de Santiago, trascribiremos lo que dice sobre él a la Universidad, el injeniero D. Pedro Lucio Cuadra.

« Dos son los caminos que conducen de Santiago a las hermosas campiñas del Salto del Agua ; uno de ellos sigue la ribera Sur del rio Mapocho por una estension de legua i media, atraviesa despues este rio i repecha a un bajo portezuelo, que une el cerro de San Cristóbal con el cordon de cerros situados al Oriente. Colocado un observador en el portezuelo, se le presenta uno de los paisajes mas pintorescos que la espléndida naturaleza de Chile puede presentar. Al Oriente vénse las nevadas cúpulas de los Andes, hácia el Sur aparecen los llanos regados por las aguas del Maipo cubiertos de una verde alfombra, testigo de su fertilidad, 'en los cuales está situado Santiago ; al Occidente limitan el horizonte las pendientes pastosas de San Cristóbal, i por último, al Norte, en una preciosa ensenada formada por este mismo cerro i los de Conchalí i el Guanaco, se dejan ver las notables arboledas del Salto, cuyo centro es ocupado por una vega. Esta ensenada sigue el cordon de cerros del Guanaco hasta la puntilla de San Ignacio, ocupando asi un espacio de mas de dos leguas. El portezuelo está casi al mismo nivel que el Mapocho, como lo comprueban los canales que lo atraviesan, cuyas boca-tomas están situadas a corta distancia, en tanto que se encuentra como setenta varas mas alto que la hondonada de la vega. Uno de estos canales encuentra al pasar el portezuelo, su cauce cortado, i se precipita de una altura de mas de doce varas, formando una pintoresca cascada, la que llaman el Salto del Agua. Otro de los canales sigue en gran parte por socabones, i en los faldeos de los cerros vecinos se ven ciertas lineas casi horizontales que indican el curso de las acequias. El canal que forma la cascada fué de las primeras obras de esta clase que se ejecutaron entre nosotros. La estension de terreno inhábil para siembras no baja de 1,500 hectáreas, comprendiendo el Salto, Conchalí, el Guanaco, etc. El terreno está cubierto por una gruesa capa de tierra vejetal, i en varias partes capas inferiores gredosas. »

En el portezuelo a que se alude, existe una modesta columna que el jeneral O'Brien dedicó el esclarecido patriota D. Manuel Salas. Es piramidal de cuatro caras, descansando sobre un pedestal paralelipípedo, i todo él construido de la brecha volcánica que forma el macizo del cerro. Tiene dos inscripciones medio borradas, de las que solo se puede leer : « *A la memoria del eminente patriota literato D. Manuel Salas.—·1817.* »

— En esta parte se encuentran los bellos lugares de *Conchalí, Quilicura*, la *Dehesa, Chicurco* i la hacienda de *Ovalle*, grandes fundos que se estienden hácia el Norte i el Occidente, hasta el camino real que conduce de Santiago a San Felipe.

— Al Sur-oeste de dicho camino se estiende una gran porcion de terreno húmedo i vegoso, en el cual se encuentra la hermosa laguna de *Quilicura*. Al Sur de esta laguna i casi sobre la márjen del Mapocho, se 'encuentra el villorio de *Renca*, situado al pié del cerro del mismo nombre i unido con Santiago por un camino que pasa entre el terreno vegoso i el rio. Este villorio conserva todavía su antigua celebridad por la exelencia de sus brevas, las que atraen siempre hácia él un gran número de paseantes. Muchos vecinos de Santiago tienen alli pequeñas propiedades destinadas esclusivamente a recibirlos con sus amigos en los dias de carnaval i bureo, que no son pocos entre nosotros. Renca es una subdelegacion del departamento, con un curato i una poblacion de 6,400 habitantes. Casi todas sus casas son pequeñas quintas llenas de arboledas i habitadas por una jente alegre i sencilla, que recibe con la mayor franqueza al que llama a sus puertas.

— La parte del valle que se estiende al Sur del rio Mapocho, es dividida en dos laterales por el camino real del Sur que se prolonga hasta la ciudad de Concepcion. Al Oriente de este camino, inmediato a Santiago i al Mapocho, está la subdelegacion de *Nuñoa*, con una poblacion de 20,858 habitantes. Estos campos son notables por su fertilidad i la hermosura de sus grandes arboledas. Están sembrados de pequeños fundos i casitas en donde es mui fácil proporcionarse agradables residencias de verano. Abundan en toda clase de frutas i tienen mui buenas aguas.

— Un poco mas al Oriente se encuentra la hacienda de *Peñalolen*, famosa por sus juegos de agua i sus parques esmeradamente cuidados.

En la misma direccion del Oriente i siempre a inmediaciones del Mapocho, están las grandes haciendas de *Apoquindo* i de las *Condes*, célebre la primera por sus vertientes minerales de aguas cloruradas, que forman una de las termas mas estimadas de Sud-América. Aqui se ha formado un elegante i grande establecimiento de que hablaremos mas adelante, i es uno de los paseos mas favorecidos por los santiaguinos.

— Sobre el mismo camino del Sur i a cuatro leguas de Santiago, se encuentra el pueblo de *San Bernardo*, capital del departamento de la Victoria, con una poblacion de 12,609 habitantes. Es estenso i lleno de arboledas, pero completamente deshabitado a causa de su proximidad a Santiago : nadie edifica en él. Este fué el primer punto de los alrededores de Santiago que visitaron los paseantes en vacaciones. Los viejos cuentan tradiciones estraordinarias de lo que alli pasaba en otro tiempo, i las viejas callan ruborizadas al oirlas. Hoi ha caido en el abandono, aunque suele poblarse pasajeramente los dias de carnaval. Formando un curioso contraste con su antigua fama, San Bernardo es hoi un paseo casi tétrico, al que solo concurre la jente séria, i donde se despliega la misma fria i severa etiqueta i el mismo lujo que en los salones de Santiago. Posee unos hermosos baños con buenas aguas, aunque no mui claras.

— Al Sur i al Oriente de San Bernardo se estienden las grandes haciendas de *Tango* i del *Peral*; i mas allá el rio Maipo, que divide el valle desde los Andes hasta el Pacífico, dejando entre él i el Mapocho una zona espaciosa, que comprende una grande estension de Cordillera. Desde el camino real del Sur hasta los Andes, el terreno es sumamente accidentado por multitud de levantamientos volcánicos, que ora forman cordones de cerros de grande elevacion, ora pendientes suaves i prolongadas, cubiertas de una capa de tierra vejetal de uno a dos metros de profundidad, i en partes mayor. Nada mas interesante i pintoresco que una escursion por esta parte de la provincia de Santiago que comprende los volcanes Tuncal al Norte, Tupungato, a la altura de Santiago, San José, un poco mas al Sur, i el de Maipo, a cuyo pié toma oríjen el rio de este nombre. Muchos riachuelos, tributarios del Maipo, cruzan el terreno i llevan la fertilidad por todos los campos vecinos.

— La laguna de *Aculeo*, perteneciente a la hacienda de su nombre, es uno de los mas hermosos paseos a que suelen concurrir los santiaguinos. Es un pequeño i pintoresco lago de 4,000 hectáreas cuadradas, situado a 40 quilómetros al Sur de los cerros

SANTIAGO. — Laguna de Aculeo.

de Lampa, en una depresion circundada por cerros altos i quebrados, pertenecientes a la faja de la Cordillera granítica de la costa. « Todas las vertientes de los cerros vecinos le son tributarias. Las aguas no pueden pasar de cierto límite, porque entonces descargan al rio de la Angostura. Es uno de los lagos mas pintorescos que tenemos, » dice el Sr. Cuadra.

En su centro se levanta una islita cubierta de verdura; i en sus aguas habitan los pejerreyes mas grandes i sabrosos que existen en Chile. Por último, una inmensa multitud de pájaros de todos colores completa la belleza de aquel poético paisaje.

— La zona situada entre el Mapocho i el Maipo no llega hasta la costa, sino que termina a 50 quilómetros al Sur-oeste de Santiago, en el pueblecito de *San Francisco del Monte*, punto en que se reunen los dos rios para echarse juntos al mar, en el puerto de San Antonio.

El terreno comprendido entre este pueblo i el camino real del Sur está ocupado por

8

haciendas de gran valor i mui bien cultivadas. Las principales son : la de *Peñaflor*, la de *Espejo*, la de *Ortuzar*, la de *Hechena* i la de *Santa Cruz*.

Inmediato al Mapocho i para echarse en él, corre el riachuelo llamado *Zanjon de la Aguada*, que toma sus aguas en el Maipo. Este riachuelo i los demas canales que se han estraido del Maipo para el riego, han formado en la hacienda de Espejo una inmensa vega de cerca de 1,000 hectáreas, situada precisamente en el mismo sitio en que se dió la última batalla librada por la independencia de Chile. Esta vega se halla a tres leguas al Oeste de Santiago, i en ella existe un hermoso pajonal de totora mui tupido, cuya estension no bajará de 7 hectáreas. La capa de tierra que constituye la parte superior del suelo es suelta i tiene un espesor de 2 metros, viniendo en seguida una capa mui húmeda que da oríjen a los manantiales.

En la hacienda de Santa Cruz i a cuatro o cinco leguas de Santiago, existe tambien otra gran vega de 1,200 hectáreas. Está situada a orillas del camino que conduce de Santiago a Melipilla, sobre un terreno de migajon de 1 a 2 metros de espesor, al que sirve de base una capa contínua de cascajo. Su formacion se debe a la misma causa que la anterior. Al Norte del Maipo i entre las haciendas de Herrera i Traburco, se estiende tambien otra vega mucho mayor, la de la Calera, distante seis lguas al Sur de Santiago. Esta tiene 2,000 hectáreas de estension, i está a inmediaciones del camino real. En su interior crece una vigorosa vejetacion de pequeños arbustos de madera blanca i escasos pajonales. « Estas vegas, dice el injeniero Sr. Cuadra, son en su mayor parte impenetrables, i es necesario ser mui conocedor de la localidad para no perderse en tan peligroso lugar. Las tembladeras adquieren una estension considerable. »

—«Para dar una idea mas clara i exacta de esta parte de nuestro territorio, trascribiremos en seguida el pasaje en que la describe a grandes rasgos el sabio rector de la Universidad D. Ignacio Domeyko. Dice asi :

« El punto de donde se hace mas visible la configuracion esterior de ellas (las provincias meridionales de Chile) i de donde, en un golpe de vista, se puede abrazar las principales variedades de formas i de colores de sus cerros, llanos i montañas, es aquella memorable cuesta de Chacabuco en cuya cumbre lució por primera vez la aurora de la independencia chilena. De esta cuesta hácia el Sur, tres son las distintas fájas de terrenos que se divisan, paralelas entre sí i con el meridiano del lugar. La faja del medio es un llano estenso, comprendido entre dos cordones de cerro, como un golfo entre dos continentes. El cordon de la derecha, llamado comunmente *Cordillera de la Costa*, consta en jeneral de grupos de cerros redondos, achatados, bajos, graníticos, cuyas formas indeterminables se asemejan a la forma de un mar que se aquieta despues de una tempestad borrascosa. El de la izquierda es el cordon de los *Andes*, cuyas aristas son ásperas i esquinadas, los despeñaderos rápidos i frecuentes, las faldas rayadas con estratificaciones en cintas de diversos colores i cuyas cimas se pierden en la elevada rejion de los hielos perpétuos.

« A medida que estas inmensas fajas de terrenos avanzan hácia el Sur, las tres bajan a un mismo tiempo, i en su caida presentan, tanto en la vejetacion que las viste, como en la naturaleza mineral de sus cerros, modificaciones dignas de llamar la atencion del naturalista.

« En el sitio que la populosa capital de la República escojió para sentarse, se apropió la parte mas hermosa del llano intermedio, que se halla a 667 varas de altura sobre el nivel del mar, i cuyos campos requieren todavia el ausilio del arte para proveer a sus necesidades por cerca de seis meses del año. Al frente de esta capital, la cordillera de la costa, verde en la primavera, llega a una altura de 1,100 varas sobre el nivel del mar, mientras que la de los Andes, encanecida por la nieve que la cubre, sube a mas de 4,000 varas sobre aquella i en sus inaccesibles cumbres abriga restos de los antiguos volcanes.

« Apenas pasamos los gloriosos campos de Maipo, cuando empiezan los dos cordones de cerros a aproximarse uno a otro i a pocas leguas de alli estrechan el llano en sus majestuosos brazos. Pero a poco trecho de la Angostura de Paine vuelve a cobrar su anchura i su fertilidad el mismo llano, parecido mas bien a un jardin inmenso cercado de vistosos cerros de todos tamaños, que a un conjunto de haciendas que son las que lo dividen. Llegando a la ribera del torrentoso Cachapoal, en donde detiene un triste recuerdo al viajero en el memorable campo de Rancagua, tiene todavía el llano mas de 500 varas de altura sobre el nivel del mar, i poca variacion se nota en los dos cordones de cerros. Solo en lo mas alto de los Andes, cerca del límite estremo en que la vejetacion débil i desmedrada deslinda con la rejion de la muerte, la del hielo, aparece un liston de cipreses que por su aspecto triste i lúgubre, su pintoresca forma i su color oscuro, hacen recordar la rejion de los pinos de los Alpes i Pirineos ; mientras que a pocas leguas de distancia, en las fajas de las *cordilleras de la costa*, viven las palmas, i el tan variado en sus caprichosas formas *cactus*, representantes éste i aquellas de la zona tórrida. En medio de esos dos estremos de la vejetacion terrestre sigue su rumbo el delicioso llano ; los dos cordones de cerros huyen uno de otro, i la vista se recrea con los matices de los campos animados por el cultivo. Llegamos en esto a la pequeña villa de Rengo, como engastada en medio de una selva de árboles frutales ; i a poca distancia de ella se nos estrecha por segunda vez el llano, quedando enteramente cortado por un cerrillo bajo. Este lugar, llamado la Angostura de Regolemo, es el único desde la cuesta de Chacabuco hasta Chiloé, en que el *llano intermedio* se halla enteramente cerrado. La loma que lo atraviesa, tendrá apenas 30 a 40 varas encima del plan del llano ; i observando bien su naturaleza se ve que es un brazo de terreno *estratificado* de los Andes que se separa de su cadena madre, corre en una direccion Nor-oeste, i aparece todavía en sus fajas de diversos colores en los cerros del Poniente. Del pié de esta misma loma vuelve a ensancharse el llano, i prosiguiendo su curso del Norte al Sur se va inclinando insensiblemente, al paso que los Andes, retirándose hácia el Este, el cordon de los cerros bajos, graniticos, sigue rumbo opuesto, como si quisiera despedirse de su compañero. Mas de treinta leguas corren, sucediéndose en ellas sin interrupcion numerosas poblaciones ; el llano va tendiendo con mas igualdad i arreglo sus niveles i dando entrada al riego de infinitos rios i esteros.

« Antes de llegar a la orilla del Maule, ya tiene ocho o diez leguas de ancho el llano, i situados en su centro los campos de Lircay i Cancha Rayada, apenas llegan a tener 120 varas de altura sobre el nivel del mar. El soberbio *Descabezado* con su nevada cumbre, hace todavia contraste con las humilladas, aunque llenas de minas de oro, cordilleras de la costa; pero ya ni él ni sus compañeros de los Andes adquieren la altura de las Cordilleras del Norte. Hé aquí uno de los puntos que parecen destinados a llamar la atencion particular, tanto de un naturalista i de un apasionado a la bella naturaleza, como de un historiador i hombre de Estado. Aqui paró su marcha la conquista de los Incas, precursora de otra mas gloriosa. En estos campos que tiéne invadidos hoi el arte, compitiendo con la naturaleza misma, para cubrir sus vastas llanuras con las riquezas mas pingües de la vejetacion, se une un sinnúmero de rios, esteros i manantiáles, formando con el rápido i caudaloso Maule un confluente inmenso que va a descargar sus aguas en puerto seguro. Cerca de las riberas de este rio levanta sus hermosas torres la nueva ciudad de Talca, llamada con el tiempo a ser una de las mas poderosas de Chile. »

F. Sorrieu. lith.

SANTIAGO — PORTAL FERNANDEZ CONCHA.

Imp. Lemercier & Cⁱᵉ Paris.

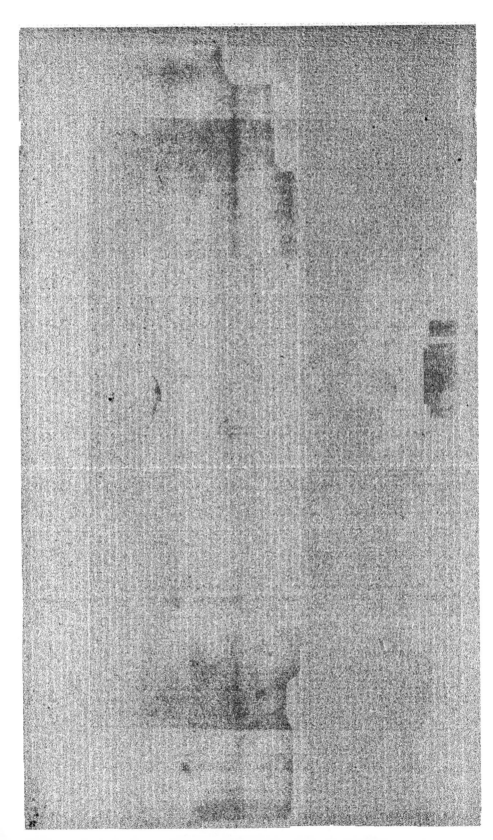

PROVINCIA DE VALPARAISO

VALPARAISO.

CAPITULO I.

DESCRIPCION DE LA CIUDAD.

FUNDACION. — ESTENSION. — ASPECTO. — CONFIGURACION. — SITUACION JEOGRÁFICA, CLIMA, HIJIENE. — POBLACION. — CALLES, PLAZAS, PLAZUELAS. — EMPEDRADO, ENLOSADO. — CASAS. — PASEOS PÚBLICOS. — PILAS, ESTÁTUAS. — ALUMBRADO PÚBLICO. — AGUA POTABLE. — POLICIA URBANA. — MERCADOS PÚBLICOS. — MATADERO PÚBLICO. — CÁRCEL, PRESIDIO. — OBRAS DE FORTIFICACION. — FARO.

Fundacion de la ciudad. — En los primeros dias del mes de setiembre del año de 1536, descendia el capitan Juan de Saavedra el pintoresco valle de Quintil (hoi Valparaiso), ocupado por una corta poblada de indios llamados *changos*. Venia encargado por el animoso Diego de Almagro, de tomar posesion de aquella ensenada, donde dias antes acababa de fondear el barco « Santiaguillo, » portador de los articulos mas indispensables para sus exaustas tropas.

Juan de Saavedra era castellano i natural de un pequeño pueblo llamado Valparaiso, situado a inmediaciones de la ciudad de Cuenca. Al contemplar el aspecto agreste de ese valle, rodeado de elevadas colinas, sobre cuyas desnudas cimas se mecian majestuosamente las *palmas reales* y cuya base estaba rodeada de frondosos bosques, encontró sin duda alguna semejanza con su pueblo natal, pues dióle el nombre de Valparaiso. De aqui el orijen de la denominacion histórica de esta ciudad.

Su asiento primitivo fué el angosto valle sobre el cual desembocan la tres quebradas que hoi tienen los nombres de Juan Gomez, San Francisco i San Águstin. Ocho años mas tarde (1544), en la segunda visita que Pedro Valdivia hizo al valle de Quintil, fué declarado Valparaiso oficialmente el « puerto de Santiago, » segun reza el siguiente antiguo documento :

« En el puerto de Valparaiso que es este valle de Quintil, términos y jurisdiccion de « la ciudad de Santiago a tres dias del mes de setiembre de 1544 ; ahora de nuevo

VALPARAISO. — Vista del Puerto, tomada del cerro del castillo.

« nombro y señalo este puerto de Valparaiso para el trato de esta tierra y ciudad de « Santiago. »

Estension. — Hasta dos siglos despues de fundada la ciudad, tuvo ésta por límites las quebradas de Juan Gomez y de Elias. Como para diseñar mejor la verdadera estension del agreste valle, existia entre la quebrada de San Agustin i la de Elias, un elevado cerro del cual se desprendia una atrevida punta que se llamó del *Cabo* i que iba a ocultarse bajo las aguas que bañaban su base.

Despues, cuando se abrió camino al pié de esa punta (pues anteriormente el camino subia por la quebrada del Almendro y bajaba por la de Elias); quedó a descubierto una profunda caverna natural, que el vulgo bautizó con el nombre de *cueva del Chívato,* i cuya existencia, así como el recuerdo de las mil patrañas inventadas por la superstición del pueblo, se conserva aun intacta en la memoria de los antiguos moradores de Valparaiso. Hoi ha desaparecido del todo, dando sitio a la calle que tomó el nombre del *Cabo* i que comunica con el barrio llamado impropiamiénte el *Almendral* (1).

En el dia tiene Valparaiso 3,750 metros de estension por la línea del ferrocárril urbano, desde el ángulo saliente de los almacenes fiscáles, hasta la éstacion del ferro-carril. Esta distancia queda reducïda a 3,100 metros siguiendo la orilla dé la playa. El mayor ancho de la ciudad está en el Almendral i alcanza a 1,200 metros; desde el pié del alto hasta la estacion. La parte mas angosta está en la calle del Cabo, pues

VALPARAISO. — Vista de la parte central de la ciudad.

desde la que antes era cueva del Chivato al mar, solo hai 50 metros. El ancho medio de la ciudad es de 484 metros.

Está dividida en tres barrios : el del Puerto, el de San Jüan de Dios i el del Almen-dral, ya citado. El primero, que se estiende hasta la plaza del Orden, tiene estrechos límites, pero es el mas importante por ser el asiento de todas las oficinas públicas i del comercio por mayor. El segundo, así llamado en recuerdo del hospital del mismo nombre que allí existió, principia en la plaza del Orden para terminar en la de la Vic-toria. Está ocupado por tiendas secundarias de menudeo i bodegas de depósito. El de la Victoria, el mas estenso, es verdaderamente el barrio *fashionáble* de la ciudad. Su magnífica calle de la Victoria, llamada vulgarmente *calle Vieja*, está ocupada por mul-

(1) Decimos impropiamente, porque segun consta de los archivos de la Merced, el verdadero Almendral existió en el sitio hoy llamado la *Cabriteria*, en el cual plantó su dueño un inmenso almendral, que sirvió para dar nombre a lo que entonces se distinguia solo con el de camino del Almendral.

titud de pequeñas industrias especialmente por tiendas de trapos, que contribuyen a darle una constante animacion.

Aspecto de la ciudad. — Valparaiso presenta desde la bahia un aspecto de los mas pintorescos. Las elevadas colinas que lo rodean, se ven literalmente tapiza-das de casas, muchas de ellas de hermosa apariencia. Los cerros del *Arrayan* de *Car-retas*, de la *Cordillera*, el cerro *Alegre*, el de *Bella vista*, el de la *Concepcion* i el del *Pan-teon*, encierran una poblacion casi tan numerosa como la que cuenta la parte baja de la ciudad. El cerro Alegre i el de la Concepcion, que son los preferidos por muchas personas pudientes, especialmente estranjeros, ostestan costosos edificios de dos pisos, por lo jeneral con pintorescos jardines cuya esplendente vejetacion, nos es dado solo

VALPARAISO. — Vista de al bahia.

contemplar a la distancia, envidiando el aire puro i la magnifica vista de que se goza en aquellas eminencias.

El cerro Alegre es el predilecto de la parte inglesa de nuestra poblacion. En él han formado una especie de colonia en la que han introducido sus propias costumbres, sin que falte para que se puedan considerar en plena Inglaterra, mas que un cielo ne-buloso i triste.

Configuracion. — La ciudad no tiene forma definida. Sus calles, especialmente las del Puerto, están sembradas de ángulos i curvas mas o menos pronunciadas, a con-secuencia de la escarpa de los cerros, la cual imprime a las calles su forma sinuosa i accidentada.

En el punto en que antes existia la Cueva del Chivato, de que ya hemos hablado, hai una sola calle ganada al mar palmo a palmo i cuyos edificios tocan el cerro por el lado Sur. Desde hace años se proyecta formar una nueva calle paralela a la del Cabo que parta de la estacion de Bellavista para concluir en el muelle. Una parte del tra-bajo, como cien metros, se ha terraplenado ya casi por sí solo, de manera que con un pequeño esfuerzo de parte del Gobierno, veremos realizada esta importante mejora, dando asi el ensancñe i seguridades de que carecen en la actualidad a las propiedades situadas en dicha calle.

Situacion jeográfica, clima, hijiene. — Valparaiso está situado en los 33° 1′ 53″ latitud Sur, i en los 71° 41′ 15″ longitud Oeste, del meridiano de Greenwich. Los elevados cerros que lo rodean, lo resguardan de los vientos de Sur-oeste i Oeste. La bahia abierta desde el N. N. E. hasta el O. N. O. es poco segura en los meses de junio a setiembre por los fuertes vientos que soplan del Norte i del Nor-oeste, i que en distintas épocas han ocasionado desgracias.

Su clima es templado i agradable, si se compara con el de las altas latitudes setentrionales o australes i con el de las rejiones ecuatoriales ; pero las súbitas variaciones

VALPARAISO. — Casas en el Cerro Alegre.

atmosféricas, aunque no tan notables como las de Santiago, la hacen reputar no mui favorable a la salud i a la lonjevidad. El cielo brumoso en lo mas de los meses de invierno, es en jeneral despejado i de un hermoso azul el resto del año, pero mas particularmente en la buena estacion que principia en setiembre i concluye en mayo.

La situacion topográfica de la ciudad i la fuerza de los vientos del Sur que la visitan con frecuencia, especialmente en el estio, han librado hasta ahora a Valparaiso de las terribles consecuencias de las epidemias que facilmente podrian desarrollarse a consecuencia de la aglomeracion de los edificios en los cerros i quebradas, sus malas condiciones hijiénicas, las mefíticas exalaciones que corrompen el aire en esos barrios i la gran escasez de agua para el uso doméstico.

Sin embargo, Valparaiso se ve de vez en cuando atacado de la peste viruela, la cual se ceba en la clase pobre que vive en conventillos, sin ninguna de las condiciones hijiénicas que requiere todo edificio ocupado por una gran cantidad de individuos. En el año de 1865, por ejemplo, entraron en el lazareto 3,757 atacados de la peste viruela i fallecieron 725.

Pero a pesar de todo i gracias a los vientos del Sur que hemos mencionado, Valparaiso puede considerarse como una ciudad sana, en la cual felizmente no tiene cabida ninguna de las epidemias que, como la fiebre amarilla i el cólera morbus, han asolado el Perú i a la República Arjentina en épocas distintas.

Poblacion. — Segun el último censo, la provincia de Valparaiso cuenta con 140,688 habitantes, de los que 69,749 son hombres i 70,939 mujeres. [En el año de 1868 hubo 6,878 bautismos i 5,382 defunciones, dejando a favor de la provincia un aumento de poblacion de 1,496.

El departamento de Valparaiso tiene 75,330 habitantes, de los que 37,414 son hombres i 37,916 mujeres. En el año citado de 1868 hubo 4,108 bautismos i 3,601 defunciones, dejando a favor de la poblacion un saldo de 507. En el mismo año hubo 738 matrimonios.

En los bautismos toca a Valparaiso 1 por cada 18 habitantes, en las defunciones 1 por cada 21 i en los matrimonios 1 por cada 10,2.

En el primer caso le corresponde el tercer puesto entre las demas ciudades mencionadas en la presente obra; en las defunciones le toca el último puesto i en los matrimonios el segundo. De manera que en Valparaiso, sin duda para no desmerecer de su fama i renombre de *activa*, hace nacer, morir i casarse a sus habitantes casi con mas rapidez que cualquiera de las demas capitales de provincia.

De la poblacion del departamento, saben leer i escribir 24,728 individuos, lo que da una proporcion de 33 %.

Calles, plazas, plazuelas. — Por la razon ya indicada, pocas son las calles de Valparaiso tiradas a cordel. Teniendo en cuenta el reducido espacio de que se podria disponer, las calles son relativamente espaciosas. Las del Puerto tienen una anchura, por término medio, de 9 metros. El mismo ancho podrá fijarse a las del Almendral, esceptuando la de la Victoria que tiene 21 metros.

Principiando por el Puerto o sea de Poniente a Oriente, las calles son las siguientes : La del *Arsenal*, que principia en los almacenes fiscales i concluye en la plaza de la Municipalidad, desde donde toma el nombre de la *Planchada*, para concluir en la plaza de la Intendencia. Esta última fué en un tiempo la calle predilecta del comercio al menudeo de artículos de lujo que hoi se ha trasladado a la calle del Cabo. En el dia es considerada como calle de segundo órden para el comercio por mayor.

La de *Cochrane*, nombre del inmortal almirante inglés que tantas glorias dió a Chile combatiendo contra la dominacion española, paralela a la de la Planchada, arranca desde los almacenes fiscales, cruza la plaza de la Intendencia, sin perder su nombre, para concluir en la Cruz de Reyes, donde continúa la del Cabo.

La de la *Aduana*, así llamada porque enfronta uno de los costados del edificio que antes fué Aduana i hoi es Palacio de la Intendencia, principia en la plazuela de San Agustin, corre paralela a la de Cochrane i concluye como esta en la Cruz de Reyes, donde sigue la ya citada del Cabo. La de la Aduana como la de Cochrane, son el núcleo del comercio por mayor. En ellas se encuentran las casas mas fuertes tanto estranjeras como nacionales.

La del *Cabo*, que principia en la Cruz de Reyes i concluye en la plaza del Órden, es el centro del comercio al menudeo de los artículos de lujo. Sus elegantes i vistosas vidrieras encierran cuanto de mas rico produce la industria francesa, destinado a la insaciable codicia de la coqueteria femenil.

La calle de *San Juan de Dios*, una de las mas irregulares de Valparaiso, arranca desde la plaza del Orden i termina en la de la Victoria. La del *Orden* principia como la anterior i se estiende hasta la del *Circo*, en que principia la de *Yungai*. La del

VALPARAISO. — Calle de la Planchada, costado Norte.

Teatro principia en la de *Bellavista* i concluye en la plaza de la Victoria lo mismo que la de San Juan de Dios.

De la plaza de la Victoria parten tres largas calles que atraviesan el Almendral en toda su lonjitud : la de *Chacabuco* al Norte, la de la *Victoria* o calle Vieja en el centro i la de la *Independencia* o calle Nueva al Sur. La de *Yungai* arranca del mismo punto, mas hácia el Norte, i las acompaña hasta el fin de la ciudad. Siguen la misma direccion las del *Hospital* i la del *Buin* al lado del cerro.

De las tres primeramente nombradas, la verdaderamente importante es la de la Victoria, el verdadero *boulevard* de Valparaiso. En una estension de 540 metros tiene una anchura de 21, siendo sus aceras de 5 metros. Las viejas casuchas que la afean, van desapareciendo poco a poco, para dar lugar a los magníficos palacios de cal i ladrillo que de dia en dia se levantan, rivalizando en lujo i esplendor. Esta calle se subdivide eh la del *Comercio* o Maipú, i continúa como las demas, hasta desembocar en la Alameda de las Delicias, ancha calle de 50 metros que conduce a la estacion del ferrocarril, i por cuyo centro corre el estero de Polanco, encerrado entre fuertes malecones de cal i canto.

Las calles trasversales que cruzan las ya mencionadas son las siguientes, principiando por el Puerto : Marquez, Santo Domingo, la Matriz, San Francisco, San Martin,

VALPARAISO. — Calle de la Planchada, costado Sur.

Clave, San Agustin, Panteon, Bellavista, Circo, Vizcaya, Aguada, Monjas, Cuartel, Jaime, San Ignacio, Olivar, Merced, Retamo, Tivolá, Colejio, San José, Delicias i a mas una infinidad de callejuelas angostas que cruzan las principales, sin tener algunas de ellas aun nombre conocido, formando manzanas mas o menos regulares.

Plazas. — La de la *Victoria* mide 112 metros de Norte a Sur por 109 de Oriente a Poniente, i tiene en el centro una hermosa pila rodeada de una esplanada formando cuadro i con 2,600 m. c. de superficie. La esplanada está rodeada a su vez de bancos de hierro, i de una doble hilera de árboles que forman a su rededor un espacioso i cómodo paseo. Los edificios notables que existen en esta plaza son el magnifico edificio de tres pisos construido recientemente para el uso de la Municipalidad i varias oficinas públicas, i cuya parte posterior está destinada a cuartel de Policia; el palacio que a todo costo levanta el Sr. Edwards; el Teatro, i la iglesia de San Agustin, que llama la atencion por su enorme torre pegada, como la nariz histórica de Quevedo, a un $_{\text{pequeñ}0}$ frente de 15 metros.

La de la *Municipalidad*, perfectamente regular, con 50 metros de Norte a Sur por otros tantos de Oriente a Poniente, tiene en este último punto el hermoso edificio de tres pisos de D. Antonio Ferreira.

La de la *Intendencia*, algun tanto irregular, pero la mas importante de todas, por tener en su circuito el palacio de la Intendencia, la casa de Correos, el edificio del

VALPARAISO. — Calle del Teatro.

Cuerpo de Bomberos i el de la Bolsa comercial, mide 90 metros de Norte a Sur por 45 de Oriente a Poniente.

La del *Orden*, tambien irregular i mucho mas pequeña, no ofrece particularidad alguna a no ser los edificios de tres pisos del lado Norte i Oriente.

La del *Hospital*, en la que se encuentra el establecimiento de este nombre, mide 47 metros de Norte a Sur por 115 de Oriente a Poniente.

Empedrado, enlosado. — Todas las calles, con cortas escepciones, se encuentran empedradas por el sistema convexo, con piedra de rio mas o menos pequeña; pero las del Puerto, como el barrio mas importante i el mas vijilado por la autoridad, conserva sus empedrados en perfecto estado, sin que podamos decir otro tanto de algunas calles i callejones del Almendral.

Toda la línea del ferrocarril urbano, en la parte comprendida dentro de los rieles, se encuentra perfectamente adoquinada.

Salvo aquellos callejones que ni aun marcados están en la nomenclatura de las calles, todas tienen sus aceras enlosadas. Hace dos años el ex-intendente D. Ramon Lira, procedió al cambio total de los enlosados en las calles principales del Puerto, i en el dia, casi todas ellas han reemplazado su antigua losa quebradiza i de distinto tamaño, por otra traida espresamente de Inglaterra i que presenta un aspecto uniforme. A todas ellas se les ha cambiado tambien sus antiguas soleras de madera por otras de piedra.

El municipio invirtió en 1870 la cantidad de pesos 29,932.35 en reparacion i conservacion de calles.

Casas. — El fuego, que es i será por muchos años la causa principal de que vayan desapareciendo las viejas i sucias casuchas de adobe i madera construidas desde tiempo inmemorial, ha ido transformando a Valparaiso de tal manera, que en el dia cuenta con edificios tanto o mas notables que los de la misma capital.

Hasta hace pocos años se edificaba solo de un piso i de adobe, un poquito por economía i mucho por temor a los fuertes temblores que han amenazado periódicamente el continente Sud-americano. En atencion sin duda, a los muchos años transcurridos sin que nos haya causado estragos tan terrible huésped, nos hemos olvidado hoy completamente de su existencia, hasta el estremo de edificar de tres pisos i de cal i ladrillo, mezcla que como se sabe, no ofrece en caso de un fuerte sacudimiento, la misma elasticidad i resistencia que el adobe entrelazado con la madera.

En el dia, todo edificio de regular importancia, se construye del material indicado i de dos o tres pisos, destinando el piso bajo para almacenes, bodegas o tiendas, i los superiores para casa habitacion.

El número total de casas asciende en la actualidad a 2,900 sin contar una infinidad de casuchas, cuyo arriendo baja de nueve pesos. Las primeras pagan un arriendo mensual de 90,200 pesos, correspondiendo a cada casa 31 pesos próximamente.

Las casas principales, principiando por el Puerto, son las que pasamos a mencionar.

En la plaza de la Municipalidad se distingue el vasto i elegante edificio de propiedad de D. Antonio Ferreira, construido en 1870 por los arquitectos Burchard i Boulet. Su piso inferior está ocupado por los espaciosos almacenes vascongados de D. Santiago Arestizabal. Este edificio fué construido sobre las cenizas del que devoró el incendio de 1865.

La calle de la Planchada, cuyos magnificos edificios se han levantado sobre las ruinas que dejaron las bombas i balas españolas, presenta hoy un aspecto tal que en nada cede al de las principales calles europeas. Los edificios de ambos costados construidos recientemente, pertenecen en su mayor parte al rico banquero chileno D. Agustin Edwards. Sobresale entre ellos el magnifico palacio ocupado por el club de la Union. Este, como todos los que en la misma calle pertenecen a dicho señor, han sido construidos en 1870 por el arquitecto D. Arturo Meakins.

En esta misma calle se hace notar por su elegante frontis i su magnifico estuque el edificio construido recientemente por el arquitecto D. Fermin Vivaceta, i de propiedad de D. Antonio Subercaseaux.

El terrible incendio de 1868 que costó la vida de dos jóvenes bomberos voluntarios i que redujo a cenizas los edificios de los costados Sur i Norte de la calle de la Aduana en la estension de una cuadra desde la quebrada del Almendro hasta cerca de la Cruz de Reyes, vino a transformar radicalmente este trozo, el mas importante de toda la ciudad. Hoi ostenta esta calle preciosos edificios de dos i tres pisos construidos a todo costo.

En la parte Norte se encuentra el grandioso edificio de D. Francisco Ossa, cuya esquina triangular, dando frente a las calles de la Aduana i del Almendro, sirve de entrada al espacioso i elegante almacen de la antigua firma de Alsop i Compañia. Este edificio, que por la calle de la Aduana es solo de dos pisos i por la de Cochrane de tres, a consecuencia del gran declive que de Sur a Norte tiene el barrio del Puerto en toda su estension, ha sido construido en 1870 por el arquitecto D. Fermin Vivaceta.

Al frente del almacen de Alsop i Compañia, se alza majestuoso el soberbio palacio propiedad de la Sociedad anónima Banco Nacional, i ocupado por sus oficinas. Es de un

VALPARAISO. — Casa de D. Antonio Ferreira.

solo piso pero con una elevacion tal, que la parte superior de sus ventanas se encuentra al mismo nivel que las del segundo piso de los edificios vecinos. Su esquina triangular, haciendo juego con la del almacen de Alsop, da entrada al salon principal destinado a los cajeros i a las operaciones diarias. Su aspecto es grandioso e imponente, pues la riqueza de las decoraciones i tallados del cielo, corresponde a la elegancia i buen gusto de sus mostradores i escritorios. Fué construido en 1870 por el arquitecto D. Arturo Meakins.

El edificio ocupado por la imprenta del Mercurio es otro de los que en la misma calle llaman la atencion por su frontis elegante i alegórico. Es de tres pisos, todo de cal i ladrillo a prueba de fuego, i fué construido en 1870 por los arquitectos Burchard i Boulet. Su propietario es el autor de este trabajo.

La calle del Cabo presenta un hermoso aspecto por la uniformidad de sus edificios. Estos están repartidos principalmente entre los Srs. D. Domingo Matte, D. Juan Brown,

D. Émeterio Goyenechea i D. Agustin Edwards, abrazando cada uno de ellos una gran estension i asemejándose entre si por su forma i construccion. En esta calle se hace notable el edificio de tres pisos cuyos altos están ocupados por el Hotel Colon. Pertenece a D. Guillermo Jenkins.

Los demas edificios que mas se distinguen por la elegancia i riqueza de sus materiales son el de tres pisos de D. Agustin Edwards en la calle del Teatro, el de los Srs. Clark en la misma calle. El precioso edificio de D. Daniel Carson, el de D. M. Soffia, el del doctor Rios i los de los Srs. Salamanca, Vives i Orrego, todos en la calle de la Victoria. En esta misma calle se está construyendo un costoso edificio de cal i ladrillo destinado para el uso de las tres lójias chilenas fundadas en este puerto.

En el costado Oriente de la plaza de la Victoria, se encuentra en construccion un edificio que será, bajo todos aspectos, el mejor i mas costoso de toda la ciudad. Todo él es de cal i ladrillo i a prueba de *temblores*, pues cada uno de los machones i de las sólidas columnas que sostienen sus cuatro costados están atravesadas en toda su lonjitud por gruesos cilindros de hierro. Este magnífico edificio servirá de casa habitacion al opulento banquero ya citado, D. Agustin Edwards. El jóven arquitecto chileno D. Eduardo Fehrman ha dibujado los planos i dirije los trabajos.

El gusto por la bella arquitectura se jeneraliza de dia en dia i aumenta notablemente el furor por edificar. En 1868 se levantaron 160 casas de las cuales

12	ganan un cánon anual de	. . . .	2,500 pesos.
20	» », » » »	. . . .	1,000 a 2,500.
51	» » » » »	. . . .	300 a 1,000.
67	» » » »	menos de	300

En 1869 i 1870 continuó la progresion alcanzando el número total de licencias para edificar a 296 en el primer año i a 349 en el segundo ; de éstas 22 corresponden a la primera categoría.

Paseos públicos. — El rápido aumento de la poblacion i la gran estrechez de la localidad, influyendo sobre el valor del terreno, ha dado a este una importancia tal, que los pocos lugares que antes estaban destinados para paseos, han ido desapareciendo gradualmente para dar sitio a las casas de habitacion, las cuales constituyen, por sus crecidos arriendos, uno de los negocios mas lucrativos del dia.

Esta principalmente es la causa de que Valparaiso apenas cuente con un paseo público que merezca el nombre de tal, hallándose en este punto en peor condicion que cualquiera de los demas pueblos de mediana importancia. Los únicos puntos a que los habitantes de Valparaiso pueden concurrir, considerándolos como paseos públicos sin que merezcan esta designacion, son la esplanada del Muelle, la de los Almacenes fiscales, la Plaza de la Victoria, la Alameda de las Delicias, i por último el Jardin de Abadie o de la Victoria. Este último, de propiedad hasta hace poco de D. Jorje Tomás Davis, socio de la antigua casa inglesa Guillermo Gibbs, ha sido comprado por la Municipalidad con el objeto de destinarlo a paseo público. Aunque de estrechísimas dimensiones ofrece el atractivo de sus flores i de sus frondosos árboles, cuyo verde follaje ha amparado, en épocas distintas, los deliciosos *promenade-concerts* que han tenido lugar en él, en tiempos de su primer arrendatario D. Pablo Abadie.

La esplanada del muelle, situada a orillas del mar, es el paseo favorito de las Santiaguinas en el verano, época en que nos honran con su visita. Para ellas desaparecen los infinitos inconvenientes que tiene ese paseo, ante el inmenso placer de contemplar el mar i de respirar las frescas brisas que de él se desprenden en las apacibles tardes de verano.

. La calle del Cabo es el punto de reunion obligado despues de los paseos al Jardin o a la Esplanada. En ella se dan cita todas las buenas mozas (i tambien las feas) para gozar de.... no sabemos qué, sin duda de la estrecha vereda en que a veces se forman nudos gordianos que ni el mismo César podria cortar, i de la hermosa perspectiva de que si uno se emboba en la contemplacion de alguna bonita pintura (hablamos de las pinturas de las tiendas), puede pasar un carro urbano (que pasan esos malditos a paso de carga i rozando la acera), i darle a uno un batacazo de padre i mui señor mio.

El único paseo de que dispone el pueblo es el de la plaza de la Victoria. Jeneralmente una banda de música satisface sus inclinaciones filarmónicas, regalándolo con bonitas piezas que los pobres escuchan encantados.

Pilas, estatuas. — El espiritu especulador i comerciante de la parte mas escojida de la poblacion, inculca sin duda a las autoridades sus mismas ideas, pues no conocemos otra ciudad en el mundo que haya pensado menos que Valparaiso, en embellecer sus paseos i sitios públicos.

Tenemos pues que limitarnos en la descripcion de pilas i estatuas, a la pila ya mencionada de la plaza de la Victoria, la cual tiene el *mérito* de permanecer seca todo el año. La pila es de hierro bronceado, i de mármol las cuatro pequeñas estátuas colocadas en las esquinas de la esplanada central de la plaza. La primera tiene en el centro, reposando sobre la taza principal, cuatro hermosas figuras cuya poética desnudez alarmaron un tanto el reconocido recato de algunas damas vecinas de la plaza.

Tanto la pila como las estatuas, fueron colocadas bajo la administracion de D. Ramon Lira i costeadas por el vecindario, ayudado por el municipio.

Bajo la misma administracion se promovió la idea de colocar en la plazuela de la Intendencia una estátua que represente al ilustre almirante de Chile D. Tomás Cochrane. Las aguas de la bahia de Valparaiso fueron el centro de sus operaciones navales, que dieron por resultado el completo predominio del tricolor chileno en el mar Pacifico, despues de arriar el pabellon español de todas las naves que poco antes lo tremolaban orgullosas.

La estatua ha sido ya encargada al ministro de Chile en Lóndres i será costeada por suscricion popular. La municipalidad de Valparaiso ha votado con este objeto la suma de 2,000 pesos.

Alumbrado público. — El 18 de setiembre de 1856 se estableció por primera vez en Valparaiso el alumbrado a gas, mediante la Compañia formada entre la municipalidad i los Sres. D. José Ramon i D. Buenaventura Sanchez.

En 1865 se convino que la Compañia se redujese a sociedad anónima por el término de catorce años i con un capital nominal de 400,000 pesos, representados por 1,600 acciones de 250 pesos. De éstas 586 corresponden a la municipalidad i el resto a los Sres. Sanchez.

Segun el contrato de sociedad, la Compañia se obliga a suministrar la cantidad de once millones doscientos mil piés cúbicos castellanos de gas para el alumbrado de los 700 faroles que están repartidos en toda la ciudad. El gas debe ser de la mejor calidad i en cantidad suficiente para dar una luz clara i permanente; al efecto se estipuló que el consumo aproximativo de un farol con otro fuese de 1,333 piés cúbicos castellanos.

Los 700 faroles cuestan pesos 3,587.50 a razon de 5 pesos 12 1/2 c. cada mes, o sea al año 43,050 pesos.

La municipalidad invirtió en la negociacion la suma de 91,711 pesos, los cuales le han producido en los trece años trascurridos desde 1857 a 1869, una utilidad de 225,646 pesos, equivalente a un interés de 18 1/2 % anual en los ocho primeros años del contrato, i a un 22 % en los cinco años posteriores desde principios de 1865, fecha del nuevo contrato, hasta fines de 1869.

Todos los establecimientos mercantiles e industriales pagan un tanto por contribucion de alumbrado público i policia de seguridad, segun la clasificacion hecha al efecto. Están eximidas de la contribucion varias pequeñas industrias, las casas de beneficencia, los cuarteles del ejército, de la guardia nacional, i de las bombas de incendio.

Desde principios del año 1871 se ha principiado a poner en práctica el nuevo decreto del año 1868, que grava a todos los edificios públicos i particulares i los sitios cerrados que existen dentro del recinto de la ciudad, con un 4 % sobre el producto de su arriendo efectivo o calculado.

Los cuartos de alquiler ocupados por la clase menesterosa pagan solo 15 centavos al mes aquellos cuyo arriendo sea de 4 a 8 pesos, i 5 centavos los que bajan de esta suma.

La entrada que ha tenido la municipalidad en el año 1870 por contribucion de alumbrado i sereno, asciende a pesos 126,120.90 i su gasto a pesos 28,896.44.

Agua potable. — La escasez de agua en Valparaiso se hace notar cada año con mayor intensidad, despertando una alarma jeneral, principalmente entre la clase pobre.

Esta escasez proviene principalmente, doloroso es confesarlo, de la incuria i culpable abandono con que las autoridades locales han mirado un asunto de tan vital importancia. En efecto, Valparaiso se halla situado al pié de una cordillera de cerros de la que se desprenden varias quebradas con sus córrientes de agua mas o menos abundantes. Las que tienen corrientes de mayor importancia son : la de San Francisco, la de San Agustin, la de Elias, la de San Juan de Dios, la de Jaime, i por último la de los Lavados i la de las Zorras, que juntas forman el estero de Polanco. Estas varias corrientes de agua que, bien aprovechadas, serian mas que suficientes para surtir de agua potable a una poblacion de doble vecindario que Valparaiso, se hallan, puede asegurarse, casi perdidas para el servicio público. En el primer tercio del presente siglo aun existia una pila pública en la plaza de la Municipalidad i en el barrio de San Juan de Dios habia una aguada de que se surtian los buques. Ademas, todas las quebradas convidaban con sus cristalinas i abundantes corrientes a disposicion de todos. En el dia nada de esto existe. Las corrientes han disminuido su caudal de agua, por la sencilla razon de haberse tolerado el corte i destruccion de todos los arbustos que en aquellos tiempos cubrian las quebradas, i la escasa corriente que aun les queda, ha pasado en su mayor parte, a ser propiedad de particulares que la emplean en regar huertos i pequeños jardines. Ademas, otra de las causas que motiva la lenta desaparicion de esas corrientes, consiste en haberse tolerado el establecimiento de una multitud de hornos de tejas i ladrillos a orillas de las quebradas, a pesar de estar mandada su remocion i prohibida, por consiguiente, la construccion de otros nuevos, sin que hasta ahora se haya hecho cumplir ni lo uno ni lo otro, permitiéndose siempre que dichos hornos hagan uso como combustible, de cuanto arbusto se encuentra a su alcance.

Las diversas empresas que desde 1850 han tratado de abastecer a la ciudad con el agua suficiente para su consumo, han ido fracasando sucesivamente. En el año citado, la municipalidad firmó un contrato con D. Guillermo Wheelright concediéndole el goce durante 25 años de las aguas que corren por los cauces comprendidos entre el lado occidental de la calle del Circo i el camino que sube a Playa Ancha. Pero esta empresa está lejos de satisfacer las necesidades del público, pues solo surte una parte del Puerto dándole agua dia por medio, i solo una hora al dia.

En 1854 se firmó otro contrato con D. Josué Waddington para que éste trajera a Valparaiso las aguas de su canal que actualmente llega hasta Limache. Este contrato fué anulado en 1868 por ciertos inconvenientes imposibles de superar.

El contrato firmado con D. Jorje Garland en 1863 para que trajera el agua de Viña del Mar, fracasó al año siguiente.

Por último, la *Compañia de agua potable de Valparaiso* i la *Sociedad de consumidores de agua potable* surjieron en 1868. Se propone la primera abastecer por medio de estanques, tanto la parte plana de la poblacion como los cerros, con dos millones doscientos mil galones diarios, propósito que hasta ahora no tiene visos de realizarse. La segunda dió principio a sus trabajos desde que se organizó la sociedad. Su idea consiste en aprovechar todas las aguas sobrantes del invierno i en recojer todas las que corren por las quebradas de la ciudad. Sus trabajos continúan i hai fundadas esperanzas de que en algunos años mas contará con el suficiente número de tranques para que pueda suministrar a la ciudad por lo menos un millon quinientos mil galones diarios. Recientemente ha adquirido, por compra efectuada a los propietarios, los depósitos de agua de la compañía del Cerro Alegre, que surtian todo ese barrio, i los grandes tranques i cañerías colocadas en una parte del Puerto por el Sr. Wheelright, de cuya empresa hablamos al principio. Estas dos empresas, las únicas que hasta ahora han dado algun resultado visible, en poder de la Compañia de consumidores, i unidas a los elementos que esta ha sabido crearse, ofrecen la espectativa de que Valparaiso llegará por fin a contar con el agua potable necesaria a su consumo.

Policia urbana. — Desde que D. Francisco Echaurren se hizo cargo de la intendencia, la ciudad se encuentra en perfecto estado de aseo. Todas sus calles se conservan en todas las horas del dia perfectamente aseadas, gracias a la enerjía con que se aplica la *multa* a los que infrinjen el reglamento de policia.

La ciudad está dividida en tres cuarteles, cada uno de los cuales está encargado a un comisario, bajo la direccion e inmediata vijilancia del inspector del barrio. El número de carretones para el acarreo de las basuras, asciende a sesenta. El plantel de empleados de la policia urbana, se compone de un inspector, tres comisarios, un mayordomo, un escribiente, seis cabos i sesenta carretoneros, demandando un gasto de 15,300 pesos anuales. El ramo de salubridad pública, importó al municipio en 1870, un desembolso de pesos 21,770.15 .

Otra clase de carretones pertenecientes a particulares, con quienes la municipalidad ha contratado este trabajo, se ocupan de estraer de las casas las materias fecales, mediante una módica retribucion.

Actualmente se ha principiado a construir a orillas de la playa, muelles que servirán de lugares de descanso para el pueblo. Cada uno tiene de costo 3,000 pesos.

Mercados públicos. — La ciudad cuenta en el dia con cuatro mercados, conocidos con los nombres de *Recova del Puerto*, de la *Victoria*, del *Cardonal* y del *Baron*.

Solo la primera i la última disponen de edificios aparentes que satisfacen las necesidades del servicio. Se piensa en reconstruir las dos restantes destinando a la del Cardonal un edificio a todo costo que guarde relacion con las entradas que produce al Municipio.

En el capitulo *Edificios públicos* nos ocuparemos de cada uno de estos edificios en particular. Nos limitaremos ahora a señalar la entrada que produjo cada una de ellas en 1870.

Recova del Puerto. . . .	Ps.	22,038.75
Id. de la Victoria . . .		9,705.40
Id. del Cardonal. . .		32,440.77
Total . . .	Ps.	64,184.92

No figura en este pequeño cuadro la del Baron, por haber sido entregada al público solo en 1871. Tampoco mencionamos la recova de Elias construida con el objeto de destinarla para mercado, pues recientemente ha sido declarada innecesaria para el servicio del público i ocupada por una de las escuelas públicas de niñas.

Los gastos que en porteros, recaudadores, ayudantes etc., demandan las tres recovas citadas, varian entre 4 i 5,000 pesos anuales.

Matadero público. — La Municipalidad celebró en 1858 con D. Juan Pellé, un contrato por el cual este se obligó a construir por su cuenta el edificio, conforme a los planos aprobados por ella, debiendo abonarle con las mismas entradas del establecimiento, el valor del terreno, del edificio i demas gastos. La Municipalidad se reservó el derecho de percibir durante veinte años, que principiaron a contarse desde el 16 de enero de 1868, en que se abrió al público, una doceava parte de sus productos en el 1er quinquenio, una octava parte en el 2.°, una cuarta parte en el 3.° i una tercera en el 4.°, correspondientes las demas al empresario.

El edificio fué construido en un hermoso terreno cedido jenerosamente por Doña Dolores Perez de Alvarez i situado en la quebrada de la Hermana Honda, a un paso de la estacion del ferrocarril.

La conduccion de los animales desde los lugares de depósito hasta el matadero, se hace, por un camino abierto sobre la cima de los cerros situados al Oriente de la ciudad

La empresa del ferrocarril está obligada, por medio de un contrato, a cond carnes i demas productos del matadero, a la plaza del Cardonal. Por este servi paga 5 centavos por cada 46 quilógramos de peso.

Los derechos de carnes muertas que percibió el establecimiento en 1869, a 20,908 pesos; los de conduccion en el mismo año a pesos 10,116.17 i los d dero a 18,991.03. El número total de animales de todas clases beneficiado matadero en el año citado, fué de 123,666.

Cárcel i presidio.

— En un edificio demasiado estrecho para las nece de la poblacion, se encuentran reunidos el presidio, la casa correccion de muj casa de detencion de procesados. Cada una de las secciones mencionadas ad graves defectos, que serán pronto remediados por el Municipio.

La cárcel de Valparaiso es el establecimiento de la república en que se n movimiento en el año, pues escede a la del departamento de Santiago. En el a entraron en las diferentes secciones del establecimiento 3,034 personas, lo que proporcion de 1 por cada 41,9 habitantes.

En el año 1869 entraron a la cárcel i presidio 1,947 personas de las que 1,4(bres i 543 mujeres, dando una proporcion de 1 mujer por 2,58.

El crimen que figura en primera linea entre los detenidos, es el hurto, i en los delitos por pendencia, ebriedad i desórdenes. Por el primero entraron en e tado 747, i por los segundos 612.

Los estranjeros figuran en la proporcion de 1 por 6,21.

No debe estrañarse el gran movimiento de la cárcel i presidio de Valparai toma en cuenta que este puerto, por su riqueza mercantil i su importancia m es el punto de reunion de la jente aventurera i ambulante que afluye a él de República i del estranjero.

Obras de fortificacion.

— Los fuertes que guarnecen la bahia de raiso principiaron a trabajarse en 1866 por el cuerpo de injenieros militares, actualidad, se encuentran en perfecto estado de servicio. Su número ascien son los siguientes : Rancagua, Talcahuano, Yerbas Bue_{nas}, Valdivia, Ciudade ras, Chacabuco, Valparaiso, Baron, Andes, Maipú, Pudeto, Papudo i Callao i cuentran armados con cañones de los calibres 600, 450, 300, 250, 200, 150, 1£ 80, 68, 60 i 30.

A continuacion se señala la situacion elejida para cada una de las obras que den el puerto i el número i calibre de los cañones con que están armados. (1)

Batería Rancagua. — En la costa llamada Playa Ancha hay cuatro b La primera al Sur es la de Rancagua. Está construida sobre una punta salien dos caletas i a 33 metros sobre el nivel del mar. Su figura es la de un polígo gular de seis caras. Limita al Sur con un gran barranco cortado casi a pique césible a toda clase de embarcaciones ; al Norte con una pequeña caleta qu igualmente de desembarcadero ; al Oriente con risquerías i el mar, i al Ponient continente.

(1) Debemos al capitan D. Diego Dublé Almeida la siguiente relacion de cada uno de los fu guarnecen la bahia.

El objeto de esta bateria es alejar los buques de esa costa, para impedir un bombardeo a la ciudad por medio de fuegos curvos. Proteje ademas al fuerte Talcahuano, i cruza tambien sus fuegos con Yerbas Buenas. Su armamento consiste en nueve cañones, de los cuales siete son del calibre de 60 rayados i dos de 68 lisos, montados sobre cureñas jiratorias.

Batería Talcahuano. — Este fuerte está situado a 575 metros al Norte del anterior, i su altura es de 14 metros sobre el nivel del mar. Corresponde a los de tercer órden, i contiene tres cañones rayados de 60, dos lisos de 68 i uno rayado de 120. Estas piezas están montadas sobre cureñas jiratorias de fierro.

La fortaleza tiene cuatro caras i sus cimientos 2 metros 50 centimetros de ancho, abiertos en su mayor parte en roca viva.

A continuacion de la cara que mira al Oriente, se encuentra el polvorin con capacidad para 220 quintales. Posee tambien los almacenes necesarios para proyectiles, juegos de arma i demas útiles de servicio.

El cuartel, que puede alojar 150 soldados, se encuentra situado en el interior de la bateria a 1 metro 50 centimetros mas bajo que el nivel de la esplanada.

Para que la fortaleza quede aislada i protejida de los ataques por tierra, tiene un foso de 8 metros de ancho i 7 de profundidad, que forma un ángulo saliente al centro, i un baluarte al Norte, en el cual puede colocarse una pieza jiratoria con un gran campo de tiro.

De esta bateria parte un camino cubierto que la pone en comunicacion con la siguiente de Yerbas Buenas.

Batería Yerbas Buenas. — Está establecida a 500 metros al Norte de la anterior i en una elevacion de 18 metros. Su forma es eliptica, por exijirlo asi la configuracion del terreno, i su construccion enterrada. El punto en que está situada puede considerarse como el estremo Poniente de la bahia. Tiene cuartel i almacen proporcionado al servicio de su artilleria, que consiste en cuatro cañones de 80 i uno de 120 rayados i montados en cureñas jiratorias semejantes a las del sistema Parrott.

Sus fuegos se cruzan con los de Talcahuano, Valdivia i Rancagua; con el mismo fin que la anterior, tiene un foso de 6 metros de ancho i otros tantos de profundidad.

Batería Valdivia. — Se encuentra situada al N. O. del Faro, frente a los arrecifes denominados, « La Baja », entre un antiguo fortin español, i la quebrada del Membrillo. Dista 450 metros de Yerbas Buenas.

La figura de esta bateria es un polígono de cuatro caras. La primera del Sur mira hácia la batería Yerbas Buenas, con la que cruza sus fuegos; la segunda al Norte; la tercera al fuerte Pudeto, del lado opuesto de la bahia, i a Bueras, con la que cruza sus fuegos; i la cuarta a las baterías Papudo i Pudeto. La cierran por la gola dos lineas rectas que parten de los estremos de la bateria, formando al centro un ángulo saliente de 130°. Paralelamente i a un metro de distancia de estas lineas hai un foso de 8 metros de ancho i 5 de profundidad, con cuyos desmontes se ha formado un parapeto para su defensa por tierra.

Esta batería es una de las mas importantes que defienden la entrada del puerto, debiendo ser permanentes sus fuegos durante todo el tiempo de un combate, cualquiera

que sea la posicion que ocupen los buques enemigos en la boca del puerto. Su armamento se compone de 14 cañones de los calibres de 68, 120, 200, 250 i 450, montados
sobre cureñas jiratorias de fierro. Las esplanadas en que reposan estas piezas, son de
piedra canteada en cimiento de mamposteria ordinaria. El punto de apoyo en que
jira la cureña descansa en cañones enterrados. Cada plataforma tiene, por término
medio, un volúmen de 28 metros de cal i piedra i 4 metros 25 centímetros de cal i
ladrillo.

A retaguardia de la esplanada i alejado de un macizo de tierra de mas de 10 metros, se ha practicado una escavacion de 42 metros de largo, 10 de ancho i 5 de pro-

VALPARAISO. — Fuerte Bueras alto.

fundidad, donde se ha construido los cuarteles que quedan a cubierto de los fuegos
enemigos; pueden contener 200 hombres.

El polvorin se encuentra situado en la misma direccion del edificio destinado a los
oficiales, quedando separado de él por un macizo de tierra de 8 metros de espesor. Su
construccion es enterrada i puede contener 300 quintales.

Fuerte Ciudadela. — Este fuerte se halla situado en una colina llamada de
Santo Domingo, i dista 500 metros del anterior i 367 de la orilla del mar, estando 58
metros sobre su nivel.

La importancia de esta batería consiste, tanto en el eficaz ausilio que está llamada
a prestar a los combatientes de los diversos fuertes de Playa Ancha, como en que con sus
fuegos hácia el mar, puede cooperar en mucho a batir al enemigo. Está armada con
13 cañones, de los cuales 10 son de 68 lisos, 2 de 120 i 1 de 200 rayado, pudiendo admitir ocho mas.

Fuerte Bueras. — La fortaleza de Bueras se halla situada en la punta del cerro
que lleva este nombre. Dista 1,000 metros de Valdivia, 500 de Ciudadela en direccion al Norte, i 1,200 de la batería Valparaiso en direccion al Sur. Sus fuegos dominan el puerto i su entrada. Está dividida en tres partes. La mas alta i que ocupa el

centro, tiene 49 metros de elevacion, i sirve de traves a las otras, evitando que puedan ser enfiladas por los fuegos del enemigo. Su armamento se compone de 12 cañones del calibre de 30, 100 i 200 rayados.

Ocho metros mas abajo i al costado Sur se encuentra la continuacion del fuerte, componiéndose esta parte, que tiene 90 metros de perímetro, de una linea oblícua respecto al eje de la bahia, i tanjente a una curva que la cierra por la gola. Las tres cuartas partes del terreno desmontado para formar la esplanada se compone de roca viva.

Esta segunda parte de la bateria Bueras está armada con 8 cañones de los calibres 68 lisos 200, 300 i 450 rayados. i su campo de tiro abraza desde la boca del puerto hasta el muelle, cruzándose sus fuegos con los de Valparaiso, Baron, Andes i Maipú.

VALPARAISO. — Bateria Baron.

Al estremo Norte, i a una altura de 22 metros sobre el nivel del mar, se encuentra la última parte de este fuerte, que se compone de una esplanada con un cañon jiratorio de 450, que defiende la entrada del puerto, i que sigue con sus fuegos a las embarcaciones, hasta el centro mismo del fondeadero.

Bateria Chacabuco. — Esta bateria está situada en el ángulo saliente hácia el Nor-este de la esplanada de los almacenes fiscales, o bien, en la ribera oriental de estos mismos almacenes que dá frente a la bahia. Defiende toda la estension del litoral comprendido entre la Cruz de Reyes i el estremo Nor-este de los almacenes fiscales, estension que comprende los mas valiosos edificios de la poblacion i el mas rico comercio de la ciudad. Cruza sus fuegos con las baterias Bueras i Valparaiso, i abraza el ángulo muerto que dejan los fuegos superiores de aquella. Está dotada de un poderoso armamento, compuesto de cinco cañones Armstrong de los calibres de 300 i 150, i uno de 30 Parrott.

Esta bateria ha sido construida bajo la direccion del intelijente oficial de la marina nacional, D. Juan Williams Rebolledo. El espaldon es de madera i los merlones están blindados con rieles comunes de ferrocarril, como asimismo las caras de las troneras.

La bateria no tiene esplanadas particulares, i su montaje se encuentra como abordo, sobre una cubierta de madera.

Batería Valparaiso. — Se encuentra situada en la playa del Almendral, en el centro de la bahia. Su altura sobre el nivel del mar es de 14 metros. La forma de esta bateria es la de un trapecio, formando sus dos caras no paralelas un ángulo de 140° con la cresta de la bateria. Está dotada de dos polvorines para 200 quintales i de un cuartel abovedado.

Su armamento consiste en un cañon de a 600, uno de 450, otro de 120 i dos de 68. Las dos piezas de grueso calibre tienen por objeto batir aquellos buques blindados o monitores que lograsen forzar la boca del puerto i penetrar en su interior.

Los fuegos de esta bateria se cruzan con los del fuerte Andes, pudiendo servirle de eficaz apoyo en casó de ser este atacado un poco al interior.

Batería Baron. — Está establecida en el cerro de este nombre en el mismo lugar que ocupaba la antigua fortaleza española, a 300 metros al Norte de la estacion del ferrocarril i a 280 metros del fuerte de Andes. Su figura es la de una curva de varios centros i su altura de 36 metros. Tiene dos polvorines i un cuartel para 100 hombres. Está dotada en su estremo Sur con un cañon de 60 rayado, a continuacion con tres piezas de 68 lisas, i en el estremo Norte con una de 100 rayada.

Proteje a la bateria Andes i con los cañones de 68 cruza sus fuegos con Bueras.

Batería Andes. — Está situada en una punta del cerro de las Animas, del que la separa un corte de la linea del ferrocarril, entre la fortaleza Baron i la Cabritería, distando de aquella 280 metros, i a una elevacion de 15 metros sobre el nivel del mar. El sitio que ocupa es el punto mas saliente de la bahía, i puede considerársele como el que cierra el puerto por esa parte.

Como punto militar, su posicion es importantísima, pudiendo mirarse esta bateria como la protectora de las demas obras de defensa, puesto que sus fuegos abrazan todas las direcciones.

Su sistema de construccion es elevado i su figura la de un exágono irregular que presenta cinco caras con fuegos al interior i al esterior de la bahia, i otra para su defensa por tierra. Para ejecutar los trabajos de este fuerte, ha habido que vencer grandes dificultades orijinadas por la irregularidad misma del terreno, por la gran profundidad de las quebradas que ha sido preciso terraplenar, i por los promontorios de roca viva que se elevan a mas de 20 metros sobre el nivel del mar i que ha sido necesario poner a su nivel.

Contiene dos polvorines con capacidad para 200 quintales i un cuartel para mas de 100 hombres, todos abiertos en la roca.

La importancia de esta bateria ha demandado un armamento poderoso, por lo que se la ha dotado con un cañon de 600, uno de 450, dos de 300, uno de 100, i dos de 68, teniendo estos últimos su campo de tiro mas a la costa. Los ángulos de fuego de las piezas grandes, son de 135°

Los fuegos de esta bateria se cruzan por el Norte i Sur con los de sus inmediatas i dominan el fondeadero con los de la Valparaiso, Bueras i Valdivia.

Batería Maipú. — Situada a 230 metros de Andes en la playa de la Cabritería, es de construccion elevada i se encuentra a la altura de 12 metros sobre el mar. Su forma es la de un trapecio cuyos dos lados no paralelos, forman con la cresta un ángulo de 130°, cerrado por la gola con la linea del ferrocarril.

El armamento de este fuerte, que cruza sus fuegos con Andes, Pudeto i alcanza a protejer a Papudo, consiste en tres cañones de 600. Contiene dos polvorines i un cuartel.

Batería Pudeto. — Situada en la punta del cerro Cruces, inmediato a la Cabritería, entre el socabon del ferrocarril i el fuerte Andes. Su construccion es enterrada i su altura de 31 metros sobre el nivel del mar. Presenta tres costados, cruzándose sus

VALPARAISO. — Batería Pudeto.

fuegos con los de Papudo por el Norte, con Valdivia i Bueras por el frente, i por el Sur con Andes i Baron.

A 40 metros de la cresta del muro i paralelamente a ella, se ha edificado el cuartel con capacidad para 200 hombres. El polvorin puede contener 400 quintales.

Esta batería es de gran importancia por su buena altura, i por la proteccion que presta a las de Papudo, Maipú i Andes, pudiendo tambien dirijir sus fuegos al interior del puerto. Su muralla, que tiene una estension de 112 metros, ha sido artillada con diez piezas de los calibres de 300, 200, 100 i 68, pudiendo colocarse en la prolongacion de la muralla, cinco cañones mas.

Para su defensa por el lado de tierra, tiene un foso de 109 metros de largo, 9 de ancho i 4 de profundidad.

Batería Papudo. — Está establecida sobre la punta del cerro de los Mayos, encima del socabon del ferrocarril. Su altura es de 35 metros i su perimetro de 102 metros. El cuartel tiene comodidad para 100 hombres, i el polvorin puede contener 300 quintales.

Su armamento consiste en nueve cañones de los calibres 68, 100 i 200, siendo el campo de tiro de estas piezas de 130°, a escepcion de los jiratorios que no tienen límites. Por el Norte cruza sus fuegos con los de las baterias Callao, Valdivia i Bueras por el frente, i con Andes i Baron por el Sur.

De los ataques de tierra se encuentra defendida por un gran foso que, uniendo las dos quebradas que forman la punta del terreno en que ha sido construida, hace la figura de un ángulo saliente en forma de baluarte. El ancho del foso es de 5 metros i su profundidad de 4.70 metros.

Batería Callao. — ·Esta batería, la última del costado Norte de la bahía, se encuentra situada en la punta avanzada del cerro que forma el estremo izquierdo de la caleta de Viña del Mar. Su elevacion es de 32 metros i su figura presenta seis lados que están armados con 20 piezas de los calibres 200, 100, 68 i 60, sin incluir los cañones de campaña. Sus fuegos dominan el fondeadero de la caleta, el valle i sus comunicaciones; se cruzan con los de Valdivia, Bueras i Papudo, i defienden tambien por el lado Norte la entrada del puerto.

Tiene un polvorin de mayores dimensiones que el de la batería Valdivia, un cuartel con comodidad para 150 hombres, i un almacen para proyectiles i útiles de artilleria.

El terreno que rodea a esta bateria, está fortificado de manera que se salvan todos los inconvenientes i peligros de un ataque por tierra. En el caso de un combate puede ser ausiliada instantáneamente por medio del ferrocarril.

El costo de los fuertes i baterias que defienden el puerto de Valparaiso, puede estimarse aproximativamente en 800,000 pesos incluyendo las cantidades que deben invertirse en la conclusion del fuerte Bueras, el único inconcluso, aunque en estado de servicio.

Esceptuando la bateria Chacabuco, todas las demas han sido construidas bajo la direccion i vijilancia del Cuerpo de Injenieros militares, con un acierto i constancia dignas de elojio.

Tambien este cuerpo se hizo cargo de la fundicion de los cañones de bronce de grueso calibre que guarnecen muchos de los fuertes, bajo la denominacion de calibre de 120, venciendo miles de dificultades. La fundicion de Limache en que se han llevado a cabo muchos e importantes trabajos, se halla ahora en buen pié i en disposicion de ejecutar toda clase de obras.

La denominacion i calibres de las diversas piezas de artilleria con que están armados los fuertes i baterias ya mencionadas, se dan en el siguiente cuadro:

Relacion *de los cañones de los fuertes i baterías de Valparaiso, con especificacion de sus sistemas, calibres i fundiciones.*

BATERIAS.	DE 300 ARMSTRONG.	DE 150 ID.	DE 600 RODMAN.	DE 450 BLAKELY.	DE 300 PARROTT.	DE 250 BLAKELY.	DE 200 PARROTT.	DE 250 BLAKELY.	DE 120 FUNDIDOS EN EL PAIS.	DE 100 PARROTT.	DE 80 FUNDIDOS EN EL PAIS.	DE 80 TRANSFORMADOS.	DE 68 LOW-MOOR.	DE 60 TRANSFORMADOS.	DE 60 PARROTT.	DE 30 PARROTT.	TOTALES.
Rancàgua................	»	»	»	»	»	»	»	·	»	»	»	»	2	7	»	»	9
Talcahuano..............	»	»	»	»	»	»	»	»	1	»	»	»	2	»	3	»	6
Yerbas Buenas...........	»	»	»	»	»	»	»	»	1	»	»	4	»	»	»	»	5
Valdivia................	»	»	»	1	»	1	2	»	4	»	»	»	6	»	»	»	14
Ciudadela...............	»	»	»	»	»	»	1	»	2	»	»	»	10	»	»	»	13
Bueras..................	»	»	»	2	»	1	2	1	2	3	1	»	5	»	»	4	21
Chacabuco...............	2	3	»	»	»	»	»	»	»	»	»	»	»	»	»	1	6
Valparaiso..............	»	»	1	1	»	»	»	»	1	»	»	»	2	»	»	»	5
Baron...................	»	»	»	»	»	»	»	»	1	»	»	»	3	1	»	»	5
Andes...................	»	»	1	1	2	»	»	»	1	»	»	»	2	»	»	»	7
Maipú...................	»	»	3	»	»	»	»	»	»	»	»	»	»	»	»	»	3
Pudeto..................	»	»	»	»	2	»	2	»	2	»	»	»	4	»	»	»	10
Papudo..................	»	»	»	»	»	»	2	»	1	»	»	»	4	2	»	»	9
Callao..................	»	»	»	»	»	»	2	»	»	4	»	»	9	5	»	»	20
TOTAL..............	2	3	5	5	4	2	11	1	16	7	1	4	49	15	3	5	133

Faro. — Está colocado sobre la punta denominada Playa Ancha, a la entrada del puerto, en los 33° 1' 7" de latitud Sur i 71° 41' 39" Oeste de Greenwich. Luz fija blanca, variada por destellos de minuto en minuto. Aparato catadrióptico de cuarto órden; alumbra desde setiembre 18 de 1857 i el alcance de su luz es de 16 millas. Su torre es redonda, de ladrillo, pintada de blanco, i el techo de la linterna i ventilador pintado de verde.

CAPITULO II.

EDIFICIOS PÚBLICOS.

Palacio de la intendencia. — Aduana de san agustin. — Casa de correos. — Bolsa comercial. — Almacenes fiscales. — La aduana. — Cuartel de policía i casa consistorial. — Estacion del ferrocarril. — Cuartel del batallon cívico. n. 2. — Almacenes de pólvora. — Mercados públicos.

Valparaiso no cuenta ningun edificio construido en tiempo de los españoles. Estos lo consideraron siempre como una simple caleta destinada a servir de desembarcadero a la ciudad de Santiago. Los escasos edificios públicos que existen en la actualidad, son todos de construccion moderna, pues el mas antiguo, el palacio hoy ocupado por la Intendencia i sus oficinas, data solo de 1831.

Intendencia. — El antiguo edificio de *La Aduana* ha sido convertido desde el año 1853 en palacio de la Intendencia i otras oficinas públicas. Está situado en el barrio del Puerto con frente a la plaza llamada hoi de la Intendencia i a la plazuela de San Agustin. El primero mide 74 metros i el segundo 29. Su planta es de dos pisos i tiene en la parte central del primer frente, una elegante torre de cuatro cuerpos, con un reloj de tres esferas que sirve de cronómetro a la localidad.

Este edificio fué construido entre los años de 1831 a 1833 por el arquitecto inglés D. Juan Stevenson, siendo gobernador de Valparaiso el jeneral D. Francisco de la Lastra. Sus murallas esteriores son de ladrillo, i las interiores i transversales de adobe; pero el conjunto es de una solidez a toda prueba, como lo ha demostrado ya en el gran temblor del año 1851 i en el bombardeo de 1866. El primero solo derribó el ante-techo de cal i ladrillo i cornizamiento del mismo material que antes coronaban ambos frentes del edificio, i que fueron despues reemplazados por ante-techo i corniza de madera, privando al edificio de una parte de su elegancia. En el bombardeo, a pesar de que fué uno de los edificios que los españoles se propusieron destruir con balas i bombas de a 68, solo consiguieron deteriorar un poco su techo, traspasar algunas paredes i envigados, e incrustar en su frente principal unas cuantas balas que se ha tenido la peregrina idea de dejar alli de propósito, despues de la refaccion jeneral que se hizo al edificio.

Cuando dejó de servir para su primer destino, es decir, para Aduana i almacenes de esta, el arquitecto D. Juan Berg le hizo una refaccion radical (1852) con un gasto de 50,000 pesos. Habiendo sido su costo primitivo de 100,000 pesos, i atendiendo a otras refacciones posteriores i al buen estado en que se encuentra todo el edificio, se puede calcular su valor actual en 150,000 pesos, aparte del valor del terreno, que en vista de su exelente situacion, no baja de 100,000 pesos.

Las oficinas que actualmente contiene el edificio son las siguientes: En el piso bajo: Despacho del Intendente, Secretaria i oficiales de la Intendencia, Mayoría i Secretaría de marina, Comandancia jeneral de armas, Comandancia de arsenales, Oficina del Inspector jeneral de faros, Inspeccion de escuelas, Sala de estadística, Inspeccion de la policia urbana, Oficinas de la municipalidad (1), Secretaria del Juzgado de letras en la parte civil, Despacho de este Juzgado. En los altos : habitaciones del Intendente, i departamentos destinados para alojamiento del Presidente de la República i sus ministros, cuando se traslada el Gobierno a Valparaiso.

El número total de sus departamentos asciende a 35 en ambos pisos.

Aduana de San Agustin. — Este edificio fué construido entre los años

VALPARAISO. — Palacio de la Intendencia.

1839 a 1841 por el mismo arquitecto que levantó la Aduana principal, Sr. Stevenson, siendo destinado para almacenes de depósito de Aduana, destino que ha tenido i tiene hasta la fecha, con escepcion de una pequeña parte de sus vastos departamentos que han ocupado sucesivamente varias oficinas no pertenecientes a la Aduana. Se encuentra situado a unos 50 metros al Sur del que es ahora palacio de la Intendencia, por cuyo motivo, desde que la Aduana se trasladó al barrio del Arsenal, se hace sentir la necesidad de que el edificio de San Agustin deje de servir para su primer destino, i sea ocupado por todas las oficinas dependientes de los tribunales de justicia, como juzgados i escribanías públicas cuyos archivos, diseminados hoi en varios puntos de este barrio i en edificios particulares inadecuados, corren siempre peligro de incendio.

Actualmente lo ocupan en su mayor parte i en sus tres pisos, mercaderias en aduana, un pequeño cuartel que no puede contener mas de 150 hombres, un almacen de

(1) Estas últimas se trasladarán luego al nuevo edificio Municipal situado en la Plaza de la Victoria.

E. Sorrieu lith.

Imp. Lemercier & Cie Paris

VISTA JENERAL DE VALPARÁISO.

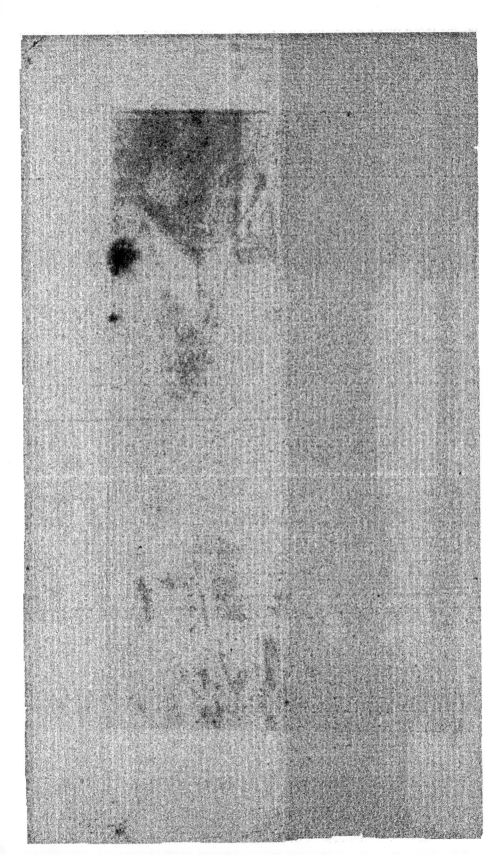

depósitos de la marina de guerra nacional, dos escribanías públicas i la Tesorería fiscal que ocupa parte de los altos.

Su construccion es bastante sólida i ha resistido bien a los temblores i a la influencia del tiempo. Su frente principal que da a la plazuela de San Agustin, es de cal i ladrillo con zócalo, pilastras i cornizamiento del mismo material, todo estucado. Su costado Poniente que da a la calle de San Agustin, es de adobe, con un zócalo de un metro de cal i ladrillo. Mide el frente principal 33 metros i 70 el costado de la calle de San Agustin. El terreno se avalúa en 40,000 pesos i el edificio en 90,000.

Casa de correos. — Fué construida en 1868 por el contratista D. Arsène Baroche, siendo intendente D. José Ramon Lira i segun los planos del arquitecto de gobierno D. Manuel Aldunate. Está situada en el costado Oriente de la plaza de la

VALPARAISO. — Casa de Correos.

Intendencia midiendo su frente 14 metros 75 centimetros i 27 su costado Sur que da frente a la plazuela de San Agustin. Su material es de cal i ladrillo, con la particularidad de que este último es el mismo que se sacó de la demolicion de los Almacenes fiscales incendiados por la escuadra española en 1866.

Su arquitectura, con pretensiones de elegante, es de mal gusto; pero la distribution interior de sus departamentos en sus dos pisos, está bien calculada para el servicio del público i de los empleados en las múltiples tareas que, mas que ninguna otra de la República, tiene la oficina de correos de Valparaiso. Su costo ha sido de 30,000 pesos; el terreno puede avaluarse en 20,000 o sea en 50 pesos el metro cuadrado.

Anexo a la casa de Correos hai un pequeño edificio que da frente a la calle de Cochrane, en el que se encuentra el *Telégrafo del Gobierno* que está en comunicacion eléctrica con todas las lineas que tiene el Estado en actual servicio.

La casa de correos tiene en su tercer piso un departamento que sirve de habitaciones para el comandante del Resguardo de Valparaiso.

Bolsa comercial. — Este importante establecimiento dispone de un edificio de propiedad fiscal, pero ocupado en su mayor parte por el gremio del alto comercio estranjero i nacional. Está situado frente a frente del palacio de la Intendencia, en el costado norte de la plaza de este nombre i sobre un terreno formado artificialmente por medio de terraplenes i malecones en una parte de la ribera que hace 30 años era mar profunda. Mide este edificio 51 metros de frente por 10 metros 50 de fondo i tiene dos fachadas, una que mira hácia el mar, sobre el muelle, i la otra hácia la plaza ya citada. En este primer frente se ha construido (1869-1870) una espaciosa esplanada que ha convertido en terreno firme todo el espacio que antes ocupaba el muelle de esqueleto transformado hoi en una especie de muelle sólido, por medio de una rampa de piedra i mezcla hidráulica.

La construccion de la Bolsa comercial de Valparaiso, tuvo lugar en 1857 con un

VALPARAISO. — Bolsa Comercial.

costo de 50,000 pesos, siendo su arquitecto i constructor D. Juan Berg, e intendente de la provincia D. Manuel Valenzuela Castillo. Fué inaugurado el 6 de marzo de 1858 por D. Manuel Montt, entonces presidente de la república. Su estructura es de madera, pero imitando albañileria, no careciendo su aspecto arquitectónico de buen güsto i sencillez.

En 1866 fué acribillado de balas i bombas por uno de los buques de la escuadra española, la Vencedora, que con el objeto de incendiar la Bolsa i el palacio de la Intendencia, que se encontraban en la misma línea de sus fuegos, se colocó a corta distancia del muelle. Sin embargo, escapó milagrosamente del terrible efecto de las bombas i las balas rasas; solo consiguieron traspasar sus paredes sin daños de consideracion, gracias a la lijereza de su estructura de madera i de caña de Guayaquil.

Poco tiempo despues del bombardeo, se procedió a reparar las averías del edificio i se consiguió dejarlo, con un gasto insignificante, perfectamente refaccionado i tan sólido como en su oríjen.

El edificio de la Bolsa contiene i ha contenido, casi sin cambio alguno, las oficinas

siguientes: 'Comandancia del Resguardo, Gobernacion maritima, Oficina jener
enganche de marineros i Cuerpo de prácticos de la bahia ; todas las antedichas ofic
en el piso bajo. En los altos, la Bolsa comercial propiamente dicha.

Una torrecilla o mirador corona el centro de todo el edificio i sirve para fijar la
ñales barométricas del estado del tiempo, durante el invierno.

El administrador del establecimiento es D. Adolfo Moller, quien lo mantie
perfecto estado de aseo i conservacion. Sus salones contienen los principales diari
mundo, cuyas suscriciones, así como los gastos del establecimiento, son costeadc
suscritores accionistas repartidos entre el comercio de Valparaiso. En la teste
salon de lectura se encuentra un magnífico retrato de cuerpo entero de D. M
Montt con una inscripcion al pié que recuerda la fecha en que inauguró el edific

Almacenes fiscales. — Con este nombre se conocen desde los últimos
años las vastas construcciones de edificios sobre terrenos artificiales levantados
llas del mar i aun sobre su mismo lecho, en la estremidad occidental de la ciuda

Descartando la série de estudios previos, de planos de distintos injenieros, i d
bajos preliminares que precedieron a la construccion de dichos almacenes, su p
pal trabajo : la formacion de un terreno i de los cimientos hidráulicos entre el ar
castillo de San Antonio i el astillero de Duprat, fué llevado a cabo por el inj
D. Augusto Charme en 1848 a 49. Pero habiendo nacido algunas dificultades
este injeniero i el Supremo Gobierno sobre el plan de construcciones propuesto
primero, la obra quedó en suspenso, dejando el Sr. Charme la direccion de
bajo.

En 1851 se decidió el Gobierno por la ejecucion del proyecto de levantar una
de almacenes al Sur de los terrenos preparados por el injeniero Charme, es deci
tre la punta del Castillo de San Antonio, i la plazuela de la Quebrada de Juan C

Los planos fueron dibujados por D. Juan Brown i este arquitecto llevó a c
obra, mediante una comision de 10 % sobre las cantidades invertidas, que
dieron a 385,347 pesos i 94 centavos. Dicha hilera de edificios, la única que sa
bombardeo, cuenta 88 almacenes con una capacidad de 180,000 piés superfici
dos millones de piés cúbicos. Las murallas esteriores de este edificio son de ca
drillo, las transversales de adobe, i su techo de pizarra. Tiene tres pisos fuera
las bodegas subterráneas. Su estado actual no es de lo mas satisfactorio, i es d
ner que en pocos años mas se encontrará en tal estado, que no admita ya 1
ciones.

En 1852, una comision de comerciantes nombrada por el Gobierno, recibió e
de reconocer los cimientos que habia dejado hechos el injeniero Sr. Charme
terrenos artificiales preparados por él. Dicha comision, a la que tambien fué a
el arquitecto D. Juan Brown que a la sazon construia la primera hilera, opinó
eran bastante sólidos para edificar sobre ellos otra hilera de almacenes, en
de lo cual el Gobierno decretó su construccion, bajo las mismas bases i por el
arquitecto Sr. Brown.

El 11 de febrero de 1854 se decretó la construccion de una tercera hilera d
cenes entre la 2.ª i el cerro de San Antonio, debiendo ejecutarse la obra por el

Sr. Brown i en exacta conformidad con las hileras precedentes. La cantidad presupuestada para esta hilera fué de 284,828 pesos quedando terminada en 1856.

Reasumiendo lo espuesto obtendremos que: la primera hilera, la única que escapó del bombardeo, contiene 88 almacenes i cuesta pesos 385,347,94. La segunda i tercera hileras, que fueron incendiadas por el bombardeo i que han desaparecido hasta sus cimientos, despues del nuevo plan de construcciones que se trata de llevar a cabo i del cual hai ya hecha una parte de sus nuevos cimientos, contenian 158 almacenes con una capacidad de 3.756,970 piés cubicos i costaron 825.603 pesos. De manera que el número total de almacenes ascendia a 246 i su costo a pesos, 1.210,950.94.

Las nuevas obras fiscales que deben reemplazar a las incendiadas, obedecen a un plan mui vasto que apenas principia a desarrollarse i que indudablemente tendrá que sufrir serias modificaciones cuando se trate de hacer algo de positivo i de inmediata utilidad. Por esto parece escusado tratar de estas construcciones en embrion i cuyo alcance es imposible pronosticar.

La Aduana. — Este edificio inmediato a los almacenes fiscales, se construyó entre los años 1854-1855. Mide de frente 55 metros i de fondo 15 metros 88 cm. Tiene dos pisos, conteniendo el primero cuatro departamentos i el segundo dos grandes salones. Sus murallas son de cal i ladrillo i su techo de zinc. Su constructor fué el mismo arquitecto de los almacenes fiscales, D. Juan Brown, i su costo 40.000 pesos.

Contiene las oficinas de la Aduana cuyas atribuciones describiremos en el capítulo titulado « Administracion. »

Cuartel de policia y Casa consistorial. — Está situado este edificio en el costado Nórte de la plaza de la Victoria i tiene tres frentes : uno a dicha plaza con 29 metros 50 cent. ; otro a la calle atravesada del Circo con 68 metros 20 cent.; i el tercero a la calle de Yungai, i mide, como el primero, 29 metros 50 cent. Por el cuarto costado está unido al edificio del Teatro por medio de cimientos i de arcos de cal i ladrillo.

Su frente a la plaza de la Victoria es de tres pisos, aparte de un terrado que sirve de azotea. Es de cal i ladrillo, sobre un zócalo esterior de piedra canteada. Está destinada esta parte del edificio para casa consistorial, tesoreria departamental, juzgado del crímen i para varias otras oficinas del servicio público. Se encuentra a la fecha a punto de terminarse esta parte de la obra.

Se dió principio al trabajo en 1869, siendo intendente de la provincia D. José Ramon Lira. Los planos, tanto de la casa consistorial como del cuartel de policia que forman un solo conjunto, son obra del arquitecto D. Manuel Aldunate, i todo el edificio se ha construido bajo su direccion i la de su segundo D. Enrique Mackuel.

El edificio del cuartel, que tiene su fachada i entrada por la calle de Yungai está enteramente concluido i ocupado por la Guardia Municipal, que consta de mas de 400 hombres. Tiene dos pisos i una azotea de grande utilidad para el desahogo de la tropa. Su frente i pórtico es de elegante arquitectura, i tiene por adorno cuatro torrecillas voladas al estilo de los antiguos castillos feudales. Toda su estructura esterior e interior es de exelente albañileria de cal i ladrillo.

El costo del Cuartel i de la Casa Consistorial ha sido hasta el mes de mayo de 1871 de 162,000 pesos, i se calcula que se invertirán otros 20,000 pesos en la cónclusion de la segunda. Este costo es aparte del valor del terreno, de propiedad municipal, i cuyo importe no podrá estimarse en menos de 50,000 pesos.

Estacion del Ferrocarril. — Consta de varios edificios, la mayor parte provisionales, pues la estrechez del terreno de que se podia disponer en 1853, no permitió hacerlos de otra manera.

En octubre de 1852 se colocó la primera piedra del ferrocarril de Valparaiso a Santiago, siendo intendente de la provincia el teniente coronel D. Manuel T. Tocornal. En

VALPARAISO. — Estacion del ferrocarril.

el capitulo titulado « Empresas públicas i particulares » de la parte de Santiago, hemos dado ya la historia completa de los trabajos.

Los edificios que posee la empresa en Valparaiso, son los siguientes :

1.º Un edificio de dos pisos, construccion de madera, hecha sobre el cauce del Estero de las Delicias. Su parte baja contiene las boleterias i las oficinas receptoras de encomiendas i equipajes, oficina del jefe de estacion, oficina telegráfica i varias galerías para el público. En los altos se encuentran la tesorería del ferrocarril, oficinas de emplea_dos, oficina de injenieros i una del jefe de estos. Este edificio fué algo maltratado por las balas i bombas durante el bombardeo de 1866, pero ha sido reparado convenientemente.

2.º La maestranza, que se compone de dos grandes departamentos aislados, con murallas esteriores de cal i ladrillo i techumbre de madera i fierro galvanizado.

3.º Un edificio semicircular que sirve para deposito de locomotoras hasta el número de diez i ocho. Sus murallas son de cal i ladrillo i su techumbre de madera i fierro galvanizado. En una ala de este edificio se eleva una torre de cal i ladrillo que contiene un reloj de tres esferas.

4.º Un edificio de fierro i madera que sirve para el depósito de los coches que no están de servicio i que se encuentran en reparacion.

5.º Dos grandes galpones paralelos, de madera i fierro, con sus plataformas correspondientes i que sirven de estacion para recibir los trenes de viaje.

6º. Varios edificios aislados que sirven de habitaciones a empleados de la maestranza, jefe de locomotoras i otros.

7.º Unas bodegas de cal i ladrillo, techo de madera i fierro galvanizado, que miden 30 metros por 40. En ellas se deposita la carga delicada que viene por el ferrocarril i la que se destina a ser conducida por él.

8.º Unas bodegas viejas, de adobe i techo de teja que posee la empresa cerca de la recova del Cardonal i en las que se deposita harinas, trigos i otra carga de esta clase.

9.º Un galpon abierto, con techo de madera, i con plataforma que sirve para la recepcion i entrega de la carga que no está destinada a las bodegas.

10.º En la prolongacion de la linea hácia el puerto, un galpon provisional que constituye la Estacion de *Bellavista*.

Actualmente se ocupa la empresa de terraplenar los terrenos bajos que ha adquirido por compra a particulares, entre la actual estacion del Baron i la desembocadura de la calle del Olivar, i de cerrar dichos terrenos con murallas de adobe, preparándolos para edificar en ellos algunas bodegas i otros edificios de los mas indispensables para el servicio de la estacion.

La empresa posee dos muelles: uno sobre jaulas de fierro rellenas de concreto, que le sirve para desembarcar locomotoras en pieza i demas útiles, i otro de madera i piedra destinado al desembarque de carbon i otros materiales para la maestranza.

El costo de los edificios i terrenos de la estacion del ferrocarril de Valparaiso puede estimarse en 250,000 pesos, incluso muelles, malecones i maquinaria de maestranza.

Cuartel del batallon civico N.º 2. — Está situado en el antiguo local que ocupó la iglesia i convento de Santo Domingo, al pié del cerro de este nombre. Su frente sobre la plazuela mide 20 metros i 65 su fondo. Dicho frente es de dos pisos, de cal i ladrillo; el primero contiene un cuerpo de guardia, cuarto de bandera, almacen i mayoria; en el segundo se encuentra la pieza del comandante, sala de conferencias, una antesala i otra pieza para oficiales. El resto del edificio es de un solo piso, de murallas de adobe sobre un zócalo de cal i ladrillo i de tabiques de 0^m20 de grueso. Contiene seis cuadras para las seis compañias del batallon, una cuadra para la banda de música, un calabozo i cinco piezas pequeñas para habitaciones.

Los trabajos de este cuartel se principiaron en junio de 1870, i se concluyeron en 1871, siendo ocupado definitivamente por el batallon para que ha sido destinado, en el mes de mayo del año citado.

Los planos fueron levantados por el cuerpo de injenieros militares i la obra se llevó a cabo por el contratista D. Manuel Muñoz por la cantidad de 22,000 pesos. El terreno fué comprado por el fisco al convento, por la suma de 10,000 pesos.

Almacenes de pólvora. — En 1856 se decretó la construccion de un edificio adecuado para este destino en el cerro al Sur-oeste de Playa Ancha i con capacidad para 20,000 quintales de pólvora.. Su costo fué de 20,000 pesos i aunque se rescindió el contrato de construccion con el contratista, el fisco llevó a término la obra sin mayor costo.

Durante la estadia de la escuadra española en Valparaiso, el contenido de estos almacenes se trasladó a los antiguos molinos del Alto del Puerto, distantes una i media leguas de la ciudad; mas tarde, en 1069, se ha construido en el mismo Alto del Puerto un edificio especial que deberá servir para el depósito de pólvora; pero todavia no se ha hecho uso de él a causa de la mucha humedad de su interior. El costo de este último ascendió a 12,000 pesos i ha sido construido segun los planos i bajo la direccion del ingeniero civil D. Carlos Escobar.

Mientras tanto, los antiguos almacenes de pólvora situados atrás de Playa Ancha, están sirviendo de depósito de mercaderías inflamables pertenecientes a la Aduana, como ser fósforos, kerosene, etc.

Mercados públicos. — **Recova del Puerto**. — Ocupa una manzana cuadrada entre las calles de Cochrane, Blanco, San Martin i Arsenal, i fué construida en 1863 por el arquitecto D. Alejandro Livingston, en vista de los planos del injeniero Sr. Lloyd.

Es el edificio mas notable entre los de su clase por la solidez de su construccion i su distribucion interior, de la cual se ha sacado un gran partido a pesar de la estrechez del terreno. Sus murallas son de cal i ladrillo simulando grandes arcadas; su techumbre es de fierro sostenida por elevados pilares, i su pavimento, de asfalto, con desagües subterráneos para el servicio de las aguas. Sus puestos o ventas se conservan siempre en perfecto aseo i los destinados a pescadería tienen cubiertos los mostradores con mármol. Un buen sistema de ventilacion rije en todo el establecimiento.

Sus dimensiones son : frente principal a la calle Cochrane 54 metros; frente a la de Blanco 52; sus costados a las calles del Arsenal i San Martin 49 i 43 metros.

El costo del edificio fué de 60,000 pesos, i el del terreno se avalúa en 50,000.

Recova de Elías. — Está situada en la plazuela del barrio de este nombre, a la subida del cerro del Panteon. Su frente a la plazuela es de dos pisos, de cal i ladrillo, i mide 28 metros. El segundo cuerpo, de un solo piso, es de adobe i tiene un fondo de 36 metros. Todos los corredores en los cuales se encuentran las ventas, están cubiertos de asfalto.

La construccion de esta recova se inició en noviembre de 1868 segun los planos i presupuesto formados por el agrimensor D. José Fidel Velez, entonces director de obras públicas. La obra se llevó a efecto bajo su direccion, por los Sres. D. Urbano Barbier i D. Juan Olivier con un costo de 12,100 pesos.

A su conclusion (1869) fué ocupado provisoriamente por el cuerpo de policia, mientras se concluia la construccion del edificio que se le destinaba. En 9 de abril de 1871 fué abierto al público despues de haber sufrido las reparaciones necesarias; pero en julio del mismo año, fué destinado para escuela pública de niñas, por considerarse su instalacion innecesaria para el servicio público.

Recova del Baron. — La construccion de este edificio se inició el 20 de enero de 1871 i se abrió al público en julio del mismo año. Los planos i presupuestos fueron formados por el agrimensor D. José Zegers, quien dirijió los trabajos que corrían a cargo de los contratistas Sres. Gallagher i Dooner. El valor del presupuesto ascendió a 17,500 pesos.

Su fachada mide una estension de 48 metros i su fondo de 37,25. La parte central de la fachada es de muralla, arcos i pilastras de cal i ladrillo; el resto del edificio es de adobes i su pavimento de asfalto. Recientemente se ha destinado una parte de su piso bajo para el uso de una de las escuelas públicas de niños.

Recovas de la Victoria i del Cardonal. — Ambas ocupan edificios antiguos que mui poca o ninguna comodidad ofrecen para el servicio del público. La primera, situada en un local poco aparente, como ser la plaza de la Victoria, fué levantada en 1839 por el arquitecto D. Juan Stevenson.

CAPITULO III.

TEMPLOS.

IGLESIA MATRIZ I PARROQUIA DEL SALVADOR. — IGLESIA I PARROQUIA DE LOS DOCE APOSTOLES.—IGLESIA I CONVENTO DE SAN FRANCISCO, O SAN ANTONIO DE PUERTO CLARO. — IGLESIA I CONVENTO DE SANTO DOMINGO. — IGLESIA I CONVENTO DE SAN AGUSTIN. — IGLESIA I CONVENTO DE LA MERCED.—IGLESIA DE LOS SAGRADOS CORAZONES DE JESUS I MARIA. — IGLESIA DEL DULCE NOMBRE DE JESUS.—HERMANDAD DEL SAGRADO CORAZON DE JESUS. — CONVENTO DEL SEÑOR CRUCIFICADO I CASA DE EJERCICIOS ESPIRITUALES. — IGLESIA ANGLICANA. — IGLESIA DE LA UNION. — CAPILLA ALEMANA.

La provincia de Valparaiso depende del arzobispado de Santiago. El departamento está dividido en solo dos parroquias, que son el *Salvador* con 28,662 habitantes, i los *Doce Apóstoles* con 46,668.

Iglesia matriz i parroquia del Salvador. — A inmediaciones del sitio que hoi ocupa este templo, fundó el obispo Rodrigo Marmolejo, el año 1559, la primera capilla que tuvo Valparaiso. La iglesia actual, cabecera de la parroquia del mismo nombre, fué edificada en 1842 por el cura párroco que la servia, presbítero Don José Antonio Riobó, el cual colocó tambien la primera piedra el 17 de diciembre de 1837, siendo gobernador en aquella época D. Victorino Garrido.

El templo domina en mucha altura a los edificios circunvecinos, por estar situado en una pequeña eminencia casi al pié de los cerros, e el barrio de Santo Domingo, distante una cuadra de la plaza Municipal. Su forma es rectangular como todos los demas templos de la ciudad. Mide de lonjitud 48 metros; latitud 19; altura de las murallas, 8, i 4 mas hasta el estremo superior de la corniza. Consta de tres naves abovedadas que contienen 7 altares de construccion sencilla i elegante. Sus murallas son de ladrillo hasta cierta altura en que tocan a un cordon horizontal de molduras, desde el cual continúan de adobes hasta su conclusion. El techo es de tejas, i el frontispicio forma un triángulo de molduras en la parte superior, sobre la cual reposa la torre que se levanta a una altura de 25 metros desde el cuadrado de su base; ésta mide 6 metros por cada uno de sus lados.

Tanto la torre como el interior del templo, están pintados al óleo, i todo él se mantiene en el mas completo aseo, gracias al celo i actividad de su actual cura párroco, presbitero D. Mariano Casanova.

El costo de cuanto comprende el templo, su torre, enseres i adornos, asciende a cerca de 100,000 pesos.

Iglesia i parroquia de los Doce Apostoles. — Esta parroquia está a cargo del presbitero Sr. D. Alejo Infante. Su jurisdiccion se estiende a todo el estenso barrio del Almendral, desde la plaza de la Victoria, de mar a cerro, hasta el limite oriental de la ciudad.

El oficio divino i servicio parroquial se celebra en el dia en una pequeña iglesia provisional, situada en la calle de las Delicias entre las calles de San José i

VALPARAISO. — Iglesia Matriz.

de Aguayo, cuyo valor no pasa de 6,000 pesos, i que ocupa el sitio que servirá de plazuela a un suntuoso edificio que está en via de construccion i cuyos detalles se dan en seguida. Por lo tanto, mui poco o nada tenemos que decir respecto de aquel. Sus dimensiones son : frente, 49 piés; fondo, 62; altura, 26.

El nuevo templo de esta parroquia constará de tres naves i tres torres de la mas bella forma de arquitectura compuesta, i será de primer órden, segun lo manifiesta el plano levantado por el arquitecto D. Teodoro Burchard. Aunque no está terminado el presupuesto, se calcula su costo en mas de 200,000 pesos.

La primera piedra fué colocada i bendecida en 14 de febrero de 1869 por el Ilmo. Sr. Arzobispo D. Rafael Valentin Valdivieso, en tiempo del finado cura, presbitero D. José Miguel Ortiz de Zárate. A la fecha están construidos los cimientos, i su actual cura párroco, D. Alejo Infante, ha tomado con empeño la prosecucion de la obra, recùrriendo a la nunca desmentida jenerosidad del vecindario, en demanda de los fondos que necesita.

Iglesia i convento de San Francisco, o San Antonio de Puerto Claro. — La primera iglesia de este nombre fué construida el año 1664 por el vicario Francisco de Urvina en el mismo sitio donde existe la actual. El año 1658, Don Juan Gomez Rivadeneira Villagra donó a los frailes franciscanos los terrenos que forman la quebrada actual de San Francisco, hasta el sitio en que ésta se divíde en dos ramas, con la espresa condicion de que se le dedicaran noventa i ocho misas por el descanso de su alma. I adviértase que esta buena dosis de misas, constituye mas de la mitad del total con que está gravado el claustro franciscano.

La iglesia actual, construida sobre los cimientos de la anterior, ha ido mejorando de aspecto despues de varias reformas sucesivas que eqüivalen a otras tantas reconstrucciones. Se encuentra situada en el barrio de San Francisco, distante como 300 metros de la Matriz, hácia el interior de la quebrada del mismo ñombre.

VALPARAISO. — Iglesia de San Francisco.

El interior de este templo tiene la forma de una cruz; está pintado al óleo i contiene nueve altares. Mide 48 metros de lonjitud i 10 de latitud, i la altura de las murallas laterales, de adobes, alcanza a 7 metros. Su frontispicio, de cal i ladrillo, sencillo i de gusto, tiene 13 metros de elevacion.

La torre, colocada sobre la portería del convento, mide 25 metros de altura desde sus cimientos. Fué reconstruida entre los años de 1840 a 1843 por Frai Miguel de la Torre. Este templo conserva todavia un antiguo i hermoso altar desde la época del coloniaje, asi como una imájen de bulto de nuestra señora de Aranzazú, contemporánea del anterior.

El actual guardian Frai Bernardino Rojas ha ejecutado en el templo reparaciones considerables, colocándolo en el estado de ornato i embellecimiento en que hoi se encuentra.

Este convento tiene una escuela anexa, cuyo local se encuentra en via de reconstruccion, a fin de proporcionar educacion a mayor número de alumnos.

Iglesia i convento de Santo Domingo. — Está situada al Occidente de la poblacion, en la cima del cerro de Villa Seca en el barrio de Playa Ancha. La iglesia se compone de una espaciosa nave de 34 metros de largo, sobre 5.65 de ancho con 4,50 de altura. Cuenta tres altares ii no tiene torre. El convento mide 140 metros de fondo por 72 de frente; el costo total de la obra ascendió a 15,000 pesos.

El terreno sobre que está construido fué donado por la señora doña Rosario Urrutia de Waddington. El templo fué entregado al servicio público el año 1857, por el prior Frai Vicente Hernandez, actual provincial de la misma órden.

Iglesia i convento de San Agustin. — La primera iglesia de este nombre fué construida sobre parte de un trozo considerable de terreno en el fondo de la quebrada hasta la cumbre del cerro Alegre, cedido el año 1627 a la órden de Agus-

VALPARAISO. — Iglesia de San Agustin i plaza de la Victoria.

tinos por el capitan Juan Rodrigo de Guzman, su esposa Ana Hernandez i el capitan Nicolas Octavio. La cesion del terreno fué hecha con la espresa condicion de que se dedicara la fundacion a Nuestra Señora de la Regla i a San Nicolas de Tolentino, cuyo santo es aun el patron de la iglesia.

Situado en el punto céntrico de la poblacion i al costado Sur de la plaza de la Victoria, este templo está llamado a ser la tercera parroquia de la ciudad. La primera piedra fué colocada por el padre provincial Reverendo Frai José Miguel Gaete en enero 21 de 1844, i se terminó su construcciom, en 1846, por el padre prior Frai Santiago Corales, dirijiendo los trabajos el arquitecto D. Pedro Cluxeaux. Su actual prior lo es Frai Francisco de Borjas Perez.

El templo mide 57 metros de largo, 21 de frente a la plaza, i la altura de sus murallas de adobes alcanza a 9 1/2 metros. Tiene tres naves abovedadas, descansando la nave central sobre elevadas columnas de madera. Contienen cinco altares de una riqueza i elegancia notables.

El frontispicio, de cal i ladrillo, sustenta la torre, construida por D. Esteban Silva en 1855, notable por su escasa elegancia e inmensa elevacion que no corresponde con su frente relativamente reducido. Mide 35 metros hasta el pié de la cruz, la cual tiene a su vez 3 metros. En la segunda seccion de las cuatro de que consta la torre, se encuentra el campanario, i en la tercera se colocará un reloj encargado ya a Europa.

Tambien este templo, como los demas, conserva una reliquia de la época del coloniaje. Consiste ésta en un magnífico busto del Señor del Calvario, cuya perfeccion i esquisitos detalles hacen de él un trabajo notable de escultura.

El sitio que hoi ocupa la iglesia, costó a los padres conventuales la suma de 18,000 pesos i el costo del templo con su torre, altares, imájenes i demas adornos, fué de 90.000 pesos. El templo se levantó gobernando la provincia el intendente D. José Joaquin Prieto.

Iglesia i Convento de la Merced. — En el mismo sitio en que existe la actual, se levantó en 1717 la primera iglesia de este nombre, bajo la advocacion de Nuestra Señora del Socorro de Cervellon, nombre de una monja catalana que los navegantes españoles invocaban en sus penurias, por sus innumerables milagros. El terreno sobre el cual se levantó el templo, formaba parte del estenso barrio del *Almendral*, comprado al cura Velazquez de Cobarrubias en 1715, por el padre mercenario Gerónimo de Vera, en la suma de 2,000 pesos, de los cuales la mitad quedó cargada a censo sobre el terreno. Este templo fué arrasado por el terremoto de 1730 acompañado de una salida de mar.

La construccion actual está situada en la calle de la Victoria con frente hacia la de su nombre. La primera piedra fué colocada por el padre Comendador Frai Ramon Alvarez, iniciador de los trabajos, quedando éstos terminados en 1838 por el Comendador Frai Tadeo Gonzalez i bajo la direccion del arquitecto D. Santiago Plingles, autor de los planos.

Las murallas son de ladrillo i barro i miden 56 metros de lonjitud por 9,30 de altura. El frontispicio tiene 17 metros 70 de frente por 13 metros 40 de elevacion ; termina en un triangulo isócele de molduras, sobre diez pilares de media caña colocados dos a cada lado de la puerta del centro i tres en cada uno de los estremos de la fachada. Por el costado lateral que mira hacia la calle de la Victoria, tiene en toda su estension un jardin figurado i cerrado con rejas de fierro apoyadas sobre macizos de cal i ladrillo.

Sus dos torres, colocadas una a cada estremo de la fachada i divididas en tres secciones de forma circular, tienen 4 metros 70 de diámetro i 9 metros de altura, desde su base hasta el punto superior de la cúpula.

Este templo conserva aun, a través de siglo i medio, algunas reliquias de las que figuraban en el altar mayor del templo primitivo. Estas consisten en el busto de la madre de la órden, colocado en el altar de la derecha, i en las imájenes de San Antonio abad i Santa Lucía, en el de la izquierda. Los comendadores de la órden conservan aun en una maciza caja de plata esculpida con águilas imperiales, un escudo de plata i esmalte traido de España i que lucía en el pecho de la vírjen fundadora.

El valor total del edificio, torres, convento, altares i demas, se avalúa en 110,000 pesos.

Cuando se inició la construccion del templo, era gobernador departamental Don
Ramon de la Cavareda.

Iglesia de los Sagrados Corazones. — Este templo hace esquina entre
las calles de la Independencia i del Cuartel, por componerse de dos departamentos
unidos que forman un ángulo en cuyo vértice se encuentra el altar mayor. Fué fabricado el año 1840 por el padre Juan de la Cruz Amat i reconstruido por monseñor Dou-

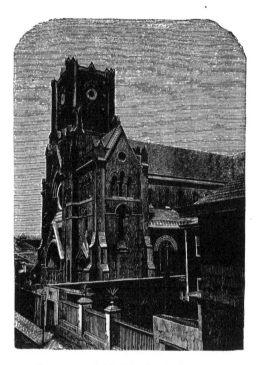

VALPARAISO. — Iglesia de los Sagrados Corazones.

mer entre los años 1850 i 51. Su construccion es sencilla, sin torre, consta únicamente
de dos grandes salones que miden cada uno 20 metros de largo, sobre 6 de elevacion.
Su costo fué de 8,000 pesos.

— En la misma calle de la Independencia i próximo al anterior, se encuentra el
grandioso templo que están construyendo los Reverendos padres franceses. Aunque
todavia inconcluso es ya una celebridad por la forma pintoresca de su arquitectura,
compuesta de reminiscencias romanescas i góticas, i por la riqueza de su material.

El frontispicio, perfectamente dibujado i mejor ejecutado, aun no está concluido: falta a su torre la aguja central que es, por decirlo así, el acento de la arquitectura gótica. Aun no se ha comenzado la ornamentacion interior ni los costosos adornos que deben completarla.

Este monumento, el mayor de su arquitectura en la América del Sur, representa un esfuerzo e injentes sacrificios por parte de los dignos sacerdotes que lo han erijido.

El terreno que ocupa costó 25,000 pesos. Para empezar la obra se demolieron dos casas que producian 150 pesos al mes, i parte del convento adjunto que fué preciso reedificar. La obra ha importado hasta ahora la suma de 90,000 pesos que se ha cubierto con los fondos de la comunidad, con un empréstito de 30,000 pesos i con algunos pequeños donativos. Se avalúa en 25,000 el gasto de su conclusion definitiva.

El plano de esta suntuosa obra fué dibujado por el arquitecto D. Luciano Henault, i modificado un tanto en la parte del frontispicio por el arquitecto D. Eduardo Fehrman, quien ha continuado el trabajo que dejó pendiente D. Arturo Meakins.

La primera piedra fué colocada por el actual padre provincial D. Roman Demaries el 3 de mayo de 1868, siendo padrino el intendente D. José Ramon Lira.

Iglesia del Dulce nombre de Jesus. — Se encuentra situada al pié del cerro, en la parte mas oriental del plan de la poblacion, sobre un terreno donado por D. Vicente Larrain a D. Antonio Domingo Torres. Se principió la construccion del templo en 1850, quedando terminado al año siguiente.

Sus dimensiones son : lonjitud 38 metros; latitud 15, i 9 la altura angular del frontispicio, sobre el cual se eleva una torre de 8 metros de elevacion. Esta es de forma ochavada desde su base, con un diámetro de 3 metros. El templo consta de tres naves abovedadas que contienen tres altares. Sus murallas son de adobes i pies derechos de madera.

Tiene una casa de ejercicios espirituales anexa, que se compone de 48 aposentos.

El Superior actual es el padre Buenaventura Escatlar.

El costo de la construccion i demas enseres del templo, asciende a 25,000 pesos.

Hermandad del Sagrado Corazon de Jesus. — Se encuentra en el cerro de la Merced i fué construida en 1866 bajo la direccion del capellan de dicha congregacion Fr. Lorenzo Morales de la órden mercenaria, siendo intendente D. José Ramon Lira. Mide 31 metros 50 centimetros de lonjitud; 10.30 de latitud ; altura del frente 9 metros; i su material de adobes. Tiene una nave i tres altares.

Su torre colocada en medio de la fachada, es de forma octogonal con un diámetro de 3 metros, i 4 i medio de altura hasta la peaña de la cruz. El terreno fué donado por el convento de la Merced. El valor del templo es de 6,000 pesos. Su capellan actual, lo es el presbitero D. Luis Zelada.

Convento del Señor Crucificado i Casa de Ejercicios espirituales. — Dirijida por Recoletos misioneros franciscanos, se halla situada en la cima del cerro del Baron, al frente de Santo Domingo en el estremo opuesto de la poblacion.

La iglesia tiene dos campanarios de dos metros de altura i se compone de 3 naves que contienen 5 altares. Mide de lonjitud 36 1/2 metros, latitud 19, i altura de la fachada 12 metros. Su material es de adobes. El átrio mide 8 metros i 1.50 sobre el nivel de la calle. La casa de ejercicios contiene 30 aposentos con capacidad para 200 personas.

Se colocó la primera piedra el año 1845 i despues de construidos los cimientos, se paralizó la obra por falta de fondos. En 1849 continuóse el trabajo, quedando éste definitivamente concluido en 1853 con un costo de 80,000 pesos, procedentes de erogaciones voluntárias, esceptuando solo 3,000 que produjo la venta de una pequeña casa de ejercicios cedida por Fr. Andres Caro.

Iglesia Anglicana. — La instalacion en Valparaiso de iglesias protestantes, data del año 1835 en que Sr. G. G. Hobson, jefe en aquella fecha de la

VALPARAISO. — Iglesia de la Union.

casa de Alsop i compañia, organizó la primera capilla destinada al servicio de ese culto.

La iglesia anglicana fué construida el año 1858. Está situada en la cima del cerro de la Concepcion i es servida por el cura D. Guillermo H. Lloyd. Mide de frente 18 varas, 49 de largo i 12 de alto ; sus murallas son de cal i ladrillo i su techo de madera. Tiene capacidad para 500 asientos i un departamento anexo, destinado para biblioteca, que cuenta ya con 1,000 volúmenes. El valor del terreno incluso el del edificio, asciende a 45,000 pesos.

Iglesia de la Union. — Este lindo templo de disidentes, inaugurado el 10 de julio de 1870 por el Rev. Dr. David Trumbull i D. Juan Guy, está situado en la calle de San Juan de Dios, una cuadra del costado poniente de la plaza de la Victoria. Fué construido por el arquitecto D. Juan Livingston con un gasto de 32,000 pesos, sobre un hermoso terreno que tuvo 26,000 pesos de costo.

Su construccion es de estilo gótico sencillo, habiéndose empleado en sus murallas cal i ladrillo, i fierro galvanizado en su techo, el cual, como el de los demas templos protestantes, tiene una notable inclinacion. Su interior mide 30 metros de fondo por 16 de frente, con capacidad para 600 asientos. A la entrada i a una altura de dos metros, se encuentra una pequeña galeria capaz de contener 50 asientos.

Esta iglesia sostiene una escuela dominical que funciona al costado de la capilla alemana que pasamos a describir. La misma escuela sirve para la enseñanza dominical a la congregacion evanjélica bajo la direccion de D. José M. Ibañez Guzman.

Capilla alemana.—Fué construida en 1855 para el servicio de la capilla de la Union por el constructor D. Alejandro Livingston. Está situada en la Quebrada de San Agustin, una i media cuadra de la plaza del mismo nombre i mide 27 metros de largo, 11 de ancho i 6 de alto. Su interior tiene capacidad para 300 asientos; el costo del edificio fué de 8,000 pesos i de 7,000 el terreno.

CAPITULO IV.

ESTABLECIMIENTOS DE BENEFICENCIA.

Hospital de caridad i lazareto de apestados. — Hospitales de estranjeros. — Hospicio. — Cementerios católico i protestante. — Casa de talleres de san vicente de paul. — Sociedad de beneficencia de señoras. — Asilo del salvador i dispensario de caridad. — Sociedad de san juan francisco de rejis. — Asilo del buen pastor. — Asilo de la providencia. — Conferencia de san vicente de paul. — Otras sociedades protectoras. — Cuerpo de bomberos.

Los sentimientos filantrópicos de los habitantes de Valparaiso, tanto nacionales como estranjeros, han acudido siempre presurosos al triste llamado de la indijencia.

Su inagotable caridad sostiene varios establecimientos de beneficencia en los cuales encuentra refujio i consuelo el niño desvalido, el huérfano, el indijente, el inválido i la mujer arrepentida.

La Municipalidad contribuye tambien por su parte, con la suma de 15,000 pesos para su sosten.

Hospital de Caridad. — Es el mas importante de todos los establecimientos de beneficencia, por el mayor número de enfermos a que atiende. Está situado en la plazuela de su nombre i dividido en dos departamentos destinado el uno para hombres i para mujeres el otro, pudiendo atender entre ambos mas de 400 enfermos.

Desde 1864 a 1869 o sea en seis años, entraron 32,042 enfermos; salieron 25,081, habiendo muerto 6,627. El movimiento del Hospital en el año de 1870 fué el siguiente:

Entraron 3,791 hombres i 1,394 mujeres = 5,185; salieron 3,167 hombres i 893 mujeres = 4,060; murieron 606 hombres i mujeres 527 = 1,133.

De los entrados en el curso del año sabian leer y escribir 1,048 hombres i 204 mujeres.

La enfermedad que ocasionó mayor número de defunciones, fué la tisis.

Hasta hace poco, la situacion del Hospital de Caridad ha sido mui precaria, aunque siempre ha podido saldar sus gastos, gracias a la nunca desmentida liberalidad del pueblo.

El producto del derecho de tonelaje que le fué concedido por lei de 15 de setiembre de 1865 i que en 1869 ascendió a 25,477 pesos ha venido a colocarlo en una situacion desahogada.

Sus entradas en el año 1870 ascendieron a 116,812 pesos i sus gastos a 105,064 pesos dejando un sobrante de 11,747 pesos.

El magnífico pié en que se encuentra actualmente este establecimiento, se debe a los esfuerzos de su antiguo administrador D. Juan Stuven i al laudable celo i contraccion del benemérito D. Blas Cuevas, que lo administró desde agosto de 1865 hasta su muerte que acaeció en marzo 18 de 1870. A la entrada del patio principal se ha colocado recientemente su busto, salido del artístico cincel del Sr. Olcese. La base ostenta esta lacónica pero espresiva inscripcion : « DON BLAS CUEVAS, *amigo de los pobres,* »

El **lazareto de apestados**, situado en terrenos de Playa Ancha, depende del Hospital de Caridad. En el citado año de 1870 entraron 1,737 apestados i salieron 1,548.

Hospitales inglés, francés i americano. — Estos tres hospitales pertenecen a particulares, de profesion médica, quienes atienden a los enfermos mediante el pago de un tanto diario. Prestan importantes servicios, especialmente a los estranjeros que carecen de familia.

El primero, está situado en el Cerro Alegre, i a cargo del Dr. Cooper.

Su movimiento fué el siguiente en 1870 : tenia existentes 27 ; entraron 219 ; salieron 198; murieron 22.

El Hospital francés está situado en el Jardin de Polanco i a cargo del Doctor Coignard: tenia existentes 13 ; entraron en 1870, 116; salieron 124; murieron 4.

El de los Estados-Unidos es rejentado por el Doctor Page i está hoi cerrado momentáneamente.

Hospicio. — Este establecimiento destinado al socorro de los mendigos e inválidos, ocupa un espacioso local situado al Oriente del estero de las Delicias.

Consta de dos salas destinadas la una para hombres i para mujeres la otra. Ambas tienen capacidad para 80 camas, pero como este número es insuficiente para los numerosos mendigos que acuden a sus puertas, se piensa en dar mayor ensanche al local, el cual está perfectamente situado i ofrece facilidades para construir en él un vasto edificio,

El año 1870 tuvo el Hospicio el siguiente movimiento:

Existencia del año anterior 79; entraron 44; salieron 36; quedaron para el año siguiente 87.

En el mismo año tuvo una entrada de 10,873 pesos i una salida de 17,731 dejando un déficit de 6,858 pesos.

Cementerio católico. — El cementerio principal de Valparaiso se encuentra situado sobre una hermosa i estensa meseta del cerro llamado del Panteon. Desde sus

VALPARAISO. — Cementerio Católico.

alturas se domina toda la bahía i los barrios del Puerto i el Almendral, casi en su totalidad.

Sus mausoleos i sepulturas, simétricamente colocadas, rodeadas de anchas veredas que se cruzan en todos sentidos, i a cuyo costado se alzan infinidad de árboles, presentan un aspecto de los mas pintorescos, hasta donde puede serlo la mansion de los muertos.

Se estableció en el sitio actual en 1825, siendo su administrador D. Gregorio Reyes i gobernando el jeneral D. Francisco de la Lastra. El terreno fué comprado por el cabildo a los herederos de D. Luis Garcia, con fecha 12 de julio del citado año. Media 284 varas desde su frente norte que mira al mar, hasta la garganta de la loma, 70 en su costado mayor i 30 en el menor, incluyendo el terreno vendido el mismo año al cónsul de S. M. B. para el cementerio de disidentes.

Al costado Sur se habilitó en 1856 un terreno cedido por el cabildo, con el objeto de destinarlo al entierro de los pobres de solemnidad, pero habiéndose establecido en 1868 con este mismo fin, otro cementerio en el barrio de Playa-Ancha, se destinó aquel a sepulturas por año. Actualmente se piensa en destinarlo a sepulturas de familia, trasladando a otro local las de año.

·El cementerio principal está dividido en 8 cuarteles que encierran 80 mausoleos i 38 bóvedas.

En el mismo recinto se encuentra la sala de autopsia, i en su estremo opuesto, una capilla levantada en 1839 por su administrador D. Antonio Gundian.

La capilla, que consta de una sola nave con un altar, fué ensanchada i refaccionada

VALPARAISO. — Vista jeneral del cementerio.

en 1863 por su administrador Don Pedro Ólate, quien hizo levantar la elegante torre que hoi existe. Esta tiene en uno de sus cuerpos un reloj de cuatro esferas. El costo de la capilla i su torre i demas edificios del cementerio, fué de 30,000 pesos.

Las entradas que tuvo el cementerio en 1870 ascendieron a pesos 19,732.92 de los cuales 10,218 pesos correspondieron al ramo de sepulturas de familia, por años i de párvulos. Sus salidas subieron a pesos 14,030.27.

El número total de las defunciones desde 1864 hasta 1869 alcanzó a la estraordinaria cifra de 29,640, mas de la tercera parte de la poblacion del departamento. En 1870 hubo 5,176 entierros de los que 3,913 fueron de pobres de solemnidad.

Para la conduccion de los cadáveres se hace uso de carros mortuorios de 1.ª, 2.ª i 3.ª clase. La de los cadáveres de los pobres de solemnidad se hace gratuitamente.

Cementerio protestante. — Se estableció en 1825 bajo la direccion de D. Samuel F. Scholtz en un terreno contiguo al cementerio católico comprado al Cabildo por el Cónsul de S. M. B. En 1849 fué ensanchado i mejorado notablemente por sus directores Señores D. W. Armstrong (capellan), D. Jorje Wormald i D. Enrique W. Ward. Hoi se encuentra bajo la direccion de los Señores D. David Thomas, D. David Trumbull (capellan) i D. Eduardo Cooper.

Está dividido en seis cuarteles con 352 sepulturas perpetuas, 38 bóvedas i 27 mausoleos.

Casa de talleres de San Vicente de Paul. — Esta benéfica institucion fué fundada en 1865 con el objeto de enseñar artes i oficios a los niños huérfanos.

En 1866, el acaudalado vecino D. J. J. Gonzalez de Hontaneda le hizo donacion del edificio i terreno que hoi ocupa en la alameda de las Delicias. Parte del edificio actual fué construido despues.

Cuenta en la actualidad con 50 alumnos, los cuales aprenden lectura, escritura, aritmética, elementos de gramática castellana i jeografía, religion, dibujo lineal e his-

VALPARAISO. — Mausoleo de la 3.ª compañia de bomberos.

toria de Chile, i concurren, segun la capacidad de cada alumno, a los talleres de carpintería, herreria, zapateria, sastrería i hojalateria que existen en el mismo establecimiento.

Su existencia es siempre precaria, pues solo cuenta con una insignificante subvencion del Municipio i las erogaciones voluntarias de los particulares.

Sensible es que no se preste mayor atencion a un establecimiento cuyos altos fines se tiene a la vista. ¡Cuántos niños que hoi están entregados a la vagancia, podrian aprender un oficio i servir a su patria, si recibieran en este establecimiento la educacion que ahora se les niega por falta de recursos !

Su actual administrador lo es D. Manuel José Torres.

Sociedad de beneficencia de Señoras. — Esta virtuosa institucion fué creada en 1857 por la benemérita Señora Doña Petrona Coronel de Lamarca.

Su objeto consiste en educar i sostener a las niñas desvalidas i cuidar, ya sea a domicilio o en los Dispensarios que sostiene, a los enfermos pobres que no cuentan con los medios necesarios para atender a su curacion.

La Sociedad se compone de 30 socias propietarias i de un número ilimitado de socias i socios contribuyentes.

El directorio se compone de ocho miembros: una Presidenta; una vice-Présidenta, una Tesorera, una Secretaria i cuatro vocales.

Su existencia depende de las suscriciones de las socias i socios, dé las erogaciones del vecindario i del producto de las labores de mano de las niñas asiladas en el establecimiento que sostiene la Sociedad.

Asilo del Salvador. — Este establecimiento está bajo la inmediata proteccion de la Sociedad de señoras arriba mencionada.

En él reciben educacion 70 niñas huérfanas internas i concurren diariamente a sus clases 321 esternas. Aprenden los ramos elementales de instruccion primaria i las labores de mano propias de su edad, la cual varia de cinco a doce años.

Anexo al Asilo existe un *Dispensario de Caridad* en el cual los pobres reciben los medicamentos que les receta el médico del establecimiento. Su número asciende por término medio a 35,000 al año.

Ocho hermanas de la Caridad cuidan del réjimen interior del Asilo i enseñan a las huérfanas.

El Gobierno concede a este establecimiento una subvencion anual de 1,400 pesos.

Sociedad de San Juan Francisco de Rejis. — Fundada el año 1864 por Doña Eloisa Rus de Renjifo, presta esta benéfica i virtuosa institucion, importantísimos servicios que la hacen acreedora a la decidida proteccion de la pública caridad.

Su objeto consiste en la moralizacion de las clases menesterosas por la lejitimacion de los enlaces ilicitos. La casa de que dispone la Sociedad, ofrece un jeneroso asilo a las mujeres pobres que desean lejitimar su union i prepararse a celebrar dignamente su matrimonio. Mientras tanto la Sociedad atiende al sustento de las asiladas, de las hijas solteras i de los varones hasta la edad de cuatro años. Cuidan del reglamento interior del establecimiento dos señoras de virtud i probidad, bajo los titulos de Directora i Vice.

Los miembros de la asociacion se componen de consejeras titulares, consejeras visitadoras i de asociados voluntarios cuyo número es ilimitado. Su administracion es desempeñada por una Presidenta i una vice-Presidenta, una Tesorera i una vice-Tesorera, una Secretaria i una vice-Secretaria, dos Consejeros de honor tomados del clero, i de cinco Consejeras titulares.

El edificio de que se dispone es bastante vasto i de propiedad de la misma Sociedad, por compra hecha a D. Daniel Carson. Está situado en la calle del Retamo.

Asilo del buen Pastor. — Tiene por objeto dar asilo a las mujeres arrepentidas de sus vicios i enseñarlas lectura, escritura, relijion, moral, toda clase de costura, el oficio de lavar, cocinar i el de la zapateria. De esta manera salen al poco tiempo del establecimiento siendo útiles para desempeñar el destino de sirvienta o cualquiera otro que redunde en provecho de la sociedad.

El local de que dispone es propio i sumamente estrecho para contener mas de las 40 mujeres que existen en la actualidad, a cargo de quince religiosas de la congregacion del Buen Pastor. En el año de 1869 solicitaron ser admitidas 257 niñas arrepentidas sin que pudiera admitirse mas de treinta!

Sus recursos son bien pobres. Solo cuenta con la inagotable caridad pública, el producto de las labores de mano de las asiladas, i una subvencion de 800 pesos anuales que le tiene asignada el Municipio.

Asilo de la Providencia. — El inocente párvulo abandonado por la crueldad de su madre, encuentra en este Asilo una cariñosa acojida. El primer establecimiento

VALPARAISO. — Cementerio protestante.

de esta clase fué fundado por D. José Bayolo bajo el título de *Casa de Espósitos,* nombre con que se conoce vulgarmente a la casa que con el mismo objeto existe hoi.

En la actualidad cuenta el establecimiento con 176 niños espósitos de los cuales 84 están en lactancia.

Dirijen el establecimiento cinco monjas de la Providencia bajo el mando de una superiora.

Sus rentas consisten en el arriendo de predios urbanos, en una subvencion de 2,000 pesos asignada por el Cabildo i en las erogaciones del público.

Conferencia de San Vicente de Paul — Esta sociedad tiene por objeto suministrar alimentos a las familias pobres. Se sostiene con las suscriciones voluntarias del público. Comisiones especiales nombradas de entre sus socios, se encargan de visitar a los pobres i repartirles bonos de 30 i 60 centavos que se hacen efectivos en el Dispensario abastecido por la misma Conferencia.

Otras sociedades protectoras. — Existen ademas en Valparaiso las siguientes sociedades de socorros mútuos : *Sociedad de beneficencia italiana,* la *id. id.*

alemana, la *id. id. francesa,* la *Caja de ahorros de los empleados de Aduana,* la *Sociedad de tipógrafos,* la *Sociedad protectora de cigarreros,* la *Sociedad de artesanos,* el *Banco del pobre* i la *Asociacion masónica.*

Todas ellas, con escepcion de las dos últimas, tienen por objeto prestarse mútuo apoyo en las necesidades de la vida. Su accion está circunscrita a los estatutos que las rijen i sus operaciones son dirijidas por sus respectivos Directorios elejidos periódicamente.

El *Banco del pobre,* dirijido por una comision de vecinos caracterizados que se alternan cada semana, tiene por objeto recibir en depósito, abonando interes, una parte del salario que ganan los artesanos en el curso de la semana. Para el efecto se abre todos los sábados en la tarde, dia en que los industriales reciben su salario semanal.

La *Asociacion masónica* de Valparaiso tiene fundadas tres lójias : *Union fraternal — Progreso — Aurora,* de las que forma parte una gran mayoria de la juventud mas ilustrada de la ciudad. Los residentes franceses e ingleses cuentan tambien con sus respectivas lójias.

Cuerpo de Bomberos. (1) — Sin pecar de exajerados, podemos asegurar que ningun pais del mundo cuenta con un cuerpo de bomberos organizado de una manera tan completa i brillante como el de Valparaiso.

Sus miembros, todos voluntarios, sin mas remuneracion que la satisfaccion propia de haber cumplido con un deber de humanidad, arrostran los peligros mas inminentes, sacrifican su reposo, su fortuna i hasta su vida por salvar el bien ajeno.

La organizacion del cuerpo de bomberos tal como se encuentra en el dia, data de 1851. Antes de esta fecha (1843), existia una brigada compuesta de 1 comandante, 1 capitan de ejército en comision, 2 sarjentos primeros de veteranos i 2 cornetas de id., 2 capitanes civicos, 4 tenientes, 4 subtenientes, 2 sarjentos primeros, 2 sarjentos segundos, 32 cabos i 256 soldados, todos, como los capitanes, pertenecientes a la guardia civica.

En la actualidad cuenta con 1,260 individuos, repartidos en 10 compañias de la manera siguiente :

	Voluntarios bomberos.	Voluntarios jornaleros.	Totales.
1.ª Compañia de bomberos (inglesa). . . .	67	44	111
2.ª id. id. (alemana).. . . .	50	73	123
3.ª id. id. (chilena). . . .	87	94	181
4.ª id. , id. (id.). . . .	67	109	176
5.ª id. id. (francesa). . . .	32	87	119
6.ª id. id. (italiana). . . .	67	92	159
7.ª Hachas i escaleras (alemana).. . . .	46	—	46
8.ª id. id. (francesa). . . .	44	—	44
9.ª id. id. (chilena). . . .	85	—	85
10.ª Guardia de propiedad (id.). . . .	50	147	197
Mièmbros contribuyentes.	—	—	19
	595	646	1,260

(1) Creemos que esta brillante institucion bien puede figurar en el capitulo de *Beneficencia,* atendido su fin altamente humanitario.

De los 595 bomberos mencionados, 363 son chilenos; 35 ingleses; 87 alemanes; 52 franceses i 62 italianos.

El Directorio jeneral del cuerpo, se compone de un superintendente, un vice, un comandante, un vice, un secretario i un tesorero. Cada compañia consta de un director, un capitan, un ayudante, 3 o 4 tenientes, varios sarjentos, un secretario, un tesorero, un cirujano, un corneta i de los bomberos i jornaleros ya enunciados.

Las compañias 1.ª, 2.ª, 3.ª i 4.ª, especialmente la 3.ª, poseen escelentes bombas a vapor ; las demas disponen de bombas de palanca. Entre las seis compañias de bombas, pueden tender 12,530 piés de mangueras i armar 49 pistones. Las tres compañias de hachas pueden parar 38 escalas.

El traje usado por cada compañia, varia segun la nacionalidad de cada una. Jene-

VALPARAISO. — Edificio del Cuerpo de Bomberos.

ralmente usan casco de cuero o de metal, camiseta o levita de paño grueso i bota larga de cuero. Los colores de la camiseta o levita, son del color mas resaltante de la bandera de su nacionalidad. La chilena por ejemplo, usa camiseta lacre, la alemana levita negra, la italiana levita verde, etc..

El cuerpo posee dos edificios, uno de tres pisos situado en la plaza de la Intendencia i ocupado por las compañias 1.ª i 2.ª, i otro de aspecto no tan soberbio, pero mas elegante, situado en la calle de la Victoria i ocupado por la 3.ª compañia.

Dispone de 24 pozos construidos de su cuenta, en toda la estension de la ciudad. La hondura de cada uno es de 22 piés 9 pulgadas con 10 piés de agua, término medio.

Las entradas fijas de la asociacion al año, ascienden a 23,000 pesos, de los que 7,200 corresponden a la subvencion concedida por el Gobierno, 1,500 a la de la Municipalidad, 6,500 a la subvencion de las compañias de Seguros, 3,500 a las suscriciones del vecindario, i 4,100 pesos al arriendo de parte del edificio de la plaza de la Intendencia. Sus gastos ordinarios ascienden a 10,000 pesos, i los estraordinarios a mas o menos lo mismo.

En los diez años trascurridos desde 1860 hasta 1869, han habido en Valparaiso 91 incendios, correspondiendo a cada año por término medio, 9,1. Las compañías de Seguros han pagado la suma de 1.819,903 pesos.

El año 1870 ha sido de verdadero descanso para los bomberos, pues en todo él solo ha habido cinco alarmas i dos pequeños incendios, que han demandado cuatro horas de trabajo.

Tanto para mantener el entusiasmo de sus voluntarios como para ejercitar a su jente, cada compañía hace mensualmente un ejercicio. Los jenerales tienen lugar cada seis meses, siendo el dia designado uno de verdadera fiesta. Las diez compañías son citadas por la Comandancia jeneral a las diez de la mañana en la plaza de la Victoria, desde donde desfilan hácia la de la Intendencia, por órden de antigüedad i acompañadas de varias bandas de música. Los vivos i variados colores de los uniformes, las banderas ricamente bordadas de cada compañía, unido al estrepitoso ruido de los carros, i al continuo sonar de las campanas de cada bomba, ofrece un conjunto animadísimo i de los mas pintorescos. En el sitio indicado tiene lugar un cortó descanso, despues del cual principia el ejercicio, combinado de antemano por la comandancia i comunicado a los respectivos capitanes. Al toque de ataque, es de ver el brio i destreza con que cada compañía de bombas arma la suya, estendiendo con una lijereza admirable largas cuadras de mangueras, mientras que los hacheros forman elevadas pirámides de escaleras inmediatamente atacadas por las compañías designadas con antelacion. Los intrépidos bomberos suben hasta la cúspide, afianzan los pistones en direcciones i distancias distintas, formando en la base de la pirámide grupos simétricamente colocados. Al toque de «agua», ésta se escapa por la boca de treinta a cuarenta pistones, formando los juegos mas caprichosos i variados.

Despues de un corto ejercicio, cambiando, alargando o acortando mangueras i pistones, reemplazándose cada compañía una despues de otra, principia el tiro al blanco en el cual cada una demuestra su mayor o menor destreza, apuntando con un grueso chorro de agua a un pequeño circulo colocado a una gran altura. Tiene lugar en seguida el desfile delante del Directorio, retirándose cada compañía a sus cuarteles en medio del mas ruidoso entusiasmo.

CAPITULO V.

ADMINISTRACION.

Administracion local, intendencia, municipalidad, subdelegados e inspectores. — Comandancia jeneral de marina. — Gobernacion marítima. — Comisaria de ejército i marina i tesorería fiscal. — Arsenales de marina. — Oficina de enganche de marineros. — Tesoreria departamental. — Factoria jeneral del estanco. — Aduana, contaduria, alcaidia, vistas, resguardo, estadística. — Gremio de jornaleros. — Juzgados. — Oficina de correos. — Cronolojía de mandatarios.

Administracion local. — Como la provincia de Santiago y las demas de la República, la de Valparaiso es rejida por un intendente, cuyas atribuciones están ya señaladas en este mismo capitulo de la provincia de Santiago.

La intendencia funciona en el palacio ya descrito, i su personal se compone de un secretario, un pro-secretario, un oficial 2°, un oficial 3°, un oficial ausiliar i uno de estadística.

La administracion local es ejercida por una Municipalidad elejida por el pueblo i compuesta de un presidente, que lo es siempre el intendente, tres alcaides, nueve rejidores propietarios i tres suplentes.

— La Municipalidad tiene a su servicio un procurador, un director de obras públicas, un secretario, un pro-secretario, un oficial de secretaria, un médico de ciudad i un abogado en Santiago.

— El departamento se encuentra dividido en 24 subdelegaciones al mando de otros tantos subdelegados, i subdividida en sesenta i siete distritos rejidos por igual número de inspectores que dependen de los anteriores. Los primeros son elejidos por el intendente i dependen de él.

De las 24 subdelegaciones mencionadas, 20 son urbanas i son las siguientes: Playa-Ancha con dos distritos, Matriz con 4, San Francisco con 3, Cordillera con 4, Planchada con 2, Cruz de Reyes con 3, Orden con 2, San Juan de Dios con 3, Victoria con 3, Aguada con 2, Padres con 3, Jaime con 2, San Ignacio con 2, Hospital con 4, Merced con 3, Cardonal con 3, Delicias con 3, Providencia con 3, Waddington con 3, Baron con 3.

— La municipalidad tuvo el año de 1870 una entrada de pesos 592,631.82 form
principalmente de las siguientes líneas :

Arrendamiento de predios urbanos. . . Ps.	12,326.81
Recovas	67,184.92
Carnes muertas.	24,355.77
Carruajes i carros de carguío.	7,183.15
Fábrica de gas	15,537 »
Contribucion de sereno i alumbrado.	126,120.70
Policía de seguridad.	34,714.46
Educacion.	15,172.94
Hospicio	10,873.06
Reparacion i conservacion de calles.	7,101.99
Multas.	11,806.20
Diversiones públicas	6,767.23
Varios ramos.	13,216.78
Reintegros.	240,270.81
Ps.	592,631.82

En el mismo año tuvo los gastos siguientes :

Policia de seguridad . . . . Ps.	76,044.68
Id. de salubridad.	21,770.15
Gastos de cárcel i manutencion de presos. .	26,235.10
Alumbrado público.	28,896.44
Educacion.	30,632.64
Hospicio.	17,731.48
Reparacion i conservacion de calles.	29,932.35
Gastos de secretaria	10,396.07
Tesorería i gastos de recaudacion.	9,611.82
Intereses.	31,005.76
Varios ramos.	26,398.58
Imprevistos.	143,206.52
Reintegros.	120,016.67
Ps.	571,878.26

Comandancia jeneral de marina. — Esta oficina está desempe
por el mismo intendente con el titulo de comandante jeneral de armas, i funcion
el edificio de la Intendencia.

Sus atribuciones en jeneral, consisten en todo lo que tiene relacion con el movim
de la Escuadra, trasbordo de empleados, etc., como asimismo en todo lo relativo
marina mercante.

Su dotacion de empleados se compone de un mayor jeneral del departament
secretario, un ayudante, dos oficiales de número, cuatro ausiliares i un portero.

El primero redacta la correspondencia oficial i decretos de tramitacion; el seg

para la tesoreria fiscal, i trascripcion de notas.

A cargo de dos ausiliares se encuentran los archivos del departamento i los procesos cuyo número actual asciende a 397. Los dos ausiliares restantes ayudan en sus tareas a los empleados de número.

Gobernacion maritima. — Esta oficina se compone de veintiun empleados que son : un gobernador maritimo, un ayudante, que lo es un jefe de la marina, un oficial escribiente, cinco prácticos habilitados tambien de ayudantes, i trece marineros.

Las atribuciones de cada uno son las siguientes :

El Gobernador maritimo ordena el servicio de las guardias, oye las demandas, oficia a las autoridades, i vela por el cumplimiento del Reglamento de policia de la bahia. El ayudante, que hace las veces de Gobernador maritimo en ausencia de este, tiene sus mismas atribuciones.

El oficial escribiente desempeña el cargo de secretario del Gobernador maritimo, i corre con el arreglo de la oficina i de su archivo. Los prácticos se ocupan de hacer guardias en la bahia cada veinte i cuatro horas, de recibir los buques, amarrarlos i desamarrarlos, i de dar cuenta al Gobernador de las incidencias que ocurrieren en las guardias. Por último, a los marineros corresponde el arreglo de la oficina, cuidado de las embarcaciones de la Gobernacion i demas quehaceres inherentes a su cargo.

Dos cabos de matricula, aunque sin pertenecer a la dotacion de esta oficina, cuidan, bajo su dependencia, de conservar el órden que debe reinar en el muelle.

Comisaria de Ejército i Marina i Tesoreria fiscal unidas — Estas oficinas están a cargo de dos jefes con el título de ministro contador el uno, i ministro tesorero el otro, los cuales tienen a sus órdenes diez empleados i un portero ordenanza.

Se dividen en tres secciones : *Hacienda, Guerra* i *Marina.*

Hacienda. — Tiene un jefe de seccion, encargado de contestar las comunicaciones de esta naturaleza, i de llevar la caja de la oficina. Ausilia a éste un oficial 2.° i tenedor de libros.

Guerra. — Consta de un jefe, el cual forma los ajustes correspondientes a todos los batallones de linea i civicos del departamento, i tiene, como la anterior, un segundo oficial.

Marina. — Se compone de un jefe de seccion encargado de hacer todos los ajustes, i redactar las comunicaciones del ramo, con la obligacion de revisar los cuentas que a fin de mes forman los contadores de la dotacion de la escuadra, e igualmente del batallon de artilleria naval i batallon de marina. Esta seccion tiene, como las anteriores un oficial 2°.

Hai a mas cuatro oficiales ausiliares que sirven de copistas; uno de estos desempeña la comision de correr con los embarques i desembarques de todos los articulos de guerra pertenecientes al Estado.

Ademas de las atribuciones enumeradas, corresponde a esta oficina la administracion de las rentas de impuestos fiscales que se colectan en el departamento, i pagar las cantidades decretadas por la Intendencia, i los sueldos de los empleados nacionales con residencia en el departamento.

Estas oficinas funcionan en el edificio de la antigua Aduana de San Agustin.

Arsenales de marina. — Las atribuciones de esta oficina consisten en la custodia i guardia de los articulos de la Escuadra nacional i de los trabajos i reparaciones de la misma.

Funciona al interior del edificio del Palacio de la Intendencia.

Su personal se compone de los empleados siguientes : un comandante, un guarda-almacenes que tiene a su cargo todos los pertrechos de guerra de la escuadra, i un inspector de máquinas o jefe de injenieros maquinistas, que indica las composturas o reparaciones que debe hacerse a los buques de la escuadra, un constructor naval i un oficial interventor encargado de la contabilidad.

Oficina de enganche de marineros. — Esta oficina fué establecida en 23 de octubre de 1866. Sus atribuciones principales consisten en proveer a los buques de guerra i mercantes nacionales, de los oficiales de mar i marineros que necesiten para sus respectivos equipajes.

Tiene tambien la obligacion de intervenir i estender los contratos que deben celebrarse entre la jente de mar que se engancha por su conducto, representar a los marineros de los buques mercantes en los contratos en que hubiere intervenido, siempre que entre ellos i el capitan hubiere diferencia con relacion a dicho contrato. En las cuestiones que pudieran suscitarse resuelve breve i sumariamente el Gobernador Marítimo.

Esta oficina depende de la Comandancia Jeneral de Marina, está bajo la inspeccion inmediata de la Gobernacion Maritima i situada actualmente frente al Resguardo.

Se compone de un jefe Administrador, un oficial cajero i dos escribientes. Ademas tiene dos cabos de matricula.

Tesoreria departamental. — Esta oficina fué organizada el 11 de noviembre de 1845 i reorganizada el 23 de octubre de 1857. Su personal se compone de un tesorero miembro de la junta de Beneficencia de la que es presidente el intendente de la provincia, un oficial mayor interventor, un oficial primero i secretario de dicha junta, un segundo oficial que con el anterior lleva la contabilidad de los fondos que se administran por dicha Tesoreria bajo la responsabilidad del jefe, siete oficiales recaudadores i un portero.

Tiene por objeto la recaudacion de los impuestos municipales, de las entradas del hospital, hospicio, gremio de jornaleros i cementerio. Los fondos i bienes de estos establecimientos se administran por dicha oficina, como así mismo los correspondientes a las escuelas públicas del departamento.

Los sueldos de los empleados se cubren por mitad con fondos municipales i por los demas establecimientos, escluyendo al hospicio. El Tesorero no puede efectuar pago alguno sin que se decrete préviamente por la Intendencia.

Ultimamente se suprimió el destino de alguacil encargado de hacer efectiva la contribucion de alumbrado i sereno a los deudores morosos i se crearon dos plazas de receptores con las atribuciones que tenia el alguacil, las de hacer efectivas las multas por infracciones de policia, colectar las cuentas por empedrados i notificar los decretos gubernativos.

Factoria general del Estanco. — Esta oficina funcionaba en Santiago, habiéndose trasladado en 1847 a Valparaiso, segun la autorizacion conferida al Presidente de la República por lei de 12 de setiembre de 1846, i quedando suprimida la Factoria i la Administracion de especies estancadas que existian en aquella época en este puerto.

Las atribuciones de la Factoría General, son las siguientes : el espendio en Valparaiso de las especies estancadas que podrá hacer por sí i por medio de estanquillos situados donde mas convenga para el mejor servicio público i beneficio de la renta ; el despacho en Valparaiso de las patentes fiscales ; la recaudacion del derecho de alcabala i la de catástro o impuesto territorial; i el espendio del papel sellado que le fuere posible bajo las reglas prescritas en el reglamento espedido con fecha 24 de julio de 1847.

Esta oficina se encuentra dotada de los siguientes empleados: un jefe que lo es tambien de todas las administraciones de estanco con el titulo de *Factor Jeneral*, un tenedor de libros, un oficial primero, un oficial segundo, uno tercero, un guarda almacenes, un oficial cajero i auxiliar del guarda almacenes, dos guardas de a caballo i un sirviente.

Aduana de Valparaiso. — **Contaduría.** — **Alcaidía.** — **Vistas.** — **Resguardo.** — **Estadística.** — **Subdivision i atribuciones de cada una de estas oficinas.** — La administracion de la Aduana de Valparaiso está dividida en cinco o fi cinas distintas con sus jefes responsables i los empleados subalternos correspondientes para cada una. Estas oficinas son : *Contaduría, Alcaidía, Vistas, Resguardo* i *Estadística* con un personal en todo de 246 empleados.

Los jefes de la administracion son los Ministros de la Aduana, los cuales tienen su residencia fija en la oficina de la Contaduria i bajo su inmediata inspeccion las demas oficinas i los puertos maritimos i de cordillera de su dependencia ; pero mui especialmente la direccion de los trabajos, gobierno i mecanismo interior de solo la oficina de la Contaduria que está a su cargo bajo su responsabilidad.

Oficina de la Contaduría. — Tiene actualmente para su servicio 45 empleados desde jefe hasta porteros ; hace ya tres años que no se ha llenado la plaza vacante de uno de los Ministros establecidos por la lei, resintiéndose por esta falta el servicio público.

Los trabajos de la Contaduria están distribuidos en cinco departamentos, que son : *de los Ministros, Comprobaciones, Liquidaciones, Tesorería* i *Cuenta i Razon.*

— Corresponde a los *Ministros* cuidar del exacto cumplimiento de los deberes de los empleados de su dependencia i velar por el cumplimiento de las leyes en todo lo relativo al mejor servicio de las diversas oficinas de la administracion ; decidir las dudas que ocurran relativas al despacho i reclamos de avaluos ; asistir a la junta de comisos i de reclamos en el carácter de juez; velar en todo lo concerniente a la recaudacion de caudales; firmar toda providencia de tramitacion; dirijir notas a todas las Aduanas de la República i puertos de su dependencia, i en fin dar oportuna cuenta al Gobierno, por medio de la Intendencia, de la marcha de los trabajos i del réjimen interior de las oficinas.

— Los deberes del departamento de *Comprobaciones,* son : comprobar toda póliza que se presente con el manifiesto por menor ; arreglar por trimestres los manifiestos, listas de existencias i todo documento que deba remitirse a la Contaduria mayor ; llevar un libro de *entradas de buques,* otro de *notas de tránsito, de fianzas, de poderes, copiador de oficios, informes,* etc. etc. ; numerar toda póliza o pedimento que se presente, i cuidar del arreglo i documentos del archivo.

— Los deberes del departamento de *Liquidaciones* son principalmente : liquidar toda póliza o documento que se presente despachado con arreglo a la lei; firmar rejistros ; llevar un libro de los números que dé el Resguardo a las pólizas que adeuden derechos de esportacion ; otro libro de comunicaciones oficiales con las otras Aduanas de la República en lo relativo al comercio de cabotaje ; tomar razon de las marcas adoptadas por los diferentes establecimientos de cobres i harinas de la república; de las fianzas para las salidas de buques; de los números de los espedientes i de todo aquello que tenga relacion con los otros departamentos de la oficina para evitar las perdidas i estravios de los documentos.

· — Son deberes de la *Tesorería* recaudar i percibir los valores de contado segun la liquidacion de las pólizas i demas documentos que adeuden derechos ; llevar un libro de caja; otro para sentar diariamente la entrada i salida de caudales ; hacer los pagos que ordenen los ministros; confrontar diariamente la caja con el diario i pasar al departamento de cuenta i razon todos los documentos cuyos valores se hubiese recaudado o pagado.

— El departamento de *Cuenta i razon* tiene a su cargo la contabilidad en jeneral de la Contaduria de la Aduana i los libros Diario, Mayor i demas que son necesarios al objeto ; hacer los estados jenerales de entrada i salida, de acuerdo con los ministros; arreglar i remitir a la Contaduría Mayor la cuenta trimestral documentada; legajar los documentos para el archivo i cuidar de ellos.

Oficina de la Alcaidía. — Esta oficina es la encargada del depósito en jeneral de mercaderías en tránsito; es la oficina mas laboriosa i sobre la cual pesa la responsabilidad mas grande i efectiva. Está servida por 69 empleados desde los jefes para abajo. Sus trabajos están distribuidos en una oficina principal i en seis secciones, en que están divididos los almacenes de depósito. La oficina principal se subdivide en cinco mesas o departamentos que son : de los *Alcaides,* de los *Libros,* de *Renovaciones* i *Toma razon* de documentos.

Los almacenes con que cuenta para el depósito de mercaderias ascendian el 1° de enero de 1871 a 358, distribuidos en secciones i diseminados en varios puntos de un estremo a otro de la poblacion i en la forma siguiente:

1.ª seccion	71	almacenes comprendidos los subterráneos.				
2.ª »	56	»	»	»		
3.ª »	52	»				
4.ª »	39	»	»			
6.ª »	112	»	»	»		
De combustibles	8	»	situados en Playa Ancha.			
De pólvora	20	»	en el Alto del Puerto.			
Total:	358	almacenes.				

— La mesa de los *Libros* tiene por principal trabajo el de llevar por cada año los libros necesarios para la contabilidad de las diferentes secciones, llevando una cuenta corriente para cada una por las mercaderias que recibe i entrega.

— La mesa de *Cancelaciones* tiene a su cargo la formacion del libro de descarga, copiando al efecto los manifiestos por menor de cada buque en el libro que le corresponda, para que los guarda-almacenes reciban las mercaderias i den la entrada, determinando el almacen en que está depositado cada bulto.

Concluida la descarga, i cuando el comerciante lo solicite, procede a cancelar los manifiestos, dando recibo en cada uno por los bultos descargados.

— La mesa de *Renovaciones* está encargada de sacar cada mes una razon de las existencias de mercaderias que vencen el término de depósito en el mes siguiente, para lo cual lleva un libro de notas de tránsito i de renovaciones, para dar entrada a las mercaderias que renueven su depósito; otro libro de facturas, de retenciones i remates; forma relaciones parciales de las mercaderias rezagadas, las factura, dá avisos por los diarios i toma todas las medidas que crea necesarias para efectuar el público remate de ellas.

— La mesa de *Toma razon* de documentos, lleva un libro de números correlativos desde el 1.º de enero hasta fin de diciembre de cada año, con el objeto de anotar la fecha del despacho al número que le corresponda por cada documento que se le presente despachado o sin efecto; lleva un libro estractador de muestras de desembarque, recibe el despacho diario de los Vistas, lo arregla con el de la Alcaidía, i despues de firmado por uno de los alcaides, lo pasa bajo recibo a la mesa de Comprobaciones de la Contaduría. Por último, forma legajos del despacho diario i los archiva.

Oficina de Vistas. — Esta oficina está servida por ocho empleados, desde el jefe para abajo; tiene a mas cuatro oficiales pertenecientes a otras oficinas que sirven como vistas ausiliares.

El jefe de esta oficina está encargado de distribuir los trabajos i el servicio por semanas, determinando a cada uno de los empleados la seccion de almacenes en que debe despachar, con escepcion del encargado de la 6ª seccion que es inamovible, porque desempeña tambien las funciones de alcaide.

Incumbe a los Vistas practicar el aforo de las mercaderias con arreglo a la lei, avaluando las no comprendidas en la tarifa, con arreglo a las últimas ventas o precios corrientes de la plaza; hacer de los bultos que trate de reconocer, un minucioso i prolijo exámen, anotando las diferencias que notare en las mercaderias con lo pedido en la póliza; pasar diariamente bajo recibo a la alcaidía las pólizas del dia anterior, dando cuenta al jefe tanto de estas, como de las que, por alguna causa, quedaren pendientes.

Oficina del Resguardo.—Esta oficina es la encargada de la vijilancia de la bahia por mar i tierra, para lo cual tiene a su servicio 117 empleados, del tenor siguiente: 1 comandante, 4 tenientes, 12 guardas a caballo, 12 id. a pié, 3 id. ausiliares, 12 patrones de bote, 62 marineros propietarios i 11 id. ausiliares.

El principal deber del comandante es de vijilar activa i personalmente todas las operaciones del Resguardo i oficinas anexas a él; debe oir los reclamos de los capitanes de buques, de los consignatarios i sus ajentes ; debe distribuir el servicio de los tenientes ; dar las órdenes convenientes para evitar los embarques i desembarques clandestinos ; hacer recibir por los guardas la descarga de los buques, i entregarlas bajo recibo a los guarda-almacenes de la alcaidía; hacer los embarques, reembarques i trasbordo de mercaderias, i ejercer una vijilancia activa sobre el personal de la oficina.

No debe permitir que despues del toque de oraciones se embarque o desembarque equipaje ni bulto alguno, sin que sea prolijamente reconocido; debe impedir desde esa hora, todo tráfico por la bahia, suspendiendo los trasbordos, i sujetando toda embarcacion con mercaderias, dando inmediatamente cuenta al jefe de la Aduana, de las infracciones que notare.

Oficina de Estadística. — Esta oficina tiene para su servicio solo 7 empleados, incluso el jefe; sus trabajos están limitados a procurarse todos los datos comerciales necesarios, tanto de la Aduana de Valparaiso, como de las demas de la República i puertos de Cordillera, cuidando de requerir por ellos oportunamente, dando al efecto las instrucciones i modelos convenientes para su arreglo; dar al Gobierno i al jefe de la Aduana los informes, cuadros i datos estadisticos que pidieren, teniendo relacion con el comercio i administracion pública, i publicar la *Estadística comercial* en el primer trimestre de cada año.

Gremio de jornaleros. — Este cuerpo se encuentra bajo la inmediata direccion de un administrador que ejerce este cargo sin retribucion alguna. Los demas empleados son un comandante 1.°, un comandante 2.° i un escribiente. El gremio se compone de 23 cuadrillas con 35 individuos cada una, incluyéndose dos capataces 1.° i 2.°, que hacen las veces de mayordomos. Se ocupan de la descarga i reembarque de mercaderías de aduana, alternándose en estos trabajos por el órden en que están numeradas las cuadrillas matriculadas, no siendo permitida la entrada a los almacenes de dicha Aduana, a cargadores que no pertenezcan al gremio.

Para el cobro de sus derechos están sujetos a una tarifa aprobada por el Gobierno, calculada a razon de 10 centavos, término medio, por todo bulto que pueda cargar un solo hombre, siendo de cuenta del gremio el pago de carretones cuando se ofrece conducir las mercaderias a almacenes de depósitos distantes del punto de la descarga, siempre que esta distancia no esceda de 250 metros. La carga i descarga se efectúa bajo la responsabilidad del gremio, salvo caso fortuito.

La representacion judicial la ejerce el primer comandante; la direccion superior, la Junta de beneficencia, de la cual es miembro el administrador.

El gremio tiene una caja de ahorros donde se deposita la octava parte de los emolumentos que ganan sus miembros. Con este fondo se responde a los reclamos contra el gremio, se atiende a los sueldos de los empleados i a las enfermedades de los jornaleros; como tambien a las pensiones de los jubilados i viudas de los miembros.

Las entradas del gremio se administran por la Tesoreria departamental, en virtud de la ordenanza de esta oficina dictada en 1857. El Tesorero es tambien miembro de la Junta de beneficencia.

Para el pago de los empleados de esta oficina, contribuye el gremio con la sesta parte del sueldo que a cada uno corresponde.

La oficina del gremio está situada en la quebrada de Juan Gomez al pié del cerro del cuartel de Artilleria.

Juzgados. — La administracion de justicia es ejercida, como en Santiago i el resto de la República, por medio de Juzgados independientes unos de otros i divididos en tres secciones : *comercio, civil* i *criminal.* Cada uno de ellos tiene en Valparaiso un juzgado que conoce en primera instancia de sus causas respectivas, las cuales, en caso de apelacion van a la Corte de Apelaciones de Santiago.

El servicio judicial es desempeñado por 4 notarios, 3 secretarios de juzgados, 5 procuradores de mayor cuantia, 3 procuradores de menor cuantia i varios receptores.

Policia de seguridad. — El cuerpo de policia actual fué creado en 1852 con una fuerza de 210 hombres.

Despues de varios aumentos periódicos, cuenta en el dia con cuatro compañias, compuesta cada una de un capitan, un teniente, un subteniente, un sarjento primero, tres sarjentos segundos, seis cabos, un corneta o tambor i 90 soldados. Sea en todo 404 hombres, 4 subtenientes, 4 tenientes, 4 capitanes, 2 ayudantes, 1 mayor i 1 comandante.

Para alentar al soldado de policia en las penosas tareas del servicio, la Municipalidad acordó conceder pensiones de retiro a los oficiales i premios de constancia a las clases i soldados.

A mas de la fuerza enumerada, existen 800 policiales civicos que, bajo la designacion de *celadores*, hacen el oficio de policiales en los cerros i suburbios de la ciudad. Aunque dependen del comandante de policia en cuanto a su organizacion i disciplina, están bajo las órdenes inmediatas de los subdelegados e inspectores.

El sosten de la policia cuesta a la Municipalidad, la suma de 74,069 pesos, de los cuales 33,100 son suministrados por el Gobierno.

El 2 de abril de 1871 se instaló el cuerpo de policia en el magnífico edificio construido especialmente para su uso i del cual tratamos ya en la seccion de *Edificios públicos.*

Oficina de correos. — La oficina de correos de Valparaiso, funciona en el edificio de que ya hemos hablado. El trabajo es desempeñado por un administrador, un interventor, un oficial primero, dos oficiales segundos, dos oficiales terceros, seis auxiliares, un oficial destinado para el jiro postal i un portero.

En 1869 se recibieron en esta oficina 1.573,223 piezas, de las que 485,233 corresponde a cartas, 1.071,024 a impresos, 14,617 a oficios i el resto a muestras. En el mismo año se despacharon 1.311,920 piezas de las que 501,019 corresponde a cartas, 13,816 a oficios, 796,135 a impresos i el resto a muestras. El movimiento total ascendió pues a 2.885,143 piezas.

Cronolojía de mandatarios. — He aqui la nómina de los *gobernadores* propietarios i suplentes del departamento de Valparaiso, desde el año 1823 hasta 1842, en que fué ascendido al rango de provincia.

En 1823, jeneral D. José Ignacio Zenteno, propietario.
En 1825, id. » Francisco de la Lastra, propietario.
En 1831, id. » José Maria de la Cruz, propietario.
En 1832, D. Diego Portales, suplente.
En 1833, coronel D. Ramon de la Cavareda, propietario.
En 1837, .id. » Victorino Garrido, suplente.

Los *intendentes* propietarios i suplentes que ha tenido la provincia desde 1842 hasta la fecha, son los siguientes :

En 1842, jeneral D. José Maria de la Cruz, propietario.
En 1843, id. » Joaquin Prieto, propietario.
En 1843, capitan de navio D. Roberto Simpson, suplente.
En 1846, jeneral D. J. Santiago Aldunate, propietario.
En 1847, id. » Manuel Blanco Encalada, propietario.
En 1847, D. José Santiago Melo, suplente.
En 1850, » Anjel Castillo, suplente.
En 1852, teniente coronel D. Manuel T. Tocornal, suplente.
En 1853, D. Julian Riesco, propietario.
En 1856, » Domingo Espiñeira, suplente.
En 1856, » Manuel Valenzuela Castillo, propietario.
En 1858, » Jovino Novoa, propietario.
En 1859, » Manuel A. Orrego, suplente.
En 1859, jeneral D. Juan Vidaurre Leal, suplente.
En 1859, coronel » Cornelio Saavedra, suplente.
En 1860, D. Juan Enrique Ramirez, suplente.
En 1861, jeneral D. José Santiago Aldunate, propietario.
En 1864, D. Adriano Borgoño, suplente.
En 1864, » Ramon Lira, propietario.
En 1867, capitan de navio D. José A. Goñi, suplente.
En 1869, D. José Maria D. de la Cruz, suplente.
En 1870, » Francisco Echaurren Huidobro, propietario.

CAPITULO VI.

INSTRUCCION PÚBLICA.

Liceo de Valparaiso. — Escuelas públicas. — Colejios particulares. — Escuelas de beneficencia. — Escuela naval. — Escuela de aprendices de marineros.

Liceo de Valparaiso. — El 25 de noviembre de 1848 fué abierto por don José María Muñoz el primer liceo que hubo en Valparaiso. El 22 de marzo de 1862 se abrió el que hoi existe, con fondos nacionales.

El curso de Comercio que se sigue en él se hace en cuatro años, en el órden siguiente:

Primer año. — Gramática castellana, inglés, aritmética elemental, jeografía descriptiva, dibujo lineal, dibujo de paisaje.

Segundo año. — Gramática castellana, francés, inglés, práctica de operaciones aritméticas en inglés, áljebra elemental, historia universal i del comercio.

Tercer año. — Gramática castellana, francés, inglés, práctica de este idioma con aplicacion a la contabilidad, jeometría elemental, física elemental, química elemental, historia universal i del comercio.

Cuarto año. — Literatura (retórica i práctica), francés, práctica de este idioma con aplicacion a la contabilidad, cosmografía, elementos de economía política, id. de derecho comercial, ordenanza de aduanas, contabilidad teórica i aplicada.

Los alumnos de este curso asisten con los de humanidades i matemáticas a todas las clases que les son comunes.

Para incorporarse al curso de comercio, se necesita poseer los conocimientos elementales de aritmética, gramática, jeografía i catecismo que pueden adquirirse en las escuelas o en la seccion preparatoria del Liceo.

La planta de profesores asciende a 17, inclusos el rector i vice.

Habiéndose declarado en estado ruinoso el edificio que ocupaba el Liceo en 1869, se suprimió primeramente el internado, i en seguida se suspendieron las clases, permaneciendo sin funcionar durante algun tiempo, hasta que, despues de varios meses trascurridos en buscar un local aparente, se ha instalado en el edificio ocupado por la escuela superior de niños. Es sensible que un establecimiento de la importancia del Liceo, no tenga aun un edificio propio que reuna todas las comodidades necesarias, i se encuentre a la altura del adelanto i notable progreso de esta ciudad.

Escuelas públicas. — La instruccion pública sigue en Valparaiso su marcha progresiva aunque lenta, a consecuencia de los reducidos recursos con que cuenta la

Municipalidad para satisfacer a los crecidos gastos que demanda la creacion de nuevas escuelas.

La lei de Instruccion primaria de 1860 i el reglamento jeneral de 1863 han venido a restrinjir considerablemente la accion de las Municipalidades, sometiendo la direccion del ramo al Estado, que la ejerce por medio de una inspeccion jeneral de escuelas i de visitadores provinciales que dependen de ella.

Las escuelas públicas que existen en la actualidad, ascienden a 22, de las cuales 11 son de hombres i 11 de mujeres. Todas son elementales, a escepcion de una superior para cada sexo. La dotacion de las 11 escuelas de hombres asciende a 1,693, con una asistencia media de 1,447 alumnos; la de las mujeres alcanza a 1,864, con una asistencia media de 1,485 alumnas, formando un total de 3,557 individuos que reciben la instruccion gratuita.

El sosten de las escuelas citadas cuesta a la Municipalidad la suma de 14,566 pesos, repartidos entre los preceptores, preceptoras i ayudantes, i 10,950 pesos por arriendo de locales, formando un total de 25,516 pesos, de los cuales corresponde 7.17 anuales de gasto por cada uno de los alumnos. Pero recientemente el intendente de la provincia, de acuerdo con el Gobierno, ha aumentado el presupuesto de la instruccion pública a pesos 39,986.72.

Los ramos que se cursan i la organizacion interior de las escuelas, es la misma indicada en este mismo capítulo de la parte de Santiago.

— Recientemente se han nombrado por conducto de la Intendencia, dos comisiones compuestas, la una de señoras i la otra de caballeros que, con el título de *Visitadores de las escuelas públicas*, se han repartido entre sí todas las que existen en la actualidad, a fin de vijilarlas, poner un pronto remedio a los vicios de que pudieran adolecer i propender a la difusion de la enseñanza pública.

— Existe ademas una *Sociedad de Instruccion primaria*, que cuenta ya con un regular número de suscritores, los cuales van aumentando rápidamente entre todas las clases de la sociedad. Su objeto es reunir el capital suficiente para construir edificios *ad hoc*, que reunan todas las condiciones necesarias en esta clase de establecimientos. La enseñanza será gratuita.

Colejios particulares. — En la actualidad existen en Valparaiso 61 colejios particulares, de los que 19 son de niños, 20 de niñas, i 22 místos. En ellos hai matriculados 1,492 hombres i 1,359 mujeres, formando un total de 2,851 alumnos. La asistencia media es de 1,393 hombres i 1,116 mujeres. Son internos 390 hombres i 228 mujeres, i esternos 1,102 hombres i 1,131 mujeres.

— Reasumiendo lo dicho tocante a las escuelas públicas i particulares, resulta que el número total de alumnos asciende a 6,408, de los que 3,185 son hombres i 3,223 mujeres.

El número de estudiantes en los diferentes ramos que se cursan en las escuelas públicas i colejios particulares, es el siguiente:

Lectura, 6,408; Caligrafia, 5,667; Aritmética, 4,938; Catecismo, 4,925; Gramática, 3,082; Jeografía, 2,961; Cosmografia, 334; Historia sagrada, 874; id. de Chile, 405; Elementos de jeometría, 391; Dibujo lineal, 267; id. de paisaje, 227; Historia de

América, 77; Idioma inglés, 1,138; id. francés, 611; id. aleman, 226; Aljebrá, 14; Química, 8; Teneduria de libros, 198; Economia doméstica, 30; Música, 558; Labores de mano, 1,192.

— Los colejios que en fuerza de su antigüedad o método de enseñànza han logrado ocupar el primer rango, son los siguientes :

Para hombres :

— *Colejio de los Sagrados Corazones de Jesus i María*, fundado en 1838, situado en la calle de la Independencia, 94; su director, el padre Privat Claret.

— *Colejio Mercantil*, fundado en 1861; situado en la calle del Hospital, 15; su director, D. José Domingo Grez.

— *Colejio Valparaiso*, fundado en 1865; situado en la calle de la Victoria, 90: su director, D. Santiago Salas Guzman.

— *Instituto inglés*, fundado en 1867; situado en la calle de Chacabuco, 122; su director, D. Guillermo Linacre.

— *Seminario inglés clásico*, fundado en 1839; situado en la calle de la Cruz, 2; sus directores, SS. Golfinch i Bluhm.

— *Colejio aleman*, fundado en 1856; situado en el cerro de Concepcion; su director, D. O. Fiedler.

— *Colejio inglés*, fundado en 1858, situado en el cerro Alegre; su director, D. Pedro Mackay.

— *Instituto aleman*, fundado en 1869; situado en el cerro de Concepcion; sus directores, SS. Enrique Gehrcke i Christian Gabriel.

Para señoritas :

— *Colejio de Señoritas*, fundado en 1860; situado en la calle de la Independencia, 146; su directora, doña Manuela C. de Rodriguez.

— *Colejio Americano*, fundado en 1868; situado en la calle de la Victoria, 247; su directora, doña Sinforosa Castro.

— *Colejio de Señoritas*, fundado en 1870; situado calle del Circo, 50; su directora, doña Maria Cleret.

— *Colejio de los Sagrados Corazones*, fundado en 1870; situado en la calle Delicias, 240; su directora, madre Laura Reed.

— *Colejio inglés de Señoritas*, fundado en 1859; situado en el cerro Alegre, 48;

dida en 1870, i trasladados sus alumnos a la escuela militar de Santiago, donde, i
pues de cuatro años de estudios preliminares, pasan bajo el titulo de aspirantes,
Escuela naval, establecida en Valparaiso a bordo de uno de los buques del Estado
signado por el Gobierno.

. Los estudios se hacen en el curso de dos años, i comprenden, en el primero : Cos
grafia, elementos de jeométría descriptiva i de construccion naval i jeografía fís
artilleria naval, derecho internacional maritimo, artificios militares, arte de apare
ordenanza naval, e inglés. En el segundo año : Pilotaje, hidrografia, elementos de
cánica, artilleria naval, táctiva naval, maniobras marineras, manejo de las máqu
de vapor de uso a bordo, labores de mano, e inglés.

Despues de los dos años mencionados i de los viajes de instruccion ordenados po
Gobierno, son incorporados al servicio de la armada en calidad de guardias mari
Los aspirantes disfrutan del sueldo correspondiente a su empleo i de la racion de
mada. Para ingresar a la escuela se requiere no tener mas de diez i seis años de el

El personal de la Escuela consta de un director, que lo es el comandante del
que, un sub-director i tres ayudantes, que ejercen el cargo de profesores i son ofici
del buque.

Escuela de aprendices de marineros. — Fué abierta el 1.º de m;
de 1869 en el ponton Thalaba. Tiene por objeto la educacion gratuita de los niños
tinados a servir en los buques de la armada despues de concluidos sus estudios.
instruccion que reciben, consiste en los principales ramos de la enseñanza element
en la enseñanza profesional que comprende : Maniobras de velas i aparejo, labores
marinero, jimnástica, natacion, ejercicios de cañon, confeccion de artificios, i toc
que constituye el arte práctico del marinero de guerra.

Los estudios duran tres años, despues de los cuales pasan a los buques de la esc
dra en calidad de grumetes, estando obligados a servir durante siete años.

La administracion de la Escuela está a cargo de un director de la clase de jefe c
armada, un sub-director de la clase de teniente 1.º i un ayudante, teniente 2.º
lleva la contabilidad. La enseñanza corre a cargo de un maestre de viveres, un
tra-maestre i un condestable.

A cada alumno se le abona, desde su incorporacion, cuatro pesos mensuales i la
cion de armada, con escepcion del aguardiente, establecida en la marina. Se le da
mas el vestuario, libros i demas útiles que necesitare, con cargo a sus haberes.

Son preferidos para su admision, los huérfanos o hijos de oficiales de mar, de marin
u obreros ocupados en el servicio de la marina. Para ser admitido se requiere la c
de diez a catorce años.

Este magnífico plantel, destinado a dotar a nuestra escuadra de jente escojida i c
petente, funciona en la actualidad en el vapor *Valdivia*, i el número de sus alur
asciende ya a ciento. En los exámenes efectuados en diciembre de 1870, han demost
un adelanto tan notable que hace honor a su actual director D. Ignacio L. Gana.

MAYOR, POR MENOR, TIENDAS AL MENUDEO, DESPACHOS. — FÁBRICAS, INDUSTRIAS VARIAS, PROFESIONES. — IMPRENTAS, LIBRERIAS, FOTOGRAFIAS, TIENDAS DE MODAS. — COMERCIO JENERAL.

Teatros. — **Teatro de la Victoria.** — Fué construido por los Sres. D. Pedro Alexandri i D. Pablo del Rio, en virtud de un contrato celebrado con la Municipalidad en 20 de junio de 1843.

El plano fué aprobado por el Cabildo en mayo 5 de 1843, i por el Gobierno el 23 del mismo mes i año, habiéndose concluido el trabajo en 1844, año en que fué abierto al público.

La Municipalidad cedió a los empresarios el terreno sobre que está edificado, por el término de quince años, sin gravámen alguno para ellos. Posteriormente se han celebrado nuevos convenios entre la Municipalidad i sus nuevos propietarios, en virtud de los cuales continúan gozando del terreno, sin otra retribucion que dar algunas funciones a beneficio de los establecimientos de caridad que designe el Municipio.

Está situado en el costado norte de la plaza de la Victoria al costado del palacio del Cabildo. Su frente a la plaza mide 35 varas i 77 su fondo por el costado oriente. Su fachada es de cal i ladrillo i las murallas laterales de adobes, sobre un zócalo de piedra i ladrillos. La fachada consta de dos pisos, siendo ocupado el superior por el salon de la filarmónica, cerrado desde hace tiempo al mundo elegante, i la casa habitacion de su actual administrador D. José Luis Borgoño.

El interior del teatro, elegante y sencillamente decorado, ofrece comodidad para 1,500 personas. Cuenta con cuatro órdenes de palcos: el primero con 26, el segundo con igual número, el tercero con 18 i 100 asientos de anfiteatro, i el cuarto, la galeria, con 300 asientos. La platea contiene 431 asientos de los que 64 son sillones.

Los precios habituales en funciones ordinarias son los siguientes : Palcos de 1er órden 5 ps. ; palcos de 3er órden 3 ps. ; asiento de platea 50 centavos ; anfiteatro 25 centavos; galeria 50 centavos ; entrada jeneral 75 centavos. Los palcos de segundo órden pertenecen a particulares por haberlos comprado a los empresarios del teatro recien se edificó éste. Tienen por lo tanto, derecho para ocuparlos gratuitamente en toda funcion que tenga lugar en él.

El teatro de la Victoria posee en decoraciones un caudal inestimable. Son reputadas como las mejores de los teatros de Sud-América. La mayor parte se debe al célebre pintor Georgi, aunque tambien el Sr. Boulet actual pintor escenográfico, ha enriquecido la coleccion con varios telones de boca i decoraciones de gran efecto.

Teatro del Odeon. — Fué construido en 1869 por el empresario Sr. Smechia habilitado por D. Enrique Meiggs, con el objeto de hacer funcionar en él la compañia francesa que dicho empresario trajo poco despues de Europa.

El teatro es pequeño pero bastante elegante. La platea contiene 368 sillones. No cuenta sino un solo órden de palcos que tienen el defecto de estar colocados a una al_

VALPARAISO. — Teatro de la Victoria i Casa Consistorial.

tura demasiado grande. Su número asciende a 20. La galería contiene 150 asientos i el anfiteatro 38.

Clubs. — Existen en Valparaiso tres clubs: el de la Union, el Aleman i el Aleman de Artesanos.

Club de la Union. — La misma Sociedad que en 1842 presupuestaba la suma de 1,800 pesos para su instalacion i proponia la hipoteca de sus muebles a fin de completarla (como se verá por el documento orijinal que reproducimos mas abajo), ha alcanzado hoi tal grado de prosperidad, que no creemos exista en la América del Sur ninguno que se le asemeje en riqueza, elegancia i buen tono.

He aqui el documento orijinal con la firma de sus fundadores, de los que existen ya mui pocos :

Propositions for establishing an Association to be styled Union Club.

The object of the Association is to establish a Club of recreation and amusement, and it is suggested that six persons be appointed as an acting commitee for the purpose of taking a suitable house for the Club and other requisites for such an establishment in conformity with note annexed. And we hereby hold ourselves mutually responsible for all contracts expenditures made by the saïd commitee for the purposes above mentioned. ·

By the accompanying pro form a statement of expenditure, it will be perceived that about 1,800 dollars will be required for immediate disbursements and it is proposed that each Member shall pay in advance Dol. 34-4 and the remainder be taken at Interest, hypothecating the Furniture as security for the same. — The first annual subscription not to exceed Dol. 34-4 to be paid half yearly.

Valparaiso 18 Aug. 1842.

A. F Miller. — Francisco Peña. — R. D. Heatley. — Thomas Platt. — R. Iriarte. — F. Brown. — H. Lyon. — Sam. P. Oxley. — Oswald Grundy. — A. Claude. — J. Henderson. — Joseph Hobson. — A. R. Ward. — Geo. Ledsmer. — M. de Roux. — Thos. Gray. — J. Waddington. — John Thomson. — H. W. Rouse. — Roberto Simpson. — J. A. Santa Maria. — F. de S. Vidal. — James Duncan. — Henry Th. Moller. — Chas..Rowe. — W. H. Cumberley. — G. H. Huelin. — J. M. de la Fuente. — Geo. Lyon. — J. J. Rambach. — J. Walker. — E. Lynch. — W. R. Kennedy. — R. F. Maquieira. — J. R. Sanchez. — N. Paulsen. — Ed. Wm Berckemeyer. — Benj. Smith. — Meliton Caso. — José V. Sanchez. — Fred. Green — Thos. Nelson. — Geo. G. Hobson. — J. H. Polhemus. — Alex. Cross. — Henry V. Ward. — Th. Z. Nagel. Thomas Page. — John Walpole. — Ed. Roux. »

En aquella fecha el club ocupó la casa del Sr. Manterola en la calle de la Aduana, trasladándose algunos meses despues a la que hoi forma parte del Hotel Aubry. Pasó en seguida a la calle del Cabo, donde un voraz incendio destruyó su menaje i lo obligó a instalarse en la calle de Cochrane, permaneciendo allí hasta 1870, fecha en que se trasladó al magnifico palacio construido para su uso i que ocupa en la actualidad.

Sus salones de billar i de lectura, sus comedores i demas aposentos, están perfectamente distribuidos i adornados con ricos menajes encargados a Inglaterra.

En la actualidad cuenta este club con 170 miembros de todas nacionalidades, especialmente ingleses. La cuota de entrada es de 75 pesos i la suscricion anual, de 60 pesos, pagaderos por trimestres.

La direccion del club está confiada a un *Directorio* compuesto de siete miembros, i a una *Comision electiva* compuesta de trece. El primero, cuyo presidente lo es desde hace años el honorable caballero D. R. D. Heatley, uno de los pocos socios fundadores que aun existen, está encargado de la administracion del establecimiento i de hacer cumplir estrictamente sus estatutos i reglamento interior. A la comision electiva, agregada al Directorio, le corresponde calificar las solicitudes de los que desean formar parte del club.

Club Aleman. — Es el mas antiguo de Valparaiso, pues fué establecido el 9 de mayo de 1838 por los pocos alemanes que entonces residian en este puerto i que ya desde 1835 acostumbraban tener reuniones musicales en sus mismas casas. Se estableció en un edificio que entonces se construia cerca de la iglesia matriz i se limitaron sus socios a reuniones periódicas, tanto musicales como teatralès, dando amenudo conciertos que, cómo únicos en su clase en aquel tiempo, eran mui concurridos ·por la familias chilenas i estranjeras. En 1839 se sintió la necesidad de dar al local de reuniones mayor ensanche, por lo que se tomó la casa del Sr. Riobó en la plaza municipal.

Habiéndose aumentado considerablemente el número de socios, se pensó ya en dar a la sociedad el carácter de club propiamente dicho, cuando antes solo habia tenido el de una asociacion musical. En 1853 pasó a la casa del Sr. Cousiño en la calle del Cabo donde fué victima del incendio de 1858.

Poco despues de esta fecha se instaló en el local que hoi ocupa, el cual tiene todas

VALPARAISO. — Hotel Aubry.

las comodidades necesarias para un número considerable de socios. Estos ascienden en la actualidad a 130, alemanes en su mayor parte, pues segun los estatutos, solo pueden ingresar a él los de nacionalidad alemana o los que conocen el idioma. Sus salones contienen una biblioteca compuesta de 3,000 volúmenes, varios billares i colecciones de los periódicos principales de Europa i América.

La cuota de entrada es de 5 pesos i la de suscricion anual de 40 pesos. El Directorio es compuesto de siete miembros i la comision encargada de calificar las admisiones, de nueve. El hotel está a cargo de un empresario particular que paga al club 1,000 pesos por el derecho de esplotacion.

Club Aleman de Artesanos. — Fundado en 9 de octubre de 1860 compuesto en la actualidad de 80 miembros. La cuota de incorporacion es de 2 pesos i la de suscricion 1.20 al mes. Lo que falta para el entero de sus gastos se cubre por suscricion voluntaria entre los asociados.

Su objeto principal consiste en hacer reinar entre sus miembros la mas severa moralidad, impidiendo asistan a establecimientos perjudiciales. Para el efecto, sus salones contienen una buena biblioteca i varios periódicos estranjeros, i tienen lugar en ellos frecuentes conciertos vocales e instrumentales. Profesores competentes enseñan la música, canto e idiomas.

Hoteles, cafés, posadas, fondas, etc..

— Valparaiso cuenta en el dia con 10 hoteles, de los cuales 6 son de primer órden i montados con todo lujo. Son los siguientes :

Hotel Aubry, situado en la calle de la Aduana en el centro del comercio i en un edificio de 3 pisos. Fué establecido en 1830 por M^ma Aubry i pertenece en la actualidad al Sr. D. Alfredo Goyenèche. Tiene 54 piezas i 10 departamentos para familias.

VALPARAISO.— Hotel Colon.

Hotel Colon, situado en la calle del Cabo en el hermoso edificio de D. Guillermo Jenkins construido especialmente para su uso. Fué establecido en 1864 por su actual propietario D. E. Kerbernhard. Tiene 46 piezas i algunos departamentos para familias.

Hotel Dimler, situado en la plaza del Orden en un edificio de 3 pisos. Cuenta con 35 piezas i 8 departamentos para familias.

Hotel de la Union, situado en la calle de Cochrane en un edificio de 3 pisos, cuenta con 36 piezas i 11 departamentos para familias. Su dueño lo es D. Eduardo Jannaud. Fué fundado en 1851 en la calle de la Planchada, pero despues del incendio del 31 de mayo de 1866 se trasladó al sitio que hoi ocupa.

El **Hotel Cochrane,** situado en la calle de su nombre fué establecido en 1866 por su actual propietaria doña Carolina G. de Ochninger. Cuenta con 40 piezas i 6 departamentos para familias.

Hotel Oddo, situado en la calle de la Planchada, ocupa un espacioso edificio de 3 pisos construido espresamente para su uso i del cual ya hemos hablado. Tiene 40 piezas i 11 salones para familias. Su dueño lo es D. Felix Oddo, quien lo estableció a principios de 1870.

— Los seis hoteles mencionados están perfectamente atendidos i su mesa i servicio son escelentes.

Los siguientes son de segundo órden.

Hotel Lafayette, situado en la calle de la Planchada en un antiguo edificio de dos pisos con comunicacion con el cerro, donde el hotel ha establecido sus piezas. Su clientela se compone de comerciantes de la costa o del interior que desean gastar poco sin que por esto sean mal servidos. Pertenece a D. A. Dodin.

Hotel de la Estrella, situado en la calle de Cochrane, preferido tambien por la jente de escasos recursos.

El **Hotel Exchange,** situado a inmediaciones del anterior, que antes sólo era un café, célebre por sus nutritivas *sopas de tortuga* i demas platos escencialmente ingleses, ha principiado ahora a arreglar aposentos para pasajeros en una casa que ha adquirido recien, con balcones hácia la plaza de la Intendencia.

El **Hotel de Chile,** situado en la calle de la Aduana en un antiguo i vasto edificio de tres pisos. Arrienda piezas i departamentos sin mesa ni servicio.

— Hai ademas 8 posadas de tercero i cuarto órden.

— Existen 12 cafés de los que, los mas importantes son : el de la *Bolsa,* situado

VALPARAISO. -- Hotel Dimier.

en la plazuela de la Intendencia, i el *Americano* antes *Guinodie,* situado en la misma plaza.

— El número de fondas de tercero i cuarto órden alcanza a 306, repartidas en los suburbios de la ciudad i en los cerros.

Almacenes por mayor i por menor, tiendas al menudeo, fábricas, i otras industrias. — Valparaiso cuenta con 24 casas importadoras i consignatarias de mercaderias estranjeras ; 133 almacenes por mayor i casas importadoras de mercaderias estranjeras i nacionalizadas ; 188 tiendas de trapos al menudeo de las cuales 48 son de articulos de lujo ; 434 tiendas de abarrotes i menestras; 120 baratillos; 8 almacenes de ropa hecha, 3 de música, 2 de mármoles, 4 de pianos i 4 de papeles pintados.

Las **Fábricas,** ascienden a 60 repartidas como sigue : fábricas de licores espirituosos 6 ; id. de cerveza 9 ; de carruajes 3 ; de fideos 3; de velas i jabon 9 ; de velas para buque 1 ; de aserrar maderas 4 ; de sacos 1 ; de gas 2 ; de tejas i ladrillos 17 ; de loza 1 ; de aceite 1 ; de parafina 1 ; de chocolate 1 i de galletas 1.

Las máquinas a vapor establecidas en la población, alcanzan a 50 con una fuerza nominal de 447 caballos. Un inspector de máquinas nombrado por la intendencia, tiene a
su cargo la vijilancia de estos calderos, sin que puedan trabajar con una presion mas
elevada que la señalada por él.

— Las demas industrias están repartidas como sigue : droguerias i boticas 17; mer-
cerias 13; panaderias 19; carpinterias 30; carnicerias 11; cigarrerias 49; herrerias

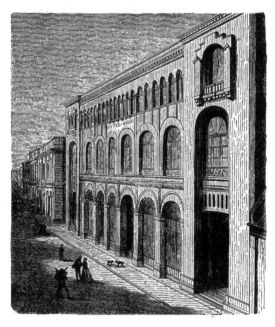

Valparaiso. — Hotel Oddo.

i caldererias 27; hojalaterias 9; fotografias 9; joyerias 6; relojerias 17; sastrerias 29;
sombrererias 10; zapaterias 36; peluquerias 8; platerias 3; 'amparerias 4; mueblerias 14; martillos 5; imprentas tipográficas 5; id. litográficas 3; librerias 5; bodegas
29; barracas de fierro 5; id, de madera 9; id. de carbon de piedra 1; caballerizas 18;
casas de prendas 17; colchonerias 6; curtiembres 4; barberias 6; encuadernaciones 2;
dulcerias 4; modistas 3; saladeros de cueros 1; tornerias 2; tonelerias 6; talabarterias 5; tintorerias 1 i 1 molino.

— Las profesiones se reparten como se demuestra a continuacion : abogados 22;
agrimensores e injenieros 7; constructores de edificios i de buques 8; médicos 15;
ajentes de comercio 11; id. de despacho 10; comisionistas 13; corredores 6; procuradores 9; notarios 4; secretarios de juzgados 2; dentistas 3; profesores de piano i

canto 8; retratistas al óleo 1; pintores 4; pirotecnicos 1; matronas 11; fleboto-
mistas 5.

Imprentas i periódicos. — Las principales son : la del *Mercurio* situada en
un edificio de 3 pisos del cual ya se ha dado cuenta; la de la *Patria* situada en la calle

VALPARAISO. — Imprenta del Mercurio.

del Almendro; la del *Universo*, en la calle de la Aduana; la *Èuropèa* en la calle de la
Planchada, i la *Albion* en la Quebrada de San Agustin.

La del **Mercurio** pertenece al autor de este trabajo i a D. Camilo Letelier, bajo la
razon social de Tornero i Letelier. En ella se publica el diario «*El Mercurio*,» cuyo
1er número apareció el 12 de agosto de 1827 en un pliego de papel de cartas comun, debiendo publicarse dos veces por semana. Fué fundado por D. Ignacio Silva en compañia
con un americano Sr. Wells, siendo su redactor el hoi respetable anciano D. Pedro

Felix Vicuña. La sociedad de Silva i Wells vendió la empresa en 1833 a D. José Luis Calle quien la traspasó en 1841 a D. Manuel Rivadeneyra. Este vendió a su vez el establecimiento en 1842 a D. Santos Tornero, en cuyo poder ha permanecido durante 22 años, aumentando progresivamente el tamaño del diario i adquiriendo una verdadera importancia. En 1865 pasó el negocio a manos del que esto escribe tomando el diario bajo su direccion, el mayor tamaño que hoi tiene i ocupando el edificio construido para su uso. En 1870 se formó la sociedad que hoi existe. El Mercurio es el único diario verdaderamente imparcial e independiente, pues no reconoce partido alguno.

La imprenta de la **Patria** publica el diario de este nombre fundado en 1863. Su propietario lo es D. Isidoro Errázuriz. Este diario defiende los intereses radicales amalgamados con los del partido montt-varista.

— Las **librerias** son las siguientes: La del *Mercurio* situada en la calle del Cabo con una sucursal en el Almendral i ajencias en las principales ciudades de la república, cuenta con inmensos surtidos de toda clase de obras i útiles de escritorio i dispone de una imprenta i fábrica de libros en blanco, establecida en Santiago. Su propietario lo es D. Orestes L. Tornero.

La de D. Emilio Guy situada en la misma calle bajo el nombre de *Librería Universal*. Fué establecida por los editores de Paris Sres. Rosa i Bouret i vendida por estos a su actual dueño.

La *librería Europea* de D. Nicasio Ezquerra, situada en la calle de la Aduana. Ambas tienen un hermoso surtido de libros i útiles de escritorio.

La de D. Roberto Struthers, situada en la calle del Cabo, se limita a la venta de libros ingleses.

— Las principales *fotografías* son: la de los Sres Rowsel i Courret H.ºˢ establecida por D. W. Helsby en 1842 i de cuyos talleres han salido hermosos trabajos que pueden compararse con ventaja a los mejores de las fotografias europeas; la de D. Guillermo Cunich cuyos trabajos rivalizan en perfeccion con la que acabamos de mencionar.

— De los almacenes de modas i tiendas al menudeo, debemos mencionar, como la que mas llaman la atencion entre las lujosas tiendas de la calle del Cabo, las siguientes:

La *Ville de Paris* perteneciente a los Sres H. Chopis i C.ª. Sus estantes encierran constantemente cuanto de mas moderno i mas rico en articulos para hombres, sale de las fábricas francesas e inglesas.

Las tiendas de los Sres. Claudio Prá, L. Lebosquain, Palacios i C.ª, Chessé, Monreal Hºˢ, cuyas espaciosas ventanas ricamente adornadas, son el encanto de las mujeres i la desesperacion de los maridos.

Las de M.ª Copin i M.ª Ernestine, las favoritas de nuestras elegantes para todo lo concerniente a la confeccion de trajes, conservan aun el cetro de la moda a pesar de haberlo perdido momentáneamente su madre patria.

— Entre las mueblerias sobresale el magnífico almacen de los Sres. C. Seckel e hijos. En él se encuentra cuanto de mas rico puede desearse para el menaje de una casa.

. La muebleria de los Sres A. Baird i C.ª situada en la calle del Cabo, llama tambien la atencion por sus hermosos juegos de muebles ingleses.

. La lamparería de los Sres. Guillermo Jenkins i C.ª, i el almacen de música de D. Cárlos Kirsinger atraen las miradas de los transeuntes.por los inmensos i preciosos almacenes que ocupan en'ei edificio de propiedad de D. G. Jenkins, que ya hemos descrito.

Comercio jeneral de Chile.

— El comercio de Chile principió a tomar incremento en 1687 despues del gran terremoto que en ese año asoló a Lima, destruyendo sus plantaciones de trigo atacadas simultáneamente por el polvillo. El trigo que entonces valia cuatro reales la fanega, subió a 6 pesos, de suerte que todos los agricultores se aprovecharon de esta nueva fuente de riqueza i se dedicaron a esplotarla, haciendo de Chile hasta el dia, uno de los principales mercados del mundo.

La habilitacion del tráfico por el cabo de Hornos en 1701 atrajo a Valparaiso por ve primera el comercio francés i con él una infinidad de articulos de consumo hasta entonces desconocidos. Desde esa fecha data el uso de los 'primeros carruajes, biliares, claves (pianos) botellas i vasos de vidrio, etc.

En la actualidad, relativamente con su poblacion, Chile es uno de los paises mas comerciales del mundo. Millares de buques arriban anualmente a sus costas con valiosos cargamentos destinados, una gran parte, para el consumo del país, i el resto para.el Sur de Bolivia (via Cobija) i las provincias del. Nor-oeste de la República Arjentina.

Los principales articulos de importacion consisten en algodones, tocuyos, alpacas, azúcar refinada i prieta, yerba mate, carbon de piedra i ganados de la República Arjentina.

La esportacion consiste principalmente en plomo, cobre, plata en barra, ejes de cobre i platosos, trigo, harinas i cebada.

A continuacion damos algunos cuadros estadisticos que demuestran el comercio de Chile segun la *Estadística* del año 1870.

. **Importacion jeneral.** — Bajo este título comprendemos todas las mercaderias que han entrado a Chile, ya sea para su propio consumo, o para ser trasportadas al esterior.

El valor total de la importacion por mar ascendió a la suma de 34.839,584 pesos, de los que 1.134,643 corresponde a los demas puertos mayores de la República i el resto a Valparaiso.

La importacion por tierra alcanzó a 1.090,868 pesos, de los que 787,280 pesos cor. responden a Copiapó i Coquimbo. La importacion por tierra consiste principalmente en animales vacunos, lanares i cabalgares procedentes de la República Arjentina.

De manera que el total de lo *entrado* al pais por mar i tierra, asciende a 35.930,452 pesos.

. De esta cantidad ha *egresado* la suma de 8.698,234 pesos, de los que 1.001,601 con destino a la República Arjentina, i el resto a varias otras plazas comerciales, entre las que figuran en primera linea las del Perú i Bolivia.

Importacion especial. — Deduciendo el valor del *egreso* del total de lo *entrado*, tendremos pues que lo consumido en el pais asciende a 27.232,218 pesos.

CLASIFICACION.	ESPECIFICACION.	VALOR.	Consumo por habitante.	Tanto por 100 de la importacion.
		Ps.	*Ps.*	
Vestuario........ ..	Telas varias, ropa hecha, calzado, sombreros, guantes, etc., etc......	8.923,530	4,70	32.7
Alimentos	Carnes, granos, frutas, etc , i azúcares. (A estos corresponde el 10,7 °/₀ del total)....................	4.395,394	2,31	16.1
Menaje i consumo doméstico..........	Loza, cristalería, útiles de cocina, muebles i todo menaje de casa....	2.439,048	1,28	9
Industria en grande..	Máquinas para la industria en grande escala, carbon de piedra..........	2.095,138	1,10	7.7
Industria en pequeño.	Herramientas i pequeñas máquinas...	164,371	0,09	0.6
Materias elaborables.	Maderas, fierro, mármoles, etc., destinadas al trabajo manual.........	2.765,371	1,46	10.2
Drogas....	Toda clase de medicamentos........	195,806	0,10	0.7
Ciencias, letras, moral, beneficencia...	Libros, imprentas i sus útiles, papeles, instrumentos de cirujia, matemáticas, etc., etc....................	217,558	0,11	0.8
Seguridad i bien público....	Artículos para las compañias de bomberos, armas para el ejército, etc..	125,944	0,07	0.5
Locomocion	Locomotoras i articulos para ferrocarriles, artículos para buques, coches, carretones, etc.............	630,738	0,33	2.3
Elementos de cambio.	Dinero, billetes de cambio i bonos de créditos.....................	418,053	2,22	1.5
	Total.................... Ps.	22.372,411	11,77	82.1

ARTÍCULOS DE CONSUMO SUPÉRFLUO.

Vestuario de lujo ...	Jéneros de seda, joyeria fina i falsa i todo lo concerniente a la ornamentacion i al lujo........	2.164,735	1,14	7.9
Golosinas i bebidas..	Legumbres, dulces, confites, té, café, yerba mate, bebidas, licores, etc..	1.460,084	0,77	5.3
Tabaco...........	Cigarros, rapé i útiles de fumar.....	732,041	0,39	2.7
Juegos...........	Billares, naipes, juguetes para niños.	98,052	0,05	0.4
Perfumeria ....,	Agua de Colonia i florida, perfumeria surtida.....................	103,196	0,05	0.4
Menaje de lujo.....	Muebles ricos, jéneros de seda para muebles, tapiceria de lujo........	132,808	0,08	0.6
Bellas Artes.......	Pianos, instrumentos de música, estatuas, cuadros, etc.............	148,891	0,08	0.6
	Total. .... Ps.	4.859,807	2,56	17.9

Hé aqui ahora el rango que corresponde a los diferentes paises en la importacion total :

1. Inglaterra	Ps. 10.820,268	Del frente	Ps. 26.913,992	
2. Francia	» 7.194,551	15. Paraguay	» 63,112	
3. Alemania	» 2.274,274	16. China	» 56,659	
4. Perú	» 1.679,788	17. Holanda	» 39,039	
5. República Arjentina	» 1.480,543	18. Uruguay	» 38,795	
6. Norte América	» 1.237,564	19. Australia	» 31,430	
7. Brasil	» 682,509	20. Polinesia	» 21,517	
8. Béljica	» 534,690	21. Prusia	» 14,819	
9. California	» 236,275	22. España	» 5,520	
10. Italia	» 183,933	23. Nueva Granada	» 3,376	
11. Centro América	» 152,300	24. Suiza	» 2,192	
12. Cuba	» 142,010	25. Portugal	» 989	
13. Bolivia	» 139,645	De la pesca	» 40,758	
14. Ecuador	» 135,642			

Total........ Ps. 26.913,992

Total importado...... Ps. 27.232,218

de los que 25.310,291 pesos corresponden al puerto de Valparaiso.

Esportacion. — El valor total de la esportacion ascendió a 27.725,778 pesos, de los que corresponde :

a la industria minera	Ps.	16.193,483	igual a un	58.6 %
a la id. agricola (1)	»	8.275,490	»	»	29.8 »
a industrias varias	»	2.295,722	»	»	8.2 »
a productos nacionalizados	»	961,083	»	»	3.4 »

Ps. 27.725,778   100 %

Los productos de la industria minera se descomponen de la manera siguiente :

Cobre en barra	34.6 %
Ejes de cobre	33 »
Minerales de cobre	3.8 »
Plata en barra	20.3 »
Ejes platosos	5.6 »
Minerales de plata	0.3 »
Id. de plomo arjentífero	0.1 »
Plomo en barra	1.0 »
Carbon de piedra	1.3 »

100 %

Los mismos corresponden a los diversos paises receptores como sigue :

A Inglaterra	Ps.	12.662,612
» Perú	»	2.422,961
» Francia	»	642,138
» Norte América	»	247,335
» Alemania	»	150,954
» California	»	25,105
» Bolivia	»	6,075
» rancho (carbon para buques)	»	36,303

Ps. 16.193,483

(1) La esportacion de productos agricolas en el año anterior ascendió a 12.289,269 pesos. La disminucion de cuatro millones que se nota en el presente año es debida a la fuerte competencia que el año anterior nos hicieron los grandes mercados proveedores de Estados Unidos, Rusia, Lombardia i Australia.

Los productos de la industria agricola se descomponen como sigue :

Trigo	31	°/o
Harina	28	»
Cebada	1.3	»
Otros productos	39.7	»
	100	°/o

El rango que corresponde a los diversos paises receptores es el siguiente :

EN LA ESPORTACION DE TRIGO :

al Perú	39	°/o
a Inglaterra	35.5	»
al Uruguay	13.6	»
a Francia	8.6	»
a otros paises	3.3	»
	100	°/o

EN LA DE HARINA :

al Uruguay	60.4	°/o
al Perú	17	»
a la República Arjentina	4.8	»
a Bolivia	4.2	»
al Ecuador	3	»
a otros paises	10.6	»
	100	°/o

EN LA DE CEBADA :

al Perú	43.3	°/o
a Bolivia	37.3	»
a Norte América	5.2	»
a Inglaterra	4.1	»
al Uruguay	3.6	»
a otros paises	6.5	»
	100	°/.

Hé aquí ahora el rango que corresponde a los diversos paises en la esportacion total, la cual ascendió como ya lo hemos dicho, a 27.725,778 pesos :

1. Inglaterra	Ps.	14.465,668
2. Perú	»	7.055,959
3. Uruguay	»	1.965,395
4. Francia	»	1.400,259
5. Norte América	»	671,736
6. Bolivia	»	512,878
7. Alemania	»	354,587
8. República Arjentina	»	232,877
9. Ecuador	»	115,841
10. California	»	116,089
11. Centro América	»	86,546
Total	Ps.	26.977,835

Del frente	Ps.	26.977,835
12. Nueva Granada	»	82,170
13. Bra-il	»	46,827
14. Béljica	»	31,604
15. Polinesia	»	25,498
16. Italia	»	22,078
17. China	»	3,965
18. Islas Malvinas	»	533
19. Méjico	»	116
20. Portugal	»	48
Rancho de buques	»	535,187
Esportacion total	Ps.	27.725,778

de los que 12.711,689 pesos corresponden a Valparaiso.

portador 26.435,362 pesos, i como puerto receptor 10.149,304 pesos, o sea el primer rango en ambos casos.

Movimiento Marítimo. — El número total de buques entrados a puertos de Chile, tanto nacionales como estranjeros, asciende a 4,008 con 1.872,474 toneladas, i el de los salidos a 4,029 con 1.848,913 toneladas.

Su nacionalidad i tonelaje se demuestra a continuacion :

NACIONALIDAD.	ENTRADAS.		SALIDAS.	
	Buques.	Toneladas.	Buques.	Toneladas.
Ingleses.............	1,699	1.205,361	1,691	1.205,017
Nacionales..........	582	138,059	666	141,228
Norte Americanos....	479	154,455	455	148,043
Salvadoreños........	402	101,456	417	104,695
Guatemaltecos.......	281	79,644	278	79,394
Italianos.............	185	53,718	182	49,999
Alemanes............	146	59,834	123	45,991
Franceses............	92	41,388	89	40,794
Noruegos............	12	4,278	13	4,713
Belgas	10	4,152	7	2,826
Peruanos............	10	2,795	10	3,029
Hawayanos	8	4,377	6	2,608
Daneses	7	1,691	9	2,338
Holandeses..........	5	1,016	1	226
Arjentinos..........	4	2,159	3	1,198
Polineses...........	4	2,581	4	2,329
Brasileros	2	483	2	483
Prusianos...........	2	711	1	231
Rusos..............	1	225	1	225
Ecuatorianos........	1	557	1	557
Suecos	1	432	1	432
Totales........	4,008	1.872,474	4,029	1.848,913

De los 4,008 buques entrados en los puertos de Chile, 1,409 corresponden a Valparaiso, procedentes de los puertos espresados a continuacion :

	Toneladas.			Toneladas.
De Inglaterra.............	207 con 113,840		Del frente........	696 con 348,431
Del Perú................	81 » 34,514		De Italia..............	6 » 3,086
De Uruguay.............	63 » 21,068		De las Islas Vancouvers....	5 » 2,115
De la República Arjentina.	62 » 23,037		De Centro América........	4 » 1,692
De Francia.............	55 » 27,413		De las Islas Malvinas	3 » 1,511
De Panamá.............	39 » 39,074		De la China.............	2 » 583
De arribada.............	33 » 18,585		De cruzar..............	2 de guerra.
De Alemania.............	28 » 14,931		Del Ecuador.............	2 con 341
Del Brasil.............	26 » 9,081		De la pesca...............	2 » 348
De California............	25 » 11,525		Del Cabo de Buena Esp.ª ..	1 » 298
De Australia............	25 » 13,044		De Jibraltar..............	1 » 252
De los Estados Unidos	24 » 14,852		De Méjico..............	1 » 32⁷
De Bolivia..............	19 » 6,280		De Cuba................	1 » 268
De Tahití	9 » 1,187		Del cabotaje.............	683 » 183,128
Total..	696 con 348,431		Totales	1,409 con 542,380

CAPITULO VIII.

ESTABLECIMIENTOS DE CRÉDITO.

BANCO NACIONAL DE CHILE. — BANCO VALPARAISO. — BANCOS DE PARTICULARES. — DEDUCCIONES. — COMPAÑIA INGLESA DE VAPORES. — COMPAÑIA SUD-AMERICANA. — COMPAÑIA WHITE STAR LINE. — COMPAÑIA TRASATLÁNTICA. — OTROS VAPORES. — FERROCARRIL URBANO. — COMPAÑIA DE CARRUAJES. — COMPAÑIAS DE SEGUROS : AMÉRICA, CHILENA, NACIONAL, REPÚBLICA, LLOYD — FERROCARRILES : DE CARRIZAL, CERRO BLANCO, TONGOY, COQUIMBO, COPIAPO, CHAÑARAL. — DIQUES FLOTANTES. — VAPORES REMOLCADORES. — COMPAÑIA NACIONAL DE REMOLCADORES. — COMPAÑIA DE CONSUMIDORES DE GAS. — RESÚMEN. — OTRAS SOCIEDADES ANÓNIMAS.

Banco Nacional de Chile. — Este banco fué establecido por decreto supremo de 12 de julio de 1865, con un capital nominal de 10.000,000 de pesos repartidos en 10,000 acciones de 1,000 pesos, pero con facultad de aumentarlo hasta 16.000,000.

Las acciones son trasferibles, i la duracion del banco es de 50 años, pudiendo ser prorrogado o suprimido, antes de cumplido dicho plazo. Sus operaciones son las siguientes: recibe i presta dinero a interés; descuenta letras, pagarées i otras obligaciones; lleva i hace adelantos en cuenta corriente; hace adelantos con garantía de prendas de cualquier clase; recibe en depósito i custodia oro, plata, joyas o títulos de valor; compra i vende de su cuenta metales preciosos, bonos de la deuda pública o cualesquiera otros títulos de crédito; jira letras o cartas de crédito, i hace remesas de fondos propios o ajenos de un punto a otro del pais o fuera de él, i por fin, emite billetes con arreglo a la lei. Su administracion está a cargo de un Consejo jeneral compuesto de 14 accionistas, de los que 9 residen en Valparaiso i 5 en Santiago; estos forman un Consejo local. Los beneficios se distribuyen entre el fondo de reserva, los fondos especiales i los accionistas.

El movimiento de este banco el 1er semestre de 1871, fué el siguiente:

Capital nominal 10.000,000 de pesos; pagado, 2.500,000 pesos; número de acciones 10,000; por ciento pagado 25; fondo de reserva 425,000 pesos; billetes en circulacion 2.768,650 pesos; depósitos en jeneral 11.625,411 pesos; utilidad liquida del semestre 321,568 pesos; producto del capital i fondo de reserva 11 por ciento; reparto segun las Memorias, 9 por ciento; precio de las acciones en 30 de junio de 1871, 120 por ciento; resultado para los accionistas en el semestre tomando por base el precio de las acciones, 5 por 100; equivalente al año a 10 por ciento.

Estos datos manifiestan el estado floreciente de la casa i el pingüe negocio de los accionistas.

Los billetes de este banco son de recibo forzoso en las arcas fiscales, en virtud de un privilejio otorgado por el Gobierno en 1866 a favor de los bancos que entonces concurrieron a proporcionarle un empréstito para hacer la guerra a España.

Este banco, el mas importante de Chile, tiene sucursales en Santiago, su administrador D. Alejandro Vial; en Concepcion, su ajente D. Guillermo Scott; en la Serena, su ajente D. Juan Buchanan; en Talca, su ajente D. Federico Gerstzen; en

VALPARAISO. — Banco Nacional.

Chillan, su ajente D. Jorje C. Schythe. Su director jerente en Valparaiso lo es D. Guillermo P. Wicks, antiguo jerente del banco de Valparaiso, a cuyos profundos conocimientos i reconocida prudencia, debe este banco una gran parte de su prosperidad.

Banco de Valparaiso. — Fundado por decreto supremo de fecha marzo 1° de 1856 i establecido en Valparaiso en octubre del mismo año. Sus operaciones deben durar 20 años, pudiendo prolongarse este plazo, i ellas son mas o menos, las mismas que las del anterior. Su capital nominal asciende a 2.000,000 de pesos repartidos en 4,000 acciones de 500 ps. Recientemente se ha emitido una segunda série de acciones por valor de 4.000,000 de pesos repartidos en 8,000 acciones del mismo valor que las anteriores. De la primera emision solo se ha pagado un 60 % sobre el valor de cada accion, o sea en todo 1.200,000 pesos. De la 2ª emision se ha pagado hasta ahora solo un 20 % o sea 800,000 ps. De manera que reuniendo ambas emisiones, resulta un capital nominal de 6.000,000 de pesos repartidos en 12,000 acciones, i un capital pagado de 2.000,000 de pesos.

Segun su Memoria presentada el 30 de junio de 1871 tenia en esa fecha un fondo de reserva de 250.400 ps.; la suma de 371,542 ps. en billetes en circulacion i un depésito de 3.248,949 ps. La utilidad líquida en el semestre vencido en la fecha mencionada, ascendió a 118,049 ps. equivalente a un 5.25 por 100 sobre el capital invertido i el fondo de reserva.

Este banco, dirijido por su actual jerente D. Nataniel A. Fox, con ese tino i amabilidad que le reconocen todos los que tienen la suerte de tratarle, es el mas antiguo de los bancos de emision. Tiene sucursales en Santiago y la Serena, siendo ajentes de la primera los Sres. Swinburn i Compañia i D. Ramon Astaburuaga de la segunda.

Bancos de particulares. — Ademas de los dos mencionados existen en Valparaiso tres bancos mas que jiran con capitales propios. Tales son el banco de los Sres. A. Edwards i C ª, el de los Sres Escobar Ossa i C.ª i el de D. David Thomas.

El primero jira con un capital de 500,000 ps. Tiene 591,500 ps. de billetes en circulacion. Sus depósitos en 31 de diciembre de 1870 ascendian a 4.208,324 ps. i su utilidad líquida en el semestre vencido en la fecha indicada, a 53,648 ps. El producto del capital i fondo de reserva, fué de 4,90 por ciento, correspondiendo al año un 9,80 por ciento.

El de los Sres Escobar Ossa i C.ª establecido en 1870 bajo la razon social con que jira en la actualidad, fué fundado bajo otra planta con el nombre de Ossa i Escobar. Su capital efectivo asciende a 1.000,000 de pesos destinados a todas las operaciones bancarias de que se ocupan los otros bancos de emision. No puede emitir billetes.

El de D. David Thomas jira con un capital efectivo de 500,000 pesos i se ocupa de las mismas operaciones que el anterior. Tampoco puede emitir billetes.

Deducciones. — De lo espuesto resulta que los tres bancos de emision mencionados, representan, fuera del capital pagado de 4.500,000 ps. una responsabilidad de 11.500,000 ps. repartidos en 22,000 acciones que en la actualidad existen en poder de 575 personas. Las tres sociedades circulan en billetes al portador la suma de 3.105,175 ps. cantidad insignificante si se atiende a que está garantida [por otra de 16.000,000 de pesos. Esto manifiesta que no hai en ningun circulo comercial del mundo, un equivalente por metálico mas garantido i mas sólido que el de los billetes de dichas instituciones.

Reasumiendo, tenemos que el estado de los tres establecimientos mencionados, a fines del 1er semestre de 1871, era el siguiente: capital nominal 16.000,000 de ps.; capital pagado 4.500,000 ps.; número de acciones 22,000; fondo de reserva 675,400; billetes en circulacion 3.731,692 ps.; depósitos en jeneral 19.082,684 ps.; i la utilidad en el primer semestre de 1871 fué de 493,265 ps., equivalente casi a un 11 por 100 del capital invertido.

Compañia inglesa de Vapores (**Pacific Steam Navigation Company**). — El 25 de agosto de 1835 concedió el Gobierno al Sr. D. Guillermo Wheelwright un privilejio esclusivo por el término de diez años, para establecer la navegacion a vapor entre los puertos de Chile.

Pero solo en 1840 pudo el Sr. Wheelwright realizar su propósito, habiendo entrado a Valparaiso el 15 de octubre del citado año, dos vaporcitos de 300 toneladas cada uno, llamados *Chile* i *Perú* i construidos en Inglaterra.

Tal fué el humilde principio de la hoi opulenta compañia inglesa de vapores. I nótese la circunstancia de que habiendo sido un americano el promotor de la empresa, ésta ha sido desarrollada i llevada a cabo con capitales de procedencia inglesa.

En el citado mes i año tuvo lugar el primer viaje de los vapores hasta Panamá, en medio del entusiasmo de todos los pobladores de los puertos recorridos por ellos.

Ocho años despues (enero de 1847), cuatro vapores, los dos citados, el *Ecuador* i el *Nueva Granada*, ambos de fierro, hacian la carrera entre Panamá i Valparaiso, i mas tarde (mayo de 1860), se estableció una comunicacion semanal entre Valparaiso i el Callao, con escala en los diferentes puertos de Chile, Bolivia i el Perú.

La misma compañia estableció en 1853 una nueva linea entre Valparaiso i Valdivia, prolongándola hasta Puerto Montt en 1858, i recibiendo por ello del Gobierno, una fuerte subvencion.

Viajes a Inglaterra. — En 1869 estableció la misma Compañia una linea directa entre Valparaiso i Liverpool, via el estrecho de Magallanes, con escala en Punta-Arenas, Montevideo, Rio de Janeiro, Lisboa i Burdeos, saliendo de Valparaiso los dias 14 i 30 de cada mes. Para el efecto ha hecho construir varios hermosos vapores de 3,000 i 3,500 toneladas que ofrecen todas las comodidades i garantias necesarias para tan largo viaje.

— En la actualidad cuenta la compañia con treinta i tres vapores con el siguiente tonelaje :

Aconcagua.	3,500 toneladas.	Chile	1,750	toneladas.
Lusitania	3,500 »	Bogotá.	1,600	»
Garonne.	3,500 »	Perú.	1,400	»
Sarmiento.	3,500 »	Arequipa.	1,200	»
Cuzco.	3,500 »	Callao.	1,062	»
John Elder	3,500 »	Valparaiso.	1,060	»
Araucania.	3,000 »	Quito	850	»
Cordillera.	3,000 »	San Cárlos.	750	»
Magallanes	3,000 »	Guayaquil.	750	»
Patagonia.	3,000 »	Talca	700	»
Atacama.	2,000 »	Peruano.	570	»
Coquimbo.	2,000 »	Huacho	500	»
Valdivia.	2,000 »	Supe.	423	»
Limeña	2,000 »	Inca.	290	»
Pacific.	2,000 »	Morro.	250	»
Panamá.	2,000 »	Colon.	190	»
Payta	1,800 »			

Viajes al Callao. — Los viajes de Valparaiso al Callao tienen ahora lugar los miércoles i sábados de cada semana, tocando en los diferentes puertos de Chile. Llegan del Callao tambien dos veces por semana, haciendo la misma escala.

Viajes a Panamá. — De los ocho vapores que al mes salen de Valparaiso con destino al Callao, tres de ellos coinciden con la salida del Callao para Panamá, de tantos de la misma compañia. Los dias que dichos tres vapores salen de Valpa son los miércoles i sábados mas próximos al 1.°, 10 i 15 de cada mes. El segundo cide con la salida de Colon (Aspinwall), de un vapor francés con destino a San N (Francia).

Viajes a Cobija. — Con motivo del creciente entusiasmo que han desperta noticias de la riqueza fabulosa de los minerales descubiertos en Caracoles, se ganizado una nueva línea hasta Cobija, saliendo de Valparaiso dos veces al mes

Viajes al Sur. — Para Puerto Montt salen dos vapores los dias 13 i 29 de cada con escala en San Antonio (Puerto nuevo), Tomé, Talcahuano, Coronel. Lota, Corral, Ancud i Calbuco. Estos vapores son portadores de las balijas nacionales

Para Corral salen tambien dos vapores mensuales con escala en Tomé, Talcal Coronel Lota i Lebu.

Reasumiendo los viajes mencionados, resulta que los vapores de la compañ glesa efectúan al año 80 viajes al Callao, 36 a Panamá, i 36 a Liverpool, lo que total de 152 viajes anuales.

PROSPERIDAD DE LA COMPAÑIA. — La compañia, como se ve, ha prospera treinta años de una manera fabulosa. Para obtener tan brillante resultado, solo cesitado gozar en todo ese tiempo, del monopolio en la carrera del Pacifico, lo ha permitido fijar los precios que mas le han acomodado. Esto, sin tomar en cue subvenciones de los gobiernos inglés i chileno por conduccion de correspondenci crecidos fletes obtenidos, especialmente en el Perú, por conduccion de tropas. En por ejemplo, el presidente Castilla abonó a la Compañia 18,000 pesos por tras un solo batallon desde Guayaquil al Callao. — En 1865, un pequeño vaporcit compañia fué fletado en 7,000 pesos por el ministro chileno en el Callao para q jera la noticia de la salida hácia Chile de la escuadra española. — En el mism el gobierno peruano fletó el *Payta* en 15,000 pesos, para que condujera unos tantes despachos desde Callao a Payta. El viaje lo hizo en 30 horas con un ga 3,000 pesos. — El vapor *Quito*, ahora el *Chalaco*, que costó de 250,000 a 300,0 a la compañia, fué vendido por ésta al gobierno peruano, en la suma de 600,000 despues de haber prestado a la empresa largos servicios !

SERVICIO DE LOS VAPORES. — La compañia inglesa nada deja que desear que toca a la calidad de sus vapores, a la puntualidad en el servicio i a la cap de sus capitanes, pero con respecto a las comidas i al trato interior, no está a la de las necesidades. Desde la fundacion hasta el dia, ha imperado con toda su ti el mas añejo réjimen británico. En la calidad de los alimentos i las horas de la c no se tiene para nada en cuenta que la mayor parte, sino todos los pasajer Americanos, i estrañan por consiguiente, sus costumbres i gustos particulares, se ven totalmente privados a bordo de los vapores ingleses.

Compañia Sud-Americana. — Esta compañia se ha organizado re mente con la union de las compañias *Chilena* i *Nacional.* Trataremos de cada paradamente.

La CHILENA se estableció en 1869 con los dos vapores *Bio-Bio* i *Maipú*, que ces pertenecian a particulares. En la actualidad cuenta con los vapores mencionados, el *Limari* de 1,500 toneladas i el *Copiapó* de 2,000, ambos encargados espresamente a Inglaterra.

El capital suscrito i pagado asciende a 555,000 pesos, divididos en 1,000 acciones de 500 pesos.

Cada vapor figura con el costo siguiente :

Maipú. . . , ...	Pesos	75,000
Bio-Bio. . . . . , .	»	125,000
Limari.	»	150,000
Copiapó.	»	190,000

Aunque hasta hace poco pesaba sobre esta compañia un descrédito inmotivado, ha conseguido, en fuerza de un puntual cumplimiento i exclente servicio, realizar brilantes entradas que le han atraido una justa fama i asegurado su porvenir.

En el semestre vencido el 30 de junio de 1871 tuvo 54,016 pesos de utilidad liquida, i repartió a sus accionistas un dividendo de 7 %.

Los brillantes resultados obtenidos, ha alentado a los accionistas para aumentar el capital a dos millones de pesos, con el objeto de continuar la carrera hasta Panamá con los nuevos vapores que se encargarian, o crear una nueva linea a Europa por el estrecho de Magallanes.

Para el efecto, ya se están dando los primeros pasos cerca del Gobierno del Perú, i en vista de la jeneral aceptacion que la idea ha tenido en Lima, es de suponer que la carrera entre el puerto mas meridional de Chile i Panamá será recorrida, en breve, por vapores chilenos.

El *Maipú* hace viajes periódicamente en la costa Norte de Chile, i el *Bio-Bio* en la costa Sur.

Los vapores *Limari* i *Copiapó* hacen la carrera entre Valparaiso i Arica, tocando en los mismos puertos que los vapores de la compañia inglesa.

El servicio a bordo de los vapores es esmerado i adaptado al gusto i costumbres del pais. Esto los hace ser preferidos por los numerosos viajeros que recorren los diferentes puertos de la costa del Pacifico.

La COMPAÑIA NACIONAL se formó en 1868 con el vapor *Paquete de Maule*, perteneciente a una compañia anónima, i el *Huanay*, de propiedad particular.

El capital social suscrito i pagado asciende a 200,000 pesos, divididos en 400 acciones de 500 pesos cada una.

El *Paquete de Maule* figura con 100,000 pesos de costo, i el *Huanay* con otro tanto.

En el semestre que espiró el 31 de diciembre de 1870 alcanzó una utilidad de 7,389 ps.

Su carrera no tiene por ahora itinerario fijo, pues salen indistintamente a Constitucion, o hasta Talcahuano, segun lo requiere las necesidades del comercio.

Compañia White Star line. — Recien se ha organizado esta linea de vapores ingleses entre Liverpool i Valparaiso, via el estrecho de Magallanes. Esta gran Sociedad, titulada *The White Star line Ocean navigation Company*, e instalada en Liverpool, se propone destinar a esta carrera los vapores *Oceanic, Atlantic, Baltic,*

Pacific, Artic i *Adriatric*, todos de 3,000 caballos de fuerza, máquina a helice i de 5 a 5,500 toneladas de capacidad.

Segun se nos ha informado, esta compañia ha entrado en arreglos con la Sud-Americana para la mútua trasmision de carga, debiendo esta última entregar a la inglesa la carga que con destino a Europa pudieran traer sus vapores de los puertos situados al Norte de Valparaiso, recibiendo en cambio la que con destino a estos mismos puertos trajeran los vapores de la compañia White Star.

Compañia Trasatlántica. —Se ha organizado tambien recientemente una nueva linea de vapores franceses, que harán la carrera entre Valparaiso i Panamá, con

VALPARAISO. — Carros urbanos.

escala en los puertos intermedios. Para el efecto han salido ya de Burdeos los vapores *Ville de Bordeaux, Ville de Saint Nazaire* i *Ville de Brest,* de 2,000 toneladas, máquina a helice i de 500 caballos. Harán por ahora dos viajes al mes i la llegada a Panamá coincidirá con la salida de Aspinwall (Colon) de otros vapores de la misma compañía con destino a Burdeos.

Otros vapores. — Ademas de los mencionados, existen los vapores *Victoria, Lota* i *Tomé.* El primero pertenece a los Sres. Juan Cordero i Cª, i no tiene itinerario fijo. Su carrera se limita a viajes periódicos entre los puertos al Norte de Valparaiso.

El *Lota* está fletado por sus dueños Sres. Williamson Balfour i Cª a D. José Tomás Urmeneta, con el objeto de transportar carbon desde Lebu a los establecimientos de dicho señor en Guayacan.

El *Tomé,* antiguo vaporcito de escasa capacidad, ha sido adquirido recientemente por D. Miguel Lopez, para la carrera entre Valparaiso i Constitucion.

Ferrocarril urbano. — Esta empresa, tan útil como lucrativa, pertenece a una compañia anónima, que jira con un capital de 550,000 pesos, divididos en 2,200 acciones de 250 pesos.

2 ¹/₂ las segundas, pudiendo recorrer toda la ciudad desde la estacion de partida hasta la de llegada.

La estacion principal está situada en la conclusion de la Alameda de las Delicias, al lado de la estacion del ferrocarril central. En sus inmediaciones se encuentran las caballerizas con capacidad para 350 caballos.

Los carros recorren una legua exacta, desde la estacion citada hasta la de los almacenes fiscales, atravesando las calles mas importantes i concurridas.

Desde que se redujo el precio a 5 i 2 ¹/₂ centavos, pues antes era de 10 i 5, ha realizado la Sociedad brillantes beneficios. Sus entradas brutas en el segundo semestre de 1870 alcanzan a 98,177 pesos, i sus gastos a 54,146 pesos, dejando una utilidad liquida de 44,031 pesos, equivalente a un 8 °/₀ del capital invertido, o sea un 16 °/₀ al año.

El número de pasajeros que ha conducido en el semestre mencionado, asciende a 1.439,562 de primera, i 1.116,911 de segunda, correspondiendo 7,823 pasajeros de primera clase i 6,070 de segunda, por dia, término medio.

De los 45 carros que posee la empresa, solo 30 están en ejercicio. Los viajes efectuados en el semestre citado ascienden 72,560, habiendo recorrido 435,360 millas. A cada dia corresponden 394 viajes i 2,366 millas recorridas.

Compañia de carruajes. — Desde que se estableció la empresa del ferrocarril urbano, los coches públicos, que antes constituian una magnifica utilidad, han decaido notablemente.

Los que trafican en la actualidad por la poblacion ascienden a 69, de los cuales una gran parte pertenecen a una sociedad anónima titulada Compañia de carruajes de Valparaiso, i el resto al empresario particular D. Emilio Kunstman. Este posee el arriendo de la empresa i paga al año a la compañia, la suma de 6,600 pesos. La sociedad jira con un capital de 100,000 pesos.

Todo pasajero puede por 10 centavos recorrer la poblacion de un estremo a otro. Estos coches son ocupados solo en casos escepcionales en que el pasajero necesita llegar precisamente a cierto punto por donde no pasan los carros, o con mayor rapidez que la empleada por ellos.

— La configuracion de la ciudad i la circunstancia de ser toda ella recorrida por los carros que salen cada diez minutos de cada estacion, ha hecho inútil el sosten de coches particulares.

Compañias de seguros. — Las compañias nacionales con asiento en Valparaiso son las siguientes:

La América, COMPAÑIA ANÓNIMA DE SEGUROS MARÍTIMOS I CONTRA INCENDIOS. — Su capital suscrito 2.000,000 de pesos, repartidos en 2,000 acciones de 1,000 pesos, del cual los accionistas han pagado solo 10 °/₀ o sea 200,000 pesos. El resultado obtenido por esta compañia en el segundo semestre de 1870 es el siguiente : su fondo de reserva ascendia a 200,000 pesos ; sus utilidades liquidas a 43,800 pesos, de los que corresponden 24,489 a seguros contra incendios i 13,109 a seguros maritimos. En dicho semestre se repartió un 15 %, que agregado al repartido en el semestre anterior, que fué tambien de 15 %, resulta de utilidad al año un 30 % sobre el capital empleado. En el primer semestre de 1871 tuvo una utilidad de ps. 57,244.62. Su administrador lo es D. Antonio Barrena.

Compañia Chilena de Seguros, CONTRA RIESGOS MARÍTIMOS E INCENDIOS. — Fundada en 1858 con un capital nominal de 2.000 000 de pesos, repartidos en 2,000 acciones de 1,000 pesos, de los que solo se ha pagado un 5 %, o sea en todo 100,000 pesos.

En el semestre mencionado obtuvo los siguientes beneficios : por seguros maritimos 11,621 ps., por seguros contra incendios 43,675 ps. i por intereses 38,003 ps. Rebaiando de estas sumas los gastos jenerales 11,908 ps. i la depreciacion de ciertas acciones en cartera, 28,877 ps., resulta una utilidad liquida de 52,513 ps., la cual agregada al saldo del semestre anterior, asciende a 63,810 ps. de los que se repartió 30 pesos por accion o sea un 60 por 100 sobre el capital pagado. Su fondo de reserva asciende a 400,000 ps. Su director administrador lo es D. Francisco C. Brown.

Compañia Nacional de Seguros. — Fundada en 1871 con un capital nominal de 4.000,000 de pesos repartidos en 4,000 acciones de 1,000 pesos. Como su organizacion es de fecha reciente no podemos señalar aun sus resultados.

La República. COMPAÑÍA DE SEGUROS CONTRA INCENDIOS. —Recien organizada con un capital nominal de 4.000,000 de pesos repartidos en 4,000 acciones de 1,000 pesos.

Lloyd de Valparaiso. COMPAÑÍA DE SEGUROS MARÍTIMOS. — Esta sociedad la forman 30 socios, responsable cada uno de ellos por la suma de 2,500 ps. que han depositado en poder del tesorero. Los siniestros, asi como las utilidades, son repartidas entre ellos segun la parte que a cada uno corresponde en vista de la cantidad comprometida. Sus operaciones han dado un resultado mediocre en estos últimos tiempos.

La Union Chilena tiene su domicilio en Santiago, por lo tanto nos hemos ocupado ya de ella en el capitulo correspondiente de dicha seccion.

— Las demas Compañias de seguros que se mencionan a continuacion, son estranjeras, con ajencias en Valparaiso.

Compañia Alemana de seguros contra incendios en Berlin, titulada *Deutsche feuer Versicherungs Actien Gesellschaft zu Berlin,* fundada en 1860 con un capital de 1.000,000 de pesos. Sus ajentes en Valparaiso los Sres. Grafenhahn Walter i Cª.

Compañia Sud-Americana de seguros de Lima contra riesgos marítimos e incendios. Capital suscrito 2.000,000 de pesos. Sus ajentes los Sres. Thomas Lachambre i Cª.

North British and Mercantile Insurance Company, Londres i Edimburgo, a prima fija contra incendios. Su capital suscrito asciende a 10.000,000 de pesos i posee por capital realizado i fondos acumulados la suma de 10.614,140 pesos. Sus ajentes, los Sres. Vorwerk i Cª.

Northern Insurance Company, contra incendios i sobre la vida. Establecida en 1836 con un capital de 10.000,000 de pesos.

Liverpool, London and Globe, contra incendios i sobre la vida, con un capital suscrito de 10.000,000 de pesos i un fondo ‾acumulado de 20.000,000 ps. Sus ajentes los Sres. Cockbain, Roxburgh i Cª.

Corporacion de seguros de Londres, incorporada por cédula real en 1720. — **Compañia imperial de Londres,** establecida en 1803. Ambas contra incendios i sobre la vida. Sus ajentes los Sres. F. W. Schwager i Cª.

Royal insurance Company, contra incendios. Su capital 10.000,000 de pesos. Su ajente en Valparaiso D. J. Stewart Jackson.

Compañia Pacific, contra incendios i riesgos de mar. Sus ajentes en Valparaiso los Sres. Alsop i Cª.

Compañia de seguros Hamburgo-Bremense, contra incendios. Sus ajentes los Sres. Richter i Francke.

Merchants Marine Insurance Company, contra riesgos marítimos. Sus ajentes los Sres. Houstoun Steel i Cª.

Ferrocarriles del Norte : de *Carrizal,* — de *Cerro-Blanco,* — de *Tongoy* — de *Coquimbo,* — de *Chañaral* — de *Copiapó*.

— Las cinco empresas primeras tienen su asiento en Valparaiso i son representadas por otras tantas sociedades anónimas.

Ferrocarril de Carrizal, (entre Carrizal bajo i Yerbas-Buenas, 39,420 quilómetros). — Jira con un capital efectivo de 1.000,000 de pesos representado por 2,000 acciones de 500 pesos. Sus operaciones en el semestre que venció el 31 de diciembre de 1870 dieron el siguiente resultado : Sus utilidades liquidas ascendieron a 52,917 pesos, de los cuales se repartió un dividendo de 5 1/4 por 100 sobre el capital, o sea 52,500 ps. i se dejó el resto, con el saldo sobrante en el semestre anterior, para el pago de la patente fiscal i para el fondo de reserva, el cual ascendió a 4,690 ps.

Este ferrocarril gastó en la construccion de la linea desde Carrizal bajo a Carrizal alto 745,963 pesos. Tiene un equipo con valor de 195,404 pesos, en maestranza 23,772 pesos, i en almacenes 45,488.

Sus entradas brutas ascendieron en el semestre mencionado a 106,501.48 repartidos de esta manera :

Fletes de subida i bajada (425,575.99 quintales métricos), pesos.	72,723.21
Otros fletes.	17,037.01
Pasajes i equipajes.	8,381.59
Venta de agua.	6,987.43
Entradas eventuales.	1,372.24
Pesos	106,501.48

Ferrocarril de Cerro Blanco. — Su capital efectivo asciende a 500,000 pesos. repartidos en 1,000 acciones de 500 pesos. Sus utilidades en el semestre mencionado alcanzaron a 19,892 pesos, agregando a esta suma el sobrante del semestre anterior : 968 pesos. Se repartió a los accionistas un dividendo de 4 %, i se destinó el resto para aumentar el fondo de reserva.

F Sormeu lith

Imp Lemercier et C.ie Paris.

VALPARAISO — ESTATUA DEL ALMIRANTE LORD COCHRANE

La construccion de esta linea costó pesos 434,679.83, i su equipo tiene un valor de 37,809 pesos.

Sus entradas brutas ascendieron a pesos 32,892.81, i provienen de los ramos siguientes :

Fletes de subida i bajada—60,073.79 quilógramos = pesos 29,409.06. Pasajes i fletes 3,483.75.

Ferrocarril de Tongoi. — (Entre Ovalle i Tongoi, 23,725 quilómetros). — Asciende su capital efectivo a 853,500 pesos, dividido en 1,707 acciones de 500 pesos, mas 479,650 pesos, obtenidos en préstamo del Banco Garantizador de Valores. Segun el balance correspondiente al semestre vencido el 31 de diciembre, tuvo esta compañia una utilidad de 27,891 pesos.

El costo de esta linea ascendió a 1,266,945 pesos. Su maquinaria i equipo importa 140,800 pesos, i tiene en almacen, útiles por valor de 34,400 pesos.

En el semestre indicado, condujo de subida i bajada un total de 376,334 quintales métricos.

Su entrada bruta ascendió en fletes 109,759 pesos, i en pasajes a 3,269, formando un total de 113,028 pesos. Los gastos de esplotacion alcanzaron a 56,562 pesos.

— El ajente de estos tres ferrocarriles lo es en Valparaiso D. José Sothers, con el titulo de secretario.

Ferrocarril de Coquimbo. — (Entre Coquimbo i la Serena i la Higuerita, cerca de Ovalle, 29,200 quilómetros.) — Esta compañia dispone de un capital efectivo de 2,515,000 pesos, repartidos en 25,150 acciones de 100 pesos, de las cuales 3,946 pertenecen a individuos residentes en Inglaterra. Para hacer frente a varios gastos estraordinarios, i principalmente con el objeto de prolongar la linea hasta Ovalle, la compañia ha obtenido un préstamo de 354,978 pesos.

El costo de la linea, de Coquimbo a la Serena, es de 2.741,238 pesos, i sus enseres en almacen importan 145,814 pesos. En la prolongacion a Ovalle se ha invertido hasta ahora la suma de 250,218 pesos.

Las entradas brutas de la empresa en el semestre vencido el 31 de diciembre ascendieron a pesos 164,279.19 de los que corresponde :

A fletes.	pesos	128,677.51
A pasajes. . . , ...	»	23,422 »
A carga, descarga, bodegaje, etc.	»	12,179.68

Sus gastos ordinarios alcanzaron a 83,010 pesos, i los estraordinarios a 17,247 ps., dejando una utilidad liquida de 64,021 pesos, de la cual se repartió a los accionistas un dividendo de 2 1/2 % sobre el capital erogado de 2.515,000 pesos.

Ferrocarril de Copiapó. — (Entre Caldera i San Antonio 48,948 quilómetros.)— Esta compañia jira con un capital de 4.200,000 pesos, repartidos en 8,400 acciones de 500 pesos.

La construccion del camino férreo entre Caldera i Copiapó costó 4.124.688 pesos, i la de la linea de Chañarcillo 108,665 pesos; tiene en almacenes un valor de 195,142 pesos.

En la actualidad el ferrocarril llega a San Antonio, tiene un ramal a Chañarcillo i otro a Puquios, donde se encuentran varios minerales importantes.

Ferrocarril de Chañaral. — Su capital efectivo asciende a 450,000 pesos, divididos en 900 acciones de 500 pesos. Esta compañia ha sido organizada recientemente i por lo tanto la linea se encuentra en construccion.

Diques flotantes de Valparaiso. — Esta Sociedad jira con un capital

efectivo de 430,000 pesos, repartidos en 860 acciones de 500 pesos.

Dispone de dos exelentes diques de madera en los cuales se pueden carenar buques de grandes dimensiones. El *Valparaiso*, el mas antiguo, está avaluado en 136,400 pesos, i el *Santiago* en 167,800 pesos. El terreno que posee en las Habas, destinado al depósito de los materiales para la compostura de buques, está avaluado en 65,311 pesos i los materiales en 56,492.

Los buques carenados en el año 1869 ascienden a 85, de los que 49 lo fueron en el dique Valparaiso i el resto en el Santiago.

De los 85, eran mercantes estranjeros 62, mercantes nacionales 13, i de guerra nacionales el resto.

Segun el balance del 2.º semestre de 1870, sus utilidades ascendieron a 33,928 pesos de los que se repartió a los accionistas un 6 % sobre el capital pagado, o sea 25,800 ps. destinando el resto al fondo de reserva, el cual ascendió a 4,031 pesos i al fondo de deterioro que alcanzó a 20,000 pesos.

En el primer semestre de 1871 alcanzó una utilidad liquida de pesos 27,067.98.

El seguro de los diques se ha efectuado en Hamburgo al 4 % solo sobre 52,000 pesos en cada uno.

El administrador de la compañia en Valparaiso lo es D. Jorje Schroder.

Vapores remolcadores de Valparaiso. — Esta compañia se ha unido

recientemente a la *Nacional de remolcadores*, renunciando por lo tanto, a la infructuosa competencia que hasta entonces habia sostenido. Trataremos de cada una separadamente.

El capital efectivo de esta compañia asciende a 200,000 pesos representado por 400 acciones de 500 pesos.

El costo i nombre de sus embarcaciones son los siguientes :

Vapor Adela.	35,000 pesos.	Chata George Raynes.	15,600 pesos.
» Sofia	41,000 »	» Ann	2,000 »
» Pescador	12,000 »	» Isabel Clarisa.	3,000 »
» Pocahontas	56,700 »	Lanchas (dos).	9,000 »

formando un total de 174,300 pesos. El costo de su equipo asciende a 13,378 pesos ; el de boyas a 10,906 pesos i de la maquinaria del establecimiento de agua a 7,174 pesos.

Sus utilidades en el primer semestre de 1871 alcanzaron a 15,359 pesos de los que se repartió a los accionistas un dividendo de 6 % o sea 12,000 pesos i se pasó al fondo de reparaciones, seguros i deterioro 3,000 pesos, completando la suma de 35,000 pesos.

Su fondo de reserva asciende a 10,000 pesos.

El administrador de la compañia lo es D. Pedro A. Mac Kellar.

Compañia Nacional de Remolcadores.

— El año 1870 se estableció esta compañia con un capital de 100,000 pesos repartidos en 200 acciones de 500 pesos. Posee tres vaporcitos: el *Valparaiso*, el *Salvadora* i el *Santiago*. Segun la memoria de enero de 1871, obtuvo una utilidad de 2,469 pesos equivalente con corta diferencia a un 5 % anual sobre el capital pagado de 100,000 pesos.

Compañia de consumidores de gas.

— Fundada en 1861, cuenta esta compañia con un capital efectivo de 120,000 pesos divididos en 1,200 acciones de a 100 pesos.

Segun el balance del segundo semestre del año 1870 sus utilidades alcanzaron a 10,295 de los que se repartió a los accionistas un 8 % sobre el capital pagado.

Resúmen. — En la actualidad existen en Valparaiso 22 compañias anónimas, sin tomar en cuenta las que tienen su asiento en otros puntos de la República. El capital nominal que representan asciende a 32.860,000 pesos del cual han pagado los accionistas 13.395,000 pesos, equivalentes próximamente a un 40 %.

El número total de las acciones asciende a 78,567 repartidas en la actualidad, entre 2,074 personas; cada accion importa término medio pesos 520.45.

Otras sociedades anónimas.—Ademas de las mencionadas, existen en Valparaiso las siguientes compañias anónimas cuyas operaciones no son aun conocidas del público:

Compañia de minas de Invernada, para la esplotacion de las minas de cobre: *Abundancia, Planchada, Cármen* i *Brillante* en Llaillai, con un capital suscrito i pagado de 125,000 pesos.

Telégrafo trasandino, entre Chile i la República Arjentina, con un capital suscrito i pagado de 500,000 pesos.

Compañia comercial de Caracoles, para el abastecimiento de víveres a los habitantes de los minerales de Caracoles, con un capital suscrito de 250,000 pesos.

Compañia de minas de azogue, para la esplotacion de las minas de azogue en Andacollo, con un capital suscrito de 12,000 pesos.

Fábrica Nacional de papel, para la fabricacion mecánica de toda clase de papeles, con un capital efectivo de 100,000 pesos; recien organizada.

Compañia de maderas i de buques, para negociar en maderas nacionales i estranjeras, en carbon i ferretería, adquirir i armar buques mercantes, construir edificios, etc., etc.; con un capital de 2.000,000 de pesos repartidos en 4,000 acciones de 500 pesos.

— Varias otras compañias anónimas se han organizado recientemente i cada dia se forman otras nuevas, gracias a la favorable acojida que encuentran en el comercio de Valparaiso. Este suscribe facilmente los prospectos de toda empresa de esta naturaleza, convencido como está de los favorables resultados que por lo jeneral se obtiene, con la subdivision del capital en la esplotacion de una industria nueva.

14

CAPITULO IX.

ALREDEDORES DE VALPARAISO.

Viña del mar. — El salto. — San francisco de limache, maestranza, fábrica de jarcia. — Limache. — Quillota. — Concon. — Las zorras. — Peñuelas. — Las Tablas. — Playa ancha.

En medio de la aridez que trae consigo la aglomeracion incesante de una numerosa poblacion en un estrecho recinto, tiene el morador de Valparaiso infinitos lugares de recreo en las inmediaciones de la ciudad, donde respirar el aire puro de que se vè pri-

Viña del Mar.

vado en las horas de trabajo i donde recrear la vista, fatigada al verse detenida entre estrechas calles i elevadas colinas tapizadas, no de verdura, sinó de edificios de todas clases i dimensiones.

Viña del mar. — En la linea recorrida por el ferrocarril i a algunos minutos de Valparaiso, se encuentra una inmensa llanura árida i desierta no hace mucho i convertida hoi por la mano del hombre, en un delicioso verjel.

Doña Dolores P. de Alvarez, dueña de *Viña del Mar,* ha dado en arriendo por largos plazos, pequeños lotes de terreno, con la condicion de que sean edificados i entregados sin costo alguno para ella, despues de vencido el término del arriendo. Muchos, estranjeros en su mayor parte, han celebrado el contrato i edificado casitas pintorescas i rodeadas de hermosos jardines.

El Salto. — Otro de los sitios que llama la atencion del viajero al pasar por él en el ferrocarril, es la estacion llamada el *Salto* o la *Cueva.* Aunque en este punto existe una sola quinta de propiedad de los Sres. Lyon, basta ella para que detengamos un momento esta rápida escursion, sobre los encantos que encierra. Al pié de una elevada i profunda quebrada, de la cual se desprende una cascada majestuosa, aunque pequeña, se eleva un sencillo i elegante edificio construido, como su nombre lo

El Salto.

indica, para servir de *cueva* en los ardientes dias de verano, a sus felices moradores. Sus frondosas avenidas de árboles frutales i sus espesos bosquecillos de fragantes flores, han escuchado mas de una vez las amorosas palabras de las parejas que las han recorrido, en las distintas ocasiones en que la sociedad porteña se ha dado cita en tan deliciosa mansion.

San Francisco de Limache. — Siguiendo nuestro viaje por el ferrocarril, llegamos a San Francisco de Limache. En este punto encontramos un pequeño pueblo, formado casi en su totalidad de preciosas quintas diseminadas en toda la estension de un inmenso valle, Las mas importantes son la de D. José Tomás Urmeneta i la de D. Luis Cousiño, tanto por la estension de sus magníficos jardines, como por haberse aclimatado en ellas las mejores razas estranjeras de animales lanares, vacunos i cabalgares, con que dichos señores se proponen mejorar las castas chilenas. Los demas fundos son pequeñas quintas que sus dueños han hermoseado para su propio uso, en las temporadas de verano. Las mas notables son las de los Sres. Santiago

Monk, Federico Stuven, Soruco, Keitel, Duprat, Reyes Vergara, M° Gill, Rios, Geiger, Waddington, etc.

Maestranza de Limache. — Este establecimiento fué fundado en San Francisco de Limache el año 1866, con el objeto de fundir cañones de grueso calibre. Para el efecto se construyeron edificios aparentes, a todo costo, i se dotó al establecimiento de la mayor parte de las máquinas, herramientas, útiles i empleados necesarios para la fabricacion de armas, proyectiles i muchos otros objetos de distinta clase.

En 1869 el valor de sus existencias i edificios alcanzaba a la suma de 164,424 ps.

Quinta de D. J. T. Urmeneta.

Sus trabajos se dividen en tres secciones: unos son ejecutados para el fisco, otros a beneficio del establecimiento, i otros para particulares. En el último año sus entradas ascendieron a 57,017 pesos i sus gastos a 51,009 pesos.

Fábrica de Jarcia. — Otro establecimiento digno de mencion, situado en este mismo punto, es la fábrica de jarcia i aceites, de propiedad de D. Luis Osthaus.

El establecimiento ocupa una superficie de 8 cuadras, cubierta de los edificios destinados a la fábrica, a los obreros i a las bodegas. Dos motores a vapor de 10 caballos de fuerza, comunican el movimiento a la maquinaria, la cual consiste en 12 máquinas para la fabricacion de la filástica, 3 para la fabricacion de los hilos, 1 para mover los 1,500 tornos que guardan la filástica, 1 para rastrillar el cáñamo, 1 para escarmenar estopa i 1 para pulir los cabos de jarcia, los cordeles i el hilo.

Frente a los motores se encuentra una cancha con rièles de fierro de 350 metros de largo, i sobre la cual corren los carros destinados a estirar los cordones de que se tuerce la jarcia.

Distante unos 70 metros de los demas edificios, se encuentra uno destinado a alquitranar la jarcia, cuya maquinaria es movida por caballos.

La fabricacion anual del establecimiento, en jarcia de Manila, jarcia de cáñamo comun i jarcia alquitranada, se calcula en 5,000 quintales métricos.

Para la fabricacion de aceite, existen dos magníficas prensas hidráulicas, piedras

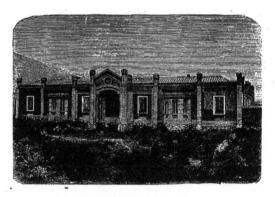

Maestranza de San Francisco Limache.

para moler la semilla, calentadoras i todos los demas utensilios necesarios para la produccion anual de 12,000 galones.

El costo del establecimiento asciende a cien mil pesos. Ocupa 60 personas al dia, de las que 20 son mujeres.

Limache. — A veinte minutos de San Francisco i por un camino plano, sembrado en su mayor parte, por dos hileras de álamos elevados, se encuentra el pueblo de Limache, célebre por sus aguas exelentes i su magnífico temperamento. Relegado al olvido i privado de la nueva vida que pudo haberle comunicado el ferrocarril, si como era natural, hubiera pasado por sus inmediaciones, se vé a pesar de todo, visitado por infinidad de familias que en él instalan sus reales durante toda la estacion del verano.

Quillota. — Siguiendo nuestro rápido viaje por el ferrocarril i dejando atras los estensos potreros i tupidas plantaciones de la hermosa hacienda de San Pedro, llegamos a la célebre i popular Quillota. Antigua ciudad de 10,000 habitantes, i situada en una dilatada i fértil llanura a orillas del rio Aconcagua, ha sido i será siempre célebre por sus fragantes *lúcumas* i jugosas *chirimoyas*, encanto de las damas de Santiago i regalo obligado de los que a él se dirijen.

La estensa llanura sobre que se alza esta antigua ciudad, está cercada por ambos costados de montañas elevadas i desnudas, entre las que sobresale el célebre cerro de la *Campana*. Sus campos sembrados de los mas ricos productos de la agricultura, sus árboles siempre verdes i sus preciosos jardines, contemplados desde una eminencia, ofrecen una vista encantadora.

En el departamento de Quillota se encuentran varias haciendas importantes, entre

Vista de las Zorras (Cuadro del Sr. Caro).

las cuales figura en primera linea la de *Purutun*, de propiedad de D. Felipe Cortés, i cuya renta anual no baja de 60,000 pesos. Este magnífico fundo ocupa el primer lugar entre las haciendas de Chile, después de la *Compañia*, cuya renta asciende a 90,000 pesos anuales.

Concon. — Dejando al Oriente la linea del ferrocarril, i siguiendo la orilla de la bah'a, se encuentra la hacienda de *Concon*, que da su nombre a la punta que cierra el puerto por el lado Norte.

Despues de la muerte de su dueño primitivo, el jeneral D. Rafael Maroto, se dividió esta hacienda en tres hijuelas, siendo la mas importante la que hoi pertenece a D. José Luis Borgoño. Cruza esta hijuela el rio Quillota, formando un golpe de vista sorprendente en el momento de arrojarse al mar.

Las Zorras. — Saliendo de Valparaiso por el camino nuevo de Santiago i apartándonos un tanto del bullicio i movimiento de la ciudad, tropezamos con una larga fila de preciosas quintas, convertidas por sus felices propietarios, en otras tantas mansiones de la poesia i la tranquilidad.

Todo ese estenso valle lleva el nombre de las *Zorras* i está subdividido entre las siguientes personas: D. Bernardino Bravo, D. Toribio Roçuant, D. Francisco Chabry, D. Cárlos Watson, D. Nicolas C. Schuth, D. Ricardo Escobar, D. Leonardo Dodds i D. Cárlos Pini. Todas estas propiedades están a media hora de camino de Valparaiso.

Peñuelas. — Siguiendo el camino antiguo de Santiago, i ya en el territorio de

Una *quinta* en las Zorras.

Casablanca, se encuentra la hacienda de *Peñuelas*, de propiedad de las Señoras Moya. En la *Placilla*, pequeña subdivision de la hacienda de Peñuelas, se encuentra el célebre llano en el cual tiene lugar todos los años la diversion favorita de nuestra colonia inglesa: las carreras de caballos.

Esta subdelegacion comprende tambien la hijuela de los *Perales*, la hacienda de la *Quebrada Verde* i las hijuelas de la *Laguna*, denominadas el *Sauce*, *Las Casas*, i *Curauma*.

Las Tablas. — Deslindando con Peñuelas se encuentra la hacienda de las *Tablas* de 14 a 16,000 cuadras de estension i de propiedad de D. Pedro Martinez.

En una de las quebradas de esta hacienda fué capturado por D. Francisco Ramirez, el último presidente realista que tuvo Chile, D. Francisco Marcó del Pont, cuando se dirijia a Valparaiso huyendo de las tropas de San Martin, triunfantes en la batalla de Chacabuco.

Playa-Ancha. — Al estremo Poniente de la ciudad i distante unas diez cuadras

de su plan, se encuentra el estenso llano de *Playa-Ancha*, con 80 cuadras de superficie
i situado entre las quebradas de los *Arrayanes* i del *Membrillo*, célebre esta última por
las alegres reuniones campestres que en tiempos mas felices, tenian lugar a la sombra

Placilla. — Salto de agua.

de sus abundantes membrillos. Este llano, siempre triste i desierto, tiene todos los
años un corto, pero animadísimo periodo de vida. Los dias del aniversario de nuestra
independencia, se ve invadido por una inmensa concurrencia, compuesta en su mayor
parte de jente del pueblo, ávida de los placeres i diversiones de que se ve privada en
el resto del año.

PROVINCIA DE ATACAMA

I.

COPIAPO.

CÁPITULO I.

DESCRIPCION DE LA CIUDAD.

Situacion jeográfica, estension. — Empedrado, enlosado — Casas. — plazas, plazuelas, calles, paseos públicos, estatuas, pilas.—Rios, acequias.—Cañeria de agua. — Alumbrado.— Poblacion. — Division eclesiástica . — Movimiento de correos.— Instruccion pública.

Situacion, estension. — La ciudad de Copiapó, fundada en 1734 por don José de Manso, conde de Superunda, i bautizada con el nombre de *San Francisco de la Selva* por D. Francisco Cortez i Cartabio, correjidor i justicia mayor, está situada en los 27° 26' de latitud Sur i 70° 23' de lonjitud Oeste del meridiano de Greenwich.

Su área superficial es de 500 hectáreas.

La ciudad tiene una configuracion cuadrilonga i se divide en dos partes, de las cuales la *Chimba* es la mas pintoresca. Una abundante vega separa de la ciudad el barrio del *Panteon*, situado hácia el Sur.

Empedrado, enlosado. — Sus calles son por lo jeneral, macademizadas con un material de aluvion que producen en abundancia las barrancas vecinas. Hai 9,104 metros de aceras enlosadas con una piedra arenisca mui poco caliza, que se estrae de la cantera del Yeso, a 48 quilómetros de la ciudad, sobre el trayecto de la via férrea de Pabèllon a San Antonio, i cuyo uso parece de una duracion indefinida.

Casas. — Las casas de la ciudad son en su mayor parte edificadas de madera, sin estilo propio i mui sencillas, habiéndose buscado solo la economia en su construccion. Hai sin embargo algunas escepciones, tales como los edificios de los señores Apolinardo Soto, Mackenna, Gallo, Felipe Matta, que por su elegante i buena arquitectura, pueden rivalizar con los mejores edificios de otras ciudades.

Hai en Copiapó aproximativamente 1,250 casas, si así pueden también llamarse las viviendas donde se alberga la jente proletaria.

Plazas, plazuelas, calles, paseos públicos. — Copiapó cuenta con una hermosa plaza cuyos costados miden 123 metros; encierra en su centro un jardin de hermosas flores, cuyo ambiente hace la delicia de los paseantes en las frescas tardes veraniegas. Una espaciosa avenida sombreada por frondosos pimientos la circunda por sus cuatro costados, brindando a los concurrentes con numerosos asientos. En medio del jardin central se alza majestuosa una elegante estatua que representa la ciudad de Copiapó i la cual reposa sobre la cúspide de una hermosa pila de mármol. La estatua

COPIAPO. — Vista parcial de la ciudad.

deja caer de sus pies una abundante lluvia, trasportando la imajinacion a otros lugares mas favorecidos por la naturaleza, i haciendo olvidar a sus habitantes que se encuen-tran en medio de un árido desierto.

— La ciudad contiene cinco plazuelas, que son: la de *Juan Godoi,* al Sur de la Ala-meda; en su centro tiene una pila con una estatua que representa a Juan Godoi, el feliz descubridor del rico mineral de Chañarcillo; la de *San Francisco*; la de la *Mer-ced*; la del *Teatro*, donde una pequeña pila alimenta igualmente con sus aguas un nu-meroso vecindario; i la del *Buen Retiro*, que por su situacion a estramuros ha quedado abandonada a su estado primitivo.

— La *Alameda* hácia el Poniente de la ciudad, formada por cuatro hileras de fron-dosos sauces, mide 16 metros de ancho sobre un largo aproximativo de 800 metros. Tiene dos calles laterales que facilitan el paseo en coche i a caballo; divide la ciudad

de la Chimba, i contiene dos arcos de triunfo construidos de madera i en pésimo estado.
En el dia este paseo, que podia i debia ser el principal de la ciudad, yace abandonado
a la mas triste soledad.

— Las calles principales, de Oriente a Poniente, son las siguientes : Freire, Chañarcillo, Atacama, O'Higgins, Carrera, Rodriguez, Infante i Portales. Las trasversales
que corren de Sur a Norte son las que siguen : Buen Retiro, Balmaceda, Enrique, Sa-

COPIAPO. — Plaza de armas e Iglesia Matriz.

las, Vallejos, Colipí, Chacabuco, Maipú, Yerbas Buenas, Yumbel, Talcahuano, Rancagua i Alameda.

Ninguna de estas calles ofrece particularidad alguna escepto la de Carrera, por
donde pasa el ferrocarril, i la de Chañarcillo, donde desde años atrás se ha concentrado el comercio. La de Atacama parece haber sido elejida por las personas mas opulentas, i es por esta razon, la mas hermosa de la ciudad.

Rios, acequias. — El rio Copiapó no puede propiamente llamarse tal. Es un
estero cuyas aguas quedan estancadas en varias represas o pretiles artificiales, que
han sido construidos para alimentar las acequias que sirven a la irrigacion de las
huertas de la ciudad i al beneficio de las máquinas de amalgamacion de oro i plata,
que en su tiempo tanto han contribuido a la riqueza nacional i al bienestar de la ciudad de Copiapó.

Las acequias son las de la *Rinconada Alta* i *Baja,* cuyas aguas nacen del pretil de
la máquina del Tránsito ; la de la *Ciudad* propiamente dicha, que tiene su nacimiento
en un trecho de vega situado al pié del pretil de la máquina San Luis, i la de la *Chimba*
que nace del pretil de la máquina San Cárlos.

Inútil nos parece hacer la descripcion hidrográfica del rio de Copiapó. Sus escasas
aguas nacen de la cordillera, por los rios de *Jorquera, Pulido* i *Manflas,* que a su vez
reciben varios afluentes, i bañan campos que en otro tiempo fueron cultivados.

En aquellos tiempos, la ciudad de Copiapó no existia aun, i solo el convento de San

Francisco tenia a sus alrededores una que otra vivienda. ¡Copiapó se encontraba en mantillas i no daba aun indicios de su futura grandeza.

Existen actualmente sobre el rio 343 tomas que es imposible vijilar, i que en su mayor parte son inútiles, pues solo sirven para autorizar el hurto. Se deberia cerrar todas estas tomas i establecerlas sobre una acequia madre, que alimentada por una toma única, en cada distrito, imposibilitaria el robo en perjuicio de los distritos inferiores. Para establecer este sistema de regadio casi todo está hecho; solo falta establecer la compuerta sobre la acequia madre, porque ella existe ya sobre cada hacienda en par-

COPIAPO. — Calle de Chañarcillo.

ticular, de manera que solo se necesitaria unir el estremo de la acequia de una heredad con el principio de la acequia de la heredad siguiente. De esta suerte cada distrito llevaria las aguas que le corresponde, sin poder sustraer a los distritos inferiores; sustracciones que no se pueden preveer i que son irreparables, pues tienen lugar sin compensacion posible, a leguas de distancia del punto donde se está regando. Con el medio propuesto el hurto tendria que efectuarse únicamente en el distrito que goza del agua, lo que permitiria correjir instantáneamente el abuso i castigarlo en obsequio del perjudicado.

Cañeria de agua.—Esta importante obra, concebida bajo la administracion del intendente D. Pedro Olate, i realizada recientemente por su sucesor el Sr. Silva, tiene por objeto conducir el agua por medio de cañerias, a todos los establecimientos de beneficencia i plazas públicas, cárcel, cuartel i matadero, que antes estaban privados de este inmenso beneficio una gran parte del año, mientras que en la actualidad reciben el agua necesaria a todos sus usos, aun cuando la sequía del rio no produjese una gota de agua en los pretiles que antes alimentaban las pilas i pilones del uso público. El agua viene de unas vertientes naturales que brotan en el nacimiento de la vega, superiores al pretil del Tránsito. Una zanja con la hondura necesaria para encontrar la capa productora del agua, la conduce a un inmenso depósito de 270 metros cúbicos de capacidad, de donde nace la cañería surtidora. Especie de drainage, cuyo resultado es i será siempre provechoso, aun cuando una sucesion indefinida de años secos llegase a aflijir estos campos.

La construccion de esta obra, aproximativamente, costó la suma de 18,000 pesos.

Mercado público.—Un solo mercado público tiene la ciudad; este es la recova donde se espende la carne i las verduras necesarias al alimento de la poblacion; edificio costoso que aunque inadecuado llena tan urjente necesidad. Es construido de altos, acupados por algunas familias pòbres, i está situado en la calle de Maipú, punto central de la poblacion a una cuadra al Nor-oeste de la plaza; su costo fué de 80,000 pesos aproximativamente.

Alumbrado público. — Desde el año 1853 está establecido el gas hidrójeno sulfurado, por una empresa particular promovida en 1851 por D. Guillermo Wheelright. Contiene cada cuadra tres reverberos, uno en cada esquina de calle i otro hácia el medio de cada cuadra. Los 450 reverberos que alumbran la poblacion, cuestan al municipio la suma de 1,000 pesos mensuales.

Poblacion. — La provincia de Atacama tiene, segun el último censo, una poblacion de 80,878 habitantes de los que 48,350 son hombres i 32,528 mujeres.

De esta cifra corresponde al departamento de Copiapó una poblacion de 40,763 habitantes de los que 24,052 son hombres i 16,711 mujeres.

En el año de 1868 hubo en el departamento 1,306 bautismos, 951 defunciones i 151 matrimonios.

En los bautismos corresponde 1 por cada 31 habitantes, en las defunciones 1 por cada 43 i en los matrimonios 1 por cada 270.

Entre las demas capitales de provincia ocupa el puesto 13.º en los bautismos, el 10.º en las defunciones i el 16.º i último en los matrimonios.

La escasez de matrimonios i de bautismos i el crecidó número de defunciones, comparado con las demas capitales de provincia, proviene de la vida trabajada i poco ordenada de la inmensa poblacion minera que se alberga en todas las ciudades de esta rica provincia.

Division eclesiástica. — La provincia de Atacama depende del obispado de la Serena i está dividida en cinco parroquias, a saber:

Copiapó	con	26,915	habitantes.
Juan Godoi	»	13,848	»
Vallenar	»	13,771	»
Freirina	»	15,292	»
Caldera	»	11,052	»

Movimiento de correos. — El total de las piezas *entradas* a la ciudad de Copiapó en 1869 asciende a 154,810, de las que 50,323 fueron cartas, 101,848 impresos, i 2,639 oficios. Las piezas *salidas* fueron 154,156, de las que 51,775 cartas, 99,798 impresos i 2,583 oficios.

Instruccion. — En el departamento de Copiapó existen 32 escuelas, de las que 22 son públicas i 10 particulares. Asisten a las primeras 1,640 alumnos, i a las segundas 286, formando un total de 1,926 alumnos.

De la poblacion de 40,763 habitantes con que contaba el departamento en 1870, saben leer i escribir 13,138 individuos, lo que dá una proporcion de 33 %.

CAPITULO II.

EDIFICIOS PÚBLICOS. — TEMPLOS. — ESTABLECIMIENTOS
DE BENEFICENCIA.

CÁRCEL. — CUARTEL DE POLICÍA. — LICEO I COLEJIO DE MINERÍA. — INTENDENCIA. — MATADERO. — LA MATRIZ. — LA MERCED. — SAN FRANCISCO. — HOSPITAL. — CASA DE MATERNIDAD. — DISPENSARIO.

Cárcel. — Este edificio fué construido el año 1832 por el gobernador D. Juan Melgarejo. Encierra las escribanías públicas, sala municipal i secretaria. El edificio es de adobes i se encuentra algo desplomado i carcomido por la humedad salitrosa del suelo.

Cuartel de policia. — Edificado en 1862 por el Intendente D. Pedro Fernandez Concha, puede encerrar una guarnicion de 1,500 a 2,000 hombres i 100 caballos. Su construccion fué en su mayor parte costeada con fondos del mismo cuerpo, ascendiendo el costo total de la obra a cerca de 46,000 pesos.

Liceo i Colejio de Mineria. — El Colejio de Mineria fué fundado en 1849, pero con fecha 26 de diciembre de 1864, tomó el nombre de «Liceo de Copiapó,» en virtud de lo dispuesto en el nuevo plan de estudios para los Liceos provinciales. Ambos ocupan un magnifico edificio situado en la calle de Colipí, una cuadra de la plaza. Fué proyectado i construido bajo la direccion del Intendente D. Francisco Antonio Silva, el año 1869, con fondos del gremio de Mineria i del Municipio. La obra costó 44,000 pesos, habiendo ganado el contratista D. Jorje Berger, solo un 5 % sobre el costo total del edificio. El Liceo posee una buena biblioteca, un pequeño observatorio astronómico, salas espaciosas, altas, bien ventiladas i perfectamente distribuidas, para el uso de 200 esternos i 100 internos. El departamento destinado al Colejio de Mineria posee un espacioso laboratorio i una magnifica coleccion de todos los metales, panizos, planos de las vetas, cruceros, laboreos, etc., de todos los minerales de la provincia.

Intendencia. — Edificio que ocupa un cuarto de cuadra de superficie, situado en la calle de Chacabuco, esquina de la calle de Atacama, fué edificado por el Intendente Lavalle hácia el año 1847. Como sus murallas son de adobes, se nota en él varios desplomes que hacen temer una ruina próxima, i que compuestos a tiempo, ahorraria por ahora al fisco un gasto crecido en la construccion de un nuevo edificio. En sus dependencias se encuentra la oficina telegráfica i la tesorería municipal.

Matadero. — Construido el año 1869 por el Intendente D. Francisco Antonio Silva. Es mui vasto, contiene cinco corrales o patios para el encierro de los animales, i presenta comodidades para matar a la vez hasta doce animales vacunos.

La Matriz, fué edificada el año 1847. Es un edificio de madera, de tres naves

COPIAPO. — Cuartel de policía.

sin órden arquitectónico alguno. Brilla solo por una firmeza a toda prueba, habiendo resistido sin el menor fracaso, todos los temblores que con tanta frecuencia han conmovido nuestro suelo. Está situada en el estremo Poniente de la plaza principal, destruyendo en esta situacion la harmonia en la vista jeneral de la plaza. Próximamente su costo fué de 80,000 pesos.

La Merced. — Lindo templo gótico, de tres naves, construido el año de 1864. Costó 48,000 pesos, debidos a la jenerosidad del vecindario, impulsado a esta obra por los contínuos afanes del Reverendo Padre Donato, de la órden de los Sagrados Corazones de Jesus i María, i del Intendente D. Francisco Gana.

Este templo, única obra arquitectónica en Copiapó, está aun inconcluso, lo que no se puede atribuir sino a la desidia i malquerencia de algunos potentados.

San Francisco. — Es la iglesia mas antigua de Copiapó i aun de todo el valle, pues en la época de su primera fundacion dió su nombre como patrono de la ciudad, existiendo ya su templo desde un tiempo indeterminado por la historia. La construccion actual es mui maciza, de una sola nave i sin ningun adorno arquitectónico. A pesar de su aparente solidez, está desplomada. La Intendencia ha decidido reconstruirla, habiendo pedido para el efecto propuestas cerradas. Ha sido aceptada por la Junta de fábrica, la que a su juicio ha resultado mas ventajosa, debiendo principiarse los trabajos en mui poco tiempo mas.

Establecimientos de Beneficencia. — Los mencionados en el encabezamiento del presente capitulo son los únicos establecimientos de beneficencia que pro-

COPIAPO.— Iglesia de la Merced.

vee la caridad pública en éste departamento, habiéndose formado para su sosten, sociedades de hombres i de señoras, que con el mas laudable celo trabajan por el amparo del desvalido. Están situados hácia el estremo naciente de la ciudad, al principio de las calles de Carrera i O'Higgins; el hospital fué construido el año 1848, i el hospicio el año 1869. La construccion de éste, toda de madera, costó 12,000 pesos, bajo la administracion de D. Francisco Antonio Silva. El hospital adquirió mayores dimensiones bajo la misma administracion.

CAPITULO III.

EMPRESAS PUBLICAS I PARTICULARES.

Imprentas. — Hoteles. — Ferrocarriles. — Teatros. — Fábricas. — Clubs. — Máquinas de amalgamacion. Observaciones.

Imprentas. — Hai dos en Copiapó que publican otros tantos diarios del mismo nombre. La del *Copiapino* i la del *Constituyente.* El primero tiene 27 años de existencia i solo 10 el segundo, ambos son diarios, políticos, literarios e industriales.

Hoteles. — Existen dos, el hotel *Francés*, situado en la calle de Chañarcillo, esquina de la plazuela de la Merced i el hotel *Grandi*, calle de Atacama, esquina con la calle de Yumbel. Ambos son espaciosos i bien servidos, recibiendo en ellos los transeuntes una cumplida asistencia.

Otro, aunque de segundo órden es el hotel *Inglés* situado en la calle de O'Higgins.

Ferrocarriles. — El ferrocarril de Caldera a Copiapó, el primero que se construyó en la América del Sur, data desde el año 1851. La empresa ha realizado desde entonces pingües beneficios, hasta el estremo de que los socios, en este corto tiempo, han cuadruplicado sus capitales. Nace la via en el puerto de Caldera, donde tiene la empresa estensos depósitos i maestranzas, i despues de un trayecto de 80 quilómetros, llega a la estacion central de Copiapó. La via se prolongó hace algun tiempo hasta San Antonio, pasando por los pueblos siguientes: San Fernando, Tierra amarilla, Punta del cobre, Malpaso, Nantoco, Cerrillos, Totoralillo, Pabellon, Potrero seco, Hornito, Punta brava i los Loros. De la estacion de San Fernando arranca la nueva via que llega a Puquios, recientemente entregada al tráfico público, i pasando por las estaciones de Ladrillos, Chulo, Garin i Venados. Este ramal dará nueva vida a un sinnúmero de minerales de plomo, cobre, plata i oro, que por la carestia de los fletes yacian abandonados, i que indudablemente tomarán ahora un gran impulso, vertiendo en el comercio injentes caudales, si la empresa, conociendo la verdadera fuente de toda fortuna, facilita con la baratura de sus fletes, el transporte de los abundantes metales de baja lei que se hallaban perdidos en los 20 o 22 minerales que este camino está llamado a fomentar.

De Pabellon o San Guillermo, sale otro ramal que conduce a Chañarcillo pasando por el Molle. Este camino no puede tomar un grande incremento, porque su tráfico se halla solo abastecido por unos pocos minerales i actualmente puede decirse, que solo Chañarcillo i Bandurrias le dan sus productos en retorno.

Teatro. — La ciudad posee un teatro que solo de tarde en tarde abre sus puertas

15

largas temporadas sin que los copiapinos puedan disfrutar de este pasatiempo.

Fué construido en 1848 i su costo ascendió a 60,000 pesos.

Fábricas. — Existen varias donde se elaboran todas las máquinas necesarias a la esplotacion de minas. Las principales son : las de Ochads, Tomkins i Leurhings.

Clubs. — Existen en la ciudad dos clubs donde se reune diariamente la sociedad copiapina. El uno es formado en su mayor parte, por chilenos i arjentinos i está situado en la calle de Atacama. El segundo, instalado en el hotel Grandi, es formado esclusivamente por alemanes i uno que otro inglés. Ambos se rijen por sus estatutos i reglamentos especiales.

— Desde hace algunos años los masones tienen en Copiapó una lójia, la cual ha adquirido últimamente un terreno situado en la calle de O'Higgins, en el que ha construido un templo para el cumplimiento de sus ritos.

Máquinas de amalgamacion. — Veinte máquinas de esta especie existian en la época floreciente de la mineria. En la actualidad solo quedan trece, que aun han perdido mucho de su antigua importancia. Son las siguientes : La máquina del Cerro, la del Potrero seco i de Puquios, de los Sres. Escobar Ossa i Compañia; la del Puente i Tránsito, de los Sres. Edwards i Compañia ; la de los Sres. Gallo ; la de San Carlos, de los Sres. Valdez i Compañia ; la de Totoratillo, del Sr. Echeverria ; la de Pabellon, de los Sres. Mandiola ; del Hornito, del Sr. San Roman ; la Puerta, del Sr. Wadkins ; de Cerrillos, de los Sres. Ossa ; i de Juan Godoi, de D. N. Rojas. Actualmente está en construccion una nueva máquina movida por vapor perteneciente al Sr. D. Santiago Fajardo i D. Benjamin Bascuñan.

Estas diferentes máquinas han variado mucho su sistema de beneficio ; antes, el metal frio o sulfuro de plata se perdia i quedaba botado en los relaves ; hoi se recoje i se vuelve a beneficiar, produciendo esta operacion de 5 hasta 50 marcos por cajon.

Las tinas o toneles eran movidos por ruedas hidráulicas, lo que en años de escasez de agua, daba lugar a pérdidas de tiempo i por consiguiente de dinero. Actualmente casi todas las máquinas son movidas por el vapor, cuyo empleo ha permitido regularizar el beneficio, aumentando considerablemente el consumo del metal, de modo que las máquinas pertenecientes a pequeñas fortunas han fracasado, i solo han resistido aquellas cuyos dueños han podido establecer las mejoras del caso.

Por otra parte, los nuevos métodos adoptados para la amalgamacion del metal frio, clorurándolo previamente de distintos modos, ha venido a dar un producto directo mas abundante, permitiendo el beneficio aun de los metales mas sulfurosos. Con todo, el producto directo de la plata en barra en Copiapó ha disminuido notablemente, a pesar de que las minas en jeneral rinden anualmente cantidades de metal igual i aun superior a los mejores tiempos de bonanza. Esto proviene de que actualmente, i desde hace algunos años, los banqueros hacen sus remesas de fondos a Europa, en metales frios cuya lei pasa de 100 marcos, en vez de hacerlas, como antes, en metálico. Estas remesas considerables de metales perjudican al erario nacional, al gremio de mineria i al municipio, pues impiden el ensanche de la industria con perjuicio de los especuladores en pequeña escala i de los mineros pobres.

Un capital de un millon de pesos, produce infaliblemente en esta provincia un 40 % anual empleándolo en la compra de pastas metaliferas. El oro, la plata, el cobre, el plomo, el nikel, etc., se compran directamente del productor, sin intervencion de ninguna jente. Tómese por base solo la plata, cuyo precio es en Copiapó de 9 pesos marco i de 11 a 11.50 en Europa; cárguese los gastos mas subidos por flete, seguros, comisiones, embarques i desembarques, etc., i se verá qne por lo menos cada remesa produce 11 a 12 % libres. I como los vapores hacen al año hasta cuatro viajes de ida i otros tantos de vuelta, resulta que las remesas de metales, siguiendo la misma progresion, dejan a sus propietarios una inmensa utilidad.

CAPITULO IV.

PRODUCCIONES. — IMPORTANCIA MINERA DE LA PROVINCIA. — NÚMERO DE SUS MINAS Y SU DESIGNACION. — MANERA COMO SE EFECTUAN LOS TRABAJOS.

Producciones, importancia minera. — Copiapó no produce los cereales suficientes a su consumo; da apenas la hortaliza i el pastaje para los animales necesarios al tráfico de los minerales. Sin embargo, su suelo es feraz, i produce los frutos mas esquisitos destinados a adornar, en su época de sazon, la mesa de los nababs atacameños.

En los años de lluvia, cuando la sequia no abrasa sus campos, el trigo i la cebada producen hasta 100 %, i algunos de sus terrenos llegan hasta dar dos cosechas al año. Lo que jeneralmente arruina al agricultor i hace insostenible esta industria en Copiapó, es la falta de agua.

Todos, literalmente todos los articulos de consumo, deben de introducirse en Copiapó, pues sus únicas producciones consisten en metales de plomo, cobre, plata i oro; observaremos de paso que los demas metales, como el nikel, cobalto, estaño, zinc, etc. no encuentran compradores.

Recien principia la estraccion del plomo, consiguiéndose colocarlo solo cuando los metales contienen lei de diez o mas marcos de plata.

Ninguna provincia se encuentra mas favorecida que la de Atacama con respecto a sus metales plomizos. Filones inmensos de galenas cruzan en todas direcciones sus cercanías, constituyendo sin duda alguna la mejor parte de la riqueza nacional. Ni la plata ni el cobre pueden comparársele en abundancia, lo que nos permite asegurar que su esplotacion dará con el tiempo a Copiapó, una prosperidad mas duradera que la obtenida en la buena época de Chañarcillo.

Copiapó posee un mineral de carbon antroxífero que serviria admirablemente para

Vista jeneral de Chañarcillo.

la fundicion de estos metales, i su consumo daria a la provincia una ventaja inmensa sobre todos los paises mineros del mundo, pues podria luchar con ventaja aun con Inglaterra misma, a causa de la baratura de dicho combustible, el cual, al pié de la

CHAÑARCILLO. — Mina Dolores 1.ª

mina, no subiria de 4 pesos la tonelada. Pero la esplotacion de este articulo, como la de toda industria nueva, encuentra infinitas dificultades nacidas de la rutina, i que solo podrian vencer los esfuerzos de los capitalistas, interesados como deben estarlo en el progreso i riqueza de la industria nacional.

Minas. — Existen en el departamento como 1,025 minas en actual trabajo, de las que 300 son de plata, 25 de oro i 700 de cobre. Las principales son las siguientes:

MINERAL DE CHAÑARCILLO.

Nombre de las minas.	Socios de temporada.	Clase de metal.	Número actual de operarios.
Araucana....................	Sres. Escobar Ossa i Compañia.....	Plata.	5
Bolaco Nuevo................	id. id........	id.	26
Bolaco Viejo................	Belisario Lopez....................	id.	7
Bocona.....................	Agustin Edwards.................	id.	39
Buena Ventura.............	Marcos Rojas.....................	id.	5
Bolaquito..................	Escobar Ossa i Compañia..........	id.	75
Colorada...................	Bernardino Ossa.................	id.	0
Candelaria.................	Escobar Ossa i Compañia..........	id.	8
Chacabuco.................	Santiago Toro....................	id.	5
Constancia	Emilio Escobar...................	id.	133
Cármen Bajo................	Manuel Cortez...................	id.	7
Carpas.....................	Santiago Toro....................	id.	6
Descubridora...............	Tomas G. Gallo..................	id.	76
Delirio.:....................	Felipe S. Matta..................	id.	111
Dolores 1.ª................	Escobar Ossa i Compañia..........	id.	106
Dolores 2.ª..:	Eduardo Abott.	id.	34
Dolores 3.ª................	Tomas G. Gallo..................	id.	54
Desempeño.................	Bernardino Ossa..................	id.	17
Esperanza..................	Escobar Ossa i Compañia.... ..:..	id.	57
Elvira......................	Floridor Rodriguez...............	id.	4
Frenética...................	Escobar Ossa i Compañia..........	id.	8
Flor de Maria...............	id. id..............	id.	12
Guia de Carballo...........	Diego Carballo...................	id.	33
Guias de Jordan............	Patricio Calderon.................	id.	7
Guanaca....................	A. Swarzemberg..................	id.	31
Guanaquita.................	Tomas G. Gallo..................	id.	17
Jueves.....................	Escobar Ossa i Compañia..........	id.	5
Loreto.....................	Rafael Mandiola..................	id.	86
Justicia....................	Escobar Ossa i Compañia..........	id.	75
Locura.....................	Camilo Ocaña...................	id.	6
Luisa......................	Patricio Calderon.................	id.	4
Mercédés...................	Rafael Garmendia................	id.	6
Manto de Ossa..............	Bernardino Ossa.................	id.	47
Manto de Peralta...........	Edwards i Compañia..............	id.	32
Manto de Cobos.............	Guillermo Walkins...............	id.	19
Matucana...:...............	Escobar Ossa i Compañia..........	id.	5
Negrita....................	Juan Velis......................	id.	6
Occidente de F. de Maria....	Emilio Escobar..................	id.	7
Republicana.A..............	Juan E. Carneiro.................	id.	6
Rosario 1.ª................	Escobar Ossa i Compañia..........	id.	16
Reventon Colorado..........	Tomás G. Gallo..................	id.	44
Rosario del plomo........ ..	Cárlos Mercado..................	id.	6
San Ramon................:	Diego Carvalló..................	id.	6
Santo Domingo.	Escobar Ossa i Compañia..........	id.	9
San Pedro..................	Santiago Toro....................	id.	37
San Pascual................	id. id................	id.	7
San Francisco..............	Felipe S. Matta	id.	16
San Jorje..................	Patricio Calderon.................	id.	4
Santa Clarisa..............	id. id................	id.	7
San José...................	Eduardo Abott.	id.	41
Santa Catalina.............	Tomas G. Gallo..................	id.	7
Santa Inés.................	José Segundo Rojas..............	id.	12
San Rafael.................	Luis Bock	id.	6
San Blas...................	Tomas G. Gallo..................	id.	36
Santa Rosa.................	id. id................	id.	67
San Alejandro..............	Manuel Cortez...................	id.	10
Salvadora..................	Floridor Rodriguez.	id.	7
Talcahuano................	Bernardino Codecido;.............	id.	5
Tofos'.....................	José Maria Gallo Moreno..........	id.	8
Victoria...................	José Ruiz......................	id.	6
Valenciana.................	Bernardino Codecido.............	id.	15

MINERAL DE BANDURRIAS.

Nombre de las minas.	Socios de temporada.	Clase de metal.	Número actual de operarios.
Descubridora..............	Manuel Varas..................	Plata.	10
Esperanza.................	Raimundo Galvez..............	id......	9
Margarita.................	Manuel Ruiz..................	id.	7
Solitaria..................	id. id..................	id.	5
Varela....................	Manuel Varas..............	id.	6

MINERAL DE PAJONALES.

Contadora.................	Francisco Quevedo..............	id.	6
Miller	José D. Cereceda...............	id.	8

Las que se especifican a continuacion son tambien de plata i se encuentran sin trabajo: Aurelia, América, Atacama, Buena.Amiga, Bella Vista, Carmelita, Chita, Confianza, Carlota, Cautiva Oriental, Deseada, Esperador, Estrecho Magallanes, Gloria, Yungai, Inglaterra, Libertad, Los Amigos, Matilde, Maria Luisa, Margarita, Maipú, Nuevo Delirio, Pantionera, Puerto de Casma, Primitiva, Quebradita, Reforma, Romántica, Rotshild, Santa Rita, San Féliz, San Pedro.Nolasco, San Francisquito, San Antonio del Mar, Bellavista de Bandurrias, Fortuna, Perez, San Jerónimo, San José, San Nicolas Tránsito, Urrutia, Manto Fuentecilla.

MINERAL DE TRES PUNTAS.

Nombre de las minas.	Socios de temporada.	Clase de metal.	Numero actual de operarios.
Al fin hallada	Testamentaria de J. Ramon Ossa...	Plata.	32
Atacama....................	id. id..........	id.	4
Británica..................	José Ramon Sanchez.............	id.	5
Codiciada..................	id. id..........	id.	62
Cármen....................	Felipe S. Matta	id.	14
Cobriza...................	Cárlos Edlefrens.................	id.	5
Candelaria.................	id. id.................	id.	15
Delirio....................	Testamentaria de J. Ramon Ossa...	id.	4
Empalme..................	Eulojio Martin.................	id.	4
Elena	Olegario Carvallo...............	id.	13
Frecia.....................	Testamentaria de J. Ramon Ossa...	id.	4
Gallofa....................	Juan Richards..................	id.	12
Huérfana.	José Ramon Sanchez	id.	6
Ituna 1.ª..................	José Manuel Echenique..........	id.	14
Isolina de niquel............	Marcelino T. Pinto	id.	5
Juana...	José Maria Prieto...............	id.	13
Juana del Norte	Hermenejildo Daroch...........	id.	7
Jerusalen..................	Guillermo D. Aguirre...........	id.	4
Lautaro....................	Tomas G. Gallo................	id.	6
Luz del Pilar..........	Eusebio Squella................	id.	8
Rosario....................	Testamentaria de J. Ramon Ossa...	id.	4
Rosario del plomo...........	Santos Hernandez..............	id.	6
Santa Ana.................	Cotapos i Manzanos.............	id.	5
San José del Cármen........	Testamentaria de J. Ramon Ossa...	id.	4
Salvadora.................	Felipe S. Matta................	id.	25
San Miguel................	José Izquierdo.................	id.	4
Victoria...................	Testamentaria de J. Ramon Ossa...	id.	29

MINERAL DE TRES PUNTAS.

Nombre de las minas.	Socios de temporada.	Clase de metal.	Número actual de operarios.
Occidente	Pedro Hernandez Concha	Plata.	4
Buena Esperanza	Felipe S. Matta	id.	308
Barcelonesa	José Ramon Sanchez	id.	22
Cuatro Amigos	Felipe S. Matta	id.	12
California	Emilio Escobar	id.	4
Herminia	id. id.	id.	13
Margarita	Apolinardo Soto	id.	12
Occidente	José.Luis Claro	id.	6
Republicana	Guillermo E. Groves	id.	9
San Francisco	José Ramon Sanchez	id.	11
San Cárlos	José H. Makenney	id.	5
San Francisco de Soto	Felipe S. Matta	id.	8
San Juan de Dios	id. id.	id.	36
San Antonio	id. id.	id.	24
San Pedro Nolasco	Abelino Lascano	id.	17
Serena	José Cerveró	id.	9
Treinta de Mayo	Felipe S. Matta	id.	9
Volcan	José S. Muñoz	id.	5
Oriente	Felipe S. Matta	id.	8
Alemania	Cárlos Edelfrens	id.	5
Buena Suerte	Pascual Fraga	id.	4
Buena Vista	Francisco Frites	id.	7
Candelaria	José Vargas	id.	4
California	Rosendo Reyes	id.	7
Cobriza	Pascual Fraga	id.	11
Descubridora	Ramon Rojas	id.	6
Guias del Norte	Cristino Allendes	id.	4
Guias California	José J. Barrionuevo	id.	2
Membrillo	Juan Valdivia	id.	3
Providencia	Emilio Escobar	id.	14
Reina	Pascual Fraga	id.	2
Rosario	Ramon Rojas	id.	4
Sebastopol	Pascual Fraga	id.	4
San Antonio	José A. Noqué	id.	5
San Rafael	Miguel Herrera	id.	4

MINERAL DE CACHIYUYO.

Cuba	Testamentaria de Samson Waters	Cobre.	3
Santa Helena	id. id.	id.	3
San Pedro	id. id.	id.	59
San Pablo	Juan S. Lellm	id.	12

MINERAL DEL CHIVATO.

Cármen	Hugo Yenqüel	id.	28
Candelaria	Francisco Vazquez	id.	4
Jova	José R. Rodriguez	id.	6
Resureccion	Hugo Yenqüel	id.	16

MINERAL DE LOMAS BAYAS.

Alianza	Felipe S. Matta	Plata.	121
Alba	Pascual del Fierro	id.	4
América	Tomas G. Gallo	id.	29
Americana	José. M. Rojas	id.	5
Animas	Luis Boch	id.	»
Andocollo	Telesforo Espiga	id.	10

MINERAL DE LOMAS BAYAS.

Nombre de las minas.	Socios de temporada.	Clase de metal.	Número actual de operarios.
Cármen...................	Telesforo Espiga..................	Plata.	200
Codiciada......	Emilio Escobar..................	id.	127
Cuarta....................	id. id.....................	id.	4
Candelaria................	Francisco Villanueva..............	id.	4
Cristiana.................	Telesforo Espiga.................	id.	»
Delirio...................	Manuel del Fierro...............	id.	12
Descubridora.............	Emilio Escobar..................	id.	107
Diana....................	Enrique Rodriguez..............	id.	41
Destino..................	Cruz Vilches..........	id.	»
Desquite.................	Martin Manterola...............	id.	10
Diez i ocho...............	Patricio Calderon................	id.	19
Elena....................	Rafaél Martinez.................	id.	10
Eduvije..................	Francisco Rosa..................	id.	»
Farellon..........	Telesforo Espiga.................	id.	48
Fé......................	Telesforo Mandiola..............	id.	24
Galilea........ ·.........	Tomas G. Gallo.................	id.	6
Guia.....................	Telesforo Espiga.................	id.	7
Independencia.............	id. id..................	id.	11
Josefita..................	Francisco Rosa..........	id.	»
Maximina.................	Santiago Toro..................	id.	5
Loreto...................	Telesforo Mandiola.....	id.	»
Merceditas................	Nicolas Schuth.................	id.	15
Mora....................	Patricio Calderon...............	id.	10
Nueva Descubridora.........	Emilio Escobar.................	id.	21
Palmira..................	Felipe S. Matta.................	id.	6
Precaucion................	Telesforo Espiga................	id.	5
Previsora.................	Felipe S. Matta................	id.	5
San José.................	Telesforo Espiga................	id.	11
Secreto..................	id. id...................	id.	»
San Francisco del Norte.....	Evaristo Garcia	id.	4
San Juan de Dios...........	José Dávila...................	id.	»
Tercera..................	Pedro N. Martinez..............	id.	7
Tránsito.................	Telesforo Espiga................	id.	5
Venecia.................	Telesforo Mandiola..............	id.	9
Virjinia..................	Emilio Escobar.................	id.	157
Saara...................	Telesforo Mandiola..............	id.	5

MINERAL DEL ROMERO.

Cármen..................	Antonio Cordero................	id.	»
Descubridora.............	Francisco Carabantes............	id.	13
Guia del Retamo...........	José Maria Prieto................	id.	19
Los Amigos...............	Nicolas Igualt..................	id.	28

MINERAL CABEZA DE VACA.

Candelaria................	Emilio Escobar.................	id.	6
Chancha.................	Emigdio Ossa	id.	6
Cuatro Amigos	Emilio Escobar	id.	»
Emilia...................	Luis Rivera...................	id.	5
Jeneral Las Heras...........	Emilio Escobar.................	id.	14
Restauradora.............	Emigdio Ossa.................	id.	20
Zoila...................	Hilarion Vivanco...............	id.	9
Presidenta.	Bernardino Codecido	id.	6

MINERAL DE LA BREA.

Constituyente..............	Tomas G. Gallo..................	id.	3

Sistema de esplotacion. — De las 1,025 minas que se trabajan en el departamento de Copiapó, mui pocas son aquellas cuya esplotacion se hace segun las reglas que se enseñan en los cursos de los liceos i universidades ; la causa de esta diferencia entre la práctica i la teoría consiste en la irregularidad de los depósitos de. los metales, i en la diversidad de formas de los veneros que se persiguen.

La esplotacion de los minerales de Copiapó se efectúa de la manera siguiente :

Una vez descubierto el venero metálico, llamado *veta* si es ancho, i *guia* si angosto, se forma sobre él una escavacion llamada *pique chiflon* que se continúa en toda la estension de la veta, hasta dar con un *alcance* o depósito de metales. De este punto se

TRES PUNTAS.—Apires de la mina Buena Esper·nza.

hace partir en direcciones distintas varias galerías llamadas *frontones,* que algunas veces corren unas sobre otras i a distancias proporcionadas, segun la firmeza del cerro.

Jeneralmente, cuando desaparece el beneficio, acostumbran estraer de abajo hácia arriba el metal que ha quedado visto, operacion que se llama *rajar* i que se tolera, sin tener en cuenta las fatales consecuncias que puede orijinar, puesto que de aqui provienen *los atierros* o derrumbes que inhabilitan la mina para todo trabajo posterior, a menos que no se disponga de fuertes capitales.

Ademas del pique ya mencionado, se efectúan otros mas llamados *piques tornos* verticales o inclinados, que sirven tanto para el reconocimiento de la veta, como para la estraccion de los metales i ventilacion de la mina. En casi todas las minas se hace una labor horizontal llamada *socabon,* comunicada con todas las galerías interiores i por la cual se efectúa el servicio de los trabajos, saca de metales, etc. Los socabones tienen jeneralmente una altura de 2 $\frac{1}{2}$ metros por 2 $\frac{1}{2}$ a 3 de ancho.

En el interior de las labores se encuentran los *barreteros*, que trabajan con un barreno i un combo de 12 libras, en abrir taladros que se llenan de pólvora i hacen estallar con el objeto de derribar las piedras i metales, operacion que llama *quebrar*. Estos son sacados a la superficie de la mina por los *apires*, en capachos que se colocan sobre las espaldas i que contienen regularmente de 1 ¹/₂ a 2 quintales españoles. En las minas de importancia, los apires solo acarrean su carga llamada *saca*, desde la labor hasta los carros que ruedan sobre rieles tendidos en toda la estension de la galeria i que son tirados, desde el esterior, por máquinas a vapor o *matacates* movidos por caballos. En las minas en beneficio, se acostumbra *circar* ese beneficio, es decir, estraer solo la

Canchamineros de la mina Buena Esperanza.

piedra, dejando el metal en la veta, pegado a la *caja* o paredes del pique. Despues de aislado el metal puro, se *quiebra* por medio de los tiros de que ya se ha hablado i se estrae por los apires o por los carros.

Una vez las piedras en la superficie, se aglomeran en los patios llamados *canchas*, donde los canchamineros efectúan el apartado. Este consiste en separar los *buenos, regulares* i *deshechos*; los primeros se llaman *pinta*, los segundos *despinte* i los terceros *rechanques*. Estos últimos se dejan a un lado hasta que la mina esté en broceo i poder entonces hacer de ellos un nuevo apartado, arrojando al *desmonte* los que se creen sin lei. El desmonte forma, en las minas situadas en los cerros, pilas inmensas rodadas cerro abajo; si la mina se encuentra en un plan, se forman con las piedras inútiles, grandes pilas repartidas en los sitios en que menos estorben.

Despues de apartadas las pintas i despintes, se hacen *chancar* o romper separadamente en pequeños pedazos, ya sea con una máquina especial movida por la de vapor, o a martillo por los mismos canchamineros. Cuando se concluye esta operacion está ya

el metal listo para ser enviado para su beneficio a las máquinas de amalgamacion, a su
venta en *copela* o en crudo.

Los metales se dividen en cálidos i frios. Los primeros son aquellos que se benefician por la via húmeda i sin dificultad; los frios son los que necesitan de ciertas prepa-
raciones quimicas para ser beneficiados por la via húmeda. El beneficio consiste en
hacerlos moler por medio del *trapiche.* Esta máquina se compone de una gran taza de
madera llena de agua, con una piedra de moler en su fondo i en cuyo centro jira otra
piedra montada sobre un eje perpendicular. Las piedras reducidas a polvo i formando
con el agua una pasta liquida, son conducidas entonces a unos pozos de madera, donde

Cancha de la mina Dolores t. ª

se asienta el metal i se estrae el agua. Si los metales son de plata, se añade a la pasta
sal, azogue u otro majistral, i se deposita en tinas o barriles jiratorios que le imprimen un movimiento de rotacion durante 12, 18 i 24 horas, hasta que la plata esté
perfectamente ligada al azogue. Despues de varias operaciones sucesivas conducentes
a lavar, estrujar i secar la pasta, se coloca ésta en moldes de fierro en hornos especiales, i se le aplica un fuego lento para despojarla de todo el azogue. En este estado la
plata se llama *piña* i necesita aun una última operacion, que consiste en fundirla en
otra clase de hornos, con lo que se convierte en *barra.*

Los Pirquineros. — La palabra *pirquinero*, usada únicamente en Chile, llena el
sentido de rebuscador. El dueño de una mina que ha resuelto abandonar su posesion,
raja una parte del laboreo antiguo donde existen algunos puntos en beneficio, o hace
un convenio con algun barretero concediéndole la mayor parte del metal o del fruto
perdido que existe en aquellos determinados puntos, contentándose con la otra parte,
libre de todo gasto. Semejante convenio es indudablemente ventajoso para el dueño de
la mina, pero en cambio ésta puede considerarse perdida para el porvenir, pues el
piquinero la raja i la aterra hasta la boca, imposibilitando asi la inspeccion de los pla-

nes, i haciendo imposible todo trabajo ulterior que podria dar lugar a nuevos alcances. Para rehabilitar las labores aterradas se necesita gastar injentes sumas que, sin estos atierros, podrian emplearse en seguir labores broceadas i dar lugar a futuros beneficios. El pirquinero arruina la industria minera, i de consiguiente ataca la riqueza nacional, dando lugar al abandono de aquellos puntos que en otro tiempo fueron fuentes de riqueza.

Observaciones. — Antes del descubrimiento de Chañarcillo, el sueldo del barretero era de 12 a 15 pesos al mes, i tenia la obligacion de preparar tres sacas o entradas a la mina, constando cada saca de tres capachos o vueltas por cada apir. En la actualidad el barretero solo hace dos entradas, i su trabajo útil no produce a veces ni aun dos sacas. El apir tenia, por su parte, la obligacion de ir a la *leña*, al *agua* i de *chancar*, cosas que hacen hoi empleados especiales. Mientras tanto, en el trascurso de 34 años, los salarios han aumentado considerablemente i con ellos los costos de la esplotacion; de aqui resulta que el minero pobre se arruina en beneficio de los mineros ricos, los cuales, para lograr mas pronto el beneficio han imposibilitado la competencia, pagando al barretero un peso diario i al apir de 62 a 75 centavos.

— Una de las causas principales de la ruina de muchos mineros consiste en la ignorancia o mala fé de sus administradores o mayordomos. Cuántas veces se han visto minas en que, despues de gastar sus dueños lejítimos una fortuna, han sido abandonadas por haberse perdido la veta en medio de ricos beneficios, encontrándose ésta algun tiempo despues, gracias a un tiro feliz del mas feliz mayordomo que entonces obraba por cuenta propia?

— Cómo concluir mejor esta breve reseña sobre la mineria, si no es mencionando aquellas minas, verdaderos portentos de riqueza que, desde su descubrimiento, van otorgando a sus felices dueños el cetro de la fortuna?

Cuántos millones se deben a la famosa *Buena Esperanza* del mineral de Chimberos, i cuánto dará aun antes de ser agotada? Ninguna mina en el desierto puede comparársele; es un pozo inagotable de riqueza que solo puede entrar en parangon con la célebre *Valenciana* en Méjico, i tal vez en toda la fabulosa riqueza de *Potosí*, no hubo ninguna que pudiera igualarla. Ella constituye la flor mas lozana de la corona de plata que orla la frente de la diosa Atacameña, en la cual brillan flores como la *Cármen* i la *Virjinia* en el mineral de Lomas Bayas, i la *Delirio* i la *Descubridora* en el de Chañarcilio, a pesar de encontrarse estas últimas algo marchitas de su antiguo brillo.

No es solo ataviada de plata como la Diosa del desierto ostenta su riqueza; el oro brilla tambien en su diadema de escojidas piedras. Las minas de Cachiyuyo continúan mereciendo la justa fama de riqueza que en el siglo pasado se conquistaron. Los minerales de *Jesus María* i *Chamonate*, donde se ven aun algunas minas abandonadas a causa de los derrumbes, tuvieron su época de esplendor i riqueza tan fabulosa que, en algunas, se cortaba el oro a cincel, en otras se pesaba en romana como si fuera fundido, i en las mas, las labores parecian, al reflejo de las luces, salpicadas de chispas diamantinas.

Qué decir del cobre, vil metal que no tendrá el honor de figurar en parangon con el oro i la plata, pero que nos servirá, por su gran abundancia, para formar el pedestal de la Diosa del desierto.[Cada mineral cuenta a lo menos con una mina rica de cobre, pero la que hasta ahora ha sobrepujado a todas, es la *San Pedro* de Cachiyuyo, que desde su descubrimiento ha dado millones.

— En medio de tantas riquezas esplotadas i en esplotacion, el crédito del minero es enteramente nulo, pues se le mira con la misma desconfianza que a un malhechor. Proviene esto de los muchos engaños sufridos por los habilitadores, dando entero crédito a las palabras de los descubridores. Pero tambien, cuántos mineros obran de buena fé, ofreciendo una mina que en su conciencia creen buena? Cómo preveer que no lo es? Solo la esperiencia puede en algunos casos resolver cuestion tan árdua. Cada mineral tiene su modo propio de comportarse. La esperiencia adquirida en uno, de nada sirve en el otro. Tal individuo en Chañarcillo, por ejemplo, podria servir de profeta, anunciando la proximidad de un alcance, segun ciertos cálculos de probabilidad realizados en otras minas ; el mismo individuo en Tres Puntas o Lomas Bayas, se encontraria a oscuras, i solo fundará su parecer sobre las reglas mas jenerales que todo minero conoce i que constituyen su ciencia.

Pero lo cierto es que la desconfianza existe, i que son pocos los que ahora se deciden a arriesgar su fortuna sobre la caprichosa rueda. Trabajar minas equivale indudablemente a jugar a la gruesa ventura. Juego noble i grande, pues va de lo conocido a lo desconocido, de la triste i misera realidad hácia la esperanza de una riqueza inagotable. Pero cuántos desgraciados lloran hoi en medio de la mas triste miseria la fortuna que arrojaron tras una esperanza fallida?

Grande i noble es la mision del minero, pero tambien suele ser triste su fin!

II.

CALDERA.

Aunque de escasa importancia como ciudad, Caldera ocupa como puerto comercial, el segundo rango entre los demas de la República.

Situado en los 27° 3' de latitud Sur i los 70° 54' lonjitud Oeste del meridiano de Greenwich, su bahia, en forma de semicirculo, presenta un exelente fondeadero de siete i medio quilómetros cuadrados, i la mayor seguridad contra los fuertes vientos del Norte i del Sur. La entrada al puerto no ofrece obstáculo ni peligro de ningun jénero, encontrándose colocado el faro en la estremidad Sud-oeste de la bahia.

El puerto dispone de tres muelles : el de la empresa del ferrocarril de Copiapó, el de los Sres. Hemenway i Cª (Hornos del Norte) i el de la Compañia inglesa de fundicion (Hornos del Sur). De los tres, solo el primero presta importantes servicios al comercio para la carga i descarga de los buques. Estos, así como los vápores de la Compañia inglesa, atracan a sus costados i hacen uso de la maquinaria a vapor que les proporciona la empresa del ferrocarril, mediante una módica retribucion.

— El pueblo tiene una milla de estension, contada entre los establecimientos llamados Hornos del Norte i Hornos del Sur, o sea de Nor-este a Sud-oeste.

Su aspecto no tiene nada de pintoresco a consecuencia de la completa escasez de ·agua, lo que trae necesariamente consigo la falta absoluta de toda vejetacion. La aridez de las colinas que lo rodean no puede menos de impresionar desagradablemente al

CALDERA. — Iglesia parroquial.

viajero, sobre todo despues de haber admirado la espléndida vejetacion de las rejiones ecuatoriales.

Pero, al internarse en la ciudad, no deja ésta de presentar cierto aspecto armonioso por la anchura i la rectitud de sus calles; tienen estas por lo jeneral, 14 metros de ancho i cerca de uno i medio las veredas que cubren sus costados. Estas están enlosadas con una piedra laja de dos pulgadas de grueso que se esplota de unas minas distantes una i media millas del pueblo.

— Existen en el recinto de la ciudad 140 casas, i a mas 110 fuera de él. Su arquitectura no ofrece particularidad alguna; casi en su totalidad son de tablas de laurel, de reducidas dimensiones i de un solo piso. De dos pisos solo existen diez·

El número de calles de la ciudad asciende a 25 de las que 9 son lonjitudinales i el resto trasversales.

Las primeras son : AA, BB, CC Wheelright, DD Edwards, EE Gallo, FF Carvallo, GG Ossa Varas, HH Subercaseaux i KK. Las trasversales son : aa Vega, bb Carril, cc Cifuentes, dd Montt, ee Ossa Cerda, ff Guerra, gg Cousiño, hh Tocornal, kk Vallejo, ll Mata, mm, nn, oo, pp, qq, rr.

— La ciudad cuenta con una sola plaza, la de *Armas*, situada en medio de su recinto. En el centro existe una pila, siempre seca, i al rededor una cómoda esplanada, pero árida siempre i·desprovista de árboles.

— Los únicos edificios públicos son : el de la Gobernacion, situado en la plaza mencionada i que contiene el Cuartel de Policia, la Cárcel, la Sala de Cabildo i Juzgados, i un edificio de dos pisos de construccion bastante hermosa, situado a orillas del muelle i que contiene la Aduana, Gobernacion Maritima. Correo, Resguardo, i Telégrafo. Ademas existen en construccion en la plaza, dos escuelas de propiedad municipal.

— Respecto a templos debemos limitarnos a solo uno : la iglesia parroquial de San Vicente de Paul, hermosa construccion de arquitectura gótica. El grabado adjunto nos evitará toda descripcion.

— Entre los establecimientos industriales, podremos citar uno de fundicion de metales con cinco hornos aunque no siempre todos en accion, i una máquina de destilacion de agua que surte a la ciudad i a las locomotoras del ferrocarril. Produce 6,000 galones de agua cada 24 horas i su depósito de piedra i cal, tiene una capacidad de 34,500 galones. El agua es repartida en la ciudad por medio de cañerias i espedida en puntos determinados por cuenta de la empresa del ferrocarril, a la que pertenece el negocio.

— Segun dijimos al principiar esta pequeña reseña, Caldera ocupa despues de Valparaiso, el primer lugar en el comercio jeneral de la República. Principalmente por este puerto se efectúa la importacion i esportacion de los inmensos productos mineros de la rica provincia de Atacama.

Su *importacion* del estranjero ascendió en 1869 a 417,204 pesos por mar i a 412,365 pesos por tierra, procedente de la República Arjentina. La importacion interior de los diferentes puertos de Chile, alcanzó a 8.443,195 pesos, formando en el año un total importado de 9.272,764 pesos.

La *esportacion* al estranjero ascendió, en el año citado a '6.683,938 pesos correspondiente en su totalidad a la produccion minera de la provincia, la cual consiste principalmente en cobre en barra, ejes de cobre, minerales de cobre, plata barra i ejes platosos. Los paises receptores fueron los siguientes :

Inglaterra.	Ps.	4.097,296
Perú.	»	2.274,230
Francia.	»	178,015
Norte América.	»	134,397
Total.	Ps.	6.683,938

La esportacion interior a los diferentes puertos de la República, ascendió a 1.063,220 pesos. Sumada esta con la esportacion estranjera, resulta un total esportado de 7.747,158 pesos, el cual deducido del valor total de la importacion, da un saldo de 1.525,606 pesos a favor de esta última.

En el mismo año tuvo este puerto el siguiente movimiento maritimo con especificacion de la nacionalidad i toneladas:

| | ENTRARON: | | SALIERON: | |
	Buques.	Toneladas.	Buques.	Toneladas
Ingleses.	193 con	217,638	189 con	213,634
Norte Americanos. .	96 »	11,809	37 »	12,416
Alemanes.	4 »	1,602	4 »	1,602
Salvadoreños.	38 »	10,413	39 »	10,592
Nacionales.	38 .»	7,351	35 »	6,588
Guatemaltecos. . . .	29 »	8,691	29 »	8,758
Italianos.	18 »	4,101	17 »	3,904
Peruanos.	2 »	382	2 »	382
Belgas.	1 »	579	» »	»
Polineses.	1 »	817	1 »	817
Totales.	360 con	263,383	353 con	258,693

PROVINCIA DE COQUIMBO

I.

LA SERENA.

------- ~~~~ -------

CAPITULO I.

DESCRIPCION DE LA CIUDAD.

SITUACION. — DESCRIPCION DE LA CIUDAD I SUS ALREDEDORES. — ESTENSION, CALLES.—
PASEOS PÚBLICOS, PILAS. — PLAZAS, PLAZUELAS. — POBLACION. — MOVIMIENTO DE
CORREOS.

Situacion. — La Serena, capital de la provincia de Coquimbo, fundada en 1544
por Francisco de Aguirre de órden de Pedro Valdivia, i bautizada en aquella fecha
con el nombre de *San Bartolomé de la Serena*, es una preciosa ciudad que cuenta 15
a 16,000 habitantes, incluyendo los suburbios denominados *Compañia* i *Pampa*, colocado aquel al Norte, i este al Sur. Su situacion jeográfica es en los 29° 54′ latitud
Sur i 71° 13′ lonjitud Oeste del meridiano de Greenwich.

Descripcion de la ciudad i sus alrededores. — Respecto al oríjen
de su nombre, hai diversas opiniones que no nos atrevemos a dilucidar. Pero *serena*
es i será siempre por su benigno temperamento, en que las estaciones se suceden unas
a otras sin sensible cambio; puede decirse que solo se esperimenta una sola, apacible
i templada, florida siempre i siempre admirable.

Está edificada en anfiteatro, formado por dos mesetas que componen lo que se llama
la poblacion propiamente dicha, en la que se encuentra la plaza de Armas, i en la que
se halla situado el estenso barrio de *Santa Lucia*, a cuyo respaldo, formando una tercera meseta pero no poblada, sobresale la colina que lleva el nombre del barrio que
está a su pié. Situada de esta manera, presenta desde la vega, que en una milla de
estension la separa del mar, una vista poética, destacándose sus blancos edificios como
superpuestos unos sobre otros i divididos caprichosamente por fajas de árboles que
presentan todas las graduaciones del verde, árboles que ostentan sabrosos i variados

16

frutos en las huertas de cada propiedad. De entre este hacinamiento de caseríos sobresalen las torres de los templos, i en la cima del humilde i estéril cerro de Santa Lucia, por efecto de perspectiva i como para cerrar el cuadro, se distingue el edificio de la última mansion : el cementerio.

. Pero del punto de donde debe admirarse a la Serena, es desde la cima del morro de Santa Lucia. Desde allí el panorama es seductor ; la poblacion se desarrolla en mil detalles ; sus casas rodeadas de un oasis de verdura i sus calles tiradas a cordel, se asemejan a jigantescos reptiles de azulados flancos que van a ocultar sus cabezas en la

LA SERENA. — Vista jeneral.

barranca denominada del «mar». El humo de las chimeneas, ese rumor peculiar de una ciudad que se contempla a cierta distancia, las pequeñas figuras que se ven atravesar las calles, plazas i plazuelas, presentan un espectáculo encantador, atrayente. Luego, si se dirije la vista a la vega, siempre verde como una esmeralda i sembrada de sauces en desórden, se verá desarrollarse las escenas mas campestres, a las puertas mismas de la ciudad. Rústicos ranchos, medio perdidos entre los protectores ramajes del sauce cimarron, a la orilla de una zanja constantemente llena de una agua tranquila, bueyes, caballos, asnos, siembras de maiz, de zapallos, melones i sandias; mas allá lagunas que se asemejan a otros tantos fragmentos de espejo abandonados al acaso sobre la eterna verdura de la grama i la chépica. I para que la perspectiva tenga mayor encanto, la vega se encuentra ceñida al Poniente por una faja perpétua de mujientes i blancas olas, mas allá de las cuales se estiende el Océano azulado, diáfano i trasparente como el cielo que refleja. El mar, contenido por elevadas montañas que lo cierran por el Norte i Sur, se revela contra esas barreras naturales i demuestra su rabia, azotando inútilmente sus flancos. Tal se muestra, al Norte la punta de Teatinos en la cual quiebra el mar sus olas con tanta furia que, a larga distancia, se divisan los penachos de agua semejantes a delicadas plumas movidas por el viento.

Al Sur, casi paralela a ésta, se encuentra la punta del Puerto, donde existen los establecimientos de Guayacan i de Edwards, los cuales con sus perpetuas columnas de humo, dan a los picachos mas elevados el aspecto de volcanes en actividad.

Una puesta de sol contemplada desde esta colina, es indescriptible i no se olvida jamás. El astro se asemeja a una inmensa hoguera que lentamente va sepultándose en las aguas, tiñéndolas de un resplandor rojizo; entonces las crestas de las olas apare-

LA SERENA. — Calle de San Francisco.

cen doradas i en perpétuo movimiento; en la atmósfera las nubes toman tintes de ópalo, i las montañas se destacan negras i sombrias sobre un fondo salpicado de chispas de oro i vermellon.

Al Norte, por un valle estrecho, pero bien cultivado, se desliza mansamente el rio Coquimbo como una inmensa serpiente de plateada piel. En su ribera opuesta se distingue la *Compañia*, reunion de infinitas chácaras, i el caserio del establecimiento Lambert, i en el fondo del horizonte se alzan montañas elevadas entre las cuales se encuentra la Brillador, de cuyo seno se ha estraido i estrae aun millones en metales.

Al Sur se divisa la *Pampa*, reunion de quintas que, como la Compañia, abastece a la poblacion de frutos i legumbres. Al Oriente el cementerio, i haciendas de crianza de animales vacunos, rematando el cuadro la imponente i majestuosa cordillera de los Andes.

Tal es, mui débilmente bosquejado, el panorama de la Serena.

Estension, calles. — La ciudad se compone de 100 manzanas de 109 metros

cada lado, las cuales forman multitud de calles que jeneralmente llevan el nom-
de un héroe de la independencia, otras el de los templos, i por último algunas, el
algun vecino antiguo, como la de Barato, o la humorística ocurrencia de alguien : el
sillo del diablo, los *Cuartos diablos*, etc.

as principales son las que corren de Oriente a Poniente, como la del Teatro, la de
Agustin, de la Catedral i San Francisco. Todas con aceras de pizarra importada
Alemania, i mui bien empedradas. La de Colon, notable por ser la mas larga i recta,
Barranca del Rio, San Juan de Dios, etc. De las que se estienden de Norte a Sur,
icionaremos la de Santa Ines, de las Carreras, de la Merced, de la Portada, de
Iiggins, de Cienfuegos; etc., i muchas otras que seria largo enumerar, debiendo ad-
tirse que donde no hai aceras de pizarra, las reemplazan otras formadas de greda i
pequeños guijarros llamados *porotitos*. En jeneral, las calles son notables por su
pieza.

Casas. — Cuenta la Serena con 1,373 casas, de las cuales hai muchas de dos pi-
, pero en jeneral poco notables por su arquitectura. Con pocas escepciones, cada
ar tiene agua corriente, no faltando ésta sino rara vez. En diversos puntos hai pilo-
públicos que suministran exelente agua.

— Existe una plaza de abastos algo descuidada, en la que, propiamente hablando,
público solo se abastece de carne. Está situada al costado Norte de San Agustin, en
parte no mui central.

Paseos públicos, pilas. — El paseo público o Alameda es, por su situacion,
de los mas preciosos de los que existen en Chile. Se estiende de Oriente a Po-
nte, i en dos años mas llegará al mar, recorriendo la estension de una milla ; ac-
lmente hai concluidas seis cuadras. Este hermoso paseo se principió a construir el
de 1855, habiendo importado algunos miles la parte concluida hasta hoi, pues era
es el inmundo i bajo lecho de la quebrada denominada de San Francisco que se
tenido que terraplenar, formando dos cauces de losa caliza, sobre cuyos bordes se
van frondosos álamos blancos, acacias i plátanos que forman la calle central, esclu-
a del paseo ; las laterales son del dominio de los carruajes i caballerias. Hai en ella
icos de fierro, i un óvalo en cuyo centro sobresale un jardin circular i un tabladillo
de se coloca una banda de música cuatro veces por semana, durante las tardes.
· las noches se alumbra con 8 faroles de gas.

— El número de faroles que iluminan la poblacion asciende a 169.

— La única pila con que cuenta la ciudad es la que existe en la plaza de Armas,
eada de un bellisimo jardin. No puede reputarse monumental, pero es de elegante
na : dos figuras sostienen el recipiente por donde se escapa el agua que cae en una
a, de ésta, en forma de diáfano cortinaje, cae a otra mas grande, sostenida por un
po de sirenas, i por fin de la segunda taza, se vacia el agua en un gran estanque
5gono, arrojada por ocho bocas de leones.

Plazas, plazuelas. — La plaza de Armas es la única verdadera que cuenta la
lacion. Situada al estremo Oeste, no ocupa el centro de la ciudad, como debiera.
cuatro costados están ocupados por algunos edificios públicos como la Catedral, la
gua Intendencia, hoi cuartel del cuerpo cívico, la Cárcel, el Tribunal i la Munici-

palidad. No carece de belleza, pues en su centro tiene un precioso jardin, con la pila ya descrita, cuyas aguas saltando en gotas cristalinas, humedece constantemente las magnolias, claveles, rosas i mil otras flores del jardin, las cuales en hermosura i aroma no tienen rival en Chile. Una elegante alameda enarenada, de cinco metros de ancho, rodea la plaza formando un agradable paseo.

— Las demas plazuelas son : la de San Francisco con un pilon de agua potable rodeada de árboles en el centro ; la de Santo Domingo con árboles pero sin pilon ; la de

LA SERENA. — Plaza de Armas i Catedral.

San Agustin, la de la Recova con pilon, la de la Merced, la de San Juan de Dios, la de Santa Ines, una pequeña del Seminario i otra de menos estension del Corazon de Jesus.

Poblacion. — La provincia de Coquimbo cuenta segun el último censo, una poblacion de 151,541 habitantes de los que 75,398 son hombres i 76,143 mujeres.

De estas cantidades corresponde al departamento de la Serena un total de 28,422 de los que 14,123 son hombres i 14,299 mujeres. En el año de 1868 hubo en el departamento 1,203 bautismos, 1,501 defunciones i 151 matrimonios. En los bautismos corresponde 1 por cada 24 habitantes, en las defunciones 1 por cada 28 i en los matrimonios 1 por cada 188.

Movimiento de correos. — El año 1869 entraron en la Serena 118,546 piezas, de las que 33,870 eran cartas, 80,877 impresos i 3,799 oficios. En el mismo año salieron 84,162 piezas distribuidas entre 31,575 cartas, 48,169 impresos i 4,418 oficios.

CAPITULO II.

EDIFICIOS PÚBLICOS.

Liceo. — Seminario. — Cementerio. — Cárcel. — Corte de apelaciones. — Intendencia. — Matadero público. — Cuartel de policía. — Oficina telegrá-fica. — Palacio del Obispado. — Casa de pólvora. — La Portada.

Liceo. — Los edificios públicos de la Serena, con escepcion del Liceo, merecen mui poco la atencion bajo el punto de vista arquitectónico. Este plantel de educacion se abrió el 1.º de julio de 1821 en el claustro de Santo Domingo, donde permaneció poco tiempo, pues por arreglo del Gobierno con el Sr. D. José Ignacio Cienfuegos, gobernador en aquella época del obispado, se trasladó el año 1825 a la casa de ejercicios espirituales, situada detras del templo de San Agustin, en donde permaneció hasta el año de 1869. En esa fecha ocupó el edificio construido con este objeto.

La fachada mide 95 metros i presenta un golpe de vista imponente, siendo de sentirse no tenga al frente una plaza o plazuela. Su situacion, al Oriente de la ciudad, en el barrio de Santa Lucia, es un inconveniente grave para los alumnos que no pueden seguir sus estudios en internados.

La ereccion de este edificio demoró cerca de dos años y su valor total ascendió a 120,000 pesos.

Seminario. — Fué fundado en 1848 en una casa que se tomó en arriendo en la calle del Teatro. El año 1856 se trasladó al edificio en que hoi se encuentra, construido especialmente con este objeto. Ultimamente se ha refaccionado de tal manera que, despues de la Catedral i el Liceo, es el mejor monumento público de la Serena. Está situado en el barrio de Santa Lucia, i ha importado 31,400 pesos.

En la actualidad cuenta con 50 alumnos internos i 16 esternos.

Cementerio. — El que existe fué erijido por el intendente D. Juan Melgarejo el 21 de mayo de 1842. Está situado al Oriente de la ciudad, sobre la meseta del denominado cerro de Santa Lucia. Contiene una capilla, buenos edificios i en su interior, que es espacioso, se ven jardines i magníficos mausoleos.

Cárcel. — Edificio de buen aspecto, pero carece de la comodidad necesaria para su objeto. En su costado derecho se encuentra la sala municipal, sin tener nada notable, a escepcion de un estandarte español que se conserva sin aprecio alguno. Su archivo está en completo desórden, por lo que se hace mui difícil obtener datos importantes que, sin duda alguna, abundan entre sus desencuadernados pliegos. Está situado en la plaza.

Corte de apelaciones. — Este tribunal situado hoi en la plaza, es un edificio de pobre aspecto; fué erijido el 26 de noviembre de 1845, principiando a funcionar en una casa tomada en arriendo i situada tambien en la plaza. El 3 de marzo de 1854, se trasladó a la que hoi ocupa, de propiedad fiscal. Algun tiempo despues se establecieron en el mismo local las oficinas i el Juzgado de Letras i de Comercio.

Este tribunal conoce en grado de apelacion de todas las causas civiles, criminales, de comercio i de minas, que se sentencian por los juzgados de primera instancia de todos los pueblos de dicha provincia i los de la provincia de Atacama.

Intendencia. — El sitio de la antigua Intendencia, ocupado hoi por el cuartel

LA SERENA. — Edificio del Liceo.

cívico, fué comprado por el Gobierno a D. Francisco Olivares, el 10 de mayo de 1784, segun consta de una escritura censuataria perteneciente al convento de Santo Domingo. Desde muchos años la Intendencia anda de ceca en meca, arrendando casa, lo que es altamente ridiculo para la tan rica provincia de Coquimbo. Anexa a ella, se encuentra la Tesorería departamental i la Administracion de correos, oficinas servidas por empleados que hacen honor a la nacion.

Matadero público. — El primero que existió estuvo situado al Sur-este, en la quebrada de San Francisco, lugar poco adecuado, i que no contaba con el aseo requerido en establecimientos de esta naturaleza; la Municipalidad, teniendo presente esta circunstancia, determinó construir otro en situacion conveniente. El actual, situado al Nor-oeste de la ciudad, a la estremidad del barrio de la Cruz del Molino, llena las necesidades del caso, pues está en las márjenes del rio. Fué construido el año 1865 e importó 8,000 pesos. Tiene los corrales suficientes, siendo construidas sus murallas de adobones de escorias asentadas en cal; cuenta con cuartos ventilados para depósito de carnes muertas, ocho horcas, i habitaciones para empleados.

Cuartel de policia. — Ocupa el antiguo claustro del convento de la Merced, edificio que presenta poca comodidad, En el mismo se encuentra el juzgado de policía correccional i la banda de música municipal. La fuerza de policía se compone de 93 plazas, incluso oficiales, i de 28 serenos.

Oficina telegráfica. — Situada en la calle de San Agustin en aposentos pertenecientes a la casa del Tribunal de Justicia. Se estableció el año 1865 i se encuentra bien desempeñada.

Palacio del Obispado. — Tiene en arriendo una modesta casa situada en la

LA SERENA. — Edificio de la Intendencia.

calle del Teatro, sin duda porque la que debiera ocupar en la plaza de Armas, al lado derecho de la Catedral, no presenta la comodidad necesaria.

Casa de pólvora. — Está construida en la planicie formada por el cerro de Santa Lucia, en una pequeña hondonada, i a corta distancia del costado Oeste del cementerio. Su edificio es miserable e inadecuado, i como siempre contiene gran número de barriles de pólvora a consecuencia de ser esta provincia esencialmente minera, la ciudad se encuentra constantemente amenazada de una esplosion, que un descuido o cualquier otro motivo podria ocasionar. Las autoridades, por mas que se les ha indicado, jamas han tomado empeño por remediar tamaño mal.

La Portada. — Es un modesto monumento situado al Sur de la poblacion, i que da salida al barrio denominado *Pampa*. Es notable por sus correctas proporciones arquitectónicas, i por reunir a la vez dos órdenes. El que mira a la ciudad pertenece al dórico, i el que da al lado del espresado barrio, al compuesto.

CAPITULO III.

TEMPLOS.

OBISPADO DE LA SERENA, BIOGRAFIA DEL ILUSTRISÍMO SEÑOR OBISPO ORREGO. — LA CATEDRAL. — SAN FRANCISCO. — SANTO DOMINGO. — SAN AGUSTIN. — LA MERCED. — SAN JUAN DE DIOS. — SANTA INES. — SANTA LUCIA. — LOS CAPUCHINOS. — BUEN PASTOR. — CAPILLA DEL TRÁNSITO. — CAPILLA DEL CORAZON DE JESUS.

Obispado de la Serena. — La Serena es el asiento del obispado, el cual tiene bajo su dependencia las provincias de Atacama i Coquimbo. Esta se divide en 13 parroquias que son :

Sagrario	con	14,536	habitantes.
Cutun	»	13,886	»
Illapel	»	15,740.	»
Choapa	»	8,607	»
Mincha	»	6,947	»
Combarbalá	»	11,817	»
Ovalle	»	14,778	»
Sotaquí	»	6,817	»
Caren	»	8,772	»
Andacollo	»	18,236	»
Barraza	»	10,607	»
San Pedro	»	7,902	»
Vicuña	»	12,846	»

Biografía del Sr. Obispo. — El Illmo. Señor Obispo de la Serena, Doctor Don José Manuel Orrego, se incorporó, el 13 de marzo de 1836 en el clero de arzobispado de Santiago, confiriéndole en ese dia el Illmo. Señor Obispo D. Manuel Vicuña, la tonsura i cuatro órdenes menores. El mismo arzobispo le confirió las órdenes sagradas i lo consagró de presbitero el 8 de agosto de 1841.

Principió sus estudios en el colejio de Acevedo, i los continuó hasta la filosofía en el de D. Martin Urrutia. La teolojía la estudió, parte en San Francisco con los Padres Briseño i Arias, parte con el Doctor D. Ignacio Garcia de Aguiluz, i la terminó en el Seminario conciliar de Santiago, siendo su profesor el Sr. Doctor D. Justo Donoso, despues Obispo de Ancud i de la Serena. Obtuvo el grado de bachiller en esta Facultad, segun los estatutos de la antigua Universidad de San Felipe, i mas tarde el de licenciado en la nueva Universidad. Fué elejido miembro de la misma en reemplazo del Illmo. Sr. Cienfuegos en 1847. Ha sido decano de la espresada Facultad como quince años, a virtud de elecciones hechas por los miembros de la misma Facultad. Siendo aun ordenado de menores fué nombrado profesor de teolojía dogmática de dicho Seminario, en el cual habia desempeñado tambien el cargo de inspector. Desempeñó la clase de teolojía ya dicha trece a catorce años, durante cuyo tiempo enseñó tambien algunos cursos de retórica, historia eclesiástica i derecho canónico. Sirvió de Vice-Rector i fué nombrado mas tarde Rector del mismo establecimiento.

En casi todos los colejios particulares de aquella época dió lecciones de religion, e igualmente en el de señoritas dirijido por la Sra. Fagalde. Fué nombrado por el Supremo Gobierno profesor de religion de la Escuela normal de preceptores i del Instituto nacional, cuyas clases desempeñó por algunos años. El año 1852 desempeñó la rectoria del mismo Instituto nacional por nombramiento del Supremo Gobierno, de cuyo destino fué destituido por causas que son notorias a todos.

Fundó el Colejio particular de San Luis, que dirijió durante seis años.

Ha desempeñado varios destinos eclesiásticos, como inspector de la junta de ordenandos, durante una larga época; adjunto para los asuntos del Seminario elejido por el clero de Santiago; capellan i confesor ordinario de monjas de la Victoria ; cura párroco de San Lázaro, i mas tarde de la Estampa.

Fué redactor de la «*Revista católica*» por algunos años, i del « *Bien público* », que preparó la fundacion del « *Independiente.* » Es autor de una obra de los fundamentos de la fé, que lleva su nombre. Fué uno de los fundadores i el primer presidente de la Sociedad de Santo Tomas de Cantorberi, lo que le valió no solo la postergacion, sino tambien la reprobacion en la oposicion que hizo a la canonjia majistral el año de 1858. La administracion del Sr. Perez, como para reparar esta injusticia, le propuso para canónigo de Merced de la iglesia metropolitana, i dos años despues para la dignidad de tesorero. En posesion de esta dignidad canonical, fué nombrado por el metropolitano, vicario capitular de la diócesis de la Serena en sede vacante, i el Supremo Gobierno le presentó a Su Santidad para obispo de la misma, cuya preconizacion se hizo en Roma en el Consistorio de 23 de diciembre de 1868. El 6 de junio de 1869 fué consagrado en Concepcion por el Illmo. Señor Obispo Doctor D. José Hipólito Salas, i tres meses despues partió a Roma al Concilio vaticano, en cuyos trabajos tomó parte durante los ocho meses que funcionó esa venerable asamblea.

Catedral. — Este edificio es sin disputa el mas monumental de la ciudad. Situado en el costado Oriente de la plaza, mide 66 varas de largo por 20 de ancho. Consta de tres naves con tres puertas al frente, separadas unas de otras por columnas; su techumbre es de madera i su embaldosado de mármol, plomo i blanco, combinándose estos colores como las casillas de un tablero de ajedrez. El altar mayor es circular i mui elegante, teniendo por la parte que mira al Este el coro canonigüe, i en cada nave dos altares. En el espacioso coro alto existe un famoso órgano que importó 2,000 pesos; en su torre, buenas campanas i un reloj con cuatro esferas de un mérito sobresaliente; la que mira a la plaza es trasparente, pero solo se alumbra en alguna solemnidad. Cuenta ademas con una buena sacristía, i una sala que sirve para el cabildo eclesiástico en la que existen los retratos de los obispos D. José Agustin de la Sierra i Don Justo Donoso. El trabajo de este templo es notable por su solidez, habiendo dado una prueba irrecusable durante el sitio de la Serena en 1851, pues el cuerpo de piedra losa de la torre recibió cerca de 200 cañonazos de a 24, disparados a la distancia de tres cuadras, sin haber sufrido una sola trizadura, i sí sólo lijeros rasguños que, una vez compuestos, se han hecho dificiles de distinguir. Ocupa el lugar de la antigua Matriz, que principió a demolerse el año de 1841, a los cien años justos de su fundacion. La ereccion de este monumento ha durado muchos años, a consecuencia de haberse paralizado la obra varias veces por falta de dinero. Se colocó la primera piedra en enero de 1844, i el 17 de setiembre de 1856, aunque no concluida del todo, tuvo lugar su consagracion. Este templo ha costado la injente suma de 150,000 pesos.

San Francisco. — San Francisco, despues de la Catedral, es sin disputa el mejor templo de la ciudad, mereciendo por su antigüedad casi la preferencia en la clasificacion; pues se principió el 25 de diciembre del año 1627.

Tiene de largo 70 varas por 16 de ancho, midiendo la altura de su techo, que es de madera, 14 varas. Su forma es la de una cruz latina, i sus murallas, de vara i media de espesor, de piedra caliza estraida de las canteras de Peñuelas. Este material es empleado en casi todos los templos por su elasticidad i natural conveniencia para resistir con ventaja a los sacudimientos de tierra. Tiene cinco puertas i siete ventanas, i su interior es notable por su gran aseo. Sus murallas son estucadas imitando mármol, i sus altares pintados i dorados con gusto i sencillez. Cuenta con un exelente órgano, que ha costado 1,850 pesos; su techumbre, que era de teja, ha sido reemplazada, no hace mucho, por otra de madera trabajada a todo costo. Todas estas mejoras son debidas a la actividad i celo del reverendo guardian Frai Gregorio Bravo.

Mui embarazado se veria un arquitecto para determinar el órden arquitectónico a que pertenecen los templos de la Serena, inclusive la Catedral, i los edificios públicos i particulares, por lo que no nos atrevemos, nosotros profanos, a clasificarlos.

Respecto a la construccion de este templo se refiere la siguiente tradicion, que no se apoya en título alguno, a no ser en el mui poco auténtico de que existe en el primer claustro de la *Casa Grande* de Santiago, un cuadro que representa el milagro.

Dícese que los frailes, confiados en la Providencia, principiaron a construir la parte de mamposteria de su templo, dándole proporciones colosales para la época, sin pensar un momento en la madera que debian necesitar precisamente para su conclusion. Lo que debia suceder sucedió : concluida la albañileria, se paralizó la obra por falta de madera, que los reverendos buscaron inútilmente en el valle del rio hasta la Cordillera, pues es tradicion que dicho valle estaba cubierto de bosques de algarrobo, como lo atestiguan las casas antiguas de la Serena construidas con esta madera. Pero ella de nada servia a los aflijidos padres, pues era demasiado corta i no mui recta para un templo cómo el que se trataba de construir.

Vivia entonces en el convento un lego llamado Frai Jorje, de ejemplar vivir, i dotado de una virtud a toda prueba, causas mas que suficientes para que el pueblo le reputara como santo. Este lego debió tomar parte en el sentimiento de sus superiores, ocasionada por la paralizacion de la obra, pues púsose en oracion i pidió fervorosamente al Patriarca calmara en su obsequio la angustia de sus hijos. Los santos siempre han sido bondadosos. El Patriarca debia serlo mucho mas, pues se trataba nada menos que de la familia, i accedió a la súplica del hijo aflijido. Al siguiente dia Frai Jorje se presentó al guardian i le declaró que sabia donde se encontraba madera suficiente para la conclusion del templo. El guardian i la comunidad eximieron ese dia de ayuno al lego, bajo las mas terribles censuras, i celebraron opiparamente en el refectorio, tan gran hallazgo. Se le dió en consecuencia una carreta, bueyes i probablemente carreteros, i el lego partió. A veinte leguas al Sur de la Serena, en el que es hoi departamento de Ovalle, encontró una gran estension de montañas fragosas cubiertas de árboles colosales, a juzgar por las vigas i gruesas tablas que hoi se ven en perfecto estado de conservacion en el templo. De estas montañas condujo toda la madera que fué necesaria para la iglesia. Desde entonces, esa estension de terreno, sin nombre probablemente, se llama la estancia de Frai Jorje.

La madera empleada en el templo es de roble i alerce; no se sabe que haya habido árboles semejantes en esa latitud, i mui embarazados se verian los jeólogos para aclarar el misterio; pero lo cierto es que Frai Jorje sentó fama de santo.

— En el claustro de este templo estuvo, durante poco tiempo, una ramificacion de la Casa de Moneda, pues el Gobierno lo poseyó desde el año 1824, en que se abolieron las temporalidades, viniéndose a rescatar despues de largas jestiones, el año de 1858, abonándose como mejoras a la municipalidad la suma de 1,769 pesos.

— En un segundo claustro conserva este templo una escuela gratuita para niños pobres, rejentada por personas idóneas.

Santo Domingo. — Por una inscripcion numérica que aparece en la escala que conduce al coro alto se cree, con bastante fundamento, que este templo se levantó en el año de 1775.

Nada de notable llama en él la atencion, conservándose con mucho aseo i limpieza. Está estucado por dentro, i sus cinco altares, nuevos casi todos, mui bien pintados i dorados.

Consta de un solo cuerpo que mide de largo 53 1/2 varas i 9 de ancho; tiene un órgano que costó mas de mil pesos, i la mejor campana de la Serena, aunque no lo demuestra por haberse inutilizado el badajo primitivo i no tener el actual suficiente fuerza para arrancarle todo su sonido. La sacristia mide 14 varas de largo i 6 de ancho. El claustro es espacioso, pero en mal estado.

Se refiere, sin apoyo de documento alguno, que cuando se trataba de la creacion de este templo, una salida de mar amenazó inundar la ciudad, pues las olas llegaron a comer la barranca que hoi lleva el nombre de este templo. El pueblo, espantado, sacó en procesion a la Vírjen del Rosario, i el agua que habia avanzado la estension de una milla, se retiró a su presencia. Por esta circunstancia se refiere que esta iglesia ocupa su sitio actual. Los vecinos quisieron sin duda, oponer como un dique a las embravecidas olas, la morada de la madre de Dios.

San Agustin. — En el archivo del convento no consta la fecha de su fundacion; pero el papel mas antiguo que hemos encontrado, hace relacion de la *visita* de un provincial en el año de 1699, lo que nos permite asegurar sin exajeracion alguna, que su construccion tuvo lugar 50 años antes de esta fecha.

Tiene la forma de una cruz latina i mide 67 varas de largo por 9 de ancho. Está estucado i sus siete altares bien pintados. La sacristía es notable por tener su techo de bóveda, i ser un trabajo exelente. El claustro es espacioso, i algunas de sus celdas no se encuentran en mui buen estado.

El 13 de diciembre de 1679 el pirata inglés Sharps, que ocupó la ciudad tres dias, incendió « la casa de cabildo, nuestra Señora de Mercedes, el colejio de la Compañia i su capilla, i una hermita de Santa Lucia. » Así consta de un acta fecha 23 de diciembre de 1679. Antes de esta época el convento de los Agustinos estaba situado en la parte Nor-oeste de la poblacion en el sitio donde se ven aun las raices de una hermosa palma. Pocos años despues del incendio, los agustinos principiaron a edificar una pequeña iglesia de adobes pero mui lentamente, sin duda por falta de recursos. Cuando las paredes estaban concluidas, llegó á Chile el decreto de la espulsion de los jesuitas el año de 1767. Los Agustinos paralizaron entonces el trabajo i de acuerdo con el Gobierno se posesionaron del templo, i del claustro de los jesuitas, el mismo que hoi se conoce con el nombre de San Agustin.

La Merced. — Se fundó este templo en el año de 1709. Consta de un solo cuerpo de 50 varas de largo por 9 de ancho ; se conserva mui aseado i como los anteriores está estucado, pero solo cuenta tres altares. Su torre, de raquíticas proporciones fué construida a espensas del canónigo D. Joaquin Vera, i forma una especie de peristilo a su entrada. El año de 1859 se le cambió techo de madera con claraboyas. En este templo se encuentra el bautisterio. En otros tiempos fué bastante rico, llegando a poseer joyas de mucho valor, pues solo las piedras preciosas que adornaban un traje de la vírjen se avaluaban en 5,000 pesos. Pero manos sacrilegas penetraron varias veces en sus cofres, concluyendo por despojarlos de todas sus joyas.

San Juan de Dios. — Situado al lado del hospital i formando parte de él hàsta el año de 1841, no era mas que una miserable capilla con techo de tierra. Ahora es una bonita iglesia, aunque de cortas dimensiones, pero aseada i con una elegante torre. Su campana principal es la que tenia la antigua iglesia Matriz.

Santa Inés. — Humilde iglesia de agradable aspecto. Su pobreza hace presumir que permanecerá largo tiempo en el estado en que ahora se encuentra sin concluir sus refacciones. Fué fundada a espensas de una señora Ordenes el año de 1819.

Santa Lucia. — Anexa al Seminario. Fué construida el año de 1855. Nada tiene que merezca la atencion ; se conserva en buen estado i mui aseada.

Iglesia de los Capuchinos. — Situada en la parte Sur-este de la poblacion. Fué erijida el año de 1857. Un claustro anexo sirve de morada a los frailes, los cuales prestan buenos servicios al vecindario. Poco tiempo despues se principió en el mismo local la ereccion de un gran templo i con gran aparato i ceremonia se colocó la primera piedra, pero desde entonces no se ha vuelto a colocar la *segunda.*

Buen Pastor. — Este monasterio situado al Sur en el barrio de la Pampa, i distante una milla de la ciudad, fué edificado el 25 de febrero de 1860 e importó 75,000 pesos.

Capilla del Tránsito. — Esta casa de ejercicios espirituales está situada en la parte Sur-oeste de la ciudad en el barrio de San Miguel. Fué edificada el año de 1858 por un legado especial e importó 30,000 pesos.

CAPITULO IV.

ESTABLECIMIENTOS DE BENEFICENCIA.

CONFERENCIA DE SAN VICENTE DE PAUL. — MONASTERIO DEL SAGRADO CORAZON DE JESUS. — SOCIEDAD DE BENEFICENCIA DE SEÑORAS. — HOSPITAL. — HOSPICIO. — LAZARETO.

San Vicente de Paul. — Entre los establecimientos de beneficencia figura en primera linea la conferencia de San Vicente de Paul. Fué establecida el 3 de abril de 1864, habiendo sido su primer presidente D. Clemente Fábres. Actualmente socorre a mas de cuarenta familias, i paga un preceptor para la escuela de la cárcel. Por un decreto fecha 28 de diciembre de 1866, se le concedió existencia legal. En junio 6 del año citado (1864), se organizó una sociedad de señoras, especie de ramificacion de la conferencia, con el objeto de auxiliar enfermos i avenir disensiones matrimoniales, haciendo doblar la cerviz a la coyunda, a los o las recalcitrantes.

Monasterio del Sagrado Corazon de Jesus. — Se estableció en el año 1854, para lo cual, a solicitud del señor obispo Donoso, la municipalidad le cedió, por el término de cuatro años, el edificio del hospicio que no podia desempeñar sus funciones por falta de fondos. Despues se trasladó al lugar que ocupa actualmente a la estremidad oriental de la calle de San Francisco. Posee un colejio de niñas bastante acreditado.

Sociedad de beneficencia. — Fué fundado el 17 de setiembre de 1842, por suscriciones voluntarias. Esta sociedad ha prestado i presta grandes servicios, proporcionando médicos i medicinas a los enfermos cuya posicion no les permite pedir asilo en el hospital, otorgando mensualidades al anciano i protejiendo la horfandad.

Hospital, hospicio. — El primer hospital que existió en la Serena fué fundado en la manzana que hoi ocupa la cárcel, en la parte que mira al mar. La ceremonia de fundacion tuvo lugar el 14 de agosto de 1559, la vispera de la Asuncion de Nuestra Señora, siendo gobernador el licenciado Hernando de Santillan. En el acto de fundacion se hace notable el siguiente pasaje, atendida la época de declarado misticismo en que fué redactada : « No se entremeta fraile, ni clérigo, ni persona de religion, ni obispo ni arzobispo, ni otra persona, salvo su Majestad, de cuyo amparo e proteccion del este cabildo lo ponen. »

El edificio que ocupa en la actualidad, está situado al Sur de la ciudad i lleva el nombre de Hospital de *San Juan de Dios.* Cuenta con un buen edificio i por consiguiente tiene bastante comodidad ; sus tres salas pueden contener hasta 150 camas.

Ademas se atiende a enfermos en aposentos separados, mediante una módica retri-

LA SERENA. — Vista del cementerio.

bucion. Tiene botica, huertos i jardines. El el año comprendido entre abril de 1869 i el mismo mes de 1870, ha dado asilo a 1,408 enfermos.

Anexo a este establecimiento, notable por su aseo i buen arreglo, i a cargo de las monjas de la Caridad, existe una escuela de niñas, i el hospicio establecido por eroga-ciones de los vecinos el año 1853. Este establecimiento cuenta con 30 camas. En el año citado dió asilo a 48 personas.

Tambien a cargo de las mismas hermanas, i contiguo al hospital, se halla la casa de correccion.

Lazareto. — Está situado al Sud-este de la poblacion. Su estado ruinoso i desa-seado i su situacion inadecuada, apenas le permite prestar sus servicios a uno que otro virulento. Por otra parte la benignidad del clima no permite que se desarrolle con fuerza esta epidemia i hace por lo tanto innecesario el sosten de este establecimiento.

CAPITULO V.

EMPRESAS INDUSTRIALES.

IMPRENTAS. — HOTELES. — TEATRO. — CLUB. — CARRUAJES. — FERROCARRIL. — GAZÓMETRO. — PRINCIPALES PRODUCCIONES DE LA PROVINCIA. — DATOS JENERALES.

Imprentas. — Cuatro son las que existen : la del Instituto, de propiedad de D. Enrique Blondel en la que se publica un periódico denominado *La Revista* cuyo primer número apareció el año de 1867; la de la Reforma, perteneciente a D. Jerónimo Jaramillo, editor de una publicacion que lleva el nombre de la imprenta, salida a luz el año de 1868; la de la Serena, perteneciente a los clérigos de la provincia, i finalmente la del Cosmopolita, sin funcionar, de propiedad de D. Manuel Concha.

Hoteles. — Existen dos; el de la Serena con una sucursal denominada Hotel de la Union, situada en la calle de la Catedral, i el América en la calle de la Merced. En ambos encuentra el viajero toda clase de comodidades.

Teatro. — Está situado en la parte media de la calle que lleva su nombre. Fué edificado el año de 1848 i presenta poca comodidad al público por su defectuosa construccion.

Club. — El club denominado de la Serena, es el único que cuenta la ciudad. Se organizó el 10 de junio de 1866, bajo pobres auspicios, pero ha llegado a tomar tan rápido incremento que actualmente tiene numerosos socios i arrienda un local exelente en la calle de Cienfuegos a pequeña distancia del frente del mercado de abastos.

Carruajes. — La principal empresa está situada en la plaza de Armas al costado Norte. Tiene establecidas dos dilijencias semi-diarias que alcanzan hasta la Villa de Vicuña, 18 leguas al Este de la ciudad, i ademas hai coches a disposicion del que desee ocuparlos en cualquiera direccion de camino de ruedas.

Hai otra empresa que se circunscribe a dos viajes semanales al mineral de la Higuera. Está situada en la calle del Teatro en su estremidad Oriente.

— El número total de coches que están en circulacion alcanza a 34, cifra crecida si se tiene en cuenta el corto tiempo trascurrido desde que se inició la empresa.

Ferrocarril. — Iniciada esta empresa por una reunion de vecinos convocada por el intendente Solano Astaburuaga el 23 de setiembre de 1852, no se llevó a efecto por diversas circunstancias. El actual ferrocarril que une a la ciudad con el puerto de Coquimbo, se inauguró el 21 de abril de 1862. Su estacion está situada al Poniente, entre la Alameda i la calle de San Francisco, i se hace notable por su sobrado modesto edi-

ficio que no proporciona comodidad al viajero, i por sus bo(
condiciones.

Garómetro. — Está situado al lado Este de la estació
se alumbró con gas por la primera vez, el 12 de junio de
ocurrencia de la autoridad local : esa noche se leia sobre l
labra a gas : « *Pogreso.* »

La fábrica costó 50,000 pesos.

Principales producciones de la provinci
enumeraremos desde luego los siguientes : oro en pasta i en
i en mineral ; cobre labrado, en barra, en mineral i en eje
lázuli ; potasa ; aceitunas ; aguardientes ; ají ; cebada ; c
almidon ; chacoli ; cueros ; frangollo ; destiladeras de agu
higos ; brebas secas ; mantequilla ; lana ; quesos de cab
sin huesos ; papas ; pasas ; tortas de duraznos ; pellones ;
chinchilla ; chungungo, etc. ; algunos tejidos bastos ; mant
por su finura i·material ; trigo ; velas de sebo ; plantas me

Datos jenerales. — El 13 de diciembre de 168
saqueó e incendió gran parte de la ciudad ; en el acta levan
D. Nicolas Ramirez, dando cuenta de este acontecimien
armado salió a contener a los aventureros ; pero, que nota
feriores a las de los enemigos « largas i aventajadas » tomá
cion de retroceder. »

— A fines de 1686 sufrió la ciudad otra depredacion de pi
deró del convento de Santo Domingo (anterior al que her
mente atacado por los vecinos, se retiró despues de ha
fuego.

— En el año de 1730, un gran terremoto echó por tierra l
de la ciudad, pereciendo algunas personas. Es de admira
poco o casi nada ; tal es la solidez de su construccion i la b
en ellos. La ciudad ha sido victima de otros varios terrem
sido tan desastrosos como los del que dejamos indicado.

— En el siglo pasado un fuerte huracan de viento voló la
las casas ; los guijarros del peso de dos onzas rodaban por e
podia tenerse en pié sino echado por tierra. Refiérese que u
cada en el centro de un corralon, fué arrebatada con tanta
la tapia, se dobló como si hubiera sido de masa !

CAPITULO VI.

MINERALES DEL DEPARTAMENTO.

LA HIGUERA. — EL BARCO. — PUERTO DE TOTORALILLO. — DESIGNACION DE LAS MINAS
PRINCIPALES DEL DEPARTAMENTO.

La subdelegacion de la Higuera, cuyo asiento principal es el mineral de este nombre, está situada al Norte de la ciudad de la Serena, principiando a poco mas de siete leguas de dicha ciudad.

Comprende algunas pequeñas poblaciones, varios minerales i un puerto de mar de todo lo cual nos ocupamos mas adelante.

Mineral de la Higuera. — Este mineral está situado como 40 millas al Norte de la Serena, i 13 al Oriente del puerto de Totoralillo. Su poblacion es poco mas o ménos de 2,000 habitantes, casi en su totalidad operarios de minas que viven agrupados en su mayor parte, en un pequeño pueblo en el centro del mineral llamado *Pacilla*, donde hai algunas casas de comercio regularmente surtidas i muchos pequeños negocios.

Existen en el mineral mas de cuarenta minas en actual trabajo, de las cuales las mas notables son el *Tránsito, Jote, Filomena, Aji, Bellavista, Santa Jertrudis, Casas, San Ramon, Bacas, Llanca,* etc. Hai ademas dos establecimientos de fundicion el uno de tres hornos en la pertenencia *Casas,* i el otro de dos al pié del cerro donde está situado el mineral.

Este mineral se está desarrollando rápidamente i le aguarda un porvenir mui lisonjero. Los minerales que produce no son de subida lei pero en cambio son los mas fusibles que se encuentran en el territorio de la República, produciendo ademas en la refina, un cobre ductil i maleable como no se conoce mejor en Chile, por cuya causa es mui estimado en el comercio. Jeneralmente sus vetas, que corren casi paralelas con su manteo al Sur, tienen no menos de un metro de espesor, i su beneficio es abundante en bronces amarillos (pirita de cobre); el metal de color escasea bastante.

Su produccion en minerales de diez por ciento de lei no baja de 1,500 quintales españoles diarios, pudiendo duplicarse si se lleva a efecto el ferrocarril a Totoralillo proyectado por los Sres. Urmeneta i Errázuriz.

Aunque no está hoi en el apojeo de su prosperidad, porque aun no hai suficientes medios de esplotacion i capitales que den mayor impulso a sus trabajos, sin embargo es un lugar que consume mucho, que da aliento i vida al departamento de la Serena, al de Elqui, i en alguna parte a Coquimbo i Ovalle; es un mineral digno de mejor suerte, pero todos los gobiernos han descuidado sus caminos, hasta el estremo de hacer bastante oneroso el trasporte de sus productos.

La instruccion secundaria está completamente abandonada, hasta el estremo de que durante muchos años, no se ha conocido ninguna escuela municipal o fiscal. El único edificio público, es una capilla de regular estension costeada por los vecinos.

Mineral del Barco. — Este mineral está situado como dos leguas al Oriente del de la Higuera. Tiene como 200 habitantes, reconcentrados en una pequeña placilla i en cinco minas que son las únicas que se trabajan i que se mencionan mas adelante.

No se conoce nada notable en este mineral ni se augura grandes cosas para el porvenir.

Puerto de Totoralillo. — Está situado como a cuatro i media leguas al Poniente del mineral i unido a este por un pésimo camino carretero. Su poblacion no pasa de 60 a 80 habitantes, en su mayor parte jornaleros.

Hai en este puerto dos establecimientos de fundicion, perteneciente el uno a los Srs. Urmeneta i Errázuriz, i el otro a D. Pedro Pablo Muñoz i hermano. Cada uno de estos establecimientos posee su muelle propio.

La bahia es regular, tiene buen fondeadero i el despacho de los buques se hace jeneralmente con regularidad.

—Fuera de los minerales de la Higuera i del Barco, hai minas dispersas que por su poca importancia no merecen mencionarse, pero si en ellas se emprendiesen trabajos en forma i con capitales de consideracion, indudablemente en pocos años, serian otras tantas fuentes de riqueza.

Minas del departamento de la Serena. — Las minas principales ascienden a 66, de cobre todas i repartidas de la siguiente manera: 27 en el mineral de la Higuera; 5 en el del Barco; 20 en el de Choros Altos ; 7 en el de Santa Gracia; 5 en el de Brillador, i 2 en el de Algarrobito. Existen ademas en el departamento 11 establecimientos de fundicion.

Hé aqui los nombres de las minas:

MINERAL DE LA HIGUERA.

Nombre de las minas.	Nombre de sus dueños.
Esperanza.	Segundo Guerrero.
Socorro.	Benito Diaz i Compañia.
El Jote i Jotecito.	Francisco del P. Diaz.
El Tránsito.	Testamentaria Vicuña.
Filomena i Animas.	José S. Fabres.
Inocencia.	M. Antonio Alvarez i Compañia.
Diucas.	Vicuña i Compañia.
Rosario.	Tiburcio Olmedo i Compañia.
San Ramon.	Nicolas Osorio.
Sacramento.	Testamentaria de M. Gundclach.
San José.	Féliz Vicuña i Compañia.

MINERAL DE LA HIGUERA.

Nombre de las minas.	Nombre de sus dueños.
Llanca.	Gregorio Alvarez.
Las Casas, Ají, Santa Ana, San Pablo, el Oriente.	Pedro Pablo Muñoz i Hermano.
Josefina i Bellavista.	Augusto Brauninger i Compañia.
Lisonjera.	Ramon Munizaga.
El Socabon, Maria i Teresa.	José S. Fabres.
Primavera.	Pedro Pablo Muñoz i Hermano.
Esmeralda.	id. id. id.
Las Vacas.	Urbano Vicuña i Compañia.
Isabel.	José Maria Galvez.
Santa Jertrudis.	Vicente Zorrilla.
Bronce.	Nabor Cifuentes i Compañia.
Rica.	José Maria Galvez.
Rosita.	Ambrosio Olivares.
Santa Rosa.	Pedro Bolados.
Trinidad.	Juan de D. Diaz i Compañia.

MINERAL DEL BARCO.

Margarita.	Cárlos Lambert.
La Laja.	id. id.
La Carmona (maquina de vapor).	Joaquin Edwards.
La Pita.	id. id.
Rica (con cinco socabones).	Augusto Brauninger.

MINERAL DE CHOROS-ALTOS.

Niña.	José Gonzalez.
Dios Baco.	id. id.
Zapallo.	Pêña i Olmedo.
Salvador.	José Gonzalez.
Mina Grande.	Nicolas Osorio.
Misterio.	Silvestre Salamanca.
San Antonio.	id. id.
San Juan.	Tiburcio Olmedo.
Rosario.	Juan Araos.
Farellon.	Martin Cortes.
Cachiyuyo.	Tiburcio Olmedo.
Manto Nuñez.	Antonio Osorio i Compañia.
Mina del Agua.	id. id.
Cobrecito.	N. N.

F. Sorrieu del. et lith.

Imp. Lemercier & Cⁱᵉ Paris.

UNA TARDE DE PASEO EN LA CAÑADA

MINERAL DE CHOROS-ALTOS.

Nombre de las minas.	Nombre de sus dueños.
Mina Dura.	Mate i Araos.
Mina Vieja.	id. id.
La Coipita.	French i Compañia.
Agua de Dios.	José Zepeda.
Goanoqueana.	French i Compañia.
El Soroche.	id. id.

MINERAL DE SANTA GRACIA.

El Bronce.	N. N.
La Godomar.	N. N.
El Cármen.	N. N.
Cármen.	N. N.
Vende.	N. N.
La Seca.	Cárlos Lambert.
Colorada.	Samuel Kemp.

MINERAL DE BRILLADOR.

El Rubio.	N. N.
El Bronce.	Cárlos Lambert.
Farellon.	id. id.
Panteon.	id. id.
Placeres.	id. id.

MINERAL DEL ALGARROBITO.

San Juan.	N. N.
El Cármen.	N. N.

ESTABLECIMIENTOS DE FUNDICION.

Nombres.	Número de hornos.	Nombre de sus dueños.
Carrizo.	2	Pedro Silva.
Chañarcito.	1	Pedro J. Bolados.
Jarilla.	1	Guillermo Velasco.
Higuera.	3	Pedro Pablo Muñoz i Hermano.
Aguadita.	1	Peña i Olmedo.
Higuera.	2	Félix Vicuña.
Totoralillo.	5	Urmeneta i Errazuriz.
Totoralillo.	2	Pedro P. Muñoz.
El Barco.	1	Joaquin Edwards.
Santa Gracia.	1	Samuel Kemp.
Compañia.	8	Cárlos Lambert.

II.

COQUIMBO.

CAPITULO I.

DESCRIPCION DE LA CIUDAD.

Este puerto, cabecera del departamento que lleva su nombre, está situado en los 29° 57′ latitud Sur i 71° 22′ lonjitud Oeste de Greenwich, al estremo Sur-oeste de una hermosa bahia. Dista de la ciudad de la Serena 14 quilómetros i es el puerto mayor de la provincia. Al Poniente de la poblacion se alzan elevados cerros privados de toda vejetacion, que sirven de abrigo a la bahia. El fondeadero de este puerto es de una estension considerable, formando herradura con la punta norte denominada Teatinos; de consiguiente se halla resguardado ventajosamente contra los temporales i fuertes vientos, motivo por el cual en los meses de invierno, se ve su bahia poblada de naves de guerra que ocurren de otros puertos en busca de un abrigo seguro. Ademas, ofrece la ventaja que su profundidad no baja de ocho brazas ni sube de veinte en su mayor hondura.

Calles. — De Sur a Norte hai 4, denominadas : Melgarejo, Aldunate, Pinto i de la Recova. De Oriente a Poniente 14, i se llaman : Henriquez, Alcalde, Garriga, Borgoño, Edwards, Lastra, Las Heras, Benavente, Freire, Argandoña, Cierra, González i Vicuña. En jeneral todas son mui rectas i aseadas. Las calles de Aldunate i Melgarejo son empedradas en la estension de un quilómetro. Sus veredas son de greda con soleras de madera, habiendo algunas enlosadas. El trayecto del ferrocarril pasa por la calle de Aldunate, que es la principal. El ancho de las calles es de 12 varas, con escepcion de la de Aldunate que tiene quince.

Casas. — Su número total asciende a 376; de éstas, 24 son de dos i tres pisos i en jeneral de construccion sencilla.

Plaza de Armas, situada frente a la iglesia parroquial, sirve de paseo público, pues se halla provista de 40 sofáes de fierro distribuidos en dos calles semi-circulares, formadas en su centro. Tiene muchos árboles, i se espera una pila encargada a Europa para colocarla en la parte central del paseo. Las calles de sus costados son empedradas con piedra de rio.

Plazuela del muelle. — Se halla al Norte del edificio fiscal de aduana. En esta plazuela se hace jeneralmente el depósito de la carga para el embarque i desembarque, pues una parte de esta plazuela llega por el Oriente hasta el muelle fiscal. Su estension es de unos 100 metros de largo por 70 de ancho.

Alumbrado público. — Se efectúa empleando parafina; hai 57 faroles colocados de a unò en cada cuadra.

Establecimientos de educacion. — Hai tres, dos para mujeres i uno para hombres, instalados en casas arrendadas a particulares. El sosten de estos establecimien-

COQUIMBO. — Vista jeneral del puerto.

tos corre de cuenta de la Municipalidad, siendo ayudada por una subvencion concedida por el Gobierno.

Tambien hai cinco establecimientos particulares de educacion, uno de ellos rejentado por una profesora inglesa que enseña en su idioma.

Faro. — Está colocado sobre la punta denominada « Tortuga,» a la entrada de la bahia en la costa Sur. Alumbra desde el 1.º de junio de 1868. Luz fija blanca, variada por eclipse i destellos de 15 en 15 segundos. — Aparato catadrióptico de cuarto órden, Latitud 29° 56′ 30″ Sur; lonjitud 71° 21′ 30″ Oeste de Greenwich, segun el plano de Fitz Roy. La torre es cuadrada, construida de madera, pintada de blanco i la balaustrada pintada de negro, la cúpula de la linterna i ventilador pintados de verde. El alcance medio de la luz es de 12 millas maritimas.

Muelles particulares. — Este puerto tiene doce, construidos jeneralmente de madera, i algunos de ellos de primer órden.

Plaza de Abastos. — Este nuevo establecimiento, uno de los mas hermosos i mejores de la provincia, fué construido en 1868, i reune toda la comodidad i aseo posibles. El mercado es bastante surtido de carnes, legumbres, pescados, leche i cuanto se necesita para el consumo.

Matadero publico. — Se halla situado al Sur de la poblacion a un quilómetro mas o menos de la plaza de Abastos. Tiene gran comodidad para los trabajos de matanza, carretones aseados en que se efectúa el acarreo de la carne, agua i piezas adecuadas para sus empleados.

Cementerio. — Está situado al Sur i a un quilómetro de la poblacion. No tiene

CoQUIMBO. — Aduana i muelle fiscal.

grandes comodidades, por lo que el vecindario se propone construir otro de mayores i mejores condiciones.

Oficinas públicas. — La Gobernacion maritima, Aduana, Alcaidia, Resguardo, Administracion de correos i la Oficina telegráfica, se hallan situadas en el edificio fiscal que se denomina *Aduana*. Este edificio es de una elegante construccion, tiene dos pisos i gran comodidad para todas las oficinas ya mencionadas.

Escribanía pública; en este local funciona el juzgado de primera instancia i celebra la ilustre Municipalidad sus sesiones.

Iglesia Parroquial. — Lleva el nombre de *San Pedro*, i está situada al costado Poniente de la plaza de Armas. Es un edificio de 50 varas de largo por 12 de ancho. La construccion es de madera, i tiene una torre de arquitectura gótica que le da un hermoso aspecto.

Capilla protestante. — Hai una pequeña situada al Norte de la poblacion i construida por la empresa del ferrocarril.

CAPITULO II.

COMERCIO, ESTABLECIMIENTOS MERCANTILES E INDUSTRIALES,

FERROCARRIL DE COQUIMBO.

Comercio. — Por este puerto se efectúa casi todo el comercio de la provincia del mismo nombre. Incluso Valparaiso, ocupa el tercer lugar entre los puertos importadores.

Su *importacion* del estranjero ascendió en 1869 a 298,207 pesos por mar i a 374,915 pesos por tierra. Esta consiste esclusivamente en animales lanares, cabalgares, mulares i vacunos, traidos de la República Arjentina.

La importacion interior de articulos salidos de los diferéntes puertos de la República, ascendió a 7.007,506 pesos. De manera que el total de su importacion alcanza a la suma de 7.680,628 pesos.

Su *esportacion* al estranjero ascendió a 1.663,342 pesos, distribuidos de la siguiente manera :

a Ingláterra. . . . . Ps.	1.237,215
a Francia..	243,284
a Norte América.	112,937
al Perú	65,130
a Bolivia.	3,666
al Ecuador.	461
a la República Arjentina.	649
Ps.	1.663,342

De esta cantidad corresponde a productos miñeros 1.547,823 pesos, lo que le hace ocupar el cuarto rango entre los puertos esportadores de productos de mineria. El resto del valor esportado corresponde a las principales producciones dé la industria particular de la provincia.

En la esportacion interior a los demas puertos de Chile, le toca el segundo lugar. Esta alcanzó a 3.830,787 pesos en los siguientes principales articulos : aguardiente, afrecho, cal, carbon de piedra, cebada, charqui, cueros de chinchilla, cueros vacunos, descarozados, frejoles, frutas frescas, grasa, harina flor, higos, jéneros, lana comun i merino, legumbres frescas, pasas, pasto seco, piedra lípiz, papas, quijo, semilla de alfalfa, trigo, vino mosto, i los productos de su mineria.

Sumadas ambas esportaciones, resulta un total esportado de 5.494,129 pesos, que

deducida de la importacion total, da un saldo a favor de la importacion, de 2.186,499 ps,
He aqui ahora su esportacion en el año de 1870.

Cobre en barra 9.648,115 quilógramos; cobre en granalla 8,440 quilógramos; cobre labrado 150 quilógramos; ejes de cobre 4.252,449 quilógramos; metales de cobalto 6,674 quilógramos; metales de cobre i plata 8,350 quilógramos; plata en barra 1,363 quilógramos; plata chafalonia 10 quilógramos; metales de plata 26,174 quilógramos; oro en pasta 297 gramos; aguardiénte 2,864 litros; afrecho 1,800 quilógramos; cebada 147,110 quilógramos; cueros de chinchilla 5,291 docenas; cueros vacunos 2,172; descarozados·7,908 quilógramos; pasas 28,487 quilógramos; pasto seco 1.045,162 quilógramos; trigo 43,500 quilógramos; papas 23,216 quilógramos; higos 3,064 quilógramos; lana 2,250 quilógramos; quijo molido 38,200 quilógramos; suelas 200; cristal de roca 600 quilógramos; frejoles 5,140 quilógramos; charqui 1,481 quilógramos; mantequilla 204 quilógramos; animales vacunos 1,511; caballos 11; carneros 1,145 mulas 38; cerdos 6; astas de vaca 20,000.

La aduana de este puerto ha percibido por derechos

de Importacion. . . . Ps.	69,559.65
de Esportacion.	70.581.90
de Almacenaje.	672.52
de Peaje.	2,481.41
Ps.	143,295.48

Comparando el producto del año 1870 con el de 1869, resultan pesos 30,173.70 en favor de este último.

Movimiento marítimo. — En el mismo año tuvo este puerto el siguiente movimiento de buques, con especificacion de sus nacionalidades i tonelaje.

	ENTRARON :			SALIERON :	
Ingleses.	209 con	154,090 toneladas.	195 con	144,918 toneladas.
Franceses.	6 »	1,694 »	6 »	1,694 »
Italianos.	14 »	1,754 »	15 »	1,854 »
Norte Americanos. .	19 »	7,047 »	20 »	8,720 »
Salvadoreños. . . .	14 »	3,042 »	13 »	2,045 »
Guatemaltecos. . . .	26 »	6,828 »	27 »	7,024 »
Nacionales.	61 »	11,348 »	54 »	10,703 »
Total. . .	349 con	185,803 toneladas.	330 con	176,958 toneladas.

Establecimientos mercantiles e industriales. — Almacenes por mayor que importan directamente del estranjero 2; almacenes de frutos del pais 4; tiendas de mercaderias surtidas 8; despachos de provisiones por mayor i menor 50; boticas 3; panaderias 4; peluquerias 2; pulperias 20; cigarrerias 10; velarias 4; birlocherias 3; boterias i zapaterias 3; chinganas públicas 3; hoteles de primer órden 1; restaurants 3; estancos 2; casas de prendas 1; sastrerias 2; hojalaterias 4; talabarterias 2; herrerias 7; billares 5; establecimientos de fundicion de fierro con máquina a vapor 2; talleres de carpinteria con máquina a vapor 1; baraderos para lanchas 4; barracas de madera del pais i estranjeras 3; plateria 1; relojeria 1.

Establecimientos de hornos de fundicion de cobre. —De esta clase de establecimientos hai tres, situados en la ribera del mar i pertenecientes uno a' los Sres. Joaquin Edwards e hijos, con doce hornos, otro a los Sres. Ramon F Ovalle i C.ª, con ocho hornos i paralizado desde hace ocho años, i el último a D. Cárlos Lambert con doce hornos, i tambien sin trabajo desde mucho tiempo atrás. En todos estos establecimientos existen muelles para su servicio particular.

Establecimiento hidráulico. — Este hermoso i útil establecimiento ha sido construido por la compañia del Ferrocarril de Coquimbo en 1864, i su costo ascendió mas o menos a 28,000 pesos. Se compone de un gran depósito capaz de contener 500,000 gaiones de agua; está cubierto con techo de fierro galvanizado i de un filtro bastante grande donde entra primero el agua antes de pasar al depósito principal. La cañeria parte de este depósito i pasa por las calles de Aldunate i Melgarejo, hasta terminar en los muelles de la empresa, recorriendo una estension de dos quilómetros mas o menos.

En todas las bocas calles hai pilones de fierro con llaves, de que se sirve el público; en muchas casas particulares se ha introducido el agua por cañerias parciales pagando sus dueños un tanto mensual a la empresa.

Tan luego como la municipalidad pueda satisfacer a la compañia Ferrocarril de Coquimbo el costo de este establecimiento, lo tomará de su cuenta, pues le pertenece el agua que surte al estanque.

Establecimiento de cal hidráulica, situado al Poniente de la poblacion en la mediania de los cerros. La cal que produce es de piedra calcárea de la mejor clase; lo prueba la gran esportacion que hai de este articulo, pues diariamente se trabajan de 500 a 800 quintales españoles.

Ferrocarril de Coquimbo. — En noviembre de 1860 se formó esta sociedad anónima i en enero de 1861 dió principio a sus trabajos, habiéndose concluido la seccion que llega hasta la ciudad de la Serena en agosto de 1862, en cuya fecha se entregó al servicio del público.

La estacion principal, situada al Norte de esta poblacion, tiene toda la comodidad que exije esta clase de empresas. El mar, por su costado Este, le ha facilitado la construccion de dos muelles de madera i hierro a los cuales pueden atracar buques de gran porte. En estos muelles hai colocados pescantes a vapor que efectúan los trabajos de embarque i desembarque con economia i rapidez. Su maestranza tiene máquinas a vapor para efectuar los trabajos ordinarios, bodegas espaciosas para depósito de mercaderias, canchas para minerales i depósitos para carbon, edificios para sus operarios i las oficinas necesarias.

La línea férrea, cuyo trayecto llega ya hasta la estacion de la *Angostura*, cerca de la ciudad de Ovalle, tiene 50 millas de largo i se prolonga mas al Sur. De esta linea se desprenden dos ramales, uno al establecimiento de Guayacan cuya descripcion hacemos mas adelante, i el otro desde la estacion de la Higuerita hasta *Panulcillo*.

La seccion que llega a la Serena alcanza hasta el establecimiento de D. Cárlos Lambert, en la Compañia.

III.

GUAYACAN.

ESTABLECIMIENTO DE LOS SS. URMENETA I ERRAZURIZ.

Este establecimiento fué fundado el año de 1856 al Norte de la bahia de la *Herradura*. Tiene al Oriente la casa habitacion de los propietarios, administrador, empleados de oficina i química i al Norte una corrida de medias aguas, formando un total de 30 habitaciones para los trabajadores chilenos casados. Como a tres cuartos de cuadra hácia el Sur, corre paralela a la anterior, otra corrida de buenos edificios destinados para los obreros ingleses, que son numerosos. En el centro de estos edificios está la capilla católica i en la estremidad occidental la protestante, ambas con sus murallas estucadas i en perfecto aseo.

En el lado Occidental del cuadrilátero que forman los edificios descritos, está la oficina, el laboratorio de quimica, la botica i la cancha donde se muestrean los metales. Un ramal del ferrocarril de Coquimbo que pasa frente a la casa principal, cruza esta cancha en toda su estension. Termina en un declive perpendicular como de tres metros, que da principio a otra cancha llamada del *Bajo*, donde se encuentran los depósitos. Esta cancha, cuya superficie está a nivel con la tolva de los hornos, termina igualmente en un declive pérpendicular casi de la misma altura que el anterior.

Al pié de esta segunda cancha se estiende lo que pudieramos llamar recinto del fuego, pues en él todo es calor i humo, producido por treinta i cinco hornos en activo ejercicio. Hai veces que huyendo del calor de las barras i como para tomar fresco, se pasa sobre calles de fuego, tales son en realidad los respiraderos subterráneos de los hornos.

En este plan, arrebatado al mar i formado lentamente con la escoria, es donde se hallan reconcentrados los grandes trabajos del establecimiento. Al costado Oriental i en linea de Norte a Sur, se ven quince hornos sacando barras de cobre i ejes, i por el lado Norte diez i ocho grandes calcinas, inclusa una a máquina de vapor. En un ángulo, entre las calcinas i los hornos cobreros, se encuentran dos hornos refinadores que producen el mejor cobre que llega a los mercados europeos. En el costado Occidental que baña el mar, están las herrerías, el muelle, la carpinteria, la maestranza i la fábrica de ladrillos a fuego.

Los 35 hornos de que hemos hablado, respiran solo por tres jigantescas chimeneas situadas en la cancha alta; la mayor de ellas tiene 130 piés de elevacion i las dos restantes 100 piés. Los cañones subterráneos que comunican los hornos con las chimeneas tienen 2,000 piés de lonjitud, i capacidad suficiente para que puedan maniobrar hombres en su interior, cuando se ofrece limpiarlos, operación que se efectua una vez al año i que dura tres dias, que agregados a otros tantos que demoran en enfriarse, forman el único periodo de descanso que tienen anualmente los hornos.

En la estremidad Norte de la cancha del Bajo, existe tambien una fundicion de fierro i bronce, donde no solo se trabaja toda clase de piezas para la maquinaria del establecimiento i sus dependencias, sino tambien las que se piden de fuera. En los últimos

GUAYACAN. — Establecimiento de los SS. Urmeneta i Errázuriz.

meses se ha fundido dos magníficas campanas destinadas a la capital, cuyas devotas habrán tenido ya ocasion de acudir al vibrante llamado del bronce de Guayacan.

Los trabajos se hacen con grande actividad, ausiliados por tres máquinas a vapor. La mayor i mas poderosa de ellas está empleada en pulverizar ejes i minerales de bronce; otra pequeña se ocupa en suspender a la cancha alta los minerales i ejes que vienen por mar, i la tercera, de regulares dimensiones, sirve para los trabajos del muelle i maestranza. Para èsta última se construye actualmente un espacioso edificio sobre pilares de fierro fundidos, en el establecimiento.

El número de hombres ocupados diariamente en los diferentes trabajos del establecimiento, llega próximamente a 400, distribuidos del modo siguiente : 1.º Oficina ; un administrador jeneral, un cajero, un tenedor de libros i dos oficiales de despacho. 2.º Un administrador de los trabajos, un químico, un muestrero, seis mayordomos, treinta maestros de hornos, 68 calcineros i el resto trabajadores en diferentes faenas.

El establecimiénto produce mensuálmente 20,000 quiñtales españoles de cobre, i en igual periodo de tiempo se gastan 50,242 quintales españoles de carbon de piedra:

Descripción del pueblo. — Ál lado meridional del establecimiento se levanta la poblacion de Guayacan, compuesta de siete calles que llevan los nombres de Urméneta, Lira, del Cabo, Varas, Perez, Errázuriz i del Ferrocarríl; las tres primeras, de E. a O. i las cuatro últimas de N. a S. — Miden 200 metros de lonjitud por 10 de latitud. — Algunas son rectas i otras tortuosas e irregulares, mui arenosas i sus veredas compuestas de tierra i madera. El número total de sus habitaciones alcanza a 253, de las cuales 58 son edificios de madera. Las casas están todas numeradas i por lo jeneral son bajas, techadas con tablas i de aleros anchos i desnudos.

La poblacion alcanza en la actualidad a 1,000 habitantes. Existen tres escuelas particulares subvencionadas cada una de ellas con 200 pesos anuales por los Sres. Urméneta i Errázuriz.

Como a 300 metros al Sur de la poblacion se encuentra el *cementerio protestante*, el único con que cuentan los disidentes en la provincia. En él están bien arregladas sus lápidas, traídas la mayor parte de Europa. Tiene como 100 varas por cada costado, i su construccion i terreno costó 2,000 pesos. Fué construido el año de 1860.

Estanque. — Esta obra que provee de agua potable al establecimiento, poblacion i embarcaciones, fué concluida el 9 de marzo de 1870. Tiene tres departamentos construídos de piedra i cimiento romano : el estanque recibidor, el filtro i el depósito. El último puede contener 100,000 galones de agua i está cubierto con techo de zinc que preserva el agua del polvo i del sol. El costo total de la obra ascendió a 8,000 pesos. La cañeria, que tiene 4,000 piés de lonjitud, se estiende hasta el muelle.

PROVINCIA DE ACONCAGUA

SAN FELIPE.

CAPITULO I.

DESCRIPCION DE LA CIUDAD.

San Felipe, fundada por D. José de Manso, conde de Superunda, está situada en los 32° de latitud Sur i 70° 35′ de lonjitud Oeste del meridiano de Greenwich, en la parte Sur-oeste del departamento del mismo nombre, sobre la ribera Norte del rio Aconcagua que sirve de límite meridional al departamento. El valle sobre que se alza la ciudad tiene una estension de 15 millas por 13 de ancho i forma los campos mas pintorescos i mejor cultivados que hai tal vez en la República. .

En la cadena de los Andes que limita la provincia por el Oriente, se encuentra la cuesta de Chacabuco, famosa en la historia de nuestra independencia por haberse dado en sus llanuras la primera gran batalla entre realistas i patriotas, cuyo resultado libertó al pais de la dominacion española. En la misma cadena se encuentra el pico de Aconcagua, la mas elevada de las montañas del continente americano (6,797 metros).

La ciudad, que forma un cuadrado perfecto con siete cuadras por lado, se encuentra rodeada de cuatro alamedas que dan frente a los cuatro vientos principales, midiendo por lo tanto entre todas, veintiocho cuadras de lonjitud. Las cuarenta i nueve manzanas de que consta, están separadas unas de otras por calles de Norte a Sur i de Este a Oeste.

Fuera de las alamedas existe una numerosa poblacion, sobre todo hácia los estremos Norte i Sur de la ciudad, la que constituye una buena parte de sus habitantes.

—Todas las calles son perfectamente rectas, de doce a trece varas de ancho. Sus veredas están en su totalidad empedradas, i miden de vara i media a dos varas de ancho. Algunas tienen enlosados; pero estos solo existen en la plaza i en algunos edificios de sus inmediaciones.

Las calles que desembocan a la plaza principal i algunas otras próximas a ellas, son las únicas que tienen empedrados, aunque tampoco en toda su lonjitud. Las demas solo tienen veredas.

Oeste i la iglesia parroquial por el Norte.

Dos cuadras al N E. de la plaza se encuentra la plazuela de Santo Domingo i dos

San Felipe.— Iglesia Matriz i plaza de la Independencia.

cuadras al Oriente de la misma, por su costado Sur, la plazuela de la Merced.

— Las calles principales comprendidas dentro de las alamedas, incluso éstas, son diez i seis: ocho de Norte a Sur i ocho de Este a Oeste.

Las de Este a Oeste, principiando por el Norte, son: alameda de Chacabuco, de 54 metros de ancho con cuatro filas de árboles formando entre ellas calles de paseo. La alameda de Chacabuco es la mejor de las que circundan la ciudad i la calle mas hermosa de San Felipe, si nó por sus edificios, al menos por ser de las mas pobladas i constituir un bello paseo público. Siguen las calles de O'Higgins, la de Santo Domingo, la del Comercio, que desemboca a la plaza por el costado Norte, la de la Merced que desemboca en el costado Sur, la de Freire, la calle de San Martin i la alameda de las Delicias, tan ancha casi como la de Chacabuco; pero menos poblada que ésta i con solo dos corridas de árboles.

Las calles de Norte a Sur son las siguientes: alameda de Yungay, la mas oriental de todas, la de Toro Mazote, la de Portus, la de las Coimas, la de Salinas, la de Traslaviña, la de Navarro, i la Alameda de Maipú.

— El rio *Aconcagua* que baña las fértiles cercanías de la ciudad, tiene su nacimiento entre la cadena de Chacabuco que arranca del Tupungato en direccion Nor-oeste, i la cadena de la Cumbre, que une dos de los jigantes andinos: el Tupungato i el Aconcagua. Sus tributarios de mayor importancia son el Colorado i el Putaendo i su curso es irregular i mui serpenteado. Nace a 10,500 piés de altura en latitud 33.° 05' i despues de recorrer 140 millas se arroja en el Océano, en latitud 32° 55'.

De este rio se ha sacado un canal que llega a la Alameda de Yungay en la mitad de su lonjitud; se divide en dos acequias que la recorren en toda su estension, desprendiéndose de estas diez i siete acequias secundarias que recorren de Este a Oeste toda la poblacion: seis entre las manzanas encerradas por las alamedas, siete por medio de ellas, dos por la Alameda de Chacabuco i dos por la de las Delicias.

Como seis cuadras al Norte de la Alameda de Chacabuco corre el estero de Quilpué.

Un puente de madera construido sobre cimientos de piedra i cal i ladrillo, atraviesa el rio Aconcagua hácia la parte Sur-oeste de la ciudad. Otro, de madera tambien, pero mucho mas pequeño i destinado para la jente de a pié, se encuentra entre el anterior i la poblacion.

— Existe un solo mercado público: la plaza de Abastos, situada una cuadra al Poniente de la Plaza de la Independencia en la calle del Comercio.

— El paseo público que con propiedad puede llamarse tal, es la Plaza de la Independencia, donde existe una hermosísima alameda de dos filas de árboles, dejando en el medio una deliciosa calle destinada para paseo, donde concurre la poblacion diariamente. Dia por medio la banda de música toca en las tardes i por la noche en el tabladillo que existe con tal objeto, i en estos dias el paseo se vé mas concurrido que de costumbre.

En la actualidad no hai ninguna pila; pero pronto se colocará una en la plaza, pues ya se encuentra en la ciudad, faltando solo la cañería que se espera de un momento a otro.

— El alumbrado público consiste en lámparas de parafina, colocadas en cada cuadra de la poblacion. Es de mala calidad i ocasiona a la Municipalidad un gasto anual de 2,200 pesos.

Ultimamente se han hecho propuestas a la Municipalidad para introducir el alumbrado de gas hidrójeno carbonado.

— Segun el último censo, cuenta la provincia de Aconcagua con 128,941 habitantes, de los que 62,791 son hombres i 66,150 mujeres.

El departamento de San Felipe cuenta una poblacion de 28,075 habitantes, de los que 13,363 son hombres i 14,712 mujeres.

El año 1868 hubo 1,343 bautismos, 841 defunciones i 254 matrimonios, correspondiendo en los bautismos 1 por cada 21 habitantes; en las defunciones 1 por cada 33 i en los matrimonios 1 por cada 111.

— Del total de la poblacion del departamento, saben leer i escribir 3,951 individuos, lo que da una proporcion de 18 %.

— Existen en el departamento 20 escuelas, de las que 17 son públicas, i 3 colejios particulares. Asisten a las primeras 1,182 alumnos i 68 a los segundos, formando un total de 1,250 alumnos.

18

CAPÍTULO II.

EDIFICIOS PÚBLICOS. — TEMPLOS. — ESTABLECIMIENTOS
DE BENEFICENCIA.

Edificios públicos. — La *Cárcel*, situada en el costado Sur de la plaza, esquina del Oriente, dando frente a ella i a la calle de las Coimas, es un edificio de un solo piso, que tiene media cuadra cuadrada de estension. En la parte de sus edificios que dan a la plaza se encuentran el salon de la Municipalidad, el Juzgado de primera instancia, i una oficina de escribanía. Fué construida el año 1852; se calcula su costo en 25,000 pesos.

— El *Teatro*, situado en el costado occidental de la plaza, contiguo al cuartel cívico, i construido sobre el terreno en que antes se encontraba la cárcel, es un edificio de madera casi en su totalidad, con techumbre de zinc. La forma de su construccion es la misma que el de Valparaiso, con la diferencia que el de esta ciudad solo tiene dos series de palcos. Ocupa el edificio media cuadra en lonjitud i diez i seis varas de ancho; de capacidad para 1,000 personas, fué construido el año de 1856, i se invirtió, solo en el edificio, 15,000 pesos. Perteneciendo a la Municipaildad el terreno en que está construido, ésta ha podido adquirir el edificio por una suma reducida. En la actualidad se están organizando los trabajos necesarios a fin de dejarlo en el pié de decencia i solidez de que ha carecido hasta ahora.

— El edificio que sigue al Sur en el mismo costado de la plaza, es el *Cuartél de cívicos.* So compone de un estenso patio rodeado de corredores. En uno de sus lados se encuentran los salones donde se guardan las armas, i en el costado opuesto otro salon que sirve de mayoria. Fué construido el año de 1844.

- — En la calle del Comercio i al costado occidental del Teatro se encuentra el *Cuartel de policía*, edificio de poca importancia, que ocupa unas 20 varas de frente.

— En seguida, hácia el Oeste, sigue la *plaza de Abastos*, que comprende el resto de la cuadra, i media mas de la calle atravesada, con un fondo de igual lonjitud. Es un edificio nuevo que todavia no está concluido, pero que ya ha sido entregado al servicio público.

Todos los edificios nombrados son de propiedad municipal.

Templos. — El mas importante de los templos por su estension, forma i solidez, es la *Matriz*, edificio de tres naves, que mide 62 varas de largo, 22 de ancho i 13 de alto. Está situado en el costado Norte de la plaza, esquina del Oriente. Los cimientos de las murallas son de cal i ladrillo; pero el resto de ladrillo i barro. Se principió su construccion el año 1840, i despues de varios fracasos i desgracias, se ha entregado al servicio público desde el año 1861, aunque no enteramente concluido, pues le faltan varios altares. La iglesia no importa menos de 35,000 pesos.

— *Santo Domingo*, situado dos cuadras al Nor-este de la plaza, es el segundo templo de los existentes. Tiene una sola nave i murallas de adobe. Mide 50 varas de largo, 20 de ancho i 12 de alto. Fué construido el año de 1818. Esta iglesia forma parte del convento del mismo nombre, que comprende una cuadra cuadrada de estension.

— El convento de la *Merced* se encuentra a dos cuadras de la plaza, por la calle del mismo nombre. Comprende una cuadra cuadrada entre la alameda de Yungai por el Este, la calle de Freire por el Sur, la de Toro Mazote por el Oeste, i la de la Merced por el Norte. Existia en este convento una iglesia mui antigua que fué demolida el año de 1854, fecha en que se principió a construir un nuevo templo. En 1858, estando ya casi concluida, se desplomaron súbitamente las murallas del edificio, i todo se perdió. Desde entonces se construye nuevamente de cal i ladrillo.

La obra abraza 72 metros de lonjitud sobre 25 de ancho. Una vez concluida, será la iglesia mas bella i espaciosa de la provincia.

Es digno de notarse que el templo arruinado i el que ahora se levanta, se han hecho en su mayor parte con erogaciones voluntarias.

— En la mitad de la cuadra que da a la calle de Toro Mazote, se encuentra la Capilla *de la Merced,* en la que se celebran todas las fiestas religiosas, mientras se termina la iglesia. Se construyó el año 1854, cuando se demolió la antigua iglesia, i está compuesta de la que antes era escuela, i de dos celdas mas que se tomaron al claustro en su costado Sur.

— En la estremidad Sur-este de la ciudad se encuentra el *Monasterio del Buen Pastor.* Ocupa la manzana comprendida entre la calle de San Martin por el Norte, la de Tor-Mazote por el Oeste, la alameda de Yungai por el Este, i la de las Delicias por el Sur.

— En el costado oriental de la alameda de Yungai i frente al monasterio, hai otro claustro que sirve de asilo a las arrepentidas, i aun se construye otro nuevo al Oriente de éste. Todos bajo la dependencia del capellan del monasterio del Buen Pastor, presbítero D. José A. Gomez.

Este monasterio tiene una iglesia de una sola nave entre la calle de Toro Mazote i la alameda de las Delicias, i situada de Este a Oeste.

— En el costado Sur de la alameda de Chacabuco, cuadra i media antes de llegar a la de Maipú, se encuentra la capilla del *Corazon de Jesus,* construida de adobe i teja i sin ninguna particularidad.

— En el costado Sur de la alameda de Maipú, dos cuadras i media de la de Chacabuco, se encuentra la capilla de la *Casa de ejercicios,* de construccion análoga a la precedente i sin nada notable.

— La capilla del *Hospital de San Camilo*, tres cuadras al Sur de la alameda de las Delicias por la calle de Toro Mazote, presta sus servicios a este establecimiento de beneficéncia.

— La capilla de la *Cárcel,* ovalada, de 12 varas de circunferencia i seis de alto, que sirve para los presos i fué construida el año 1856.

— Hai ademas en el departamento las capillas del *Almendral,* perteneciento a un convento de recoletos franciscanos, la del *Panteon*, la de la *Cancha del Llano,* la de las *Juntas,* la de *San Miguel,* la de *Jahuel* i diez oratorios.

miento que existe. Ocupa una cuadra cuadrada de superficie. Tiene cuatro salas para enfermos, dos para hombres i dos para mujeres, una capilla, edificio para los empleados, sus huertos i jardines. Fué construido por los años de 1842 a 1844. Este hospital es asistido por las relijiosas de San José con un celo i abnegacion dignas de elojio. En el año comprendido entre mayo de 1869 a abril de 1870, entraron 591 enfermos de los que murieron 103. En el mismo año sus entradas ascendieron a 4,317 pesos i sus gastos a 4,711, resultando un déficit que ha cubierto su digno administrador, el cura párroco D. Agustin Gomez.

— Otro establecimiento de caridad pública es el *Asilo de la Magdalena*, que forma parte del monasterio del *Buen Pastor*. El personal de este establecimiento se compone de 25 relijiosas, 70 niñas pensionistas, 40 alumnas que reciben educacion gratuita i 80 penitentes o mujeres arrepentidas que han ido a buscar el retiro i perdon de su vida licenciosa.

— Existe tambien una *Sociedad de Beneficencia*, cuyo fin, como lo indica su nombre, es practicar la caridad pública.

CAPITULO III.

EMPRESAS INDUSTRIALES, PRODUCCIONES, COMERCIO, MINAS.

Empresas industriales. — San Felipe tiene dos imprentas por las que se publican otros tantos periódicos : la del Pueblo i la Democrática. Por la primera se da a luz el *Observador*, órgano del partido liberal que apoya al Gobierno, i por la segunda se publica el *Censor*, que defiende los intereses de la fusion rojo montt-varista.

—Hai un hotel situado en la plaza, con regular servicio i comodidad; un club de propiedad particular, con espaciosos salones i bastante concurrido, i otro mas donde se reunen los rojo-montt-varistas. Este, solo puede ser frecuentado por ellos i se titula *Club de la Reforma*. Hai ademas un café contiguo al teatro i otros dos mas en la misma plaza, una posada i algunos otros lugares de diversion para el pueblo.

— En julio 25 de 1871 se entregó al público la linea férrea entre Llaillai i San Felipe, facilitando así a esta rica provincia los medios de trasportar con rapidez sus productos mineros i agrícolas. Este ramal cuenta tres estaciones : Las Vegas, Chagres i San Roque. Desde San Felipe hasta las Vegas, punto de conjuncion con el tren de Valparaiso a Santiago, el viaje es de hora i media i su costo de 65 centavos en primera clase, de 55 en segunda i de 35 en tercera.

Ultimamente se ha decretado la prolongacion de este ramal hasta Santa Rosa, habiendose aceptado ya la propuesta del empresario Sr. Eastman.

— Hai una empresa de coches para Santa Rosa, otra para Putaendo i otra para Petorca, aparte de una empresa para el tráfico de la ciudad o sus inmediaciones.

— Entre las fábricas i talleres de industria, se cuentan : 1 fábrica de fideos ; 1 de jabon i velas ; 1 de aceite ; 1 de pólvora ; 2 de cerveza ; 1 establecimiento para beneficiar metales de cobre ; 1 para metales de plata ; 1 para fabricar cables i jarcia de buques, con el rico cáñamo que aqui se cultiva ; 1 oficina de ensayes para determinar la lei de los metales ; 2 relojerias ; 4 sastrerias ; 3 mueblerias ; 2 peluquerias ; 6 zapaterias de primera clase ; 2 talabarterias ; 1 fábrica de coches ; 1 fábrica de carretas ; 2 panaderias de primera clase ; 1 curtiembre ; 4 herrerias ; 2 barracas de madera ; 3 sombrererias ; 3 molinos, etc., etc.. Todos estos establecimientos están en la misma ciudad, menos los molinos, trapiches, curtiembres i otros etablecimientos análogos, que se encuentran en los suburbios.

Respecto a casas de comercio, se cuentan 20 tiendas ; 12 despachos surtidos, de los cuales algunos son lujosos almacenes ; 1 casa de martillo, i muchisimos otros negocios de menor importancia.

— Establecimientos de educacion pública o privada existen : 1 liceo ; 3 escuelas de hombres ; 4 de mujeres ; 1 colejio particular para hombres ; 4 particulares para niñas i 2 escuelas para adultos.

— En cuanto a industria profesional, existen : 8 abogados ; 3 médicos ; 2 injenieros ; 2 boticarios ; 1 profesor de piano, etc., etc.

— Se cuenta finalmente : 1 juzgado de letras, del crímen i de comercio ; 2 escribanias ; 1 oficina telegráfica ; 3 procuradores ; 2 receptores ; 4 subdelegados i 16 inspectores.

Producciones, comercio, minas. — Las principales producciones de la provincia son : granos de todas clases, como trigo, maiz, cebada, centeno, curagua, morocho, rábano, cáñamo ; una gran variedad de legumbres, frutas silvestres i otras esquisitas, sobre todo en los departamentos de San Felipe i los Andes. Esto por lo que hace al reino vejetal. La mineria cuenta con un gran número de minas de diversos metales, pero principalmente de plata, cobre i oro, de que se sacan valiosos productos.

El ganado es abundante i se introduce de la República Arjentina anualmente, inmensas arriadas de toda clase, pero principalmente de animales vacunos.

— El comercio de la provincia no carece de actividad. Ademas de la esportacion de sus exelentes cereales i licores, se hace el comercio de tránsito para la República Arjentina. Las frutas secas, el cáñamo, los aguardientes, la chicha, son famosos en el pais i articulos de primera categoria entre los ramos de comercio. Ultimamente se fabrican esquisitos mostos con la uva bordeaux que se ha cultivado con buen éxito. Las abejas se han multiplicado prodijiosamente i sus productos constituyen un ramo importante de este comercio.

— El número total de minas en toda la provincia de Aconcagua no baja de 300, contando solo las que están en actual esplotacion i regular beneficio.

El departamento de Putaendo es el que cuenta mayor número de ellas, pues ascien-

el Espino, de D. Agustin Guerra; la Culebra de D. José Garay; San José de la Vieja, de D. Lúcas Espinosa; la Poza i la Restauradora, de los Sres Huidobro; el Maquisito i Santo Domingo, de D. Manuel Alvarez; el Manzano, de D. Pedro A. Mujica; el Salado, de D. Francisco Perez, ect., etc.

La mina de los Loros en las Coimas, perteneciente a D. José Otero es una de las mas ricas que existen. Esta, como todas las anteriores, es de cobre.

En Petorca las minas pasan de 60; pero en la actualidad ninguna ofrece espectativas lisonjeras. La antigua i famosa mina del Bronce Viejo, se encuentra en mal estado.

En la Ligua hai unas 50, pero ninguna de ellas puede ponerse en parangon con las ya citadas.

En Santa Rosa son menos numerosas. Las principales son la Descubridora i la Felicidad, de plata ambas, situadas unas cuantas cuadras al S. O. de San Felipe i en la orilla Sur del rio Aconcagua que deslinda los dos departamentos. Ambas pertenecen a los Sres. Francisco Rivera i Compañia.

En San Felipe hai un corto número de minas en actual esplotacion.

Acaba de hacerse hácia el lado del resguardo de Rio Colorado en el tránsito para Mendoza, un rico descubrimiento de vetas de plata que ha puesto en alarma a todos los mineros de la provincia, pues los metales que se han traido, segun se afirma, tienen lei de 3,000 marcos. El descubridor es D. Justo Pastor Asencio i a la fecha se han hecho como diez pedimentos.

Los primeros cerros de los Andes están cubiertos en este departamento, de ricas vetas de diversos metales; pero por los insuperables inconvenientes i los crecidos gastos que demanda el laboreo, no es posible obtener el producto que se debiera.

Los trabajos se efectúan en todas las minas de la provincia, segun el sistema antiguo. El acarreo de metales se efectúa por medio de apires, hasta la misma boca de la mina, pues aqui se desconocen los trabajos de las máquinas puestos en práctica en las provincias del Norte de la República.

Si el departamento de San Felipe no cuenta muchas minas, es porque los únicos cerros de consideracion que se encuentran en él, son los próximos a la Cordillera, donde el cateo ofrece las dificultades antes espuestas.

PROVINCIA DE COLCHAGUA

SAN FERNANDO,

CAPITULO I.

DESCRIPCION DE LA CIUDAD.

— San Fernando, capital de la estensa provincia de Colchagua, fué fundado en 1741 por el conde de Superunda, i está situado en un fértil i dilatado valle regado por el rio Tinguiririca i el estero de Antirero, que se encuentran a sus inmediaciones: el primero ocho cuadras al Sur i el segundo cuatro al Nor-este.

Se estiende desde la calle de Carelmapu i paseo de Junin al Norte; el mismo paseo i la estacion del ferrocarril al Este; la calle de Yungai al Sur i la del Quilo i Juan Jímenez al Oeste, formando un total de 99 cuadras cuadradas.

— El número de casas que pagan contribucion de sereno i alumbrado, segun consta de los rejistros municipales, es de 429, pero en este número no están comprendidas las casas, muchas de ellas importantes, que no se hallan gravadas con el derecho de alumbrado, por encontrarse separadas del centro. Segun cálculos exactos, su número total no baja de 900. Casi en su totalidad constan de un piso; las de dos, solo alcanzan a cinco.

— La plaza de Armas tiene una cuadra cuadrada i está adornada por un hermoso jardin, una pila, varios sofáes i árboles estranjeros. Se encuentra en ella algunos de los edificios públicos de la ciudad i la magnífica parróquia en construccion de que luego nos ocuparemos.

La plazuela de San Francisco de media cuadra cuadrada, adornada con una hermosa fuente de agua constante, sofáes i arbustos naturales i estranjeros, contiene el templo de San Francisco i el cuartel del Batallon Civico.

— El empedrado i enlosado de sus calles es de mui buena clase i recien trabajado.

con buenos materiales, pues la piedra se estrae fácilmente de la isla del rio o del estero, a corta distancia de la ciudad, i la losa, de las canteras que se encuentran en los cerros de Pelequen a 2 leguas de distancia. Todas las calles tienen la forma convexa, son anchas i aseadas, con sus veredas cubiertas de losas la mayor parte, i las restantes de piedra menuda o ripio delgado. Las cuadras enlosadas son 67 i las empedradas 21. Las demas están arregladas con ripio o en construccion. Los nombres de las calles i su estension es la siguiente: de Sur a Norte, la de Quilo que abraza 6 cuadras, la de Juan Jimenez con 14, Negrete con 14, Huelqui con 15, Nacimiento i Carampangue

SAN FERNANDO. — Plaza de armas.

con 13, Valdivia i Chacabuco con 12, Chillan con 10, Laja con 5 i Rancagua con 7. De Oeste a Este las de Carelmapu i Arauco con 4 cuadras, Roble con 7, Membrillar con 8, San Cárlos con 9, Yerbas buenas i Talcahuano con 10, Maipú i Quechereguas con 11, Curali, Yumbel i Tres Montes con 10, Cancha rayada con 8 i Yungai con 5. Por la de Chillan, se sale para los pueblos del Norte, i por la de Chacabuco para los del Sur.

— El rio *Tinguiririca* corre, como ya hemos dicho, 8 cuadras distante de la ciudad por el Sur.

Las acequias de la poblacion son tantas cuantas son las cuadras que tiene la ciudad de Sur a Norte. Todas ellas nacen de la *Acequia grande,* situada en el estremo Este de la ciudad, i están cubiertas por buenos puentes de piedra, costeados por la Municipalidad i los vecinos.

— El paseo de *Junin,* que cuenta 11 cuadras de largo i termina la ciudad por el Norte, es bastante espacioso. Consta de tres avenidas i cuatro hileras de árboles, con una acequia por cada costado. Otro de los paseos públicos es el de la estacion del ferrocarril que se encuentra en la calle de Maipú. Tres cuadras antes de llegar a dicha estacion, principia una ancha avenida formada por dos calles de árboles estranjeros, matizados con algunas plantas de jardín. En ambas calles hai cómodos sofáes de fierro.

La plazuela de *San Francisco* constituye otro de los paseos de la ciudad; cuenta media cuadra cuadrada de estension, i está adornada en el centro por una hermosa pila, cuyas dos tazas son de loza de piedra. Al rededor de la pila se encuentran varios sofáes diseminados entre los arbustos del pais i estranjeros que la circundan. La plazuela está rodeada por cuatro preciosas avenidas de árboles estranjeros, bajo cuya sombra se pasean los concurrentes.

Pero el paseo mas elegante i concurrido de esta ciudad, es el jardin de la hermosa

SAN FERNANDO. — Calle de Valdivia.

plaza de *Armas*, el cual se ve favorecido todas las tardes por numerosos paseantes, atraidos por la belleza i comodidad del lugar. Al rededor del jardin del centro i paralelas a los cuatro costados de la plaza, hai otras tantas calles de elevados i hermosos árboles. La pila de la plaza, que ya hemos mencionado de paso, es de fierro dorado i de 6 metros de altura. Cuatro sirenas con otros tantos floreros en la mano sostienen la taza mayor sobre la que reposan cuatro águilas, que sostienen a su vez la pequeña taza superior, en cuyo centro se encuentra el conducto principal. Ademas de esta pila i la ya mencionada de la plazuela de San Francisco, existen 10 pilones distribuidos en la ciudad.

Una cañeria para agua potable surte las principales calles, el Liceo, el Cuartel del Batallon civico, de policia i ambas cárceles.

—La ciudad está alumbrada por lámparas de parafina, colocadas en faroles a la distancia de una cuadra cada uno. La misma Municipalidad es la contratista, costándole la mantencion de los faroles la suma de 1,200 pesos anuales.

— La provincia de Colchagua tiene, segun el último censo, una poblacion de 144,979 habitantes, de los que 71,735 son hombres i 73,244 mujeres.

El departamento de San Fernando cuenta con 69,778 habitantes, de los que 34,396 son hombres i 35,382 mujeres. En el año 1868 hubo 2,549 bautismos, 1,425 defunciones i 376 matrimonios. En los bautismos corresponde 1 por cada 27 habitantes; en las defunciones 1 por cada 49, i en los matrimonios 1 por cada 186.

De la poblacion del departamento saben leer i escribir 9,332 individuos, lo que da una proporcion de 13.40 °/₀.

Existen en el departamento 25 escuelas, de las que 22 son públicas i 3 particulares.

SAN FERNANDO. — Cuartel del batallon cívico.

A las primeras asisten 1,203 alumnos, i 171 a las segundas, formando un total de 1,374 alumnos.

Los principales **edificios públicos** de San Fernando son los siguientes: la *Cárcel*, magnífico edificio por su sólida construccion i belleza, la *Intendencia* i el *Juzgado de letras*, situados todos en la plaza de Armas i contiguos unos a otros. Fueron construidos el año 1844, con fondos municipales i algunas erogaciones fiscales.

— La *plaza de Abastos*, construida en 1864, i situada media cuadra de la de Armas, es en su mayor parte de cal i ladrillo, i hermosísima por la buena disposicion de sus departamentos i estension del edificio.

— El *Liceo*, situado en la plazuela de San Francisco, construido hace tiempo, pero refaccionado en gran parte en 1863, i aumentado con habitaciones para el Rector i su familia. Es un buen edificio de tres patios i cómodos salones para las clases.

— El *Cuartel del Batallon cívico*, contiguo al Liceo, construido tambien antiguamente, pero refaccionado i aumentado de una manera elegante i sólida en 1869. Mucha parte del edificio consta de dos pisos con espaciosos salones.

— El *Cuartel de policía*, media cuadra de la plaza de Armas, edificio construido en 1870, sin particularidad alguna.

— Los **templos** son los siguientes :

El convento de *San Francisco*, situado en la plazuela del mismo nombre, sobresale por su fábrica, pues es todo de cal i ladrillo i de tres naves. Sus pilastras son de madera, altas i hermosísimas.

— La capilla de *Guadalupe*, situada en la calle de San Cárlos, dos cuadras al Poniente de la plaza de Armas. Es un lucido edificio, recientemente construido con erogaciones de los vecinos i fondos del presbitero D. Tomas Maturana. Es de una sola nave, pero ancha, con una pequeña capilla lateral construida en su mayor parte de ladrillo.

— La capilla de la *Casa de Ejercicios*, situada en la calle de Rancagua, una cuadra del paseo de la estacion del ferrocarril, de una sola nave, de construccion antigua, pero refaccionada recientemente.

— La *Iglesia parroquial*, magnífico i suntuoso templo, que se encuentra en construccion en una de las esquinas de la plaza de Armas. Es un edificio de tres naves, gran parte de piedra i lo demas de ladrillo; sus columnas son de piedra canteada. En su construccion se ha gastado ya mas de 40,000 pesos, i pronto quedará terminado, gracias al celo del presbitero D. Juan Francisco Vicencio, quien se ha hecho cargo gratuitamente de la direccion de los trabajos.

— Los únicos **establecimientos de beneficencia**, son : el *Hospital de caridad* i su *dispensario*, situados en la estremidad Norte de la poblacion. El primero cuenta con estensas i numerosas salas que diariamente visita el médico de ciudad, i el segundo con un botiquín i practicantes que administran los medicamentos. En el año trascurrido entre mayo de 1869 i abril de 1870, se han asistido en el hospital 1,286 enfermos i proporcionado medicamentos en el despensario a 2,659 personas. Sus entradas en el año citado, ascendieron a 12,970 pesos, quedando un sobrante permanente de 4,000 pesos.

Dispone de las comodidades necesarias para las necesidades de la poblacion.

— Existen en San Fernando dos imprentas que publican cada una un diario : el *Colchagua* i la *Reforma*, el primero afecto al gobierno i el segundo contrario.

— Los hoteles son : el de la *Plaza*, que tiene bastante comodidad para alojados, i el de la *Union*, situado en la calle de Maipú, mas pequeño i no tan bien servido.

— El ferrocarril que se dirije de Santiago a Curicó, pasa por esta ciudad donde tiene una estensa i cómoda estacion. Pronto quedará terminado el ramal que actualmente se trabaja entre esta ciudad i el lugar denominado la *Palmilla*, lo que dará gran impulso i nueva vida al comercio de la costa, cuyos productos se esportan en el dia trabajosamente.

— Existen 2 fábricas de curtiembres; 2 de aguardiente; 2 de jabon i velas; 2 de cerveza i 2 panaderias.

— Se trabaja por organizar una sociedad anónima con el objeto de establecer un banco, que llevará el nombre de *El Pobre*.

— Las principales producciones de la provincia consisten en trigos, maiz, frejoles,

deras, principalmente de álamo. Los olivares abundan en toda la estension de la provincia.

PROVINCIA DE CURICO

CURICO.

CAPITULO I.

DECRIPCION DE LA CIUDAD.

La ciudad de Curicó, capital de la provincia de este nombre, creada por decreto supremo de 1865, formaba parte antes de esta fecha, de la provincia de Colchagua. Está situada en la base de un pequeño cono aislado, a cuatro leguas de distancia de la cadena mas occidental de la cordillera, i rodeada de muchos pantanos i vegas que la hacen mal sana. Tiene siete cuadras cuadradas de estension.

— La mayor parte de sus calles están bien empedradas i enlosadas. El empedrado observa el sistema convexo i las veredas están cubiertas de loza de piedra.

— El número de sus casas asciende a 500, de estilo antiguo, con anchas puertas i grandes patios rodeados jeneralmente de corredores.

— Existe una plaza en el centro de la poblacion, denominada principal o de Armas i dos plazuelas llamadas de la Merced i de San Francisco.

— Las calles de Sur a Norte, son : la Alameda, Chacabuco, Membrillar, Maipú, Yungai, Peña, Rodriguez i la Cañadilla del Hospital. Las de Oriente a Poniente, son : Cañadilla del Padre, Montt, Buenavista, Merced, Estado, San Francisco, Villota i Cañadilla del Hospital nuevo.

— Los rios que pasan a inmediaciones de la ciudad, son : el Teno i el Lontué, distante el primero cuatro leguas al Norte, i el segundo al Sur a igual distancia. Cerca de la poblacion corre el estero Guaiquillo, al cual se une el Chequenlemillo, célebre el primero por sus grandes i sabrosos pejerreyes.

La poblacion se surte de agua del rio Teno, del cual sale el canal denominado del Pueblo, que cruza la ciudad de Oriente a Sur.

— Su única plaza de abastos es la situada a tres cuadras de la plaza principal, entre la Cañadilla del Padre i la calle de Montt. Fué construida por la municipalidad, quien la dió por contrata a un particular. Su construccion es mala, incómoda i hasta ruinosa. Tiene un cuarto de cuadra de frente, sobre una de fondo.

— Los únicos paseos públicos son la Alameda i la plaza. La primera situada al Oriente de la poblacion, con una estension de seis cuadras, tiene tres calles, la del centro ancha de 12 varas i las laterales de cinco. Por la calle del lado Oriente corre el ancho canal del Pueblo. Al estremo Norte de la Alameda existe un gran óvalo rodeado de hermosos jardines i sofáes. Este paseo, llamado tambien por el pueblo *jardin botánico*, es el punto de reunion de los paseantes. A pocos metros del paseo se encuentra el cerro, de donde se saca la piedra para los cimientos de las casas i el cascajo para el pavimento de las calles.

La plaza tiene en su centro cuatro jardines rodeados de una reja, los cuales sirven de

CURICÓ. — Plaza de Armas.

paseo en ciertas tardes de verano. Rodean la plaza árboles elevados que le dan un agradable aspecto. En medio del jardin central se encuentra una pila que recibe sus aguas del Guaiquillo. El agua corrió por vez primera el 18 de setiembre de 1870.

—La ciudad es alumbrada por 46 faroles de parafina, colocados en los estremos de las calles centrales.

— La poblacion de la provincia de Curicó ascendia, segun el último censo, a 95,930 habitantes, de los que 81,547 corresponden al departamento de Curicó. De estos, 39,960 son hombres i 41,587 mujeres. En el año de 1868, hubo en el departamento 2,904 bautismos, 1,741 defunciones i 542 matrimonios. En los bautismos corresponde 1 por cada 28 habitantes, en las defunciones 1 por cada 47 i en los matrimonios 1 por cada 150.

De la poblacion del departamento, saben leer i escribir 11,670 individuos, que forman una proporcion de 15 °/°.

— En el departamento existen 29 escuelas, de las que 21 son públicas i 8 particulares. Asisten a las primeras 1,505 alumnos i 460 a las segundas, formando un total de 1,965 alumnos.

Edificios públicos. — Al Oriente de la plaza principal existe un edificio bajo i de antiquísima construccion, que sirve de *cárcel* i *cuartel de la guardia municipal*. Ocupa media cuadra en cuadro. El cañon que dá a la plaza está ocupado por la cárcel, i el que dá a la calle del Estado, por la policia. La primera tiene seis calabozos i dos patios. En el mas grande existen cuatro con capacidad para 200 criminales. El mas chico está dividido en dos, uno para detenidos i el otro para mujeres.

Todo él es insalubre, inseguro, sin agua corriente i no en mui buen estado. Se piensa en construir un edificio especial, para cuyo objeto se ha comprado ya el terreno.

— El *Liceo*, construido hace cuatro años, tiene el mismo estilo de una casa particu-

CURICO. — Calle del Estado.

lar. Está situado en la calle del Membrillar i entre la de San Francisco i la del Estado, a cuadra i media de la plaza principal. Fué construido con fondos públicos por adquisicion que hizo el fisco de la herencia de D. Francisco Donoso, vecino de este pueblo que murió intestado y sin herederos. Está sin concluir i su costo asciende ya a ocho mil pesos.

Templos. — La *iglesia parroquial*, situada en la plaza hácia el Poniente, es de de una nave i de una torre. Su construccion es antigua, habiéndose terminado solo en el año 1854, despues de seis a ocho de un completo abandono. Fué dirijida por el español D. Manuel García Rodriguez. Con escepcion del frontis, que es de ladrillo, todo lo demas es de adobe. El trabajo se hizo con erogaciones de los vecinos i una donacion del gobierno. Su estado actual es ruinoso.

— La *Merced*, situada en la calle de este nombre, de construccion mas antigua que la de la parroquia, mas pequeña i mas aseada.

— *San Francisco*, situado fuera del pueblo i al terminar la calle de este nombre al Oriente. Fué construido el año de 1758 en terrenos que donaron unas señoras Barrales. Es de una sola nave con la torre al costado [Poniente. Se halla en buen estado.

— La *Capilla del Cármen*, situada al Sur, i frente a la calle de Maipú, fué construida el año 1859, por erogaciones i legados particulares, habiendo contribuido en mucha parte de su costo, el presbítero D. Antonio Poblete. Su construccion se hizo con arreglo a un plano del injeniero D. Daniel Barros Grez. Es de tres naves, mui aseada i de hermoso aspecto.

— La *Capilla de ejercicios*, situada en la Cañadilla del Padre, dando frente a la calle de Chacabuco. Un señor Uribe, dueño de la hacienda de Caone, impuso una capellania ordenando se construyese en dicha hacienda una casa de ejercicios, la cual fué cons-

CURICO. — Calle de Chacabuco.

truida en esta ciudad por D. Fernando Lazcano, quien es su actual mayordomo. Es chica i de una nave, teniendo a uno i otro costado grandes patios, con bastantes celdas. Principió a funcionar hace cuatro años, a pesar de no estar aun del todo concluida.

Establecimientos de beneficencia. — *Hospital de hombres.* — Está situado a media cuadra de la capilla del Cármen, hácia el Oriente de ésta i en la misma direccion. Su construccion es moderna i no baja su costo de 20,000 pesos. Es espacioso, aseado, ventilado i bien servido, lo cual se debe al celo de su administrador D. Domingo Correa Urzua. Tiene camas solo para sesenta enfermos, habiéndose abierto al público el año 1862. Se construyó por medio de erogaciones de particulares, legados piadosos i una corta subvencion del fisco.

— *Hospital de mujeres.* — Contiguo al edificio mencionado se encuentra otro departamento igual al anterior i destinado para mujeres. Ha sido construido por medio de erogaciones, entre las que figura en primer término una de 10,000 pesos concedida por doña María Albano, viuda de D. Bonifacio Correa. Su costo total no baja de 20,000 pesos. En la actualidad recibe del gobierno una subvencion anual de 5,000 pesos. Ambos departamentos se encuentran separados entre si por una sencilla i elegante capilla que satisface perfectamente las necesidades del establecimiento.

— *Lazareto del hospital viejo.* — Es este una casa particular antigua que donó D. Francisco Javier Muñoz, siendo gobernador en esa época por los años de 1859 a 1860. Está situado en la Cañadilla de este nombre, entre la calle de Villota i la Cañadilla del Hospital nuevo. Àl presente sirve de hospital de mujeres, que pronto se trasladará al nuevo edificio ya descrito. Su capacidad es reducida, pues apenas tiene cabida para diez o doce enfermos ; su cuidado i gastos de medicamentos corren a cargo de la Sociedad de beneficencia de Señoras, la cual organiza todos los años férias, rifas públicas o conciertos, para reunir los fondos necesarios que destina al socorro i servicio del desvalido. La misma Sociedad sostiene una escuela para niños pobres, a la cual asisten mas de cincuenta que reciben, a mas de la educacion, el alimento i el vestuario.

CAPITULO II.

EMPRESAS INDUSTRIALES, COMERCIO, MINAS.

— Existen dos imprentas, la del *Sufrajio* i la de la *Verdad.* Ambas publican periódicos que llevan el nombre de sus imprentas.

— El único hotel es el llamado del Norte, i a mas dos restaurants-posadas.

— El ferrocarril que sale de Santiago para el Sur, tiene su estacion de término en esta ciudad. Hai dos lineas de coches que hacen diariamente la carrera al Sur, la una de Nuñez i Compañia i la otra de Cid i Compañia.

— Existe una fábrica de curtiembre en grande escalà, perteneciente a los señores D. Ezequiel Bravo i D. Ruperto Vergara. Está situada en la calle del Estado, al poniente. Emplea una máquina a vapor desde hace dos años, i jira con un capital de 100,000 pesos.

Hai tambien muchas otras fábricas en pequeño para jabon i velas.

Los molinos son dos : el de D. Ezequiel Rivadeneira a ocho cuadras de la poblacion, hácia el Norte, i el de D. Sabino Muñoz, al Oriente i poco mas distante. El primero jira con un fuerte capital.

— El teatro está situado en la calle de Buenavista. Fué construido hace cinco años por acciones particulares, i costó de 5 a 6,000 pesos, encontrándose todavía inconcluso. Tiene dos órdenes de palcos i una galería.

— Hai dos clubs : uno llamado *Social,* situado en la calle del Estado, cerca de la Alameda, i el otro *Central,* en la calle de la Merced, a media cuadra de la plaza principal. El primero cuenta de existencia seis años, teniendo mas de cien socios, i el segundo cuatro, con treinta socios.

Comercio, minas. — Las principales producciones del departamento consisten en trigos, frejoles, cebada, maiz, cecinas i licores.

Hai un gran número de tiendas de comercio por menor, concentradas principalmente en las calles del Estado i la Merced. Asimismo, muchos despachos surtidos en la plaza de Abastos.

Los pedimentos de minas pasan de doscientos; pero las que se trabajan no alcanzan a cuarenta. Están situadas en el cajon de Teno. Los nombres de sus dueños son : don Hilarion Astaburuaga, D. Juan Bautista Valenzuela Castillo, D. Bartolo Navarrete, D. N. Sotomayor, D. N. Velasco, D. Leandro Luco, D. Adolfo Latorre, D. Manuel José Correa de Saa, D. José Maria Marfil i D. Tomas Bovadilla. Los nombres de las principales minas son : Villagra, Pellejo, Pellejito, Porvenir, Libertadora, Salvadora, Cármen i Elena.

————

— Actualmente se ocupan varios injenieros, mandados por una casa de Inglaterra, de levantar el plano para el proyecto del ferrocarril trasandino, por el cajon de Teno. Segun la opinion del injeniero de la provincia que emprendió con ellos el viaje a la Cordillera, la obra es mui realizable, teniendo de consiguiente este pueblo una espectativa de grandeza de que ha carecido hasta ahora. El mismo injeniero de la provincia trabaja con asiduidad un camino por el mismo cajon de Teno, que facilitará la comunicacion con las minas i el comercio de animales con Mendoza.

— Como se verá por la descripcion que acabamos de hacer, no tiene esta ciudad importancia alguna material, lo que no es de estrañar atendida la circunstancia de que la provincia de Curicó fué creada solo recientemente, por decreto supremo de agosto de 1865.

PROVINCIA DE TALCA

TALCA.

CAPITULO I.

DESCRIPCION DE LA CIUDAD.

Fundacion i situacion. — Talca fué fundada el año de 1743 por D. Tomas Marin de Poveda i repoblada por D. José de Manso, conde de Superunda. Su nombre primitivo fué el de *San Agustin de Talca.*

Está situada en los 35° 7' de latitud Sur i 70° 55' de lonjitud Oeste del meridiano de Greenwich. Su altura sobre el nivel del mar es de 620 piés. Se encuentra contigua al rio *Claro*, tributario del Maule i situado al Poniente de la ciudad, el *Lircai*, afluente del Claro i célebre por la batalla dada en sus orillas corre por el Norte, i el *Maule* por el Sur, a cinco leguas de la poblacion.

La ciudad está dividida en dos barrios : el *Alto* i el *Bajo*. El primero se estiende desde la Alameda hácia el Norte, i el segundo desde el mismo punto hácia el Sur.

Los alrededores, especialmente los costados Oriente i Poniente de la ciudad, ofrecen un aspecto pintoresco. Saliendo por este último punto, con direccion a la Florida, Colin i Perales, se encuentran infinidad de pequeños fundos a ambos costados del ancho i magnífico camino carretero, cubiertos de espléndida vejetacion i sembrados de chacarería de todo jénero.

Hácia el costado Oriente se encuentran los fundos mas importantes, cuyas valiosas siembras i numerosas crias de ganado, constituyen una de las principales riquezas del departamento. El camino que hácia ellos conduce, se ve constantemente acompañado de pobladas alamedas, pastales i viñedos inmensos, canales de abundante agua, i otras señales inequívocas de la feracidad i riqueza de esos terrenos.

Estension. — Su estension es de 17 cuadras de Norte a Sur, i 13 de Oriente a Poniente. Ademas, a estramuros de la parte oriental de la ciudad, hai varias posesiones que ocupan 7 cuadras por la calle de San Juan de Dios.

La plaza principal se encuentra situada entre tres cuadras del costado Poniente,

TALCA. — Costado Sur de la Plaza de Armas.

diez Oriente, once Norte i seis Sur. La alameda se halla colocada de Oriente a Poniente i mide 7 cuadras.

Las manzanas de que se compone la poblacion ascienden a 208, i de éstas 30 se encuentran al Norte de la alameda i 178 al Oriente, Sur i Poniente.

Casas. — El número de casas comprendidas en dichas manzanas alcanza a 1,015. Cada casa ocupa una gran estension de terreno, contándose solo ocho en las manzanas mas pobladas, i dos a tres en las menos pobladas, a estramuros de la ciudad.

Las casas de Talca no están sujetas a órden arquitectónico fijo; jeneralmente son de adobe i de un solo piso; las de dos son pocas i se encuentran situadas en los puntos mas centrales, como la plaza de Armas.

Plazas, plazuelas, calles. — Son las siguientes : la plaza principal ya mencionada; la plazuela de la Merced, dos cuadras al Sur de la plaza principal; la de Santo Domingo, una cuadra al Sur de la plaza de Armas; la de San Juan de Dios, distante cinco cuadras de la misma i mirando al Sur de la poblacion; la de San Francisco, dando frente al Oriente, i por último la de San Luis Gonzaga, cuatro cuadras al Norte de la alameda, i once de la plaza, con frente al Poniente.

— El número de calles de Norte a Sur asciende a 17, i el de Oriente a Poniente a 13. Las primeras son principales i las segundas atravesadas.

En el plano que la Municipalidad ha hecho levantar últimamente, se designan las calles por números de órden, agregándoles el viento en que se encuentran colocadas, tomando por punto de partida la plaza de Armas. Las principales de Norte a Sur, principiando por el Poniente, son : San Ignacio, San Francisco, Cienfuegos i Cruz, que desembocan una por cada ángulo de la plaza, Independencia, Union, Liceo, Cármen i San Luis. Las atravesadas de Oriente a Poniente, principiando por el Norte, son : Barnaza, Baeza, Molina i Gamero o Comercio, que desembocan una por cada ángulo de la plaza, San Juan de Dios, Merced, O'Higgins i Carrera.

Empedrado, enlosado. — La mayor parte de las calles se encuentran empedradas i enlosadas. El empedrado consiste en piedra de rio, i se principia ya a refaccionar las mas importantes usando el sistema convexo. Las aceras tienen un ancho de metros 1.50 i están cubiertas de piedra blanca de cerro.

Esteros, puentes. — El estero Baeza, que nace del monte del mismo nombre, cruza la ciudad de Oriente a Poniente por el lado Norte de la plaza, de donde dista solo una cuadra. Ocho puentes unen las calles principales de Norte a Sur. El material empleado en su construccion es la cal i el ladrillo. Constan de un solo arco i son bastante sólidos.

Por el lado Sud-oeste se halla atravesada la ciudad por el estero Piduco, bastante caudaloso en invierno. Dos puentes lo cubren, el uno al terminar la calle de Cruz i el otro al fin de la calle de San Juan de Dios. El primero mide 9 metros 50 centimetros de ancho por 20 metros de largo ; se encuentra sostenido por fuertes pilares de fierro con la necesaria solidez para sostener al contínuo tráfico con los caminos del rio Maule i los fundos de esa parte de la poblacion. El segundo es mas sólido, pues en el centro está sostenido por un fuerte machon de piedra, sentado sobre cimiento romano. Este puente mide 27 metros de largo con el ancho exacto de la calle. Sobre él se hace el tráfico a Perales i a todo el Norte del territorio. El primero fué construido por el ex-intendente de la provincia D. Juan Jacobo Vial, i el segundo por D. Juan Estevan Rodriguez, cuando ocupaba el mismo puesto.

Policia de seguridad—El cuerpo de policia de Talca se eleva a 150 hombres divididos en dos compañias. Cada una se compone de 1 capitan, 1 teniente, 2 subtenientes, 1 sarjento primero, 4 sarjentos segundos, 4 cabos primeros, 4 cabos segundos i 62 soldados. Todos bajo las órdenes de un comandante i un ayudante mayor.

La custodia de la poblacion se hace por medio de 30 individuos al mando de 4 clases i 2 oficiales.

Un piquete al cargo de un oficial recorre constantemente los campos en las subdelegaciones rurales, con el objeto de resguardarlos contra las depredaciones de los bandidos que de vez en cuando suelen aparecer por esos pueblos.

Poblacion. — Segun el último censo, cuenta la provincia con 103,535 habitantes de los que 51,274 son hombres i 52,261 mujeres.

El departamento de Talca tiene una poblacion de 86,307 habitantes, de los que 42,528 son hombres i 43,779 mujeres. En el año de 1868 hubo 2,733 bautismos 2,143 defunciones i 647 matrimonios. En los bautismos corresponde una proporcion de 1 por cada 32 habitantes, en las defunciones 1 por cada 40 i en los matrimonios 1 por cada 133.

De la poblacion del departamento, saben leer i escribir 12,707 individuos, lo que da una proporcion dè 15 °/₀.

Instruccion pública. — Existen en el departamento 42 escuelas, de las que 28 son públicas i 14 colejios particulares. Asisten a las primeras 1,747 alumnos i 768 a las segundas, formando un total de 2,515 alumnos.

Movimiento de correos. — En 1869 entraron a la ciudad 133,848 piezas, de

TALCA. — Calle del Comercio.

as que 43,170 eran cartas, 87,728 impresos i 2,950 oficios. El mismo año salieron 58,483 piezas, de las que 47,504 eran cartas, 8,087 impresos i 2,892 oficios.

Rios, acequias. — Los rios que se encuentran próximos a la poblacion son : el *Claro*, siete cuadras al Poniente ; el *Lircai*, al Nor-oeste de la ciudad a distancia de una legua, i el *Maule*, que dista cinco leguas. Este es bastante caudaloso i riega una gran parte de los terrenos al Oriente ; de él se desprende un hermoso canal cuyas aguas, dando riego a varios fundos cercanos a la poblacion, comunica movimiento a los *Molinos de Talca*, pertenecientes a los Sres. Hevia i Compañia.

Existen cinco acequias repartidoras que se subdividen en 30 ramales, formando un total de 35 acequias que circulan por toda la estension de la ciudad. Todas ellas están cubiertas con losas, empedrado a tablones. Se trata en la actualidad de nivelarlas, profundizándolas por igual, como se ha hecho en Santiago. Estas aguas tienen su orijen en el estero de Piduco que se encuentra al Sur de la poblacion, i de la acequia o canal de D. Toribio Hevia, al Norte.

Mercado público. — El único es la recova situada al Oriente de la ciudad, tres cuadras distante de la plaza. Su edificio ocupa una cuadra en cuadro ; se encuentra rodeado en la parte interior de corredores de seis varas de ancho, bajo los cuales se levantan infinidad de casuchas de madera bien construidas, donde se espende la carne, frutas, legumbres, hortalizas i demas articulos de consumo. Los cuatro costados esteriores de la recova están rodeados de numerosos tendales en los que tiene lugar un activo comercio con la jente del campo. Las murallas esteriores del edificio están ocupadas por infinidad de pequeños cuartos que constituyen otras tantas tiendas de mercaderias, i las cuales presentan un aspecto pintoresco i animado en ciertas horas del dia.

Paseos públicos, pilas. — La plaza principal es el punto de reunion mas frecuentado por las elegantes Talquinas. En su centro existe, como en todas las plazas de provincia, un jardin i una pila. El primero está perfectamente atendido i rodeado de una elegante reja de fierro. Lo cruzan varias calles que van a parar al centro donde se encuentra la pila mencionada, que aunque sencilla, no deja de ofrecer ciertos encantos a los numerosos paseantes que en ciertas tardes de verano concurren a ese sitio a gozar de un aire puro i de la armoniosa vista de las aguas. Paralelas a los cuatro costados de la plaza, corren otras tantas calles de árboles estranjeros i cortan la misma, de un ángulo a otro, calles iguales, todas ellas con sofáes de fierro, formando un conjunto sumamente pintoresco i campestre.

Otro paseo mas agradable, aunque no tan concurrido, es la Alameda, cuya parte Sur ostenta hermosas acacias, olmos i fresnos; tiene tres calles, agua corriente, buenos sofáes de piedra a distancias proporcionadas, un piso convexo en la calle central, i un óvalo rodeado de asientos en el medio de la Alameda. Esta, como ya lo hemos dicho, se encuentra situada tres cuadras al Norte de la plaza.

La pila colocada en el jardin de la plaza de que ya hemos hablado, recibe sus aguas del estero de Baeza, por una cañeria de fierro colocada al efecto.

Alumbrado. — Ciudades menos populosas e importantes que Talca gozan de los beneficios del alumbrado a gas hidrójeno, mientras que ésta se encuentra atenida aun al aceite de parafina. En cada cuadra existe un farol i dos en las calles mas centrales.

CAPITULO II.

EDIFICIOS PÚBLICOS. — TEMPLOS.

LICEO. — SEMINARIO. — CÁRCEL PENITENCIARIA. — MATADERO. — CLUB. — LA MATRIZ. — SANTO DOMINGO. — SAN FRANCISCO. — SAN AGUSTIN. — LA MERCED. — SAN JUAN DE DIOS. — CAPILLA DE SAN LUIS. — CAPILLA DE JESUS NAZARENO. — CAPILLA PROTESTANTE. — MONASTERIO DEL CORAZON DE JESUS. — MONASTERIO DEL BUEN PASTOR. — CONVENTOS.

Liceo. — Este establecimiento abraza una manzana entera i está rodeado en la parte que da a las diferentes calles, de piezas i casas de habitacion que le proporcionan algunos fondos. En su centro hai dos estensos patios divididos por una capilla destinado el uno a los internos i el otro a los esternos. Estensos corredores rodean ambos patios, en los cuales se encuentran las salas de estudio i oficinas del establecimiento. Este fué fundado por el obispo D. Ignacio Cienfuegos i el abate Molina, a los que se piensa eri_ jir estatuas que se colocarán en el recinto interior del edificio. Se encuentra situado al Oriente de la poblacion distante dos cuadras de la plaza.

Seminario. — Este magnifico edificio se encuentra situado al Nor-oeste de la ciudad, a cinco cuadras de la plaza. Su frente es de ladrillo i de dos pisos, sus murallas de adobe pero perfectamente trabadas con exelente madera. Ocupa una cuadra cua_ drada i cuenta tres estensos patios destinados a los educandos, i dos grandes salones dormitorios, en los que hai varios departamentos para el servicio interior del estable_ cimiento. Fué inaugurado el año de 1871 con cincuenta alumnos. El iniciador de la idea fué el actual párroco Sr. Prado, quien la llevó a cabo con una perseverancia digna de todo elojio, disponiendo solo de las erogaciones voluntarias de algunos vecinos.

Cárcel penitenciaria. — Este edificio está situado al estrémo de la Alameda en la parte Norte de la ciudad i cuatro cuadras distante de la plaza; ocupa una esten- sion de una cuadra en-cuadro. Consta de dos pisos con tres cáñones de piezas destina- das a los detenidos, i en los dos patios que contiene, existen varios talleres para el trabajo de los presos. A la entrada, i antes de los tres cuerpos mencionados, se en- cuentran las oficinas del Juzgado del crimen, secretaría, piezas para el cuerpo de guar- nia i para el alcaide.

La cárcel para mujeres está situada al estremo Norte; la rodea una muralla que dá a la calle, a los piés del edificio.

El material empleado en la mayor parte de su construccion, es la cal i ladrillo, ofre- ciendo, por lo tanto, la suficiente solidez i seguridad para el objeto a que está destinada.

Matadero. — Este edificio está situado en la parte Sud-este de la ciudad, distante seis cuadras de la plaza i ocupa una cuadra cuadrada. En la actualidad se está con- cluyendo el arreglo definitivo del local. Cuenta con los departamentos necesarios para el beneficio de toda clase de animales, cuartos de depósitos i habitaciones para los empleados. Ofrece por lo tanto todas las comodidades apetecibles en esta clase de esta- blecimientos.

La Matriz. — Este hermoso templo hace honor a la ciudad. Construido de cal i ladrillo i a todo costo, consta de tres espaciosas naves que ocupan poco mas de media cuadra. Sobre sus puertas laterales se alzan dos soberbias torres que armonizan con su frente majestuoso, que aunque todavia sin concluir, demuestra ya claramente lo que será una vez terminado. Su interior es notable por la magnifica disposicion de sus naves; la del centro, mas elevada que las laterales, comunica la luz al interior por medio de numerosas ventanas. En medio de la nave central hai una especie de plazoleta cuyo techo es formado por una majestuosa cúpula que no cede en elevacion a las torres mismas. Adornan los altares, las paredes i el techo, magnificos cuadros que represen- tan los pasajes mas importantes de la historia Sagrada. Hácia el fondo de la nave central se encuentra la capilla del Sagrario y la del Bautisterio, notables por su es- quisito trabajo.

La Matriz se encuentra situada en el costado Poniente de la plaza. Principió a cons- truirse el año 1841, segun los planos levantados por el arquitecto Sr. Minondas residente en la capital. El trabajo fué puesto en ejecucion por D. Cayetano Astaburuaga, concluyéndose el cuerpo principal en 1851, gracias al celo i laboriosidad del actual cura D. Miguel R. Prado. Su costo asciende hasta la actualidad a cien mil pesos, los cuales han sido suministrados por el Supremo Gobierno.

Santo Domingo.—De una sola nave pero estensa, i construido de ladrillo, ofrece este templo un conjunto imponente. Su fachada tiene tres puertas bastante elevadas; sobre la del centro se alza su gallarda torre, cuya parte superior es de madera. Está situado en el costado Sur de la plaza principal.

Esta iglesia fué mandada construir por D. Santiago Pinto, el año 1807 i la ejecucion

TALCA. -- Calle del Comercio (continuacion).

de la obra fué encargada a su esposa doña Tadea Echavarria, quien la concluyó, incluso el convento, el año de 1820.

San Francisco.—Situado como el anterior, en la plaza principal en su costado Poniente, no ofrece este templo mas particularidad que la de contar con mayor número de altares que cualquiera de los demas templos de la ciudad. Está construido de adobe con una sola nave, menor que la de Santo Domingo i con una torre de madera de forma bastante elegante. La iglesia, con el convento anexo, ocupa media cuadra de estension. Su construccion principió el año 1837 i concluyó en 1845.

San Agustin.—San Agustin, patron de la ciudad, i como tal venerado por el pueblo, posee uno de los templos mas ricos de la ciudad, i su convento situado en la Cañada, dando frente al óvalo, abraza una manzana entera. La iglesia, anexa al convento i construida de ladrillo, cuenta tres naves, que por su magnitud la hacen ocupar el primer rango entre los demas templos de la ciudad. En las naves laterales se encuentran varios altares perfectamente decorados, sobresaliendo el altar mayor colocado al fondo de la nave central, en el que se encuentra el Sagrario, elegante, rico i de gusto. La construccion de esta iglesia principió el año 1845 i se ha concluido solo recientemente, sin que podamos atribuir tanta demora a falta de recursos, puesto que el convento es dueño de todo el barrio Norte de la ciudad, por donacion que se le hizo en aquella fecha.

La Merced. — El convento i templo de la Merced, que hoi dia está recibiendo una completa refaccion en la parte interior, se halla situado en la calle de Cruz, dos cuadras al Sur de la plaza. Es de tres naves, sus murallas laterales de adobe, i su frente de ladrillo. Su torre de madera i bastante hermosa, sostiene un hermoso reloj. La iglesia es espaciosa i ocupa la mayor parte de la manzana en que está situada.

La construccion de este templo se principió el año 1835, con erogaciones de los

TALCA. — Calle de Cruz.

fieles, i quedó terminada cuatro años despues, gracias a la actividad i piadoso celo que demostraron los promotores de la idea, señores D. Juan Crisóstomo Zapata i D. Juan de la Cruz.

San Juan de Dios. — La iglesia de San Juan de Dios, anexa al edificio del hospital del mismo nombre, es de una nave, i está situada cinco cuadras hácia el Oriente de la plaza. En la parte interior ha recibido recientemente una reparacion completa; se ha refaccionado su altar, púlpito i coro, i pintado hermosos cuadros que contribuyen a darle un agradable aspecto. Todas estas mejoras son debidas al laudable celo del señor presbitero D. Agustin Vargas.

Capilla de San Luis. — Situada al Oriente de la poblacion i a diez cuadras de la plaza, no ofrece particularidad alguna; consta de una sola nave con murallas de adobe. Su creacion se debe a la devocion de los hermanos de esa hermandad.

Capilla de Jesus Nazareno. — La casa de ejercicios situada al Nor-oeste de la ciudad i a cuatro cuadras de la plaza, fué fundada por el cura D. Manuel Pio Silva i ocupa una manzana entera. En ella tienen lugar frecuentemente esas encerronas místicas llamadas *ejercicios espirituales*. La capilla anexa al edificio con el nombre que se encabeza este párrafo, es elegante i de gusto.

Capilla protestante. — Existe una pequeña capilla protestante situada en la parte Sur de la ciudad, distante una i media cuadras de la plaza, i media del templo de la Merced. Se celebran en ella, dos veces por semana, las prácticas religiosas, a las cuales asiste la parte estranjera de la poblacion. Diariamente tienen lugar en ella clases para los niños pobres, a los que se enseña gratuitamente la lectura, escritura i · otros ramos elementales.

Se piensa actualmente en edificar un hermoso templo con la suficiente capacidad para las necesidades del culto.

Monasterio del Corazon de Jesus. — Este convento fué construido por el cura D. Justo Pastor Tapia, quien lo entregó concluido el año 1853 en manos de las monjas que para el efecto vinieron de la capital. Sus murallas i departamentos interiores son de adobe, no así su iglesia, que es de ladrillo i de tres naves. Se encuentra situado al Oriente de la ciudad, a cuatro cuadras de la plaza, i ocupa una manzana entera.

Las monjas se dedican a la enseñanza gratuita de niñas pobres con un celo digno de elogio.

Monasterio del Buen Pastor. — El presbitero D. Agustin Vargas se ocupa en la actualidad de la construccion de un nuevo convento destinado al servicio de las monjas de esta congregacion. Su material es de adobe, pero perfectamente trabado con exelente madera de construccion. Cuenta con dos grandes claustros i departamentos espaciosos destinados al uso de las niñas recojidas i mujeres arrepentidas, que encuentran jeneroso asilo en esta santa casa.

Conventos. — Los ya mencionados de Santo Domingo, San Francisco, San Agustin i la Merced no ofrecen mas particularidad que sus iglesias ya descritas.

CAPITULO III.

ESTABLECIMIENTOS DE BENEFICENCIA.

HOSPITAL DE SAN JUAN DE DIOS. — DISPENSARIO DE CARIDAD. — HOSPICIO. — CASA
DE HUÉRFANOS. — CEMENTERIO CATÓLICO. — CEMENTERIO PROTESTANTE.

Hospital de San Juan de Dios. — Este magnífico establecimiento está situado en el costado Oriente de la ciudad, distante cinco cuadras de la plaza. Consta de dos pisos con dos estensos salones cada uno, destinados el superior para hombres i el inferior para mujeres. En la actualidad tiene habilitadas 170 camas con catres de fierro, reinando en su distribucion, cuidado de los enfermos i servicio del botiquin, el mayor órden i aseo. Las monjas de la Caridad, con ese inagotable celo i contraccion que caracteriza todos sus actos, tienen a su cargo la vijilancia inmediata del establecimiento. El entusiasta presbitero D. Agustin Vargas, cuyo nombre hemos repetido ya varias veces por encontrarse ligado a muchas de las mejoras efectuadas en la ciudad, las ayuda en sus pesadas tareas. El mismo celebra el oficio divino en la capilla que ya hemos descrito.

El hospital cuenta en el dia con algunos fondos procedentes de legados de personas piadosas i con una subvencion del Supremo Gobierno. En el año de 1870 se asistieron 2,238 enfermos.

Dispensario de Caridad. — En el costado Poniente de este mismo edificio se encuentra el Dispensario, en el cual se suministra gratis, por un facultativo que presta diariamente su asistencia, toda clase de medicamentos a los pobres que acuden a él. En el año citado de 1870 se administraron 1,777 recetas.

Hospicio. — Este benéfico establecimiento, cuya existencia data de ahora pocos años, se sostiene a duras penas con un corto auxilio que le concede el Supremo Go-

varios departamentos separados por enrejados i paredes bajas, destinados a los mausoleos, sepulturas de familia i a los pobres de solemnidad.

Cuenta con una capilla, salon de depósito para los cadáveres, i demas oficinas necesarias para el servicio interior. Se encuentra perfectamente atendido i llena satisfactoriamente las necesidades de esta numerosa poblacion.

Cementerio protestante. — Conttiguo al católico i fundado solo en 1870, dispondrá en breve de todas las comodidades necesarias.

CAPITULO IV.

EMPRESAS INDUSTRIALES. — COMERCIO.

Imprentas. —· Existen dos : la del Provinciano, en la que se publica el *Artesano*, periódico bisemanal, i la de la Epoca, que dá a luz el *Radical* una vez por semana.

Hoteles. — Los de primer órden son dos : el del *Comercio* i el de la *Union*, situados el primero al Oriente i el segundo al Poniente de la plaza. En ambos se disfruta de todas las comodidades apetecibles ; la mesa i servicio son esmerados.

Existen dos hotels mas, de segundo órden, situados el uno en la calle de Cienfuegos i en la de Molina el otro.

Club. — Esta sociedad ocupa una hermosa casa situada en la calle de Cruz, media cuadra al Sur de la plaza. Consta de varios salones espaciosos ocupados, el mayor por el salon de lectura, en el que se encuentran todos los diarios de la república i una selecta biblioteca, i los restantes por los billares, mesas de juego, etc.

Sus miembros ascienden en la actualidad a 270 i sus salones se ven siempre concurridos.

Ferrocarril. — Se espera ver pronto realizado el proyecto de unir la ciudad de Curicó, hasta donde llega en la actualidad el ferrocarril, con Chillan, que será la estacion estrema de la linea férrea en actual construccion entre este punto i Talcahuano. Inutil nos parece ponderar las inmensas ventajas que la realizacion de semejante proyecto reportará a toda la provincia i en especial a esta ciudad, atenida hasta ahora a los pesados caminos carreteros.

Coches. — En la actualidad existen tres empresas de coches de seis asientos entre Curicó i Talcahuano. Una de ellas, cuyos empresarios son los Sres. Nuñez i Contardo, continua la carrera hasta la provincia de Arauco, siendo portadora de la correspondencia. Estos coches salen de Curicó a las tres de la tarde para llegar a Talca a las once de la noche.

coches van multiplicándose en proporcion.

Fábricas. — Son las siguientes : 2 fundiciones en las que se fabrica toda clase de útiles i materiales de labranza ; 2 de carruajes ; 3 talabarterias ; 3 tapicerias ; 2 de muebles ; 2 de sombreros; 6 curtiembres; 3 de cerveza; 5 panaderias i 7 molinos, entre los que sobresale el que lleva el nombre de *Molino de Talca*. Este establecimiento muele 1,000 hectólitros diarios i tiene dos inmensas bodegas para trigo i harinas, la primera con capacidad para 100,000 hectólitros.

Comercio. — Las principales producciones de la provincia consisten en trigos, ebada, maiz, frejoles, quesos, cecinas, ganados i exelentes licores. Su comercio con el Parral, Loncomilla, Linares, Quirihue i otros puntos de la provincia del Maule, va aumentando diariamente en importancia. La importacion de articulos estranjeros i la esportacion de sus productos se efectúa por el puerto de Perales sobre el rio Maule, en el cual existe gran número de lanchas que hacen el tráfico entre dicho puerto, i el de Constitucion.

— El número de almacenes por mayor que surten a los comerciantes de segunda i tercera mano, asciende a siete, i el comercio al menudeo se estiende por ambos costados de la calle de Gamero, ocupando una estension de ocho cuadras.

PROVINCIA DEL MAULE

I.

CAUQUENES.[1]

La ciudad de Cauquenes, capital de la provincia del Maule, fué fundada en 1742 por D. José de Manso con el nombre de *Tutuben* i con el titulo de Nuestra Señora de las *Mercedes de Manso*. Su título de ciudad lo obtuvo en 1826.

Está situada entre los 35° 45′. de latitud i 71° 26′ lonjitud Oeste del meridiano de Greenwich, sobre el descenso de una loma o terreno elevado que se estiende de Poniente a Oriente. La limita al Sur el rio Cauquenes, al Oriente el estero de Tutuben i al Norte unas vegas.

— Mide de estension 1,200 metros de Oriente a Poniente i 750 de Norte a Sur. Sus calles, de forma convexa, son de ripio sólido que en toda estacion ofrece un tráfico suave i cómodo. La ciudad se compone de 50 manzanas que comprenden 400 casas, i dos plazas públicas, conocidas con el nombre de plaza nueva i plaza vieja.

— El rio Cauquenes está atravesado por un puente construido el año 1851; tiene una estension de 700 metros i su costo ha sido de más de 15,000 pesos; en la actualidad se encuentra en mui mal estado.

— El único mercado público que existe en la ciudad, es la plaza de Abastos al Poniente de la plaza nueva, construida el año de 1859 i cuyo costo fué de 3,500 pesos.

— Las alamedas que rodean ambas plazas i un jardin en el centro de la plaza nueva, forman los paseos públicos de esta ciudad.

— Su alumbrado es de parafina i bastante bien servido.

— La poblacion de la provincia asciende, segun el último censo, á 201,418 habitantes, la mas poblada de las provincias de Chile, despues de Santiago.

El departamento de Cauquenes cuenta con una poblacion de 66,851 habitantes de los que 32,013 son hombres i 34,838 mujeres.

En el año 1868 hubo 2,550 baustismos, 1,367 defunciones i 392 matrimonios. En los bautismos corresponde 1 por 26 habitantes, en las defunciones 1 por cada 49 i en los matrimonios 1 por cada 171.

(1) Aunque consideramos de mayor importancia para nuestra obra el puerto de Constitucion, damos tambien una lijera reseña de la capital de la provincia, a fin de no apartarnos del plan que nos hemos trazado.

De la poblacion del departamento, saben leer i escribir 6,614 individuos, lo que da una proporcion de 10 °/₀.

— Existen en el departamento 25 escuelas de las que 20 son públicas i 5 particulares. Asisten a las primeras 1,390 alumnos i 77 a las segundas, formando un total de 1,467 alumnos.

— Los edificios públicos son los siguientes:

El *Liceo*, construido el año de 1846 con los fondos cedidos en beneficio de los arruinados en este departamento el año 1835; comprende dos escuelas públicas i el batallon civico. Su costo fué de 5,000 pesos.

— Un edificio para escuelas, sala municipal i otras oficinas se construye actualmente

CAUQUENES. — Plaza e Iglesia Matriz.

en la plaza principal i su costo aproximativo será de 15 a 16,000 pesos. Se empezó la construccion el año de 1863.

— La *Cárcel*, de antiquisima construccion, ha ido mejorando notablemente hasta ser en el dia uno de los mejores establecimientos de su especie. Se puede estimar su valor en 7,000 pesos. Este edificio i el convento de Santo Domingo, fueron los únicos que quedaron en pié despues del terremoto de 1835.

— Los únicos templos de la ciudad, son: la *Matriz*, construida en 1850, aun sin concluir. Ultimamente el supremo Gobierno ha decretado la suma de 10,000 pesos con este objeto.

— La iglesia de *Santo Domingo*, de construccion mùi antigua, pues data del año de 1775, i su valor aproximativo es de dos a tres mil pesos.

— *San Francisco*, recien construido i cuyo valor es de 13,000 pesos.

— *San Ignacio*, pequeña capilla en la casa de ejercicios, de propiedad particular, cuyo costo ascendió a 6,000 pesos.

La iglesia *Matriz* se encuentra en la plaza nueva al centro de ciudad. Santo Domingo al Oriente; San Francisco al Sur i San Ignacio al Poniente.

—El *Hospital de Caridad*, situado al Ncr-oeste de la ciudad, sobre una eminencia que domina el precioso panorama formado por la pradera que se estiende a su pié hasta el rio Tutuben, es uno de los mejores establecimientos de su especie, a pesar de no permitirle sus entradas mantener mas de 25 camas en servicio. Cuenta con una botica propia i un dispensario subvencionado por el Gobierno. Fué construido el año de 1852, i con las mejoras sucesivas que ha recibido, puede estimarse su costo en la suma de 8,000 pesos.

—Por lo que toca a empresas industriales, solo existen las siguientes: una imprenta

CAUQUENES. — Iglesia Matriz en construccion.

de propiedad municipal actualmente arrendada a particulares que publican en ella un periódico titulado el *Combate*, una vez por semana.

— Hai un solo hotel, dos fábricas de curtiembres i varias ctras pequeñas industrias.

— Las principales producciones de la provincia, consisten en trigos i toda clase de cereales i legumbres, maderas de construccion, ganados i licores, siendo los mas afamados los que produce el departamento de Cauquenes.

—El comercio de este departamento i de la provincia en jeneral, está mui lejos de tener la importancia que debiera, a causa de las malas vias de comunicacion; pero hoi dia, empieza a atenderse con interés a su mejoramiento.

— Los productos mineros de la provincia son en mui pequeña escala, reduciéndose a algunos lavaderos de oro, que apenas retribuyen miserablemente a los que se ocupan en esplotarlos.

En la costa de los departamentos de Cauquenes e Itata, se han descubierto minas de carbon de piedra que nadie ha esplotado, por la dificultad de conducir sus productos.

20

II.

CONSTITUCION

— El puerto de Constitucion está situado en la ribera izquierda del Maule, al pié de colinas i cerros elevados, en los 35° 18' de latitud Sur, i 71° de lonjitud occidental del meridiano de Greenwich.

La ciudad, vista desde el cerro del Caracol, ofrece un aspecto variado i pintoresco. Por la derecha se estienden varios cerros que van a terminar a inmediaciones del rio en el Pan de Azúcar, llamado asi por tener la figura de un cono. A espaldas de la poblacion se levanta una série de cerros i colinas que van a terminar en la ribera del mar, formándole un antemural de roca que desciende en caprichosos farellones hácia la playa. Mas allá se estiende una pequeña colina arenosa, i por último aparece el *Mutun*, inmenso jigante de granito lanzado a la superficie de la tierra por las convulsiones interiores del globo, i que, visto desde lejos, parece un monstruo colosal encargado de amparar a la ciudad contra los avances del Océano.

A la entrada del puerto, i mui cerca del estremo Sur del cerro Mutun, se encuentran dos elevadas pirámides de roca llamadas la *Ventana* i *Piedra Lobos*. La primera atrae la atencion del viajero por una inmensa abertura que la atraviesa de parte a parte en forma de ventana; la segunda lleva este nombre por estar frecuentada constantemente de lobos marinos. Media milla mas al Sur se encuentra otra roca singular llamada de la *Iglesia* por tener la forma i contornos de una portada de iglesia, sin que falte, para hacer completa la semejanza, ni aun los relieves i adornos góticos.

— Constitucion, antes de su fundacion, era solo un campo, en su mayor parte arenoso, tapizado de árboles i con visibles muestras de haber estado cubierto por las aguas del rio en un tiempo no mui lejano.

En 1790 D. Santiago Oñaderra, ciudadano español, natural de Bilbao i residente en Valparaiso, emprendió el reconocimiento de esta parte de Chile con el objeto de buscar un lugar a propósito para la construccion de navíos. El Maule llamó su atencion, i despues de haber sondeado su desembocadura, determinó establecer un astillero en la márjen izquierda del rio. Poco despues obtuvo del Supremo Gobierno espidiera un decreto declarando habilitado el puerto que él llamaba *Nueva Bilbao*, en honor de su ciudad natal.

A principios de 1794 se decretó el reconocimiento de la boca del rio, i a pesar del malísimo informe de la comision nombrada, el brigadier D. Ambrosio O'Higgins ordenó con fecha 18 de junio del mismo año, la fundacion de la nueva poblacion con el título de villa de *Nueva Bilbao*, nombre que el Congreso de 1828 cambió despues por el de Constitucion, que actuálmente lleva. La futura reina del Maule fué progresando lentamente hasta 1830, en cuya época solo se contaba dos calles regulares; pero a partir de este año, en que principió a establecerse la navegacion en el rio (1),. sus relaciones con el interior comenzaron a hacerla progresar rápidamente.

El terremoto de 1835 la redujo a escombros; sin embargo, gracias al espíritu de sus habitantes, doce años mas tarde, segun un plano levantado en esa época por el capitan de navío D. Leoncio Señoret, contaba ya 157 casas que formaban calles regulares.

La poblacion, que al tiempo de su fundacion se componia solo de 66 habitantes, llegaba a 500 en 1804, i cuarenta años despues ascendia ya a 1,892. El censo de 1854

CONSTITUCION. — Vista jeneral.

le asigna 8,960. i al presente, con la nueva demarcacion del departamento, su número llega a cerca de 30,000.

La benignidad del clima i sus exelentes baños de mar hacen que en verano sea mui concurrida por muchas familias que vienen del interior de la provincia, de Talca, Curicó i aun de Santiago i Valparaiso.

Las bases de su futuro engrandecimiento no estriban en esto solo.

Constitucion, por su posicion jeográfica, está llamado a desempeñar un papel harto importante en el movimiento comercial de la República.

El Maule es como la gran arteria por donde circulan los jérmenes de progreso que harán un dia de ese puerto el digno rival de San Francisco de California.

(1) La primera lancha se llamó la *Descubridora* y fué construida por don Juan Lopetey.

Bosques seculares e inmensos, de donde se estraen las mejores maderas conocidas para las construcciones navales, cubren ambas riberas del rio, a un paso de distancia, a la salida del puerto mismo.

Sus astilleros, siempre en actividad, han producido innumerables embarcaciones de todas especies, como buques, lanchas i vapores (uno de éstos inauguró últimamente la navegacion a vapor en el rio), que han sido mandados construir del Norte i centro de la República, de Bolivia, Perú, Ecuador i aun desde Méjico. Entre los navíos últimamente construidos se cuentan varios que como el «Eduardo» i el «Dos Hermanos Court,» pueden mui bien competir en solidez i elegancia con los mejores que vienen a Chile de Inglaterra o Estados-Unidos.

Esta clase de comercio fué el primero de sus colonos, i pocos dias despues de la fundacion de la villa, un hermoso bergantin zarpaba del nuevo puerto, llevando ufano en uno de sus mástiles el pabellon de la madre-patria, sin que él fuera el último de los que debian salir con esa bandera, antes que Chile conquistara su independencia.

— La ciudad comprende una estension de cerca de 300 cuadras cuadradas.

— Todas las veredas de la poblacion están enladrilladas con ladrillo rojo del país i las calles terraplenadas con ripio, presentando una forma convexa.

— El número total de casas asciende a 600. Hai dos plazas, la de *Armas*, situada al Sur de la ciudad, de una cuadra cuadrada, con varias avenidas de árboles i un jardin en el centro, i otra de la misma magnitud, situada al Oriente.

— Existen 20 calles. Ocho lonjitudinales cuya direccion es de N. O. a S. E. i trasversales las otras, de N. E. a S. O. Los nombres de las primeras, principiando por la mas próxima al rio, son: del Rio, Blanco, Bulnes, la mas larga de la ciudad pues tiene tres quilómetros de lonjitud, O'Higgins, Freire, Oñaderra, nombre del fundador del pueblo, e Irarrazabal. Las transversales, principiando por la mas cercana al Mutun llevan los nombres del Cerro, Pinto, Prieto, Portales, Montt, Cruz, Vial, Egaña, Tocornal, Infante i Rosas.

— Baña la ciudad el rio *Maule*, uno de los mas grandes i caudalosos de Chile, navegable hasta nueve millas por buques de regular calado i hasta 77 por embarcaciones menores; su curso es de 160 millas próximamente.

Este rio tiene su oríjen en una laguna que lleva su mismo nombre al pié de los cerros Descabezado i Campanario en el centro de la cordillera de los Andes. Poco despues de su nacimiento, recibe varios riachuelos de los cuales el *Melado* es el mas importante. Mas allá de la mitad de su curso recibe por la izquierda al *Loncomilla,* el mas poderoso de sus afluentes; diez i nueve millas mas abajo recibe por la derecha al *Claro,* siendo *Purapel,* el último de sus tributarios mas notables.

Este rio es célebre en la historia del Nuevo Mundo por haber servido de límite a la dominacion peruana, estendida hasta su márjen derecha bajo el reinado del Inca Yupangui. En una de sus islas se celebró tambien en 1812 un tratado de paz entre Rosas i Carrera.

Las arenas que arrastra el rio en su manso curso hácia su desembocadura en el mar i las que éste trae en sus corrientes del Sur, son las que forman su caprichosa barra, la cual deja dos canales i a veces uno. El mayor de ellos baja en los meses secos, de enero, febrero i marzo hasta 8 i 9 piés, pero en los meses de invierno, como término medio, alcanza a tener de 16 a 18 piés.

La elevacion de la mas alta marea varia de 4 1/2 a 5 piés ingleses.

— Soló existe una acequia destinada a proveer de agua a la pila.

— El mas notable de los puentes que existen es el de *Pinotalca*, situado a 20 metros de altura sobre un riachuelo del mismo nombre i que dista diez leguas de la ciudad.

— Existe un solo mercado público que lleva el nombre de plaza de Abastos; está situado en la calle de Vial i sin particularidad notable.

— La ciudad cuenta con dos paseos públicos : la *Cañada* de 1,000 metros de largo por 60 de ancho, anexa al *Campo de Marte*, i que vá a terminar en una fuente de 40 metros de diámetro, constantemente llena de agua. Esta fuente está rodeada de sauces i avenidas de árboles de especies estranjeras aclimatadas, que le dan un aspecto encantador.

El otro paseo es la *Poza*, nombre dado a una esplanada que está situada frente a la desembocadura del rio. Este es el paseo favorito de los huéspedes en el verano.

— En el centro de la plaza de Armas existe una pila de regulares dimensiones, cuyo valor fué costeado por los vecinos, siendo gobernador el Sr. D. Baltazar Campillo.

— Hace seis años que existe el alumbrado de gas portátil.

— Entre los edificios públicos merece una mencion particular el edificio de las *Escuelas públicas*, situado en la plaza de Armas, con dos pisos i un frente de 50 metros, i el *Hospital*, situado al fin de la calle de Bulnes.

El primero de estos edificios fué construido el año de 1860 i el segundo en 1862, siendo gobernador el Sr. Campillo.

— Existen dos templos : la *Matriz*, compuesta de tres grandes naves sostenidas por veinte columnas de órden toscano i coronadas por una soberbia cúpula que tiene 40 metros de elevacion. Su interior mide 70 metros de largo por 30 de ancho. Cuenta tres altares, el mayor de los cuales es notable por su magnifica construccion.

Este hermoso templo fué construido en 1857 con una subvencion del Gobierno i las erogaciones del pueblo, siendo párroco el respetable sacerdote D. Manuel Tomás Albornoz.

El otro templo es la capilla de *San Francisco*, construida con fondos de D. Francisco Azócar, con el objeto de cederla a alguna corporacion religiosa.

— Existen tres hoteles principales : el hotel *Aviles*, situado en la calle de Blanco, el hotel *Victoria*, en la calle de Bulnes i el hotel *Maule*, en la de Montt.

— Hai un edificio arreglado para teatro, cedido a la I. Municipalidad por el benemérito ciudadano D. Cárlos Dreweque, i que puede contener hasta 600 espectadores.

— Entre las varias fábricas que existen, merecen una mencion particular, por las cantidades que elaboran, las de cerveza de Mr. Sammers, la del Sr. Aviles, i la de Mr. Bonnéfoi ; la de curtiduria de los Sres. Novión, i la de jabon i velas del Sr. Barrera. Existen ademas : un molino a vapor ; dos de agua, uno antiguo i otro en construccion ; un dique para la carena de buques i doce astilleros para la construccion de toda clase de embarcaciones.

— Hai cuatro clubs : el *Dramático de Aficionados*, fundado con el objeto de procurar fondos al Hospital de la ciudad ; el club de la *Re forma*, el club *Comercia* i el de *Artesanos*, cuyo objeto consiste en el auxilio mútuo entre sus miembros·

— Las principales producciones del departamento consisten en legumbres, cereales, frutas i licores. De estos productos los garbanzos representan segun la estadistica de 1870, una cantidad de 43 hectólitros; las lentejas 440; maiz 3,336; frejoles 5,136; arvejas 9,260; cebada 14,668; las papas 30,060 i el trigo 100,200 hectólitros.

· ·— El comercio consiste en la importacion de mercaderías estranjeras i nacionales, en la esportacion de las producciones del departamento i de una gran parte de las provincias de Talca i de los departamentos del Norte de la provincia del Maule, para cuyo efecto existen en el rio 350 lanchas construidas en los astilleros del puerto i tripuladas por 1,550 hombres.

La importacion por este puerto de los articulos salidos de los demas de la República ascendió en 1869 a 1.992,395 pesos.

El valor de su esportacion al estranjero fué de 128,471 pesos representados casi en su totalidad por los productos agricolas de la provincia. El valor de estos fué de 124,330 distribuidos de la siguiente manera:

Cebada.	Ps.	5,020	al Perú.
Harina	»	38,121	al id.
Trigo.	»	57,197	al id.
id.	»	23,992	a Inglaterra.
Total. . . .	Ps.	124,330	

La esportacion a los diferentes puertos de Chile alcanzó a 1.778,200 pesos, ocupando asi el 5.° rango entre los demas puertos de la República. Sus principales articulos de esportacion fueron los siguientes: afrecho; aguardiente; becerros; calzado; carbon; cebada; cera; charqui; chuchoca; frejoles; grasa; harina flor; hoja para fumar; lana comun i merino; leña en raja; linaza; maderas para construccion; maiz; manteca; mantequilla; miel; minerales de cobre; papas; quesos; suelas; trigos; vino tinto i mostos.

De manera que el total de su esportacion fué de 1.906,671 en el citado año de 1869.

En 1870 salieron de Constitucion 310 embarcaciones, de todos portes, llevando un cargamento de 41,279 toneladas que representaban un valor de cerca de dos i medio millones de pesos. De las 310 embarcaciones mencionadas, 135 fueron construidas en el mismo año en los astilleros del puerto.

En el año citado la importacion fué de 2.394,679 pesos.

Representando la importacion i esportacion reunidas, en el año de 1861 poco mas de 2.000,000 de pesos, i ascendiendo el valor de lo importado i esportado en 1870, a cerca de 5.000,000, se ve claramente que Constitucion ha duplicado su comercio en menos de nueve años.

Este aumento tomará nn vuelo prodijioso con la navegacion a vapor establecida recientemente, i mucho mas todavía cuando haya desaparecido la barra que en la actualidad impide la entrada de los navios de gran calado.

El puerto cuenta con un vapor para el remolque de los buques.

— En el año de 1869 entraron al puerto 141 buques con 26,711 toneladas i salieron 217, con 28,734.

PROVINCIA DE NUBLE

CHILLAN.

CAPITULO I.

DESCRIPCION DE LA CIUDAD.

— La ciudad de Chillan, capital de la provincia de Ñuble, está situada en medio de la estensa llanura que se encuentra entre los rios Ñuble i Chillan, en los 35° 56' de latitud Sur i 71° 37' de lonjitud Oeste del meridiano de Greenwich.

Fué fundada en el año 1837 despues de la destruccion de la antigua ciudad del mismo nombre por el terremoto de 20 de febrero de 1835. Esta última poblacion habia tambien venido a reemplazar a la primera ciudad, que con el nombre de Chillan, se situó a las márjenes de este rio, siendo completamente destruida por una inundacion.

En el dia se encuentra la arruinada poblacion conocida por el nombre de *Chillan viejo*, a distancia de una milla al Sud-oeste de la capital de la provincia, i entre ella i el rio Chillan, hácia la parte oriental, se encuentra *El Bajo*, sitio de la primera ciudad, que actualmente sirve de guarida a todos los ladrones de la comarca.

— La ciudad de Chillan comprende una area de una milla jeográfica cuadrada, perfectamente regular i dividida en 144 manzanas cuadradas, 12 de Norte a Sur i otras tantas de Este a Oeste, todas de 150 varas por cóstado. Estas manzanas forman por lo tanto un total de 22 calles de las que 11 corren de Norte a Sur i 11 de Oriente a Poniente. Las primeras son : Yerbas-Buenas, Independencia, Carampangue, O'Higgins, Cinco de Abril, Arauco i Diez i ocho de Setiembre, que costean la plaza de Armas, Carrera, Lumaco, Deuco i Rosas. Las segundas llevan los nombres de Itata, Gamero, Vega de Saldia, Bulnes, Libertad i Constitucion que pasan por los costados de la plaza de Armas, Roble, Maipon, Talcahuano, Cocharca i Puren. El cuadrado perfecto que forma la ciudad es rodeado por una calle de 54 metros de anchura.

— Las calles tienen 20 varas de ancho i las veredas 2 1/2. Hai 16 cuadras empedradas de forma convexa, teniendo el resto de las calles su pavimento terraplenado con ripio i de igual forma.

— El número aproximativo de casas en esta poblacion es de 700, i su estilo arqui-tectónico no ofrece nada de notable. La mayor parte de los edificios son de un solo piso bastante bajo, porque construidos despues de la ruina de la otra ciudad, sus propietarios han querido evitar de esta manera las consecuencias de una segunda catástrofe.

— La ciudad de Chillan tiene cinco plazas, cada una de las cuales comprende una estension de 190 varas por lado, teniendo 150 la parte central destinada propiamente a plaza, i 20 varas las calles laterales. La plaza principal, situada en el centro de la ciudad, lleva el nombre de Independencia i a igual distancia de ella, se encuentran al

CHILLAN. — Plaza de la Independencia Iglesia o Matriz.

Nor-oeste, la de Santo Domingo, al Nor-este la de San Francisco, al Sud-oeste la de Yungai i al Sud-este la de la Merced.

La plaza principal tiene en su centro un hermoso jardin de forma octogonal que ro-dea la pila; la disposicion de las calles i avenidas de dicho jardin hace de él un cómodo paseo. En esta plaza hai tambien un sencillo pero elegante tabladillo sostenido por columnas, i destinado a la banda de música.

Las plazas de San Francisco i de Yungai están rodeadas de álamos, sauces i otros árboles; en ellas maniobra la guardia nacional en los ejercicios doctrinales.

— No corre cerca de la ciudad rio ninguno, pues el Ñuble dista legua i media hácia el Norte i otro tanto el rio Chillan. Hácia la parte Sur de la poblacion corre un estero de cauce profundo llamado el estero de las *Toscas*, que presta un importante servicio a la poblacion por la humedad que recibe de los terrenos que lo dominan. Sobre este es-tero hai seis buenos puentes de madera en las calles de Deuco, del Diez i ocho de Se-tiembre, de Arauco, de O'Higgins, del Cinco de Abril i Alameda del Poniente.

Habiéndose fundado la ciudad de Chillan a semejanza de las antiguas poblaciones del colóniaje, cada calle tenia antes una acequia por el centro. Esta circunstancia, unida a la natural humedad del terreno, hacian de Chillan la ciudad mas insalubre de la República. Actualmente, mediante los trabajos efectuados para mejorar el pavi-

CHILLAN. — Plaza de la Merced o de lá féria.

mento de las calles, han desaparecido esas acequias, conservándose solo dos que suministran el agua para los riegos.

— Chillan solo cuenta con un mercado público situado al costado Norte de la plaza de la Merced. Mide 62 metros por lado i ofrece al público dos entradas, una por la plaza i otra por la calle del 5 de Abril. Su construccion no ofrece particularidad alguna i sus puestos se encuentran regularmente abastecidos en verano i escasamente en invierno.

— En cuanto a paseos solo tiene la sociedad Chillaneja el que ya se ha señalado en el jardin de la plaza principal i en las de San Francisco i Yungai en los dias de parada militar. Sin embargo, en los alrededores de la ciudad, las arboledas i buen clima de Chillan viejo, atraen numerosos paseantes en los dias festivos.

— El alumbrado público de la ciudad se encuentra regularmente sostenido: hai 127 faroles alumbrados con parafina.

CAPITULO II.

EDIFICIOS PÚBLICOS. — TEMPLOS. — ESTABLECIMIENTOS
DE BENEFICENCIA I DE EDUCACION.

Edificios públicos. — Los mas notables son los siguientes:

El **Liceo,** de reciente construccion i elegante arquitectura, que hasta la fecha solo tiene un patio concluido i habilitado para esternos. Ese departamento comprende seis estensos i bien ventilados salones dedicados a las clases, la sala de biblioteca particular del establecimiento i las habitaciones del rector, inspectores, porteros, etc. El plan completo del edificio comprende una cuadra entera, i una vez terminado podrá admitir el establecimiento hasta 200 alumnos internos. En la actualidad están trazados los cimientos del edificio completo, en los cuales, incluso el departamento para esternos, se ha gastado la suma de 16,000 pesos mas o menos.

— En el costado Norte de la plaza principal hai un hermoso edificio de dos pisos, de propiedad Municipal. Mide 50 varas de frente por 75 de fondo i fué construido segun los planos levantados por el injeniero de ciudad D. Manuel Munita Gormaz. En él funciona el juzgado de letras, las escribanías públicas, la tesorería departamental i la sala de sesiones de la Municipalidad. En el primer piso se encuentra, en un cómodo i estenso departamento, la administracion de correos i tenencia de ministros. Este edificio es de material comun de adobes, pero en su parte central lleva una portada de tres arcos i pilastras de cal i ladrillo de órden tóscano, que corresponde a las tres entradas principales del edificio. El costo de su construccion ha sido de 11,000 pesos.

— El **Cuartel del batallon cívico,** situado en la plaza de Yungai, es un antiguo i estenso edificio de los primeros que se construyeron en la nueva Chillan. Su patio principal tiene 75 varas por cada lado, con un magnifico pavimento para las maniobras militares. El edificio comprende, fuera del cuerpo de guardia, mayoria, cuarto de banderas, almacen, calabozo i demas oficinas, seis buenas cuadras para alojamiento de la tropa.

— En la plaza de San Francisco se encuentra el **Cuartel de caballería,** de iguales dimensiones que el anterior, teniendo ademas un segundo patio con caballerizas, el cual se encuentra actualmente ocupado por la cárcel pública.

— La **Policía,** funciona en un antiguo cuartel situado en la plaza principal.

— La **Intendencia** del Ñuble funciona en un edificio de propiedad fiscal, situado en la calle del Diez i ocho de setiembre a una cuadra de la plaza principal. En la misma casa se encuentra la oficina telegráfica i la sub-inspeccion de la 3.ª seccion de telégrafos. Esta casa costó 8,000 pesos.

— Finalmente el **Matadero público,** entregado al servicio en julio de 1870, es un edificio que cuenta con las comodidades necesarias para el objeto a que está destinado.

Fuera de los departamentos de habitacion del administrador, tiene un estenso galpon para la matanza, veinticuatro piezas para el depósito de las carnes, cocheras, caballerizas, corrales, etc. El valor de este edificio, incluso el terreno, ha sido mas o menos de 10,000 pesos.

Templos. —Los que merecen especial mencion son los siguientes:

Iglesia i Convento de los padres Franciscanos. — En la plaza de San Francisco se encuentra el Colejio de misioneros franciscanos de Chillan, que abarca una estension de dos cuadras de fondo, ocupada la primera por la iglesia i convento i por una hermosa huerta la segunda. La iglesia es de ladrillo i perfectamente estucada; cuenta tres

CHILLAN. — Iglesia de San Francisco.

naves con un fondo de 70 varas por 35 de frente; detras de su altar mayor, de rica i sencilla ejecucion; se eleva el coro de la comunidad en el que se encuentra un magnífico órgano construido por el italiano D. Cárlos Buzoni. Adornan el frente del templo dos soberbias torres, en una de las cuales está colocado un reloj con dos campanas. En uno de los altares laterales de la iglesia llama la atencion una magnifica imajen de la Purisima, debida a un pincel quiteño.

El colejio de misioneros fué fundado el año 1756 i la construccion de la iglesia data de 1838. En el primero se educa a los jóvenes que se dedican a la penosa tarea de civilizar la Araucanía trasladándose, despues de concluida su instruccion; a los puntos mas cercanos de los pueblos de indios i sufriendo todos los rigores i penalidades de su gloriosa tarea.

Convento de Santo Domingo. — En la plaza de Santo Domingo se encuentra el convento de este nombre que cuenta una cuadra cuadrada de estension. El claustro ocupa dos edificios que forman ángulo recto, con unas 30 varas por cada frente i con espaciosos corredores de construccion ordinaria. En la esquina del claustro se encuentra un pequeño oratorio qne sirve de capilla provisional. La órden es dueña de la hacienda *Dadineo* de cuyos arriendos se sostiene.

Convento de la Merced. — Se construye actualmente en la plaza de la Merced una iglesia del convento de esta advocacion, que hasta el presente no cuenta sinó con un reducido claustro i una capilla. La iglesia se encuentra delineada con los cimientos construidos desde hace tiempo, pero la obra se ha paralizado por falta de recursos.

Convento de Monjas. — A dos cuadras al Oriente de la plaza principal i entre las calles de la Libertad i Constitucion, se encuentra el Monasterio de Relijiosas de la Purísima Concepcion que ocupa dos cuadras, con una regular capilla de estilo moderno, i el claustro adyacente.

Este convento fué fundado por Doña Maria Urizar, piadosa señora que trabajó con empeño durante toda su vida en su construccion, logrando dejarlo instalado en noviembre de 1859, dia en que tomó el habito. La imájen de Purísima colocada en el altar mayor i que venera la comunidad, es una exelente pintura adquirida en Roma.

El convento sostiene con un celo digno de elojio una escuela gratuita para niñas pobres.

Iglesia Matriz. — En la plaza principal se encuentra la iglesia Matriz, hermoso templo de tres naves, de sencilla i elegante arquitectura i con una torre bastante elevada, obra del arquitecto francés Mr. Pablo Durand. La construccion de esta iglesia fué iniciada el año 1848, i en el dia se trabaja aun en la conclusion de sus decoraciones interiores.

Establecimientos de beneficencia i de educacion. —La ciudad de

Chillan cuenta con los siguientes establecimientos de beneficencia.

Hospital de caridad, situado en el estremo occidental de la poblacion. Tiene dos patios, uno destinado al departamento de hombres, i el otro al de mujeres; con cuatro salas, una buena capilla, botica, sala de cirujia i habitaciones para las hermanas de la Caridad i los empleados. Se sostienen en este establecimiento sesenta camas para enfermos, con los productos de la estensa i valiosa hacienda de su propiedad llamada *Niblinto* i situada al Este de la provincia.

El **Hospicio,** situado en la calle del 5 de Abril, tiene tres salas para los asilados de diverso sexo, una pieza de recibo, habitaciones de empleados, etc., i un estenso huerto. El número de indijentes que recibe este establecimiento es de veinticinco a treinta. Fué fundado el año 1868 por medio de donaciones del vecindario, entre las que figura una de 4,000 pesos concedida por el apreciable caballero D. José Miguel Mieres.

Casa de Huérfanos, sostenida por la Sociedad de beneficencia de Señoras i con una subvencion de la Municipalidad; proporciona la lactancia a veinticinco niños. Este establecimiento está situado en la calle de Arauco a cuadra i media de distancia de la plaza principal.

— Los establecimientos de instruccion son los siguientes:

Escuela normal de preceptoras, fundada el año de 1871, tiene cuarenta i cinco alumnas del curso normal i ochenta en la escuela anexa de aplicacion. Este establecimiento ocupa una estensa i cómoda casa cituada en la calle de Arauco, i se encuentra bajo la direccion de los empleados siguientes : una directora, una sub-directora, tres profesores, una ayudante i preceptora de la escuela de aplicacion i una inspectora.

El **Liceo** que funciona en el edificio ya señalado, proporciona educacion a sesenta alumnos hasta el tercer año del curso de humanidades i segundo del de matemáticas. Este establecimiento tiene un rector, seis profesores de las diversas clases de humanidades i matemáticas, un profesor de teneduria de libros i dos inspectores.

— La ciudad de Chillan cuenta ademas con cinco escuelas elementales para niñas, una de ellas sostenida como ya lo hemos dicho, por las relijiosas de la Purisima Concepcion ; una escuela superior i seis elementales para niños, siendo tres de ellas conventuales, i dos escuelas nocturnas para adultos, que funcionan una en Chillan i otra en Chillan viejo.

CAPITULO III.

EMPRESAS INDUSTRIALES. — PRODUCCIONES. — COMERCIO. —
LA FERIA.

— Las imprentas del *Telégrafo* i de la *Discusion*, publican los periódicos semanales que llevan este nombre. Ambos aparecen una o dos veces por semana, i su impresion i material es bien atendido, sobre todo en el último.

— Los hoteles Ferrocarril i Francés, situados ambos en la calle del Diez i ocho de Setiembre, uno frente al otro, ofrecen a los numerosos viajeros que se detienen en Chillan, un hospedaje cómodo a precios módicos. Existe ademas en la plaza de la Merced un café restaurant con algunas piezas para alojados.

El Casino, abierto al público solo el 18 de Junio del presente año, es bastante elegante aunque sencillo. En él se encuentra comida caliente a toda hora del dia i el servicio está bien atendido.

— Aun no han principiado en Chillan los trabajos del ferrocarril que debe unir esta ciudad con Talcahuano; pero en el punto denominado Larqui, cerca de la villa de Bulnes, como a cuatro leguas de la capital, se trabaja para esa linea férrea una obra jigantesca de terraplen, destinada a formar un viaducto en la estension de media milla mas o menos. El sitio designado para la estacion está ya deslindado al Occidente del Liceo, inmediatamente despues de pasada la alameda que limita la poblacion por este rumbo.

— Hai en Chillan las siguientes empresas de carruajes de trasporte:

La de Nuñez Hermanos, sostiene una linea de coches entre esta ciudad i Curicó que salen todos los dias escepto los domingos, haciendo el viaje entre ambos puntos en dia i medio en verano i en tres dias en invierno. Otra línea entre Chillan i Lota, pasando por Tomé i Concepcion, diaria en verano i tres veces por semana en invierno. Durante la buena estacion funciona tambien una tercera linea de Chillan a los Anjeles i Angol.

La de D. Guillermo Hugo que sirve al público con dos carruajes que diariamente viajan entre Chillan i San Cárlos, i otra linea tambien diaria de aquella ciudad a la Villa de Bulnes.

La de Wood que hace correr sus coches desde esta ciudad a Lota, dos veces por semana.

Durante la temporada de los baños de la Cordillera, se sostiene por la empresa de los

Sres. Tagle i Ojeda, que esplota ese establecimiento, una linea de coches que conducen diariamente a los pasajeros que se dirijen a él.

En la poblacion hai no menos de veinticinco carruajes, casi todos de cuatro asientos, para el servicio del público.

— Se construye actualmente un teatro que tendrá cincuenta varas de fondo por veinte de ancho, con capacidad para quinientas personas mas o menos. Está situado en la calle de Constitucion a dos cuadras de la plaza principal.

— Hai en Chillan una gran carroceria i carpinteria a vapor, conocida con el nombre de fábrica de la Victoria; ocupa de cincuenta a sesenta operarios i es propiedad de D. Guillermo Davison; dos fábricas de jaboneria i veleria de primer órden i cuatro cervecerias, siendo una de ellas la de D. Juan Schleyer tal vez la primera que exista en la República por su buena maquinaria, sus grandes bodegas subterráneas i la exelencia de sus productos. Tres panaderias proveen a las necesidades de la poblacion i cinco molinos con dos paradas de piedras cada uno, producen las harinas para el consumo interior i para la esportacion por el puerto del Tomé. Existen ademas muchos otros molinos de la clase llamada vulgarmente de maquila.

Hai tambien cinco tonelerías; la principal de ellas perteneciente a Luflade Hermanos, elabora anualmente una gran cantidad de vasijas destinadas a los trabajos vinícolas de la provincia i de gran parte de la de Concepcion.

— El Club de Chillan se encuentra establecido desde noviembre de 1866 en un hermoso i cómodo edificio particular, de propiedad de D. Elias Cruz i situado en la plaza de Armas. Cuenta con sesenta miembros, siendo bastante concurrido.

— Funciona en Chillan una sucursal del Banco Nacional de Chile i el Banco de

CHILLAN. — Carretas.

Montenegro i C.ª que jira con un capital de 100,000 pesos efectivos. Uno i otro establecimiento, ademas del Banco del Sur (actualmente en liquidacion), han prestado importantes servicios al desarrollo de la agricultura i al comercio de la provincia.

— Las principales producciones de la provincia del Nuble son: cereales, vinos, lanas, maderas i ganados.

El trigo figura en primera linea, pues, ademas de producirse la cantidad necesaria para el consumo interior, se esporta por el puerto del Tomé un cuantioso sobrante en grano i molido. La agricultura está tomando en toda la provincia un vuelo prodijioso, gracias a la introduccion de las máquinas agricolas cuyo uso se va jeneralizando entre los hacendados.

Los vinos se producen en grandes cantidades que van aumentando progresivamente a consecuencia de las inmensas plantaciones de viña a que se han dedicado muchos agricultores.

Tambien es abundante la cebada, la avena, los frejoles de infinidad de clases, las arvejas, los garbanzos, las habas i toda clase de hortalizas, los árboles frutales propios de la zona templada, sin esceptuar el naranjo, el limonero, el castaño, el cerezo, el olivo, etc.

— La ciudad de Chillan es una de las plazas comerciales de mas importancia al Sur del Maule i contribuye especialmente a favorecer este movimiento, la *feria* que tiene lugar los dias sábado, desde el amanecer hasta las doce del dia, en la plaza de la Merced frente al Mercado para los articulos de consumo, i en la alameda del Oriente, para los ganados.

En ese dia todos los trabajadores de la montaña traen a ese mercado las maderas que han elaborado en la semana, los vinos, trigos i demas cereales de sus cosechas i muchos otros productos agricolas, llevando en cambio, articulos para su uso doméstico i para otras necesidades de la vida que se espenden en la misma plaza.

Ordinariamente no baja de cuatrocientas i llega a veces a dos mil el número de carretas cargadas que entran a la féria del sábado. Estas carretas, cuya forma puede verse en el grabado adjunto, tienen el mérito de representar la idea del vehiculo llevada ya al último grado de sencillez i de baratura. Las ruedas, cuyo diámetro no alcanza a veces a una vara, son macizas i cortadas de un grueso tronco de roble o de otra madera resistente ; el par de ruedas cuesta solo 50 centavos i 25 el pertigo i demas accesorios de la carreta, de manera que toda ella importa la suma de 75 centavos ! Con razon claman ellas contra tanta baratura, con agudos chillidos que anuncian su proximidad desde algunas cuadras de distancia. Ya podrá figurarse el lector qué efecto de harmonia producirá en los oidos del forastero que tiene la fortuna de pasar la noche del viernes a inmediaciones de la plaza de la féria, al oir los discordantes quejidos de 2,000 carretitas que se aproximan bramando en todos los tonos de la escala musical.

A la féria de ganados acuden con sus piños, no solo los ganaderos de la provincia, sinó los que de la frontera araucana i de las provincias de Arauco i Concepcion traen animales a vender o vienen a comprarlos. Habiendo corrales dispuestos para recibir durante la féria, los animales de diversos propietarios, un empleado especial lleva un rejistro minucioso en que se toma razon de todas las transacciones que se realizan, a fin de evitar las ventas de animales hurtados que a veces suelen traerse a la féria.

El número de animales entrados a los corrales de la féria, ha alcanzado en algunas epocas del año hasta 1,500 cabezas de ganado vacuno i caballar.

Esta especie de bolsa rural, cuya práctica, lejos de ir desapareciendo, va tomando cada dia mayores proporciones gracias a los esfuerzos del actual intendente, el entusiasta jóven D. Abelardo Nuñez, reporta inmensos beneficios a la provincia toda i a mas a algunos de los departamentos mas cercanos de las provincias vecinas. Ojalá las demas capitales de provincia adoptaran este mismo sistema de férias públicas, facilitando asi las transacciones entre todas las clases de la sociedad.

PROVINCIA DE CONCEPCION

I.

CONCEPCION.

CAPITULO I.

DESCRIPCION DE · LA CIUDAD.

— Concepcion, la hoi rica i opulenta capital de la provincia de su nombre, fué fundada primitivamente por Pedro de Valdivia el 3 de marzo de 1550 en la bahia de Penco, cuyo triste caserio actual, conserva aun las señales inequivocas de lo que fué en otro tiempo. Habiendo sido destruida por el gran terremoto de 1730, fué trasladada al sitio que hoi ocupa en el estenso valle de la Mocha, sobre la márjen derecha del caudaloso Biobio, el segundo rio en importancia de los que riegan el territorio de Chile. Cuando la isla de Mocha sufrió las depredaciones del pirata Eduardo Davis en 1686, sus habitantes se refujiaron en el valle que hoi sirve de asiento a la ciudad. De aqui el orijen histórico de este nombre.

Concepcion está situada en los 36,° 49 de latitud Sur i 72° i 50'¡ de lonjitud Oeste del meridiano de Greenwich, a 13 quilómetros al Este de Talcahuano. Por el Norte corre el rio Andalien i por el Sud-este se apoya en los cerros del Caracol, desde cuyas cimas presenta la ciudad un magnifico golpe de vista. Por el Oeste la ciñen las colinas de Chepe, el cerro Amarillo y la laguna llamada Tres Pascualas.

—Como toda ciudad moderna, Concepcion está simétricamente dividida en cuadrados perfectos. Estos miden 115 metros por costado i forman 146 manzanas cruzadas por calles perfectamente rectas, de las que 7 son longitudinales i 15 trasversales. Los nombres de las primeras, principiando por el Norte, son : Maipú, Freire, Comercio i O'Higgins, que pasan por el costado Norte · i Sur de la plaza de Armas, San Martin, Cochrane i Chacabuco. Las segundas, de Poniente a Oriente, son : Biobio, Talcahuano, Angol, Lincoyan, Rengo, Caupolican i Lautaro que con las ya designadas, forman el cuadro de la plaza, Colocolo, Galvarino, Tucapel, Orompello, Ongolmo, Paicavi i Hospital. Todas ellas son espaciosas, aseadas i perfectamente terraplenadas, su piso convexo i sus aceras enladrilladas, i asfaltadas algunas de las principales.

— Sus casas ascienden en la actualidad a 2,800, i son jeneralmente de hermoso aspecto, bastante espaciosas i sólidamente construidas. Hai algunas de dos pisos, pero por lo jeneral solo constan de uno, con grandes patios al frente en los que lucen arboles frutales o jardines, que contribuyen a darles una vista alegre.

—La única plaza de la ciudad es la llamada de Armas, en cuyos alrededores se han

CONCEPCION. — Plaza de Armas.

levantado los principales edificios públicos de que luego nos ocuparemos. La plaza se encuentra a once metros sobre el nivel habitual del rio i está hermoseada por cuatro calles laterales plantadas de árboles i que constituyen el paseo favorito de las hermosas penquistas, de proverbial donaire i jentileza.

En el centro de la plaza se ha formado un precioso jardin dividido en cuarteles que corren a cargo de otras tantas señoras, i cuyas flores i delicadas plantas rivalizan en lozania, gracias a los esfuerzos de sus amables jardineras. En la parte central del jardin i dejando a su pié una estensa avenida circular, se alza una soberbia pila, cuya majestuosa columna soporta la estátua de la diosa Ceres, simbolo de la agricultura, la cual forma la principal riqueza de la provincia. La columna mide 40 piés de altura, i su costo, así como los demas accesorios, cuya descripcion nos evita el grabado adjunto, ascendió a 17,000 pesos.

A los piés del cerro del Caracol se estiende una preciosa avenida que forma tres calles plantadas de elevados álamos i que yace relegada al mas triste olvido de parte de la sociedad de buen tono, a pesar de los infinitos encantos que encierra i de su proximidad al centro de la poblacion.

— En marzo de 1871 se estrenó el alumbrado a gas hidrójeno, siendo esa noche una de verdadera fiesta para los que jamas habian visto otro alumbrado mejor que el de parafina. Apesar de lo reciente de la instalacion del gas en la ciudad, ya se ha jeneralizado bastante su adopcion, no obstante los temores i alarmas de muchas matronas que observan al pié de la letra el adajio : « a lo que te criastes».

— El caudaloso Biobio que ya hemos mencionado, baña la poblacion por el costado Sud-oeste. Sus caudalosas aguas arrastran constantemente gran cantidad de arena i aluvion que forman al desembocar en el mar, una barra infranqueable para embarcaciones de cierto calado. Mucho se trató hace algun tiempo de la canalizacion del rio,

CONCEPCION. — Pila de la plaza.

pero este es un proyecto de tan inmensas proporciones, que pasarán muchos años antes de que se realize.

Dos vapores de poco calado hacen la navegacion del rio, desde Concepcion a Nacimiento, de donde traen los productos de todos los pueblos que se encuentran en esas inmediaciones i en el territorio de Arauco.

Segun dijimos al principio, el rio Andalien pasa a inmediaciones de la ciudad por su lado Norte i atraviesa el camino carretero que conduce al puerto de Tomé.

— El Mercado público está situado a dos cuadras de distancia de la plaza de Armas al lado Nor-oeste i entre las calles de Maipú i Caupolican. Mide de estension al lado de la primera calle 66 metros i al de la segunda 45. Tiene cinco departamentos destinados al espendio de los diferentes articulos de consumo. El edificio es de ladrillo i fué construido el año 1855; ascendió su costo a la suma de 13,500 pesos. Dispone de diez piezas o almacenes que dan frente a las calles mencionadas i que se hallan arrendados a particulares, proporcionando a la corporacion una módica entrada anual.

El año 1869 recibió este edificio en su interior, un cambio notable e importante, pues se construyeron edificios que partiendo del centro de cada costado, han formado dos anchas calles para el tráfico de los compradores. Al costado de cada una de ellas se colocan los demas articulos de consumo que no pueden espenderse en los departamentos mencionados. Es el único establecimiento de ese jénero que hai en la poblacion i aun cuando se construyó otro el año 1867 entre las calles de O'Higgins i Orompelo, al Este de la poblacion i a cuatro cuadras de la plaza principal, tuvo que cerrarse por falta de concurrencia.

— Concepcion posee dos imprentas que publican tres periódicos; un buen teatro; un banco denominado del « Sur », una sucursal del «Banco Nacional de Chile» i un «Banco garantizador de valores» recientemente establecido i que ha venido a comunicar un verdadero impulso al comercio, especialmente a la agricultura.

La juventud dispone de un club perfectamente instalado i servido. Las señoras poseen a su vez un club en el que tres veces por semana, se reunen las principales familias de la ciudad con el objeto de pasar las largas noches de invierno en amable i grata tertulia. Este establecimiento es sostenido por las erogaciones mensuales de sus socios.

CAPITULO II.

EDIFICIOS PUBLICOS.

INTENDENCIA. — CASA MUNICIPAL. — TRIBUNALES DE JUSTICIA. — CUARTEL DE LA PUNTILLA. — CUARTEL DE ARTILLERÍA. — CUARTEL CÍVICO. — CÁRCEL. — MATADERO PÚBLICO. — CASA DE PÓLVORA. — LICEO — SEMINARIO.

Intendencia. — Este edificio, situado en la plaza de Armas, entre las calles de Lautaro i O'Higgins, tiene al frente de la primera una estension de 36 metros, i al de la segunda 62, con diez i siete piezas, de las que cinco sirven para la secretaria, dos para la oficina del telégrafo, un espacioso salon de recibo para el Intendente, i las demas para el despacho público i privado del mismo funcionario. El edificio es de un solo piso con dos patios estensos i tiene en el pasadizo un hermoso salon en altos donde se encuentra el archivo de la Secretaria. Fué construido el año 1853 i su costo ascendió a 25,300 pesos.

Casa Municipal. — Está situada frente a la plaza principal, entre las calles de Lautaro i Comercio. Su frente a la primera es de 36 metros i al de la segunda 56. Todo el material empleado en este edificio es de primera calidad; su construccion es elegante i presenta una vista bastante hermosa. En su clase es el primero de Concepcion. Está dividido en diez espaciosos almacenes que arrienda la municipalidad, proporcionandole un producto de 2,688 pesos anuales. Ademas de estos almacenes, hai un salon en altos arreglado últimamente con mucho gusto i elegancia, en donde funciona la oficina de la Tesoreria.

El edificio fué construido el año 1853 bajo la direccion de D. Pascual Binimelis, a quien se debe su buen arreglo i elegancia, importando todos los trabajos i materiales la suma de 53,000 pesos.

Tribunales de Justicia. — Están situados en la plaza principal i al Nor-oeste del edificio que acaba de describirse, calle Lautaro de por medio. Esta obra se principió en 1853 i permaneció inconclusa hasta el presente año, en que fué contratada para su entrega en el mes de octubre. El edificio es de dos pisos, i existe en el segundo la sala de audiencia del tribunal, la biblioteca, dos piezas para el relator, una para el secretario de cámara i otra para el portero.

En el primer piso se encuentran el Juzgado de letras i las escribanias. Tiene 38 metros de frente, con un fondo proporcional. El valor total de su construccion subió a 52,000 pesos

Este hermoso edificio, asi como el de la Intendencia ya descrito, fué construido bajo la inmediata direccion de D. Pascual Binimelis, quien, con una contraccion, empeño i entusiasmo dignos de ser imitados, logró terminar el uno i dejar el otro en estado de ser fácilmente concluido.

Una vez del todo terminado este vasto i elegante edificio, no solo se logrará reunir en un solo punto las diferentes oficinas que en la actualidad se hallan diseminadas en diversos lugares de la ciudad, sino que tambien servirá de ornato i embellecimiento de la única plaza que existe en Concepcion.

Cuartel de la Puntilla. — Está situado en el barrio de su nombre, al Sur de la poblacion i entre las calles Chacabuco i Biobio. Hácia la primera, tiene 60 metros de frente por 91 de fondo. Se halla dividido en diez i seis departamentos, de los cuales nueve son cuadras para tropa, cada una de 18 metros de largo por 6 de ancho, i el resto piezas de 8 a 9 metros do largo, destinadas a varios usos. El edificio, así como las murallas que lo cierran por el fondo, es de material sólido. Su construccion tuvo lugar el año 1845, con un costo de 15,000 pesos.

Este cuartel es el mas espacioso de los que existen en la poblacion, i habitualmente lo ocupa el batallon civico.

Cuartel de artilleria. — Se halla situado casi en el centro de la poblacion i entre las calles de San Martin i Talcahuano. Su frente es de 50 metros, i el fondo de 72. El material es de primera calidad. Está dividido en once piezas i dos patios. Se construyó tambien en el año 1845 i su costo ascendió a 10,000 pesos. En la actualidad se halla deshabitado.

Este cuartel recibiria una importantisima mejora, si se le anexara un terreno de cuatro metros de frente con un fondo correspondiente, de pertenencia fiscal, que existe al costado Norte, i en el cual se podria formar dos estensas cuadras para tropas.

Cuartel Civico. — Se encuentra en el centro de la ciudad i entre las calles de Freire i de Rengo. Tiene de frente 58 metros i de fondo 56. Está dividido en quince piezas, i es fabricado con material de ladrillo. Tiene dos patios, sirviendo uno de ellos de caballerizas. Fué construido el año 1845 i se invirtió en él la suma de 12,300 pesos. Al presente lo ocupa el cuerpo de policia de esta ciudad por ser, como ya se ha dicho, el mas central.

— La construccion de estos cuarteles fué dirijida por algunos jefes que residian en aquel tiempo en Concepcion.

Cárcel. — Este edificio está situado entre las calles de Freire i Caupolican i mide de fondo 57 metros por 52 de frente. Tiene dos departamentos, el mayor destinado

CONCEPCION. — Portales de la plaza.

para hombres i el otro para mujeres. Ha sido construido todo de ladrillo i está dividido en catorce piezas i tres calabozos, dos de los cuales ocupan las mujeres. Se construyó el año 1855 de una manera provisional, por cuyo motivo es inadecuado para lugar de detencion, por la poca comodidad que ofrece.

En el espresado edificio se encuentra la sala del Crimen i un espacioso almacen que produce a la municipalidad 250 pesos anuales de arriendo. Ademas hai una capilla para el servicio del culto.

Matadero público. — El edificio destinado a este objeto, está situado al Nor-este de la ciudad i a veinte cuadras del centro, en el lugar denominado « Agua negra ». Ocupa una cuadra cuadrada i está dividido en cinco secciones. La primera, que forma la principal del edificio, tiene 50 metros de frente i 40 de cañon a cada costado. El edificio está dividido en veinte piezas destinadas para las depostaduras de los animales que se benefician. Está rodeado de anchos corredores, existiendo en los del interior veinte lugares destinados a la matanza. Al frente de cada pieza hai una corraliza que sirve para encerrar los animales destinados a ser muertos. Anchas acequias circunvalan el edificio i conservan en él todo el aseo necesario.

Las cinco secciones mencionadas, incluso la tapia que los encierra, son de ladrillo.

F.Sorrieu del. et lith.

Imp. Lemercier & Cⁱᵉ Paris

EL APARTADO — LA MATANZA.

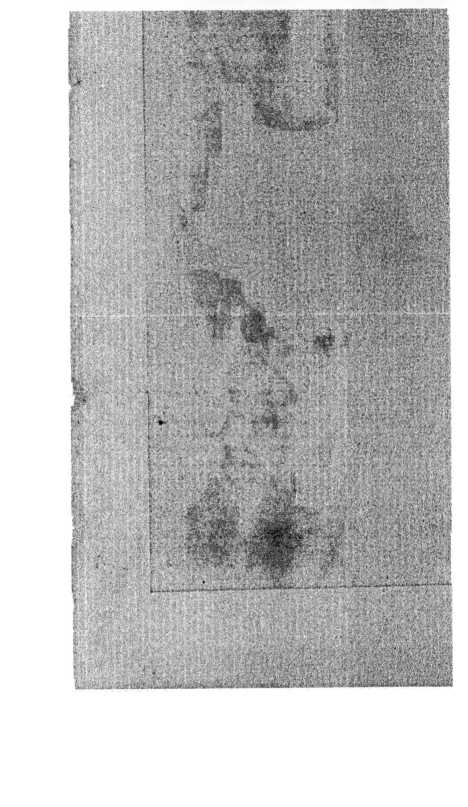

La obra se principió en octubre del año 1867 i se terminó en el mes de abril de 1870. La cantidad invertida asciende a 20,737 pesos.

Casa de pólvora. — Está situada al Norte de la poblacion en terreno fiscal i en un cerro denominado «La Pólvora» a distancia de veinte cuadras del centro. Consta de dos cuerpos de edificios que fueron concluidos el año 1832 con un costo que no puede haber subido de 4,000 pesos. Anteriormente estaba dicha casa al Sur de la poblacion, pero se trasladó al lugar que actualmente ocupa por el peligro que ofrecia su proximidad

Liceo. — Este edificio se principió a construir el año 1849 i se entregó al servicio público en 1852. Se encuentra situado a un costado de la ciudad, distante tres cuadras de la plaza de Armas, en un estenso terreno de mas de una cuadra de estension i con frente a las calles de Caupolican i de Chacabuco.

El edificio es de sólida construccion i sus murallas así como sus tabiques, son de ladrillo, teniendo de ancho las primeras mas de un metro, i los segundos como noventa centimetros.

Está dividido en cinco départamentos : el primero es ocupado por la seccion superior de los estudiantes de derecho i de matemáticas. Es un pequeño patio que tiene como 15 metros de largo sobre 10 de ancho ; contiene cuatro piezas destinadas a las clases superiores i está rodeado por tres corredores i una tapia, que da al departamento segundo destinado a los esternos. Este tiene 16 piezas ocupadas la mayor parte por la clase de la seccion inferior i está rodeado de corredores.

El tercer departamento es el de los alumnos internos que no pasan de trece años. Está rodeado de corredores ; tiene nueve piezas, un salon destinado para dormitorio con una esténsion de 25 metros de largo i 4 de ancho, i dos pequeños salones destinados para sala de estudio i comedor.

El cuarto departamento, llamado de los grandes, se compone de tres patios, i contiene diez piezas destinadas para salas de estudio. En el frente interior se encuentran tres salones i la capilla con 15 metros de largo sobre 8 de ancho.

Por último, el quinto departamento, el de mayores dimensiones, está destinado a los usos internos del establecimiento.

Los edificios tienen al fondo una quinta con algunos árboles, i con una estension de una cuadra de largo por 50 metros de ancho.

El Liceo de Concepcion cuenta con una tesoreria independiente de la departamental. Segun los últimos finiquitos, posee una cantidad de 50,000 pesos, que producen un interés de 4,000 pesos anuales. El gobierno subvenciona al Liceo con 12,000 pesos anuales para el pago de sus empleados. Tomando un término medio del presupuesto anual en estos últimos años, resulta que el Liceo de Concepcion tiene un gasto de 28,000 pesos.

Los alumnos del Liceo se dividen en internos i esternos. Los primeros pagan una pension de 130 pesos anuales, por semestres anticipados. A los esternos no se les impone ningun gravámen.

El establecimiento abraza los dos cursos de humanidades i de matemáticas, ambos con un número bastante crecido de alumnos. En la seccion superior se cursan los ramos de lejislacion i matemáticas superiores, por consiguiente los alumnos pueden estudiar alli hasta concluir la carrera de abogado o de injeniero jeógrafo, con la condicion de graduarse en la Universidad de Santiago.

El Liceo cuenta con una biblioteca que comprende 2,000 volúmenes entre los que hai algunas obras de importancia. Cada año recibe la biblioteca mayor eusanche, mediante una cantidad que se presupuesta para adquisicion de libros. Dispone tambien de un gabinete de fisica que se encuentra colocado en una pequeña casa de altos situada frente a la puerta principal del patio de esternos. En la misma casa se encuentra el gabinete de historia natural que aunque algo reducido, posee exelentes muestras i buenos mapas. El laboratorio de quimica es tambien bastante regular.

El Liceo de Concepcion es hoi uno de los mas importantes de la República, no solo por

CONCEPCION. — La Catedral.

el crecido número de alumnos que lo frecuentan, sino tambien por encontrarse en una de las provincias mas populosas de Chile. Por esa razon el gobierno le presta una aten. cion bastante marcada, i hoi dia este Liceo cuenta con un cuerpo ilustrado de profesores, muchos de ellos verdaderas notabilidades.

Seminario. — El Seminario Conciliar de Concepcion fué fundado el año 1722 por el Iltmo. Sr. D. Juan de Nicolade, obispo entonces de la diócesis, i fué durante muchos años, el único colejio en que se educaba la juventud penquista. Despues de la ruina de Penco, fué trasladado a esta ciudad en donde se le asignó un local a espaldas de la Catedral, que ocupa aun.

En las frecuentes emigraciones que se vieron obligados a efectuar los habitantes de Concepcion, compelidos alternativamente por los patriotas i realistas, en cuya época fué quemada gran parte de la ciudad, el Seminario fué tambien presa de las llamas, i no volvió a reedificarse hasta el año 1858 mediante la influencia del actual prelado, el Iltmo. Sr. D. José Hipólito Salas.

Ocupa una cuadra de fondo por un tercio de frente ; su fachada a la calle del Comercio es de altos, i todo él comprende dos grandes patios o claustros i tres mas pequeños. Posee un rico gabinete de física, una escojida biblioteca, i una capilla con varios cuadros orijinales i copias de pinturas italianas.

Se enseña en él todas las humanidades, ciencias físicas i matemáticas segun lo exije el bachillerato en humanidades, i teolojia, derecho canónico i ciencias sagradas.

Los profesores viven como los alumnos en el mismo establecimiento, i trabajan no solo en instruirlos, sino tambien en comunicarles los principios de urbanidad i buenas costumbres. El número de alumnos asciende en la actualidad a 130.

En las clases de humanidades se les mantiene divididos en *bandas* con el fin de sostener entre ellos una constante emulacion , i cada tres meses se efectúan certámenes jenerales entre clase i clase, o entre los condiscipulos de una misma clase a fin de conocer el grado de aprovechamiento de cada cual, resultado que se pone en conocimiento de los padres de familia i apoderados.

Existe igualmente una academia de composiciones literarias para los alumnos mas adelantados ; en ella se ejercitan en escribir en prosa i verso, destinándose las mejores producciones a ser declamadas públicamente en la solemne distribucion de premios que tiene lugar al fin de cada año. Finalmente hai clases de música vocal e instrumental, i el establecimiento dispone de una orquesta completa, cuyos instrumentos están distribuidos entre los alumnos, segun la aptitud de cada cual. Toda funcion relijiosa o literaria es acompañada por esta orquesta.

CAPITULO III.

TEMPLOS.

OBISPADO DE CONCEPCION. — LA CATEDRAL. — CONVENTO DE LA MERCED. — CONVENTO DE SAN JOSÉ. — CONVENTO DE SAN FRANCISCO. — CONVENTO DE SAN AGUSTIN. — CONVENTO DE SANTO DOMINGO. — MONJAS TRINITARIAS.

El obispado de Concepcion, sufragáneo de la arquidiócesis de Santiago, es servido dor el Iltmo. Sr. Dr. D. José Hipólito Salas. Este prelado nació en el Olivar (provincia de Colchagua), el 13 de agosto de 1812 i despues de haber sido, durante muchos años, secretario del arzobispado de Santiago i decano de la facultad de teolojía, fué consagrado obispo de la Concepcion el 29 de octubre de 1854.

Apenas llegado a su diócesis abrió el Seminario, cerrado desde la guerra de la Independencia.

Bajo su proteccion se han establecido en Concepcion los religiosos Capuchinos, los recoletos Dominicos, los Jesuitas i las religiosas del Sagrado Corazon de Jesus, las cuales han abierto un pensionado para niñas de la clase acomodada, perfectamente organizado. Las hermanas de la Providencia han construido una iglesia i un vasto asilo de huérfanos. Las hermanas de Caridad se han hecho cargo de los hospitales de esta ciudad, i por último en Chillan, se ha fundado el convento de la Purisima Concepcion para la educacion de niñas pobres. Todas estas congregaciones tienen escuelas esternas.

Tambien se han establecido muchas congregaciones piadosas de seglares, entre las que es notable la conferencia de San Vicente de Paul, que tiene por objeto la santificacion de sus miembros i la visita de pobres a domicilio.

La diócesis tiene cuarenta parroquias jeneralmente mui estensas, i un clero poco numeroso para la poblacion total, que alcanza a medio millon de habitantes.

Catedral. — En el costado Occidental de la plaza, se encuentra la iglesia Catedral, de reciente construccion. Fué consagrada el 24 de febrero de 1867 i es uno de los templos mas bellos de la República. Mide unos 90 metros de largo sobre 33 de ancho. Su material es de cal i ladrillo, su techo está cubierto de pizarra fina, i su construccion pertenece al órden dórico.

El plano fué trazado por el arquitecto Herbage i se ha llevado a término por los esfuerzos e incesante trabajo del Sr. Obispo. Consta de tres grandes naves separadas por medio de columnas dóricas de madera. El pavimento es todo de mármol i el techo se halla decorado con diferentes cuadros que merecen una atencion especial. Nótase en toda la decoracion del templo un gusto esquisito i una exelente eleccion de los asuntos.

En la nave principal, sobre el altar mayor, se ve una magnífica gloria, en que la vírjen es coronada por la Santisima Trinidad. Siguiendo hácia el coro, se encuentran en el techo diferentes medallones, representando el Lavatorio de los piés, el Salvador dando las llaves a San Pedro, la Inmaculada Concepcion, San Miguel arcánjel, San José, Santa Rosa de Lima, David adorando el Arca, terminando esta série con la Resureccion del Señor. A los lados i sobre las pilastras se ven los cuatro Evanjelistas i los demas apóstoles.

En la nave del costado derecho aparece una alegoria, que representa a la iglesia defendida por los cuatro grandes doctores del Occidente : San Agustin, San Jerónimc, San Gregorio i San Ambrosio. Siguen despues los cuadros del Cordero pascual, el Arca del diluvio, Adan i Eva, Daniel en el lago de los leones, Isaac bendiciendo a Jacob, Ester en presencia de Asuero i los niños en el horno de Babilonia : asuntos todos tomados del antiguo testamento.

En la nave de la izquierda está la Vírjen acompañada por los cuatro grandes doctores de la Iglesia Griega: San Atanasio, San Juan Crisóstomo, San Gregorio Nazianceno i San Basilio ; vienen despues varios pasajes del Nuevo Testamento : como la multiplicacion de los panes, la bajada del Espíritu Santo sobre los Apóstoles, la Anunciacion, la Oracion del huerto, la fuga a Ejipto, las vírjenes prudentes i necias i los ánjeles anunciando a los pastores de Belen el nacimiento del Mesias.

En jeneral estos cuadros son de mérito, i algunos de ellos son buenas copias de celebridades antiguas como Murillo i Quido Remi.

En el altar mayor está colocada la imájen de la Vírjen Inmaculada que se venera en esta diócesis desde tiempos antiguos i la cual es obra de mucho mérito.

El coro de los canónigos es del mismo estilo que el de la Catedral de Santiago. La silleria es de un trabajo elegante.

La iglesia Catedral está servida por seis canónigos i otros tantos capellanes.

Convento de la Merced. — Este templo está situado entre las calles de Gal-

CONCEPCION. — Interior de la Catedral.

varino i Freire i como en el dia no existen religiosos mercenarios, se encuentra [al] cuidado del presbitero D. Agustin Corbalan.

La órden de mercenarios se estableció en Penco el año 1566. Cuando se trasladó al sitio que hoi ocupa en 1754, se trasladó tambien dicho convento, situándose en el mismo lugar en que existe a la fecha, pero entonces poseia toda la manzana que abraza las cuatro cuadras colaterales. Construyeron los padres un hermoso templo de tres naves, de arquitectura de primer órden, con dos torres de cal i ladrillo bastante elevadas, i sus estremos en forma de media naranja descansando sobre el frontis de la iglésia, todo de piedra; eran estas torres por su hermosa construcción, las mejores de la ciudad. Las columnas que dividian la nave del centro de las laterales eran de piedra en su base i formaban arcos en todas direcciones.

Ademas de la iglesia existian dos claustros completos: el primero que se unia a ella por el Norte i remataba al Sur frente a la plaza en donde ahora existe el frente de la iglesia actual, que entonces era la portería, i el segundo siguiendo las mismas dimensiones del primero se estendia hasta concluir la cuadra hácia el Oriente. El resto de sitio de la manzana era ocupado por un huerto con una espaciosa arboleda.

A causa de la secularizacion de los regulares en 1824, el convento quedó abandonado. El año 1830 se estableció en el Instituto i permaneció allí hasta 1835 en que fué completamente arruinado. El año 1836, D. Lorenzo Plaza de los Reyes i su señora Doña Dolores Portales, edificaron la iglesia que ahora existe, la que ha sido refaccionada i mejorada varias veces. En la época en que este convento tuvo por comendador al R. P. Frai Isidro Robles, se construyeron los demas edificios que ahora le acompañan. Todo esto ha sido hecho por los años de 1840 a 1850.

Hace seis años se concluyó totalmente la obra, gracias a los esfuerzos del presbitero D. Fernando Blaitt que casi sin recursos i con una constancia digna de todo elojio, dió fin a los trabajos del interior de la iglesia, el cual se encontraba en muy mal estado, convirtiéndola en uno de los templos mas elegantes de la ciudad. Tiene tres naves separadas por dos hileras de columnas de madera; en la nave principal se encuentra el altar mayor bastante bueno i de mucho gusto; en cada una de las naves laterales, hai cuatro altares sencillos i elegantes. Se calcula el costo de los trabajos en 25,000 pesos.

Convento de San José. — En 1855 los religiosos misioneros capuchinos, RR. PP. Ignacio de Paggibenci, José Barberino, Alberto de Cortona i dos novicios, tomaron posesion de la iglesia i sitio que ocupa este convento en la calle de Lincoyan hácia el camino de Talcahuano. Su estension es de cuadra i media i su construccion de ladrillo; en el interior hai un edificio bajo i otro alto destinados para habitaciones de los religiosos. La iglesia, aun cuando es algo reducida pues solo mide media cuadra de largo por diez varas de ancho, es una de las mas bonitas i aseadas de la ciudad; todos los altares con sus retablos de madera, están adornados con sencillez. En el frontis de la iglesia hai colocadas varias estátuas que representan algunos santos. Tiene una bonita torre de 10 varas de altura, con cinco cuerpos, de ladrillo el primero i de madera los demas. El costo del convento con la iglesia i torre fué de 40,000 pesos.

Convento de San Francisco. — De este convento no existen datos capaces de fijar con exactitud la época de su fundacion. Antes del terremoto de 1835 se sabe estaba situado en la calle de O'Higgins i Lautaro hácia la plaza de Armas.

El 28 de julio de 1842 el R. P. Prado hizo trasladar el convento al sitio que hoi ocupa entre las calles de Talcahuano, Biobio, O'Higgins i del Comercio hácia la estacion del ferrocarril, local que antes era el hospital de San Juan de Dios. En 1848 principió a construirse la iglesia a la fecha terminada; sus paredes son de ladrillo i mide 70 varas de largo por 25 de ancho. Es de tres naves separadas por columnas de madera i tiene cinco altares. El campanario está colocado en el patio del convento. Este, así como la iglesia, ocupan una estension de una cuadra cuadrada.

Convento de San Agustin. — Este convento ocupa una cuadra cuadrada entre las calles de Galvarino i San Martin.

La obra de la iglesia se inició el año 1804 i se continuó hasta 1810 en cuya época quedó paralizada a causa de la guerra de la independencia.

Desde su fundacion hasta la época referida, no hubo sino capillas provisionales, pues todos los esfuerzos hechos para terminar el templo, no dieron resultado alguno. En 1863

CONCEPCION. — Iglesia de San Agustin.

el Superior hizo demoler las murallas que estaban desplomadas i empezó a construir, desde sus cimientos, el templo actual. Este se compone de tres naves, mide 83 varas de largo, 33 de ancho i 13 de alto. En la nave principal hai un bonito altar mayor i tres mas en las laterales. El púlpito es todo tallado, dorado i elegante.

En el interior del convento hai un edificio nuevo que mide 42 metros de largo i sirve para habitaciones de los religiosos.

La torre es de cuatro cuerpos; la adorna un reloj de campana, con esfera trasparente.

La cantidad invertida hasta la fecha asciende a 38,000 pesos.

Convento de Santo Domingo. — Está situado a tres cuadras de la plaza de Armas i ocupa una cuadra cuadrada. Una pequeña parte de su edificio se levantó bajo la direccion del prior Hernandez algunos años despues de la ruina de 1835, como asi mismo la iglesia que fué la primera que se construyó. El resto del edificio que existe en la actualidad así como el frontis de la iglesia i su torre que mide 60 varas de altura, se deben a su actual prior.

La iglesia consta de tres naves separadas por columnas de once varas de altura, tiene 80 de largo i 30 de ancho; en la nave principal se encuentra un bonito altar ma yor con un imponente retablo adornado de un elegante frontis triangular; en las naves laterales existen cuatro altares. El costo total del convento i de la iglesia se calcula en 40,000 pesos.

Monjas Trinitarias. — La primera institucion fué el beaterio de Nuestra Señora de la Hermita fundado en Penco por el Iltmo. Sr. D. Diego Monten del Aguila, en 1711.

En 1730, con la correspondiente antoridad pontificia, fué elevado dicho beaterio a

CONCEPCION. — Iglesia de Santo Domingo.

monasterio de Monjas Trinitarias, por el Illmo. Sr. D. Francisco de Escandon.

En 1754, cuando se trasladó la ciudad de Penco al valle en que ahora existe, se trasladó tambien el monasterio de Trinitarias. Emigraron a la Araucania con el ejército realista el 14 de noviembre de 1818 i volvieron a su monasterio el 20 de diciembre de 1822.

Este convento fué arruinado hasta los cimientos por el terremoto de 1835; se principió a reedificar en 1837 i en 1847 se completó sus edificios i la iglesia. Su estension es de una cuadra cuadrada.

El personal del convento consta de 30 religiosas i 6 legas. Sus recursos no son otros que el producido de un fundo que poseen, denominado « de las monjas » i los eventuales de las dotes que perciben a la profesion de las novicias.

CAPITULO IV.

ESTABLECIMIENTOS· DE BENEFICENCIA.

HOSPITAL DE HOMBRES. — HOSPITAL DE MUJERES. — LAZARETO. — HOSPICIO. — CEMENTERIO. — HERMANAS DE LA PROVIDENCIA. — CASA DE EJERCICIOS.

Hospital de hombres. — Este nuevo establecimiento que solo desde el año 1856 ha principiado a prestar los servicios para que fué construido, está situado al estremo de la calle de Cochrane al Este de la ciudad. Tiene 80 metros de frente por 100 de fondo ; está dividido en 27 piezas, de las que cuatro, de una estension de 50 metros por 8 de ancho, sirven para los enfermos que ocurren en busca del alivio de sus dolencias, i el resto para los distintos usos del establecimiento ; tiene ademas cinco patios, en tres de los cuales se ha formado hermosos jardines de alguna estension que a mas de embalsamar el aire, sirven para proporcionar cierta distraccion a los enfermos que se encuentran algo restablecidos.

Este establecimiento dispone de una pequeña pero elegante capilla destinada al servicio del culto, situada en el patio que se encuentra a la entrada de la puerta principal.

El costo total del edificio ascendió a 30,000 pesos.

Se asisten por término medio 114 enfermos.

Las entradas fijas con que cuenta para sus gastos, alcanzan a la suma de 11,494 pesos anuales, ascendiendo sus gastos a 14,200 pesos. El Gobierno ausilia a este establecimiento con la suma de 6,000 pesos.

Ya por la poca concurrencia de enfermos, ya por los escasos fondos con que se contaba, este establecimiento sirvió hasta fin del año 1865 de hospital de hombres i de mujeres a la vez. Antes de ser trasladados los enfermos a este lugar de caridad, el hospital permaneció desde el año 1844 en el edificio que sirve al presente de lazareto.

Hospital de mujeres. — Está situado en la misma calle y a continuacion del anterior. Tiene las mismas dimensiones y está distribuido del modo siguiente : cinco piezas en alto, que sirven de habitaciones a las hermanas de la Caridad ; un salon de 30 metros de largo por 7 de ancho, tres de 40 metros de largo con el mismo ancho de los demas y once piezas que se destinan para otros usos del establecimiento. Tiene tres patios. Se terminó su construccion a fines del año 1865 ; su costo fué de 18,100 pesos i su material cal i ladrillo. Tiene comodidades para 112 enfermos. Las entradas de este hospital ascienden a 14,280 pesos i los gastos a 18,200 pesos.

Por el fondo de este establecimiento corre un estero bastante caudaloso cuyo uso es para el hospital de un valor inestimable. De este mismo beneficio goza tambien el hospital de hombres. Uno i otro se encuentran servidos por hermanas de la Caridad que se han traido espresamente de Europa. Con el cuidado y asistencia de estas abnegadas hijas de San Vicente de Paul, los hospitales han tomado un impulso asombroso, y los enfermos son esmeradamente asistidos.

Lazareto. — Existe al Norte de la poblacion y a distancia de tres cuadras de los suburbios, en terreno propio, un cuartel que por encontrarse bastante deteriorado, se

CONCEPCION. — Interior del Hospital.

ha destinado para lazareto de apestados. Este edificio es mas antiguo que los otros de su clase de que ya hemos hecho mencion, pues su construccion data de 1830. Su costo no habrá ascendido a mas de 900 pesos. En la actualidad se encuentra sin prestar los servicios a que habia sido destinado últimamente i en estado ruinoso.

Hospicio. — Este espacioso edificio está situado frente a la entrada principal de la estacion del ferrocarril, entre las calles del Comercio i de la Puntilla. Tiene de frente a la primera calle 72 metros i a la segunda 57; su ancho es de 6 metros 75 centímetros, formando un total de 12 piezas i 4 patios.

La idea de construir este edificio surjió en agosto del año 1849, i se colocó la primera piedra el 27 de abril de 1851. Terminóse el trabajo despues de algun tiempo de paralizacion, a fines de diciembre de 1866, i su instalacion tuvo lugar el 6 de enero de 1867.

El material es de ladrillo i el costo de la obra ascendió a 20,000 pesos. Se asilan en este establecimiento en la actualidad, 16 hombres i 35 mujeres. Cuenta para su sosten con la suma anual de 5,650 pesos.

Cementerio. — Este establecimiento, construido a fines del año 1846, reune ventajas que lo recomiendan como una adquisicion de grande importancia para la ciudad. El todo comprende una cuadra cuadrada i el edificio propiamente dicho 100 varas de lonjitud, sin incluir en esta cifra la·capilla que ocupa una posicion central. Las paredes esteriores que encierran el cuadro mencionado i las divisiones interiores de éste son de ladrillo, sólidamente construidas. Del mismo material son las nueve habitaciones en que está dividido el edificio, teniendo la altura necesaria i los techos perfectamente entablados. La capilla es igualmente sólida i de forma octógona.

Este establecimiento está situado a la parte Norte del conocido cerro llamado Chepe, en un terreno plano i un tanto arenoso i húmedo a la vez, por tener inmediato el caudoloso Biobio i algunos pajonales. El costo de la obra ascendió a 15,000 pesos. Cuenta con la suma de 1,300 anuales para atender a sus gastos.

Hermanas de la Providencia. — La caridad cuenta en Concepcion con numerosos asilos. El enfermo encuentra en los hospitales los cuidados de la ciencia i las asiduas atenciones que le dispensan las hijas de la caridad ; el indijente, el anciano menesteroso halla en el hospicio el trato intimo de la familia de que está privado ; i por último el huérfano, encuentra un asilo en la casa de las hermanas de la Providencia, benéfica institucion creada por la caridad encarnada en los piadosos habitantes de esta rica poblacion.

El 1.º de noviembre de 1867 llegaron a Concepcion tres religiosas enviadas por la casa de la Providencia de la capital, a instancias del Iltmo. Señor Obispo Salas. El dia 3 del mismo mes i año, se instalaron en una casa que se tomó en arriendo donde desde luego abrieron sus claustros a las huérfanas. En dicho punto permanecieron hasta el 16 de marzo de 1870, en que se trasladaron a la casa de su propiedad, situada en la calle del Comercio, siete cuadras de la plaza principal hácia el Oriente. Al presente hai asiladas no menos de sesenta huérfanas.

La casa está construida en una manzana de terreno de propiedad de las mismas monjas. Se compone de tres patios clausurados i una capilla de tres naves.

Por ahora solo se admiten huérfanas, i tan pronto como se concluyan los demas edificios que se trabajarán a medida que la caridad proporcione algunos recursos, se abrirá el departamento de los varones. Se mantienen las relijiosas i las asiladas con las limosnas que se colectan en su obsequio. Estos donativos han permitido efectuar la compra del terreno mencionado, i la construccion de los edificios cuyo valor no baja de 30,000 pesos.

Palpables son los beneficios que proporciona este asilo, pues ademas de lo espuesto, posee una escuela gratuita que dirije una de las religiosas, i en la que se da educacion a mas de 200 niñas de corta edad i en su mayor parte de la clase obrera.

Casa de ejercicios. — A siete cuadras de la plaza principal está situada la casa de ejercicios, conocida bajo el nombre de San Francisco Javier. Edificada en una manzana de terreno, presenta todas las comodidades para que está destinada ; tres grandes patios con sus correspondientes jardines, una capilla de 70 varas de largo, salones espaciosos i ventilados, todo es adecuado al objeto de esa institucion.

Al presente i merced a los esfuerzos i reiteradas instancias del actual prelado, la casa

CHILE ILUSTRADO.

con sus edificios adyacentes, está a cargo de los padres de la Compañia de Jesus, quienes la tomaron bajo su direccion en el mes de enero del presente año.

La existencia de dicha casa no es muy antigua. Solo en el mes de setiembre del año 1856 se principiaron sus trabajos, segun los planos levantados por el arquitecto D. Juan Herbage. Lo edificado hasta el presente, que es solo lo mas indispensable a su objeto, cuesta gruesas sumas, la mayor parte fruto de los capitales acensuados.

. Cuenta para subsistir con la valiosa propiedad denominada Perales, hacienda situada en el departamento de Coelemu, subdelegacion de Panquil. Con los cánones de su arriendo i los legados pios, se da anualmente algunas corridas de ejercicios a la clase obrera. Anualmente las hai tambien de caballeros i señoras.

El barrio en que está colocada la referida casa, es uno de los mas poblados de la ciudad i lo será cada dia mas por su proximidad a la estacion central del ferrocarril que se dirije a Chillan.

II

TOMÉ

Descripcion de la ciudad. — Fábrica de paños de bellavista. — Establecimientos industriales. — Comercio.

Descripcion de la ciudad. — El puerto del Tomé, [que hacemos figurar en esta obra por su importancia comercial, está situado en los 72° 58′ de longitud i 36° 37′ de latitud Sur, tiene una estension de cuatro cuadras cuadradas.

— Lo cruzan diez calles, de las que tres son principales i siete trasversales. Las primeras son : Montt, Sotomayor i Nogueira; las segundas: Comercio, Portales, Egaña, Hospital, Aduana, Morro i Cuartel.

— Su poblacion, inclusos sus alrededores, es de 6,000 habitantes.

— En el recinto de la ciudad existen 195 casas sin particularidad alguna i 43 conventillos.

— Sus calles, asi como la única plaza con que cuenta la ciudad, son alumbradas por faroles de parafina.

— El único paseo público consiste en la quinta de D. Bernardo Bambach, con preciosos jardines i abundantes árboles frutales.

— Existen dos clubs : *Club del Tomé* i *Club del Comercio* con 50 socios; dos hoteles, el uno aleman i el otro chileno i tres escuelas públicas, una para hombres y dos para mujeres.

La *Aduana*, situada a orillas del mar, se divide en seis departamentos ocupados por la gubernatura i sala municipal, capitania del puerto i resguardo. Cuenta con dos almacenes refaccionados recientemente i destinados, el uno para depósito de mercaderias i el otro para el tabaco i especies estancadas. El edificio de la Aduana tiene a su frente un muelle en regular estado, de propiedad particular.

— La *Iglesia matriz*, el único templo de la ciudad, es de construccion moderna i bastante sólido. Por falta de recursos, permanece desde hace algun tiempo sin con-

TOMÉ. — Vista jeneral del puerto.

cluirse definitivamente, a pesar de los esfuerzos del cura D. Angel Badilla, a cuyo celo i actividad se debe toda la parte concluida. El vecindario ha costeado esta obra en su totalidad, lo mismo que el magnifico reloj de cuatro esferas que adorna la torre.

— El *Hospital*, fundado por D. Juan Ferrer, tiene capacidad para 20 enfermos; es atendido por el médico de ciudad i administrado por la Junta de Beneficencia.

Fábrica de paños de Bellavista. — Este importante establecimiento fué fundado por D. Guillermo Délano, de Concepcion, sobre el mismo terreno que ocupaba un molino de trigo. La acequia que daba movimiento a éste ha sido utilizada, en combinacion con el vapor, para mover las máquinas de la fábrica. Estas son americanas, de fabricacion sólida i de las mas modernas. Sus productos consisten en paños finos i ordinarios, franelas, colchas i mantas, fabricadas con lana pura que se introduce de la República Arjentina, pues la lana del pais solo se emplea en la confeccion de jéneros ordinarios.

La fábrica da ocupacion a 155 personas, entre hombres, mujeres i niños. De esta cantidad, 25 han sido traidas de los Estados Unidos por su actual administrador señor

Smith, a pesar de que los empleados del pais demuestran gran intelijencia i aptitudes para todos los trabajos que se les confía.

El establecimiento está dividido en dos departamentos : bajo i alto. En el primero tiene lugar el tejido de los paños y en el superior el de los hilos.

Los paños de esta fábrica son superiores a los de Europa por la rica lana que se emplea en su confeccion, i a pesar de la inmotivada aversion con que se recibe todo

Tomé. — Fábrica de paños de D. G. Délano.

producto nacional, principia ya a jeneralizarse entre nosotros el uso de los paños chilenos.

Establecimientos industriales i mercantiles. — Los principales son los siguientes : fábrica de velas i jabon, de D. G. Kayser; curtiembre en grande escala de D. A. Wolle, establecida hace cuatro años i ya esporta con ventaja sus productos para Europa; cervecerias, una en actividad i otra edificándose ; molinos de trigo hai cuatro : molino de Collen, propietario D. José Tomas Ramos, de Valparaiso ; molino de California, propietarios los Sres. Aninat Hermanos, de Concepcion; molino del Tomé, propietario D. Ignacio Collao, de Puchacai ; molino de Caracol, propietario D. Tomas R. Sanders, de Concepcion.

Bodegas para trigos hai 30; id. para mostos 5; id. para lanas 2; id. para mercaderias 5.

Comercio. — Por este puerto se efectua una gran parte del comercio de la provincia del Nuble.

Su importacion del estranjero alcanzó en 1869 a 103,310 pesos, i del interior, o sea de los diferentes puertos de Chile, a 2.663,593 pesos. En ambos casos ocupa el quinto lugar entre los demas puertos de la República ; su importacion total alcanzó, pues, a 2.766,903 pesos.

Su esportacion al estranjero fué de 1.699,481 pesos, i la misma, a otros puertos de la República, de 497,835 pesos. En el primer caso ocupa el tercer rango i en el segundo el décimo i último. Ambas cantidades dan un total esportado de 2.197,316 pesos.

Los paises receptores de los articulos esportados se clasifican de la manera siguiente :

Al Perú	Ps.	589,922
a Inglaterra	»	546,093
a Francia	»	223,816
a Norte-América	»	149,397
al Uruguay	»	125,818
a la República Arjentina	»	63,375
a rancho de buques	»	1,060
	Ps.	1.699,481

De esta cantidad, 1.451,463 pesos corresponden a productos agrícolas, divididos de la manera siguiente : *Harina,* 165,049 pesos repartidos entre los siguientes puertos receptores :

Perú	Ps.	13,692
República Arjentina	»	27,375
Uruguay	»	123,982
	Ps.	165,049

i *trigo* 1.286,414 pesos repartidos como sigue :

Inglaterra	Ps.	490,533
Francia	»	188,375
Perú	»	571,506
República Arjentina	»	36,000
	Ps.	1.286,414

En la harina corresponde al Tomé el 0,7 % de la esportacion total, i en el trigo el 5 %.

Los articulos de su importacion interior consisten en los siguientes, que son los principales :

Afrecho, aguardiente, becerros, casimires, cebada, cerveza, charqui, cobre en barra, harina flor, lana comun, paños, papas, suelas, tejas, trigo, vino blanco i tinto, mosto.

III

TALCAHUANO

DESCRIPCION DEL PUERTO. — EDIFICIOS PÚBLICOS, TEMPLOS. — EMPRESAS
INDUSTRIALES, COMERCIO.

Este puerto se encuentra situado de Nor-oeste a Sud-este, en los 36° 45' latitud
Sur, i 72° 50' lonjitud Oeste del meridiano de Greenwich.

— Mide de Nor-oeste a Sud-este dos quilómetros diez i seis metros i de Nor-este a
Sud-oeste cuatrocientos ochenta metros en su mayor anchura, trescientos veinte en la
parte media, i el resto, que queda reducido a una sola calle que forma la entrada principal de la poblacion, mide un quilómetro doscientos veinte metros de largo por quince
de ancho.

— El pavimento, en su mayor parte, está formado de ripio i el resto de piedra de
rio. De ésta se compone en casi toda su estension, la calle principal i algunas
otras.

— El número de casas que forman la poblacion es de 217, construidas en su mayor
parte con arreglo al estilo moderno, contándose entre ellas once edificios de dos pisos.

— Solo existe una plaza, la de Armas, situada en el centro de la poblacion. Fué
hermoseada por el gobernador D. Basilio Urrutia en el año 1857, colocándose en su
centro una pila de agua potable, i plantándose una alameda en dos de sus ángulos. En
1862 el gobernador D. Manuel Zañartu la mejoró plantando álamos en los ángulos que
no los tenian, e inició un jardin en rededor de la pila. El año 1864 D. Cárlos Pozzi,
gobernador interino, llevó a efecto este plan y cambió los álamos por árboles de la
quinta normal. Hoy dia el gobernador D. Luis Mathieu practica en ella algunas mejoras de importancia, siendo las principales, la reconstruccion de la fuente i pedestal de
la pila i el cambio de su cañería de madera por una de fierro, como tambien el arreglo
de los jardines i árboles. Esta plaza, una vez concluidos los trabajos que hoy se ejecutan, será una de las mas hermosas de la provincia.

Existe ademas una plazuela, la del antiguo castillo de San Agustin, que ahora se
llama de la *Aduana*, por estar situado este edificio en el local que aquel ocupaba.

— Las calles principales son tres, las de Colon, Estado i Valdivia, que cruzan la
ciudad en toda su estension de Sud-este a Nor-oeste.

Las trasversales son ocho, a saber : Mathieu, Aduana, Buin, Yungai, Bulnes, San Martin, Freire i Orompello.

— Existen dos mercados públicos, uno antiguo i otro en construccion, que será estrenado muy pronto. El primero está situado en la esquina que forman las calles de Valdivia i Freire, i el segundo en el malecon de la calle de Colon, al Este de la propiedad de los Sres. Mathieu i Brañas.

— Hai dos paseos públicos, el del jardin de la plaza de Armas, ya descrito, i el de la esplanada de la Aduana.

— El alumbrado se efectua por medio de treinta faroles de parafina.

— El faro se encuentra colocado en la punta Norte de la isla Quiriquina, en latitud

TALCAHUANO. — Vista jeneral.

36° 36′ 18″ Sur, i lonjitud 73° 6′ 5″ Oeste de Greenwich. Aparato catadrióptico de cuarto órden, luz blanca, variada por destellos de 30 en 30 segundos, siendo la duracion de cada destello de nueve segundos. Alumbra desde junio 1° de 1869, i su alcance es de 15 millas. La torre es redonda i pintada de blanco, la balaustrada de negro i la cúpula de la linterna i ventilador, de verde.

— Los edificios públicos con que cuenta este puerto, son : la *Aduana*, que encierra todas las oficinas fiscales i municipales del departamento i tiene almacenes de depósito para mercaderías i especies estancadas. Fué construida el año 1857, i el muelle fiscal que se halla a su frente, en 1858, ambos por el arquitecto D. Moises Hoss en tiempo del gobernador D. Basilio Urrutia.

En el año 1870, bajo el mando del actual gobernador D. Luis Mathieu, se construyó al lado de la playa i frente a este edificio, un malecon que le sirve de esplanada. Las dimensiones del edificio de la Aduana, son : 80 metros de frente por 45 de fondo; las de la esplanada, 80 metros por 15 i el muelle mide 156 metros de largo por 8 de ancho. El costo total del todo asciende a la suma de 58,000 pesos.

· —El *Cuartel de Artillería* que sirve actualmente al cuerpo civico de igual clase, está situado al lado Sur de la plaza de Armas. Fué construido bajo la direccion del sarjento mayor D. Bernardo Zúñiga, siendo gobernador del departamento D. Miguel Bayon, en el año 1844. Fué reparado en el año 1869, por el gobernador D. Luis Mathieu. Mide 35 metros de largo por 31 de ancho. Su costo total asciende a 9,000 pesos.

—La *Iglesia Matriz* principió a edificarse por el gobernador D. Miguel Bayon, quien solo alcanzó á dejarla techada. En 1848, bajo el gobierno de D. José Rondizzoni,

TALCAHUANO. — Plaza e iglesia Matriz.

recibió varias mejoras, siendo las principales el entablado de los cielos rasos i forro dè las columnas. El año 1867 el gobernador interino D. Carlos Pozzi, ayudado por la municipalidad i algunos vecinos, inició el trabajo de la fachada i de la torre, no alcanzando a concluirlo por falta de fondos. En el año 1870 el gobernador D. Luis Mathieu terminó definitivamente esta obra, empleando en ella la suma de 1,800 pesos que con este objeto solicitó i obtuvo del Gobierno. La situacion de este edificio es en el lado Este de la plaza de Armas i mide 52 metros de largo por 15 de ancho. Su costo se calcula en 15,000 pesos.

—*Cárcel.* Una pequeña parte de este edificio se construyó con fondos municipales el año 1845 por el gobernador D. Diego Larenas, habiéndolo terminado el gobernador D. Basilio Urrutia en el año 1856, con algunos fondos municipales y 4,000 pesos que obtuvo del Supremo Gobierno. Su costo es de 8,000 pesos. Este edificio, capaz de contener hasta cien presos, está situado al lado Sur de la plaza de Armas i mide 32 metros de frente por 38 de fondo.

— *Plaza de Abastos.* La antigua fué construida en 1846 por el gobernador D. José Rondizzoni, con fondos municipales, i su costo ascendió a 3,500 pesos. Hallándose actualmente en estado de ruina, el gobernador D. Luis Mathieu ha hecho construir con fondos municipales en el malecon de la calle de Colon a orillas del mar, un nuevo mercado de abastos que consta de tres departamentos, i es uno de los edificios mas hermosos de la poblacion ; mide 38 metros de frente por 20 de ancho i su costo asciende a 7,000 pesos.

— *Escuela de hombres.* Este pequeño edificio, contiguo al cuartel de artillería, mide 15 metros de frente por 24 de fondo. Apenas puede contener 120 alumnos que asisten a él diariamente. Fué construido con fondos municipales el año 1853 por el gobernador D. Basilio Urrutia. Cuesta, sin tomar en cuenta el valor del terreno, 1,800 pesos.

— *Edificios particulares.* Los mas notables son : el molino a vapor, edificio de tres pisos situado en el lado Oeste de la plaza de Armas i perteneciente a los Sres. Mathieu i Brañas, la casa que habita el Sr. Mathieu ; la casa i bodega de D. Cárlos F. Costa i las de los señores cuyos nombres se espresan a continuacion : D. Luis Manfredi, Don Silverio Brañas, D. S. Trumbull, D. E. Burton, Doña Juana A. de Lindsay, D. Nazario Brañas, D. Julio Peine, D. José Lopez, D. G. Wilson, D. Guillermo Crosby, Doña Cruz H. de Ferro i varias otras de menor importancia.

— Existen en la poblacion dos edificios fiscales, cinco municipales i dos cientos diez i siete particulares, con una poblacion urbana que no baja hoi de 3,000 habitantes.

— Existe un *Lazareto*, situado en el lugar que ocupaba el antiguo castillo de Galvez i un *Cementerio* que se encuentra al lado Sur del cerro de D. Guillermo G. Délano.

Tambien hai un *Hospital* i un *Cementerio* de disidentes, este último contiguo al cementerio católico.

— Por este puerto se efectua una gran parte del comercio de la provincia de Concepcion.

Su importacion del estranjero ascendió en 1869 a 170,350 pesos, correspondiéndole el 4°. rango entre los demas puertos importadores. La del interior de los diferentes puertos de Chile, alcanzó a 2.854,484 pesos, lo que le hace ocupar el mismo 4°. rango.

Ambas cantidades reunidas dan una importacion total de 3.024,834 pesos.

La esportacion al estranjero fué de 258,015 pesos destinados a los puntos siguientes:

a Francia	Ps.	97,773
a rancho de buques	»	76,546
al Uruguay	»	46,236
al Perú	»	20,361
a Inglaterra	»	10,299
a Norte América	»	6,800
	Ps.	258,015

Esta cantidad se subdivide en los articulos espresados a continuacion :

```
Harina.. ._ . . . . . . . . . . Ps.   56,868
Trigo. . . . . . . . . . . . . .  »    20,369
Aceite para lámparas.. . . .  »    17,928
Carne salada. . . . . . . . .  »    14,998
Lana comun. . . . . . . . .    »    61,688
Id. merino. . . . . . . . . .   »    41,985
```

La harina fué esportada para el Uruguay i rancho; el trigo para el Perú; el aceite para Inglaterra i Norte América ; la carne salada para rancho ; la lana comun para Francia i Norte América ; la lana merino para Francia.

La esportacion a los demas puertos de Chile fué de 764,771 pesos i consistió princlpalmente en los siguientes artículos : aceite para lámparas ; aguardiente ; becerros ; cáscara de lingue ; cueros de lobo ; cueros vacunos ; esperma ; galletas ; harina flor ; lana comun ; maderas para construccion ; orégano ; paños ; suelas ; trigo i vino mosto.

En la esportacion al estranjero ocupa Talcahuano el 6°. lugar, i en la interior el 8°.

El total esportado asciende a 1.022,786 pesos, dejando a favor de la importacion un saldo de 2.002,048 pesos.

—En el mismo año de 1869 tuvo este puerto el siguiente movimiento de buques :

NACIONALIDAD.	ENTRADAS.		SALIDAS.	
	Buques.	Toneladas.	Buques.	Toneladas.
Ingleses.	85	49,250	100	64,545
Norte Americanos.	38	9,814	41	12,100
Salvadoreños.	8	1,143	9	369
Italianos.	7	3,242	4	835
Nacionales.	44	14,464	47	15,303
Alemanes.	3	1,304	2	837
Guatemaltecos	2	359	3	909
Brasileros.	1	198	1	198
Daneses.	1	241	1	241
Totales.	189	80,105	208	95,357

—Existen las siguientes empresas industriales : una imprenta privada ; una linea de ferro-carril en construccion, que mui pronto unirá este puerto con la ciudad de Chillan; una linea de coches a Concepcion ; dos hoteles ; un teatro provisional ; un establecimiento donde se conservan choros i otros mariscos ; un molino a vapor ; una cerveceria ; tres panaderias; una galleteria, i dos astilleros donde se construyen embarcaciones menores, etc. etc.

—Esta poblacion fué arruinada por el terremoto del 20 de febrero de 1835, siendo gobernador D. Miguel Bayon.

El 13 de agosto de 1868 hubo una salida de mar que destruyó el muelle fiscal i el de los Sres. Mathieu i Brañas, causando varias otras averias de menor importancia. El muelle fiscal fué reconstruido por el gobernador D. Luis Mathieu en el año 1869.

[V]

CORONEL

En un pequeño promontorio llamado Punta de Puchoco, formado por la bahía del puerto de Coronel, se encuentran las ricas minas de carbon pertenecientes a una soçiedad formada por los Sres. Guillermo G. Délano de Concepcion, F. W. Schwager e hijo i Don Pablo H. Délano, de Valparaiso, bajo la denominacion comercial de « *Compañia de carbon de Puchoco.* »

Este importante establecimiento sostiene una poblacion de 1,500 personas, de los que 800 son operarios de los tres diferentes ramos en que se subdivide el trabajo: esplotacion de las minas de carbon, fábrica de ladrillos i fábrica de botellas i cristaleria, actualmente paralizada.

Esplotacion del carbon. — El carbon de estas minas se esplota por el sistema conocido bajo el nombre de *pilares* i *labores,* el único que hasta ahora se practica en Chile i por el cual se aprovecha un ochenta por ciento de todo el campo de carbon. En la actualidad, se ha profundizado 40 yardas de terreno, encontrándose hasta esa hondura, cinco mantos de carbon cuyo grueso varia entre uno, tres i cinco piés.

Se ha calculado por injenieros competentes i conocedores de esa clase de terrenos, que estos cinco mantos contienen una cantidad de 2.400,000 toneladas de carbon esplotable, lo que asignaria a las minas una duracion de 30 años, calculando 80,000 toneladas por año. Pero como por las esploraciones efectuadas, se ha reconocido que esos mantos de carbon se estienden por debajo de la bahia de Coronel con direccion a Lota, donde se trabajan los mismos mantos tambien por debajo de la bahia, resulta que la distancia que media entre Puchoco i Lota, o sea 5 millas, es toda de terreno carbonifero, lo que asignaria a las minas un campo de esplotacion verdaderamente ilimitado.

Los trabajos de esplotacion se efectúan por medio de piques practicados segun el mejor sistema inglés, con niveles verticales en que juegan las jaulas o aparatos de fierro que conducen los carros de carbon a la superficie.

Estos son suspendidos por medio de seis máquinas a vapor cuya fuerza nominal varia entre 12 i 60 caballos i que sirven al mismo tiempo para el desagüe de las minas. En el interior de los piques hai socabones i planos inclinados de 150 hasta 400 yardas de estension, penetrando uno de ellos hasta 800 yardas debajo del mar. El acarreo en el interior de las minas se efectúa por medio de ferrocarriles que ruedan sobre 25,000 yardas de rieles tendidos hasta la fecha.

La produccion total de las minas asciende a 7,000 toneladas mensuales. En el año de 1870 se esplotaron 80,000 toneladas, de las que 4,000 se consumieron en el esta_ blecimiento para el uso de las máquinas a vapor. El consumo del carbon se distribuye próximamente de la siguiente manera: para los vapores de la Compañia inglesa i chi_ lena, 30,000 toneladas; para las fundiciones de cobre del Norte de Chile 35,000 tone_ ladas; para compañias de gas, ferrocarriles i uso doméstico de 12 a 15,000 tone. ladas.

El embarque del carbon se efectúa por medio de un ferrocarril de 1,200 yardas de

CORONEL. — Vista jeneral.

estension i con ramales a las diferentes canchas de los piques. Los carros son tirados por una locomotora con la suficiente fuerza para trasportar 500 toneladas por dia. En su carrera hasta el muelle, atraviesan los convoyes un túnel de 150 yardas de largo abierto en la piedra viva. Antes de llegar los wagones al muelle, pasan sobre una má- quina de pesar que marca el peso de cada uno, i una vez llegados al punto de embarque, abren sus fondos i vacian su contenido en las lanchas, las cuales son conducidas al costado de los buques por medio de un remolcador a vapor.

Durante el año 1870 se despacharon 269 cargamentos, de los que 129 para buques a vela, 134 para vapores mercantes i 6 para vapores de la escuadra nacional.

El establecimiento posee una magnifica maestranza que comprende talleres de car- pintería i herreria, cuya maquinaria es movida por una máquina a vapor especial. Se pueden fundir piezas de fierro hasta de 30 quintales de peso.

Fábrica de ladrillos. — Esta segunda seccion de los trabajos se estableció en 1867 con el objeto de utilizar la arcilla refractaria que se encuentra en gran abun- dancia debajo de algunos de los mantos carboniferos.

La fábrica contiene departamentos para la elaboracion de ladrillos a fuego, baldosas de todos tamaños i todos los articulos de arcilla refractaria que emplean las fundiciones de cobre. Ultimamente se ha instalado una máquina para la elaboracion de cañones de arcilla destinados a la conduccion de agua i usos sanitarios. Dicha máquina es a vapor i elabora la cazoleta i cañon al mismo tiempo, pudiendo producir hasta 300 por dia, de 4 a 18 pulgadas de diámetro.

Para moler i cernir la arcilla, la fábrica dispone de una exelente maquinaria movida a vapor. Existen ocho hornos para quemar, con capacidad para 10 a 12,000 ladrillos cada uno, fabricándose en todo hasta 100,000 por mes. Ademas de los obreros, maqui-

Coronel. — Minas de carbon i fábrica de ladrillos.

nistas, cortadores i quemadores, ocupa la fábrica de 30 a 40 niños de 10 a 14 años de edad.

Fábrica de botellas i cristaleria. — Encontrándose en Puchoco todas las materias primas necesarias para dicha fabricacion, la Compañia determinó aprovecharse de esta circunstancia creando una tercera seccion destinada a la fabricacion de botellas i cristalería comun. Para el efecto, edificó las casas, talleres, hornes i demas construcciones, e hizo traer de Europa los obreros, herramientas i utensilios necesarios para colocar a la nueva industria en el mismo nivel de las demas secciones del establecimiento. Sin embargo, apesar de los esfuerzos de sus entusiastas promotores durante los cuatro años trascurridos desde 1864 a 1869 i del capital invertido que ascendió a 90,000 pesos, no se pudo obtener resultado alguno satisfactorio.

La causa de semejante fracaso solo puede atribuirse a la incapacidad i falta de conocimientos de los empleados que se trajeron de Alemania; pero, apesar de que la introduccion en el pais de esta importante industria no ha podido cimentarse, la Compañia no desespera de realizar su intento, fundándose en la bondad de los materiales que posee, cuyas exelentes cualidades están perfectamente reconocidas para la fabricacion de toda clase de articulos de cristalería comun.

Comercio del puerto. — La importacion del estranjero ascendió en 1869 a 67,809 pesos i la del interior, o sea de los diferentes puertos de Chile, a 2.091,225 pesos. Ambas cantidades dan una importacion total de 2.159,034 pesos i en ambos casos ocupa este puerto el 6.° lugar.

Su esportacion al esterior fué de 1.003,305 pesos, distribuidos de la manera siguiente:

Inglaterra	Ps.	866,830
California	«	25,105
Perú.	«	111,370
Total	Ps.	1.003,305

De esta suma, 136,475 pesos corresponden al carbon de piedra que producen sus minas i las de Lota, i el resto a cobre en barra. Este fué dirijido a Inglaterra; el carbon de piedra a California i al Perú.

Su esportacion interior a los diferentes puertos de Chile ascendió a 2.077,866 pesos i consistió principalmente en los articulos siguientes: Aceite para lámparas, Arcilla, carbon de piedra, cáscara de lingue, charqui, cobre en barra, cristalería surtida, cueros vacunos, harina flor, jarcia, jéneros para sacos, ladrillos a fuego, maderas para construccion, papas, piedras para enlosar, suelas, tocuyos, vasijas de madera, i vino mosto.

En la esportacion esterior ocupa Coronel el 5.° rango i en la interior, el 3.° entre los demas puertos de la República.

El valor total de lo esportado asciende a 3.091,171 pesos dando a favor de esta un saldo de 932,137 pesos.

En el mismo año de 1869 tuvo este puerto el siguiente movimiento marítimo:

NACIONALIDAD.	ENTRADAS.		SALIDAS.	
	Buques.	Toneladas.	Buques.	Toneladas.
Ingleses.	276	177,052	276	180,928
Salvadoreños.	131	36,255	136	38,244
Guatemaltecos.	45	14,499	42	13,381
Norte Americanos.	111	38,170	100	35,538
Italianos	43	9,420	43	9,087
Alemanes	39	21,230	18	7,914
Nacionales.	91	33,648	92	35,070
Peruanos.	2	390	2	506
Franceses	2	746	2	746
Polineses.	1	736	2	998
Prusianos.	2	711	1	231
Noruegos.	1	379	»	»
Belgas	1	498	1	498
Hawayanos	»	»	1	208
Totales.	745	333,734	716	323,349

V.

LOTA

El establecimiento de Lota, que aunque situado en el golfo de Arauco, hacemos figurar en el presente capítulo es uno de los centros industriales mas grandes del pais. Da vida a una poblacion de seis mil almas repartidas en dos pequeños pueblos denominados Lota alto i Lota bajo, i ocupa de 800 a 1,000 operarios en sus distintas faenas.

En Lota se efectuan en mayor escala los mismos trabajos que en el establecimiento

LOTA. — Vista del puerto.

que acabamos de describir, i como él, está montado bajo un exelente pié inglés; su inmensa maquinaria, sus túnels, sus ferrocarriles, tanto en el interior de las minas como en la superficie, su exelente muelle i los mil recursos de que dispone, le hacen ocupar uno de los primeros puestos entre los establecimientos industriales de Sud-América. Su producto anual alcanza a 100,000 toneladas.

La existencia de los terrenos carboniferos de toda esta provincia era conocida desde el año 1825. En 1835 fueron examinados por el Sr. D. Guillermo Wheelright, entonces superintendente de la Compañia de Vapores en el Pacifico, i solo en 1841 se trazó la formacion de los mantos carboniferos.

El establecimiento de que damos cuenta fué fundado por D. Matias Cousiño, pasando despues de su muerte a poder de su hijo D. Luis, quien lo ha vendido últimamente en la cantidad de cinco millones de pesos a una Sociedad anónima, organizada con ese objeto, i de la que él es uno de los principales accionistas.

A la esplotacion de las minas está agregada la fundicion de metales de cobre traidos de las minas del Norte, en los buques que han conducido el carbon a dichos puertos. La fundicion se hace por medio de 36 hornos en constante ejercicio, i de cuyas chimeneas se desprenden otras tantas lenguas de fuego, que desde una gran distancia sirven de faro a los infinitos buques que arriban a esa bahia. Así como las grandes fundiciones

LOTA. — Establecimiento de fundicion i fábrica de ladrillos.

de Inglaterra, la de Lota refina el metal convirtiéndolo en lingotes o barras de cobre puro.

Existen tambien muchos hornos para la fabricacion de ladrillos refractarios, los cuales sostienen una competencia ventajosa con los ingleses, ya sea por su exelente calidad o por su bajo precio, adoptándose actualmente con preferencia a los estranjeros los de Lota i Coronel, tanto por la facilidad de obtenerlos en el acto del pedido, como porque son vendidos con un veinte o treinta por ciento de ventaja para el consumidor.

Todos estos trabajos, acumulados en un solo punto i un punto distante de los grandes centros de poblacion, han exijido la instalacion de una maestranza perfectamente montada i con máquinas exelentes, capaces de fabricar cuanto puede ocurrirse en las diferentes faenas de que consta el establecimiento.

Como se verá por la lijera descripcion que acabamos de hacer de los establecimientos de Coronel i Lota, están llamados estos dos puertos i sus alrededores, a servir de centro al gran movimiento fabril i manufacturero que desde hace poco tiempo se nota en el pais. Por otra parte la virjinidad del suelo, inesplotado como toda la rejion del Sur, presenta un ancho campo a la industria estranjera, cuya introduccion en el pais, aun no puede menos de augurar que lenta, un brillante porvenir a este hermoso territorio, tan ricamente dotado por la mano de la Providencia.

PROVINCIA DE ARAUCO

I

TERRITORIO CONQUISTADO

LOS ANJELES, ANGOL I OTRAS CIUDADES

El adelantado Pedro de Valdivia logró posesionarse momentáneamente de todo este territorio, fundando en el corazon mismo de la Araucania, las ciudades de Villarrica, Cañete, Imperial, Santa Cruz de Coya, Angol o los Confines, Osorno, Arauco, Tucapel i Puren, todas ellas arrasadas poco despues por los indios en un levantamiento jeneral que efectuaron contra sus dominadores en 1599. Desde entonces acá, se ha emprendido una guerra enérjica que ha dado por resultado la conquista sucesiva de todo el vasto territorio comprendido entre los rios Bio-Bio i Malleco, en el cual se han fundado las ciudades de *Arauco*, en la embocadura del rio Carampangue, *Nacimiento*, *San Cárlos* i *Santa Bárbara* a orillas del Bio-Bio, i los *Anjeles*, capital que fué de la provincia hasta 1862.

Los Anjeles. — Esta ciudad se halla situada en la Isla de la Laja, sobre el rio Quilque que la cruza de Oriente a Poniente i mide una área aproximativa de 147 cuadras cuadradas. Las principales calles son empedradas i tienen una figura convexa. Las que se estienden de Norte a Sur llevan los nombres de Ercilla, Mendoza, Valdivia, Colon, Almagro, Villagran i Alcázar. Las laterales : Caupolican, Lautaro, Colocolo, Rengo, Tucapel, Lientur, Janequeo i Galvarino.

El número aproximativo de casas asciende a 450, de las cuales 403 están gravadas con la contribucion de serenos. La jeneralidad es de un solo piso, de construccion sólida i antigua.

Existe una plaza que se distingue con el nombre de plaza de Armas, i otra con el de plaza del Pueblo Nuevo.

Dentro de los límites de la ciudad se encuentran los rios Palligüe, Quilque i el estero Maipo. La cruzan ademas dos acequias, la una que da movimiento al molino de Los Anjeles situado en el centro de la ciudad, i la otra que corta la poblacion de Palligue, perteneciente a la empresa de D. Narciso Anguita i de la cual nacen canales de regadío para muchas propiedades rurales.

Cinco puentes principales cubren el rio Quilque, al frente de otras tantas calles de las que se estienden de Norte a Sur.

Existe una recova situada en el centro de la ciudad, en la calle de Almagro, con esquina a la de Rengo, i una alameda en contorno de la plaza de Armas, que sirve de paseo público.

— Los principales edificios públicos son los siguientes :

La *Gobernacion*, que se compró el año 1854 a un particular en la suma de 4,500 pesos para el servicio de la Intendencia. Hoi está ocupado ademas por las oficinas anexas, como secretaría, comandancia de armas, i oficina de estadistica. Se halla situada en la calle de Colon frente a la esquina Oriente del Norte de la plaza de Armas.

La *Cárcel pública*, edificio bastante regular, con capacidad en la actualidad, para 150 presos, susceptible de mejora i de obtener un ensanche para mas de 200 detenidos. Se encuentra al Norte de la plaza de Armas.

El *Liceo* ocupa desde hace tres años los edificios que en tiempos anteriores servian de cuarteles. Está situado al Sur de la plaza de Armas, dentro de un recinto de estension de una cuadra cuadrada, i rodeado de una muralla de piedra de tres varas de elevacion sobre el nivel de las calles, en todo el cuadrilátero.

Al Norte de la plaza de Armas se encuentra el *Cuartel*; edificio que mide como 30 varas de frente i que proporciona la necesaria comodidad para el batallon de la guardia nacional de esta ciudad.

La iglesia *Matriz* está situada en la esquina Oriente del Norte de la plaza de Armas. Su frente mide 40 metros i 70 su fondo. Contiene tres naves con cuatro altares de construccion moderna i bastante elegante. Segun el plano de este templo su fróntis debe lucir dos hermosas torres que todavia no se han construído.

— En establecimientos de beneficencia, solo cuenta la ciudad con un *hospital*, situado al Oriente de la poblacion i distante dos cuadras desde su limite divisorio. Tiene la suficiente capacidad para las necesidades del departamento.

— Existen dos imprentas, una llamada de *El Meteoro* i la otra de *El Laja*. La primera pnblica un periódico dos veces por semana con el mismo nombre de la imprenta. La segunda publica otro periódico tambien con el nombre del establecimiento, una vez por semana.

Haï dos hoteles, el del Comercio i el de la Union.

La empresa de coches de D. Santiago Wood, por contrata con el Supremo Gobierno hace viajes desde este punto a Angol, tocando en Nacimiento. La linea de coches de Nuñez pone a la ciudad en comunicacion con el Norte, hasta Curicó.

Existe una fábrica de destilacion de aguardiente i tres molinos ; el de los Anjeles, el de San Miguel i el de San Isidro.

Se cuenta con un Club bastante concurrido ; lleva el nombre de Club de los Anjeles.

Las principales producciones de la provincia consisten en trigo, lanas, maderas, vinos i toda clase de cereales.

Su comercio principal se reduce a las harinas, trigo i lana que se esportan a la provincia de Concepcion por el rio Bio-Bio.

El negocio de mercaderias se efectúa en una escala bastante regular.

Angol. — En la misma línea fortificada que cierra el paso a los indios por el Norte i de la cual nos ocuparemos mas adelante, se fundó en 1862 la ciudad de *Angol*, un poco al Sud-Oeste de las ruinas de la antigua ciudad española del mismo nombre i entre el punto de union de los rios Picoiquen i Rehue, i el de éstos con el Malleco. Angol, capital de la provincia desde que dejó de serlo los Anjeles (1862), está situada en los 38° latitud Sur i 72° 10' lonjitud Oeste de Greenwich. Su poblacion actual, de 3,000 habitantes, aumenta rápidamente por ser esta ciudad el punto céntrico de las transacciones comerciales que se verifican entre los indíjenas i los habitantes del Norte. Cuenta con 49 manzanas, edificadas en su mayor parte, que comprenden 432 casas, mas 102 en construccion. Existen en la ciudad seis edificios militares : un cuartel, un hospital, uno destinado a las oficinas del estado mayor i tres grandes galpones con techo de fierro

ARAUCO. — Vista jeneral.

galvanizado. Existe ademas un galpon fiscal en la plaza de Armas, destinado a almacenes, i finalmente una plaza de Abastos.

— Los demas pueblos fundados en este territorio son los siguientes :

Lebú, fundado en 1863 en la embocadura del rio de su nombre, con dos astilleros en que se construyen embarcaciones hasta de 125 toneladas. Su poblacion actual no baja de 1,000 habitantes distribuidos en unas 50 casas i otros tantos ranchos. Este número progresa rápidamente por encontrarse perfectamente situado a orillas de un rio navegable i a inmediaciones de ricas i abundantes minas de carbon de piedra que principian ya a esplotarse con ventaja.

Cañete, fundado en 1868, cincuenta quilómetros al Sud-este de Lebú, ocupa una ventajosa posicion inmediata a las ruinas de la antigua ciudad de Cañete, en uno de los puntos mas poblados de la seccion de la costa.

Puren, 70 quilómetros al Sud-este de la anterior i a igual distancia al Sud-oeste de Angol, fué fundada en 1868 sobre la márjen de la laguna de Lumaco, cerca del punto que ocupó la ciudad del mismo nombre destruida por los araucanos.

Tolten, fundado en 1867 a nueve quilómetros al interior de la boca del rio de su nombre, es una especie de peninsula resguardada hácia el Norte i Nor-oeste por el rio Tolten, al Oeste i Sur por el rio Catrileufu i al Este por una laguna unida al rio por medio de un foso de 350 metros que proteje la plaza por el Norte.

Queule, la última de las posiciones militares de la costa, fué fundada en los mismos dias que la anterior, en una buena posicion sobre la márjen izquierda i cerca de la boca del rio Queule, separándola de la plaza de Tolten una distancia de 24 quilómetros.

— Existen ademas varios fuertes i misiones repartidas en toda la linea que encierra a los indios.

— La poblacion total del territorio conquistado asciende, segun el último censo a 80,000 habitantes, de los que 41,400 son hombres.

II

TERRITORIO INDIJENA

Estado actual de los indios. — Aspecto del pais. — Producciones. — Tribus, diferentes, cacicazgos, butalmapus, un rei araucano. — Poblacion. — Tipo de los indios, sus creencias relijiosas, sus machis, el daño. — Carácter del indio, su ruca, sus juegos. — Cualidades y educacion de la mujer,. El matrimonio, etc.

La valiente raza de Caupolican, Lautaro i Tucapel, cuyas proezas nos pinta Ercilla con tan vivos colores en su inmortal poema, ha dejenerado notablemente en el trascurso de tres siglos. La pujanza i bravura de aquellos tiempos han cedido hoi el campo a la astucia e hipocresia mas refinadas, i aquellas batallas campales en que por su independencia combatian a campo raso millares de indios, se han convertido hoi en oscuros malones cuyo único objeto es el robo i el pillaje.

Sin embargo, a pesar de su evidente dejeneracion, el araucano conserva aun intacto su ascendrado amor a la libertad. Durante mas de trescientos años ha sabido resistir a los avances de la civilizacion, cediendo solo a la fuerza i paso a paso, el estenso territorio de que era dueño.

En la actualidad se encuentran los araucanos encerrados en una faja de terreno entre los grados 37. 50' i 39. 40' de latitud, formando dos grandes valles situados, el uno entre la falda de los Andes i la cordillera central, i el otro entre ésta i el mar. Los límites del territorio ocupado por los indíjenas, son : al Norte, la linea fortificada del rio Malleco, desde los Andes hasta Angol, al Este la cordillera de los Andes, al Sur el rio Tolten i al Oeste el mar, en cuyas inmediaciones se ha levantado una série de fuertes i pequeñas poblaciones. El rio Malleco, que cierra el paso de los indios por el

Norte, presenta un frente de diez leguas defendido por el rio i por una linea de nueve fuertes i tres torres, esparcidas en toda su estension. Los fuertes son : Angol, Huequen, Concura, Lolemo, Chiguaihue, Mariluan, Collipulli, Perazco i Curaco.

Producciones. —El aspecto jeneral de este vasto territorio es grandioso, i encierra inmensos tesoros que con el tiempo harán de él una de las rejiones mas ricas i productivas de Chile.

Su abundante i espléndida vejetacion ofrece bosques inagotables de ricas maderas de construcccion e infinidad de plantas alimenticias i medicinales. Entre las primeras sobresalen el *roble*, el *coihue*, el *rauli* i el *ciprés*, de cuya exelente madera se sirven los naturales para la fabricacion de sus casas (llamadas *rucas*), de sus canoas i útiles, de labranza; el *piñon* o *pehuen* (*Araucania imbricata*), hermoso árbol indíjena cuyo verde i oscuro follaje corona las cimas de la cordillera solo en esta latitud, i cuyo fruto, el piñon, encierra una sustancia farinosa mui nutritiva i agradable. De este árbol ha tomado su nombre la tribu de los Pehuenches o jente de los pinales ; el *canelo*, bajo cuyo fragante follaje tienen siempre lugar las ceremonias religiosas de los araucanos ; i por último, el *luma*, el *lingue*, el *quillai* i el *molle*.

Un moceton.

La feracidad del terreno i bondad del clima, favorecen el cultivo del trigo, el frejol, la lenteja, la cebada, la arveja, el haba i la quinua. El *manzano* existe en un estado silvestre i con estremada abundancia. De su fruto fabrican los naturales una chicha, que constituye su bebida ordinaria. La *papa*, orijinaria de la Araucania, crece con un vigor estraordinario i forma especies distintas. El *avellano*, de cuyo fruto, de fécula aceitosa, hacen una harina agradable al paladar, i de cuyo nudoso tronco fabrican los instrumentos destinados a su juego favorito de la *chueca* i las sólidas mazas de guerra que constituyen una de sus armas mas terribles. La *frutilla*, el *copíu* i el *cóguil*, frutas indíjenas i mui agradables, crecen con abundancia en sus bosques, tapizando las faldas de las montañas.

Entre las plantas medicinales i de uso industrial, citaremos el *canelo*, cuya corteza emplean los naturales en decoccion para curar toda clase de heridas; la *caucha*, precioso antidoto contra la terrible araña llamada *pallu*, cuya picadura produce contorsiones nerviosas acompañadas de agudos dolores; el *relbum*, raiz cuyo jugo emplean para teñir de rojo asi como el *guayu* o *bollen* para teñir de amarillo las telas de lana;

el *quillai,* cuya-preciosa corteza posee propiedades análogas i aun superiores a las del jabon; i el *colhu,* de cuyos tallos flexibles i resistentes fabrican las lanzas de que hacen uso en la guerra.

Los cuadrúpedos salvajes que habitan el territorio araucano son el *pañi* o leon, de cinco piés de altura, de un color leonado claro, sin melena i en estremo timido; el *culpen* i la *chilla,* dos especies de zorros bastante comunes i mui dañinos; el *huemul,* especie grande de ciervo ; i el *luan* o guanaco, rumiante parecido al camello.

Entre las aves silvestres solo mencionaremos las dos que son peculiares del territorio indíjena i dignas de mencion solo por el respeto y temor supersticioso con que son miradas. El *ñauco* o *peuco,* ave de rapiña de sombrio plumaje, es mirado por los naturales con profundo respeto, pues suponen que posee el secreto del porvenir. La confirmacion o la abstencion de un *malon* depende muchas veces de la supuesta órden o prohibicion del *ñauco,* cuya actitud i movimientos interpretan en uno u otro sentido. El *chucao,* pequeña avécita, constante i oculta compañera del que se aventura por los bosques, cuyos pasos sigue saltando bajo el espeso follaje de los árboles sin abandonar su canto monótono. Los araucanos sacan de la variedad de su canto, indicios favorables o funestos; favorables cuando el ave canta hácia la derecha imitando la risa humana i funestos cuando suena a la izquierda en forma de llanto

Una familia Araucana.

lastimero. Son tambien notables el *flamenco,* de hermosa figura i de alas color de rosa, i el *cóndor,* rei de los Andes, que solo baja a las praderas cuando las montañas están cubiertas de nieve o amenaza la tempestad, llevándose entónces algunas ovejas o cabritos que le sirven de alimento.

Tribus, cacicazgos, etc. — Los indios pobladores de este vasto territorio, se dividen en seis secciones distintas : 1.ª Arribanos o Muluches, 2.ª Abajinos, 3.ª Costinos o Laoquenches, 4.ª Huilliches del Sur del Cautin, 5.ª Huilliches del Sur del Tolten, i 6.ª Pehuenches.

Los *Arribanos* establecidos en la falda de la cordillera de los Andes, tienen un carácter mas guerrero i mas feroz que el resto de los indios. Viven de la crianza de ganados i de las depredaciones que cometen en la República Argentina, de donde sacan abundante botin que cambian con las tribus vecinas.

Los *Abajinos,* por su inmediacion a los arribanos, participan en algo de su carácter belicoso, aunque son menos terribles, por su frecuente contacto con la gente civilizada.

Los *Costinos*, establecidos a lo largo de la costa, se encuentran vijilados de cerca por los establecimientos militares i por lo tanto, en constante tranquilidad.

Las tribus *Huilliches*, situadas entre el rio Cautin i el Tolten, en la parte mas férti del territorio araucano, son las mas florecientes i civilizadas. Sus habitaciones, cómodas i espaciosas, su traje, sus gustos i sus costumbres, anuncian en estas tribus cierto principio de civilizacion que con el tiempo dará provechosos frutos.

Las tribus *Huilliches* del Sur del Tolten se encuentran aisladas de los demas indios, i no participan por lo tanto de sus movimientos. Ocupan la parte mas montañosa e inculta del territorio, i apenas cosechan lo suficiente para su propio consumo.

Los *Pehuenches*, habitantes de los llanos interiores de las faldas orientales de los Andes, viven del comercio con los indios de la pampa i sin mezclarse jamas en los disturbios de las demas tribus.

Estas seis subdivisiones constituyen una sola raza con caracteres marcados.

Las tribus araucanas están divididas en reducciones mas o menos grandes, gobernadas por un jefe llamado *Cacique*, que administra justicia a sus subordinados, i dirije los negocios en sus relaciones con las demas reducciones. Tiene bajo sus órdenes cierto número de *mocetones* o guerreros, que durante la paz desempeñan el mismo papel que los inquilinos en nuestros campos, i son durante la guerra los auxi-

Orllie Antonio de Tounens.

liares i la fuerza que dan prestijio i poder al jefe. Los mocetones pueden abandonar a su voluntad al cacique, i este mantiene esa union feudal solo por su prestijio o condescendencia en participarles de sus empresas.

Varios cacigazgos unidos bajo la direccion de un jefe comun, constituyen un *butalmapu*, cuyas decisiones én la guerra son siempre acordadas en reunion de caciques, llamados *parlamentos*.

La constitucion i sucesion de los cacigazgos no tienen un órden regular i constante; en muchos casos basta que un indio cualquiera reuna en torno suyo cierto número de compañeros para que se proclame cacique i erija una autoridad independiente, ocupando el terreno que sus fuerzas le permiten defender.

En 1860 el territorio araucano fué elevado a la categoria de *reino*, por un aventurero de oríjen francés, llamado Orllie Antonio de Tounens. Halagando a los indios con mil promesas de rescate i libertad, i ofreciéndoles los medios de hacer la guerra de una manera eficaz a los *españoles*, como ellos llaman a los chilenos, logró captarse su voluntad i proclamarse poco despues nada menos que rei. Pero no habiendo podido prestar a sus leales vasallos la ayuda i proteccion que él, a su vez, esperaba recibir de la Francia, a cuyo monarca habia ofrecido el presunto rei araucano la posesion de esta salvaje colonia, vióse obligado a abandonar el campo, i con él todas sus esperanzas de grandeza.

Poblacion. — Mui difícil es precisar la poblacion de la Araucania por la continua movilidad de las tribus i su reconocido empeño en exajerar su número, a fin de aumentar el prestijio que lleva consigo la fuerza. Pero reuniendo todos los datos adquiridos, podemos presentar las siguientes cifras, tomando por base los mocetones de que
dispone cada cacique conocido i asignando a cada moceton cuatro individuos :

	Mocetones.	Poblacion.
Arribanos o Muluches.	2,498	9,992
Abajinos.	3,415	13,660
Costinos.	1,000	4,000
Huilliches al Sur del Cautin. . . .	8,993	35,972
Id. al Sur del Tolten. . . .	1,690	6,760
Total.	17,596	70,384

Como se vé, la poblacion ha decrecido de una manera asombrosa en el trascurso de
res siglos. Esto se esplica fácilmente por el contínuo abuso de las bebidas espirituosas,
el contajio de ciertas enfermedades malignas contra las cuales no conocen preservativo,
i por último el hábito inveterado de consultar a los *machis* o adivinos, para indagar la
causa de la muerte de algun individuo. Jeneralmente la muèrte procede de *daño* o mal,
inferido por una o mas personas, las cuales deben perecer. De aqui se orijinan terribles represalias que ocasionan la muerte de muchos individuos. Si a esto se agrega los
malones de tribu a tribu, se comprenderá la notable disminucion que sufre la poblacion indíjena.

Tipos i trajes. — Los araucanos son jeneralmente robustos, bien formados,
ajiles, poca barba, color cobre claro, i de cabellos negros; largos i gruesos ; sus ojos
son pequeños, pero vivos e intelijentes; su boca chica con una exelente dentadura ; sus
piés pequeños i bajos, i sus brazos i piernas, de una fuerza i musculatura admirables.
El abuso de los licores i la ociosidad, los hace incapaces de otra ocupacion que no sea la
guerra o el pastoreo.

Hé aqui la descripcion que de ellos hace Ercilla, sin que en el trascurso de tres siglos hayan perdido mucho de estas bellas cualidades :

— robustos desbarbados,
Bien formados los cuerpos i crecidos;
Espaldas grandes, pechos levantados,
Recios miembros, de nervios bien fornidos;
Ajiles, desenvueltos, alentados,
Animosos, valientes, atrevidos.
Duros en el trabajo, sufridores
De frios mortales, hambres i calores.

El traje de los indios consiste en un chamal o manta cuadrada, de lana ordinaria, que tejen sus mujeres, i que atada a la cintura, cuelga hasta los piés. El resto del cuerpo queda desnudo, cubriéndolo con otra manta igual, solo cuando salen de sus casas. Sus únicos adornos consisten en un pañuelo de lana de colores vivos con que atan sus cabellos partidos en la mitad de la frente, i unas espuelas de plata, que se calzan a pié desnudo i que estiman sobre todo cuanto pudieran ofrecerles.

Las mujeres son bien parecidas, gordas, i de baja estatura, de hermosas formas i del mismo color que los hombres. Se peinan de trenzas i rodean con ellas sus cabezas, dejando salir las puntas a manera de cuernos, por detras de las orejas. De estas cuelgan pesadas carabanas de plata en forma de planchas de tres pulgadas cuadradas, i de sus cabellos se desprende infinidad de chaquiras i prendas de plata.

India en traje de gala.

Usan el mismo chamal que los hombres, con la diferencia de ser un poco mas largo i de cubrir tambien el pecho i las espaldas, dejando desnudos solo los brazos. Cuando salen de sus casas acostumbran usar tambien una especie de mantilla prendida sobre el pecho con un alfiler de plata de un pié de largo, cuya cabeza tiene el tamaño de una manzana.

Sus creencias relijiosas, sus preocupaciones. — En jeneral, los Araucanos no tienen instruccion alguna; sus ideas relijiosas se limitan a reconocer un Dios criador al que llaman *Pillan.* Rinden tambien culto a varias divinidades inferiores como *Eponemon,* dios de la guerra, *Moilen,* dios del bien i *Güecubu,* dios del mal. Creen tambien en la inmortalidad del alma, pues suponen que en medio del Océano existe un cerro misterioso en el cual se refujian las almas al separarse del cuerpo. No tienen templos ni sacerdotes : su culto se reduce a ciertos sacrificios de animales hechos al aire libre i bajo la sombra de un canelo, con lo que creen aplacar la cólera de los dioses, a quienes suponen irritados cuando los aflije alguna peste o calamidad. Usan tambien libaciones de chicha i aguardiente, i antes de consumirlo, mojan la mano en los vasos i arrojan unas cuantas gotas con direccion al volcan de Villarrica, donde suponen mora el Omnipotente Pillan.

Pero no demuestran los Araucanos la misma indiferencia respecto de sus *machis* o hechiceros, a quienes consultan amenudo, dejándose dominar por ellos. Ningun individuo puede morir, segun sus creencias, sino de vejez o en un combate. Cuando fallecen de alguna enfermedad, suponen que han sido envenenados o, en sus palabras propias: que se les ha causado *daño*. Para descubrir los autores del daño, se dirijen al adivino. Este, despues de recibir los regalos de caballos, animales, prendas de plata i todo lo que le ofrecen, averigua los nombres de los amigos i enemigos del difunto. Como si consultara a los dioses, se entrega entonces a contorsiones ridículas, gritos descomunales, invocaciones finjidas i actos de delirio en medio de los cuales pronun cia el nombre de una o mas personas. Esta es la sentencia de muerte de los pobres diablos nombrados por el adivino. Los consultores del oráculo se dirijen entonces al cacique i le piden la muerte de los autores del daño. El cacique hace reunir incontinenti a la tribu entera i se procede a los

preparativos del suplicio. Levantan un pequeño entarimado en cuyos ángulos encienden cuatro hohueras sobre las cuales colocan à las victimas i mientras se tuesta su piel i exhalan el último suspiro sin que se altere un solo músculo de sus facciones, los indios bailan, brincan, beben, rien, ahullan en su rededor.

Carácter i costumbres del indio. — En medio de su ignorancia i superticion, tiene el Araucano mui bellas cualidades que lo distinguen de los demas indíjenas de América. Intrépido i valiente, combate por su patria hasta morir; celoso de su honra i la de sus mujeres, cuerdo, jeneroso i agradecido, socorre al desgraciado i vuelve favor por favor. De una memoria increible, no olvida jamas la injuria ni el beneficio recibido.

Una india i su niño.

En estremo hospitalario no deja nunca en la puerta al peregrino. Cuando un estranjero recibe hospitalidad, el dueño de casa hace traer un cordero, lo degüella i sirve a su huésped la sangre humeante, en pequeños platos de madera.

El interior de sus *rucas* (casas) edificadas de totora i barro, está dividido en departamentos por medio de tabiques de colihue, ocupados por los diferentes miembros de la familia i por las esposas del dueño de casa. En el centro de cada uno de estos últimos arde siempre una fogata que indica la existencia de cada esposa; por esto los indios se preguntan entre sí: *cuántos fuegos* tienen en vez de *cuántas esposas.*

La suerte de la mujer entre los Araucanos, es por demas triste. Sometida a las órdenes de sus padres, pasa su niñez ocupada en los quehaceres de la casa, sin tener las distracciones propias de la edad; crecida ya, continúa en la misma sujecion hasta que solicitan su mano, i pasa entonces a poder del marido, cambiada por unos cuantos animales, sin que tenga siquiera la libertad de escojer el compañero de su vida.

El matrimonio se efectúa de una manera curiosa. Entre diez i doce de la noche acompañado el novio de sus amigos i parientes, todos a caballo i armados como para una espedicion, se lanzan a carrera tendida hácia la casa de la prometida, rodeándola en medio de un chivateo infernal. Mientras que sus amigos vijilan de cerca la casa, para que nadie escape i sostienen una lucha enérjica contra las matronas de la vecindad que acuden arrojando gritos espantosos, i que lanzan sobre ellos cuanto les cae bajo la mano hasta agua hirviendo i tizones inflamados, el novio penetra en el rancho i se dirije en busca de su adorada prenda. Esta, que está lejos de sospechar lo que la espera i que, por lo tanto, duerme tranquilamente, se vé asida por el presunto esposo; se defiende heróicamente, araña i estropea a su raptor sin saber si éste es viejo o jóven, buen mozo o feo, hasta que cansada de luchar, se rinde a discrecion. La resistencia que opone la mujer, conozca o no al marido, está en las costumbres de los indios, que hacen considerar como mas virtuosa a la mujer que mas mojicones, rasguños i pelliscos ha dado a su marido en la primera noche de boda. Una vez vencida, la coloca sobre su caballo tomándola por las caderas i no por los sobacos, lo que anularia el matrimonio, i emprende la carrera hácia su casa seguido de todo su acompañamiento. Al llegar a su habitacion oculta su tesoro de las miradas profanas, i regala a los concurrentes con grandes barriles de chicha que mantiene la orjía durante la noche toda.

Un mes despues, si está el marido contento de su mujer, la envia a casa de sus padres con la dote, la cual está obligado a suministrar en proporcion a su fortu-

Elisa Bravo en el momento del naufrajio.
(Cuadro del Sr. Monvoisin.)

na, i que consiste en bueyes, caballos, carneros, estribos, espuelas, muebles, etc. Una vez aceptada la dote por los padres, estos invitan a todos los amigos de la familia a la comida de bodas, que dura hasta la conclusion de las provisiones de chicha, aguardiente i otras bebidas espirituosas.

Llegado el momento de la separacion, el padre de la jóven i sus amigos, le dirijen una alocucion que jira invariablemente sobre el mismo tema: que pertenece a su marido, que le debe obediencia i fidelidad, que debe prepararle su alimento i rodearlo de sus cuidados.

El araucano que se apodera de una jóven de fortuna superior a la suya, se espone a una persecucion encarnizada de parte de toda la familia. Así, apenas ha franqueado el umbral de la puerta, el padre i sus amigos se arrojan sobre él i sus acompañantes i se traba una lucha en que mas de uno queda en el campo.

El indio tiene el derecho de *devolver* a sus padres la jóven que ha tomado por esposa, si su carácter no le conviene, pero en este caso está obligado a entregar a los padres la dote, como si la hubiese conservado. A la muerte de la esposa, el araucano paga a sus padres i a cada uno de sus parientes, una suma fijada de antemano, de manera que la pérdida de la mujer es para el marido una pérdida *efectiva*.

Las mujeres indias no guardan cama ni observan cuidado alguno en el momento de desembarazar. Lo hacen con la mayor facilidad del mundo, continuando sus quehaceres, un momento interrumpidos por el parto, como si nada hubiera pasado por ellas. Al niño recien nacido, despues de lavado a orillas del rio, lo envuelven en telas de lana o en cueros i lo atan a una tabla de tres piés de largo por uno de ancho con dos látigos en sus estremos, que sirven para colgarla. Raras veces lo toman en los brazos; dejan la tabla con el niño sobre el suelo, o apoyada en la pared, o colgada en alguna rama, moviéndola como un columpio. Para salir, se cuelgan la tabla con el niño a la espalda i tambien por delante, si son dos.

Elisa Bravo en la ruca del cacique.
(Cuadro del Sr. Monvoisin.)

Naufrajio del Joven Daniel. — En la costa de Puancho, entre los rios Tolten e Imperial, territorio de los *Costinos*, naufragó el año 1849 el bergantin Joven Daniel que se dirijia de Valparaiso a Valdivia con mercaderias i varios pasajeros. Entre estos se encontraba una señorita llamada Elisa Bravo i una niña de tierna edad hija suya. Los náufragos en número de treinta, saltaron a tierra i ayudados del cacique Curin, pudieron salvar sus efectos i mercaderias, antes de anochecer. En pago de su servicio dieron al cacique i sus indios un barril de aguardiente que se apresuraron a beber, i cuyos vapores les hizo sin duda concebir el designio de robar i asesinar a los náufragos. Aquella misma noche pusieron en planta su proyecto; armados de sables i machetes se precipitaron sobre aquellos infelices i no perdonaron ni aun a la tierna niña, hija de Elisa Bravo, la cual fué estrangulada por el mismo cacique Curin. Al dia siguiente se veian en las orillas del mar doce cabezas humanas mezcladas en espantoso desórden con piernas i brazos dispersos, muchos de los cuales sirvieron de alimento a los perros, i los demas ocultados despues por los indios. Algunos cadáveres tenian en la cabeza enormes tajos que demostraban haber sido hechos a machete!

Esta horrible catástrofe cuyos pormenores hemos estractado de las relaciones mas auténticas publicadas en aquella fecha, ha dado oríjen a dos magníficos cuadros salidos del artístico pincel de Monvoisin, i cuya copia acompañamos; el primero, que representa a la jóven Bravo en el momento de caer en manos de los indios, es inexacto en sus detalles i en su argumento, segun la relacion que acabamos de hacer. El segundo que la hace figurar en la *ruca* del cacique nace de la idea, jeneralmente admitida hasta muchos años despues, de que Elisa Bravo sobrevivió a la catástrofe, habiéndola tomado por esposa el mismo cacique. La familia de la jóven abrigó por algun tiempo la misma esperanza, pero apesar de las varias espediciones que envió con el objeto de inquirir su paradero, solo logró convencerse de su muerte.

PROVINCIA DE VALDIVIA

VALDIVIA.

CAPITULO I.

DESCRIPCION DE LA CIUDAD. — ISLA DE LA TEJA.

En una eminencia de la ribera izquierda del rio Calle-Calle, a 16 quilómetros de su desembocadura en la bahía del Corral, i en los 39° 48′ de latitud Sur i 73° 21′ de lonjitud Oeste de Greenwich, está situada la ciudad que, en febrero de 1552 fundó i bautizó con su propio nombre, el conquistador Pedro de Valdivia.

El rio Calle-Calle o Valdivia, corre por el Norte de la ciudad, recibiendo en su curso hácia el mar las aguas del rio Caucau, que se arroja en él de Norte a Sur. En el momento de su confluencia, el Valdivia se dirije violentamente hácia el Sur bañando el costado Poniente de la ciudad. Frente a ésta i formada por el Valdivia al Este, el Caucau al Norte i el *Cruces* (otro rio que va arrojarse en el primero a un quilómetro del muelle principal) al Oeste i Sur, se encuentra la hermosa isla de *Tejas* o *Valenzuela.*

Esta isla mide una legua cuadrada de estension i se encuentra habitada principalmente por colonos alemanes que la han hermoseado notablemente en pocos años, fertilizando sus campos i aprovechando sus numerosos elementos de riqueza con que la dotara la mano de la Providencia. En la actualidad, se encuentran tapizadas sus orillas de buenos edificios, i sus grandes i variados cultivos de frutas i cereales, así como sus bosques cubiertos de abundantes i ricas maderas de construccion, constituyen un ramo importante de su comercio. Todo esto revela el espíritu industrial i emprendedor de sus moradores, quienes se empeñan en esplotar en provecho propio i en el del pais que los ha protejido, las infinitas riquezas que encierran esos terrenos vírjenes despreciados hasta entonces por la indolencia de los naturales.

Segun hemos dicho ya, el rio Valdivia recibe al frente de la ciudad las aguas del Caucau i del Cruces. Antes de esto se le unen varios afluentes secundarios como el

Colliloufu i el Huinchilca a 10 quilómetros de la ciudad. Por su parte, el Cruces recibe antes de unirse al Valdivia, las aguas de los rios Cajumapu, Pichoi i Pelchuquin. Esta multitud de rios son en su mayor parte navegables, i sirven por lo tanto, de cómodas vias de comunicacion entre los infinitos plantios que existen en toda la estension de ambas orillas. La prodijiosa fertilidad que traen consigo, unida al sorprendente aspecto de la isla de Tejas que se asemeja a un inmenso bosque de verdura brotado de entre las aguas, hacen que la ciudad de Valdivia sea quiza i aun sin quiza, la mas pintoresca de Chile.

En los costados Sur i Oriente de la ciudad existen dos torreones de 10 metros de de6 altura i diámetro, construidos en el siglo pasado i destinados al resguardo i defensa

VALDIVIA. — Principio de la Isla de la Teja.

de la ciudad contra los ataques de los indios. La posicion es exelente, pues domina las entradas de la ciudad por el rio i por tierra. Estos pequeños fortines están, el uno abandonado i el otro destinado para servir de depósito a los pertrechos de guerra'de propiedad fiscal.

La boca del rio Valdivia en su desembocadura en el mar, está defendida por cinco fuertes situados a inmediaciones del pequeño puerto del Corral. Sus nombres son : San Cárlos, Amargos, Corral, Mancera i Niebla cuyos fuegos se cruzan i pueden impedir la entrada do los buques. Los mas importantes son Corral i Niebla, este último resguardado por un corte del mismo cerro en que ha sido levantado. Con escepcion de Niebla, todos estos fuertes, que tan importante papel representaron en los tiempos de la conquista española, yacen hoi casi completamente abandonados.

— La ciudad ocupa una área de 40 quilómetros cuadrados divididos en manzanas irregulares i de diversas estensiones, que forman 19 calles, cortas i no mui rectas. Sus nombres son: Mercedes, Manzanito, Yungai, Independencia, Toro, San Francisco, Henriquez, Caupolican, Carampangue, Chacabuco, Letelier, Libertad, Picarte, Arauco, Lautaro, San Cárlos, Beauchef, los Canelos i Muelle. No hai ninguna empedrada i en las prin-

cipales, las veredas son de una piedra llamada laja. Las de Manzanito, Muelle i Cane_
los se encuentran en la parte baja de la ciudad i las restantes en la eminencia de que
ya hemos hablado i que contiene ademas la plaza i edificios mas notables.

—La ciudad cuenta con 375 casas de habitacion, todas ellas, con excepcion de tres de
dos pisos, constan de uno solo i en jeneral son de madera. El aspecto de las casas cons_
truidas antes del año 1850, es triste i pobre; las paredes son formadas por hileras de
postes enterrados en el piso, i sobre las que descansan las vigas trasversales destinadas
a soportar los tijerales; éstos asi como los postes, son cubiertos por dentro i fuera, de
tablas que vienen a hacer el oficio de techo i paredes. La mayor parte de estas casas,

VALDIVIA. — Conclusion de la Isla de la Teja.

de las cuales quedan felizmente mui pocas, tienen en todo su frente un corredor en
forma de galeria que cubre las veredas. Desde 1850, los industriales estranjeros que
emigraron a la provincia, hicieron adoptar un nuevo método de construccion i aunque
los edificios construidos desde entonces son tambien de madera, presentan un aspecto
elegante i risueño: en el techo se emplea una teja especial de forma triangular i el
fierro galvanizado en vez del alerce de que solo se hace uso en los trabajos interiores.

— El puerto dispone de cuatro muelles para el uso público : tres de ellos construidos por particulares i el restante por la Municipalidad ; frente a éste existe una pequeña plazuela.

— La comunicacion de la ciudad con las diversas subdelegaciones rurales i los departamentos de Union i Osorno se efectúa, parte por las vias fluviales i parte por
tierra, siendo de notar que la via terrestre es una sola hasta un quilómetro de la ciudad en que se le reunen todos los demas caminos.

— La falta de un paseo público es suplida por dos fondas, situadas una en cada estremo de la ciudad; la que se encuentra en la calle de los Canelos posee un huerto de árboles frutales regularmente arreglado.

— Alumbran la poblacion 40 faroles de parafina.

— La ciudad no cuenta con mas edificios públicos que el *Hospital de Caridad* situado a 400 metros de la plaza ; consta de dos cuerpos de edificios de madera, paralelo el uno al otro, i reunidos entre sí por un tercer cuerpo de quince metros. Todo el edificio fué construido en 1867 por medio de limosnas i las economias del establecimiento; su valor, incluso el terreno, no escede de 5,000 pesos. Dispone de 30 camas i del espacio necesario para otras tantas, a mas de las piezas destinadas a los empleados del es-

VALDIVIA.—Centro de la ciudad.

tablecimiento, botica, altar, etc. Se sostiene con una asignacion fiscal de 100 pesos anuales i con el derecho de tonelaje pagado por los buques que fondean por primera vez en el puerto del Corral. Esta entrada asciende jeneralmente a 600 pesos anuales.

— En la actualidad la iglesia de *San Francisco* es el único templo que existe ; es un edificio de madera sin particularidad alguna i situado a 250 metros de la plaza, en la calle de su nombre. Tiene 15 metros de frente por 35 de fondo i fué construido con los escasos ahorros de los padres misioneros i las erogaciones del vecindario; su costo fué de 5,000 pesos.

En sus inmediaciones se encuentra la casa de misioneros i un edificio destinado para escuela i costeado por el fisco.

— Existe ademas en construccion una iglesia particular que será dedicada por su dueño, a la virjen del Cármen.

— Hai un Liceo costeado por la Nacion, dos escuelas para hombres i una para mujeres. El primero cuenta con numerosos alumnos que cursan en vez de las matemáticas, clases especiales aplicadas a la industria i al comercio.

— Valdivia cuenta con una pequeña imprenta por la que se publica el *Eco del Sur*, dos veces a la semana.

24

— Existen cuatro hoteles : el de Valdivia, situado en la calle de San Fráncisco ; el Chileno i el Aleman, ambos en la calle de la Independencia, i por último el de la Marina, en la plazuela del Muelle. Existen ademas dos cafés que llevan el nombre de sus dueños, el de Straup en la calle de Chacabuco i el de Klein en la de Arauco.

— El Club Aleman, fundado en agosto de 1854 por 140 miembros, cuenta en la actualidad con 300 que pagan una cuota mensual de 60 centavos. El Club posee un buen edificio de 30 metros de largo por 12 de ancho, recien concluido i cuyo costo es de 8,500 pesos. En esta suma se incluye el valor de dos edificios contiguos al principal,

VALDIVIA.— Conclusion de la ciudad.

uno de los cuales está destinado a servir de sala de espectáculos a los miembros del Club.

Ramificaciones del mismo Club son las sociedades de la Escuela, de Jimnástica i de Música. Las dos primeras disponen de edificios costeados por los miembros del Club; el que sirve de escuela tiene la forma de un martillo con 30 metros en cada frente i uno de éstos de dos pisos ; su costo fué dé 7,000 pesos. La escuela cuenta con seis profesores i asisten a ella 280 alumnos que pagan un peso al mes. La sociedad jimnástica que comprende la del tiro nacional, funciona en un edificio que costó 1,100 pesos i cuenta 60 miembros que pagan 20 centavos mensuales. La sociedad musical tiene organizada una orquesta que cuenta ya con 30 miembros.

El Club, propiamente dicho, solo admite en su seno a los de nacionalidad alemana, pero en las sociedades que dependen de él, puede ingresar todo aquel que lo solicite aunque no pertenezca a esa nacionalidad, con tal que llene los requisitos establecidos por los estatutos.

— Ademas de las pequeñas industrias, existen las siguientes fábricas : 2 de aguardiente, 2 de cerveza, 6 curtiembres, 1 a vapor de aserrar i acepillar maderas, 1 de cola i otra de jabon. Son dignas de mencion las curtiembres de los Sres. Schulke i Compañia i la fábrica de cerveza de los Sres. Anwandter i Compañia por la cantidad i calidad de sus productos, reputados en los mercados de Chile como superiores a muchos de los que se reciben de Europa. La última fué fundada en 1851 i en la actualidad se encuentra en la isla de Teja, en edificios espaciosos construidos exprofeso. Un motor a vapor comunica el movimiento a las diversas máquinas del establecimiento, las cuales importan con los demás útiles, terreno i edificios, la suma de 100,000 pesos. La fábrica da ocupacion a 50 personas i produce de 500 a 700,000 litros de cerveza al año.

— Cuatro vaporcitos de escaso calado hacen diariamente viajes entre Valdivia i el

VALDIVIA.— Calle de la Independencia.

pequeño puerto de Corral, donde tocan los vapores que hacen la carrera entre Valparaiso i el Sur.

— Las principales producciones de la provincia consisten en suelas, cerveza, aguardiente, maderas, carne salada, jamones, lana i quesos, que forman principalmente los articulos de esportacion. La agricultura, que es la industria mas jeneralizada, produce trigo, papas, cebada i centeno, cuya esportacion se efectua en pequeña escala.

—El valor de los articulos de importacion del estranjero, ascendió en 1869 a 55,121 pesos i el de los del interior, o sea de los diferentes puertos de Chile, a 621,473, formando un total importado de 676,594 pesos.

Su esportacion al estranjero ascendió a 133,694 pesos de los que corresponden:

A Alemania. . . . . Ps. 103,264
Al Perú. . . . . » 30,430
Total . . . . . . Ps. 133,694

Sus principales articulos de esportacion consistieron en

Suelas . . . . Ps. 96,850
Maderas para construccion. . . » 26,983
Salitre. . . . . » 5,418
Carne salada. . . . . » 2,211

El valor de lo esportado a los diferentes puertos de la República alcanzó a 796,881 pesos representados por los artículos siguientes:

Aguardiente ; botas de becerro ; carbon de piedra ; carne salada ; cáscara de lingue ; cerveza ; charqui ; cola ; crin en bruto ; grasa ; jamones ; lana comun ;

VALDIVIA.— Plaza principal.

maderas para construccion ; manteca de puerco ; mantequilla ; quesos ; suelas ; trigo.

El total de lo esportado fué de 930,675 pesos.

En el mismo año de 1869 tuvo este puerto el siguiente movimiento marítimo :

NACIONALIDAD.	ENTRADAS.		SALIDAS.	
	Buques.	Toneladas.	Buques.	Toneladas.
Ingleses.............	51	40,331	48	38,491
Salvadoreños........	14	3,174	14	3,077
Norte Americanos....·	1	104	2	304
Italianos............	7	3,957	6	2,373
Guatemaltecos......	15	4,166	15	4,065
Nacionales..........	40	13,157	37	12,323
Franceses...........	1	800	3	1,990
Daneses............	1	248	1	184
Alemanes...........	6	2,456	4	1,641
Totales........	136	68,393	130	64,448

Segun el último censo, la provincia de Valdivia cuenta con 25,278 habitantes, de los que 13,038 corresponden al departamento de su nombre. En el año de 1868 hubo en el departamento 736 bautismos, 350 defunciones i 112 matrimonios. En los bautismos corresponde 1 por cada 18 habitantes, en las defunciones 1 por cada 37 i en los matrimonios 1 por cada 116.

PROVINCIA DE LLANQUIHUE

MELIPULLI

(PUERTO MONTT.)

DESCRIPCION DE LA CIUDAD. — EDIFICIOS PÚBLICOS, IGLESIAS. — COMERCIO. — LAGUNA DE LLANQUIHUE. — COLONOS ALEMANES. — LIJERA DESCRIPCION DE PUERTO VARAS, PUERTO OCTAI, OSORNO I RIO BUENO.

Descripcion de la ciudad. — Puerto Montt o Melipulli, está situado a orillas de la encantadora bahia de Reloncavi en una estrecha planicie que llega hasta el mar, circundada por una série de escalones cubiertos de abundante vejetacion i dispuestos en forma de anfiteatro. Desde allí la vista se recrea en la contemplacion de la hermosa bahia abrigada de los vientos reinantes i cerrada por varias islas, de las cuales la de *Tenglo*, que es la mas próxima al continente, forma un hermoso i tranquilo dique natural. Los elevados picos de los Andes que se alzan cercanos a la ciudad van a morir a sus piés a medida que se acercan al golfo. Subiendo por el Norte los escalones del anfiteatro natural que cierra la ciudad, principia a descubrirse el Calbuco i la cúpula del Osorno, hasta llegar a una llanura que forma la estremidad Sur del estenso valle lonjitudinal de Chile i que se halla cubierto de tupidas selvas, a través de las cuales se abre el camino que conduce a la preciosa laguna de Llanquihue, de la que hablaremos luego.

— Sus calles son rectas i anchas, todas ellas perfectamente niveladas; sus aceras espaciosas i cubiertas con tablones de alerce. Las calles principales son las de Varas, Urmeneta i Portales, que cruzan la poblacion en toda su lonjitud; las demas son trasversales i llevan los nombres de Benavente, Renjifo, Cayenel, Egaña, Melipulli, San Fernando, Curicó, Rancagua, Santiago, Valparaiso, Quillota, San Felipe, Illapel, Serena, Copiapó, Tocornal i Huasco.

— El número de sus casas llega a 800, todas ellas de madera i de un solo piso.

— Existen dos plazas, la una donde se encuentra la Intendencia i la parroquia; i la segunda donde se alza el hospital i capilla protestante.

— La ciudad está alumbrada por 36 faroles de parafina; tiene una plaza de abastos i dos paseos públicos, el uno que conduce a la pintoresca laguna i el otro a orillas del mar.

— Existen algunos carruajitos para paseo i unas 80 carretas de cuatro ruedas ocu-

padas en el trasporte de maderas i frutos hasta este puerto, desde la laguna e intermedios, especialmente del pueblecito el *Arrayan*, formado por unas sesenta familias
que se ocupan en el corte de maderas de alerce i mañiu, que son las mas abundantes
del territorio.

— Segun el último censo la provincia cuenta un total, de 40,025 habitantes de los
que corresponde 7,636 al departamento de Llanquihue. De estos, 3,641 son hombres
i 3,995 mujeres. En el año 1868 hubo 328 bautismos, 109 defunciones i 58 matrimonios, correspondiendo en los bautismos 1 por cada 23 habitantes, en las defunciones
1 por cada 70 i en los matrimonios 1 por cada 132. Comparando la mortalidad ocurrida

PUERTO MONTT.— Vista jeneral.

en los puntos mencionados en esta obra, resulta que la provincia de Llanquihue ocupa
el primer lugar por el escaso número de sus defunciones.

Edificios públicos, iglesias. — Son los siguientes:

La *Intendencia,* situada en la plaza principal i en la que están reunidas casi todas
las oficinas públicas como la Secretaría, Mayoria, Estadistica, Visitacion de escuelas,
Tesoreria municipal, Gobernacion Maritima, Tesoreria fiscal, Aduana, Resguardo,
Cuartel de policia i Administracion de correos.

La *Plaza de abastos,* con algunos departamentos arrendados por la Municipalidad.

La *Cárcel,* de dos pisos i de bastante buena apariencia, contiene las escribanías,
oficina del Conservador i una biblioteca popular bien atendida.

El *Cuartel civico* con un hermoso cuerpo de dos pisos en el costado Oriente.

El *Cuartel de bombas* situado en un bonito edificio en el punto mas central de la
poblacion. Existe tambien otra compañia de bomberos compuesta de alemanes.

El *Hospital,* el mejor de todos los edificios mencionados i recien construido, con todas las comodidades apetecibles en esta clase de establecimientos.

Las únicas *iglesias* que existen en la actualidad son : la Capilla de los padres jesuitas, que hace las veces de parroquia, i la capilla protestante. Se está trabajando un
templo destinado para parroquia, en el punto mas central i con la estension necesaria
para el incremento de la poblacion.

Comercio. — La importacion del estranjero ascendió en 1869 a 4,139 pesos i la del interior, o sea de los diferentes puertos de Chile, a 272,774, sumando entre ambas 276,913 pesos.

El valor de la esportacion al estranjero fué de 74,631 pesos representados por sus casi dos únicos articulos de esportacion: maderas de construccion i papas. El valor de las primeras ascendió a 72,285 pesos i el de las segundas a 1,478 pesos, ambos productos destinados al Perú.

Su esportacion a los demas puertos de Chile alcanzó a 563,437 en los siguientes

PUERTO MONTT. — Plaza de abastos.

articulos : aceite de lobo, aguardiente, becerros, cerveza, papas, jarcia i maderas para construccion.

Su esportacion total fué pues de 638,068 pesos.

En el mismo año 1869 tuvo este puerto el siguiente movimiento de buques :

NACIONALIDAD.	ENTRADAS.		SALIDAS.	
	Buques.	Toneladas.	Buques.	Toneladas.
Ingleses............	24	17,903	27	20,450
Salvadoreños........	12	3,847	11	3,749
Italianos........	7	3,907	6	3,613
Norte Americanos....	3	1,457	1	453
Guatemaltecos	3	686	3	803
Alemanes...........	1	496	»	»
Polineses...........	2	1,028	1	514
Nacionales..........	2	1,421	1	99
Totales........	54	30,745	50	29,681

Laguna de Llanquihue. — El camino de Puerto Montt a la laguna, centro de la inmigracion alemana, principia en zig-zag insensible, remontando los escalones en forma de anfiteatro que rodean la ciudad i de que ya hemos hablado. A seis quilómetros de distancia del puerto, toma una direccion recta, encontrándose ya algunos plantíos i las habitaciones de uno que otro colono.

Este camino ha sido abierto en medio de un tupido bosque de árboles corpulentos, cuyos enormes troncos, unidos entre sí por una vigorosa vejetacion, oponian una valla impenetrable a los primeros colonos que en 1852 iniciaron los trabajos. Dos de entre ellos perecieron perdidos en la espesura del bosque i sus huesos han sido encontrados recientemente, al practicar el desmonte de ciertos terrenos destinados al cultivo. Un año despues de abierta la senda, se encontraba ésta nuevamente obstruida por las ramas de los árboles i los troncos caidos. A pesar del corte constante de los árboles, se

PUERTO MONTT. — Camino a la laguna de Llanquihue.

encuentra todavia a orillas del camino troncos de alerce de 60 piés de circunferencia, cuyo material bastaria para techar una catedral. La altura ordinaria del alérce es de 150 a 180 piés, los que producen tres mil i mas tablas, pero se han encontrado algunos troncos de 300 piés, que han necesitado para ser derribados, el trabajo constante de diez i séis hacheros durante veinte dias. Estos troncos enormes han producido hasta 5,200 tablas cada uno, sin tomar en cuenta la madera que se desperdicia haciendo uso del hacha para labrarla.

Ademas del alerce existen otras muchas clases de árboles propios para construcciones, como ser el *muermo,* llamado tambien ulmo, árbol corpulento i de exelente madera de construccion; el *avellano,* el *mañiu,* la *luma,* el *mirto,* que en estas latitudes toma proporciones jigantescas, el *pelú,* el *roble* i otro árbol poco conocido que los colonos distinguen con el nombre de « palo santo, » no solo por su escasez, sino tambien por su forma recta e igual, circunstancia que lo hace mui apreciable.

Para poder transitar el camino a la laguna i evitar los contínuos accidentes que so lian acaecer a los viajeros, los cuales se empantanaban con sus cabalgaduras numerosas vegas i en los espesos mantos de hojas desprendidas de los árboles i das probablemente desde la formacion de la tierra, mantos que en algunos pun maban con las aguas del tiempo verdaderos pantanos de un metro i mas de pr dad, para evitar estos peligros, fué preciso *planchar* la senda, operacion que c en cubrir ciertos parajes con troncos de árboles, de dos a tres piés de diámetr dos trasversalmente i con la parte superior canteada. En 1859 se dió al cai ancho de 10 a 15 metros i se concluyó de plancharlo en toda su estension (36 q tros). Posteriormente ha cabido al jóven intendente D. Mariano Sanchez Fonte honra de hacerle ocupar el rango de camino real, reformándolo radicalmer briéndolo de una gruesa capa de ripio que le permite ser transitado hasta i ruajes.

En la mitad del camino que acabamos de describir, se ha formado una peqi blacion de 40 a 50 casas de tablas, casi totalmente perdidas entre los árbole tescos que la rodean ; su nombre es el de villa del Rio Negro, por ocupar un orillas del rio de este nombre.

Al terminar el camino citado, se llega a orillas del majestuoso lago de Llaɾ cuyas aguas bañan la base de los volcanes Osorno i Calbuco el primero de los c destaca de la maciza cadena de la cordillera bajo la forma de un inmenso cor plateada cúpula se eleva a 2,194 metros sobre la superficie de la laguna. Lo re de estos dos cerros sobre las crestas vecinas, i las nieves perpétuas que cubreɪ mas, dan al paisaje un atractivo singular.

Este lago, el mas grande de Chile, está situado en los 41° 10' latitud Sur i longitud Oeste; tiene una forma triangular i una estension de treinta millas (a Sur, por veintidos en su parte mas ancha. Se encuentra a 60 metros de e sobre el nivel del mar i sus aguas, de un azul verdoso, se agitan a veces al sop vientos, produciendo el efecto de un mar embravecido. Su profundidad no ha po hasta ahora averiguada ; la sonda no ha dado fondo a los mil metros i hai qui ponen que su profundidad es la misma que la altura del Osorno (2,200 metros un solo desagüe, el rio Maullin, que desemboca en el Pacífico en los 41° 35 tud Sur.

El clima de esta rejion es cuanto de mas saludable puede desearse, pues la ciones rejistradas en los 18 años comprendidos desde 1852 a 1870, no han subid de las que 29 fueron niños, naturales del pais. Calculando la poblacion total e habitantes en cada uno de los 18 años, resulta que han muerto próximament año, o sea 1 por cada 666 habitantes ! Los colonos establecidos en los alreder la laguna gozan, por lo general, de una salud inmejorable. D. Carlos Andler, p plo, establecido desde hace 15 años (1855), a inmediaciones del volcan Osorno con una robusta descendencia de diez mozos intelijentes i laboriosos que se con gran provecho, al cultivo del trigo, harina, centeno, cebada, papas, cebol crianza de animales, a la lecheria i fabricacion de la mantequilla, i lo que es una rejion húmeda, a la crianza de abejas que les producen una cera i miel ex

— El centro de la inmigracion alemana es Puerto Varas, pequeño puerto sit

el estremo Sur de la laguna i con una poblacion de 156 familias alemanas. Recientemente se ha construido por los Sres. Oelckers i Schulz un vaporcito de 70 toneladas
de capacidad, destinado a hacer un viaje a la semana al rededor de la laguna, poniendo
en pronta i facil comunicacion con Puerto Varas, a los muchos colonos esparcidos en
las orillas i en Puerto Octai, pequeño pueblo situado al Norte del mismo lago. El vapor ha costado 16,000 pesos inclusa la máquina encargada a Hamburgo ; toda su enmaderacion asi como los palos, es de alerce i su quilla de roble-pellin. Ha sido bautizado con el nombre de «Enriqueta Solar» en honor de la hija del intendénte de
Llanquihue, D. Felipe del Solar.

La colonia de Llanquihue fué fundada por decreto de 1853 i despues de varias dis-

PUERTO MONTT. — Casa do un colono.

posiciones relativas a los colonos, se dictó el decreto de mayo 10 de 1868, cuya sustancia es la siguiente :

1.º A cada familia se concede :

a Una hijuela de 25 cuadras (3,800 metros) por el padre i 12 (1,800 met.) por cada
uno de los hijos varones mayores de diez años, a razon de un peso la cuadra.

b Exencion de la contribucion territorial durante 20 años contados desde la fundacion, así como del impuesto de alcabala i del de patente.

c Habitacion gratuita en el puerto hasta que se entregue la hijuela.

d Un diario de 30 centavos por el padre i 12 mas por cada hijo mayor de 10 años,
durante el mismo tiempo.

e Los auxilios necesarios para costear el desembarque i conduccion con los equipajes hasta la hijuela, no escediendo de 20 pesos por familia.

f En la hijuela recibe una pension de 15 pesos mensuales por un año (que por circunstancias especiales puede aumentarse), semillas por valor de 5 pesos, una yunta
de bueyes, una vaca parida, 500 tablas i un quintal de clavos.

2.º Los ausilios mencionados bajo las letras d, e, f, son con cargo de devolucion por
quintas partes, haciéndose la primera entrega tres años despues de haber tomado

posesion de la hijuela. A esta cuenta se agregará tambien el precio del terreno segun letra *a.*

3.° De las hijuelas se darán los títulos cuando haya en ellas una casa regular i dos cuadras cerradas i bien cultivadas.

4.° Si algun colono no cumpliese con sus obligaciones, su hijuela podrá consignarse a otro.

5.° Tendrán libre de derechos de aduana, la introduccion de sus efectos, máquinas i útiles de su uso particular.

6.° Serán ciudadanos chilenos solo cuando declaren su voluntad de serlo.

7.° Tendrán la asistencia gratuita de médico i partera i los medicamentos necesarios.

8.° Tendrán capellanes i escuelas, segun el número de pobladores en una localidad i el estado de las rentas públicas.

Ante condiciones tan favorables, la colonia debia prosperar de una manera mas rápida, sobre todo si se tiene en cuenta las infinitas fuentes de riqueza de que pueden disponer los inmigrantes, en medio de campos de una sorprendente fertilidad i de bosques inmensos de inapreciable madera de construccion. Sin embargo, la colonia cuenta en el dia con una poblacion que no baja de 3,000 alemanes, dedicados a todas las faenas que les sujiere su espiritu emprendedor i su hábito de trabajo.

No creemos demás designar a los colonos que han sobresalido en sus trabajos agricolas e industriales. D. Juan Heck posee un notable jardin con conservatorio, magnificos árboles frutales i flores indíjenas. Esporta tanto las semillas como plantas vivas a varios puntos de la República i aun al estranjero. A pesar de las condiciones desfavorables del clima, produce frutas esquisitas.

D. Jerman Klagges, el industrial de mas importancia entre los colonos de la laguna, fabrica un aceite de linaza que, usado para pintura de edificios, ha resultado ser superior a todos los importados del estranjero.

Los Sres. Jorje Klein, Francisco Klenner, Enrique Schlutter producen un exelente lienzo puro i mezclado.

D. Federico Oelkers fabrica espiritu de vino i aguardiente en su establecimiento a vapor.

Los Sres. Guillermo Püschel, Juan Bandt, Fernando Michaelis, Carlos Andler, Augusto Hoffmann, Federico Schmunke, Eduardo Schrebitz, Eduardo Neumann, Juan Baungarten, Augusto Proschle, Augusto Mechsner, merecen figurar entre los honrados industriales que a fuerza de trabajo i constancia, han sabido conquistarse una posicion digna del respeto que merece siempre la honradez i la laboriosidad.

— Aunque faltemos a nuestro propósito de limitarnos principalmente a la descripcion de cada una de las capitales de provincia, vamos a dar algunos datos referentes al territorio de Llanquihue, datos que consideramos de importancia, convencidos como estamos, de que éste será con el tiempo, uno de los mas productores de la República i el centro de una inmigracion laboriosa e inteligente.

Segun hemos dicho ya, Puerto Octai se encuentra situado al Norte de la laguna i oculto entre las sinuosidades de una costa accidentada i caprichosa. Aunque la entrada al puerto es un tanto peligrosa, por las razones que acábamos de indicar, la bahia es bastante abrigada i sus alrededores sumamente pintorescos.

Saliendo de Puerto Octai con direccion a Osorno, se sigue un camino que en la estension de diez i seis quilómetros se conserva en perfecto estado, como el que hemos descrito entre Puerto Montt i Puerto Varas, pero en adelante, es decır en los veinticuatro quilómetros restantes hasta llegar al vado del rio Cancura, el camino desaparece para dar sitio a una senda tortuosa i desigùal en la que no es difícil estraviarse. Todo el trayecto entre Octai i Osorno es plano, por lo que seria mui practicable el establecimiento de un madero-carril, que reportaria indudablemente gran provecho a los empresarios, al mismo tiempo que facilitaria enormemente la comunicacion a los infélices pobladores de esos campos, condenados hoi a vivir como separados de todo trato.

Desde Cancura a Osorno se sigue un camino tan descuidado como el anterior i por el corazon de un bosque impenetrable, cuyos árboles entrelazados i cubiertos con el musgo i las enredaderas, forman una espesa techumbre a traves de la cual los rayos del sol no alcanzan a tostar la tierra.

— Antes de llegar a Osorno se cruzan los rios Coigüeco, Cancura i Pichil, que forman el Rahue, i a cuyas orillas se alza dicha ciudad. Esta es una poblacion irregular, con sus calles desniveladas i sus casas de tablas. Tiene una plaza bastante espaciosa i adornada con un jardin, una iglesia construida de piedra cancagua semejante a la tasca que se labra al hacha, la cárcel del mismo material, i el convento de San Francisco situado en una plazoleta irregular del mismo nombre i construido de madera, a pesar de ser una de las mas ricas de las comunidades relijiosas del Sur de Chile. En a misma plazoleta se encuentra la hermosa casa habitacion i de negocios de D. San tiago Schwarzemberg, construida de material i de dos pisos; es la mas notable de Osorno i tan buena como la mejor de Santiago o Valparaiso.

— A 27 quilómetros de la ciudad i en direccion hácia la cordillera se encuentra la mision de Tralmapu fundada en 1851 por el padre capuchino italiano Pablo de Royo, quien la dirije aun. Esta mision, conocida tambien con el nombre de Villa de San-Pablo, cuenta ya con unas cien casas de habitacion, cuyos moradores se dedican al cultivo de los terrenos que no hace mucho eran bosques espesos. La capilla, o mas bien la iglesia, tiene 40 varas de fondo i tres naves; el arreglo i disposicion de su interior la hacen reputar como la de mayor importancia desde Valdivia a Chiloé. Inmediata a la capilla se encuentra la casa habitacion del padre Pablo, edificio de tres pisos rodeado de balcones desde los cuales se domina todos los alrededores. Esta es la única casa de tres pisos que existe en todo el Sur i por encontrarse sin duda cerca del camino que conduce de Osorno a la Union, es visitada por todos los viajeros que se dirijen a este último punto.

— Continuando hácia el Norte con direccion a la Union, se atraviesa el rio Pilmaiquen que forma, a una distancia de 23 quilómetros hácia la cordillera, una hermosísima cascada cuyas aguas, asi como las del rio Rahue que corre mas al Norte, van a engrosar el caudal del rio Bueno. A orillas de este rio i ya en la provincia de Valdivia se encuentra la mision de rio Bueno, llamada a ascender en breve a la categoria de departamento. La poblacion está situada en una elevada planicie en la orilla Sur del rio,

·i lo único que ofrece de notable es la cárcel, antiguo fuerte del tiempo de los españoles, rodeado de fosos i con un puente levadizo.

Rio Bueno está llamado a ser uno de los grandes centros productores del Sur de Chile, tanto por su posicion en un rio en la actualidad navegable desde el Pacifico hasta Trumao, como por encontrarse en el centro de campos inmensos i dilatadas llanuras, hoi abandonadas i sin cultivo, pero que entregadas al trabajo de una colonizacion intelijente, llegarán a ser con el tiempo la fuente de una riqueza incalculable. Ya D. Enrique Meiggs, el hombre de las grandes empresas, ha comprado 70,000 cuadras de terrenos en ambas márjenes del rio, con el objeto de introducir colonos americanos. Esperemos que éste sea el primer paso dado en el sentido del progreso a que está llamada toda esta vasta i rica rejion, hasta hoi tan desdeñada, apesar de los incalculables tesoros que encierra su suelo, vírjen aun de toda esplotacion.

PROVINCIA DE CHILOE

ANCUD

DESCRIPCION DE LA CIUDAD. — EDIFICIOS PÚBLICOS, IGLESIAS. — POBLACION. — PRO-
DUCCIONES I COMERCIO. — USOS I COSTUMBRES DE LOS CHILOTES.

— La ciudad i puerto de Ancud o San Cárlos, capital de la provincia de Chiloé, está situada en los 42° 10′ de latitud S. i 73° 8′ Oeste del meridiano de Greenwich. Fué fundada por D. Cárlos Beranger a orillas del golfo de Chacao en la parte setentrional de la isla de Chiloé. Esta, con una estension de 120 millas de Norte a Sur por 40 de ancho, forma el archipiélago del mismo nombre compuesto de 64 islas erizadas de montañas i separadas unas de otras por estrechos canales de difícil navegacion. La isla de Chiloé forma la entrada al golfo de Ancud, por el cual se llega al magnífico puerto de Castro, distante 95 millas de la capital i que ofrece una de las mejores bahias del mundo, capaz de contener con seguridad i sin peligros de mareas ni vientos, cualquier número de buques.

— El faro del puerto de Ancud está situado en la costa Sur en la punta de la Corona conocida con el nombre de Huapacho, en 41° 46′ 15″ latitud Sur i 74° 1′ Oeste de Greenwich. Alumbra desde noviembre 1° de 1859 i su luz es fija, blanca, variada por destellos de dos en dos minutos. Aparato catadrióptico de cuarto órden. La torre es redonda, pintada de blanco i el techo de la linterna i ventilador pintados de verde. Alcance de la luz 12 millas, i de 20 en tiempo sereno.

— La ciudad de Ancud tiene una estension de 140 cuadras cuadradas. Su plan es sumamente irregular i caprichoso, pues de las 22 calles de que consta, ninguna sigue una direccion recta i regular. Solo tres de las calles citadas están perfectamente pobladas, son las de Pudeto, Catedral i Freire; el resto son callejones en los que las casas de habitacion se encuentran diseminadas.

— El número de casas asciende a 456, de las que solo 8 son de dos pisos; ninguna de ellas ofrece particularidad alguna, por lo que toca a su arquitectura.

.— A inmediaciones de la ciudad corre el majestuoso rio *Pudeto*, célebre por la batalla que a sus orillas ganó el ejército de la República contra el último resto de las fuerzas españolas. Una eminencia que existe a sus orillas i sobre la que se encuentran

F. Sorrieu del. et lith.

LA TRILLA.

Imp. Lemercier & Cie Paris

situados los cementerios catolico i protestante constituye en la actualidad el paseo favorito de las hermosas i despreocupadas chilotas. Hermósa perspectiva para las almas fuertes: un sitio de recreo entre las glorias de la patria i la mansion de los muertos!
— Alumbran la ciudad 22 faroles de parafiña.

— Existe un Liceo con 71 alumnos, un seminario con 38, tres escuelas públicas para hombres, i dos para mujeres, funcionando todas ellas en casas particulares.

— La ciudad cuenta con una imprenta, por la que se publica el *Chilote*; tres hoteles bastante bien servidos i un club.

— Ancud es la residencia del Iltmo. Sr. obispo de la diócesis. El obispado comprende

ANCUD. — Vista jeneral.

las provincias de Valdivia, Llanquihue i Chiloé. Esta se divide en nueve parroquias.

Edificios públicos, iglesias. — En la plaza de Armas se encuentra la *Casa de Cabildo*, la *Casa episcopal* i el *Seminario*. La primera costó 4,000 pesos, la segunda 14,000 pesos i 9,000 pesos el tercero.

Los demas edificios públicos son los siguientes: el *Cuartel*, construido por los españoles, así como la *Cárcel*, edificio de piedra; el *Hospital de caridad* edificio de madera, concluido el año 1866; la *Tesorería* i *Aduana*; de dos pisos, situado en el muelle i con 14,000 pesos de costo; i el de la *Escuela pública*, n° 1, construido el año 1864.

La *Iglesia parroquial* con mas de 80 años de existencia, se encuentra en estado ruinoso, por lo que se piensa en cerrarla; la iglesia de *San Francisco* en actual construccion, aunque es de madera, será un hermoso templo que llenará las necesidades de la localidad. Existen ademas dos capillas, una perteneciente al hospital de caridad i la otra al Seminario.

Poblacion. — La provincia de Chiloé cuenta con 59,534 habitantes, de los que 21,794 corresponden al departamento de Ancud. De esta cantidad, 10,868 son hombres i 10,926 mujeres.

En el año 1868 hubo 721 bautismos, 422 defunciones i 160 matrimonios; correspondiéndole en los bautismos 1 por cada 30 habitantes, en las defunciones 1 por cada 52 i en los matrimonios 1 por cada 136. Comparando el número de las defunciones con el de las demas ciudades mencionadas en esta obra, resulta que, despues de Llanquihue, Ancud es el punto en que tienen lugar menos defunciones al año.

Producciones, comercio.— A consecuencia de las frecuentes lluvias, sus terrenos son fértiles, pero en cambio el frio que domina constantemente, impide maduren muchos frutos estimables. Sus ganados no son tan corpulentos ni robustos como los del Continente. Sus producciones consisten casi esclusivamente, en papas, las mejores de toda la República, jamones, marisco seco, quinua i en particular maderas de construccion.

El valor importado del estranjero en 1869 fué de 10,367 pesos i del interior o sea de los diferentes puertos de la República, de 753,988 pesos. Ambas cantidades dan una importacion total de 764,355 pesos.

La esportacion al estranjero fué de 96,936 pesos representados casi en su totalidad por sus maderas de construccion. El valor de éstas ascendió a 96,610 de cuya cantidad corresponde al Perú 93,740 i el resto a Bolivia.

Su esportacion a los puertos de la República alcanzó a 1.898,365 pesos, ocupando el cuarto rango entre los puertos esportadores en el comercio interior de Chile. De dicha cantidad 1.829,317 pesos corresponde a maderas de construccion; el resto se subdivide entre los articulos siguientes: aceite de lobo ; becerros ; cueros vacunos i de lobo ; harina flor ; jénero blanco liso ; metal amarillo ; papas ; sal comun ; suelas, i trigo.

El valor total de la esportacion asciende a 1.995,301 pesos dejando a favor de ésta un saldo de 1.230,946 pesos despues de deducida la importacion.

Costumbres de los Chilotes. — Si bien el estado material de la ciudad de Ancud no ofrece para nosotros una gran importancia, no sucede lo mismo con respecto a ciertos usos i costumbres del pueblo. Damos pues a continuacion algunos datos que ofrecen una idea bastante exacta, aunque mui a la lijera, de ciertos hábitos peculiares de los moradores del estremo Sur de nuestro territorio.

Los *piucos*, nombre con que se designa a los hombres del pueblo, son fuertes, robustos, i al mismo tiempo mui frugales; su alimento consiste por lo jeneral, en papas i mariscos de los que hai una estremada abundancia i gran variedad. A pesar de que acostumbran criar ovejas i otro ganado menor, poco aprovechan la carne, utilizando únicamente las lanas para sus tejidos.

La faena a que se dedican en los meses de verano consiste en el corte de maderas. Para el efecto, el piuco, sin mas provision que un saco de harina de trigo tostada mezclada con linaza, ni mas herramienta que su hacha, se dirije al monte, donde permanece por lo regular de 4 a 5 meses desde Noviembre a Marzo inclusive. En este trascurso de tiempo le produce su trabajo de 3 a 4 i hasta 5 mil tablas de alerce, i a mas de 7 a 800 durmientes de ciprés. Despues de concluida la temporada, conducen el fruto de su trabajo en carretillas de mano de cuatro ruedas hasta la costa mas inmediata, desde donde lo transportan en lanchas a los puertos de embarque para el estranjero.

Como los terrenos están mui subdivididos, la mayor parte de los chilotes es propietaria de fundos cuya estension i aspecto pintoresco bastarian para dar envidia a los que en Europa se llaman grandes hacendados. La propiedad tiene en Chiloé un escasísimo valor; la isla de la Lagartija, por ejemplo, con una area de tres cuadras, que divide la entrada del canal de Chayahue, ha sido cedida por su dueño anterior en cambio de una hacha! Otras islas con mas o menos superficie, han sido cambiadas ya por una balandra, un bote, cierto número de tablas, o cualquier otro artículo de un valor equivalente.

La moneda circulante entre la jente del pueblo i muchas veces entre la jente rica, es la tabla de alerce. Esta mercadería representa entre los chilotes un rol importante, como que está ligada a todas las necesidades de su existencia. Hombres, mujeres i niños la llevan a cuestas, así como nosotros llevamos nuestros portamonedas en el bolsillo. En las calles de Ancud, de Calbuco o de Castro, se tropieza a cada paso con mujeres cargadas con sendos atados de tablas, que se dirijen a las tiendas i despachos con el objeto de efectuar toda clase de compras. Cada tabla tiene el valor de tres centavos, de manera que si el artículo comprado asciende a uno o mas pesos, ya calculará el lector la carga que se vé obligado a llevar el comprador. Pero las tablas no desempeñan tan solo el papel de moneda, les sirven tambien para fijar la edad de los niños, así, no dicen que tal niño tiene 8, 9 o 10 años de edad, sino que «es de 2, 3 o mas tablas,» segun las que puede cargar.

Los chilotes son en estremo supersticiosos i creen en la transfiguracion de las almas; cuentan espantados al viajero los *daños* causados por tal o cual vecino que despues de muerto se volvió perro, caballo o gato para hacerle daño a tal otro; respetan sobremanera al *caminante*, a quien suponen siempre bueno; tienen un terror supersticioso a los habitantes de la isla de Huar, pues los suponen brujos e inclinados a causar daño; por este motivo tratan cuidadosamente de no dejarse conocer al mismo tiempo por el nombre i apellido, porque suponen a los brujos impotentes para efectuar el conjuro si ignoran el nombre de pila o el apellido de la persona a quien desean causar el daño; por esto son tan comunes en Chiloé los sobrenombres como el *pelado* Salinas, el *ñato* Guzman; el *huacho* Fuentes, etc., etc.

En el matrimonio, la mujer lleva tambien una buena parte de trabajo. Cuando el marido se interna en la cordillera, ella se dedica con ardor a las faenas del campo, labrando la tierra con una intelijencia i conocimiento sorprendentes. La herramienta de que hacen uso es el *gualato*, especie de azadon de madera semejante al pico de dos puntas que usan los mineros europeos. En Marzo o en Abril, cuando regresa el marido de la cordillera, recojen sus cosechas i le ayudan en el acarreo de la madera, ya sea por tierra o por mar, pues son exelentes bogadoras. No acostumbran trillar el trigo ni la linaza; los guardan en rama sobre los tijerales de sus casas i a medida que lo necesitan, van sacando las gavillas que desgranan a mano o con los piés.

La mayor parte de las casas de los campesinos constan de una sola pieza, mui pocas de dos i todas de un piso, pero de techo bastante inclinado para facilitar la caida

25

de las aguas de las lluvias. Por lo jeneral tienen dos puertas, la una frente a la otra i sin ventanas, de manera que el humo producido por la fogata que arde en medio del cuarto i que no se apaga un solo dia del año, se ve forzado a buscar una salida por las junturas de la enmaderacion i por la parte superior de las puertas.

Los chilotes son exelentes marinos; navegan a través de los pintorescos canales que forman el Archipiélago, siguiendo siempre las corrientes que cambian cada seis horas; si les falta el viento al principiar la corriente contraria, fondean acercándose siempre a la costa, largan el *sacho*, especie de ancla de madera de cuatro puntas, i la tripulacion se dirije a tierra en los bongos con el objeto de mariscar, i si es posible, con la oculta intencion de gozar de las delicias del *curanto*.

Este es una especie de banquete o festin que celebran al aire libre, siempre a orillas de la playa i con mucha frecuencia, pues nunca falta para ello pretesto, que ya un matrimonio, un bautismo, un enfermo escapado del daño, una buena cosecha, la conclusion de una casa, un feliz regreso de la cordillera, o bien únicamente el deseo de divertirse. El curanto se prepara de la manera siguiente. Elijen un sitio conveniente a orillas de una playa de guijarros, cavan en él un pozo de una vara de profundidad por otra de diametro, i encienden en el fondo un fuego violento. Cuando las paredes del foso estan bien caldeadas, es señal de que se encuentra listo para recibir la infinidad de variados comestibles que constituyen el curanto i que consisten en papas, jamon, carne de chancho, de cordero i mariscos de todas clases, principalmente tacas, que las hai abundantísimas, sin que cueste el obtenerlas mas trabajo que el escarbar la arena. En este momento se cubre el fondo i las paredes del pozo con hojas de pangui o nalgas, i se van colocando los articulos mencionados par capas separadas unas de otras i con bastante condimiento, hasta que el horno queda del todo repleto ; se le cubre en seguida con una última capa de piedras, i mientras se cuece el sabroso curanto, bailan los convidados a su alrededor al compas de harpa i guitarra la famosa *seguidilla*, especie de *resbalosa* de dos parejas. Creemos inútil agregar que entretanto, circula con profusion el aguardiente de papas i la chicha de manzanas, pues, sea entre Chilotes o entre Atacameños, la chicha i el aguardiente presidirá siempre toda fiesta.

DE MAGALLANES

PUNTA ARENAS.

DESCRIPCION DE LA COLONIA. — SUS PRODUCCIONES, COMERCIO I POBLACION. — INDIOS
PATAGONES. — MINAS DE CARBON. — SU IMPORTANCIA FUTURA.

Descripcion de la colonia. — El establecimiento chileno de Punta Arenas,
se encuentra situado en la península de Brunswick cerca de la embocadura oriental
del estrecho de Magallanes, en los 53° 10′ 30″ de latitud Sur i 70° 56′ de longitud
Oeste del meridiano de Greenwich.

Por causas tal vez especiales, al fundar esta colonia, como asi mismo al tiempo de
su rehabilitacion, despues de su memorable destruccion ejecutada por Cambiaso en
1851, sus gobernadores adoptaron para fundar el pueblo, cierto sistema que en el
dia era imposible continuar. Calles estrechas i tortuosas, sitios demasiado pequeños en
proporcion del terreno de que se podia disponer, falta de agua corriente, i con su poblacion en aumento, habria llegado a ser este pueblo casi inhabitable. D. Oscal Viel, que
en febrero de 1868 se hizo cargo de la gubernatura de esta colonia, se propuso correjir radicalmente los vicios de que adolecia la planta del pueblo. Para el efecto tomó
por base la calle de Magallanes, la única medianamente recta que entonces existia i
trazó sobre ella la plaza principal con una esténsion de 100 metros por cada frente i
bautizada con el nombre de Muñoz Gamero. De la plaza hizo partir hácia los cuatro
vientos varias calles de 20 metros de ancho que formaron manzanas de una hectárea
de estension.

De esta distribucion resultaron cinco calles de Nor-oeste a Sud-este i siete de Nor-
este a Sud-oeste formando 34 manzanas. Los nombres de las primeras son Colchagua,
Coquimbo, Concepcion, Valparaiso i Valdivia i los de las segundas : Talca, Chiloé,
Aconcagua, Magallanes, Nuble, Llanquihue i Curicó.

Cada manzana está dividida en 10 sitios de igual superficie. Al subdividir de esta

manera cada manzana, se tuvo en vista los córtos recursos con que contaban los colonos, lo que no les permitia atender mayor estension de terreno, por estar obligados a
ejecutar en él trabajos que den a la población alguna vida, i no aparezcan esos grandes
solares desiertos que hacen de las ciudades una mansion de tristeza. Esto no ha obs-
tado, sin embargo, para que aquellos que han podido atender dos o mas sitios, los hayan
obtenido.

Las cuatro manzanas laterales de la plaza, se han reservado para el Estado, a fin de
edificar mas tarde los edificios fiscales de que necesitará la población. Todos los sitios
fiscales de nueva delineacion están cercados con fuertes palizadas, lo mismo que las
pertenencias de los particulares.

A 50 metros de la linea de la mas alta marea se ha terminado el trazado de las man-

PUNTA-ARENAS. — Vista jeneral.

zanas de la poblacion, i se ha dejado una calle llamada de la República, con el objeto de
comunicar el pueblo con el establecimiento de agua fresca que se encuentra a diez
millas de distancia, i con las posesiones rurales que se ha repartido en esa direccion.

Rodean las 34 manzanas mencionadas, que podremos llamar urbanas, tres avenidas
de 50 metros de ancho i que llevan los nombres de Independencia, Libertad i Cristóbal
Colon. Al rededor de estas tres avenidas se ha seguido la delineacion de 38 manzanas
mas que llamaremos rurales i cuyas calles enfrentan con las de la parte urbana de la
ciudad. Por último cierran el total de 72 manzanas, tres calles llamadas Ecuatoriana,
Patagonia i Boliviana.

La calle de Magallanes tiene empedrada una estension de 300 metros, con
una vereda de madera i la otra de piedras. Existen ademas 8 cuadras con veredas empedradas; todas las demas están perfectamente delineadas i algunas terraplenadas en
punto de recibir el empedrado.

El número de casas de habitacion alcanza a 150, todas ellas de madera i sin particularidad alguna.

Dos rios corren a inmediaciones de la ciudad. El uno llamado de las Minas, corre por el estremo Norte, i el segundo llamado de la Mano, por el estremo opuesto. El primero cruza las manzanas rurales comprendidas entre la avenida de Cristóbal Colon i la calle Ecuatoriana i contiene algunos lavaderos de oro. Ademas de estos dos rios existen tres mas a algunos quilómetros de la poblacion, el uno al Norte llamado de Tres puentes i dos al Sur llamados Tres Brazos i de los Ciervos.

— Los principales edificios públicos son : la *Casa de la Gobernacion,* construida con un costo de 10,000 pesos el año 1859 i situada en la esquina Norte de la calle principal; el *Cuartel,* situado al frente del anterior i en el que existe una guarnicion de 40 hombres del batallon de artillería de marina. Su costo fué de 5,000 pesos i se levantó en 1864. Al lado de éste se encuentra la cuadra de los confinados, construida el año 1863 con un costo de 1,500 a 2,000 pesos. El *Colegio* situado en el costado Norte de la plaza principal. La *Botica* en la calle de Magallanes, i por último siete u ocho casas destinadas a los empleados de gobierno. El costo del colejio i botica es poco mas o menos de 5,000 pesos i ambos fueron construidos el año 1868. Tambien existe una sociedad de [beneficencia i una pequeña *iglesia,* situada en la calle de Magallanes ; su costo fué de 3,000 pesos i construida en 1854.

Producciones. — A causa de la humedad del terreno i de los notables cambios de temperamento, las producciones del territorio son mui pocas. Las principales son : papas, col, lechuga, coliflor, ápio silvestre, i toda clase de hortaliza, pudiendo igualmente obtenerse la zanahoria i la betarraga.

En cuanto al trigo, crece mui hermoso hasta granar, pero no se alcanza a secar, de manera que solo sirve para el alimento del ganado. Se producen tambien varios frutas silvestres como el calafate, fresas i otras. Arboles frutales solo pueden criarse en conservatorio.

En cuanto al ganado que crece en las llanuras que circundan la colonia, es bastante hermoso, tanto por su robustez, tamaño i la hermosura de su piel que le hace aparecer revestido de un ropaje de terciopelo, como por su carne en estremo sabrosa, su leche i la mantequilla que produce, cualidades debidas sin duda alguna, a los pastos salitrosos de esta peninsula. El ganado lanar, caballar i cabrio, lo mismo que todos los demas animales i aves domésticas, pueden desarrollarse admirablemente.

Comercio con los indios. — En cuanto al comercio de la colonia, se reduce al oro de los lavaderos, pieles de huanaco, zorrin, aveztruz, cisnes i otros animales.

Los indios patagones se acercan periódicamente a la colonia trayendo consigo gran cantidad de pieles i plumas que cambian por viveres, aguardiente, armas i pesos fuertes, única forma bajo la cual conciben el dinero, pues miran el oro con el mayor desprecio. Algunos colonos acostumbran internarse al lugar de la résidencia de los indios en las Pampas, llevando consigo los articulos ya mencionados para cambiarlos por pieles i plumas que venden con ventaja a los comerciantes de la colonia. Los indios patagones de la costa occidental del territorio de Magallanes viven jeneralmente en unas llanuras llamadas *pampas,* entre Magallanes i Rio Negro, distante unas cien legua sal Norte de la colonia. Son los salvajes mas sucios e indolentes de la América del Sur i sus costumbres particulares no tienen nada digno de mencion, ni mucho menos el interés que inspiran las de los Araucanos.

Su traje consiste en una piel de huanaco con que se fajan el cuerpo i un largo ponchon de lana ordinario con que se cubren a guisa de pañuelo. Su calzado es una abarca, botin de cuero de caballo o de huanaco, que les llega hasta la rodilla. Contra la costumbre de los araucanos, la poligamia es mui rara entre ellos; adoran un solo Dios invisible que ellos llaman *Coche* i creen en la inmortalidad del alma. Aseguran que Coche tiene un corazon mui tierno i que en la otra vida les espera con cosas *mui buenas*. Sin duda llamarán cosas mui buenas el aguardiente a que rinden un culto decidido, ya que ninguno le pagan a su buen Coche.

Indio Patagon.

Estos salvajes están subordinados a ciertos jefes que ejercen las mismas funciones de los caciques entre los araucanos.

Poblacion. — En el año 1868 la poblacion total de la colonia ascendia a 656 personas, de las que 386 eran hombres i 270 mujeres.

En el mismo año hubo 35 bautismos, 23 matrimonios i 17 defunciones. En los bautismos corresponde 1 por cada 19 habitantes; en los matrimonios 1 por cada 29, ocupando asi el primer rango entre las capitales de provincia, i en las defunciones 1 por cada 39 habitantes.

Minas de carbon. — Segun la apreciacion de varios naturalistas, todo el territorio de Magallanes es carbonifero, pero dónde se halla con mas abundancia o al menos se encuentra en mejor situacion para estráerlo, es en los alrededores de la colonia, a 5 ¹/₂ millas de la ribera del mar, en la falda de una quebrada por la cual corre el rio de las *Minas* que ya hemos mencionado.

Desde la traslacion a este punto de la colonia de *Puerto Famine*, llamó la atencion de sus habitantes los trozos de carbon de piedra que el rio arrastraba en sus avenidas. Buscando la procedencia de estas piedras por el curso del rio, se descubrió a poca distancia ricas vetas de carbon al aire libre. Mandáronse muestras al gobierno, pero éste, influenciado sin duda por los pésimos informes del gobernador Schyte, de quien thablaremos mas abajo, no dió importancia alguna a este descubrimiento, privando asi a la colonia, durante mucho tiempo, de la era de prosperidad en que desde luego pudo haber entrado.

El Señor Viel a su llegada a la colonia (1868) comprendió desde luego la verdadera importancia de estas hulleras i emprendió su esplotacion con penosos sacrificios. Alentado por la favorable opinion emitida por D. Maximiano Errazuriz que en esa época visitó la colonia, acompañado del injeniero que venia a Chile con el objeto de hacerse cargo de las minas de Lóta, no desmayó en su propósito de encontrar algun intere-

sado que se hiciera cargo de la esplotacion en grande escala de las hulleras de la colonia. Por fin, habiendo conseguido enviar a Valparaiso en el vapor nacional Ancud, 25
toneladas de carbon que despues de analizado, obtuvo un magnífico informe, se presentó el Sr. D. Ramon H. Rojas al Supremo Gobierno, solicitando un privilejio esclusivo por el término de 25 años para esplotar las minas, remunerando al fisco con
un peso por cada tonelada que esportare.

En marzo de 1869 el Sr. Rojas, en posesion de su privilejio, inició los trabajos con
notable actividad, quedando estos definitivamente concluidos el 1.° de febrero de 1870.
Al dia siguiente bajaban de la boca-mina los primeros carros cargados de carbon, corriendo veloces sobre el camino carril construido al efecto. A estos siguieron otros i
otros hasta completar la cantidad de 1,073 toneladas que, para continuar su viaje al
Pacifico, necesitó la escuadra peruana compuesta de seis buques i fondeada entonces
en esa bahia. Desde entonces hasta hoi, catorce buques han abastecido sus carboneras en
la colonia, i todo induce a creer que este número aumentará rápidamente a medida que
se haga pública la existencia de este rico depósito, cuya esplotacion solo ha principiado
hace poco mas de un año.

Cómo ya lo hemos dicho, la mina está situada a 5 ¹/₂ millas de la costa i a 230 metros sobre el nivel del mar. El manto carbonifero se estiende en una estension considerable, i mide 9 piés de espesor; descansa sobre una capa de un metro de grueso de es-
quista arcillosa, i sobre él se encuentran masas de tierra arenisca, o vejetal que contienen troncos inménsos de árboles seculares. Las propiédádes del carbon son las mismas
que las de las hulleras de Lota, i pertenece a la llamada *lignita*. En la actualidad la
labor tiene 140 metros de profundidad en el corazon del cerro, i de ella se han estraido
2,400 toneladas. A medida que se adelanta en la labor, el carbon va tomando mayor
consistencia, i es indudable que no será necesario profundizar mas de cien metros para,
que el carbon adquiera la suficiente solidez i pueda compararse al de Lota i Coronel.

La situacion de la mina en el flanco de una alta quebrada, la disposicion de la veta i
sus desagües naturales, hacen facilísima su esplotacion sin exijir ninguna de las máquinas indispensables en otras minas de su clase.

Como se vé, todo induce a asegurar a esta jóven colonia un brillante porvenir, ba-
sado en la verdadera importancia de sus ricas hulleras. Ademas de la espectativa de
engrandecimiento que se divisa en lontananza, es de suponer que el Gobierno, directamente interesado en la esplotacion de las minas por la parte que en ella le corresponde, dedique su particular atencion hácia las necesidades mas apremiantes de
la colonia.

La colonia de Punta-Arenas habria adquirido desde hace muchos años una verdadera
importancia, si el gobernador D. Jorje Schyte, antecesor del Sr. Viel, no hubiera neu-
tralizado la accion del Gobierno con sus ridículas profecías. El final de una de sus comunicaciones al Supremo Gobierno dice testualmente :

« Sin embargo, si estas rejiones que yacen en el dia desiertas llegan en el futuro a
« ser cultivadas i habitadas por una numerosa poblacion de jente activa i laboriosa, si
« se fomenta la industria, si se desarrollan las artes, si en fin se pueden contar con to-
« dos los recursos de una sociedad culta, bien acomodada i regularmente organizada,

« entonces sí que la tierra abrirá su seno i los tesoros que encierra, difundirán el bien-
« estar en una vasta esfera de trabajadores humildes, al paso que ofrecerán un campo
« dilatado a las especulaciones del opulento capitalista. *Pero antes que se realize esta*
« *profecía habrán probablemente dejado de existir, no solo la jeneracion actual, sino*
« *tambien quién sabe cuántas jeneraciones venideras, junto con sus esperanzas, planes i*
« *proyectos,* »

No se reduce a esto el mal que a la colonia ha orijinado el Sr. Schyte, dejándola
entregada a un triste abandono fundado en su respetable opinion de gobernador. Ha
llegado hasta sentar hechos falsos con desdoro de los habitantes de la colonia, como

Indios de la Tierra del fuego.

se verá por los siguientes acápites de carta que nos ha facilitado un amigo residente en
la colonia, i que reproducimos integros, no con intencion de herir al Sr. Schyte a quien
no conocemos, sino simplemente como un incidente curioso.

« El contador del buque de S. M. I. Rusa, *Izoumroud,* que zarpó de esta el 14 del
presente (junio de 1871), bajó a tierra a las seis P. M. con una bolsa de dinero para pagar el carbon que habia tomado. Al llegar a la casa donde debia efectuar el pago, nos
sorprendió verle el revolver en la mano, perfectamente amartillado; naturalmente tratamos de averiguar la causa de semejante precaucion, i fué grande nuestra sorpresa
cuando nos dijo, que lo hacia porque se encontraba « en un pais de ladrones. » Tratamos
de descubrir quien le habia sujerido semejante idea, i nuestra investigacion nos dió el
resultado siguiente : Que todos los marinos de la escuadra rusa seguian en la navegacion por estas latitudes las indicaciones hechas en una obra publicada por el comandante
de un buque de S. M. I. Rusa, cuyo nombre por dificil se nos escapa, i que, consecuente
con los apuntes de dicho señor, tomaban esas precauciones. La curiosidad nos llevó
hasta suplicarle nos mostrase el referido libro, a lo que se prestó graciosamente, llevando su amabilidad hasta traducirnos todo lo referente a Punta-Arenas. Entre otras
cosas curiosas refiere dicho comandante que, habiendo estado el gobernador D. Jorje

Schyte a bordo de su buque, al regresar a tierra le pidió permiso para revisar los dos revolvers que llevaba consigo, como asimismo la hoja de su puñal, asegurándole estaba espuesto si se descuidaba, a que los mismos marineros del bote lo asesinaran, «pues en este pueblo, añadió, son todos unos malvados, inclusa la guarnicion compuesta de los peores soldados del mundo.»

¿Qué pensarán los que arriban al primer puerto chileno, al leer hechos semejantes estampados, no en simples apuntes de viaje como tantos que han sido escritos por especulacion u otros motivos, sino en libros oficiales que sirven de consulta i de guiá a una de las primeras naciones de Europa.

Sobre datos tan veridicos como el anterior fundan los europeos el conocimiento de nuestro territorio i la apreciacion de nuestra cultura i nuestra civilizacion!

DEL TERRITORIO

CAPITULO I.

SITUACION, ESTENSION. — TOPOGRAFIA, ALTURAS PRINCIPALES. — HIDROGRAFIA, RIOS, LAGOS. — PUERTOS. — ISLAS. — CLIMA, LLUVIAS. — ZOOLOJIA, BOTANICA. — DIVISION DEL TERRITORIO. — PRODUCCIONES.

Chile es uno de los paises del mundo mas ricamente dotado por la naturaleza. Su suelo, en su mayor parte virjen aun de toda esplotacion, encierra tesoros inapreciables que poco a poco va descubriendo la mano del hombre. Sus terrenos contienen, sin necesidad de abono alguno, los jérmenes de una fertilidad asombrosa i sus venas rebosan de las mas ricas piedras del reino mineral. Sus selvas, tapizadas de bosques de exelente madera de construccion, se ven cruzadas por infinidad de rios i torrentes cuyas aguas van dejando tras de sí una ancha faja de verdura i las señales inequivocas de una vejetacion esplendente. Su clima privilejiado, de una benignidad notable, hace imposible la existencia de todo animal carnívoro i de serpientes u otros animales ponzoñosos, tan abundantes en otras rejiones de América. I por último su atmósfera, se ve siempre transparente i serena, como el pacífico mar que la refleja.

Situacion i estension. — Este hermoso pais, situado entre los paralelos 24° i 56° 28' 50" de latitud Sur, forma una angosta faja de tierra con una estension de 2,270 millas de costa i una anchura que varía entre 40 i 200 millas. Su área es de 348,000 millas cuadradas segun el abate Molina, de 146,300 segun el teniente Gillis i de 240,000 segun los jeógrafos alemanes.

Topografia. — El territorio de Chile forma un plano sensiblemente inclinado hácia el mar i cortado por dos cadenas de montes paralelas a la gran cordillera de los Andes. La que se encuentra mas al Oriente es conocida con el nombre de *Cordillera central* i la que corre a su lado, con el de *Cordillera de la costa*. De esta se desprenden de vez en cuando, otras ramificaciones que forman colinas de mediana altura que la amenizan i hermosean. Toda la faja de tierra que media entre la Cordillera de la costa i el Océano, presenta, con cortas escepciones, un aspecto encantador i delicioso, porque en todas direcciones se encuentran entre los ramales de montes i colinas, inmensas llanuras cubiertas de la mas vigorosa i espléndida vejetacion i surcadas por una multitud prodijiosa de rios i torrentes, que forman a cada paso cataratas i cascadas pintorescas.

La Cordillera de los Andes, con una anchura de 80 a 100 millas, ofrece una vista imponente i majestuosa. Los encumbrados montes que la forman, llenos de precipicios i cubiertos perpetuamente de nieves, dejan lugar en su base a valles espaciosos i amenos regados por las vertientes que se precipitan de las altas cumbres i encierran en

Confluencia del rio Vergara con el Biobio.

su seno inapreciables vertientes de aguas termales de que nos ocuparemos. mas adelante.

Las principales alturas de los Andes Chilenos, son las siguientes; segun los Sres. Rosales, Pissis, Domeyko i de Moussy:

Montañas.	Provincias.	Altura en metros sobre el nivel del mar.
Volcan Aconcagua..........	Aconcagua.	6,797
id. Tupungato..........	Santiago.	6,710
El Juncal.................	Id.	6,028
Volcan San José...........	Id.	5,532
Id. de Maipo............	Id.	5,384
Cordillera de la Compañía....	—	5,220
Volcan Villarrica...........	Arauco.	4,875
Paso de Doña Ana...........	Coquimbo.	4,500
Paso de los Patos	Aconcagua.	4,250
El Descabezado............	Talca.	4,000
Paso de Uspallata...........	Aconcagua.	4,000
Paso del Planchon..........	Curicó.	3,500
Volcan Chillan.............	Nuble	3,200
El Corcobado.............	Llanquihue.	2,800
Volcan Antuco............	Concepcion.	2,758

Hidrografia. — Rios. — Una infinidad de rios i torrentes cruzan el territorio de Chile, fecundándolo de tal manera, que sus orillas i alrededores se ven cubiertos de bosques inmensos i deliciosas campiñas. Pasa de *ciento veinte* el número de los que merecen especial mencion por las caudalosas aguas que arrastran en su curso; de estos, cuarenta se pierden en el Pacífico, llevando consigo las aguas de sus afluentes.

El *Biobio*, que es el principal de Chile, tiene su nacimiento al Sur del volcan Antuco, a los 38° 15' de latitud i toma una direccion fija hácia el Nor-oeste. A poco mas de la mitad de su curso recibe por la derecha el *Duqueco*, el *Huaque* i el *Laja*, i por la

Puerte de Nacimiento a orillas del rio Vergara.

izquierda el *Racalhüe*, el *Buren*, el *Vergara* i el *Taboledo*. En la segunda mitad de su curso tiene una anchura uniforme, alcanzando a 10 cuadras en su embocadura; despues de un curso de 220 millas, desemboca en el mar en latitud 36° 50'.

De los afluentes mencionados, el mas caudaloso es el *Laja* que procede del volcan Antuco i se precipita en la mitad de su carrera por una pendiente de 80 varas de elevacion entre peñascos i precipicios, formando hermosas cascadas. El *Vergara* que recoje en su curso las aguas de varios rios menores, es el mas importante despues del Laja. El Biobio, como los demas rios principales de Chile, arrastra consigo, especialmente en los meses de invierno, grandes cantidades de arena, aluvion i aun trozos de roca, que forman al desembocar en el mar una barra infranqueable para buques de cierto calado. El rio es navegable en su interior hasta Nacimiento, cerca de 100 millas, i mantiene dos vapores que hacen la carrera entre dicho punto i Concepcion.

El rio *Maule*, el segundo en importancia, tiene su orijen en las faldas del Campanario i del Descabezado, en latitud 35° 10' i sigue una direccion fija hácia el Oeste, recorriendo una estension de 150 millas, antes de desembocar en el mar. Sus afluentes principales son el *Melado* i el *Loncomilla* que recibe a su vez las aguas del *Longavi* i el *Achihueno*. Como el Biobio, este rio forma al desembocar en el mar una barra de

arena que muchas veces impide completamente la entrada al puerto de Constitucion.
Es navegable para embarcaciones de 300 toneladas hasta su confluencia con el Loncomilla.

La provincia de Valdivia cuenta con varios rios importantes, de los cuales la mayor
parte son navegables aun por buques mayores. El *Valdivia* o *Calle-calle*, que nace en
la laguna de Huanahue en los 39° 45′ de latitud, recorre una estension de 100, millas
de las que 50 son navegables, i se arroja al mar formando varias islas. El *Imperial* o
Cauten, que arranca de varias vertientes de los Andes en los 38° 30′ de latitud i re-

Salto grande del rio Laja.

corre una estension de 150 millas, de las que 30 son navegables. El *Tolten,* de 60 millas de estension, nace del lago Villarrica en los 30° 5′ de latitud. El *Bueno* o *Tru-
may*, que toma sus aguas del gran lago Ranco en los 40° 50′ de latitud i recorre una estension de 110 millas, de las que 20 son navegables.

Lagos. — Los lagos, así como los rios, son escasos en la parte Norte del territorio a consecuencia de la sequedad de la atmósfera, pero en cambio abundan en toda la
parte del Sur. Los principales son el *Llanquihue* cuya descripcion hemos hecho ya al
hablar de la provincia de este nombre. A inmediaciones de este, i en el mismo valle, se
encuentra la laguna de *Todos los Santos* o *Esmeralda*, asi llamada por su agua verde
i trasparente ; mide 18 millas de largo por 6 de ancho. El *Rupanco*, tambien en esas
inmediaciones, con 24 millas de largo i 4 de ancho. Diez a doce millas mas al Norte
se encuentra la laguna de *Ranco*, con 32 millas de largo por 18 de ancho. Cerca de
la latitud 39° se encuentra la laguna de *Villarrica* o *Llauquen*, que cubre una superficie de 100 millas cuadradas. En la provincia de Concepcion hai dos lagunas importantes : la de *Guilletué*, que tiene 50 millas cuadradas de estension i la *Laja*, célebre
por su aspecto pintoresco i su hermosa cascada del Niágara en miniatura.

Puertos. — Antes de estallar la guerra con España, Chile contaba solo con *nueve* puertos abiertos al comercio estranjero, pero a consecuencia de la declaracion de bloqueo de dichos puertos, el Gobierno abrió cuarenta i cinco mas al mundo comercial. Ademas de los ya mencionados en el curso de esta obra existen los siguientes, que son los principales : En la provincia de Atacama : Huasco (puerto mayor), Chañaral, Peña-Blanca, Herradura, Carrizal Bajo, Pajonales, Barranquillas, Copiapó, Obispito, Chañaral de las Animas, Taltal i Paposo ; en la de Coquimbo : Totoralillo, Guayacan, Herradura de Coquimbo, Tongoi i Puerto Manso ; en la de Aconcagua : Zapallar, Papudo (célebre por el combate que tuvo lugar en sus aguas, en 1865, entre la corbeta chilena *Esmeralda* i la goleta española *Covadonga*, viéndose ésta obligada a arriar

Caverna de Robinson-Crusoe en la isla de Juan Fernandez.

su bandera i rendirse a discrecion), Pichidangui i los Vilos ; en la de Valparaiso : Quinteros i Algarrobo ; en la de Santiago : San Antonio i Puerto Nuevo de las Bodegas ; en la de Colchagua : Tuman ; en la de Curicó : Llico ; en la de Maule : Curanipe i Huechupureo ; en la de Concepcion : Penco, Lirquen i Colcura ; en la de Arauco : Carampangue i Lebu ; en la de Valdivia : Corral, Rio Bueno i Queule, i en la de Chiloé : Castro i Chacao.

Islas. — Las islas que pertenecen a Chile son numerosas. Las principales son las del archipiélago de *Chiloé*, de las que hemos tratado ya en el capítulo de este nombre. Ademas de las *Coquimbanas*, llamadas Mejillones, Totoral i Pájaros, desiertas i situadas en los 29° 30′ de latitud meridional, existen las de *Juan Fernandez*, en los 33° 42′; la primera llamada *La de Tierra*, tiene 52 millas de circunferencia i dista 360 millas de la costa ; su suelo es fértil, herizado de montañas i cubierto de bosques, i su climá, aunque lluvioso i húmedo, es por lo jeneral benigno ; la segunda llamada *Mas Afuera*, por estar a 42 millas de la primera, es igualmente feraz, pero mucho menor. En una de ellas fué abandonado el escocés Alejandro Selkirk, cuya historia motivó la célebre novela « Robinson-Crusoe, » de De Foe. En la actualidad, una empresa establecida en la isla de *Tierra* esplota el consumo de las pieles de cabra i aceite de lobo. Los cueros de cabra, en estremo abundantes, son vendidos en Valparaiso a 30 centavos. Los lobos marinos, que tambien abundan en sus playas, rinden por término medio tres galones de aceite que obtiene en Valparaiso el precio de un peso cada uno, i es empleado con ventaja para el uso de las máquinas.—La *Quiriquina*, con tres millas de largo i una de ancho, situada a la entrada de la bahia de Concepcion. — La de *Talca* o *Santa María* hácia los 37° 11′, con dos exelentes puertos. — La *Mocha*, sobre la costa de Arauco, de que está separada por un estrecho canal, con sesenta millas de circuito i dos hermosos fondeaderos. Las tres gozan de una temperatura igualmente sana i son en estremo feraces. Por último, la de *Pascua* o *Rapa-Nuí* situada en los 27° 10′ de latitud i distante 2,030 millas de la costa. Mide 7,540 cuadras cuadradas de estension i está habitada por unos 600 indios de la raza colorada o polinesia, de carácter dulce i buenas costumbres. En la actualidad existen en la isla dos misiones; la primera fué fundada en 1863 por el misionero francés Sr. Eujenio Enault, de la congregacion de los SS. CC., nombrado con ese objeto por el obispo de Tahiti. Habiendo muerto el padre Enault le han sucedido los padres de la misma congregacion, quienes con un celo laudable prosiguen la obra de conversion iniciada por su antecesor.

Existen en esta isla varios ídolos de dimensiones colosales, tallados en trozos enormes de piedra, de una sola pieza i colocado cada uno de ellos sobre una losa de piedra canteada perfectamente cuadrangular de 2ᵐ50 de largo por 1ᵐ80 de ancho. Los idolos tienen una gran semejanza entre sí i varian solo en su tamaño de 6 a 7 metros de altura por 2 de ancho i 1 de espesor. Representan figuras cortadas en el abdómen, con los brazos cruzados por delante, i tienen una actitud grave i tranquila. No se comprende cómo, sin aparatos especiales, se haya podido trasportar esas inmensas moles de piedra al sitio en que se encuentran, colocarlas sobre sus bases i ponerlas de pié. Los naturales nada saben sobre el particular i se limitan a creer en una leyenda estúpida que no arroja luz alguna sobre un hecho tan importante. La existencia de estos idolos, asi como tres tablas cubiertas de magníficos jeroglíficos que se han encontrado recientemente, hacen suponer que en esta isla haya existido hace muchos siglos una raza adelantada que contase con todos los elementos de mecánica necesarios para llevar a cabo una operacion, que aun en el dia, seria por demas árdua.

Clima, lluvias. — El clima de Chile es uno de los mejores del mundo. En toda la estension de su costa reina constantemente una temperatura igual, suave i benigna, regularizada por la influencia de los vientos. La region situada entre la Cordillera de la Costa i la Central es la mas ardiente de todas.

Las lluvias son abundantes en la rejion meridional i mui escasas en la setentrional. A consecuencia de esta carencia de agua en el Norte del pais, la provincia de Atacama, que cuenta una estension de 106,500 quilómetros, tiene perdida para la agricultura las tres terceras partes de su territorio, ocupado por áridas i escarpadas montañas que encierran en su seno ricos veneros de toda especie de metales.

La elevacion de los Andes impide que lleguen hasta Chile las aguas del Atlántico arrastradas por los vientos al estado de vapor. Asi es que por esa parte no tenemos lluvias, lo que esplica la completa sequedad de las provincias del Norte. Por el lado.

del Pacifico tenemos en invierno los vientos del Norte, que vienen de los trópicos͏̄ car-gados de vapor acuoso. Estos vapores no vienen a condensarse sino a la altura de las provincias centrales i meridionales de Chile, en progresion ascendente, i de ahí las lluvias en la progresion inversa. Es decir, que siendo mayor en el Sur la condensacion de los vapores acuosos de la atmósfera, por ahi principian las lluvias i son mas copiosas en esa rejion. Se observa, en efecto, que en Chiloé i Valdivia llueve durante las cuatro estaciones, sin que el frio aumente; mientras que mas al Norte este fenómeno disminuye gradualmente, haciéndose al mismo tiempo mas sensible el influjo de las nieves perpetuas del Oriente. Esto ha debido imprimir naturalmente un sello caracte-rístico a la fisonomia jeneral de nuestro territorio i contribuido a demarcar, como se verá mas adelante, las diversas rejiones en que se divide, haciendo mas propias unas que otras para los diversos cultivos.

Como consecuencia de esta notable desigualdad del clima, sus tierras producen las frutas, árboles i flores de las rejiones tropicales i templadas. Al lado de la palma i el pino araucano, crece la chirimoya de la América tropical, el nispero del Japon, la magnolia de la Florida i el olivo del Asia, no menos exuberantes que bajo los climas de que son orijinarios.

En la mayor parte del año domina en todo el territorio, especialmente de noche, una atmósfera tan limpia i pura, que los astros brillan con mas fuerza i en mayor nú-mero que en otros paises.

Zoolojia i Botánica. — Los reinos vejetal i animal ofrecen en Chile un sin-gular contraste. Mientras que el primero es rico por demas, el segundo apenas cuenta unas pocas especies de animales indíjenas. Entre los carnivoros se cuenta solo el *leon chileno*, escaso e inofensivo, i la *zorra*, que ataca los gallineros. Así como no existe ninguno de los animales feroces de otros paises, tampoco hai serpientes ni otros reptiles venenosos, tan terribles en las demas rejiones de América. Entre las aves de rapiña se cuentan el *condor*, que habita la cordillera i el *buitre*; ambos atacan el ganado.

Por otra parte, los animales útiles al servicio del hombre son numerosos. Todos los cuadrupedos trasportados a Chile del antiguo continente, se han propagado de una manera que no sorprende, si se tiene en vista la influencia de un clima tan benigno. Los *caballos* descienden de los de la raza andaluza i por su brio, fogosidad i hermosura ri-valizan con ellos; por esta razon son reputados como los mejores de América.

El *ganado vacuno* es mayor i mas robusto que el de Europa, i sus cueros, carnes i sebos forman un ramo considerable de comercio.

El ganado menor es abundantísimo i las *ovejas* mui estimadas por su lana fina i larga. Entre los cuadrúpedos indíjenas son dignos de mencion la *vicuña*, el *chillihueque*, el *huanaco* i el *huemul*.

Siendo Chile el pais mas sano de América, es justamente el que produce mayor nú-mero de plantas medicinales.

Las magníficas selvas que cubren una gran parte del territorio, desde el rio Maule hácia el Sur, contienen como cien clases de árboles diferentes entre los que se distin-guen los pinos, cipreses, alerces, laureles, cedros, robles, lumas i otros como éstos de preciosas i sólidas maderas propias para todo jénero de construcciones i de follajes hermosos i frutos esquisitos.

Division del territorio. — Una línea perfecta de demarcacion divide en su centro, en el hermoso valle de Aconcagua, la estrecha faja que constituye el territorio de Chile. Al Norte de esta línea, el pais está formado por una serie de cerros elevados que descienden desde los Andes hácia el mar i entre cuyas profundas llanuras, que forman su base, se encuentran estensos valles numerosamente poblados. Uno de ellos es el de Copiapó, célebre por su inmensa produccion de plata; mas al Sur sigue el valle de

CHAÑARAL.—Vista jeneral.

Coquimbo, que produce quizás la mitad del cobre que se introduce a los mercados del mundo; descendiendo siempre, tropezamos con los valles de Huasco, Ligua i Petorca, notables por el oro que producian en tiempo de los españoles.

Salvando la línea del Aconcagua i continuando hácia el Sur, entramos en la rejion agricola del pais, formada por los estensos valles del Mapocho, Rancagua, Colchagua i demas, hasta llegar a las márjenes del Biobio.

Desde aqui principia una vejetacion espléndida que cubre de bosques impenetrables de exelente madera de construccion las inmensas llanuras de la Araucania, hasta la isla de Chiloe.

Podemos pues señalar estrictamente el espacio ocupado por cada una de las rejiones *minera, agrícola* i *selvática.* La primera se estiende entre los 24° i 32° i comprende las provincias de Atacama, Coquimbo i Norte de Aconcágua. La segunda abraza el territorio comprendido entre los 32° i 38° i comprende las provincias de Sur de Aconcagua,

Valparaiso, Santiago, Colchagua, Curicó, Talca, Maule, Ñuble, Concepcion i el Norte de Arauco. La rejion selvática abraza el resto del territorio habitado entre los grados 38 a 44, i comprende las provincias de Sur de Arauco, Valdivia, Chiloé i Llanquihue.

De toda la superficie de Chile, ocupa la rejion minera el 46 por ciento, la agricola el 28 i la selvática el 26.

Del total de la poblacion corresponde a la rejion minera el 12 por ciento, a la agricola èl 77 i a la selvática el 11.

Producciones. — Segun la division que acabamos de hacer, puede pues decirse

CARRÍZAL BAJO—Vista jeneral.

que las únicas producciones de Chile consisten en minerales de toda clase, productos agricolas i maderas de construccion.

En los capitulos de Atacama i Coquimbo hemos hablado [ya estensamente sobre los productos de sus principales minas ; nos limitaremos pues ahora a señalar el número total de las que existen en todo el territorio. En 1868 se trabajaban las siguientes :

Provincias.	Oro.	Plata.	Cobre.
Atacama.	30	359	942
Coquimbo.	22	44	342
Aconcagua.	6	7	224
Varias provincias.	37	14	130
Totales.	95	424	1,638

En la provincia de Concepcion, treinta millas al Sur del Biobio, se encuentran ricas vetas carboniferas de formacion terciaria, cuyos productos son reputados exelentes para el uso doméstico i de los vapores. Las principales son las de Lota i Coronel, de las que nos hemos ocupado ya en el capitulo « Concepcion. »

Las producciones principales de nuestra industria agricola son las siguientes:

Trigo. — Fué introducido a Chile por Pedro de Valdivia, quien trajo el blanco i el amarillo. Hoi se cultivan tambien las variedades siguientes : mocho, de Nueva Holanda, del Oregon, siete cabezas, carmen, milagro, redondo, colorado i americano. Estas clases se distinguen entre si por distintas cualidades que las hacen mas o menos recomendables. En 1868 se sembró 530,139 fanegas de trigo blanco, i se cosechó en 1869 la cantidad de 3.608,155 fanegas. De trigo amarillo se sembró 101,330 fanegas i se cosechó 717,399 fanegas. Las provincias mas productoras fueron : Santiago, que figura con 1.262,911 fanegas ; Nuble, con 402,721 f. ; Maule, con 395,656; Talca con 335,793; Concepcion con 226,885; i Colchagua, que figura con 435,681 fanegas. Las provincias menos productoras fueron las de Atacama, Chiloé, Llanquihue i Coquimbo.

En el cultivo del trigo se emplean actualmente 116,939 agricultores, i el número total de máquinas de que se valen, alcanza a 1,822.—La esportacion de trigo ascendió durante el último quinquenio, a 4.226,778 fanegas, con un valor de 12.441,137 pesos, lo que da un producto anual de 8.000,000 de pesos.

Cebada. —Este cereal se cultiva tambien en toda la República. En 1868 se sembró 51,193 fanegas i en 1869 se cosechó 447,662. Las provincias mas productoras fueron : Valparaiso : 127,056 fanegas; Santiago : 113,312 ; Aconcagua : 63,670; Atacama : 28,768, i Coquimbo : 28,030.—Produce jeneralmente 16 fanegas por una.

Maiz. — Este es el único cereal que encontraron los españoles en América. Se cultiva en toda la República con escepcion de Chiloé, i su rendimiento es de 20 a 30 por uno. En 1868 se sembró 13,923 fanegas, de las cuales se cosecharon 261,790. Las provincias mas productoras son : Santiago : 71,720 fanegas cosechadas; Colchagua : 40,708; Talca : 34,811; Maule: 33,125; Coquimbo : 29,443; Aconcagua : 14,946; i Curicó: 11,453. Las provincias menos productoras son Llanquihue : 74; Valdivia : 246; i Atacama : 3,012.

Frejoles. — En la esposicion nacional de agricultura de 1869, se presentó mas de cien clases distintas de frejoles cultivados en el pais. En 1868 se sembró 35,864 fanegas, de las que se cosechó 315,035. Las provincias mas productoras fueron : Santiago: 73,262 fanegas ; Coquimbo : 55,516; Aconcagua ; 36,425; Colchagua: 47,842; Valparaiso : 24,177; Talca : 22,660; Curicó : 21,575; i Maule : 16,768.

Lentejas. — Con esecpcion de Chiloé, Llanquihue i Atacama, se cultiva en las demas provincias, aunque en mui corta cantidad. En 1868 se sembró 1,250 fanegas, i de ellas se cosechó 3,183. La provincia que mas produjo fué Maule : 1,347 fanegas; despues Coquimbo : 338; Santiago : 279; Aconcagua : 251 ; Arauco : 245; Nuble : 243; i Concepcion : 241.

Garbanzos. — No se producen en las provincias de Chiloé, Valdivia, Coquimbo i Atacama. En las demas la cosecha de 1869 fué de 5,851 fanegas, correspondiente a una siembra de 893 fanegas. Las provincias mas productivas fueron, Colchagua : 2,837 fanegas; Santiago: 988; Valparaiso : 984; Curicó : 424; Maule : 289; i Nuble: 122.

Arvejas. — En 1868 se sembró 20,777 fanegas, i en 1869 se cosechó 72,772. De este producto corresponde : a Maule : 19,168 fanegas ; a Concepcion : 16,810; a Ñuble:

12,834; a Arauco: 11,915; a Talca: 4,753; a Aconcagua: 2,072; i a Valdivia: 1,843 fanegas.

Papas. — Este tubérculo fué hallado silvestre por los conquistadores de Chile, en los Andes i en Chiloé. Poseemos una gran variedad distinguida con los nombres de blanca, morada, dama, cambrai, etc.; pero las mejores son de Chiloé i Valdivia. Su rendimiento varia de 10 a 40 fanegas por una; sin embargo, su cultivo ha sido mui descuidado últimamente para dar mas incremento al del trigo. En 1869 se cosechó en toda la República 1.168,977 fanegas, correspondiente a una siembra de 215,054 fanegas. Las provincias mas productoras fueron : Chiloé: 231,625 fanegas; Santiago : 173,652; Maule: 131,645; Llanquihue: 122,142; Valparaiso : 98,486; Aconcagua : 80,218; Colchagua: 67,212; Arauco : 55,514; Curicó : 42,115; Talca : 41,253; i Coquimbo: 34,535.

Linaza. — Desde mui pocos años data el cultivo de la linaza en Chile, pero actualmente se encuentra asegurado i próspero, a causa de su gran rendimiento i del beneficio del lino por medio de máquinas a propósito. Esta produccion tiene en Chile un gran porvenir. En 1868 se sembró 1,679 fanegas, de las que se cosechó 16,394. Las provincias mas productoras fueron : Santiago : 12,086 fanegas; Valparaiso: 973; Colchagua: 938; Talca : 627; Maule : 591; Aconcagua : 330; Llanquihue : 253; i Valdivia : 248.

Nabo. — Está mui poco estendido su cultivo, pues solo se cosecha en nueve provincias, i en mui pequeñas cantidades. En 1868 se sembró 455 fanegas, de las que se cosechó 2,301. Las provincias mas productoras fueron : Santiago : 609 fanegas; Valparaiso : 400; Coquimbo : 388; Llanquihue : 369; Colchagua: 314; i Aconcagua: 152.

Centeno. — En 1869 solo se cosechó en las provincias de Llanquihue : 2,726 fanegas; Valdivia : 710; Ñuble: 7; Santiago : 60; i Colchagua : 36. Total : 3,539 fanegas, correspondientes a una siembra de 455.

Cáñamo. — El cáñamo se cultiva en Chile desde los primeros años de la colonia, particularmente en los valles de la Ligua i de Quillota; sin embargo, aun no ha alcanzado mucho desarrollo. Del cáñamo en semilla se cosechó en 1869 la cantidad de 2,885 fanegas, correspondiendo la mayor produccion a Aconcagua, 1,435 fanegas; Valparaiso, 1,083; i Santiago, 203. — El cáñamo en rama produjo el mismo año 3,534 quintales, de los que corresponden 1,931 a Aconcagua, 1,140 a Valparaiso, 196 a Santiago, i 139 a Maule.

Nueces. — Este cultivo aun no se ha jeneralizado en el pais. En 1869 se cosechó 15,924 fanegas, siendo las provincias mas productoras : Santiago, 6,741 fanegas; Aconcagua, 2,690; Colchagua, 2,167; Valparaiso, 1,811 ; i Coquimbo, 1,173. — En el quinquenio de 1863-67 se esportó 4,568,189 quilógramos, con un valor de 304,562 ps. El comercio interior se hace por Valparaiso por un valor de diez a veinte mil pesos anuales.

Olivos. — En 1869 existian 144,493 plantas de olivo distribuidas en el órden siguiente : 110,207 en la provincia del Ñuble; 15,154 en Santiago; 5,582 en Coquimbo; 4,430 en Colchagua; 3,715 en Aconcagua; 3,629 en Concepcion, i el resto en las demas provincias. El aceite de olivo comienza a ser fabricado en Santiago con una perfeccion que lo pone al abrigo de la competencia de cualquier otro aceite estranjero. Casi todo se consume en el interior porque es mui apreciado.

Lino. — En 1869 se cosechó 1,306 quintales, siendo la provincia mas productora Santiago, 1,231 quintales. Pero esta produccion es todavía demasiado escasa para satisfacer las necesidades del consumo interior.

Lana. — El comercio de lanas aumenta sus proporciones con bastante rapidez desde pocos años a esta fecha. En 1869 se produjo en todo el pais 52,464 quintales, de los que corresponden : a Maule, 6,282; a Santiago, 7,444; a Nuble, 6,360; a Valparaiso, 6,046; a Coquimbo, 4,567; a Talca, 4,404; a Colchagua, 4,324; a Arauco, 3,797; i a Concepcion, 3,422, que son las provincias mas productoras.—En el quinquenio 1863-67 se esportó de lana comun 9.072,629 quilógramos, con un valor de 2.126,997 pesos; lo que da un promedio anual de 425,397 pesos. De lana merino se esportó en el mismo tiempo 350,637 quilógramos con un valor de 142.094 pesos.

Charqui. — Aun no se ha dado en Chile a la fabricacion o formacion del charqui, la estension ni la importancia que merece este producto. En 1869 Chile produjo 23,601 quintales, de los cuales correspondieron : a Santiago, 7,250; a Talca, 5,418; a Colchagua, 4,600; a Maule, 3,557; a Coquimbo, 1,012; a Ñuble, 562; a Aconcagua, 346; i a Llanquihue, 731. Valparaiso solo produjo 3 quintales; Concepcion, 89; i Arauco, 33. — En el quinquenio 1863-67 se esportó 2.014,531 quilógramos, con un valor de 634,817 pesos; lo que da un promedio anual de 126,963 pesos.

Grasa. — La produccion total de grasa en 1869 alcanzó a 24,020 quintales, distribuidos como sigue : Talca, 6,167; Santiago, 5,555; Colchagua, 5,211; Maule, 3,548; Coquimbo, 1,635; Valparaiso, 702; Aconcagua, 361 ; Nuble, 290; Llanquihue, 234; Chiloé, 209; Concepcion, 75; i Arauco 33.— En el quinquenio 63-67 se esportó 564,978 quilógramos, con un valor de 168,141 pesos ; lo que da un promedio de 33,628 pesos anuales.

Chicha. — La chicha es un licor bastante alcoholizado que se bebe mucho en las provincias centrales de Chile durante el invierno. Es constituido por el primer caldo que se estrae de la uva, el cual se espende al principio tal como se obtiene, con el nombre de *lagrimilla*; i mas tarde se hace hervir i entonces se llama *chicha*. Esta es mucho mas alcoholizada, i por consiguiente mas fuerte que la lagrimilla. Es la bebida mas popular entre la plebe, despues del aguardiente.—En 1869 se cosechó en toda la República 624,490 arrobas, distribuidas por provincias en el siguiente órden : Santiago, 203.141 arrobas; Colchagua, 101,239; Talca, 69,152; Aconcagua, 61,159; Curicó, 41,955; Maule, 27,351; Valdivia, 25,411; Concepcion, 13,363; Nuble, 12,128; Coquimbo, 11,807; Atacama, 7,301; Arauco, 8,567; Llanquihue, 1,216; i Chiloé, 199.

Chacolí. — Este licor se estrae igualmente del jugo de la uva. Su sabor se asemeja algo al del vino de Burdeos, i se conserva bastante tiempo puesto al abrigo del aire. De él se hace un gran consumo en todas las provincias centrales, pues ésta i la anterior constituyen las dos bebidas populares. En 1869 se cosechó 507,405 arrobas, correspondientes : a Santiago, 221,206; a Aconcagua, 79,400 ; a Colchagua, 70,292; a Valparaiso, 34,462 ; a Concepcion, 24,272 ; a Coquimbo, 23,101 ; a Maule, 21,329; a

Arauco, 12,051 ; a Curicó, 10,471 ; a Ñuble, 7,961 ; a Talca, 2,818 ; i a Atacama, 42. — Las provincias que mas produjeron en 1868 son : Santiago, 6.728,280 litros ; Aconcagua, 2.981,148 ; Colchagua, 2.667,470 i Concepcion 1.075,934.

Vino mosto. — En 1869 se cosechó 651,539 arrobas. De esta cantidad corresponde: a Concepcion, 250,933; a Maule, 113,176 ; a Ñuble, 103,065; a Aconcagua, 62,927; a Arauco, 59,143 ; a Santiago, 19,438 ; a Atacama, 10,616 ; a Coquimbo, 9,656 ; a Talca, 8,609 ; a Valparaiso, 7,764 ; a Colchagua, 5,488 i a Curicó, 724. — Las provincias mas productoras en esta clase de vino, en 1868, fueron : Concepcion, 8.417,963 litros; Maule, 4.332,196 ; Ñuble, 3.313,606 i Aconcagua, 2.186,871. — En el quinquenio de 1863-67 se esportó 1.668,802 litros, con un valor de 222,595 pesos.

Aguardiente. — Este licor se cosecha en toda la República i se estrae de diferentes frutas, sobre todo del orujo de la uva. En 1869 la cosecha ascendió a 127,222 arrobas, distribuidas en el órden siguiente : Aconcagua, 41,528; Coquimbo, 19,138; Concepcion, 12,604 ; Santiago, 12,252 ; Llanquihue, 8,472 ; Talca, 7,534 ; Valparaiso, 5,560 ; Maule, 4,493 ; Colchagua, 4,458; Ñuble, 3,859; Arauco, 2,449 ; Curicó, 1,584 ; Atacama, 1,291 ; Chiloé i Valdivia, 1,000 arrobas cada una.

Coñac. — La fabricacion de este licor se encuentra todavia mui atrasada en Chile, tal vez por la falta de industriales intelijentes, por el subido precio de los materiales, o por la fuerte competencia de los licores estranjeros. En 1869 se produjo 232 arrobas de coñac, cuya distribucion fué : Llaquihue, 145 ; Colchagua, 40 ; Valparaiso, 16 ; Talca, 14 ; Concepcion, 9 ; Santiago, 7 i Arauco, 1.

Burdeos. — Este licor es un vino que se hace imitando el Burdeos frances, en cuya fabricacion se ha logrado una perfeccion admirable, merced a la exelente calidad de la uva que se produce en las viñas inmediatas a Santiago. Las casas de Ochagavia, Tocornal, Subercaseaux, Santa Teresa, Santa Rita i otras, confeccionan una magnifica imitacion del buen Burdeos que nos llega de Europa. En 1869 se cosechó 22,839 arrobas, distribuidas como sigue: Santiago, 22,258 ; Colchagua, 201 ; Concepcion, 151 ; Coquimbo, 130 ; Valparaiso, 75 ; Arauco, 17 ; Aconcagua, 5 ; i Talca, 2.

Plantas de viñas. — El número de estas plantas, en toda la República, no baja de diez i ocho millones, i están distribuidas en el órden siguiente: en Santiago, 4.323,541; en Concepcion, 3.160,721 ; en Aconcagua, 2,056,381 ; en Maule, 1.563,092; en Colchagua, 1.515,911 ; en Arauco, 1.320,641 ; en Ñuble, 1.302,171 ; i en Valparaiso, 971,431.

Ganados. — La crianza de ganados es el ramo que mas llama la atencion de nuestros agricultores, despues del cultivo del trigo. Sin embargo, aun no se ha emprendido la cruza de razas con animales de otros paises, porque la mayor parte de los propietarios no se deciden a abandonar las prácticas rutineras de sus antepasados i mucho menos a hacer algun desembolso con este objeto. Hé aqui la existencia de animales en 1869 : vacunos, 259,085; caballar, 77,131 ; ovejuno i cabrío, 888,604 ; cerdos, 48,436. De todos estos la mayor cantidad corresponde a Santiago; i siguen por órden numérico, Aconcagua, Curicó, Colchagua, Talca, Maule, Coquimbo i Valparaiso.

Moreras. — En 1869 existian 884,486 plantas de morera distribuidas como sigue : en Santiago, 672,478; en Ñuble, 91,454; en Concepcion, 7,242 ; en Colchagua, 48,766;

en Maule, 38,061 ; en Aconcagua, 15,113 ; en Talca, 10,727 ; en Valparaiso, 597 ; i en Coquimbo, 48. — Despues de esa fecha el cultivo de la morera ha recibido un impulso considerable, pues en la provincia de Santiago se ha hecho planteles de grande estension para atender a las necesidades de la industria sericícola que ha comenzado a plantearse con ventaja.

Colmenas. — La apicultura es otro ramo que solo últimamente ha comenzado a ser esplotado por nuestros agricultores. En 1844 el hacendado D. José Patricio Larrain importó las primeras colmenas, pero sus crias perecieron en la navegacion. En seguida se trajo otras, i despues de reiterados esfuerzos, se logró aclimatar en Chile a esos preciosos insectos. — En 1869 existian 75,050 colmenas, distribuidas en las siguientes provincias : en Santiago, 47,920; en Colchagua, 10,132 ; en Valparaiso, 5,047; en Aconcagua, 4,190; en Talca, 3,243; en Maule, 1,478 ; en Concepcion, 1,256 ; en Coquimbo, 994 ; en Ñuble, 652; en Llaquihue, 136; i en Arauco, 2.

Alfalfa. — Esta es la planta forrajera mas importante que tenemos, i se cultiva desde Copiapó hasta Concepcion. Segun la calidad del terreno, la alfalfa se reproduce durante varios años, i constituye la mayor riqueza de los potreros dedicados a las engordas o al talaje. Por Valparaiso se esporta en gran cantidad la alfalfa seca, i tambien su semilla.

Coquitos. — Estos se producen principalmente en Aconcagua, Valparaiso i Colchagua i se esportan en gran cantidad a toda la costa del Pacífico.

Harina flor. — La produccion de esta mercaderia sigue, desde años atras, un aumento progresivo i considerable. En el quinquenio de 1863-67 se esportó 181.745,420 quilógramos, con un valor de 11.516,548 pesos. Hé aqui el promedio de la esportacion anual durante el tiempo indicado : para Europa, 3.079,467 quilógramos ; para Africa, 2.254,606 ; para Asia, 276,054 ; para Oceania, 10.366,347 ; para América, 19.912,762 i para rancho de buques, 459,848. Término medio anual : 36.349,084 quilógramos.

— Varias otras mercaderias son elaboradas en Chile para el consumo interior i la esportacion, pero en mucho menor cantidad que las anteriores. Entre estas debemos citar los jamones, los cueros i suelas, la cera i la miel, el afrecho, el jabon, la mantequilla, los quesos, los fideos i las galletas. De todos estos productos se esporta anualmente una cantidad considerable para las costas del Pacifico, i su elaboracion continúa cada año en mayores proporciones, para atender al exelente negocio que proporcionan.

CAPITULO II.

POBLACION. — INSTRUCCION PÚBLICA. — GRADO DE INSTRUCCION POR DEPARTAMENTOS. — RENTAS NACIONALES, DEUDA PÚBLICA. — PRENSA NACIONAL. — EJÉRCITO, GUARDIA NACIONAL. — MARINA.

Poblacion. — Segun los últimos trabajos estadísticos correspondientes al año 1868, la poblacion de Chile ascendia a 1,874,346 habitantes, repartidos entre los departamentos que se mencionan a continuacion :

Provincias.	Departamentos.	Poblacion de los Departamentos.	Poblacion de las Provincias.
Atacama	Copiapó	40,763	80,878
	Vallenar	13,771	
	Freirina	15,292	
	Caldera	11,052	
Coquimbo	Serena	28,422	151,541
	Illapel	31,294	
	Combarbalá	11,817	
	Ovalle	59,260	
	Coquimbo	7,902	
	Elqui	12,846	
Aconcagua	San Felipe	28,075	128,941
	Andes	33,274	
	Ligua	19,082	
	Putaendo	23,129	
	Petorca	25,381	
Valparaiso	Valparaiso	75,330	140,688
	Casablanca	11,366	
	Limache	16,210	
	Quillota	37,782	
Santiago	Santiago	180,259	357,915
	Rancagua	105,946	
	Victoria	41,852	
	Melipilla	29,858	
Colchagua	San Fernando	69,778	144,979
	Caupolican	75,201	
Curicó	Curicó	81,547	95,930
	Vichuquen	14,383	
Talca	Talca	86,307	103,535
	Lontué	17,228	
Maule	Cauquenes	66,851	201,418
	Itata	49,524	
	Parral	22,399	
	Linares	54,204	
	Constitucion	8,440	
Nuble	Chillan	90,666	119,152
	San Cárlos	28,486	

Provincias.	Departamentos.	Poblacion de los Departamentos.	Poblacion de las Provincias.
Concepcion.............	Concepcion................	13,941	144,466
	Lautaro....................	25,252	
	Rere......................	33,900	
	Talcahuano................	3,021	
	Coelemu..................	36,156	
	Puchacai.................	28,196	
Arauco.............	Laja......................	47,471	80,066
	Nacimiento...............	14,268	
	Arauco.................	18,327	
Valdivia...............	Valdivia..................	13,038	25,278
	Union....................	12,240	
Llanquihue........	Llanquihue.............	7,636	40,025
	Cafelmapu	14,143	
	Osorno...................	18,246	
Chiloé.................	Ancud....................	21,794	59,534
	Castro...................	22,587	
	Quinchao................	15,153	
Colonia de Magallanes......................		656	656

Teniendo en cuenta los inconvenientes naturales que acompañan los empadronamientos i la circunstancia de haberse tomado el aumento de poblacion desde el último censo (1865) i de los rejistros parroquiales en los que solo figuran los bautizados, debemos hacer los aumentos siguientes :

Poblacion en el año 1868.......	1.874,346
Omision 10 °/₀.....................	187,434
Aumento en 1869, promedio...	25,000
Poblacion de la Araucania......	80,000
Id. de Magallanes.......	3,800
Total efectivo de habitantes.	2.170,580

— Hé aquí un pequeño cuadro que demuestra los quilómetros cuadrados que ocupa cada provincia i el número de habitantes que vive en cada quilómetro :

Provincias.	Quilómetros cuadrados.	Habitantes que viven en cada quilómetro cuadrado.
Atacama....................	106,500	0.74
Coquimbo....................	49,500	29.47
Arauco.....................	35,520	2.02
Llanquihue..................	26,000	1.45
Santiago	24,016	14.23
Valdivia....................	21,000	1.12
Colchagua i Curicó.........	16,742	13.92
Aconcagua	13,920	8.97
Maule....................	11,100	16.94
Nuble......................	11,000	11.04
Concepcion..................	10,000	14.61
Talca......................	8,250	12.19
Chiloé	6,216	9.05
Valparaiso..................	3,694	38.61

Tomando ahora por base solo una poblacion de 1.900,000 habitantes, resulta que en toda la estension de 343,458 quilómetros cuadrados que forma el territorio, viven 6 habitantes por cada quilómetro cuadrado. Haciendo una comparacion con los principales estados de Europa i América, Chile ocupa el lugar 27 en cuanto a la concentracion de sus habitantes, siendo solo superior a Rusia, Noruega, Estados-Unidos, Brasil, Méjico i Perú. Si tomáramos por base la poblacion de Hamburgo que, segun su censo de 1860, cuenta con una poblacion de 229,241 habitantes repartidos en una estension de 350 quilómetros cuadrados, tendriamos en Chile una poblacion de 225.643,074 habitantes.

Instruccion pública. — Para mayor claridad, dividiremos la instruccion en cuatro secciones : 1.ª Instruccion primaria, 2.ª Instruccion Secundaria, 3.ª Instruccion Superior o Universitaria, i 4.ª Instruccion Especial.

Instruccion primaria. — Segun lo dispuesto en la lei i los reglamentos del ramo, la instruccion primaria se halla dividida en *elemental y superior*. La primera comprende la enseñanza de los ramos de lectura y escritura del idioma patrio, catecismo de relijion i elementos de aritmética, de gramática castellana y jeografía. La segunda, ademas de los ramos anteriores, abraza tambien la historia sagrada, la historia de América i especialmente de Chile, dibujo lineal, cosmografía i constitucion politica del Estado.

Hai en la república tres escuelas normales para maestros, una de hombres i dos de mujeres, i 21 escuelas superiores, 16 de hombres i 5 de mujeres. La primera de esas escuelas, que fué instalada en junio de 1842, educa actualmente 106 alumnos, demandando un gasto de 25,386 pesos anuales.

Tanto estas escuelas como las elementales, son vijiladas por un inspector jeneral, que tiene 3,000 pesos anuales de sueldo, por 15 visitadores (uno por cada provincia) con la dotacion de mil pesos cada uno i quinientos para gastos de viaje, i por comisiones nombradas *ad hoc* i compuestas de vecinos residentes en el lugar de las escuelas.

Estos establecimientos están divididos en públicos i particulares. A los primeros pertenecen los costeados o subvencionados por el Fisco o las municipalidades, i a los segundos, los sostenidos por los padres de familia, sociedades o corporaciones. Las escuelas costeadas por los conventos i monasterios son consideradas como públicas, pues la lei que las creó les dió este carácter. Entre las públicas se encuentran tambien las *especiales*, que son las que funcionan en las prisiones para los detenidos, en los cuarteles para la tropa, en las casas de beneficencia, etc., etc. A esta clase pertenecen la escuela de sordo-mudos, las dos de párvulos, la de talleres de San Vicente de Paul, etc. Hai asimismo escuelas nocturnas de adultos i de adultas.

El reglamento del ramo llama *privadas* a las escuelas que nosotros denominaremos *particulares*, calificativo que nos parece mas lójico, sobre todo tratándose de escuelas que, como las de la sociedad de instruccion primaria de Santiago, prestan al público gratuitamente sus servicios.

DESCRIPCION JENERAL.

Existian en 1869, 1,081 escuelas primarias con 67,759 educandos, divididos d
do siguiente : (1)

Escuelas públicas de varones	403	con	29,000 alumnos.	
Id. id. de mujeres. . .	243	»	20,889	»
Totales.	646	»	49,889	»
Escuelas particulares de varones. . .	200	con	10,732 alumnos.	
Id. id. de mujeres. . .	137	»	7,138	»
Id. id. mistas	98			
Totales.	435	»	17,870	»

RESÚMEN:

Escuelas públicas. . . . . - .	646	con	49,889 alumnos.	
Id. particulares.	435	»	17,870	»
Total jeneral.	1,081	»	67,759	»

Las escuelas públicas se hallan distribuidas en las provincias, de la man
guiente :

Provincias.	Número de escuelas.	Número de hombres.	Número de mujeres.	Total de alumnos.	Cost su s
Atacama.	41	1,833	1,410	3,243	3(
Coquimbo.	46	2,282	1,302	3,584	3:
Aconcagua.	58	2,217	1,634	3,851	3(
Valparaiso	52	2,808	2,682	5,940	4:
Santiago.	109	5,959	4,953	10,912	5:
Colchagua . . . . :	51	2,381	1,328	3,709	24
Curicó.	21	1,116	389	1,505	1(
Talca. . . . . , ...	31	1,123	871	1,994	1:
Maule	53	2,260	1,326	3,586	2(
Nuble	33	1,883	1,230	3,113	1:
Concepcion.	55	2,374	1,495	3,869	2(
Arauco	24	709	546	1,255	1:
Valdivia	17	602	216	818	1(
Llanquihue	27	867	272	1,139	1:
Chiloé	28	1,403	418	1,821	1:
Totales.	646	29,817	20,072	49,889	38(

Se vé por estos datos que se invierte anualmente en la instruccion primaria de
pública, en pago de preceptores i ayudantes, arriendo de locales,. adquisicic

(1) En 1870 el número total de escuelas ha aumentado a 1162, de las que 676 son públicas i 486 1
Comparando el total de 1162 escuelas con la poblacion de la república se obtiene la relacion de un
por cada 1565 habitantes. La correspondencia que existe entre el número de alumnos que reciben ins
i la poblacion de la república, es de un alumno por cada 24 habitantes o sea por cada cinco niños e
de concurrir a las escuelas.

paracion de estos, útiles de enseñanza i premios para alumnos i maestros, la suma de *trescientos ochenta i seis mil novecientos treinta i ocho pesos.*

En el último año escolar se ha repartido a las escuelas 246,755 testos de enseñanza, que costaron al gobierno 36,832 pesos.

Las 646 escuelas públicas funcionan en 164 locales de propiedad fiscal o municipal, trabajados ex-profeso, i en 470 arrendados a particulares. Entre los primeros hai algunos que han importado veinte mil, quince mil i diez mil pesos cada uno.

Hé aqui ahora la distribucion de las escuelas particulares en las diversas provincias:

Provincias.	Escuelas de niños.	Escuelas de niñas.	Escuelas mistas.	Total de escuelas.	Número de hombres.	Número de mujeres.	Total de alumnos.
Atacama..	15	10	»	25	820	279	1,099
Coquimbo........	6	6	7	19	459	409	868
Aconcagua........	3	2	»	5	153	137	290
Valparaiso	17	21	40	78	1,475	1,371	2,846
Santiago..........	41	39	19	99	2,748	2,657	5,405
Colchagua	1	»	2	3	139	32	171
Curicó....	3	5	»	8	210	238	448
Talca.............	5	5	4	14	308	449	757
Maule	6	3	»	9	302	112	414
Nuble	5	5	8	18	615	270	885
Concepcion	14	33	»	47	357	718	1,075
Arauco	3	3	5	11	158	50	208
Valdivia	»	1	3	4	158	165	323
Llanquihue	21	2	3	26	547	134	681
Chiloé.......... .	60	2	7	69	2,283	117	2,400
Totales.....	200	137	98	435	10,732	7,138	17,870

Instruccion secundaria. — La instruccion secundaria se da en la seccion preparatoria del Instituto Nacional, en los Liceos provinciales de Copiapó, Serena, San-Felipe, Valparaiso, Rancagua, San Fernando, Curicó, Talca, Cauquenes, Chillan, Concepcion, Anjeles, Valdivia i Ancud, en los seis Seminarios destinados a la formacion de sacerdotes que funcionan en la Serena, Valparaiso, Santiago, Talca, Concepcion i Ancud, i en algunos colejios particulares de hombres.

Los colejios particulares de niñas no pertenecen a la instruccion secundaria, puesto que en ellos no se cursan otros ramos que los correspondientes a la instruccion primaria superior, entre cuyas escuelas los hemos considerado.

Se educa en todos los establecimientos de instruccion secundaria, un total de tres mil setecientos noventa i siete alumnos de la siguiente manera :

En la seccion preparatoria del Instituto. . .   944 alumnos.

· En los 14 Liceos provinciales. . . . . 1,690 »

En los 6 Seminarios conciliares. . . . . . 523 »

En los 16 colejios particulares. . . . . . . 640 »

Suma.. . . . . . . 3,797 »

En el Instituto Nacional. . . . . Ps. 90,000 (1).
En los 14 Liceos provinciales. . . . . . » 155,770
En subvencion a los 6 Seminarios. . . . » 37,000
Suma . . . . Ps. 282,770

En cuanto a los locales, el Instituto de Santiago dispone de uno magnífico cuya descripcion hemos hecho en el capítulo « Instruccion pública » de Santiago ; tambien los Liceos de Copiapó, la Serena, Talca i Concepcion disponen de locales cómodos i espaciosos, lo mismo que los Seminarios.

Como el Instituto Nacional ya descrito, los Liceos de Copiapó, la Serena, Talca i Concepcion, tienen sus gabinetes de física i laboratorios de química para la enseñanza de estos ramos. Anexa a cada liceo existe una biblioteca popular.

Instruccion superior o universitaria. — Esta instruccion comprende todos aquellos ramos profesionales que exije el plan de estudios para obtener el grado de licenciado en cualquiera de las facultades.

Los cursos se hacen en la seccion universitaria del Instituto Nacional, en el magnífico edificio destinado al objeto i ya descrito. Esta seccion está rejida por un delegado universitario i un vice-delegado, que vive en el mismo establecimiento.

Entre los catedráticos de la universidad existen algunas notabilidades europeas, tales como los Sres. D. Ignacio Domeyko, D. Raimundo Armando Philippi, D. Amado Pissis i otros.

El cuerpo universitario, se compone de un Rector con mil quinientos pesos anuales de sueldo, de un Vice-rector, del Secretario jeneral con mil pesos, de los cinco Decanos de las facultades de humanidades, de matemáticas, de medicina, de leyes i de teolojía, i de los cinco Secretarios de las facultades, con seiscientos pesos cada uno, demandando un gasto total de 14,000 pesos. Este cuerpo tiene la direccion de los estudios universitarios i la inspeccion sobre todos los establecimientos de instruccion secundaria i especial de la República.

Asisten a la Universidad 427 alumnos, cuya instruccion cuesta al Estado, en pago de catedráticos i gastos de útiles i premios, la suma de 22,835 pesos anuales.

(1) El gasto total que hace este establecimiento, comprendiendo la seccion universitaria, asciende a 135,178 pesos anuales.

Instruccion especial. — La instruccion especial comprende la enseñanza de varias profesiones especiales i de algunos ramos que no figuran en el plan de estudios univer- sitarios. Los establecimientos en que se da esta enseñanza son los siguientes: — *Academia* o *Escuela Militar,* destinada a la formacion de oficiales para el ejército, que educa 101 alumnos i hace un gasto anual de 35,934 pesos; *Escuela Naval,* hoi anexa a la anterior, i *Escuela práctica de marineros,* establecida en Valparaiso; ambas tienen 100 alumnos i hacen un gasto anual de 13,000 pesos. El *Observatorio Astronómico,* es- tablecido en Yungai, i cuyo mantenimiento importa al erario 6,000 pesos anuales, que se emplean en sueldos de director i de tres ayudantes; el *Conservatorio de música,* que tiene mas de 100 alumnos de ámbos sexos, i demanda un gasto de 3,400 pesos; la *Academia de pintura,* con 69 alumnos i cuya mantencion importa 4,792 pesos; la *Quinta normal de agricultura* en la cual se ha establecido nuevamente una escuela de este ramo; la *Escuela de Artes i Oficios,* frecuentada por 78 alumnos internos i cuyos gas- tos ascienden a 32,108 pesos anuales; la *Biblioteca* i el *Museo Nacional,* situados en un mismo edificio, la primera con 42,000 volúmenes sobre todas las ciencias i artes, i 5,000 lectores por año. Ambos establecimientos invierten al año, en pago de empleados i compra de objetos, la cantidad de 8,175 pesos; i por último la *Escuela de Escultura,* que tiene 26 alumnos i exije un gasto de 2,550 pesos anuales. Todos estos estableci- mientos funcionan en edificios de propiedad del Estado.

Resúmen:

Reasumiendo el número de alumnos que se instruyen en toda la República, así como las cantidades invertidas en su instruccion, obtendremos el siguiente resultado:

Cursan la instruccion primaria. . . . . 67,759 alumnos.
Id. la instruccion secundaria . . . . 3,793 »
Id. la superior o universitaria . . . . 427 »
Id. la espécial . . . . 479 »

Suma . . . . . . 72,458 alumnos.

Se invierte en la instruccion primaria . . . . . 386,938 pesos.
Id. id. en la secundaria . . . . 282,770 »
Id. id. en la superior o universitaria. . . . . . 36,835 (1) »
Id. id. en la especial . . . . 110,959 »

Suma. . . . . 817,502 pesos

De manera que existen en la República 1,129 establecimientos de educacion a los cuales asisten 72,458 alumnos i en los que invierte el Estado la suma de 817,502 pesos.

Rentas nacionales i deuda pública. — La renta pública de Chile es comparativamente pequeña, si se toma en consideracion su riqueza, su estension i pobla-

(1) En esta cantidad están comprendidos los 22,835 pesos que se invierten en pago de catedráticos de la universidad, i los 14,000 que se pagan a los empleados del cuerpo universitario, como rector, decanos, etc.

cion; pero justamente estas razones hacen honor al pais pues no existe en el mundo uno menos gravado que Chile. Si sus contribuciones fuesen solo la mitad de las de los Estados Unidos, o la tercera parte de las de Inglaterra, la renta pública de Chile ascenderia al doble de lo que hoi percibe.

Los ramos que constituyen la renta nacional son: Aduanas, especies estancadas, impuesto agricola, alcabala, imposiciones, patentes, papel sellado, timbre i estampillas, correos, casa de moneda, ferrocarriles, pasajes, quinta normal de agricultura, fundicion de Limache, huaneras de Mejillones, ramos eventuales, reintegros i almacenaje de pólvora. Desde 1831 hasta 1864 estos diversos ramos han producido una entrada total de 140.876,336 pesos. De esta suma un 53 % es producto de la Aduana de Valparaiso, ascendiendo el total de lo producido por las aduanas de la República a 86.102,072 pesos o sea a un 61 %. En 1870 la renta aduanera ascendió a 6.438,182 ps.

Despues de las Aduanas, los principales elementos que contribuyen a formar las rentas nacionales son los siguientes:

El *estanco*, contribucion puesta en vigor en 1824 con el objeto de atender al pago del empréstito contratado en Lóndres en 1822. Al principio las especies estancadas eran: tabaco, naipes, licores espirituosos i té; hoi solo quedan las dos primeras. Desde 1826 es administrado por el fisco, i desde entonces hasta 1864, es decir en treinta i ocho años, la venta de especies estancadas ha sido de 27.369,609 pesos, los cuales han dejado de utilidad neta 15.711,287 pesos, es decir como 66 % de las rentas. El producto bruto del estanco durante esos 38 años, viene a ser el 17 % de las rentas nacionales. En 1870 produjo 1.407,948 pesos.

Los *diezmos* eran una contribucion establecida antiguamente para el sostenimiento del culto. Su producto fué variable desde doscientos a quinientos mil pesos al año. Por lei de 15 de octubre de 1853, se convirtió esta contribucion en otra territorial directa, basada sobre la produccion anual de las propiedades rústicas, la que se principió a cobrar desde 1856.

En 1870 produjo la suma de 644,135 pesos. El producto de esta contribucion, reunido al de los diezmos, durante los 34 años comprendidos entre el 31 i el 64, alcanzó a 14 millones, próximamente el 10 % del total de las rentas públicas durante el mismo tiempo. El número de propiedades que pagan esta contribucion alcanza a 32,022.

El *catastro* es una contribucion agricola de cien mil pesos, impuesto sobre los predios rústicos. Empezó a cobrarse en 1835, i vino a reemplazar á las antiguas alcabalas. Su gravamen es de 1.89 %, i pesa actualmente sobre 12,028 fundos. Se ha reunido a la anterior para su recaudacion i administracion, i a ambas se las designa con el nombre de *contribucion agrícola*.

La *alcabala* es un impuesto de un dos a un cuatro por ciento sobre el valor de las propiedades vendidas, ya sean rústicas o urbanas, minas o buques. Su producto ha sido variable entre setenta mil i trescientos mil pesos, i su término medio viene a formar un 3. 3 % de las rentas jenerales. En 1870 alcanzó a 367,500 pesos.

Las contribuciones ya enumeradas forman un 93 % de las entradas fiscales; el 7 % que falta es llenado con las contribuciones siguientes:

La *imposicion de capitales* produce anualmente de 3 a 8,000 pesos. Es un impuesto de 5 % sobre los capitales que se colocan a censo.

La contribucion de *patente* grava a los establecimientos mercantiles e industriales, i a las profesiones i las artes. Su producto ha fluctuado entré 1,800 pesos i trescientos mil, a contar desde 1834. Su proporcion con las rentas jenerales es de uno a uno i medio por ciento. En 1870 produjo 347,000 pesos.

La contribucion de *papel sellado* fué reorganizada por lei de 16 de julio de 1827. Desde el año 1834 su producto ha fluctuado entre 26.000 i 120,000 pesos. En 1870 ascendió a 156,269 pesos.

El *peaje* produjo en 1870, 60,273 pesos.

El ramo de *correos* produce, término medio, 150,000 pesos, i el de *telégrafos* 25 a 30,000 pesos.

La utilidad liquida de la *Casa de moneda* ha ascendido el año 1870 a 3,150 pesos. Las pastas de oro i plata introducidas en el mismo año, ascendieron a 1.620,346 pesos.

Los ramos *eventuales* produjeron últimamente 218,177 pesos.

Los *ferrocarriles* son otras de las fuentes de riqueza del pais. En 1870 produjeron 1.425,931 pesos.

El total de las entradas fiscales en 1870 produjo 16.408,904 pesos dando una proporcion de Ps. 8.66 por cada habitante. Los gastos se equilibran con una diferencia que hace subir a Ps. 7.37 la cuota de cada habitante.

Las deudas públicas a que tiene que atender la administracion, son once; se dividen en interior i esterior i su total alcanzó en 1870 a 36.629,400 pesos lo que da una proporcion de Ps. 19.80 por habitante, colocándonos en mejor pié que los Estados Unidos, la Inglaterra, Francia, España, Italia, Rusia, Holanda, Dinamarca, Béljica, Austria i muchos otros Estados de Europa.

Ejército i guardia nacional. — La fuerza del ejército constaba antes de 1868 de 3,705 individuos de tropa; segun resoluciones supremas de 25 i 29 de agosto de 1868 se aumentó su número a 5,140. Pero en el dia solo cuenta con 4,519 plazas repartidas como sigue :

Un rejimiento de artillería con   587 plazas.
Seis batallones de infanteria con 3,260.   »
Dos rejimientos de caballeria con   672.   »

El número de jefes i oficiales asciende a 549 repartidos asi :

Jenerales de division.	2	Capitanes.	141
Id. de brigada.	4	Ayudantes mayores··	28
Coroneles.	17	Tenientes.	104
Teniente-coroneles.	34	Subtenientes i alfereces. . . .	163
Sarjentos mayores.	56		

La Guardia Nacional consta en la actualidad de 54.294 plazas repartidas de la manera siguiente :

↳ Artilleria. — 1 rejimiento i 9 brigadas que comprenden 2,760 plazas, incluyendo 12 jefes i 120 oficiales.

Infanteria. — 50 batallones, 16 brigadas i 9 compañias que comprenden 29,673 individuos, de los que 49 son jefes i 1,098 oficiales.

Caballeria. — 102 escuadrones i 2 compañías con 21,861 plazas, inclusos 49 jefes i 855 oficiales.

Cada provincia cuenta en la Guardia Nacional el siguiente número de individuos:

Atacama	2,989	Maule	2,644
Coquimbo	2,519	Nuble	4,066
Aconcagua	3,526	Concepcion	3,593
Valparaiso	3,983	Arauco	6,044
Santiago	7,107	Valdivia	2,461
Colchagua	929	Llanquihue	3,442
Curicó	973	Chiloé	6,957
Talca	3,061	Departamentos de Lebu e Imperial.	770

Marina. — La armada de Chile se compone de los siguientes buques :

Nombre de los buques.	Cañones Armstrong.			Cañones Witworth		Fuerza de su máquina.
	de a 40.	de a 70.	de a 150.	de a 18.	de a 32.	
Corbeta O'Higgins	4	2	3	»	»	200 caballos.
id. Chacabuco	4	2	3	»	»	200 »
id. Esmeralda	8	»	»	»	4	200 »
Vapor Abtao	»	»	1	»	4	300 »
Goleta Covadonga	1	2	»	»	»	140 »
Transporte Ancud	»	»	»	1	»	120 »
Vapor Valdivia	Sirve de escuela para marineros en Valparaiso.					300 »
id. Independencia	Sirve de remolcador en Constitucion.					120 »
Ponton Thalaba	Sirve de depósito en Valparaiso.					»
Vapor Maule	Al servicio de la frontera.					»

El batallon de *Artillería de Marina* organizado en marzo 9 de 1842 i con 404 plazas, cubre las guarniciones abordo de los buques del Estado.

El personal de la marina se compone de 682 individuos, de los que 98 son oficiales de guerra i 53 oficiales mayores. Hé aqui su clasificacion :

1 Contra almirante.	1 Cirujano mayor.
5 Capitanes de navio.	3 » de 1.ª clase.
4 » » » graduados.	5 » de 2.ª »
1 » de fragata.	1 Comisario jeneral.
5 » » » graduados.	2 Contadores de 1.ª clase.
4 » de corbeta.	10 » de 2.ª »
8 » » » graduados.	1 Inspector jeneral de máquinas.
12 Tenientes primeros.	8 Injenieros de 1.ª clase.
2 » » graduados.	8 » de 2.ª »
18 » segundos.	14 » de 3.ª »
20 Guardias marinas examinados.	531 individuos de contramaestre a paje.
18 » » sin examen.	

Prensa nacional. — La prensa del pais ha sabido mantenerse siempre a la altura de la noble mision que está llamada a desempeñar, sin que jamás, ni aun en los

27

momentos de mayor efervescencia politica, haya descendido al terreno de la injuria i de las personalidades. No hablamos de esos periodiquillos de actualidad que suelen aparecer de tarde en tarde, i que ni aun dejan el recuerdo de su misera existencia. Hé aqui la nómina de los diarios i periódicos que se publican en Chile :

Santiago.	El Ferrocarril, diario.—El Independiente, id.— La República, id. — La Libertad, id. — El Araucano, periódico oficial. — La Gaceta de los Tribunales, periódico.— Anales de la Universidad, id. — Anales de la Sociedad de Farmacia, id. — Boletin de la Sociedad de Agricultura, id. — Boletin de Instruccion primaria, id. — La Revista católica, periódico religioso. — La Estrella de Chile, periódico literario. — El Mensajero del Pueblo, periódico religioso. — Diójenes, folleto politico. — El Alba, periódico literario. — Anuario estadistico, anual.
Rancagua.	El Porvenir, periódico.
Melipilla.	El Progreso, periódico.
Valparaiso.	El Mercurio, diario. — La Patria, id. — El Mercurio del vapor, periódico comercial. —El Precio Corriente del Mercurio, id. id. — West Coast Mail, id. inglés. — Deutsche Zeitung, id. aleman. — La Piedra, id. protestante.
Copiapó.	El Copiapino, diario. — El Constituyente, id. — El Radical, id.
Vallenar.	La Voz del Pueblo, diario.
Freirina.	El Minero, diario.
Serena.	La Revista Coquimbana, periódico. — La Reforma, id. — El Correo del Sábado, id.
Ovalle.	La Correspondencia, periódico.
Illapel.	La Justicia, periódico.
San Felipe.	El Observador, periódico. — El Censor, id.
Santa Rosa.	El Condor de los Andes, periódico. — El Andino, id.
San Fernando.	El Colchagua, periódico. — La Reforma, id.
Rengo.	El Renguino, periódico.
Curicó.	La Verdad, periódico. — El Sufrajio, id.
Talca.	El Radical, periódico. — El Artesano, id.
Cauquenes.	El Combate, periódico.
Parral.	El Iris, periódico.
Chillan.	La Discusion, periódico. — El Telégrafo, id.—La Probidad, id.
San Cárlos.	El Agricultor, periódico. — El Pequen, id.
Concepcion.	La Revista del Sur, periódico. — El Alba, id. — La Democracia. id. —La Libertad católica, id.
Anjeles.	El Laja, periódico. — El Meteoro, id.
Ancud.	El Chilote, periódico.

CAPITULO III.

DESCRIPCION DE LOS CAMPOS DE CHILE.

IMPORTANCIA AGRÍCOLA DEL PAIS. — SUPERFICIE ABSOLUTA I CULTIVABLE. — PROPIEDA-
DES RÚSTICAS, NÓMINA DE LAS PRINCIPALES. — QUÉ ES HACIENDA, CHÁCARA, HIJUELA
I QUINTA. — DESCRIPCION DE LAS HACIENDAS : LA COMPAÑIA, LAS CANTERAS, CATEMU,
OCOA I SAN NICOLÁS.

Importancia agricola del pais. — Al emprender esta descripcion, vamos a tomar por base los documentos oficiales mas modernos i los últimos trabajos efectuados por los hombres mas competentes del pais.

Bajo el titulo de « Division del territorio » hemos hecho ya en uno de los capitulos anteriores, una estricta demarcacion de la importancia productora de cada una de las rejiones en que se encuentra naturalmente dividida la superficie de nuestro territorio. Solo nos ocuparemos pues ahora de su parte cultivable.

Principiando por el Norte o sea la provincia de Atacama, no encontramos en ella por las razones ya indicadas, campos aparentes para el cultivo. Sus escasas llanuras se componen casi en su totalidad de terrenos cascajosos desprovistos de toda vejetacion. Solo dos riachuelos vienen a interrumpir el triste aspecto de esta comarca, el de *Copiapó* i el de *Huasco*, ambos situados en la parte mas meridional de la provincia.

La de Coquimbo es menos estéril que la anterior, i sus valles regados por los rios *Coquimbo, Limari* i *Choapa*, producen varios cereales i frutos estimables.

En esta primera rejion los agricultores se dedican con preferencia al cultivo de las plantas forrajeras, para proveer a la alimentacion de los numerosos animales que emplean en la esplotacion de las minas. Las poblaciones se proveen de las provincias del Sur.

Sin embargo, en el valle de Copiapó se cultiva con buen éxito una estension de tres a cuatro mil cuadras (5,000 hectáreas), que es ocupada por los fundos Potrero Grande, San Antonio, Potrero seco, Hornito, Totoralillo, Cerrillos, Nantoco, Punta del Cobre, Tierra-Amarilla, Punta-Negra, San Fernando, Vicuña, La Chimbá (frente a Copiapó), Bodegas, Chamonate, Toledo i Ramadilla, donde concluye todo cultivo a 45,050 quilómetros de la costa.

El mas importante de esos fundos es el de Ramadilla, situado en el límite Occidental de la parte cultivada del valle, porque no está a turno para la repärticion del agua, sino que posee vertientes que le permiten cultivar cerca de 400 cuadras (600 hectáreas).

El número de propiedades agrícolas en Copiapó i Caldera asciende a 315, cuyo producto anual ha sido avaluado en poco mas de 200,000 pesos. En Vallenar existen 691 propiedades, que producen 138,000 pesos proximamente, i en Freirina 185 cuyo producto alcanza a poco mas de 36,000 ps.

El clima de esta parte del territorio es mui favorable al cultivo del algodon, i entre sus demas productos son notables las pasas i los higos, por su esquisita calidad. En el resto de esta rejion se produce tambien de un modo particular la lúcuma, el durazno i otros frutos de este jénero, que son esportados en gran cantidad para toda la costa.

La segunda rejion, compuesta de las provincias centrales de Chile, es la rejion agrícola por escelencia i la parte mas valiosa de la República. Aqui la capa de tierra vejetal tiene un espesor mucho mayor que en cualquiera otra parte, pues suele pasar de 3 metros, esceptuando los terrenos situados al Sur del Maule. Desde Santiago hasta este rio se nota que las aguas fluviales arrastran en suspension una cantidad considerable de materia mineral i orgánica que se deposita sobre los terrenos que riega i constituye un verdadero abono. Por ese motivo los agricultores no han necesitado hasta ahora recurrir a los abonos artificiales, a pesar de que ellos trabajan sus terrenos con el cereal mas agotador que se conoce : el trigo. La gran importancia agrícola de esta rejion ñace principalmente de la espesa capa de tierra vejetal que la cubre, de la benignidad del clima que permite los cultivos mas variados, de la abundancia de agua que dispone para la irrigacion, i finalmente de los numerosos caminos carreteros i de las vias férreas i fluviales que la cruzan en todas direcciones. Por la posicion misma de los valles, los productos agrícolas no tienen que recorrer grandes distancias para llegar a los centros comerciales, pues si antes se veian alejados de ellos por la falta de buenos caminos, hoi los ferrocarriles han destruido ese obstáculo, i dado una impulsion estraordinaria a los trabajos del campo, creando facilidades i disminuyendo los costos de la produccion sin minorar su valor.

Nacimiento del rio Cachapoal.

Despues de haber recorrido la rejion minera, esta se presenta como un jardin inmenso en el que se entrelazan con admirable armonia las mas ricas i variadas producciones del reino vejetal. En los valles de Aconcagua i en los no menos fértiles i hermosos de Quillota i de Limache, encontramos la vejetacion tropical en toda su brillante lozania. El tabaco de Aconcagua, mui especialmente el que se produce en la hacienda de Catemu, perteneciente a los Sres. Huidobro, es de tan esquisita calidad, que puede ser comparado con el mejor del Perú, i aun con el de la Habana. El lúcumo el chirimoyo, el naranjo, los limoneros, las palmas, el castaño, el nispero i otras mu-

Cerro de la Campana en Quillota.

chas especies de este jénero que necesitan un clima ardiente, crecen i fructifican con abundancia en los valles mencionados.

La provincia de Santiago es, sin duda, la mas notable a causa del mejor i mas inte- lijente cultivo que reciben sus terrenos. Pertenecientes estos en su mayor parte a pro- pietarios acaudalados i entusiastas por el progreso de la agricultura, han comenzado ya a ser labrados con la multidad de máquinas agricolas inventadas en Europa i Esta- dos Unidos para reemplazar la fuerza animal por la mecánica, multiplicándo los produtos en grande escala i disminuyendo en la misma proporcion los costos del laboreo. Esto i los grandes ferrocarriles que cruzan la provincia, han hecho que la produccion tome un incremento verdaderamente admirable i que nadie habria podido presajiar en tan poco tiempo. En esta provincia, lo mismo que en toda la rejion agricola de Chile, el cultivo del trigo es la industria principal i la que se emprende en todas partes en mayor escala. En las provincias siguientes de Colchagua, Curicó i Talca, es tambien el trigo el principal producto; pero no es menos notable la crianza de animales, à causa de la abundancia i baratura de los pastos, de lo abrigado de los valles i de la benignidad del clima. La alfalfa crece lozana en potreros inmensos, algunos de los cuales tienen hasta mas de cien cuadras cuadradas, esto es, mayor estension que una hacienda ordinaria en Europa.

Al Sur del Maule va disminuyendo progresivamente el espesor de la capa de tierra

Cerro agujereado en el nacimiento del Cachapoal.

vejetal, hasta que en Chiloé apenas se presta para el cultivo de la papa i algunas escasas legumbres. Aquí el espesor de la capa suele alcanzar a solo 20 o 30 centimetros; los pastos son escasos, los animales pequeños, i los productos agricolas casi nulos. El principal negocio en esta rejion consiste en la pesca. Los terrenos de Concepcion i Ñuble son regados con abundancia por los grandes i numerosos rios que los cruzan de Oriente a Poniente i en otras direcciones. Por eso su produccion de cereales es una de las mas abundantes de la República, i sus pastos permiten la crianza de animales en grandes proporciones. Sin embargo, los fundos de la parte austral de esta rejion, desde Talca, no producen ni aun la décima parte de lo que podrian rendir, a causa de la escasez de medios de transporte, de la falta de vias fluviales o férreas, del mal estado de los caminos carreteros, de la falta de abonos, de la escasez de capitales i del modo rutinero i atrasado con que se hace el laboreo, pues con raras escepciones, aun no se ha introducido en esos fundos ningun instrumento moderno de labranza. La agricultura permanece en ellos casi en el mismo estado en que se hallaba ahora un siglo. Esto contribuye a dar a esos campos tan fértiles i hermosos, un aspecto casi salvaje que impresiona el alma profundamente, al contemplar la grandeza solemne de aquellas solitarias rejiones entregadas al mas triste abandono. No es raro encontrar a cada paso, praderas inmensas perdidas para el cultivo por la falta de agua; grandes i hermosas montañas, inaccesibles i perdidas por la falta de trabajo; grandes rios, como el *Lontué* i el *Maule*, el *Itata*, el *Calle-Calle* i el *Bio-Bio*, que van a sepultar en el abismo de los mares un tesoro de agua, perdido para la agricultura por la falta de canales de irrigacion. La naturaleza ha sido pródiga en esas comarcas, i ya se comprende la inmensa importancia que podria darles una esplotacion intelijente.

Tres grandes obras se necesita realizar para que la agricultura pueda prosperar en esta parte del pais : el ferrocarril entre Chillan i Talcahuano ; la destruccion de la barra del *Maule* i la canalizacion del *Bio-Bio*. Logrado esto, no habrá en toda la rejion agricola ningun centro productor que diste mas de veinte leguas de las grandes vias férreas o fluviales. Entonces Chile seria indudablemente la primera nacion del mundo como pais agricola, i su produccion seria tal vez cien veces mayor que la actual. La primera de esas tres obras, el ferrocarril, se encuentra ya en construccion i estará terminado en breve ; la destruccion de la barra del *Maule* ha sido propuesta por un empresario a quien se negó el privilejio que solicitaba, pero es indudable que ella será un hecho antes de mucho tiempo. Pero la canalizacion del *Bio-Bio* tal vez no podrá efectuarse antes de muchos años, a causa del gran costo que tendrá una obra tan jigantesca.

La tercera rejion, la selvática, que comprende el Sur de Arauco i las provincias de Valdivia, Llanquihue i Chiloé, es la parte menos conocida de la República, pero tambien una de las mas importantes, a juzgar por los datos que hasta ahora poseemos. No es posible juzgar de la fertilidad del terreno mientras no haya sido esplotado convenientemente ; pero la hermosura, profusion i grandeza de sus bosques seculares, revelan a primera vista la exelente calidad del suelo i la benignidad de sus condiciones climatéricas i metereolójicas. La mayor parte de esta rejion está ocupada por grandes bosques, casi todos impenetrables i no esplotados hasta ahora, por falta de medios de transporte i vias de conduccion. Dos son los árboles principales, que forman esas « minas de madera » el roble i el alerce, árboles sumamente corpulentos, que alcanzan una elevacion hasta de cuarenta metros. Multitud de otros árboles crecen entre estos, variando su tamaño, su forma, su jénero i su número; pero se nota que, en jeneral, casi todos producen exelentes maderas apropiadas a todos los usos. En Valdivia es proverbial la inmensidad de manzanos silvestres, que forman grandes manchas en las riberas de los rios. Estos suelen arrastrar en sus aguas una especie de capa o *nata* de manzanas que llevan al mar, las cuales, impulsadas por los vientos del Norte, llegan hasta Chiloé en donde las recojen sus habitantes para hacer *chicha*, licor alcoolizado i mui agradable que se consume en toda la República. Valdivia es la provincia mas productora de este artículo.

Los grandes lagos i montañas de esta rejion han sido esplorados últimamente por varios jeólogos i botánicos, todos los cuales pintan un cuadro deslumbrador de sus riquezas i hermosura, i todos están acordes en augurar un brillante porvenir a esta parte de nuestro territorio. La colonia alemana establecida en Valdivia, ha contribuido poderosamente a dar a conocer las riquezas de ese territorio, sus recursos naturales, i lo que puede alcanzar una esplotacion bien dirijida.

En la rejion selvática no es ya el cultivo del trigo ni la crianza de animales lo que predomina, sino la esplotacion de los bosques, el corte de las variadas i ricas maderas que ellos contienen. Lo que falta en esta parte, como en muchas otras, es las buenas vias para el transporte i los medios de conduccion, falta que obliga a paralizar casi por completo el laboreo de los montes, quitándoles, por el mismo hecho, una gran parte de su valor.

Superficie absoluta i cultivable. — Hé aquí ahora la superficie absoluta i la superficie cultivable de cada provincia, en quilómetros cuadrados :

Provincias	Superficie absoluta.	Superficie cultivable.	Provincias.	Superficie absoluta.	Superficie cultivable.
Chiloé..........	6,216	6,000	Talca..............	8,250	2,960
Llanquihue.......	26,000	10,964	Colchagua......... .	16,742	6,828
Valdivia........	21,000	10,000	Santiago............	24,016	7,653
Arauco......... .	35,520	17,000	Valparaiso...........	3,694	1,423
Concepcion	10,000	4,015	Aconcagua........ ..	13,920	523
Nuble......... .	11,000	2,312	Coquimbo...........	49,500	838
Maule.........·.. .	11,100	8,325	Atacama.............	106,500	70

De manera que el total de la superficie absoluta del territorio es de 343,458 quilómetros cuadrados i el de la cultivable de 78,912.

Propiedades rústicas. — La propiedad rural fué organizada en Chile por los conquistadores españoles, cuyos jefes distribuyeron entre sus subalternos todo el territorio con los indios indíjenas que lo habitaban. Estas fracciones se llamaron *partidas* o *encomiendas,* i sus poseedores eran señores absolutos en estos pequeños feudos. Mas tarde las herencias i las enajenaciones dividieron la propiedad progresivamente, hasta que en 1861, cuando se hizo la clasificacion jeneral para el cobro del impuesto agrícola, se encontró que habia en Chile 29,858 fundos rústicos, que producian una renta anual de 7.238,658 pesos. Estas dos cifras se descomponian del modo siguiente :

Fundos grandes :   316; su renta 2.369,635 pesos.

Fundos regulares : 1,991 ; su renta 2.391,165   id.

Fundos pequeños : 27,551 ; su renta 2.477,858   id.

El total de fundos se distribuye por departamentos en la siguiente proporcion :

Departamentos.	Número de fundos.	Departamentos.	Número de fundos.
Rancagua..................	1,140	Coelemu................ ...	524
Santiago..................	914	Ligua....................	162
Quillota i Limache...........	1,101	Elqui...........	447
Victoria	313	Itata	802
San Fernando..............	1,556	Rere	753
Curicó i Vichuquen........ .	1,694	Putaendo...........	422
Caupolican............... ..	1,140	Lontué................... .	176
Melipilla.................	458	Laja....................	639
Chillan....................	1,833	Illapel...................	172
Linares.................. ..	810	Castro...................	1,356
Cauquenes.................	1,983	Lautaro...................	1,250
Copiapó..................	315	Freirina................. ..	366
Talca....................	990	Arauco...................	187
San Felipe.............. .	673	Nacimiento...............	264
Andes....................	606	Osorno	53
Parral....................	742	Union...................	275
Ovalle....................	652	Quinchao...........	547
Vallenar..................	690	Combarbalá.......	72
Casablanca..	266	Valdivia.................	201
San Carlos...............	1,340	Talcahuano....	29
Puchacai	1,147	Concepcion	45
Petorca..................	210	Constitucion	57
Serena	180	Ancud...............	57
Carelmapu...	248		

Posteriormente, la propiedad se ha subdividido mucho mas, aumentando en iguales proporciones su laboreo i su valor.

Nómina de las principales haciendas de Chile. — Hé aqui una nómina de las principales haciendas de la República, con espresion del departamento a que pertenecen, el nombre de sus dueños, i el valor de su renta anual calculada:

Rango que ocupan.	Departamentos en que estan situados.	Denominacion de los fundos.	Nombre del propietario.	Renta anual.
				Ps.
1	Rancagua	La Compañia.......	Juan de Dios Correa........	89,000
2	Quillota.....	Purutun i Melon....	Felipe Cortes i Azúa........	60,000
3	Victoria.....	La Calera.........	Francisco Ruiz Tagle.......	50,000
4	Rancagua	Puque............	Ramon Subercaseaux.......	34,000
5	Rancagua	Bucalemu..........	Manuel Braulio Fernandez...	26,700
6	Victoria.....	El Peral	Test.ª de D. Rafael Correa ...	25,000
7	Rancagua	Codao...........	Francisco Ignacio Ossa......	21,950
8	Caupolican ...	Taguatagua........	Francisco Javier Errazuriz ...	18,000
	Santiago......	»	Mariano Elias Sanchez......	18,0 0
9	Rancagua	Aculeo...........	Francisco de B. Larrain	18,000
10	San Felipe....	Lo Herrera........	Francisco Videla...........	17,500
	Victoria.....	San Lorenzo.......	Francisco Arriagada........	17,000
	Ligua	Catapilco	Mayorazgo de la Cerda......	15,000
11	Ligua........	Huechun..........	Francisco Javier Ovalle......	15,000
	Melipilla	San José	Santiago M. Concha........	15,000
	Melipilla	Calleuque....... ..	José Anjel Ortuzar.........	15,000
	San Fernando.	Limari....	Francisco Ignacio Ossa......	15,000
	Ovalle........	»	Blas Ossa.................	15,000
12	Santiago	»	Test.ª J. V. Izquierdo........	14,000
	Santiago	»	Bernardo Solar............	14,000
	Santiago	Punta de Cortes. ...	Santiago Perez Matta.......	14,000
13	Rancagua	Palmas.......... .	Ambrosio Sanchez	13,500
	Casablanca ...		Diego Ovalle..............	13,200

Rango que ocupan.	Departamentos en que estan situados.	Denominacion de los fundos.	Nombre del propietario.	Renta anual.
				Ps.
14	Illapel	Illapel	J. M. Gatica	13,000
	San Felipe	San Rejis	Manuel José Hurtado	13,000
	Andes	Panquegue	Máximo Caldera	13,000
	Quillota	San Pedro	Josué Waddington	13,000
15	Ligua	Pullalli	J. M. Irarrazabal	12,500
	Copiapó	Hornito	Compañia de minas	12,000
16	Copiapó	»	Nicolas Vega	12,000
	Victoria	»	Ignacio Ortuzar	12,000
	Rancagua	Angostura	Pedro José Luco	12,000
	San Fernando	Chimbarongo	Padres de la Merced	12,000
	Caupolican	Armague	Dolores Ramirez	12,000
	Lontué	Quechereguas	Nemesio Antunez	12,000
17	Quillota		Ramon de la Cerda	11,700
	Melipilla	Chiñique	Juan A. Alcalde	11,500
	Rancagua	Cocalan	Vicente Subercaseaux	11,400
	San Fernando	San Antonio	Vicente Ortuzar	11,300
	Quillota	Concon-Alto	Ramon Subercaseaux	11,200
18	Petorca	Longotoma	Francisco Javier Ovalle	11,000
	Santiago	»	Test.ª de Victor Vargas	11,000
	Santiago	»	Recoleta dominica	11,000
	Caupolican	Guique	Test.ª de D. Miguel Echeñique	11,000
19	Putaendo	Catemu	Borjas G. Huidobro	10,825
	Ligua	Higuera	Mayorazgo de la Cerda	10,743
	Rancagua	Cabras	Juan José Gandarillas	10,400
	Quillota	»	Micaela Errazuriz	10,075
20	Caupolican	Tarquenes	Rafael Larrain	10,000
	Santiago	»	Manuel Balmaceda	10,000
	Santiago	»	José Maria Solar	10,000
	Casablanca	Tablas	José Manuel Ramirez	10,000
	Rancagua	El Principal	Huidobro	10,000
	Parral	La Rinconada	Francisco Vargas Bascuñan	10,000
21	Melipilla	Esmeralda	José Antonio Lecaros	9,500
	Melipilla	San Miguel	Javiera Carrera	9,500
	Melipilla	Puanqui	José Maria Hurtado	9,500
	Santiago	»	Recoleta dominica	9,500
	San Fernando	Cunaco	Ignacio Valdes Carrera	9,350
	Rancagua	Alhué	Santiago Toro	9,200
22	Quillota	Quinteros	Ramon Undurraga	9,000
	Santiago	»	Santiago Varas	9,000
	Victoria	Tres Hijuelas	Maria de la Paz Mascayano	9,000
	Victoria	Santa Cruz	Cesáreo Valdes	9,000
	San Fernando	San José	Pedro Felipe Iñiguez	9,000
	San Fernando	Colchagua	Federico Errazuriz	9,000
23	Quillota	La Hijuela	Enrique Cazotte	8,921
	Quillota	Ocoa	José Manuel Guzman	8,900
	San Fernando	Huemul	Juan de Dios Correa	8,700
	Ligua	Peñablanca	Mayorazgo de la Cerda	8,425
	Victoria	Hijuela del medio	José Agustin Valdes	8,400
	Quillota	Calera	Ildefonso Huise	8,342
	Victoria	Rinconada	Juan de Dios Gandarillas	8,300
	Quillota	Ocoa	José Rafael Echeverria	8,150
	Putaendo	Toro	Gabriel Vicuña	8,050
24	Santiago	»	Rosario M. Bezanilla	8,000
	Santiago	»	J. Santos Cifuentes	8,000
	Santiago	»	Test.ª de J. M. Mate	8,000
	Santiago	»	Mayorazgo Luna Bella	8,000
	Melipilla	Mayarauco	Patricio Larrain	8,000
	Victoria	»	Pedro Errazuriz	8,000
	Caupolican	San José del Cármen	Juan José Echeñique	8,000
	Petorca	Alicahui	Amador Cerda	8,000
	Serena	Tejas	Felix Marin	8,000
	Rancagua	Naltagua	Juan Ignacio Alcalde	8,000

Del total de fundos hai 54 que tienen mas de 11,000 pesos de renta anual; 31 con 8 a 10 mil pesos; 73 con 6 a 8 mil; 158 con 4 a 6 mil; 147 con 3 a 4 mil; 281 con 2 a 3 mil; 566 con 1 a 2 mil; 997 con 500 a 1,000; 2,676 con 200 a 500; 4,336 con 100 a 200; 7,073 con 50 a 100, i 13,466 con menos de 50 pesos anuales de renta.

Los fundos grandes prevalecen en los departamentos de Rancagua, Santiago, Quillota, Victoria, Melipilla, Petorca, Ligua, Putaendo e Illapel; los regulares predominan en Copiapó, Serena, Ovalle, San Felipe, Casablanca, Talca, Nacimiento i Talcahuano. En el resto de los departamentos los fundos son mui pequeños i pobres, sobre todo en Carelmapu i en la provincia de Chiloé, en donde el número de esas insignificantes propiedades alcanza hasta 6,259.

Qué es hacienda, chácara, hijuela i quinta. — En Chile se designa con el nombre de hacienda, a una porcion cualquiera de territorio cultivable en todo o en parte, siempre que su estension esceda de treinta cuadras cuadradas. Como el valor de la propiedad rústica solo ha comenzado a subir desde 50 años a esta parte, resulta que el mayor número de nuestras haciendas tiene una grande estension de territorio, alcanzando algunas hasta dimensiones mayores que las de un departamento. La hacienda de la *Compañia*, por ejemplo, tiene 11,000 cuadras planas i 98,000 de cerros, i la de las *Canteras* tiene 27,181 cuadras cuadradas. En toda hacienda existe un edificio mas o menos estenso, llamado *las casas*, que sirve al mismo tiempo de habitacion para el patron i el mayordomo i de bodega o depósito para las mercaderias o herramientas. El gobierno interior de una hacienda depende inmediatamente de sus dueños, pero no están sustraidas a la inspeccion i jurisdiccion de las autoridades locales.

Designamos con el nombre de *chácara* a toda hacienda cuya estension no esceda de treinta cuadras cuadradas ni baje de quince; i con el de *hijuela* a los fundos que tienen menos de quince i mas de cinco cuadras. Se llama *quinta* el terreno que tiene cinco cuadras o menos. Las denominaciones de chácara e hijuela suelen emplearse como sinónimas, i en este sentido es que se llama *hijuelar* una hacienda cuando se la divide en chácaras para repartirlas entre los herederos o venderla con mas facilidad. Jeneralmente las chácaras, por su corta estension, están siempre mucho mejor cultivadas, i proporcionalmente, producen mucho mas que las haciendas. En ellas es donde se cultiva con mas frecuencia las legumbres i las hortalizas, i de ahí el primitivo nombre de chácaras, que tambien se aplica a cualquier sembrado de esta especie. Las quintas solo existen al rededor de las ciudades, i muchas de las que hai en Santiago i Valparaiso alcanzan hoi un valor tan considerable como el de una grande hacienda. Entre estas merece una particular mencion la de D. Enrique Meiggs, situada en la acera Sur de la Alameda en Santiago, a pocas cuadras de la estacion central de los ferrocarriles. Es una de las mas hermosas i ricas de Sud-América por la estension, hermosura, elegancia i riqueza de sus edificios, i por el arte i delicado gusto que domina en todas su plantaciones, paseos, caballerizas, etc., etc. Otras que tambien llaman la atencion i merecen ser visitadas, son las de los Sres. Urmeneta, Goyenechea, Sanchez, Cousiño, Puelma i Bezanilla, situadas en los suburbios de la ciudad i adornadas con grandes i magníficos jardines i preciosas arboledas.

Descripcion de la hacienda de la Compañia. — Para dar una lijera idea de lo que son las haciendas en Chile, solo citaremos algunos ejemplos, porque seria demasiado largo describir todas las que son dignas de llamar la atencion por su riqueza, estension i gran laboreo.

La hacienda de la *Compañia* es la mas grande i la mas importante de todas las de la República, pues su valor actual se calcula nada menos que en *tres millones de pesos.* Sin embargo fué vendida a D. Mateo de Toro Zambrano en 1771 por la suma de noventa mil pesos, suma igual a la renta que hoi produce todos los años. Su estension es de

Valle de los cipreses en el çajon del Cachapoal.

once mil cuadras planas i *noventa i ocho mil* de cerros, casi todos pastosos. Está situada en el departamento de Rancagua, i se estiende desde la linea divisoria de los Andes hasta el cordon de los cerros de Alhué, hácia la mitad del valle central, próximamente. Es atravesada por el camino real del Sur en su tercio occidental, quedando dividida en dos porciones que hoi son administradas independientemente por D. Cárlos iD. José Gregorio Correa, hijos del propietario D. Juan de Dios Correa. La parte occidental, conocida con el nombre de *Rinconada*, se compone en su mayor parte de terrenos planos, pertenecientes a los de mejor calidad que existen en Chile, i se dilatan hácia el Norte hasta la hacienda del Mostazal, i por el Occidente hasta los cerros de la hacienda de Alhué. D. José Gregorio Correa, el administrador de esta parte, dedica su atencion especialmente a la siembra de trigo, que se produce abundantísimo i de exelente calidad. A pesar de la fuerza agotadora de este cereal, el terreno no necesita ningun abono; sin embargo se le suele dejar descansar un año cada dos o tres.

Los grandes potreros, perfectamente alfalfádos, permiten la crianza i engorda del ganado vacuno i el mantenimiento del caballar; pero este ramo no se esplota aqui en tan grande escala como en la otra parte de la hacienda.

En esta, es decir, al Oriente del camino real del Sur hasta la cumbre de los Andes, se estiende la hacienda en llanuras inmensas sembradas de montañas cuya variable elevacion contribuye a dar al paisaje el mas pintoresco aspecto. Esas montañas, que pertenecen al sistema granítico de los Andes, del cual se desprenden, forman valles i

Cerro de la Guardia en la Cordillera.

ensenadas mas o menos profundas en las cuales crece lozáno e inagotable el trigo, la cebada, el maiz, la alfalfa, i toda clase de árboles tanto frutales como de construccion. Esta parte se subdivide en dos: la primera ocupa la parte mas próxima al camino real, i en ella se encuentran los valles mas estensos i mas fértiles, que son dedicados al cultivo del trigo i otros cereales de menos importancia. La segunda parte, situada hácia la cordillera, comprende todas las cerranías que se desprenden de esta, así es que sus terrenos planos son mui pocos, estrechos i profundos. La mayor estension es ocupada por los cerros. Estos son montuosos i pastosos, i en ellos se cria actualmente un número que no baja de veinte i çinco a treinta mil animales vacunos.

Tambien se emprende en grandes proporciones la crianza del ganado lanar i de animales caballares; pero no es este el negocio que deja los mayores beneficios. En jeneral, se puede decir que la *Compañia* solo se dedica al cultivo del trigo i a la crianza i engorda.

Como los terrenos son demasiado vastos para ser bien atendidos por un solo propietario, este arrienda diversas porciones a diferentes agricultores, i de ahí·nace la gran produccion que en la actualidad se ha logrado alcanzar. En efecto, la Compañia suministra la mayor parte del trigo que produce el departamento de Rancagua, el cual es uno de los mas productores de la República. Cruzada en todas direcciones por mui buenos caminos carreteros, el agricultor encuentra allí toda clase de facilidades para trasportar sus productos con prontitud i a bajo precio, circunstancia que contribuye a dar todavia mucho mas valor a los terrenos. Por otra parte, a esa altura de nuestro territorio las lluvias son en invierno mui abundantes i frecuentes, al paso que los calores del verano mantienen una temperatura bastante elevada, aunque algo variable, como en todo el valle central. Ademas, la hacienda es regada abundantemente por las aguas del Cachapoal, estraidas por un canal de grandes dimensiones que se divide en ótros muchos; tambien posee vertientes propias, cuyas aguas llevan la fecundidad i la riqueza a todos los valles.

Tanto por el gran cultivo que se hace en esta hacienda, como por los muchos arriendos parciales de terreno, su poblacion se ha aumentado considerablemente hasta formarse en sus deslindes pequeñas villas que no carecen de importancia. La de Codegua, por ejemplo, consta de una larga calle cubierta de casas a uno i otro lado, en las que se asila una poblacion numerosa de pequeños agricultores que mantienen un comercio bastante regular i variado.

La hacienda de la *Compañia* perteneció antiguamente a la Compañia de Jesus, que entonces poseia las haciendas mas valiosas del pais. De aqui el nombre de la hacienda. Cuando esos frailes fueron espulsados por órden del rei Cárlos III, se confiscó i se vendió sus propiedades, i el caballero D. Mateo de Toro Zambrano, uno de los mas fuertes capitalistas de esa época, compró la Compañia por 90,000 pesos, i constituyó el mayorazgo que pasó por herencia a su actual poseedora D.ª Nicolasa Toro de Correa. Los jesuitas, cultivaban tambien el trigo i los ganados, pero en cortas proporciones, a causa de las dificultades· que ofrecia el trasporte i la esportacion. Ellos habian construido grandes casas i bodegas a corta distancia del camino real del Sur, comunicando éste con aquellas por un camino que sigue oblicuamente la direccion de Nor-oeste a Sud-este. Las casas han continuado sirviendo hasta la actualidad; pero el camino se ha abandonado para reemplazarlo por otro que comunica con una linea casi recta las casas de la hacienda con el ferrocarril del Sur, que la atraviesa al lado Oriente del camino real.

Hacienda de las Canteras. — Esta hacienda es otro de los fundos mas notables de Chile por su estension, aunque no por sus productos. Está situado al Sur-este de la provincia de Concepcion, i en la ribera Sur del rio Laja, que corre de Oriente a Poniente. Tiene la configuracion de una estrecha lengua de tierra, que naciendo por su parte mas angosta en los Andes, al pié de la Sierra Velluda i del volcan Antuco, se dirije al Occidente, donde termina por su parte mas ancha. La rodean varios rios o riachuelos tributarios del Laja i del Biobio; pero sus aguas las obtiene del Laja i del pequeño rio Ruscahue, que corre entre el anterior i la hacienda. Su estension es de 27,181 cuadras cuadradas, o sea 42,734 hectáreas. Contiene 8,489 quilómetros cuadrados de planes occidentales cruzados de esteros i cubiertos de robles i otros árboles, i 5,370 quilómetros de terreno arcilloso, bastante accidentado i tambien cubierto de robles. Uno de sus potreros, el de la *Totora*, tiene una estension de 1,310 quilómetros cuadrados. Este fundo perteneció antiguamente a unas Señoras apellidadas Canteras, que le dieron su nombre. Pasó a ser propiedad del gobernador de Chile D. Ambrosio O'Higgins, i despues a su hijo D. Bernardo, dictador de Chile. Lo adquirió mas tarde por compra el jeneral D. Manuel Bulnes, quien lo poseyó durante largo tiempo, i su testamentaria lo ha vendido recientemente al Porvenir de las familias en la cantidad de trescientos mil pesos. Se cree que su valor será mas que duplicado con la ejecucion que se proyecta de un gran canal sacado del Laja i que debe regar los terrenos mas importantes de la hacienda. La sociedad del Porvenir lo administra actualmente por su cuenta, limitándose a las siembras de trigo i a la crianza de animales vacunos; así es que aun no se puede juzgar de su capacidad productora.

Hacienda de Catemu. — La hacienda de Catemu, situada en el departamento de Putaendo, es otro de los grandes fundos que se cultivan en Chile. Está limitado al Sur por el rio Aconcagua, que lo separa de las haciendas de San Roque, Ocampo, i Llaillai; al Poniente i Norte por la hacienda del Romeral i el departamento de la Ligua; i al Oriente por la hacienda de Bellavista con un cordon de cerros intermedios. Su estension es, en término medio, de seis leguas de Oriente a Poniente, i de ocho leguas de Norte a Sur. Está surcada de cerros mui elevados i constantemente coronados de nieve, en cuyas faldas crece abundante pasto que se conserva hasta mui avanzada la estacion del invierno. Esta hacienda perteneció antiguamente a D. Vicente Garcia Huidobro i Morandé, hijo del marqués D. Francisco Garcia Huidobro. Muerto D. Vicente en 1835, el fundo se repartió entre sus cuatro hijos en cuatro hijuelas o grandes chácaras, dos de las cuales se reunieron mas tarde por compra de una de ellas. De modo que hoi la hacienda solo está dividida en tres partes. Sus terrenos, en jeneral, son de una gran fertilidad, i producen abundantemente el trigo, cebada, maiz, frejol, papa, linaza, cáñamo, cebolla, i otros productos no menos valiosos; pero lo que sobre todo se produce mui particular en este fundo es el tabaco, cuya cosecha, desgraciadamente, no es permitida aun por la lei. Tiene bastante agua, i esporta sus productos por el lado Sur, pasando el rio Aconcagua, el cual forma cuatro vados frente a la hacienda.

Hacienda de Ocoa. — La antigua hacienda de Ocoa, que ocupaba todo el valle de este nombre, próxima a Valparaiso, es otro de los fundos que merecen mencionarse. Despues que se despojó de ella a los jesuitas, ha sido dividida en varias pequeñas haciendas mui productivas i en la actualidad bastante bien cultivadas. La que conserva el nombre de Ocoa, situada al Sur del rio Aconcagua i perteneciente a D. José Rafael Echeverria, es una de las mas grandes i productivas. Tiene mas de 500 cuadras planas i mas de mil de cerranías, en las que se siembra anualmente, por término medio, 400 fanegas de trigo amarillo i 150 fanegas de cebada. Posee una magnífica lechería que, por término medio anual, esporta a Valparaiso 60 decálitros de leche diarios. Tiene 1,200 animales vacunos para la crianza; 50,000 plantas de morera para atender a la cria de gusanos de seda cuya semilla remite a Europa; 12,000 plantas de viña, i 1,000 colmenas que dan un producto de 3,000 pesos anuales en cera i miel.

Las demas hijuelas pertenecientes a la antigua hacienda de Ocoa, son las siguientes :

La hijuela de Subercaseaux, al Sur del Aconcagua, tiene 300 cuadras planas, mas o menos, i 800 de cerros. Su principal negocio es el cultivo del trigo i de la cebada. La siembra es de tres fanegas por cuadra, las que rinden de 50 a 70 fanegas.

La hijuela del Sr. Guzman, que tiene próximamente 400 cuadras planas i 900 de cerros. En esta hijuela hai una gran viña mui productora de chicha i chacolí (licores populares) que se esportan a Valparaiso. Tiene tambien una lechería bastante buena.

La hijuela de D. José Antonio Montes, que tiene 500 cuadras planas i 1,100 cuadras

Hacienda de Colcura.

de cerros, próximamente. Su principal industria es el cultivo del trigo; tiene ademas lechería, crianza de animales, i una viña de 13 a 14,000 plantas que producen chicha i chacoli.

La hijuela *Palmal de Ocoa*, perteneciente a los hijos de D. José Antonio Echeverria, que tiene una estension calculada de 3,000 cuadras cuadradas, casi todas de cerros. El mayor i casi el único producto de esta hacienda consiste en el fruto de sus palmas, que son innumerables. Estos árboles producen anualmente, de 1,500 a 2,000 fanegas de coquitos, siendo nueve pesos el valor de cada fanega.

El *Romeral*, perteneciente tambien a la antigua Ocoa, se estiende al Norte del Aconcagua i está dividido actualmente en tres hijuelas : la del Sr. Morandé, que tiene 380 cuadras planas i 800 de cerros, calculadas; la de D. J. Morandé, con 400 cuadras planas i 1,000 de cerros ; i la de D. J. A. Morandé, con 320 cuadras planas i 600 de cerros. — En todas ellas el cultivo principal es el del trigo, i en mas pequeña proporcion se hace el de la cebada, chácara i viñas.

La grande importancia de estas haciendas no depende tanto del mérito de sus terrenos cuanto de su proximidad a Valparaiso, nuestro primer puerto, i del ferrocarril que las atraviesa, el cual conduce sus productos con mui poco costo a ese gran centro comercial. Por eso es que todos los terrenos situados en ese valle i en los inmediatos, han acrecentado su valor de una manera casi increible, despues de la construccion de esa via férrea.

Hacienda de San Nicolás. — Una de las haciendas mas notables de Chile no por su estension, sino por su esmerado cultivo, es la de San Nicolás, situada en la provincia del Maule i próxima al Parral. Pertenece al intelijente agricultor don Nicolás Schuth, comerciante de Valparaiso, quien ha conseguido formar de ella una verdadera hacienda modelo planteada al estilo de las mejor cultivadas de Europa i Norte América. Este hermoso fundo mide una estension de mil cuadras de terrenos planos divididas en 16 potreros, por álamos i cercas. Sus terrenos, de la mejor calidad, son regados por un canal que sale del rio Longaví i conduce 200 regadores próximamente; son mui apropiados para toda clase de siembras, cháacaras, viñas, potreros, etc. Sus productos son esportados hasta ahora por el Maule; pero mui pronto encontrarán una via mas espedita por el ferro-carril de Chillan i el camino carretero que conduce a Curanipe. Su plantio actual de viña consiste en 80,000 plantas de uva del pais, que producen 2,000 arrobas de mosto, i 70,000 plantas de uva francesa, debiéndose plantar en el presente año 100,000 matas mas, con lo que la viña comprenderá una estension total de 60 cuadras.

Existen además grandes planteles de membrillo para la fabricacion de aguardiente; 30,000 plantas de morera, i grandes planteles de toda clase de árboles frutales, como peros, manzanos, ciruelos, damascos, duraznos, higueras, almendros, nísperos, nogales, olivos, limoneros, naranjos i tilos, 500 hayas grandes, miles de acacias finas, olmos, fresnos i colyptus.

La siembra se hace en abril i la cosecha en enero, variando su rendimiento de un 12 a un 15 °/₀; ella consiste en trigo, cebada, arvejas, avena i linaza.

El ganado consta de 1,000 ovejas mestizas de Cojin i Rambouillet, cuya lana se destina a la fábrica de paños del Tomé; 120 vacas lecheras escojidas, con toros mestizos, i tres toros ingleses mui finos; caballos de varias razas a propósito para los diferentes trabajos agricolas i una cria considerable de cerdos.

Los terrenos, antes de sembrarlos, son arados dos o tres veces para destruir las malezas i repartir bien todo el huano viejo de los establos; son zanjados para evitar el depósito de las aguas-lluvias, i las malezas se arrancan con prolijidad. El grano se limpia bien i se lava con sulfato de cobre i sal; la siembra se hace con máquinas sembradoras, i se cubre el grano con dos o tres pulgadas de tierra. La cosecha se efectua antes que los cereales estén maduros, i no se les deja por mucho tiempo a la intemperie a fin de impedir que pierdan sus virtudes; enseguida se les guarda mui limpios en graneros aseados i bien ventilados.

A mas de la fabricacion del vino i licores, existe una magnífica lecheria en que se fabrica queso, a imitacion de los Suizos, i mantequilla de mui buena calidad.

Pero lo que mas llama la atencion en este fundo, es el gran número i la exelente calidad de sus instrumentos de labranza. Hé aqui los que existen actualmente : — Dos máquinas a vapor de Ramsoms i Sims, con las que se puede arar diariamente seis cuadras, aun cuando los terrenos estén secos ; sirven tambien para aserrar madera i para mover un molino. — Dos máquinas de trillar del mismo fabricante. — Siete máquinas de segar de Sanmelson. — Cuatro máquinas para segar alfalfa de Walter A. Wood. — Cuatro sembradores dinamarqueses. — Cien arados americanos, doce de fierro dinamarqueses i seis de fierro ingleses. — Dos rastrillos de Ramsoms i Sims, i 12 rastrillos de fierro. — Dos máquinas para limpiar granos ; una a vapor para cortar alfalfa, otra a vapor para moler cebada, i otra para hacer cebada perla. — Dos carretones , 24 carretas i harneses para 30 pares de caballos.

No son menos completos los útiles para la lecheria i la fabricacion de vino i aguardiente, industrias que se encuentran planteadas alli con arreglo a su mas aventajado progreso. Las casas de habitacion, las bodegas, los talleres de herrería, carpintería i tonelería, los galpones, las caballerizas i demás edificios i construcciones de diversas clases, son tambien de primer órden i tal vez mui superiores a los de cualquiera otro fundo de la república. Actualmente se principia a construir cuarenta casitas de adobes i teja, destinadas para habitacion de los inquilinos i sus familias, pues el señor Schuth desea aliviar en lo posible la triste condicion de esos infelices.

Valor de las propiedades rústicas. — Antes de concluir esta reseña, haremos notar el estraordinario aumento que desde cien años a esta parte ha adquirido en Chile la propiedad rústica. Para ello nos bastará recordar el precio a que fueron vendidas en 1771, es decir hace un siglo, las haciendas pertenecientes a los jesuitas consideradas en aquella fecha como las mas importantes del pais. De la esposicion que hacemos en seguida, resulta que las haciendas vendidas entonces por una suma que no alcanzó a ochocientos mil pesos, tienen hoi un valor que sube de *veinte millones,* segun los cálculos mas módicos. Hé aqui la nómina de esas haciendas i los precios a que fueron vendidas :

La hacienda de la *Compañía* fué vendida en pública subasta el 28 de octubre de 1771 a D. Mateo de Toro Zambrano, en 90,000 pesos, con nueve años de plazo, al cinco por ciento. — La chácara de *San Fernando,* a D. Manuel Velasco, en 8,050 pesos. — La de *Colchagua,* a D. Manuel Baquedano, en 44,125 pesos. — *San José de Colchagua,* a D. Farmerio Baradan, en 18,600 pesos. — La de *Quilicura,* a D. Gabriel de Ovalle, en 7,000 pesos. — La de *Chacabuco,* a D. José Diaz, en 34,000 pesos. — La de *Ocoa* (que ocupaba todo el valle de este nombre), a D. Diego Echeverria, en 41,000 pesos. — La de *Nuñoa,* a D. Nicolás Balbontin, en 131,000 pesos. — La de *Pudahuel,* a Don Lorenzo Gutierrez de Mier, en 14,622 pesos 50 centavos. — La hacienda de la *Viña del Mar,* subastada en 4,730 pesos. — La de las *Palmas,* vendida a D. Diego Antonio de Ovalle, en 20,125 pesos. — La de las *Tablas,* a D. Juan Francisco Ruiz de Balmaceda, en 52,025 pesos. — La de la *Punta,* en 90,535 pesos (casi todo a censo). — La de *San Pedro i Limache,* a D. José Sanchez Dueñas, en 64,852 pesos 87 $^1/_2$ centavos. — La de *Cuchacucha,* rematada por D. Alejandro de Urrejola, en 9,900 pesos. — La de *Cato,* rematada por D. Lorenzo Araus en 16,170 pesos. — La de *Bucalemu,* vendida en 120,125 pesos; i cuya renta, 82 años mas tarde, se avaluaba en 26,700 pesos anuales. — La de *Caimachuin*, rematada por D. José Puga en 6,825 pesos 75 centavos.— La de *Cunaco, San José i Villague*, rematadas en 16,100 pesos. La de *Longavi*, rematada por D. Ignacio Zapata, en 85,000 pesos. — La chácara de *Andalien*, rematada por D. José Urrutia y Mendiburu, en 4,500 pesos. — La hacienda de *Guaque*, rematada en 3,556 pesos 75 centavos. — La de *Guanquegua*, rematada en 2,403 pesos 25 centavos.

La mayor parte de esos fundos están hoi subdivididos, i se puede decir con seguridad, que la menor de sus divisiones escede en valor al fundo primitivo. La ascendente progresion de estos valores es bastante sensible en cortos periodos, de modo que puede asegurarse a los agricultores chilenos un porvenir brillante, antes de haber agotado sus capitales i sus esfuerzos en la esplotacion de sus propiedades.

CAPITULO IV.

AGUAS MINERALES DE CHILE.

Baños de Apoquindo. — Baños de colina. — Baños de chillan. — Baños de cauquenes. — Aguas de toro i ruca. — Aguas de tinguiririca i de la vida. —
Baños de Panimayida. — Aguas de cato. — Aguas de mondaca. — Aguas de
trapa-trapa. — Aguas de villarrica. — Aguas de valdivia i de llanquihue.

La naturaleza ha dotado pródigamente a Chile de aguas minerales de todas clases i
de las temperaturas mas variadas : las hai azufradas, cloruradas, ferrujinosas, ací-
dulas, alcalinas i gaseosas. Al describirlas, i para dar a nuestra relacion la autoridad
cientifica que requiere tan importante asunto, no haremos mas que estractar los estudios que han publicado sobre ellas los sabios observadores que las han visitado. Entre
estos mencionaremos a los Sres. Domeyko, Pissis, Miquel, Blest, Martin, Fonck, Padin
i Astaburuaga, cuyas memorias llenas de interesantes observaciones, pueden consultarse en los Anales de la Universidad de Chile.

En la parte de los Andes, correspondiente a la provincia de Santiago, tenemos va·
rias vertientes salinas de la mayor importancia, pero que son poco o nada frecuentadas,
a causa del mal estado de los caminos. Estas aguas se encuentran principalmente en
la zóna de los terrenos modificados que se acercan a la linea culminante de los Andes. Pertenecen a la clase de las aguas acidulas gaseosas i contienen en disolucion
carbonato de cal, bicarbonato de soda, i algunas veces cloruro de sodio. Esta composicion las asemeja mucho a las aguas de Vichy i probablemente tienen las mismas
propiedades.

Pero las aguas mas importantes de esta provincia son las de Apoquindo i de
Colina de que nos ocupamos en seguida.

Baños de Apoquindo. — Los baños de Apoquindo están situados a dos leguas al Oriente de Santiago, al pié del primer cordon del terreno porfírico de los Andes, en medio de lomajes suaves i de fácil acceso en todas direcciones. Están espuestos
a los vientos del Sur i Oeste, i su elevacion sobre el nivel del mar alcanza a 799 metros, siendo de 240 sobre el de Santiago. A su alrededor se estiende un hermoso valle
mui bien cultivado.

Estas aguas son claras, cristalinas, sin olor, de un sabor desagradable, i no forman
depósito. No son ni ácidas ni alcalinas í solo reconcentrándolas manifiestan sustancias
salinas i desarrollan una pequeña cantidad de ácido carbónico. Forman cuatro vertientes conocidas con los nombres de *Agua de la Cañita, Agua del Litre, Agua de la
Piedra* i *Agua del Fierro*; las tres primeras son recojidas desde sus mismos manan-

tiales en estanques de ladrillo, i están destinadas para la bebida. De los estanques pasan por medio de *drainages*, a otros depósitos mayores, de los cuales se alimentan los baños. Estos son servidos por cañerías de fierro en tinas de mármol, colocadas en unos pequeños departamentos que comunican con un hermoso salon destinado a los huéspedes. Los baños pueden suministrarse a cualquier temperatura, para lo cual, al lado de los mismos depósitos, existe un caldero de agua caliente alimentado por las del Litre i comunicado con los baños por una cañería de fierro.

Algunos baños son servidos por una doble cañeria, con el objeto de mezclar el agua

Baños de Apoquindo. — Vista jeneral.

de diversos depósitos. La cantidad de agua producida en 24 horas es de 68,664 litros, la que permite servir 343 baños de a 200 litros cada uno. El mas abundante es el manantial del Litre. La pequeña cantidad de gas que se desprende se compone de azoe casi puro, fenómeno mui raro en las aguas minerales. La temperatura del agua varia en los diversos manantiales de 17 a 23 grados, siendo siempre la de los manantiales superior a la de los depósitos.

La composicion de las aguas de Apoquindo es la siguiente: cloruros de calcio, de sodio, de potasio i de magnesio, sulfato de cal, óxido de fierro i alumina, ácido fosfórico, magnesia, sílice, iodo, e indicios de sustancias orgánicas. Pero estas sales están en tan corta proporcion que apenas pasan de tres milésimas en mil partes; entre ellas predominan los cloruros, sobre todo el de calcio i el de sodio. El iodo solo se observa en la vertiente del Litre, por lo cual ésta goza de algunas propiedades especiales.

Las propiedades medicinales de estas aguas son notables en las enfermedades de la piel i de la mucosa gastro intestinal, que son mui comunes en la provincia; se usan con el mejor éxito en las úlceras, fístulas, estomatitis, sabañones i almorranas, en las

gonorreas i leucorreas, i sobre todo en las enfermedades crónicas de naturaleza herpé-
tica, en las oftalmias de los linfáticos o recien nacidos, el bocio, gangrena, pústula ma-
ligna i los chancros. Estas aguas han sido preconizadas tambien para varias otras
enfermedades, ya en gárgaras, en aplicaciones tópicas, en baños, o al interior. Su uso
se ha jeneralizado en toda la provincia, por lo que últimamente se ha planteado en los
baños un establecimiento con todas las comodidades apetecibles.

Baños de Colina. — Las aguas termales de Colina se encuentran al Norte
de Santiago, a inmediaciones del camino que conduce a la cuesta de Chacabuco, distante 31 quilómetros de la capital. Los tres manantiales que lo forman nacen del seno
de las rocas porfíricas de aquellos cerros, pues están situados en una ensenada de cordones andinos, i a 900 metros sobre el nivel del mar. La composicion de estas aguas
es mui semejante a las de Apoquindo, pero no tienen iodo ni ácido fosfórico. Contienen
en mui pequeña cantidad cloruros de sodio i de magnesio, sulfatos de sosa i de cal,
carbonato de cal, fierro, alumina i silice. Son de una temperatura mucho mas elevada
que las de Apoquindo, i por eso se preconizan mucho mas que estas para las afecciones
reumáticas, neuraljías, parálisis, cólicos espasmódicos, i en la convalescencia de las
enfermedades que han alterado las funciones del aparato dijestivo. Se usan al interior
para activar la dijestion en las personas débiles o estenuadas, o en las sujetas a dolores
nerviosos del estómago. Como estas aguas obran activando casi todas las funciones, se
comprende fácilmente los casos en que su uso está contraindicado. Los enfermos, jeneralmente, permanecen en estos baños nueve dias, pero podrian obtener mejor éxito
prolongando este tiempo. Encuentran en ellos un buen hotel mui bien servido i pro-
visto, i a los mismos precios de la capital, habitaciones limpias i espaciosas, i todas las
demas comodidades que se quieran exijir. — Los baños son gratuitos.

Baños de Chillan. — Las termas de Chillan son tal vez las mas importantes
que posee Chile, pues en ellas se encuentran reunidos manantiales sulfurosos, ferru-
jinosos, alcalinos i salinos, de toda temperatura, desde 0° hasta el de la ebullicion.
Estas aguas están situadas a 75 quilómetros al Este de la ciudad de Chillan, en una
quebrada de la falda Sud-oeste del cerro Nevado de Chillan (a 1,864 metros sobre el
nivel del mar), por la cual corre un arroyo alimentado por los bancos de hielo de ese
monte. Las aguas brotan de los flancos de la quebrada por varios manantiales; son
claras, pero desprenden una gran cantidad de gas ácido sulfídrico.

Son las aguas mas azufradas de Chile, i a esto deben principalmente su celebridad.
Contienen sulfatos de sosa i de magnesia, súlfuro i cloruro de sodio, carbonatos de sosa
i de cal, hierro, alumina, ácido carbónico libre, i otros principios en cantidad inapreciable. Su temperatura varia, segun los manantiales, de 35 a 60.°. Estas aguas se administran por baños jenerales i locales, por chorro, e interiormente. En jeneral, para
las enfermedades locales, se prefieren los baños a chorro. La estacion en que son visi-
tados estos baños principia el 1.° de diciembre para terminar el 1.° de abril. El doctor Blest dice sobre ellos lo siguiente:

« Estas aguas, tanto por ser lo que propiamente se denominan *termales*, como por
las cálidades ferrosas de los principales ajentes que entran en su composicion, son en
alto grado estimulantes. Usadas en la forma de sumersion o en la de vapor, operan

sobre el organismo del hombre de una manera altamente estimulante, dando una pujanza estraordinaria 'al sistema sanguineo i una mui aumentada vitalidad al sistema
nervioso, causando por unos intérvalos mas o menos largos, una sensacion mui
sofocante al· pecho i un calor interior, tan abrasador, que parece penetrar i ar-
der en todos los tejidos que componen el cuerpo. Estos fenómenos van ·segui-
dos de una forma de colapso, i luego de una relajacion membranosa jeneral i
de una diafóresis ardiente i profusa. Se vé pues, aun por esta descripcion lacónica de
la naturaleza de la operacion de estas aguas sobre el sistema en jeneral del hombre,

Baños de Chillan. — Vista de los edificios.

que su aplicacion conviene en la jeneralidad de esas enfermedades caracterizadas por
una notable i permanente disminucion de los poderes vitales, jenerales o locales; en el
mayor número de los casos en que la debilidad jeneral o local parece emanar de modificaciones orgánicas, crónicas o de .vicios idispáticos, si asi puedo espresarme, o de
vicios específicos de los líquidos del cuerpo. Por consiguiente, deben ser provechosas
en las afecciones reumático-crónicas, en las consecuencias de estas sobre las articula-
ciones; en los multiformes i lastimosos casos de sífilis crónica; en varias enfermedades cutáneas; en los tumores extrumosos indolentes; en afecciones glandulares
crónicas; en ciertas formas crónicas de parálisis parcial; en rijideces i contracciones
de los músculos, i en varios otros estados mórbidos de las partes esternas del cuerpo.
Es absolutamente nocivo el uso interno o esterno de estas aguas en todo caso de la
plétora activa, i en todas las inflamaciones agudas o sub-agudas; en los tubérculos
incipientes o avanzados de los pulmones; en ciertas formas crónicas de afecciones del
higado; en todas las afecciones orgánicas o funcionales del corazon, i en un gran número de otras enfermedades activas o pasivas que es escusado especificar, pero que
ocurrirán a la memoria de todo facultativo intelijente. »

El viaje desde la ciudad de Chillan a los baños, se efectua en ocho horas por un. camino cómodo i notablemente hermoso. Al penetrar en las rejiones de la cordillera, se goza de golpes de vista imponentes que van aumentando en majestad a medida que se acerca al pié de la cordillera. A pocos pasos del camino i despues de atravesar ia *Posada*, donde encuentra el viajero un buen refrijerio, existe una inmensa caverna llamada la *Casa de Piedra*, que sirvió de guarida a los célebres bandidos Pincheira i su banda.

Los baños se dividen en dos secciones : baños de *arriba* i baños de *abajo*. Para el uso de los primeros se ha construido, al pié mismo de las vertientes, veintidos casuchas de madera para arriendo i un edificio para los baños. Este cuenta 24 de azufre i po" tasa, de los que 14 son en tinas de madera, 6 de mármol i 4 de fierro galvanizado. En las inmediaciones se encuentra los baños a vapor cuyo número alcanza a tres, de los que uno está destinado para pobres de solemnidad. — A poca distancia de los edificios del hotel se encuentran los baños de *abajo*, cuyas aguas son conducidas desde las vertientes por medio de canales de madera, perdiendo como es natural en tan largo trayecto, una gran parte de su elevada temperatura. Esta seccion de los baños cuenta 6 de azufre i potasa, 5 de fierro en tinas de madera, i 4 en tinas de fierro galvanizado. Sus casuchas de arriendo ascienden a 34. — Las casas del hotel, aunque estrechas, ofrecen el número necesario de piezas para el servicio de los pasajeros, cuyo número ha alcanzado en ciertas épocas hasta cien, sin contar la numerosa poblacion que vive en las casuchas de arriendo. Ademas de las piezas destinadas a salon, comedor, billar, palitroque i usos interiores del establecimiento, cuenta éste con 38 cuartos para pasajeros i se piensa ya en aumentar este número, construyendo nuevos edificios.

La pension diaria del hotel es de Ps. 2.50 i los baños vale cada uno 30 centavos. Las familias que, llevando todos los útiles interiores i comestibles, desean no depender del hotel, arriendan las casuchas mencionadas, cuyo valor es de 75 centavos por dia. Un despacho bien surtido i dependiente del establecimiento, les proporciona diariamente los articulos de consumo de que pudieran necesitar.

Baños de Cauquenes. — En el departamento de Caupolican se encuentran los famosos baños de Cauquenes, tan célebres como los de Apoquindo i Colina, i no menos importantes que éstos. Están situados sobre la ribera Sur del rio Cachapoal, a los 34° de latitud Sur, i a unos treinta quilómetros al Oriente de la ciudad de Rancagua. Se encuentran a 769 metros de elevacion sobre el nivel del mar, en un sitio bastante ameno, rodeado de árboles, i del cual brotan cuatro manantiales de aguas salinas cuya temperatura varia desde 27 grados hasta 48, que es la del manantial llamado el *Pelambre*.

Estas aguas contienen cloruros de calcio, de sodio i de magnesio, sulfato de cal, hierro i alumina, silice, e indicios de materias orgánicas. Predominan en ellas los cloruros, como en las de Apoquindo, i solo se diferencian de éstas en la mayor elevacion de su temperatura. Se aplican tambien en los mismos casos de enfermedades i siempre con un éxito que justifica cada vez mas la fama universal de que gozan en Chile.

Al rededor de estas vertientes se levanta un vasto i hermoso establecimiento, que ofrece a sus huéspedes toda clase de comodidades.

Aguas de Toro i Ruca. — En la provincia de Coquimbo existen dos grandes manantiales de aguas minerales, el primero es el llamado de *Toro*, situado en la cordillera o cordon del departamento de Elqui ; el segundo llamado de *Ruca*, situado a inmediaciones del Rio Grande, en su márjen izquierda. Estas aguas nacen del terreno volcánico de los Andes, i su composicion es análoga a la de las aguas de Apoquindo i de Colina. Si no son tan frecuentadas como éstas, es solo porque los caminos que a ellas conducen están sumamente descuidados.

Aguas de Tinguiririca i de la Vida. — En la provincia de Colchagua en el cajon del rio Tinguiririca, se encuentra el manantial de las aguas cloruradas sódicas de San Fernando, cuya temperatura es la mayor que se conoce entre todas las aguas termales del mundo, pues alcanza a 90°. Despues de estas aguas, las que tienen

Baños de Cauquenes. — Vista de los edificios i puente suspendido.

una temperatura mas elevada son las de Hamman — Mescoutin (Constantine), en las que alcanza a 95°. Son mui abundantes, pero su situacion las hace inaccesibles durante casi todo el año.

En el valle de los Cipreces de la misma provincia, existe un manantial mui abundante de agua ferrujinosa, conocido con el nombre de *agua de la vida*. Este manantial forma una laguna circular cuya orilla se eleva imitando los bordes de una copa i dando salida a las aguas por una estrecha depresion. El fondo de esta laguna se halla cubierto de confervas i otras plantas acuáticas, i el agua es de un color opalino debido a una pequeña cantidad de azufre que se halla en suspension. La materia que contienen los bordes de la laguna presenta un color rojizo i consta de óxido i sub-sulfato de fierro, el cual se ha sustituido a la materia lignosa de las confervas i de algunas ciperaceas que crecian en las orillas i cuya forma se conserva perfectamente en medio de esta masa ferrujinosa. Las aguas tienen un sabor ácido-astrinjente i contienen una cantidad mui notable de sulfato de fierro, al cual se debe-atribuir sus cualidades aperitivas i tónicas. No despiden ningun gas, i su temperatura es de 11.° C.

Baños de Panimávida. — Los baños de Panimávida se encuentran al pié de los Andes, en el borde oriental del llano intermedio, a seis leguas al nor-este de Linares i a doce del camino de Talca. Se hallan casi a igual distancia de la capital que los baños de Colina. El terreno de acarreo i de aluviones modernos que constituye la parte superior del llano intermedio, forma aquí una especie de ensenada como de una legua de diámetro, que entra en la cadena de los Andes i está por todas partes rodeada de cer-

Baños de Cauquenes. — Rio Cachapoal.

ros formados de pórfidos estratificados secundarios. Estos son idénticos a aquellos del medio de los cuales brotan las aguas minerales de Colina, Apoquindo i Cauquenes. Pero las aguas de Panimávida, en vez de salir del seno de los pórfidos mencionados, nacen casi en el centro de la ensenada, en un terreno plano, en medio de aluviones i en un paraje algo cenagoso. Salen de cuatro o cinco puntos diferentes i a una elevacion de 300 metros sobre el nivel del mar. El agua es clara, no se enturbia al aire ni emite gas, tiene olor a cieno i un gusto desagradable. Su temperatura varia de 28 a 31 grados, i su composicion es la siguiente: cloruro de sodio, cloruro de magnesia, sulfato de sosa, sulfato de cal, hierro, alumina i sílice.

Estos baños cuentan con habitaciones cómodas i numerosa rancheria para los campesinos i demás jente del pueblo, que acude a ellos con preferencia a cualesquiera otros. Se esplotan todo el año.

Aguas de Cato. — A unas 15 o 20 leguas al sur de Panimávida, i en una situacion análoga al pié de los Andes, se hallan las aguas minerales de Cato, de naturaleza mui parecida a la de las anteriores i de composicion casi idéntica. Estas aguas brotan en medio de la arenisca que caracteriza los terrenos terciarios del sur de Chile, i es la única que se conoce, cuyo oríjen se encuentre en esa clase de terreno. El agua

forma tres manantiales, cuya temperatura es : en el primero, llamado Pozo del Anjel, de 36° ; en el segundo, llamado Pozo de San Juan de Dios, de 34°, i en el tercero, de
33° 4. En los pozos se desarrolla el gas azoe casi puro. Esta agua es notable por la
escasa cal que contiene.

Aun no se ha formado en estos manantiales ningun establecimiento para enfermos,
pero como son de fácil acceso, no pasará mucho tiempo sin que sean esplotados convenientemente.

Aguas de Mondaca. — A unos cien quilómetros al Nor-este de la ciudad de
Talca se encuentran las aguas minerales de Mondaca, situadas en la orilla meridional
del lago de este nombre i a 1,300 varas de altura sobre el nivel del mar. Estas aguas
salen por bajo de una roca granítica, i aparecen en un terreno cascajoso i arenisco
que cubre los manantiales. La superficie del suelo es enteramente seca i árida ; para
formar un baño se cava en el suelo un hoyo de una o dos varas de profundidad hasta
que se llega al hilo del manantial; el agua sube instantáneamente pero nunca llega a la
superficie. La temperatura del agua es de 28, 37 i 44 grados C. Su composicion es :
por un litro de agua, 0,496 de cloruro de sodio ; 0,013 de id. de potasio ; 0,009 de
id de magnesi;o 0,220 de sulfato de sosa; 0,032 de carbonato de sosa; 0,207 de carbonato
de cal ; 0,079 de silice, i 0,023 de óxido de fierro i alumina. Se ha reconocido en estos
baños una gran virtud medicinal contra los dolores reumáticos, las afecciones del estómago i las enfermedades cutáneas. Pero su acceso es dificil, su posicion desprovista
i abandonada i están espuestos a grandes temporales, que son mui frecuentes en
esa cordillera.

Aguas de Trapa-Trapa. — Las aguas minerales de Trapa-Trapa, analizadas
en 1858 por el Sr. Domeyko, se encuentran cerca del pueblo de los Anjeles i a inmediaciones del riachuelo que corre al Sur-este de la Sierra Velluda hácia el rio Pino.
Estas aguas no son ni ácidas ni alcalinas ; se parecen a la mayor parte de las aguas
minerales que nacen en la rejion mas elevada de las cordilleras, i son notables por la
variedad de sulfatos que contienen, cuyo total alcanza a 399 miligramos por cada
litro de agua. No son esplotadas.

Aguas de Villarrica. — Otras aguas que tambien son mui azufradas son las
de los manantiales termales de Villarrica, que nacen al pié del volcan de su nombre
en la Araucania. Su situacion i el mal estado de los caminos las sustrae por ahora a la
esplotacion, que ademas seria ruinosa, pues se cree no podrian hacer competencia a
las magníficas termas azufradas de Chillan.

Aguas de Valdivia i de Llanquihue. — Recientemente se ha comenzado la
esploracion de las aguas minerales de las provincias de Valdivia i de Llanquihue, i en
ellas se ha descubierto varios e importantes manantiales sulfurosos i salinos, particularmente en la primera. En la segunda, los que mas. han llamado la atencion
son los situados a orillas del volcan de Osorno, en una bellisima posicion. Aun no se
ha practicado el análisis quimico de esas aguas, pero las calidades físicas del terreno
en que tienen oríjen, no difieren sensiblemente del que producen las termas que se hallan mas al Norte. La colonia alemana ha reconocido [ya la importancia de esos tesoros con que le brinda la naturaleza, i muchas observaciones praticadas al efecto, han

venido a manifestar la riqueza de aquellas termas i los servicios que pueden prestar, cuando el adelanto de esas provincias i el arreglo de sus caminos, las haga necesarias i fáciles.

Hé aqui un pequeño cuadro que reasume cuanto acabamos de indicar sobre la altitud, temperatura i clase de terreno de las principales vertientes termales del pais :

Nombre de los baños.	Designacion de as aguas.	Altura en metros sobre el nivel del mar.	Temperatura centígrada.	Clase de terreno.
Baños de Apoquindo.	Agua de la Cañita	799	23°,10	Pórfidos metamórficos.
	id. del Litre........ ..	»	22°,33	»
	id. de Fierro....... ...	»	19°,50	»
	id. de la Piedra.......	»	17°,66	»
Baños de Colina.	Agua del Cármen.......	909	32°,2	»
	id. de Santa Rosa	»	32°	»
	id. de Mercedes.......	»	12°	»
	id. de la Cajita... . ..	»	32°	»
	id. de San Pedro......	»	27°,75	»
	id. de Grajales.......	»	25°,5	»
Baños de Chillan.	Agua de Azufre	1,864	4°-53° 58°	Rocas traquíticas. Pórfidos metamórficos.
	id. de Potasa.........	»	44° 55°	»
	id. de Fierro.........	»	44°	»
	id. de los fondos	»	Ebullicion.	»
Baños de Cauquenes.	Agua del Pelambre	677	46°,9	Conglomerado moderno inmediato a los pórfidos metamórficos.
	id. del Corrimiento. ..	»	39°,5	»
	id. del Solitario.......	»	35°,5 36°,5	»
Aguas de Toro...................		3,258	26° 60°	Rocas graníticas i porfíricas descompuestas, caolinas.
Baños de Tingurírica		1.736	70° 74° 86° 96°	. Fondo del valle, rocas traquíticas.
Baños de Panimavida.	Manantial caliente......	300	31°,3	En medio de una vega rodeada de pórfidos metamórficos.
	id. frio..........	»	28°,6	»
Baños de Cato.	Pozo del Anjel	350	36°	Arenisca terciaria.
	id. de San Juan de Dios.	»	34°	»
	id. el Tercero.........	»	33°,4	»
Baños de Mondaca.................		1,453	28° 37° 44°	Rocas graníticas; proximidad de traquitas i obsidianas.
Baños de Llanquihue.	Sotamó...............	Nivel del mar	41°,2 41°,7	Rocas dioríticas.
	Cochamó	»	15°,25	»
	Nahuelhuapi...........	»	32°	»

TIPOS

I

COSTUMBRES NACIONALES

⸺⸺⸺

Dos palabras.

I.

¡ Que hermosa ciudad es la capital de Chile !

Sus calles tiradas a cordel, sus modernos monumentos destacándose de la sombra parduzca que produce su antiguo caserío, el tráfago constante de sus transeuntes, el bullicio de sus vendedores ambulantes, el aire embalsamado i puro que flota sobre aquella poblacion dichosa, el rumor incesante de sus doscientas mil almas; todo esto, dígase lo que se quiera, forma un conjunto encantador que impresiona i cautiva al que por vez primera contempla la *perla de los Andes.*

Si despertaran de su helada sepultura sus primitivos fundadores, aquellos hazañosos caballeros cuyos nombres conserva inscritos en sus polvorosos archivos el Cabildo de Santiago en caracteres apenas lejibles, ¿qué dirian al ver el pobre asiento que escojieron por cabecera de esta colonia, convertido en una ciudad que puede competir con cualquiera de las principales de Europa, asi por su belleza monumental como por la riqueza i cultura que han alcanzado sus hijos ?

Se regocijarian no hai duda, i alzando las plumas de sus cimeras i poniendo la diestra sobre la tizona, prorrumpirian en un grito unisono de bendicion, hácia la madre que formó tan bella i robusta descendencia !

II.

Despues de pagado nuestro tributo de admiracion hácia la perla de los Andes, asi como Valparaiso lo es del Pacifico, vamos a hacer una rápida escursion por las calles, plazas i plazuelas de la hermosa capital ; penetraremos en el humilde rancho del pobre asi como en el palacio suntuoso del aristócrata ; sorprenderemos a ambos en sus costumbres mas íntimas i bosquejaremos de paso los tipos mas resaltantes de nuestra sociedad. I despues de haber acompañado a la Santiaguina en sus correrias misticas i profanas, despues de haber forzado la consigna del opulento minero i visitado al médico i al abogado en sus sombrias bibliotecas, nos dirijiremos al campo en busca de un aire mas puro i de costumbres mas sencillas.

Allí encontraremos al *inquilino* agobiado bajo la voluntad del patron convertido en señor feudal, i a su lado, formando un elocuente contraste, veremos alzarse la figura bravia i leal del *vaquero*. Asistiremos con ellos a los grandes acontecimientos de la vida del campo; seremos espectadores del *rodeo*, esa caza salvaje en que el hombre despleg a la enerjía i la habilidad i el caballo la resistencia i la fuerza; presenciaremos tambien una *matanza* con sus procedimientos primitivos en que la naturaleza obra esclusivamente, i por último, asistiremos a una *trilla*, esa alegre i bulliciosa fiesta de los valles, que desaparecerá en breve ante el silencioso trabajo de las trilladoras a vapor.

Regresaremos en seguida a la capital, donde nos espera una noche deliciosa : la *noche buena*, cuyos detalles picantes i matadora alegria trataremos de bosquejar. I por fin, para concluir esta peregrinacion a traves de nuestros usos i costumbres, daremos el 19 de setiembre una vuelta por la Pampa, i cómodamente instalados en nuestro landó, veremos desfilar por la Cañada la poblacion entera, entregada al mas frenético entusiasmo.

El programa es tentador, ¿no es verdad, lectora amiga? Pues bien, puesto que para vos escribo estas lineas, vos sereis mi compañera de viaje, pero con una condicion: que no habeis de criticar, sino allá en el seno de la mas intima confianza, la insuficiencia del autor i el pálido colorido de sus pobres descripciones.

Nuestra raza. — Su orijen.

I

En Chile, se puede decir, solo hai dos razas: la española i la india.

La primera, por la trasplantacion a la América del Sur, si hemos de creer a los viajeros, ha ganado en hermosura i robustez ; asi las jóvenes beldades de nuestra clase aristocrática, son las mismas castellanas i vizcainas con solo la diferencia del talle i la morbidez i acentuacion de las formas, que las hace todavía mas gallardas que a las hijas del Vidasoa i del Manzanares.

La chilena de sangre pura es hermosa, bien formada, de complexion saludable, teniendo la ventaja sobre la española, de conservar la gracia del talle i lo picante de su fisonomia, sin menoscabo de su dignidad i distincion.

Vancouver, que visitó a Chile hace cerca de cien años, dice que «las chilenas son bellas, de cutis rosado i puro,.de cabellos que tal vez no existan en mujer alguna de otros paises. »

II

Pocas son las familias de nuestra sociedad que descienden de los conquistadores. Estos, que eran todos estremeños o castellaños, fueron una raza ambulante que no dejó simiente en Chile. La mayor parte de los troncos de las familias que hoi existen, se asentaron despues del terremoto de 1730, cuando se inició la navegacion por el Cabo de Hornos, principiando entonces la inmigracion de los vizcainos, de los cuales desciende la mayor parte de las familias chilenas (1). I esto es asi, puesto que aun en el dia las costumbres de Chile son en todo semejantes a las de Vizcaya. El uso de las *trenzas*, las *tonadas*, los *cohetes* i *voladores*, el *palo ensebado* de las fiestas patrias, el *chacolí*, i muchas otras costumbres populares, lo son tambien tales en Vizcaya.

III.

Por lo que toca a la raza *india*, no existe entre nuestro pueblo su tipo perfecto, sino mui correjido i adulterado con la mezcla de la española.

Sin embargo, el observador puede notar en el habitante del bajo pueblo, algo del primitivo indíjena, como ser el fuego concéntrico de la mirada que revela la serenidad del valor, i la cobriza envoltura que dá a las angulosas facciones del indio ese colorido especial, que no es propiamente el amarillo asiático, sino la tinte que distingue a los descendientes de Caupolican i Lautaro.

Educacion antigua. — Educacion moderna.

I.

En los tiempos de nuestros mayores, la niña santiaguina era objeto de la mas terrible vijilancia. Ademas del riguroso celo de su madre en los *estrados*, cuando se presentaba una que otra rara visita, poníasele de cancerberos al confesor i a la dueña, encargados el primero, de escudriñar las menores sensaciones de su alma, i la segunda de espiar todas sus acciones. No recibian instruccion de ninguna especie, ni aun se las enseñaba a escribir, pues decian que este era el medio de perderlas, facilitándolas la manera de entenderse con los hombres.

Los casamientos se arreglaban entre los padres sin tomar para nada en cuenta la opinion de las partes interesadas. Trataban lisamente de la *dote* i estendian una escritura en toda forma.

II.

Por lo que toca a los varones, eran hijos de familia, i por lo tanto vivian bajo el dominio de la *penca*, hasta que no tomaban estado, cualquiera que fuera su edad.

No podian hacerse la *primera barba* sin autorizacion espresa de sus padres e intervencion de toda su parentela con los padrinos a la cabeza, lo que constituia una verdadera fiesta de familia.

---

(1) D. Benjamin Vicuña Mackenna, lo prueba de una manera palpable en su historia de Santiago, por medio de infinidad de datos i nombres propios, cuyo orijen ha podido desenterrar, gracias al sorprendente espíritu de investigacion que posee este fecundo escritor.

Solo llamaban a su padre con el titulo de *su merced*, i no podian fumar en su presencia ni en la de sus mayores. Ninguno se recojia despues de la *queda*, pues a esta hora
se cerraba la puerta de calle i se guardaba la llave bajo la almohada del jefe de la
familia. Las tertulias eran solo para la gente mayor, pues por lo que toca a las niñas i
los mozos; quedaban bajo llave, las primeras oyendo los cuentos de las abuelitas, i
los segundos, esperando se recojiera el padre para escalar las paredes i escaparse a sus
correrias.

III.

En el dia las cosas han cambiado radicalmente. La *niña*, como se llama a la que no
ha cumplido los 25, recibe una educacion
enteramente europea. Se la coloca en un
colejio francés o inglés, o se la enseña en
casa. Sus profesores son por lo jeneral de
canto i piano, que piano i canto, i todo
aquello que sirve de adorno en sociedad,
es el deseo primordial de sus padres. Esta
es la razon porque vemos jeneralmente jóvenes que darian envidia a un artista, tal
es su habilidad en la música, pero mui raras véces niñas perfectamente instruidas
en estudios sustanciales, como es de regla
en Inglaterra i en Francia.

El manto.

Salida del colejio, lo que regularmente
sucede al cumplir los 16 años, la jóven
principia a ser el centro de un nuevo cír-
culo que se aumenta progresivamente si
pertenece a la aristocracia del dinero i de
la hermosura. Es de ver como el nuevo
boton de rosa se verá en breve cercado de
abejas i de zánganos!

Aqui principia lo que se llama la historia
de la niña, i aqui tambien la crónica de los
sufrimientos maternos que, por lo regular o terminan pronto con un buen enlace, o no
concluyen nunca por falta de un buen partido.

IV.

Hasta hace mui poco tiempo los jóvenes solo se dedicaban al foro o a los trabajos
del campo ; o endosaban la toga de los pedantes o se calaban el poncho del huaso ; de
manera que de cada cien estudiantes, noventa por lo menos se dedicaban a la tarea
de administrar un negocio ya establecido por sus padres, o iban a engrosar la fila de la
larga familia de curiales.

LA NOCHE BUENA EN LA CAÑADA

Suetiere del et lith.

Imp. Lemercier et C.ie Paris

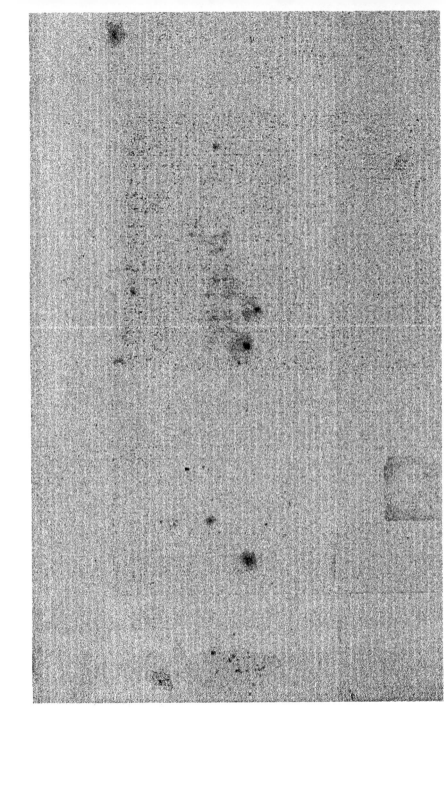

En el dia principia a darse su verdadero valor a otros ramos importantes, pero con todo, reina en nuestra juventud cierta apatia e indolencia que le impide sacudir esas rancias costumbres i dedicarse a empresas hasta ahora desconocidas entre nosotros. De aqui proviene el notable atraso en que se encuentran las manufacturas en Chile.

Pocos, mui pocos son los jóvenes que contando con una regular fortuna (adquirida por herencia, que es la única manera como saben adquirirla nuestros paisanos), piensen en aplicar a nuestra industria naciente, los infinitos elementos de riqueza con

El *cucurucho* (cuadro de D. M. A. Caro.)

que la Providencia ha dotado nuestro suelo, i que en el dia, por esa falta de iniciativa, se encuentran perdidos para toda esplotacion. Pero la indolencia peculiar de su carácter, reconocida por todos los viajeros de alguna importancia que han visitado nuestro suelo, les aconseja limitarse a lo que se limitaron sus padres i sus abuelos.

V.

Nuestra alta sociedad profesaba hasta no hace mucho, un culto relijioso por lo que se llama el *apellido*. La mejor recomendacion que podia tener un pretendiente, aunque fuese un bodoque, era la de llevar un apellido que hubiese sonado en boca de nuestros mayores.

29

Sin embargo, la pobreza a que han quedado reducidas muchas de las antiguas familias, las ha obligado a contraer enlace con otras modernas que llamaremos *plebeyas*,
i ha ido debilitando poco a poco el espiritu de orgullo que antes conservaba intacto la
jente de copete (1).

El Matrimonio.

I.

Como ya lo hemos dicho, pasaron los tiempos en que los padres *negociaban* el matrimonio de sus vástagos. Hoi, con la libertad de que goza la niña, sabe arreglar ella
perfectamente su matrimonio, tanto, que cuando vienen sus padres a sospechar que
fulano está *templado* de su Rosita, ya la Rosita está comprometida con el fulano.

En cuanto D. Pedro (este es el padre de Rosita), se ha impuesto concienzudamente
de las cualidades i prendas (en metálico) del pretendiente, dá su aprobacion oficial a la
demanda i se fija el dia del matrimonio.

Aqui principian los apuros de la madre de Rosita. Su primer cuidado es *dar parte*
del próximo enlace de su hija, operacion que ejecuta con el mayor placer si el novio
es rico, de nombre ilustre o pertenece a la categoria de los que viven del presupuesto
a la sombra de un elevado cargo público. Es indispensable que Rosita acompañe a su
madre en esta agradable peregrinacion, en la cual recojerá las felicitaciones de sus
amigas i los votos que harán por su felicidad, mal encubiertos por la envidia.

II.

Dias antes del momento fatal, quiero decir del momento feliz, principian a llegar los
regalos i *donas* del presunto novio i de los padres i amigos. Los *chantilly*, los *valen-
ciennes*, los *puntos de Inglaterra*, forman el *canastillo* del novio, rivalizando en riqueza
con los *solitarios* i las *dormilonas* de brillantes que constituyen el regalo de sus amantes padres. I mientras que D. Pedro, con una actividad inusitada hace repletar la
despensa i dirije el arreglo de las piezas destinadas a los nuevos esposos poniendo en
tortura la inventiva de los mueblistas i tapiceros, la madre de Rosita, los hermanos i
toda su larga parentela, entre la que se cuenta infaliblemente alguna sor Trinidad
o sor Beatriz, de las monjas Capuchinas, o Trinitarias, o qué sé yo de donde, se afanan
i trabajan por que la niña vaya a poder del novio hecha una ascua de oro o un frasco
dorado de celestiales esencias.

La ropa de cama, las camisas, las enaguas, las corta i borda la madre monja que,

---

(1) Los oidores de la Real Audiencia llegada a Chile en 1609, acostumbraban un peinado especial en sus
pelucas empolvadas, que consistia en un elevado penacho sobre la frente al que se daba el nombre de *copete*.
De ahi viene el que a la gente de importancia o de categoría, se la califique con estas palabras: «*es gente de
copete!*»

segun dice la dueño de casa, tiene una habilidad sorprendente para bordar cupidos en el escote i hacer pliegues en las batas de noche.

Mientras llega el dia del matrimonio, los novios se encuentran en tela de juicio ante el inapelable tribunal de la sociedad a que pertenecen. Deben resignarse a ser escudriñados hasta lo mas profundo de sus conciencias i, especialmente el novio, puede darse por mui feliz, si en este exámen forzado de su vida privada i su carácter, resulta que solo es un *libertino*, un *fátuo* o un *tonto*. Por lo que toca a la niña, cuando menos será calificada de *coqueta* por las mismas que momentos antes la manifestaban el mas ardiente cariño.

Llega por fin el momento deseado i se consuma el matrimonio, como se consuman todos los matrimonios, sin que a nadie se le antojara *fumar* durante la ceremonia, como con tan poca gracia asegura M.ʳ Arago. Una vez casados i velados por el padre maestre de la órden de la Merced, Frai Pepe Covarrubias, casamentero obligado de las altas señoras, los novios entran a la recámara preparada de antemano para su transfiguracion en esposos, cambian sus trajes de boda i aparecen poco despues transformados, ella en una vlajera francesa elegantísima, i él en un turista del mejor tono. Se despiden de toda la familia por quince dias, i se lanzan dentro del coche que les espera a la puerta, deseosos de gozar sin testigos de su inmensa felicidad. Se dirijen a la quinta, chácara o hijuela del esposo, o a la del padre, o la del amigo de éste, o en último caso a un hotel en un pueblo cualquiera, que poco importa dónde, con tal que se haga el viaje en obsequio de la moda...

Dejemos a la feliz pareja gozar de la *luna de miel*, cuyo cuarto menguante no tardará en llegar, i prosigamos nuestra tarea de bosquejar las costumbres de nuestra sociedad.

El Bautizo.

I

Transcurridos los quince dias, vuelven los esposos de cumplir con la moda i entran a ocupar entre los mortales, el puesto que para remontarse a la gloria abandonaron un instante.

Rosita vuelve descolorida i revelando en su fisonomia el cansancio que la ha ocasionado sin duda el viaje, tanto que su mamá i el bueno de D.Pedro cambian entre sí una sonrisa maliciosa.

La jóven esposa es objeto durante su embarazo de los cuidados mas solícitos, se satisfacen todos sus deseos i se cumplen todos sus *antojos*. Estos suelen ser a veces algo raros, como el de aquella señora de calidad a quien se le metió entre ceja i ceja el tomar mate en el gracioso hoyito que formaba la barba de un reverendo fraile escesivamente gordo, pariente suyo.

Algunas *primerizas* acostumbran hacer *mandas* o *promesas* de dinero, novenas o misas a algun santo de su particular devocion, a trueque de que las saque con felicidad de tan duro trance.

Pero felizmente a Rosita no se le antojó nada fuera de órden, ni se le ocurrió hacer promesa alguna. *Salió con bien* con entera felicidad, gracias a los cuidados de la matrona ña Juana Bravo, descendiente sin duda, de la primera partera que vino a Chile en 1578 llamada Isabel Bravo, la cual recibió sus títulos despues de haber contes-

El *santero* (cuadro de D. M. A. Caro.)

tado victoriosamente a la pregunta de los ediles, de lo que se necesitaba «para que la criatura saliera entera i viva» i de «cuantas maneras de partos habia,» como si las señoras de aquellos graves doctores acostumbraran parir de varias maneras!·

II.

Apenas viene al mundo la criatura, la cual aunque sea un rinoceronte, es siempre una *preciosura*, un *ángel*, cuyo trasunto no podria haberlo imajinado jamás ni Rafael ni Murillo, principian nuevamente los afanes de la mamá en busca del padrino. La madrina poco importa, cualquiera puede serlo, pero el padrino debe de ser ante todo un hombre de plata, no tanto por los regalos que pudiera hacer al ahijadito, sino mas bien porque será su padre espiritual, destinado a velar por las necesidades de su vida en caso de faltarle su padre lejítimo.

Despues de varios pasos infructuosos cerca del ministro tal i del senador cual, se resigna la mamá a recurrir a un rico hacendado, su pariente lejano, no sin recordar antes los magníficos tiempos de su mocedad, en que con anticipacion le *pedian el vientre*, desplegando los padrinos en el bautismo un boato i un lujo asiáticos.

El padrino hacendado, hombre modesto i chapado a la antigua, acepta gustoso la confianza i se apresura a corresponderla, enviando a la comadre un ajuar completo todo él de raso i batista, acompañado de una epistola cortada sobre el patron de las del padre Almeida.

III

Ya estamos en la iglésia. El padrino tiene entre sus brazos un envoltorio de gasa, que, si no brotaran de él algunos vajidos, representaria cualquier cosa, menos la existencia de un ser humano.

La madrina que es una jamona fronteriza de los sesenta, reza entre dientes mui compunjida una oración que, a juzgar por la uncion de su rostro, debe traer la bienaventuránza sobre el recien nacido en este mundo de picardias.

Llega al fin el *padre*, revestido de sus hábitos sacerdotales i acompañado de su adlátare, mónacillo improvisado de 10 a 14 años, i principia la ceremonia que nos abre las puertas de la cristiandad i de la salvacion.

— ¿Cómo se pone al niño? pregunta el padre.

— Arturo, José del Cármen Agustin, Benito, Lupio, contesta la madrina con rostro resplandeciente.

Arturo, José del Cármen, Agustin, Benito, Lupio, repite el padrino, en tanto que el ministro del Señor opera sobre el infante uno de los mas altos oficios i misterios del cristianismo. Un peloton de sal llena de repente la boca del niño, i el pobrecillo que ignora el precio de lo salado en este soso mundo de prosa i basura, hace media docena de *pucheros* entremezclados de gritos agudos, lo que revela que no es posible ser salado sin que le duela a uno la boca. Continúa la ceremonia haciendo sobre la frente del chico el signo de la cruz con el dedo untado en aceite. Pregunta en seguida el sacerdote al neófito tres veces seguidas, si desea ser bautizado, a lo que responde otras tantas el padrino : — «Sí, quiero.» Con esta declaracion, el padre vacia sobre el cráneo del niño una taza de agua, bautizándolo en el nombre del Padre, del Hijo i del Espíritu Santo.

Concluido el acto, se retiran los padrinos a casa de la abuela, viéndose antes obligados a dominar una oleada de desarrapados bambinos que a gritos descompasados piden el *remojo*. Por mas que el padrino reparta, tire i esparrame'los *cinquitos* que lleva al efecto, no se verá libre de esa jauria de solicitantes, hasta que no ponga entre ellos i su persona una respetable distancia.

Una vez dentro de la casa, el padrino procede a la distribucion de las *naranjitas compuestas* i de las *ollitas de las monjas*. Cada una de ellas está tachonada de perlas bobas i de hilos de plata, i lleva una cinta de color de rosa con el nombre del recien bautizado en letras doradas, i de uno de cuyos estremos cuelga un *cinquito*. Concluida esta reparticion entre los contertulios de la casa, principia el desfile de la servidumbre por la puerta del salon. Esta no se contenta con los *cuartillitos*; necesita algo mas sólido, como ser pesos fuertes.

El minero.

Seco el bolsillo del padrino, i agotada su paciencia con tan repetidas i crueles sangrias de sus pertinaces felicitadores, se retira de la casa sin que pueda todavia conjurar la turba de pilluelos que corriendo desalada detras de su coche, continúa pidiendo remojo. Unos cuantos latigazos aplicados de mano maestra sobre los bullangueros, pone al cabo órden a la endiablada turba, i permite que el padrino llegue a su domicilio, en donde debe comenzar para el pobre la repeticion de la fiesta de que acaba de ser victima.

Esta es la función del bautizo en Chile, fiesta que viene de nuestros padres, pero exajerada por la fanfarrona magnificencia de los hijos de América.

<hr>

Una vuelta por las tiendas.

I.

Para descansar un tanto de la jarana del bautizo, os convido lectora a dar una vuelta por el *Portal*. Son las ocho de la noche i sábado, dia de regla para el paseo. Sigamos a esa elegante pareja que, si no me equivoco, la forman Carmelita i su novio. Ella muchacha de veintiun abriles, gran tocadora de piano, amiga del lujo, elegante irreprochable, loca por el baile i por todo lo que el buen tono ordena en su inflexible programa, i a mas, un si es no es coqueta, como lo requiere tambien la sociedad en que rola. El, jóven apuesto, vestido a la *dernière* en los talleres de Mr. Pinaud, i un tanto enfatuado de su reciente fortuna; baila con primor, sabe algunas esclamaciones francesas, bebe

Champagne frappé, fuma *Partagas* esquisitos, i solo sabe trabajar en el campo.

Coloquemonos entre esta pareja i la madre de Carmelita que viene mas atras con otra hijita de doce primaveras, la cual acaba, la mui picarilla, de dirijir una sonrisa encantadora a ese estudiante de catorce años que pasa a su lado poniendose mas *colorado que una guinda.*

Sigamos a la Carmelita en sus vueltas, rodeos, entradas i salidas por el portal Fernandez Concha i el pasaje Bulnes. Estos están concurridísimos; la fuerza de la concurrencia la forman los estudiantes de la Universidad, repartidos en grupos, i ocupados de pasar revista a las buenas mozas, o de hablar de politica.

De vez en cuando pasa desalado un jóven que acaba de divisar en la esquina a su *tiemple* i trata de salirle al encuentro por la puerta del pasaje que cae a esa calle. Por supuesto, al salir del pasaje, recobra su paso grave i se encuentra con ella solo por casualidad. Esta operacion la repiten amenudo, apesar de las terribles miradas de la *vieja,* que así llaman ellos a la madre de su ídolo.

II.

Pero no perdamos de vista a la Carmelita que acaba de entrar a una tienda. Veamos cómo se injenia para escudriñarlo todo sin comprar nada. Tal es la costumbre de las que salen a *correr el comercio.*

— Tiene Vd. *paño de leon?*

— Como nó, señorita, tenemos uno riquisimo. (Saca el tendero la pieza i la desdobla haciendo castañetear la lengua).

— *A cómo* la vara?

— A veinte reales señorita.

— Jesus, qué *carero!*

— No lo crea Vd. señorita, es de lo mas fino que viene a Chile.

— Pero es mui caro (con cierto abandono), bájeme algo... está bueno por doce reales....

— No puedo, señorita, con motivo del bloqueo de Paris, el articulo ha escaseado mucho. Se lo daré a diez i ocho reales la vara, solo *por ser a Vd.*

— Ya sabe Vd. que soi *parroquiana,* démelo por los doce reales...

— Imposible, señorita, nos cuesta mas.

I con esto se despide Carmelita, se toma del brazo de su novio que se ha llevado de planton en la puerta, i continua su correria, repitiéndose la escena del *regateo* en diez o mas tiendas con los mismos u otros articulos.

La costumbre de *regatear* es innata en todas las clases de nuestra sociedad, aunque se reconozca el bajo precio del articulo, i por mas que vean el enorme letrero PRECIO FIJO, que muchos tenderos colocan en la parte mas visible de sus almacenes (1).

(1) Esta costumbre es tan antigua como nuestro comercio. Cuando en los primeros años del coloniaje llegaron a Chile los primeros cargamentos de mercaderias procedentes de Lima, la autoridad intervino en los negocios fijando aranceles con precios fijos a los mercaderes, llamados *regatones.* Del afan de los compradores en hacer bajar el arancel i del empeño del regaton en sostenerlo, provino esta costumbre peculiar llamada *regateo.*

Costumbres relijiosas. — El manto. — La alfombra.

I.

' Dirijamos ahora una ojeada sobre nuestras costumbres relijiosas, con todo el tino i delicadeza que exije tan arduo asunto.

La santiaguina i como ella, la chilena en jeneral, es devota, sin que por esto queramos llamarla mojigata. Ella pone en práctica sus creencias relijiosas sin gazmoñeria, con entera franqueza i con la cònciencia de que cumple con un deber sagrado.

Sin embargo, este celo relijioso, impulsaʔo amenudo por el fanatismo de ciertos sacerdotes, la obliga a caer en escesos lamentables, que dan una triste prueba de nuestra cultura. Palpitantes se conservan todavia los recuerdos del aciago 8 de diciembre de 1858. Dos mil mujeres perecieron en la noche de ese dia, quemadas i sofocadas en el voraz incendio que consumió el templo de la Compañia. De esas dos mil victimas, una gran parte pertenecia a la alta sociedad de Santiago i de ellas, muchas eran sócias de la congregacion de las *Hijas de Maria,* institucion abominable i sin precedente en la vida de nuestros mayores, con su catálogo interminable de novenas, procesiones, beatas i frailes. El objeto de la institucion, concebible solo en el cerebro trastornado de su fundador, consistia en poner a sus sócias en directa comunicacion con la Virjen ! Para el objeto estableció en la iglesia un *servicio postal* en que los ánjeles i arcánjeles de la córte celestial eran los carteros encargados de recojer las peticiones dirijidas a a virjen que, misteriosamente i en las altas horas de la noche, depositaban en el buzon, sus hijas atribuladas....

II.

Felizmente, estas ideas de fanatismo, llevadas hasta la mas culpable exajeracion, son esclusivamente el patrimonio de una pequeña fraccion de devotas recalcitrantes cuyo tipo, la *beata,* es la herencia forzosa que a Chile, lo mismo que a los demas estados de la América latina, legó el reinado de la hoguera i del martirio en España.

Los jesuitas introducidos a Chile por el padre Baltazar de Piñas en 1593, es decir medio siglo despues de fundada Santiago, demostraron desde luego el inmenso poder de su bien organizada i terrible institucion, tomando una marcada injerencia en la marcha de la jóven colonia i haciendo pesar su opinion en el seno de las familias. Desde entonces, apesar de su espulsion de todas las colonias españolas en 1767, ha quedado impregnada la capital de cierto olor de *beaterio,* que solo desde hace pocos años principia a disipar el fuerte torbellino de las ideas liberales i tolerantes.

Por una rara coincidencia que no queremos pasar en silencio, San Ignacio de Loyola, fundador de la Compañia de Jesus, fué electo jeneral de la Orden, en el mismos años i por los mismos dias, en que Pedro de Valdivia era proclamado gobernador de Chile (abril de 1541).

III.

La chilena asiste con notable puntualidad a todas las fiestas relijiosas, mucho por devocion i un poquito por curiosidad. En sus escursiones misticas hace uso con todo rigor del traje negro i del *manto*.

El manto, discreto encubridor de un desaliño matinal, es la edicion correjida i perfeccionada, de la mantilla española. Si esta requiere cierto salero, el manto exije un talle esbelto i una gracia natural. Sus pliegues, delineando los contornos del talle, el

El barretero.

rebozo tirado sobre el hombro con cierto abandono i coqueteria, contribuyen poderosamente a realzar la gracia esquisita i proverbial jentileza de la chilena.

Otro adminiculo indispensable del traje de iglesia, es la *alfombra*. En Chile no ha podido introducirse todavia en las iglesias el uso de las sillas. Por acá no conocen las mujeres mas asiento que el suelo, duro i desnudo. Esta costumbre, o mejor dicho, esta falta de costumbre, trae consigo el empleo de las alfombritas de iglesia, cuyas portadoras en tiempos no mui lejanos, eran las *chinas* o *negritas* que toda dama principal creia indispensable comprar para su particular servicio i devocion. Hoi han desaparecido las chinitas, i con ellas las dóciles portadoras de las alfombras i de los *recados*.

El uso de la alfombra requiere cierto abandono, cierta postura de íntima confianza i, digamoslo de una vez, cierto *cruzamiento de piernas* cuya esplicacion hace la desesperacion del estranjero, i cuyo secreto constituye una de las armas mas formidables del arsenal de encantos que posee la chilena.

La semana santa. — Las estaciones. — El cucurucho.

I.

Asistamos anora a algunas de nuestras fiestas relijiosas.

Traslademosnos a los cuarenta dias de contricion i recojimiento que la iglesia impone a sus fieles. Dejemos pasar los dias de carnaval, cuyas fiestas, con sus *challas*, catarros i constipados, viven solo en la memoria de nuestros abuelos, i entremos en el miércoles de ceniza.

La costumbre de *tomar ceniza* en este dia conmemorativo del triste componendo de nuestra misera humanidad, ha sido desterrada poco a poco de las altas clases de la sociedad. En el dia sostiene la costumbre solo la gente pobre, i casi esclusivamente las mujeres. Desde las primeras horas de la mañana, se tropieza a cada paso con las devotas que llevan a cuesta la cruz que el sacerdote acaba de imprimirles en la frente, pronunciando las palabras sacramentales *Polvo eres i en polvo te has de convertir.*

Este dia, así como todos los de la cuaresma, pasan desapercibidos para la jeneralidad, hasta que la semana santa viene a recordar a los fieles la pasion i muerte del Redentor. En el domingo anterior a los tres dias santos, o sea en el domingo de Ramos, tiene lugar en todas las iglesias la bendicion de las palmas, asunto de grandisima importancia para las devotas del bajo pueblo, pues se trata nada menos que de obtener una reliquia, un talisman de poderosa i májica virtud.

No ya en las grandes ciudades, pero sí en los pueblos i villorios, atribuye la gente pobre a la palma bendita, ciertas virtudes eficacísimas para *evitar los temblores* i *los rayos*, i para *curar* ciertas enfermedades graves.

De aqui la costumbre entre la gente del campo, de conservar relijiosamente las palmas benditas en la cabecera de sus catres, o al pié de la imájen de su particular devocion.

II.

En la noche del Jueves Santo, la poblacion entera se pone en febril i activo movimiento. Se trata de *correr las estaciones.* Cada convento, cada iglesia, cada capilla, se ha preparado anticipadamente para la digna celebracion de esta fiesta. Los altares, profusamente adornados de guirnaldas, ramos i gasas; los *monumentos* cubiertos de millares de luces simétricamente colocadas; la compacta concurrencia que invade cada ángulo, cada rincon, i cuyo silencioso rumor es interrumpido de vez en cuando por una voz gangosa con la frase sacramental : *para el santo entierro de Cristo i soledad de la Vírjen,* a la que contesta un ruido de cadenas, son otros tantos detalles que contribuyen a dar fuerte colorido a lo peculiar de nuestras costumbres relijiosas.

Las calles, asi como las iglesias, se ven esa noche invadidas por las basquiñas i los mantos. Privadas del tráfico ordinario, reina en todas ellas un sordo rumor producido por los grupos de devotas que, rezando a media voz, se dirijen presurosas de uno a otro templo, i por las cofradias i congregaciones de *pechoños,* cuyos monótonos rezos vienen a aumentar ese pavoroso é inusitado movimiento, propio solo del Jueves Santo.

Niña del *medio pelo.*

Las fiestas con que la iglesia conmemora la pasion i muerte del hijo de Dios, son acá las mismas que en cualquiera otro pais católico, sin que la diferencia de detalles i ceremonias, merezca una especial descripcion.

Pero una figura resaltante que surje de entre los cánticos i el incienso de las procesiones es el *cucurucho.*

El cucurucho, detalle indispensable hasta hace poco, de toda procesion de Viernes santo, ha sido desterrado de las ciudades de alguna importancia. La esfera en que ejerce su ministerio, antes tan vasta, ha quedado hoi reducida al campo i a los pueblos de tercera categoria, donde continua su tarea de alarmar a los niños i espantar a todos los canes de la vecindad. ¿Quién no recuerda, cuando niño, la terrible amenaza el *cucurucho* ! al presentarse este ridículo fantasmon a la puerta de casa, con su negra túnicade *coco,* cubierta la cabeza con el puntiagudo bonete i oculta la cara tras una sombria careta? Quién puede haber olvidado la impresion que en toda la casa producia el grito formidable : *para el santo entierro de Cristo i soledad de la Vírjen* al que respondia el llanto de los niños, las carreras de las sirvientes i el ladrido de los perros? Música obligada, que entonces como ahora, acompaña al cucurucho en sus gloriosas correrias i que él acepta complacido, marcando el compás con su enorme garrote sobre el lomo de los perros, sus eternos perseguidores.

III.

Concluyen las fiestas de Semana Santa i sus comparsas de beatas, cucuruchos i pechoños con el acto de *prender a Judas,* tambien relegado al campo, ese elástico bolson, depositario incansable, eterno conservador de todos nuestros vicios i rancias costumbres.

Procesiones. — Procesion de San Pedro en Valparaiso.

I.

De las varias procesiones que organiza la iglesia en el curso del año, las mas importantes son: la del *Cármen*, patrona jurada de los ejércitos; la de *Corpus Christi* i la del *Señor de Mayo* : esta última creada en conmemoracion del milagro acaecido en Santiago el 13 de mayo de 1647. En el espantoso terremoto que ese dia asoló a Santiago, cayeron las paredes de la iglesia en que se encontraba una efijie del Señor de la Agonia, quedando solo en pié el altar sobre que reposaba, i pasando a la garganta la corona de espinas que antes se encontraba colocada sobre la cabeza de dicho busto. Como despues del acontecimiento se tratara de colocar la corona sobre su verdadero sitio, sin poderlo conseguir, se proclamó el milagro, confirmado entónces por el obispo Villarroel i posteriormente por el padre Olivares, en su historia de Chile.

II.

Pero ninguna de estas procesiones ofrece la orijinalidad que la de *San Pedro*, patron de los pescadores. Esta procesion, peculiar de Valparaiso, se efectúa cada dia con mayor boato i solemnidad; pero no hace mucho, se le daba el carácter de una alegre escursion por mar, en la que el santo, figura de bulto confiada a la custodia de una mujer andrajosa i a una media docena de desarrapados tunantuelos, representaba un papel bien triste i secundario. Hoi se dá a la procesion su verdadero carácter, sin que la majestad que ahora se le imprime, haya hecho desaparecer ninguno de los picantes detalles que hacen de esta fiesta relijiosa una de las predilectas del bajo pueblo.

El dia de la procesion es uno de verdadera fiesta para los buenos i pacíficos vecinos de Valparaiso. Desde las primeras horas de la mañana comienza ese alegre i febril movimiento de una poblacion que se prepara a asistir a una fiesta pública.

Las ventanas, balcones, techos i miradores de cuanto edificio dá vista a la plaza del Muelle, sitio en que *se embarca el santo*, se ven invadidos por una compacta concurrencia de levita i trajes de seda. Por lo que toca al pueblo soberano, no le basta mirar, necesita tomar en la fiesta una parte activa.

Enormes lanchones que desde temprano han varado sus quillas en la playa vecina al muelle, brindan un barato aunque nada cómodo asiento, a los muchos aficionados, hembras i varones, que desean tomar parte en la acuática ceremonia.

Mientras se completa el cargamento humano de cada lancha, de cada chalupa, de cada canoa i de cuanta podrida embarcacion yace el resto del año relegada al mas triste abandono, llega el santo i su numeroso acompañamiento, por entre una ancha calle formada por las tropas, i seguido de los batallones civicos i de linea que, en columna cerrada i música a la cabeza, cierran la marcha de la procesion.

Una vez embarcado el santo i sus principales acompañantes en un vaporcito acicalado anticipadamente (¡i dirán que no progresamos, cuando hacemos andar a vapor hasta a los mismos santos!), principia lo que podremos llamar la segunda parte i la verdaderamente importante del programa del dia.

En el momento que el vaporcito inicia su lenta marcha, presenta la bahia de Valparaiso un golpe de vista sorprendente. El vapor, cuajada de jente su cubierta, i flotando al viento sus banderas i oriflamas; los centenares de embarcaciones de todas las formas i tamaños que en confuso tropel se deslizan sobre la estela del vapor; las lanchas, penosamente arrastradas por sus remeros i conteniendo cada una de ellas una poblada entera con su bullicio i su rumor; los sonidos de la música, cuyos alegres acordes van

Niñas del medio pelo tomando *mate.*

debilitándose gradualmente a medida que se aleja esa inmensa poblacion flotante, son detalles que forman un conjunto encantador i que harán recórdar siempre con placer la procesion de San Pedro.

El médico.

I.

Veinte años despues de fundada la Real Universidad de San Felipe (1756), se habian multiplicado los doctores en leyes, en cánones i en teolojía, sin que hubiese uno solo en medicina. Esto consistia en que entónces se consideraba el arte como un oficio propio de mulatos, i no de jente bien nacida (1).

Hasta el año 1834, época en que llegó de Europa el sabio facultativo D. Lorenzo

---

(1) El profesor que al abrirse la Universidad se hizo cargo de la cátedra de medicina, fué un médico escocés Mr. Mavin, a quien se asignaron *treinta* pesos de sueldo. Este fué pues el primer protomédico de Chile.

Sazie, los médicos de Chile eran todos españoles, ingleses i franceses, o peruanos salidos de la famosa Universidad de Lima.

Ministro del Interior entónces el Sr. D. Joaquin Tocornal, quiso hacer una esperiencia con el objeto de probar si la carrera médica ofrecia alguna espectativa a los hijos del pais, borrándose aquellas preocupaciones que hasta entónces dominaban en el público contra los hijos de Hipócrates. El honorable ministro hizo la tentativa disponiendo que un hijo suyo se inscribiese como alumno en el hospital de San Juan de Dios. ¡ Precioso golpe dado a la preocupacion por un hombre de mundo i de ideas!

Desde ese dia, ninguna familia se creyó deshonrada al contar entre sus miembros un doctor en medicina, i ha sido tan grande i tan profunda la mutacion operada en estas añejas creencias, que hoi dia los mejores apellidos de la República figuran en la lista de los alumnos de los hospitales.

El médico en Chile está pues rehabilitado; pero si lo está como profesor de una ciencia cuyos beneficios e importancia social reconocen todos, aun no ha llegado para él la época de tomar cartas en los negocios administrativos, como sucede en otras partes.

Solo dos o tres médicos, que sepamos, han sido hasta aqui diputados al Congreso, i eso, la fatalidad ha querido que ninguno de ellos haya sido capaz de probar a los gobiernos, que el concurso del hombre de ciencias es indispensable en todo pueblo bien organizado.

II.

El médico recien recibido vive a caballo, estudia poco i guarda cuanto puede, a menos que su estrella no se empeñe en negarle el *buen acierto* que deberá abrirle una numerosa i fructifera clientela.

Hai doctores que desde que obtienen el diploma, viven con lujo, asi como hai otros que, en el tardo galope de sus despernancados rocines, están probando que Esculapio no les ha comunicado sus divinos secretos.

Pobre del médico feo i mal vestido! Ese se llama siempre el *doctor a secas*; mientras que el médico de buen rostro i que sabe llevar una elegante espuela clavada en el tacon de la bota, será apellidado el *doctorcito buen mozo*, el *mediquito de sombrero blanco*, o algo todavía mas consolador i atractivo.

En cuanto a la moral médica, el gremio se despedaza. Tal, no es mas que un bodoque que mató a la señora doña Peta Espinilla, que apesar de su apellido, estaba gorda como una bendicion; cual, es un charlatan que despachó al otro mundo a fulano i mengano, i asi sucesivamente.

Nuevos métodos de curacion han venido a añadir un nuevo combustible a esta terrible guerra civil. La homeopatia, la hidroterapía i qué sé yo cuantos mas, tienen ya sus numerosos sectarios.

Todo esto promete; pero la muerte ajita su guadaña con mas furia cada dia sobre el hombre. Esto es para algunos un fenómeno acusador de la ciencia, pero para nosotros, esto no es mas que un castigo de nuestra charlataneria i confianza.

¡ Cuándo nos curaremos solos !

El minero.

I.

El minero rico no constituye entre nosotros un tipo perfecto. De nobleza moderna i no mas antigua que el descubrimiento de Chañarcillo por Juan Godoy, el minero rico forma parte de esa pequeña fraccion de poderosos de la tierra que arrastran tras de sus doradas personalidades un largo séquito de aduladores i pretendientes.

El minero rico, el aristócrata de Copiapó, gasta su dinero con la misma facilidad que lo gana. Satisfechos todos sus caprichos, festejado por todos, adulado aun por los hombres de mas suposicion, es natural que su orgullo i sus pretensiones sean exorbitantes. Recien entrado a una sociedad que lo ha recibido con los brazos abiertos, es justo que aspire a ocupar un puesto espectante en la política; ¿qué menos que senador o ministro puede ser un hombre de su fortuna?

El potentado minero es jeneralmente viejo. Establecido en la capital, lleva una vida de príncipe; pero por mucho tiempo que le quiten los convites i halagos de sus numerosas relaciones, siempre le queda el suficiente para gozar de ciertos placeres ilícitos.

El campo de sus hazañas amorosas es siempre aquel donde reside la pobreza como guardian de la hermosura. ¡Ai de la jóven que habla de un *rosicler* y que sabe lo que es un *apir* o un *plomo ronco!*...

Pero no moralizemos, i dejando a un lado este tipo de la riqueza, que en todas partes es el mismo, ocupémonos de otro tipo de las minas, que aunque perteneciente al pueblo, tiene mas atractivos que el anterior : nos referimos al minero pobre.

II.

El *apir* o *barretero* tiene una alta opinion de sí mismo; se considera superior a los peones de otra clase de trabajos i evita el trato íntimo con ellos. Como consecuencia de esta superioridad que trata de hacer resaltar en cuantas ocasiones se le presentan, gasta el dinero con una prodigalidad asombrosa. Cuando ya ha derrochado el último peso de su jornal, se acuerda de la faena abandonada i vuelve a empuñar la barreta o a colgarse la capacha. Trabaja entónces con teson otra corta temporada, i cuando ha reunido una suma regular, abandona nuevamente el trabajo para regresar a sus alegres *canchas* i hacer *raya* entre sus admiradores, que nunca faltan donde corre el dinero.

Asi pasa su vida, siempre contento, siempre jeneroso i nunca pobre.

Por lo jeneral, el minero es de formas atléticas, anchas espaldas, pecho abierto i miembros robustos, adquiridos en fuerza del penoso trabajo a que está dedicado. El apir sale de la boca mina medio desnudo, el cuerpo inundado de sudor, la pesada *saca* sobre las espaldas, las facciones descompuestas, los ojos saltados, la respiracion entrecortada por agudos silbidos i el pecho jadeante; se acerca a la cancha, vacia la capacha, toma un sorbo de agua, se dá un sacudon como el caballo que ha llegado a término de una larga jornada i desaparece en las entrañas de la tierra entonando una alegre cancion!

Lo penoso de semejante trabajo i lo mal sano del aire que respira, acorta la vida del minero i hace que no tenga tantos hijos como los demás trabajadores en otra clase de faenas.

El minero no tiene mas vicio que el juego, en. el cual demuestra una delicadeza que no es fácil encontrar en otras clases del pueblo. Muchos pecan tambien de . cangalleros, o sea de ladrones de piedras ricas, recurriendo a los medios mas injeniosos para ocultar la cangalla a la minuciosa inspeccion que les hace sufrir el administrador despues de concluida la faena.

El producto de la cangalla i el valor de su trabajo lo derrochan, como ya lo hemos dicho, en pocos dias, pues no dan al dinero importancia alguna, seguros, como dicen ellos, de amanecer de un dia a otro transformados en *caballeros!*

Un *roto.*

De aqui proviene la *nobleza* moderna que poco a poco va invadiendo nuestra sociedad i desterrando de sus salones a la antigua nobleza de pergaminos.

El medio pelo.

I.

De la raza española sin mezcla indíjena, nace la aristocracia i *jente blanca*; de la mezcla de ambas, nace el pueblo i la *jente de color.*

Ya nos hemos ocupado de la aristocracia; dediquemos ahora cuatro palabras a la jente de color. Entre esta sobresale en primera linea una clase especial, que apesar de estar revelando su orijen en su tez bronceada, trata de merecer ciertas consideraciones i aspira a colocarse en una pocicion, que por lo falsa, raya siempre en el ridí- :culo; llámase *medio pelo.*

El medio pelo forma una casta aparte; no fraterniza con el pueblo a quien llama

desdeñosamente *rotos*, i la sociedad no la admite en su seno. Para describir sus costumbres, pretensiones i riduleces, necesitariamos un tomo entero, pero nos conten
taremos con diseñarla a grandes rasgos.

La familia de medio pelo es jeneralmente pobre o cuenta con escasos recursos; pero
en su afan de lucir i aparentar lo que no tiene i lo que no es, no omite sacrificio alguno
ni privacion de ningun jénero. Casi siempre la dueño de casa es hija del capitan o del
coronel tal que se encontró en la batalla de Chaçabuco i a quien honraba San Martin
con su particular amistad; es parienta inmediata del senador cual i *la Manuelita* (esta
es la esposa del senador), era mui amiga suya.

Conoce a la Carmelita (la mujer del intendente) i a otras señoras de las mas encope-
tadas con quienes se ha visitado, pero como
ahora sus recursos no le permiten desplegar
el mismo lujo, ha perdido todas sus antiguas
relaciones.

Si llega una visita, por supuesto de persona
decente, su conversacion se reduce a repetir
lo que ya ha repetido mil veces i en todos los
tonos: que su familia es de sangre pura i que
las niñas saben esto i esto otro, que cantan
i tocan divinamente, el piano se entiende,
pues la guitarra, eso queda para los rotos.

II.

A esta misma clase pertenece el *siútico*,
tipo tambien grotesco, si no fuera mas bien
digno de lástima.

Muchachas del pueblo.

El *siútico* es siempre jóven, con pretensiones de elegante, apesar de brotarle la pobreza por los codos de su raida levita.

Como su único afan estriba en *pegarla* a los que no le conocen, trata de aparecer lo mas decente posible i siempre a la moda. Para conseguirlo, pone en tortura
su imajinacion, acorta o alarga su único *jaquette*, ancha o angosta su triste par
de pantalones i barniza sus zapatos, cuidando de teñir de negro la parte en que una
indiscreta sonrisa ha dejado entrever el color dudoso de sus medias. Todo esto lo hace
por sí mismo, sin necesidad de gastar lo que no tendria, en ocupar al sastre o al za-
patero.

Es natural que su ropa interior corra parejas con la esterior, pero su inventiva
todo lo allana. Como usa cuellos i puños postizos, saca de ellos todo el partido posible;
despues de usarlos al derecho i al revés, por dentro i por fuera, recurre a la *miga de*
pan para borrarles las huellas de un uso mas que moderado. Por lo que toca a la cor-
bata, es cosa mui sencilla: entre sus amigas consigue pedacitos de gró o de lana en último caso, i él mismo se fabrica unas cuantas.

Así vive el siútico, siempre a la *cuarta pregunta* i siempre ufano de su cuerpo i elegancia, aunque el bolsillo vaya limpio como patena.

Tal es la jente de medio pelo con sus pretensiones i deseos de conquistar un puesto que le ha negado la suerte.

El pueblo.

I.

Descendamos ahora el último tramo de la escala social i ocupémosnos del pueblo. Este se divide en dos fracciones perfectamente definidas : el *artesano* i el *roto*. El primero es el hombre del pueblo que por su educacion o mayor intelijencia, ha conseguido sobreponerse sobre los de su clase i desempeñar un oficio que se encuentre mas en harmonia con sus aptitudes i sus recursos. Pero como los artesanos solo forman una pequeñísima fraccion del verdadero pueblo, no nos ocuparemos sino de este último.

II.

En la mayor parte de las naciones de Europa, tiene cada provincia sus costumbres, sus trajes i hasta su idioma particular, que varian tanto mas cuanto mayor es la distancia que las separa de los centros de la civilizacion. Esas costumbres, arraigadas en fuerza de los siglos trascurridos desde que las han adquirido, resisten tenazmente a toda innovacion i constituyen por consiguiente, otros tantos tipos curiosos i variados hasta lo infinito.

En Chile, el pueblo bajo de las provincias mas distantes de la capital, así como el de a capital misma, emplean un lenguaje idéntico, anti-gramatical i sembrado de barbarismos i palabras indijenas sacadas del *quichua.* Su traje i su persona están mui lejos de poderse presentar como un tipo de limpieza. El roto chileno no conoce mas traje que su camisa que reemplaza todos los sábados i que cubre con el inseparable *poncho* o *manta.*

El peon, perteneciente a la última clase del pueblo, personifica el tipo de la ignorancia; pero en su rostro atezado se retrata la espresion de la mas refinada malicia.

Apesar de su aspecto débil e indolente, posee una fuerza i resistencia admirables. En los campos se le vé espuesto a los ardientes rayos del sol durante horas enteras, moviendo la pala o la barreta con una lentitud desesperante si trabaja a jornal, i con un brio i fuerza prodijiosas, si lo hace a destajo.

Para resistir tan penoso trabajo era de suponer que el peon estuviera bien alimentado i que descansara su cuerpo sobre cómoda cama.

Pero lejos de eso, su alimento se reduce a un plato de *porotos* o a un pedazo de pan con *chancho arrollado,* i su cama a unos dos o   pellejitos que estiende sobre el suelo.

Esta resistencia para el trabajo, unida a su fuerza i pujanza, hacen que el peon chileno sea solicitado con preferencia para todas las grandes obras que se emprenden en la actualidad fuera del pais. I como por otra parte su carácter vagabundo le arrastra siempre hácia lo desconocido i no sacia jamás su ardiente sed de aventuras, resulta que nuestro territorio se vé privado todos los años de infinidad de brazos necesarios para el cultivo de sus campos.

El peon no reconoce mas goce que el juego de naipes i el licor. Todo cuanta gana lo prodiga sin piedad en asquerosas orjias, en las que ha de quedar completamente ébrio. Su carácter es pacifico i humilde cuando goza de todos sus sentidos, pero cuando el licor perturba su cerebro, se hace pendenciero i camorrista, echando amenudo mano al cuchillo que algunos acostumbran llevar en la *faja*. Los partes de policia confirman lo que decimos: de cada 100 detenidos, la mitad lo son por ébrios i una cuarta parte por pendencia.

El aguatero.

Mucho nos falta para que el bajo pueblo de Chile adquiera cierto barniz de cultura i salga de la miserable condicion a que le reduce su completa ignorancia. Felizmente, la instruccion pública, que es el único antidoto eficaz contra tamaño mal, comienza ya a producir sus benéficos frutos, esparciendo en las clases los primeros sentimientos de dignidad i amor propio de que hasta ahora se ha visto del todo privado.

III.

La clase del pueblo que ha adquirido siquiera una lijerísima instruccion, se dedica a otros trabajos un poco mas llevaderos i sobre todo mas lucrativos; nos referimos a los *vendedores ambulantes*.

Vamos a presentar algunos tipos de esta clase de jente en la que se encuentra mayor intelijencia i viveza, pero tambien mayor picardia.

EL AGUATERO. — Uno de los tipos antiguos que aun quedan en Valparaiso, apesar de haber desaparecido de casi todo el resto del pais, es el aguador o *aguatero*, como se llama en chileno castizo.

El aguatero forma dos especies distintas: el de *caballo* i el de *burro*. Este, como lo indica su calificativo, conduce su mercancia sobre el lomo de un triste pollino que sufre pacientemente los zurriagazos que con una pesada huasca de cuero le aplica de vez en cuando su feroz conductor. Trabaja jeneralmente por cuenta propia i es por lo tanto mas sumiso i complaciente que el de a caballo, el cual, como depende de un patron a quien rinde las cuentas mas aguadas posible, demuestra una insolencia i mala voluntad insoportables, importándosele un bledo el perder las *caserias* antiguas e el hacerse de otras nuevas.

Ambos conducen el agua a domicilio desde las escasas quebradas de la ciudad. La llevan en dos barriles pequeños colocados uno a cada lado del lomo de la bestia i reposando sobre un lijero aparato de madera.

EL MOTERO. — El grito del motero anuncia la entrada del verano, época en que principia sus ventas. ¿En qué se ocupa el motero durante el invierno? Nadie lo sabe; pero el caso es que durante la estacion calurosa se le oye por las calles vendiendo *huesillos* i *mote fresquito*, porque ninguno se contenta con vender mote solo.

¿Qué es *mote?* preguntará el europeo. Ni mas ni menos que trigo hervido en lejia, la que por su fortaleza i la ayuda del fuego hace soltar su vestimenta al grano, i luego lavado varias veces en agua, para que suelte el sabor de la lejia que nunca pierde del todo. La medida que usa el motero es una taza grande de loza cuyo justo precio es un *cuartillo* (3 centavos), i la cual llena de agua que siempre lleva consigo en un cántaro de barro.

Por lo que toca a los *huesillos*, son simplemente duraznos secos i cocidos, a los que suelen agregarle *harina tostada*.

EL LECHERO. — Este es el empleado de una hacienda próxima al punto de espendio i encargado de hacer el reparto de la leche en sus diferentes *caserias*. Sale del fundo antes de aclarar para llegar a la ciudad a una hora competente de la mañana, i como la mayor parte de los vendedores que dependen de un patron, hacen sus trampas i diabluras. Ya que no puede guardarse una parte de la venta, por recibir la leche medida, recurre al medio de aumentar la cantidad bautizándola con agua. El lechero ambulante principia a escasear, dando lugar a los puestos de lecheria que los hacendados dedicados a este negocio, tienen establecidos en el centro de cada poblacion.

EL HELADERO. — El heladero anda hasta tarde de la noche con el cubo a la cabeza pregonando la clase de helados, en un lenguaje que ni el mas versado en el quichua podria entender. Cuando los helados son de canela grita: « elao cantao » si de leche: « de leit bien elao » i así por el estilo.

El heladero reviste jeneralmente dos caracteres: de noche el de heladero i de dia el de *dulcero*.

EL FALTE. — EL PUESTO DE LICOR. — El *falte* es el vendedor ambulante de articulos de costura. Este tipo principia a desaparecer de los centros principales de comercio en fuerza del considerable incremento de las pequeñas tiendas que se han estendido hasta por los barrios mas apartados de cada ciudad. Pero como todavia vive en algunas poblaciones de provincia, le dedicaremos cuatro palabras.

El falte constituye una tienda de trapos en movimiento. Ademas del muchacho que jeneralmente le sigue con una enorme canasta a la cabeza, cargada de cuantos artículos pudiera necesitar una mujer, lleva él colgadas una en cada hombro, dos cajas planas cubiertas de vidrio en las que van los articulos menudos de costura. En la cabeza se coloca uno dentro del otro, varios sombreros de *pita* (paja) i en las manos, para no dejarlas ociosas, lleva un acordion que toca de vez en cuando como para anunciar su presencia. Unas zapatillas de *orillo* completan su atavio. Pregona sus mercancias con, un grito peculiar de *«cos tiend»* (cosas de tienda), que repite el muchacho con su voz de tiple.

El grabado de la página 479, copia de un cuadro del Sr. Caro, representa a un pobre falte que ha tenido la desgracia de entrar en un *puesto de licor*, cuyos moradores acaba-

El aguatero.

rán por desbalijarlo a la vista i paciencia de la dueño de casa que mira complacida el arte que su niña desplega en sustraer una pieza de cinta, i del carretonero que, empinando el vaso de chicha, se dirije en ese momento a un compañero suyo invitándolo a echar un trago.

Esto es llevar la exajeracion hasta el último estremo. Convenimos en el hecho de que nuestro pueblo sea inclinado al robo, pero no de la manera descarada como lo hace pensar el autor del cuadro, dando así una tristísima e inexacta idea de la relajacion de sus costumbres. Una cosa es el robo i otra el cinismo del robo.

Hecha esta lijera protesta en obsequio de la moralidad de nuestro pueblo, que no ha perdido del todo apesar de sus vicios, seguiremos adelante en nuestra tarea.

Este cuadro manifiesta con entera verdad la manera como vive nuestro pueblo bajo. Un cuarto llamado *redondo*, porque no tiene mas que sus cuatro paredes i una sola puerta, la de calle, sirve a la familia, a veces numerosa que vive en él, de dormitorio, de comedor, de sala de recibo i hasta de *puesto de licor*, cuando sus recursos le permiten plantear esta industria, una de las pocas que está a su alcance por el escaso capital de que necesita; unas cuantas botellas de aguardiente *anisado*, otras tantas de cerveza i una o dos de *mistela*, forman los artículos de venta colocados en un mugriento escaparate en el que nunca falta la *patente* oficial pegada en el fondo, como protejiendo la industria, i las ventas al *fiado* rayadas con tiza en la parte mas visible del estante, · o de la pared.

Por lo que respecta al ajuar interior, este se reduce a una mesa de tres piés apo- · yada contra la pared i a una sola cama en la que se acuesta la madre, la hija i los niños, cruzados en todas direcciones.

Los adornos de las paredes son indefectiblemente los mismos en todas las viviendas de los pobres: unas cuantas imájenes de santos i una palma bendita atada a la cabecera del catre. Segun dijimos anteriormente, a esta palma atribuyen innumerables virtudes, como la de aplacar la fuerza de los temblores i otras mas sorprendentes, lo que da una prueba de la ignorante supersticion de la parte femenina de nuestro pueblo.

El hacendado.

A todo señor todo honor.

Antes de internarnos en pleno campo i de bosquejar sus tipos i costumbres mas curiosas, nos permitiremos dedicar cuatro palabras a *Su Merced*, es decir, al amo, al patron, al *semi-Dios*, dueño de la hacienda i de la voluntad de sus fieles vasallos.

Pero téngase presente que vamos a hablar del verdadero hacendado, del hombre de campo, viejo i rutinero i no del agricultor moderno, cuyo espiritu de empresa principia a introducir en los trabajos agricolas una completa transformacion.

Por lo jeneral, el hacendado es en sus tierras, lo que el señor feudal en la edad-media; pero un señor ignorante, brusco, rutinero, que no comprende muchas veces ni aun sus propios intereses i que no tiene mas empeño que el de aumentar su especulacion con el menor costo posible.

El hacendado vive en su fundo sin comodidad alguna, muchas veces sin decencia i por solo el tiempo que duran las faenas agricolas, que consisten en la *siembra* i la *cosecha*. En el resto del año se retira a las ciudades o a los centros comerciales, en busca de una colocacion para sus productos. El se encarga personalmente de la venta de sus frutos, i una vez conseguido, se retira a la hacienda para ordenar los trabajos de la próxima cosecha. Estos corren a cargo de los mayordomos bajo su inmediata vijilancia i son ejecutados por los peones e *inquilinos*, de que nos ocuparemos luego.

Madruga casi siempre, porque el dia agricola principia con la aurora i termina a la caida del sol. Se preocupa esclusivamente de sus intereses o de sus esperanzas i proyectos, i su carácter haciéndose calculador i desconfiado, concluye por volverse egoista i muchas veces avaro e insensible. La lentitud de los progresos de su haber, las dificultades que tiene que vencer continuamente i la falta de una sociedad ilustrada, contribuyen poderosamente a dar a su fisonomia un carácter indefinible, bajo el cual cree uno descubrir al comerciante, al empresario, al aventurero, al hombre que vacila siempre, que no está tranquilo jamás.

Al reves de los trabajadores del mar, los de la tierra no se distinguen por un grande amor a la libertad, ni por el celo e intrepidez para defender sus fueros i derechos, no siempre bien comprendidos. Víctimas continuamente del capricho de las autoridades locales, se habituan al abuso i lo soportan con la misma indiferencia con que ellos tambien lo practican. No pueden huir de las persecuciones i las toleran; no saben defender

El motero.

sus derechos, i los abandonan. Por eso es que los malos gobernantes hacen siempre entre los agricultores el mayor número de sus víctimas.

Se ha hablado mucho de la poesia del campo, de los grandes i misteriosos encantos de la vida campestre. Se ha llegado hasta asegurar que un miserable pastorcillo es el mortal mas feliz del mundo!

Error! la poesia del campo desaparece completamente para los que solo se ocupan de esplotarlo. En el amor interesado i egoista siempre sediento de un lucro mayor no cabe poesia de ningun jénero. El hacendado ve salir el sol con zozobra porque teme que alguna nube venga a interponerse entre él i sus sembrados; ve aparecer las lluvias con una zozobra todavia mayor, porque teme siempre, porque nunca deja de temer algo.

A él nada le importa que el cielo esté puro, la onda clara, el aire perfumado i que las aves canten armoniosamente. Lo único que le interesa i preocupa es que ni el cielo, ni la onda, ni el aire, ni las aves hagan daño a sus sementeras i collados. Lo demas es pedir gollerias !

Los huasos. — El inquilino.

Puesto que nos encontramos en pleno campo, dirijiremos una rápida hojeada sobre las costumbres de sus moradores i trataremos de bosquejar algunos de sus tipos, cuya fisonomia nada ha perdido de su romántica i salvaje espresion, a pesar de que el progreso con sus leyes rejeneradoras ha principiado a invadir hasta el último rincon de las estancias mas apartadas.

La raza que puebla nuestros campos, los llamados *huasos,* es la nacion primitiva ; apenas si tiene en sus venas una décima parte de sangre europea. Forma dos categorias distintas : el peon i el inquilino. El primero es un empleado a sueldo que se toma a tarea o por dia, dedicando todo su tiempo a los trabajos que se le encomiendan. El segundo, el huaso, es un verdadero siervo del sistema feudal; todo él, su familia, sus haberes, dependen del *patron.*

El inquilino que ha logrado adquirir cierta posicion independiente, paga de su propio peculio un reemplazante encargado de todos los trabajos que él está obligado a realizar. Pero como son mui pocos los que se encuentran en este caso, nos ocuparemos solo del tipo mas jeneral : el inquilino pobre i mise... ble. Estos viven en ranchos construidos por ellos mismos, o en casitas de mejor apariencia los que han logrado hacerse de algunos recursos, formando de esta manera una pequeña poblacion diseminada en los campos de la hacienda i comunicados entre sí. Alli habitan con sus familias, a las que obligan a perpetuar la vida que ellos llevan, comunicándoles sus costumbres i sus vicios. De aqui proviene que las familias de los inquilinos, por lo jeneral, permanecen al servicio del mismo fundo de jeneracion en jeneracion, a pesar del mal trato que pudieran recibir i de los abusos que con ellos se cometieren.

La vida de estos parias del campo seria en estremo miserable i penosa, si no nacieran con el hábito de la miseria i el trabajo. No conociendo otra clase de existencia, están siempre contentos, ocupándose de sus pesadas faenas con la neglijencia del que nada tiene que esperar ni nada que perder. Convencidos de su nulidad, se someten gustosos a las mas duras exijencias i no se permiten jamas la libertad de murmurar contra el patron, sino allá en el seno de la mas intima confianza.

La fortuna del inquilino se reduce casi siempre a su caballo, al que cuida con una especie de idolatría, i al pequeño producto que obtiene de las dos o tres cuadras de tierra que puede haberle prestado el patron si su conducta le ha hecho acreedor a este regalo. En sus tierras cosecha legumbres i hortalizas i se forma asi un pequeño recurso para el invierno, que es la temporada mas penosa i triste de la existencia del campo.

Por lo demas, la vida del inquilino es sóbria, i su persona en estremo fuerte para soportar sin detrimento las fatigas del trabajo i los rigores de todas las estaciones. En las provincias del Sur el inquilino es mucho mas rústico que en los valles centrales, mucho mas ignorante, mas sumiso i mas *animalizado* si asi podemos expresarnos, pero tambien es mas vigoroso i trabajador a pesar de que gana menos i de que vive peor.

El vaquero i su caballo. — El rodeo. — El apartado.

I.

Ya hemos visto al huaso en su rol de inquilino. Sigamosle ahora en las diferentes faenas que exije de él la hacienda a que está ligado.

Todos los años tiene lugar en las grandes haciendas una caza singular, caza salvaje, en la que el huaso, bajo el titulo de *vaquero*, demuestra una fuerza, una enerjia i una habilidad dignas de admiracion.

Hablamos de el *rodeo*.

El rodeo tiene por objeto descender a las llanuras i potreros de la costa, el ganado mayor que durante la estacion de los frios ha permanecido al abrigo de las *invernadas* de la Cordillera, donde aqnel no es tan intenso i donde el pasto no falta nunca. Esta operacion es ejecutada a principios de la primavera por los *vaqueros* de la hacienda, hombres singulares, leales, valientes i dotados de una fuerza i resistencia sorprendentes. Vestidos de una chaqueta i pantalon de cuero, para resguardarse contra las espinas de los zarzales, cubiertas las cabezas de un enorme sombrero de lana de inmensas alas, armadas sus botas de espuelas jigantescas, i encajonados en la nube de pellones que cubre la silla de sus cabalgaduras, se internan en los mas profundo de las tupidas gargantas de la cordillera. Llegada a cierto punto determinado, la banda de vaqueros se dispersa i cada uno penetra hácia el paraje que le ha sido señalado de antemano por el *capataz*, jefe de la escursion.

Desde ese momento i durante varios dias, los ecos de las montañas repiten los mujidos de los millares de animales que, sorprendidos en medio de la salvaje soledad en que han nacido, se resisten a obedecer una voluntad que desconocen. Aqui principian las hazañas del vaquero. Sin mas ayuda que su caballo i su perro, ni mas arma que su fiel e implacable lazo, ejecuta prodijios de destreza i valor, persiguiendo a los toros salvajes que tratan de escapar a su terrible persecucion. Apenas vé que un toro se aparta del piño, dirije hácia él su caballo que, lijero como el rayo, salta las zanjas i los abismos i se desliza sobre el borde de los precipicios hasta que el lazo, arrojado por su amo, parte silvando i viene a enlazar las astas del toro. Entonces se detiene instantáneamente, entreabre sus piernas nerviosas i resiste a los furiosos esfuerzos de la bestia, sin que esta consiga arrastrarlo en su desesperado empuje.

Esta operacion la repite el vaquero varias veces al dia, siempre con el mismo éxito, i sin perder nunca la sangre fria i la intrepidez de que necesita. Por la noche enciende una gran fogata que indica a sus compañeros el lugar a que ha descendido arriando e enorme piño de ganado, toma una cena frugal compuesta esclusivamente de harina tostada que lleva en sus alforjas, i se acuesta tranquilamente sobre los pellones que constituyen su montura.

II.

Antes de continuar en la descripcion de las costumbres del campo, dedicaremos cuatro palabras al cáballo chileno, cuyo brio i resistencia hemos admirado ya en el rodeo.

El lechero.

De oríjen mitad árabe, mitad andaluz, el caballo chileno se ha modificado admirablemente bajo nuestro clima. Sin perder la elasticidad del primero ni el fuego del segundo, ha adquirido el vigor del caballo normando. Hace tiempo lo hemos visto emprender jornadas de treinta leguas, cuando los coches de Vigouroux hacian la carrera diaria entre Valparaiso i Santiago. Continuamente lo vemos en los campos, en nuestras calles, arrastrando enormes i pesados carretones.

A esta fuerza prodijiosa que no revela su talla pequeña ni su endeble apariencia, une una gracia peculiar i unos contornos perfectos. De pecho ancho, cuello encorvado i anca redonda, hai caballos de *brazo* que en su marcha noble i acompasada hieren los estribos del jinete al sacar las patas delanteras, al mismo tiempo que con su cabeza fina i pequeña, hacen los movimientos mas graciosos.

Los hai tambien de *paso* i de *marcha*. Los primeros, preferidos por las damas, avanzan rápidamente con un curioso movimiento de piernas que parece van nadando. Los segundos, los mas comunes, son los verdaderos caballos de campo; no tienen la elegancia de los que acabamos de mencionar, pero en cambio poseen la resistencia i la costumbre de un trabajo rudo i penoso.

Para domar un caballo, no se conoce entre nosotros mas sistema que la fuerza bruta, en que el lazo desempeña como siempre, el papel principal. Cuando el potrillo alcanza los tres años, se le arranca de entre los inmensos potreros en que se ha criado salvaje, se le arroja por tierra con ayuda del lazo, se le venda los ojos, se le ensilla lijeramente, un huaso se coloca sobre su lomo i se le deja escapar. El animal, irritado i furioso al sentir sobre sus espaldas un peso inusitado, se lanza a escape, se entrega a mil furiosas contorsiones a fin de desembarazarse del osado jinete, hasta que, jadeante i estropeado, se rinde ante el poder i la voluntad de su nuevo amo.

Los arreos del caballo de campo son peculiares i por demas curiosos. Por lo pronto, el freno, es de lo mas primitivo i brutal; un enorme trozo de hierro tosco, cuyo centro arqueado viene a apoyarse sobre el paladar del animal, hace que este pueda ser manejado hasta por un niño, tal es la facilidad i destreza con que el dolor le hace jirar en todos sentidos i detenerse instantáneamente en medio de la mas violenta carrera. Esto esplica los *dibujos* que los huasos acostumbran hacer sobre sus caballos.

.Por lo que toca a la *montura,* no es menos original. Se principia por colocarle uno sobre otro media docena de cueros llamados *sudaderos;* sigue la *enjalma,* armazon de madera cubierta de cuero, i sobre ella continúa otra série de cueros de cordero llamados *pellones,* perfectamente iguales en tamaño i cuyo número varia entre seis i doce. De la enjalma cuelgan dos estribos de madera inmensamente grandes i cuyo peso no bajará de veinte libras, i en la parte posterior. de la misma, se encuentran la *alforja* i el inseparable lazo. Agréguese a esto un enorme machete medio oculto entre los pellones en su vaina de cuero, i se tendrá una idea exacta de los arreos del caballo de campo, cuyo salvaje atavio viene a cómpletar la marcial apostura del huaso, con el poncho neglijentemente echado sobre el hombro i calzadas sus enormes espuelas de inmensas rodajas.

El heladero.

III.

Tan pronto como ha descendido al llano la inmensa masa de ganado, arreada simultáneamente por todos los vaqueros, se la encierra en corrales hechos a la lijera. Aqui tiene lugar el rodeo propiamente dicho, verdadero acontecimiento en la vida del campo, fiesta de inmenso atractivo, a la que asisten todos los inquilinos con sus familias, los vaqueros de las haciendas vecinas i algunas veces el *patron,* entidad sagrada i augusta para aquella jente siempre humilde i leal, en medio de las privaciones de su vida salvaje.

Una vez el ganado dentro de los corrales, se procede a la *aparta,* que consiste en separar los animales en grupos distintos, segun el uso a que se les destina. Los vaqueros, montados en sus mejores caballos i armados de un pequeño chuzo, penetran en el corral, se abren paso por entre la masa compacta i mujiente hasta llegar cada uno de ellos al costado del animal que le ha sido designado de antemano. Clava sobre su espalda la punta del chuzo, i con sus gritos i su caballo, diestro en la maniobra, le hace seguir a escape el camino del corral destinado a ese grupo, sin apartársele un instante del lado, en lo que consiste la verdadera habilidad del jinete. Los vaqueros de

las haciendas vecinas, venidos en busca de sus animales perdidos, los cuales recono.
cen entre mil al primer golpe de vista, no tanto por la marca de la hacienda como por
el *pelo*, ejecutan la misma operacion, siempre con una habilidad i un éxito idénticos.

Uno de los grupos que se aparta de la masa comun es formado por los animales na.
cidos durante la invernada, los cuales necesitan ser marcados a fuego con la marca de
la hacienda. Una vez que el vaquero ha conducido a su victima hasta la puerta del cor.
ral, los huasos que la guardan la dejan salir, para precipitarse en seguida sobre ella
haciendo jirar sus terribles lazos. Segundos despues el toruno, que ha creido conquistar
su libertad perdida, se ve repentinamente detenido en su carrera i aprisionado entre
los nudos corredizos de varios lazos
que, estirándose al mismo tiempo, lo arrojan por tierra privado de todo conocimiento.

El frutero.

Antes de que la pobre bestia pueda
volver en si de tan brusca acometida, el
capataz aplica sobre una de sus ancas un
fierro incandescente que le quema las
carnes i le deja estampada para siempre
la marca de la hacienda en que ha nacido. Todo esto se hace en menos tiempo
del empleado en describirlo.

Los gritos peculiares de los vaqueros,
el galope de los caballos, el ladrido de
los perros, el mujido de los toros i las
carcajadas i aclamaciones de los espectadores que aplauden las frecuentes hazañas de los jinetes, forman un curioso
concierto, digna orquesta de las monta-
ñas que los ecos repiten sorprendidos, i cuyos salvajes acordes vibran agradablemente
en el corazon de aquellos rudos soldados de la naturaleza.

La matanza.

En el rodeo, que acabamos de describir, se ha hecho tambien el apartado de los
animales destinados a la *matanza*, operacion que se efectúa por los meses de enero i
febrero, despues de tres o cuatro que han permanecido en la *encierra*, o sea en los po.
treros de la hacienda.

Los animales son conducidos por pequeñas partidas de cincuenta a sesenta, a un
corral abierto preparado espresamente, donde permanecen dos dias sin comer.

El dia de la matanza, tan pronto como aparece el sol, el corral se ve rodeado de
huasos a caballo armados de su correspondiente lazo. Se trata de derribar cada ani.

mal como acabamos de describirlo en la operacion de la *marca*, a medida que van saliendo del corral, impelidos unó a uno por el huaso armado del chuzo.

Una vez por tierra, el *matancero* se apodera de él ayudado de varios muchachos, le amarra sólidamente las cuatro patas i le hunde el cuchillo en la garganta. Cuando el animal ha desangrado completamente, es conducido por una yunta de bueyes a la ramada de matanza, donde se le beneficia de la manera mas primitiva i con una destreza i prontitud asombrosas.

Cada matancero en dos dias i con dos ayudantes, jeneralmente muchachos, beneficia tres animales. El beneficio consiste en cortar la carne en largas tiras delgadas i anchas, i en separar la grasa de la gordura de las entrañas, destinada a hacer el sebo. Este es purificado en seguida ; la grasa es derretida en grandes calderos i vaciada en el vientre de cada animal preparado de antemano. Los cueros son estendidos i clavados en el suelo hasta que se secan completamente, i por último, las lonjas de carne convertidas en *charqui* mediante una esposicion de tres o cuatro dias al sol, son aprensadas hasta formar lios de dos quintales de peso, i embaladas en redes formadas de tiras de cuero.

Tales son los procedimientos empleados en el beneficio de los animales, tanto en las grandes haciendas como en los fundos mas pequeños.

La trilla.

Ya que felizmente hemos concluido nuestra cosecha de grasa, sebo i charqui, nos ocuparemos de la otra gran cosecha del campo : la *trilla*.

Desde hace pocos años se efectúa en la agricultura chilena un verdadero trastorno. Especialmente desde 1869, en que tuvo lugar la Esposicion nacional, se ha introducido en la cultura de nuestros campos una multitud de máquinas cuya existencia era antes ignorada por nuestros agricultores i ante cuyos sorprendentes resultados van desapareciendo gradualmente los procedimientos añejos i rutineros que nos legaron nuestros mayores.

Pero este sensible progreso en la cultura i beneficio de nuestros campos, está todavia mui lejos de jeneralizarse hasta el estremo de desterrar los procedimientos actuales. El rodeo, la matanza i la trilla, asi como el vaquero i su lazo, vivirán todavia largos años antes que el elemento civilizador venga a imponernos su lei implacable. Ese dia habremos dado un gran paso en el sentido del acrecentamiento del principal ramo de nuestra riqueza, pero... habremos perdido al mismo tiempo, uno de los espectáculos mas sublimes i caracteristicos de la vida campestre.

La *trilla* es otro de los grandes acontecimientos del campo. Asisten a ella todos los inquilinos de la hacienda i sus numerosos convidados, quienes toman tambien una parte activa en los trabajos, con tal de participar de las frecuentes libaciones que la liberalidad del patron acostumbra proporcionarles.

La cosecha de los granos tiene lugar en enero i febrero. A medida que los segadores van concluyendo sus *tareas*, con una lijereza i habilidad sorprendentes, se conduce a la *era* las gavillas que ellos mismos han preparado. La era consiste en un gran circulo formado por una cerca de ramaje de una vara de altura, i cuyo piso ha sido nivelado i preparado de antemano. En el centro de la era se forma una elevada montaña de gavillas, dejando entre ella i el borde de la cerca el suficiente espacio para la libre circulacion de las numerosas máquinas de cuatro patas encargadas de separar el grano de la espiga. Para esta operacion se destinan de cuatrocientas a quinientas yeguas que

El uvero.

se alquilan con este solo objeto, si la hacienda no posee el número necesario, o se obtienen *prestadas*, cosa mui natural i acostumbrada en esta tierra de préstamos i recados.

Despues de dividida la partida de yeguas en cuatro grupos iguales, destinados a alternarse de media en media hora, se introduce en la era el primer grupo arreado por uno o mas inquilinos, perfectamente montados. Al grito de partida lanzado por el *yeguarizo*, que se encuentra sobre la cúspide de la montaña de gavillas, se lanza al galope la manada de yeguas, escitada por los gritos de los huasos que rodean la era i medio cegada por la nube de fragmentos de paja que levanta en su desordenada carrera. Despues de cierto número de vueltas calculadas por el yeguarizo, se las hace jirar en sentido contrario, cuidando siempre de arrojar sobre su camino nuevos atados de gavillas. Por lo jeneral, una trilla de mil hectólitros necesita tres dias de trabajo, que son otros tantos de fiesta para los que en ella toman parte.

Una vez el grano desprendido de la espiga, se procede a su separacion. Para el efecto, los mismos inquilinos forman grandes pilas en que el grano se encuentra mezclado con la paja picada, i con sus *orquetas*, especie de grandes tenedores de tres dientes, se ocupan durante veinte o mas dias en *aventar* el grano, o sea en arrojarlo al aire, de manera que la paja, arrastrada por el viento, va a caer a algunos pasos de distancia del obrero, mientras que el grano, por su propio peso, cae a sus piés. Sobre el terreno mismo se guarda el grano en sacos marcados con la marca de la hacienda i se envia al mercado.

Tales son los medios de cosecha adoptados en casi todas nuestras haciendas, esceptuando unas pocas que, como ya lo hemos dicho, hacen uso de las trilladoras mecánicas i otras máquinas agrícolas, destinadas a reemplazar el trabajo manual. Como se vé, todo es allí primitivo, desde el arado conducido por el paso lento de los bueyes, hasta el hombre mismo. I al admirar el trabajo que éste efectúa en medio de su completa ignorancia, aislado en las inmensas llanuras de los Andes, cuyas nevadas cumbres se

El *falle* en un puesto de licor. (Cuadro de D. M. A. Caro.)

mantienen siempre a la vista del chileno, no podemos menos de rendir homenaje a la naturaleza i mirar con cierto desden la civilizacion i las artes !

El arriero.

Este tipo peculiar de nuestros campos va estinguiéndose a medida que el ferrocarril penetra en el corazon de nuestro territorio, poniendo en inmediato contacto a los pueblos mas apartados.

Sin embargo, el arriero existe todavia i existirá por mucho tiempo. Regularmente va montado en una mula, consistiendo su oficio en transportar de un lugar a otro cargas de trigo, cebada, frejoles u otros frutos del pais, a lomo de cierto número de mulas que va arreando sin cesar. Estos animales están tan acostumbrádos a obedecer la voz del arriero acompañada de enérjicas interjecciones, que seria imposible hacerlas andar de otro modo.

Despues de los bueyes, las mulas son los animales mas útiles para nuestros agricultores. Se las ensilla con un enorme *aparejo*, que pesa por lo menos ochenta libras ; sobre él se les coloca una carga de tres quintales, la mitad sobre cada costado, i se les hace emprender jornadas de siete a diez leguas. Emprenden la marcha al aclarar el dia i concluyen la jornada sin perder un instante su aire desembarazado i gallardo, i sin

El plumerero.

importárseles un bledo el mal camino, el frio, el calor o la falta de alimento ; pero una vez que el sol principia a desaparecer en el horizonte, detienen su marcha, no dan un paso mas, i por buenas o por malas, se las debe desembarazar de la carga hasta el dia siguiente, en que repiten la misma jornada sin demostrar la menor fatiga.

Jeneralmente marchan por *tropas* de dos a trescientas al mando de un *capataz*. Cada tropa está dividida en *piaras* de diez mulas a cargo de otros tantos arrieros. A la cabeza de la tropa marcha siempre la *madrina* con una campanilla (*cencerro*) atada al pescuezo. La madrina, puede decirse, es la madre querida de todos esos animales sin familia, pues la revelan constantemente su cariño, siguiéndola siempre mientras oyen el sonido de la campanilla.

El arriero es siempre robusto i de fuerzas atléticas que demuestra amenudo, izando los pesados costales sobre el lomo de sus mulas. Tiene un conocimiento especial para distinguir su piara entre las cuatrocientas o quinientas que forman la tropa, pues para él existe una notable diferencia de *pelo* entre sus mulas i las demas.

El arriero, asi como el vaquero, por encontrarse sin duda mas independiente i mas intimamente ligado a la naturaleza, posee cierta altivez i cierta enerjía moral que se revela hasta en su fisonomia, mientras que el inquilino, avasallado bajo una voluntad casi siempre despótica, demuestra una humildad rastrera i un alma pequeña.

La Noche Buena.

I.

Estamos a 24 de diciembre, aniversario del nacimiento del Hijo de Dios.

Toda la ciudad de Santiago se encuentra en movimiento. Ricos i pobres, señoras i

El hacendado.

sirvientas, oficinistas i tenderos, todos en una palabra, se hallan preocupados de cómo irán a pasar esa noche que la iglesia llama *buena*, i que Larra llamó tan mala como una noche de infierno.

El señorio hace sus preparativos; se come mas temprano, i las muchachas han permanecido sin vestirse ni lavarse hasta las cuatro de la tarde. Muchas de ellas en *papillotes* i desceñidas las batas, pasan de carrera por los patios i corredores de las casas para evitar alguna mirada furtiva que pueda hallarlas menos *comme il faut* que de costumbre.

El *medio pelo* está mas animado, mas gozoso; se ha hecho grandes aprestos para la trasnochada.

Las hijas han pedido vestido a sus madres, i éstas han sacado los cortes *al fiado*, obligándose a dar *un tanto* todos los meses. Por de contado, una semana antes de que Cristo venga al mundo, no hai una pollita de esas de calle atravesada o de casita chica, que no haya trabajado cosiendo o bordando hasta el amanecer.

La *gracia*, dicen las madres de estas palomitas, « está en que las niñas puedan lucir sus vestidos nuevos en la Cañada i que nosotras podamos tambien sacar algo que nadie nos haya visto.»

II.

Son las ocho de la noche.

La Cañada presenta el alegre aspecto de una inmensa feria. En una estension de por lo menos tres millas, limitada al Oriente por el convento del Carmen alto i al Poniente por la estacion del ferrocarril, bulle una compacta concurrencia compuesta de todas las clases i jerarquias sociales. En las dos calles laterales de este grandioso paseo se estiende una cintura de *puestos*, ventas, ventorrillos i ramadas, que harian creer al curioso que toda una poblacion ahuyentada de sus hogares por algun terremoto o calamidad parecida, habia escojido aquel sitio como lugar preferente para sus tiendas.

El inquilino.

En cada puesto ondea al viento una bandera : el tricolor nacional está obligado a protejer siempre el harpa i la vihuela en donde quiera que haga resonar sus harmonías. Viandas de todo jénero, licores, frutas, empanaditas, dulces, flores, ramitos de albahaca, ollitas de las monjas, horchata *con malicia* (aguardiente), juguetes, i cuánto inventó la gula chilena de mas apetitoso para los blindados estómagos del pueblo soberano, forman la nomenclatura del comercio de la noche buena.

Una poblacion de quince a veinte mil almas flota a su alrededor, zumbando como las abejas en enjambre, en torno de ese lecho de dudoso perfume en que cada sentido tiene su representante i cada vicio su espresion elocuente.

« Sandillas güenas, fresquitas las sandillas ! — Ah, lorchat bien eláa ! — Al dulcer, dulcer ! — Que se acaban las empanaitas, calientita, de durce i con pasa ! » gritan a voz en cuello los vendedores.

— Ai hijita, dice a su hija una rolliza matrona de pañuelo amarillo i con un barniz de *crema* en la cara que la hace parecer un mascaron de proa, «comamos una sandillita, porque estoi que ya reviento de dar gracias a Dios con una buena rebanáa»

Una oleada de jente, oleada de pueblo soberano, en que el olor nauseabundo propio de la aglomeracion de las turbas, i los gritos de esa hidra de cien cabezas llamada alegría popular, nos separa de la matrona untada de crema.

Acerquémonos a las ramadas, vulgo *chinganas*, donde se oye el animado *tamboreo* acompañando a la vihuela i al harpa.

A su alrededor aumentan los gritos : «Punch en lech bien elao! — Calientito el

El huaso.

chocolate niñas! — Que se acaban los duraznos, mi arma!» — Una vieja con un par de muchachas del *medio pelo* colgadas a la pretina i seguida de otros tantos *siúticos*, pasa en ese momento cerca de nosotros pechando con el empuje de un toro, i entra a una ramada donde zapatea una pareja enardecida con los cantos voluptuosos i atronadores de la *zamacueca*.

Al entrar a la ramada, los dos siúticos corren a ofrecer *punche* en leche a las niñas, i éstas sin hacerse mucho de rogar, beben en un enorme vaso llamado *potrillo*, que por lo menos cincuenta habian llevado ya a la boca.

Apenas concluyen los danzantes, toma uno de los siúticos de la mano a la mejor parecida de las niñas, i se coloca a su frente en el centro de la *cancha*, con pañuelo empuñado. A los pocos segundos principia la zamacueca con un coro de palmoteos, risotadas, gritos i tamboreos:

> Tus ojos me dicen sí,
> Tu boca me dice nó;
> Entre la boca i el ojo,
> Al ojo me atengo yo.

Al llegar al *tondondoré*, la concurrencia no puede permanecer en sus asientos. Todos de pié, unos con la mano sobre la cadera, otros con un vaso de ponche i haciendo *guaraguas*, parecen querer lanzarse sobre la niña i quitársela al *futre*, el cual *escobillando* i *zapateando* con una ajilidad asombrosa, defiende a su compañera haciéndole la rueda con *hartas guaras*.

« Arrúgale negro! cometela diablo! estrújale hijito! » ahullan los mirones que forman un grupo compacto a la entrada de la ramada, i la niña i el mozo *aleonados* con los gritos, se arrugan, se estrujan i se *hacen huincha*, hasta que por fin hincando el futre la rodilla en tierra, cae esclamando : « Ai juna! de cinco tres! » con lo que se repitió el otro pié, continuando hasta el amanecer el zapateo, las tonadas, los vivas, el licor i las *pechas* de los que entraban a renovar las hazañas de sus antecesores.

Tal es la *noche buena* i tal la *zamacueca*, bailada por la jente de baja clase. Este baile, gracioso de por sí cuando es bailado con moderacion, dejenera en una torpe payasada cuando los danzantes pertenecen a la última clase del pueblo i los anima mas de lo necesario la chicha o el ponche.

La zamacueca reune al encanto de sus jiros, la gracia mas refinada en las ondulaciones del cuerpo i el manejo del pañuelo. Este es el baile del que sin disputa puede sacar mas partido un cuerpo airoso, i como la chilena lo tiene i mucho, resulta que la zamacueca es la danza que mas entusiasma a los estranjeros que lo ven por vez primera, acostumbrados como están a ver bailar por el pueblo, los mismos estirados bailes de los salones.

_____

El diez i ocho de setiembre.

I.

Si hai algun dia en que pueda verse la fisonomia de nuestro pueblo perfectamente diseñada, es en el 18 de setiembre, dia conmemorativo de nuestra independencia.

Aqui es donde puede observarse que los años pasan sin dejar una sola de sus naturales mutaciones en el espiritu de nuestras masas.

El 18 de setiembre de 1810 es el mismo que el 18 de setiembre de 1871, con los naturales cambios que imprime la civilizacion. Pero de esto no hai que admirarse : el *buei gordo* i la procesion de las *lavanderas*, son todavia para los parisienses una fiesta deliciosa, i la *verbena de San Juan* es una habitud que los españoles no han podido abandonar.

Los dias 17, 18, 19 i 20 de setiembre son pues las fiestas suprêmas para el populacho, para la clase media i aun para la alta, que pretende no entusiasmarse por glorias civicas, que solo celebran de tal manera los *pueblos bárbaros*.

A las doce del dia 17, el estruendo del cañon, el repique de las campanas i el tricolor nacional izado al frente de todos los edificios, anuncia a los hijos de Chile el aniversario del 18 de setiembre de 1810, dia memorable en que se hizo el primer esfuerzo patriótico por cimentar nuestra independencia.

II.

En este dia se celebran todas las glorias de Chile hasta el año 1826 en que terminó la guerra de la independencia con la toma de Chiloé.

La guerra de la independencia nacional puede dividirse en dos épocas : la primera principia con el combate en la plaza de Santiago el 1.º de abril de 1811, i comprende la sorpresa de Yerbas Buenas el 28 de abril de 1813, la batalla de San Cárlos el 15 de mayo del mismo año, el asalto a la plaza de Talcahuano el 29 de mayo, el sitio de Chi-

Ranchos en el campo.

llan el 26 de julio, la batalla del Roble el 17 de octubre, la batalla del Membrillar el 10 de marzo de 1814 i los pequeños combates de Yumbel, Quito, Pataguas, Tres Montes, etc., etc.. La segunda comienza con la batalla de Chacabuco el 12 de febrero de 1817 i abraza el combate de Curapaligue el 5 de abril del mismo, el de Nacimiento el 14 de mayo, la defensa de Concepcion el 15 de mayo, la toma de Carampangue el 28 de Mayo, el sitio i asalto de Talcahuano el 6 de diciembre, la gran batalla de Maipú el 5 de abril de 1818, la toma de Valdivia el 3 de febrero de 1820, los triunfos sobre Benavides el 5 i 7 de noviembre del mismo, la toma de Chiloé el 14 de enero de 1826, i los pequeños combates de Bio-Bio, San Cários, Cerrillo Verde i Saldia.

Una vez hecho este pequeño recuerdo histórico, proseguiremos en nuestra tarea de dar una rápida hojeada sobre las fiestas del diez i ocho.

III.

Los dias 17 i 18 están consagrados a las fiestas populares dentro del recinto de la ciudad, paseo en la Cañada por la *jente decente*, misa de gracias con asistencia del presidente i del cuerpo diplomático estranjero, banquete oficial en el palacio del Gobierno en el cual se pronuncian brindis entusiastas en que resaltan las palabras «Independencia, Libertad» i otras cosas mui bonitas. Por la noche fuegos artificiales en la plaza de Armas, preparados por el pirotécnico Mr. Pierau, i funcion teatral que principia con el himno patriótico nacional, escuchado de pié por todos los concurrentes i saludado con un entusiasta «Viva Chile».

Por la noche, las calles de la ciudad presentan un aspecto de animadísima alegría. Todas las casas, en cuyo frente flamea el pabellon nacional, ostentan lujosas *luminarias*, algunas de gas, formando adornos alegóricos i letreros alusivos al dia; otras de *farolitos chinescos* de caprichosos i variados colores, i muchas de faroles de *parafina*, o de humildes velas.

Familia del campo.

Pero lo cierto es que esta profusa iluminacion a *giorno*, unida a la hermosa decoracion de la plaza de Armas, centro de la diversion popular, en la cual brilla una compacta concurrencia de pueblo i medio pelo, presenta un golpe de vista en estremo pintoresco i animado. Como es de cajón, las ramadas figuran en primera línea i los aires de la zamacueca que salen de su interior, vienen a estrellarse contra los acordes de la música tocada constantemente por varias bandas instaladas en la misma plaza.

Si estos dias son de libertad absoluta i de regocijo universal, el diez i nueve, que se llama de la *pampa*, es verdaderamente de alegría matadora.

El Campo de Marte es un inmenso campamento todavía mas pintorescamente adornado que las calles de la Alameda en la Noche buena. Una poblacion, lo menos de cincuenta mil almas, se rebulle i codea en aquella inmensa sábana de verdura. Los cantos de las chinganas ambulantes, los gritos entusiastas de las ramadas, los bailes animadores, las descargas producidas por los ejercicios de fuego ejecutados por las tropas cívicas i los rejimientos de línea residentes en la capital; todo esto, i a mas la algazara que lleva consigo cada carreta, cada carreton i los mil otros indescriptibles vehículos que van a aquel *pandemonium* a aumentar el delirio universal, no puede menos de ser motivo de admiracion para el estranjero, de estudio para el filósofo i de inesplicable contento para el que está acostumbrado a ver desde sus primeros años semejante espectáculo.

IV.

El paseo de la aristocracia a la pampa, ha perdido en el dia ese sabor característico de intima confianza que hasta no hace mucho, constituia uno de sus mayores atractivos. Antes, las familias de la alta clase daban a esta escursion el carácter de un paseo campestre. Al efecto, hacian preparar la mejor carreta de sus haciendas, la engalanaban con cortinajes, banderas i almohadones i emprendian la marcha hácia la

El arriero.

pampa al paso lento de los bueyes, i entretenidas al ver las *pechadas* con que los jóvenes, vestidos de huaso i bien montados, se empeñaban en conquistar el puesto de honor en la *culata* de la carreta. Despues de dar una vuelta por el campo, se detenian en un sitio apartado del tráfico, estendian sus alfombras sobre la verde campiña i principiaban el ataque a los fiambres i licores que traian preparados, reinando por supuesto la mas cordial confianza i alegria entre todos los concurrentes.

Grupos como éste se encontraban a cada paso, formando el conjunto mas pintoresco i animado.

Hoi, el paseo a la pampa está revestido de toda la gravedad i estiramiento que le imprime la moda i la civilizacion. Las familias asisten a él como asisten las parisienses al *Bosque de Boulogne* o a los *Campos Eliseos*. Los caleches, los cupés, las berlinas, los landós, las victorias i cuanta forma de rodado inventó la moda, se cruzan por centenares, conduciendo sobre sus mullidos cojines las aristocráticas beldades de nuestra sociedad. Los jóvenes, caballeros en briosos potros de rizada *chasca*, lucen la proverbial elegancia i destreza del jinete chileno, haciendo mil cabriolas alrededor de los carruajes que conducen a sus amigas.

La moda del dia consiste en llegar tarde i retirarse temprano; llegar cuando ha principiado el ejercicio de los batallones i retirarse antes que concluya. En esto tienen razon, puesto que se trata nada menos que de obtener un buen lugar a orillas del paseo central de la cañada, por donde desfilan las tropas.

Aqui principia para los que no toman una parte activa en las diversiones, lo mas interesante del programa del dia. La *vuelta de la pampa* es digna de ser vista. Soldados cubiertos de polvo, muchos de ellos adornadas de albahaca las orejas i dando traspiés fuera de ordenanza, mil i mil briosos caballos viniendo a estrellarse, en medio de la grita i pecha de sus jinetes, a pocos pasos de los carruajes que contemplan el desfile; las *chinas* todas *cucarras* abrazadas de sus amantes, la poblacion entera, llena toda de entusiasmo que exaspera a cada instante los sones de la Cancion Nacional; todo esto, decimos, no puede morir en el corazon de un chileno, i le hará todos los años esperar con verdadero deseo, la llegada del 18 de setiembre.

Conclusion.

Tal es el panorama de nuestro Chile, visto a la luz de su esplendente sol.

Su diseño es grandioso, su conjunto encantador; pero falta algo para que todo esto forme un cuadro acabado a los ojos del viajero i del historiador, falta, digámoslo de una vez, la cultura, o mejor, ese barniz que dulcifica las asperezas de las costumbres, que esmalta las sombrias i angulosas facciones de un pueblo que aun no está completamente formado.

Chile, visto bajo el aspecto de su civilizacion, no puede ser sino aplaudido; en trescientos años de vida, no se puede aprender ni hacer mas de lo que él ha hecho i aprendido.

Pero por lo que respecta a cultura, a pulimento, a buen gusto, ya lo hemos dicho, nos falta mucho todavia para que podamos pretender ser jueces en cuestiones de belleza i ascendrada elegancia.

La vida fisiolójica de los pueblos se compone de periodos semejantes a la del individuo: en el primero, qué es el de la infancia, se nutre; en el segundo, que es la juventud, ejecuta i comunica la vida que ha recibido de la naturaleza: en el tercero, reposa de sus fatigas.

Lejos estamos todavia de este último tramo de la escala social; pero llegaremos alli. Nuestra virilidad es robusta, la sávia de nuestro carácter vigorosa i la esperanza es no menos grande que el corazon que la alienta.

¡Dichoso Chile, si en el porvenir lo empuja el mismo espíritu que lo ha movido desde los primeros inciertos pasos de su niñez!

FIN.

INDICE JENERAL.

PROVINCIA DE SANTIAGO.

SANTIAGO.

PROVINCIA DE VALPARAISO.

VALPARAISO.

INDICE.

PROVINCIA DE TALCA.

TALCA.

PROVINCIA DEL MAULE.

PROVINCIA DE ÑUBLE.

CHILLAN.

PROVINCIA DE CONCEPCION.

TIPOS I COSTUMBRES NACIONALES.

FIN DEL INDICE.

FÉ DE ERRATAS.

Páj.	Línea.	Dice :	Léase :
120	11	Vista de al bahía.	Vista de la bahía.
227	5 i 6	ninguna jente	ningun ajente.
id.	31 i 32	cercanias	serranías.
233	15	consecuncias	consecuencias.
234	13	que llama *quebrar*	que se llama *quebrar*.
239	20	espedida en	espendida en.
257	3	Garómetro	Gazómetro.
267	10	gaiones	galones.
269	14	de fierro fundidos, en el establecimiento	de fierro, fundidos en el establecimiento.
296	18 i 19	de guarnia	de guardia.
305	9	CAUQUENES. — Iglesia matriz.	PARRAL. — Iglesia matriz.
312	9	Plaza de la IndependenciaIglesia o Matriz.	Plaza de la Independencia e Iglesia Matriz.
329	28	dor el	por el.
337	31	aisladas	asiladas.
352	23 i 24	aun- no puede menos de augurar que lenta, un	aun- que lenta, no puede menos de augurar un
357	14	*Araucania imbricata.*	*Araucaria imbricata.*
362	12	hohueras	hogueras.
366	18	sus numerosos	los numerosos.
367	10	de 6 altura i diámetro	de altura i 6 de diámetro.
380	23	a misma	la misma.
390	36	thablaremos	hablaremos.
403	32	esecpcion ·	escepcion.
456	33	el mismos años	el mismo año.
466	20	a misma	la misma.
468	25	hacen	hace.
476	12	conocimiento	movimiento.

Lightning Source UK Ltd.
Milton Keynes UK
UKHW012359080219
336872UK00005B/319/P